"十三五"国家重点出版物出版规划项目
名校名家基础学科系列
北京高校"优质本科教材课件"
北京理工大学精品教材
北京理工大学"十三五"规划教材

工科数学分析

上册

主　编　孙　兵　毛京中
参　编　朱国庆　姜海燕

机械工业出版社

本书是"工科数学分析"或"高等数学"课程教材,分为上、下两册。上册以单变量函数为主要研究对象,内容包括函数、极限与连续,导数与微分,微分中值定理与导数的应用,定积分与不定积分,常微分方程。下册侧重刻画多变量函数,从向量代数与空间解析几何开始,学习多元函数微分学、重积分、曲线积分与曲面积分,最后介绍无穷级数。

本书结构严谨,逻辑清晰,阐述细致,浅显易懂,可作为高等院校非数学类理工科专业的本科教材,也可作为高等数学教育的参考教材和自学用书。

图书在版编目(CIP)数据

工科数学分析. 上册 / 孙兵,毛京中主编. —北京:机械工业出版社,2018.4(2023.7重印)

"十三五"国家重点出版物出版规划项目 名校名家基础学科系列

ISBN 978-7-111-58912-9

Ⅰ.①工… Ⅱ.①孙… ②毛… Ⅲ.①数学分析-高等学校-教材 Ⅳ.①O17

中国版本图书馆 CIP 数据核字(2018)第 087412 号

机械工业出版社(北京市百万庄大街 22 号 邮政编码 100037)
策划编辑:韩效杰 责任编辑:韩效杰 李 乐
责任校对:王 延 封面设计:鞠 杨
责任印制:孙 炜
北京联兴盛业印刷股份有限公司印刷
2023 年 7 月第 1 版第 6 次印刷
184mm×260mm・23.5 印张・592 千字
标准书号:ISBN 978-7-111-58912-9
定价:65.00 元

电话服务   网络服务
客服电话:010-88361066   机 工 官 网:www.cmpbook.com
        010-88379833   机 工 官 博:weibo.com/cmp1952
        010-68326294   金 书 网:www.golden-book.com
封底无防伪标均为盗版   机工教育服务网:www.cmpedu.com

前 言

科学家精神

党的二十大报告指出,"教育、科技、人才是全面建设社会主义现代化国家的基础性、战略性支撑""加强基础学科、新兴学科、交叉学科建设,加快建设中国特色、世界一流的大学和优势学科",具有重要的战略指导意义。

工科数学分析是高等学校工科专业最重要的基础课程之一,包括微积分的基本知识、向量代数与空间解析几何、常微分方程,其他方面各类课本略有差异。它能和中学的数学衔接起来,高深而略能欣赏,从而使学生获得解决实际问题能力的初步训练,为学习后继课程奠定必要的数学基础。微积分是文艺复兴和科技革命以来最伟大的创造,被誉为人类精神的最高胜利。牛顿靠微积分成就了牛顿力学,大部分科学上的成就也都需用到微积分。解析几何是学习多变量微积分的重要准备,其知识结构也自成体系。常微分方程作为微积分的重要应用之一,它的形成与发展是和力学、天文学、物理学,以及其他科学技术的发展密切相关的。数学的其他分支的新发展,如复变函数、李群、组合拓扑学等,都对常微分方程的发展产生了深刻的影响,当前计算机的发展更是为常微分方程的应用及理论研究提供了强有力的工具。

数学的重要性不言而喻,很多著名学者对此都做出过深刻的评价。"数学王子"高斯(Carl Friedrich Gauss,1777—1855)说:数学是"科学之王"。德国物理学家伦琴(Wilhelm Conrad Röntgen,1845—1923),在回答科学家需要怎样的修养时说:第一是数学,第二是数学,第三还是数学。复旦大学数学家李大潜院士说:数学学习的本质是提高素质。美国国家科学奖章获得者,瑞士苏黎世联邦理工学院数学家卡尔曼(Rudolf Emil Kálmán)在2005年国际自动控制联合会的世界大会上曾评论到:高技术的本质是一种数学技术。

国家安全依赖于数学科学。不论是密码学、网络科学与技术,还是大规模科学计算,没有数学知识的幕后支持,这些学科哪一门可以走得远呢?军政部门的数据决策、后勤保障、模拟训练和测试、军事演习、图像和信号分析、卫星和航天器的控制、新设备的测试和评估、威胁检测,离了数学,又有哪一个可以行得通呢?

即使是从文化的角度来看,数学的作用也是无处不在的。我们以折纸这一古老而有趣的文化为例,对此进行简要的说明。折纸背后的数学公理系统、在计算上的算法和软件开发,对于人们的生产、生活产生了重大的影响。人们将其应用到卫星太阳能帆板、汽车安全气囊的折叠和展开,人造血管支架及至轮胎纹理的设计等方面,取得了巨大的成功。这种纯粹基于兴趣的,看起来毫无实际用途的研究,以出乎人们意料的方式在现实生活中产生了巨大的应用价值。

确实,人类正使用数学以前所未有的力度改变着整个世界,不论是用傅里叶变换分析音乐和弦,还是用计算流体力学技术设计新型足球,我们生活的方方面面正受益于数学的应用。

在网络搜索、基因工程、地质勘探、现代医学、气候研究、电子设备开发等幕后,数学一直都在。如果想了解世界是怎样运转的,我们必须明白数学的作用,学习它,了解它,掌握它。我们不应只满足于科学的应用,更应去追问所做事情中的原理。

本书作为"十三五"国家重点出版物出版规划项目,隶属于"名校名家基础学科"系列。全书分为上、下两册。上册以单变量函数为主要研究对象,内容包括函数、极限与连续,导数与微分,微分中值定理与导数的应用,定积分与不定积分,常微分方程。下册侧重刻画多变量函数,从向量代数与空间解析几何开始,学习多元函数微分学、重积分、曲线积分与曲面积分,最后介绍无穷级数。一句话,工科数学分析的主要目的就是以极限为工具,研究函数的分析运算性质。从上册的单变量函数开始,到下册的多变量函数完结。在难度设置上,工科数学分析弱于数学系本科生学习的数学分析,强于一般非数学专业的理工科学生必修的微积分或高等数学。

应广大读者的要求,我们还编写出版了和本教材相配套的学习辅导书《工科数学分析习题全解(上、下册)》(孙兵,机械工业出版社,2022)。全书按照主教材的章节顺序编排,给出习题全解。目标是帮助读者对学科内容进一步巩固、熟练和深化,从而达到灵活应用的目的。

进一步,为深入落实人才强国战略,培养造就大批德才兼备的高素质人才,本教材在前言部分和每一章都放置了与教材内容相关性较高的课程思政视频,引导学习者爱党报国、敬业奉献、服务人民,坚定历史自信、文化自信。在学习时,利用手机或平板电脑扫描教材预留的二维码可以观看相关的视频资源。

在使用本书的过程中,读者若有任何建议或意见,可以给我们发电子邮件(sun345@bit.edu.cn)联络反馈,在此提前表示感谢。教材及习题全解的勘误信息也可以一并获得(也可以登录我的个人教学主页获取:https://sunamss.github.io/teaching.html)。另外,本教材还配有可供教学使用的电子课件,欢迎教师朋友们索取。我们可以根据要求提供相应的数字教学资源。

本书的完成得益于收到的众多支持和无私帮助,在此致以诚挚的谢意。特别感谢北京理工大学的田玉斌教授、蒋立宁教授的指导和帮助。

受限于编者水平,书中定有不少错误和不妥之处,恳请读者不吝批评指正。

孙　兵　毛京中　朱国庆　姜海燕
于北京理工大学

目 录

前言
第一章 函数、极限与连续 ⋯⋯⋯⋯⋯⋯⋯ 1
  第一节 函数 ⋯⋯⋯⋯⋯⋯⋯⋯⋯⋯⋯ 1
    一、函数概念 ⋯⋯⋯⋯⋯⋯⋯⋯⋯⋯ 1
    二、函数的几种特性 ⋯⋯⋯⋯⋯⋯⋯ 4
    三、函数的运算 ⋯⋯⋯⋯⋯⋯⋯⋯⋯ 5
    四、反函数与复合函数 ⋯⋯⋯⋯⋯⋯ 5
    五、初等函数 ⋯⋯⋯⋯⋯⋯⋯⋯⋯⋯ 8
    六、双曲函数与反双曲函数 ⋯⋯⋯⋯ 8
    七、曲线的参数方程与极坐标方程 ⋯ 10
  习题 1-1 ⋯⋯⋯⋯⋯⋯⋯⋯⋯⋯⋯⋯ 13
  第二节 极限的概念 ⋯⋯⋯⋯⋯⋯⋯⋯ 14
    一、数列的极限 ⋯⋯⋯⋯⋯⋯⋯⋯⋯ 15
    二、函数的极限 ⋯⋯⋯⋯⋯⋯⋯⋯⋯ 18
  习题 1-2 ⋯⋯⋯⋯⋯⋯⋯⋯⋯⋯⋯⋯ 22
  第三节 极限的性质 ⋯⋯⋯⋯⋯⋯⋯⋯ 23
  习题 1-3 ⋯⋯⋯⋯⋯⋯⋯⋯⋯⋯⋯⋯ 26
  第四节 无穷小与无穷大 ⋯⋯⋯⋯⋯⋯ 26
    一、无穷小 ⋯⋯⋯⋯⋯⋯⋯⋯⋯⋯⋯ 26
    二、无穷大 ⋯⋯⋯⋯⋯⋯⋯⋯⋯⋯⋯ 28
  习题 1-4 ⋯⋯⋯⋯⋯⋯⋯⋯⋯⋯⋯⋯ 30
  第五节 极限的运算法则 ⋯⋯⋯⋯⋯⋯ 30
  习题 1-5 ⋯⋯⋯⋯⋯⋯⋯⋯⋯⋯⋯⋯ 35
  第六节 极限存在准则与两个重要极限及几个基本定理 ⋯⋯⋯⋯⋯⋯⋯⋯⋯ 36
    一、夹逼准则 ⋯⋯⋯⋯⋯⋯⋯⋯⋯⋯ 36
    二、单调有界准则 ⋯⋯⋯⋯⋯⋯⋯⋯ 38
    三、几个关于区间和极限的基本定理 ⋯ 42
  习题 1-6 ⋯⋯⋯⋯⋯⋯⋯⋯⋯⋯⋯⋯ 44
  第七节 无穷小的比较 ⋯⋯⋯⋯⋯⋯⋯ 46
  习题 1-7 ⋯⋯⋯⋯⋯⋯⋯⋯⋯⋯⋯⋯ 48
  第八节 函数的连续性 ⋯⋯⋯⋯⋯⋯⋯ 50
    一、连续函数的概念 ⋯⋯⋯⋯⋯⋯⋯ 50
    二、连续函数的运算及初等函数的连续性 ⋯⋯⋯⋯⋯⋯⋯⋯⋯⋯⋯⋯ 53
    三、闭区间上的连续函数的性质 ⋯⋯ 54
  习题 1-8 ⋯⋯⋯⋯⋯⋯⋯⋯⋯⋯⋯⋯ 57
  第九节 综合例题 ⋯⋯⋯⋯⋯⋯⋯⋯⋯ 59
  习题 1-9 ⋯⋯⋯⋯⋯⋯⋯⋯⋯⋯⋯⋯ 63

第二章 导数与微分 ⋯⋯⋯⋯⋯⋯⋯⋯⋯ 66
  第一节 导数的概念 ⋯⋯⋯⋯⋯⋯⋯⋯ 66
    一、几个实例 ⋯⋯⋯⋯⋯⋯⋯⋯⋯⋯ 66
    二、导数的定义 ⋯⋯⋯⋯⋯⋯⋯⋯⋯ 67
    三、导数的意义 ⋯⋯⋯⋯⋯⋯⋯⋯⋯ 69
    四、可导性与连续性的关系 ⋯⋯⋯⋯ 72
    五、一些简单函数的导数 ⋯⋯⋯⋯⋯ 72
  习题 2-1 ⋯⋯⋯⋯⋯⋯⋯⋯⋯⋯⋯⋯ 74
  第二节 求导法则和基本公式 ⋯⋯⋯⋯ 75
    一、函数的和、差、积、商的求导法则 ⋯ 75
    二、反函数的求导法则 ⋯⋯⋯⋯⋯⋯ 77
    三、复合函数的求导法则 ⋯⋯⋯⋯⋯ 78
    四、导数的基本公式 ⋯⋯⋯⋯⋯⋯⋯ 82
  习题 2-2 ⋯⋯⋯⋯⋯⋯⋯⋯⋯⋯⋯⋯ 83
  第三节 隐函数的求导法和由参数方程确定的函数的求导法 ⋯⋯⋯⋯⋯⋯⋯ 84
    一、隐函数求导法 ⋯⋯⋯⋯⋯⋯⋯⋯ 84
    二、对数求导法 ⋯⋯⋯⋯⋯⋯⋯⋯⋯ 86
    三、由参数方程确定的函数的求导法 ⋯ 87
    四、由极坐标确定的函数求导法 ⋯⋯ 89
    五、相关变化率问题 ⋯⋯⋯⋯⋯⋯⋯ 90
  习题 2-3 ⋯⋯⋯⋯⋯⋯⋯⋯⋯⋯⋯⋯ 91
  第四节 高阶导数 ⋯⋯⋯⋯⋯⋯⋯⋯⋯ 93
    一、高阶导数定义 ⋯⋯⋯⋯⋯⋯⋯⋯ 93
    二、几个重要函数的高阶导数 ⋯⋯⋯ 94
    三、乘积的高阶导数 ⋯⋯⋯⋯⋯⋯⋯ 96
    四、隐函数的二阶导数 ⋯⋯⋯⋯⋯⋯ 97
    五、由参数方程确定的函数的二阶导数 ⋯ 98
  习题 2-4 ⋯⋯⋯⋯⋯⋯⋯⋯⋯⋯⋯⋯ 99

第五节　微分 …………………………… 100
　一、微分的概念 ……………………… 101
　二、微分与导数的关系 ……………… 102
　三、微分的几何意义 ………………… 103
　四、基本微分公式和微分运算法则 … 103
　五、微分在近似计算中的应用 ……… 106
　六、高阶微分 ………………………… 108
　习题 2-5 ……………………………… 109
　第六节　综合例题 …………………… 110
　习题 2-6 ……………………………… 116

第三章　微分中值定理与导数的应用 … 118
　第一节　微分中值定理 ……………… 118
　习题 3-1 ……………………………… 123
　第二节　洛必达法则 ………………… 124
　一、洛必达法则 ……………………… 124
　二、其他类型的不定式 ……………… 128
　习题 3-2 ……………………………… 130
　第三节　函数的单调性与极值 ……… 132
　一、函数的单调性 …………………… 132
　二、函数的极值 ……………………… 135
　三、函数的最大值和最小值 ………… 137
　习题 3-3 ……………………………… 139
　第四节　曲线的凹凸性和渐近线，函数
　　　　　作图 ………………………… 141
　一、曲线的凹凸性和拐点 …………… 141
　二、曲线的渐近线 …………………… 145
　三、函数作图 ………………………… 147
　习题 3-4 ……………………………… 149
　第五节　曲线的曲率 ………………… 150
　一、弧微分 …………………………… 150
　二、曲线的曲率 ……………………… 150
　三、曲率圆 …………………………… 153
　习题 3-5 ……………………………… 155
　第六节　泰勒公式 …………………… 155
　一、泰勒定理 ………………………… 155
　二、几个初等函数的麦克劳林公式 … 159
　三、一些其他函数的泰勒公式 ……… 160
　四、泰勒公式的应用 ………………… 162
　习题 3-6 ……………………………… 165
　第七节　综合例题 …………………… 166
　习题 3-7 ……………………………… 175

第四章　定积分与不定积分 …………… 179
　第一节　定积分的概念与性质 ……… 179
　一、几个实际问题 …………………… 179
　二、定积分的定义 …………………… 183
　三、定积分存在的条件 ……………… 184
　四、定积分的几何意义 ……………… 185
　五、定积分的性质 …………………… 185
　习题 4-1 ……………………………… 189
　第二节　微积分基本定理 …………… 190
　一、一个实际问题引出的思考 ……… 190
　二、变上限的积分 …………………… 191
　三、牛顿-莱布尼茨公式 ……………… 194
　习题 4-2 ……………………………… 195
　第三节　不定积分 …………………… 196
　一、不定积分的概念 ………………… 196
　二、不定积分的性质 ………………… 197
　三、基本积分公式 …………………… 198
　习题 4-3 ……………………………… 200
　第四节　不定积分的基本积分方法 … 201
　一、换元积分法 ……………………… 201
　二、几种常见类型的积分 …………… 206
　三、分部积分法 ……………………… 215
　习题 4-4 ……………………………… 218
　第五节　定积分的计算 ……………… 221
　一、定积分的换元法 ………………… 221
　二、定积分的分部积分法 …………… 225
　习题 4-5 ……………………………… 228
　第六节　反常积分 …………………… 229
　一、无穷积分 ………………………… 229
　二、瑕积分 …………………………… 232
　三、反常积分收敛性的判别法 ……… 234
　习题 4-6 ……………………………… 239
　第七节　定积分的几何应用 ………… 240
　一、平面图形的面积 ………………… 241
　二、立体体积 ………………………… 243
　三、平面曲线的弧长 ………………… 246
　习题 4-7 ……………………………… 248
　第八节　定积分的物理应用 ………… 250
　一、变力沿直线所做的功 …………… 250
　二、液体的静压力 …………………… 252
　三、细杆对质点的引力 ……………… 253
　习题 4-8 ……………………………… 254
　第九节　综合例题 …………………… 256
　习题 4-9 ……………………………… 264

第五章　常微分方程 …………………… 269
　第一节　微分方程的基本概念 ……… 269
　习题 5-1 ……………………………… 272

第二节　一阶微分方程 …………… 272
　一、可分离变量的方程 …………… 272
　二、齐次方程 …………………… 274
　三、形如 $\dfrac{dy}{dx}=f\left(\dfrac{ax+by+c}{a_1x+b_1y+c_1}\right)$ 的
　　　方程 …………………………… 276
　四、一阶线性微分方程 …………… 277
　五、伯努利方程 ………………… 280
　六、其他例子 …………………… 281
习题 5-2 …………………………… 282
第三节　可降阶的高阶微分方程 …… 285
　一、$y^{(n)}=f(x)$ 型微分方程 ……… 285
　二、$y''=f(x,y')$ 型微分方程 …… 285
　三、$y''=f(y,y')$ 型微分方程 …… 286
习题 5-3 …………………………… 288
第四节　线性微分方程解的结构 …… 289
　一、二阶线性微分方程解的结构 … 289
　二、二阶线性微分方程的解法 …… 293

习题 5-4 …………………………… 296
第五节　常系数线性齐次微分方程 … 296
习题 5-5 …………………………… 299
第六节　常系数线性非齐次微分方程 … 300
　一、常系数线性非齐次方程 ……… 300
　二、欧拉方程 …………………… 305
　三、常系数线性微分方程组 ……… 306
习题 5-6 …………………………… 308
第七节　综合例题 ………………… 309
习题 5-7 …………………………… 316
第八节　常微分方程的应用 ……… 319
　一、物理问题 …………………… 319
　二、利用微元法建立微分方程 …… 327
　三、运动路线问题 ……………… 329
　四、增长问题 …………………… 331
习题 5-8 …………………………… 332
部分习题答案 …………………… 336
参考文献 ………………………… 368

第一章 函数、极限与连续

数学中专门研究函数的领域叫数学分析.函数是数学分析的研究对象,极限是数学分析的基础,也是数学分析的重要思想方法.极限使我们可以用均匀去逼近不均匀,用规则的几何量去逼近不规则的几何量,用有限去研究无穷,将近似值转化为精确值.数学分析的主要概念几乎都是用极限定义的.本章主要讨论函数、极限与连续的概念,极限与连续的性质,极限的计算方法.

第一节 函 数

一、函数概念

1. 函数

客观世界中的数量一般可以分为两种:常量与变量.在考察过程中保持不变的量称为常量,在考察过程中会起变化的量称为变量.在同一个问题中,往往同时出现两个或多个变量,并且它们的变化是相互关联的,函数就是反映客观世界中量与量之间的变化关系的.

北斗:想象无限

定义 1 设 X,Y 是两个非空数集,如果对每个 $x\in X$,按照某种确定的法则 f,有唯一的 $y\in Y$ 与之对应,则称 f 是 X 上的函数,或说 y 是 x 的函数,记作 $y=f(x)$.其中 x 称为自变量,y 称为因变量,数集 X 称为函数 f 的定义域.当 x 取遍 X 中的一切数时,相应的函数值的集合称为 f 的值域.

y 是 x 的函数也可记作 $y=y(x)$.当自变量 x 的值取为 $x_0\in X$ 时,函数 $y=f(x)$ 的对应值 $f(x_0)$ 称为函数值,$f(x_0)$ 也可以写成 $y|_{x=x_0}$ 或 $y|_{x_0}$.

在函数的定义中,我们要求对每个 $x\in X$,有唯一的 $y\in Y$ 与之对应,这样定义的函数 f 又称为**单值函数**.例如,$y=\sin x$,$y=x^2$ 都是单值函数.如果与 x 相对应的 y 值不总是唯一的,则 y 称为 x 的**多值函数**.以后如果不做特别说明,则所提到的函数都是指单值函数.

如果两个函数的定义域相同,对应法则也相同,那么这两个函数就是相同的,否则就是不同的.例如,$y=\ln x^2$ 与 $y=2\ln x$ 是不同的函数,因为它们的定义域不相同.$y=x$ 与 $y=\sqrt{x^2}$ 也是不同的函数,因为它们的对应法则不相同.

确定函数的定义域通常分两种情形.如果函数是有实际背景的,则应根据问题的实际意义来确定它的定义域.例如,球的体积 V 与半径 r 之间具有函数关系 $V=\dfrac{4}{3}\pi r^3$,根据实际意义,函数的定义域,即半径的取值范围应为 $r\geqslant 0$.如果函数是用抽象的算式表达的,而没有实际背景,则函数的定义域是使得算式有意义的一切实数组成的集合,这种定义域称为自然定义域.例如,函数 $y=\dfrac{1}{\sqrt{1-x^2}}$ 的自然定义域为满足 $1-x^2>0$ 的一切 x 的集合,即开区间 $(-1,1)$.

函数的对应法则,也叫作函数关系或对应律,常用三种方法表示:数值法(又称列表法)、几何法(又称图形法)、解析法(又称公式法).这些内容在中学已学过,此处不再详细叙述.

2. 区间与邻域

微积分中所研究的函数,其定义域通常是由一个或若干个区间组成的.区间分为有限区间和无穷区间.

有限区间包括:

开区间　　　　　$(a,b)=\{x\,|\,a<x<b\}$,

闭区间　　　　　$[a,b]=\{x\,|\,a\leqslant x\leqslant b\}$,

左开右闭区间　　$(a,b]=\{x\,|\,a<x\leqslant b\}$,

左闭右开区间　　$[a,b)=\{x\,|\,a\leqslant x<b\}$.

无穷区间包括:$(a,+\infty)=\{x\,|\,x>a\}$,$[a,+\infty)=\{x\,|\,x\geqslant a\}$,
$(-\infty,b)=\{x\,|\,x<b\}$,$(-\infty,b]=\{x\,|\,x\leqslant b\}$,
$(-\infty,+\infty)=\{x\,|\,-\infty<x<+\infty\}$.

以上各种区间中的 a 和 b 称为区间的端点,其中 a 称为左端点,b 称为右端点,属于区间但不是端点的点称为区间的内点.

当我们研究函数在一点处的某种特性时,常常要用到函数在这一点附近某一区间的函数值.为以后叙述方便,先定义一个概念.

我们将开区间 $(a-\delta,a+\delta)=\{x\,|\,|x-a|<\delta\}(\delta>0)$ 称为点 a 的 δ 邻域,记作 $N(a,\delta)$,其中 a 叫作邻域的中心,δ 叫作邻域的半径(见图 1-1).

如果在 $N(a,\delta)$ 中去掉点 a,所得数集 $\{x\,|\,0<|x-a|<\delta\}$ 叫作 a 的去心 δ 邻域(见图 1-2).

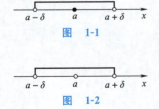

图 1-1

图 1-2

3. 分段函数、隐函数

在函数的定义中,并不要求在整个定义域上只能用一个表达式来表示对应法则.在很多问题中常常会遇到这种情况,在定义域的不同区间上用不同的表达式来表示对应法则,这种函数叫作分段函数.下面是几个分段函数的例子.

例1 某种商品每件出厂价 90 元,成本 60 元.厂家为鼓励销售商大量采购,决定凡是订购量超过 100 件以上的,每多订购一件,售价就降低 1 分(例如订购 300 件,订购量比 100 件多出 200 件,于是每件降价 $0.01\times200=2$(元),即销售商可以每件 88 元订购 300 件),但最低价为每件 75 元.设 x 表示订购量,p 表示实际售价,则 p 与 x 之间的函数关系为

$$p=\begin{cases}90, & x\leqslant100,\\ 90-0.01\times(x-100), & 100<x<1600,\\ 75, & x\geqslant1600.\end{cases}$$

例2 绝对值函数 $y=|x|=\begin{cases}x, & x\geqslant0,\\ -x, & x<0,\end{cases}$ 其定义域为 $(-\infty,+\infty)$,值域为 $[0,+\infty)$.

例3 符号函数,其定义如下:

$$y=\operatorname{sgn}x=\begin{cases}1, & x>0,\\ 0, & x=0,\\ -1, & x<0,\end{cases}$$

它的定义域为 $(-\infty,+\infty)$,值域为 $\{-1,0,1\}$,其图形如图 1-3 所示.

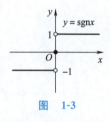

图 1-3

例4 取整函数.我们用符号 $[x]$ 表示不超过 x 的最大整数,即如用 k 表示整数,则当 $k\leqslant x<k+1$ 时,$[x]=k$.

例如,$[\sqrt{2}]=1,\left[\dfrac{1}{3}\right]=0,[-1.3]=-2$.

取整函数 $y=[x]$ 的定义域为 $(-\infty,+\infty)$,值域为整数集,其图形如图 1-4 所示.

例5 狄利克雷函数

$$y=f(x)=\begin{cases}1, & x\text{ 为有理数},\\ 0, & x\text{ 为无理数}.\end{cases}$$

这个函数的图形是画不出来的,它有无数个点分布在 x 轴上,也有无数个点分布在直线 $y=1$ 上.

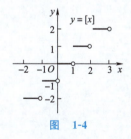

图 1-4

从函数的表示形式来看,又可分为显函数和隐函数.如果 y 是 x 的函数关系可以写成 $y=f(x)$ 的形式,则称其为显函数.例如:$y=x^2,y=\ln x$ 都是显函数.如果 y 与 x 之间的函数关系是用一个二元方程确定的,例如:

$$3x+5y-1=0,\quad x^2+y^2=1,\quad y=x\mathrm{e}^{x+y},\quad xy+\sin\dfrac{y}{x}=0$$

都确定了 y 是 x 的函数,这样的函数称为隐函数.

实际上,显函数与隐函数并没有严格的界限,有时可以从隐函

数解出显函数来.例如,由 $3x+5y-1=0$,可以解出 $y=\dfrac{1-3x}{5}$,由 $x^2+y^2=1$,可以解出 $y=\sqrt{1-x^2}$ 或 $y=-\sqrt{1-x^2}$.也有些隐函数无法化成显函数.例如,$xy+\sin\dfrac{y}{x}=0$ 即如此,但是 y 与 x 之间的函数关系是确实存在的.后面有些数学分析的理论与计算是专门针对隐函数的.

二、函数的几种特性

先约定一些简单的符号."∃"表示存在,例如,存在正数 M,可以简单写成 $\exists M>0$."∀"表示任意,例如,任意 $x\in I$,可以简写成 $\forall x\in I$.

1. 有界性

设函数 $f(x)$ 在区间 I 上有定义,如果 $\exists M>0$,使得对 $\forall x\in I$,都有 $|f(x)|\leqslant M$,则称函数 $f(x)$ 在区间 I 上有界.如果这样的 M 不存在,则称函数 $f(x)$ 在区间 I 上无界.

例如,$y=\sin x$ 在 $(-\infty,+\infty)$ 上有界,因为对 $\forall x\in(-\infty,+\infty)$,都有 $|\sin x|\leqslant 1$.

又如,$y=\dfrac{1}{x}$ 在区间 $[1,2)$ 上是有界的,因为对 $\forall x\in[1,2)$,都有 $\left|\dfrac{1}{x}\right|\leqslant 1$.但此函数在区间 $(0,1)$ 内是无界的,因为不论我们将正数 M 取得多么大,都 $\exists x_0\in(0,1)$,使得 $\left|\dfrac{1}{x_0}\right|>M$.

设函数 $f(x)$ 在区间 I 上有定义,如果 $\exists M_1$,使得对 $\forall x\in I$,都有 $f(x)\leqslant M_1$,则称函数 $f(x)$ 在区间 I 上有上界.如果 $\exists M_2$,使得对 $\forall x\in I$,都有 $f(x)\geqslant M_2$,则称函数 $f(x)$ 在区间 I 上有下界.

例如,$y=\dfrac{1}{x}$ 在区间 $(-\infty,0)$ 上有上界,但没有下界.$y=|x|$ 在区间 $(-\infty,+\infty)$ 上有下界,但没有上界.

容易证明,$f(x)$ 在区间 I 上有界的充分必要条件是它在 I 上既有上界又有下界.

2. 单调性

设函数 $f(x)$ 在区间 I 上有定义,如果对 $\forall x_1,x_2\in I,x_1<x_2$,都有 $f(x_1)<f(x_2)$,则称 $f(x)$ 在区间 I 上是单调增加的.如果对 $\forall x_1,x_2\in I,x_1<x_2$,都有 $f(x_1)>f(x_2)$,则称 $f(x)$ 在区间 I 上是单调减少的.单调增加函数与单调减少函数统称单调函数.

例如,函数 $y=x^2$ 在 $(-\infty,0]$ 上是单调减少的,在 $[0,+\infty)$ 上是单调增加的.

上面定义的单调函数又称严格单调函数.如果将定义中的 $f(x_1)<f(x_2)$(或 $f(x_1)>f(x_2)$)换成 $f(x_1)\leqslant f(x_2)$(或

$f(x_1) \geqslant f(x_2)$),则 $f(x)$ 仍可看成是单调函数,但是被称为不严格单调函数. 如果没有特别说明,以后所提到的单调函数都是指严格单调函数.

3. 奇偶性

设函数 $f(x)$ 的定义域 D 关于原点对称,如果对 $\forall x \in D$,都有 $f(-x)=f(x)$,则称 $f(x)$ 为偶函数. 如果对 $\forall x \in D$,都有 $f(-x)=-f(x)$,则称 $f(x)$ 为奇函数.

偶函数的图形关于 y 轴是对称的,奇函数的图形关于原点是对称的,即右半平面的图形绕原点旋转 $180°$ 后与左半平面的图形重合.

例如,$y=|x|$ 是偶函数,$y=\tan x$ 是奇函数,$y=2^x$ 既不是奇函数,也不是偶函数.

4. 周期性

设函数 $f(x)$ 的定义域为 D,如果存在不为零的数 T,使得对 $\forall x \in D$,都有 $x \pm T \in D$,且 $f(x+T)=f(x)$,则称 $f(x)$ 为周期函数,T 称为 $f(x)$ 的周期,通常我们所说的周期指的是最小正周期.

例如,$y=\sin x$,$y=\cos x$ 都是以 2π 为周期的周期函数,$y=\tan x$ 是以 π 为周期的周期函数.

并非每个函数都有最小正周期. 例如,$f(x)=5$ 是周期函数,任何一个实数都是它的周期,但它没有最小正周期.

三、函数的运算

同数一样,函数也可以做加、减、乘、除、幂运算.

设函数 $f(x)$ 与 $g(x)$ 的定义域分别为 D_1, D_2,$D=D_1 \cap D_2$ 是非空数集,则我们可以在 D 上定义这两个函数的下列运算:

函数的和 $f+g$,定义为 $(f+g)(x)=f(x)+g(x)$.

函数的差 $f-g$,定义为 $(f-g)(x)=f(x)-g(x)$.

函数的积 $f \cdot g$,定义为 $(f \cdot g)(x)=f(x) \cdot g(x)$.

函数的商 $\dfrac{f}{g}$,定义为 $\left(\dfrac{f}{g}\right)(x)=\dfrac{f(x)}{g(x)}(g(x) \neq 0)$.

函数的幂 f^m,定义为 $f^m(x)=[f(x)]^m(m \neq -1)$.

四、反函数与复合函数

1. 反函数

研究客观事物,往往要从正反两方面来研究. 我们知道,函数 $y=f(x)$ 表明 y 是怎样随 x 而变化的. 但变量之间的制约关系是相互的,自变量与因变量之间的关系是相对的,有时需要反过来研究 x 是怎样随 y 而变化的问题,这样就产生了反函数的概念. 例如,对初速度为零的自由落体运动,有如下关系 $s=\dfrac{1}{2}gt^2$,即路程是时间的函数,但有时要反过来把时间看作路程的函数,由上式解得 $t=\sqrt{\frac{2s}{g}}$,我们将 $t=\sqrt{\frac{2s}{g}}$ 称为 $s=\frac{1}{2}gt^2$ 的反函数.一般地,我们给出反函数的定义如下.

定义 2 设函数 $y=f(x)$ 的定义域为 X,值域为 Y,如果对 $\forall y \in Y$,在 X 中只有唯一一个 x 与之对应,从而 x 与 y 之间构成一一对应,根据函数的定义,x 也是 y 的函数,此时 y 是自变量,x 是因变量,它是由 $y=f(x)$ 所产生的,称为 $y=f(x)$ 的反函数,记作 $x=f^{-1}(y)$.

习惯上,常把自变量记作 x,因变量记作 y,于是 $y=f(x)$ 的反函数就记作 $y=f^{-1}(x)$.

反函数是相互的,如果 $y=f^{-1}(x)$ 是 $y=f(x)$ 的反函数,则 $y=f(x)$ 也是 $y=f^{-1}(x)$ 的反函数,即它们互为反函数.根据反函数的定义,有

$$f^{-1}(f(x))=x, \quad f(f^{-1}(x))=x.$$

在同一个直角坐标系中,$y=f(x)$ 与 $x=f^{-1}(y)$ 的图形显然是同一条曲线.而 $y=f(x)$ 与 $y=f^{-1}(x)$ 的图形有什么关系呢? 如果点 (x,y) 是曲线 $y=f(x)$ 上的点,则点 (y,x) 一定在曲线 $y=f^{-1}(x)$ 上,因此,曲线 $y=f(x)$ 与 $y=f^{-1}(x)$ 关于直线 $y=x$ 对称(见图 1-5).

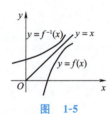

图 1-5

例如,$y=2x$ 的反函数是 $y=\frac{x}{2}$,它们的图形对称于直线 $y=x$.

由反函数的定义可知,并不是每个函数都有反函数.例如,$y=x^2, x\in(-\infty,+\infty)$ 没有反函数,因为对值域 $[0,+\infty)$ 中的每个 y,与之对应的 x 不是唯一的.但是当 $y=f(x)$ 是单调函数时,变量 y 与 x 之间一一对应,且 x 与 y 之间也一一对应,因此有下面的定理:

定理(反函数存在定理) 如果 $y=f(x)$ 是定义在 X 上的单调增加(或单调减少)函数,其值域为 Y,则必存在反函数 $x=f^{-1}(y)$,且反函数在 Y 上也是单调增加(或单调减少)的.

2. 复合函数

两个函数有时会合在一起产生一个新的函数.例如,设有质量为 m 的物体,以初速度 v_0 向上抛出,则动能 T 与速度 v 的函数关系为 $T=\frac{1}{2}mv^2$,如果忽略空气阻力,速度 v 与时间 t 的函数关系为 $v=v_0-gt$,由此两式得知,T 与 t 的函数关系为

$$T=\frac{1}{2}m(v_0-gt)^2,$$

我们将此函数称为 $T=\frac{1}{2}mv^2$ 与 $v=v_0-gt$ 的复合函数.

一般地,有如下定义.

定义 3 设函数 $y=f(u)$ 的定义域为 D_1, $u=g(x)$ 的定义域为 D, 值域为 $g(D)$, 如果 $g(D) \subset D_1$, 则由式 $y=f(g(x))$ 确定的函数称为 $y=f(u)$, $u=g(x)$ 的复合函数, 常用 $f \circ g$ 表示这个函数, 即

$$(f \circ g)(x) = f(g(x)),$$

$(f \circ g)(x)$ 的定义域是 D, 变量 u 称为中间变量.

同样可以定义由三个甚至更多个函数构成的复合函数.由定义可知,并非任意两个函数都能复合.例如,$y=\sqrt{u^2-2}$,$u=\sin x$ 就无法构成复合函数,因为 $u=\sin x$ 的值域中的每个值都不在 $y=\sqrt{u^2-2}$ 的定义域上.

例 6 设 $f(x)=\frac{x-3}{2}$, $g(x)=\sqrt{x}$, 求 $(f \circ g)(x)$, $(g \circ f)(x)$.

解 $(f \circ g)(x) = f(g(x)) = f(\sqrt{x}) = \frac{\sqrt{x}-3}{2},$

$(g \circ f)(x) = g(f(x)) = g\left(\frac{x-3}{2}\right) = \sqrt{\frac{x-3}{2}},$

由此可见,通常 $f \circ g \neq g \circ f$.

例 7 设 $f(x) = \begin{cases} 1+x, & x<0, \\ 1+x^2, & x \geq 0, \end{cases}$ 求 $(f \circ f)(x)$.

解 由 $f(x)<0$, 即 $1+x<0$, 得 $x<-1$, 此时 $f(x)=1+x$. 有两种情形可得到 $f(x) \geq 0$. 一种情形是当 $x<0$, 但 $x \geq -1$ 时, 有 $f(x)=1+x \geq 0$, 另一种情形是当 $x \geq 0$ 时, $f(x)=1+x^2>0$, 因此得

$$(f \circ f)(x) = \begin{cases} 1+(1+x), & x<-1, \\ 1+(1+x)^2, & -1 \leq x <0, \\ 1+(1+x^2)^2, & x \geq 0 \end{cases}$$
$$= \begin{cases} 2+x, & x<-1, \\ 2+2x+x^2, & -1 \leq x <0, \\ 2+2x^2+x^4, & x \geq 0. \end{cases}$$

例 8 分析函数 $y=[\arctan(2x-1)^5]^{10}$ 是由哪些简单函数复合而成的.

解 所给函数可以看作由

$$y=z^{10}, \quad z=\arctan u, \quad u=v^5, \quad v=2x-1$$

复合而成的.

五、初等函数

下列六种函数统称为基本初等函数：

常数　　　　　$y=C$（C 是常数）.
幂函数　　　　$y=x^\mu$（μ 是实数）.
指数函数　　　$y=a^x$（$a>0, a\neq 1$）.
对数函数　　　$y=\log_a x$（$a>0, a\neq 1$）.
三角函数　　　$y=\sin x, y=\cos x, y=\tan x$,
　　　　　　　$y=\cot x, y=\sec x, y=\csc x$.
反三角函数　　$y=\arcsin x, y=\arccos x$,
　　　　　　　$y=\arctan x, y=\operatorname{arccot} x$.

由基本初等函数经过有限次四则运算和有限次复合所产生并且可用一个式子表示的函数称为初等函数.

例如，$y=\dfrac{1+\mathrm{e}^x \sin x}{\sqrt{1-x^2}}$，$y=\ln(x+\sqrt{1+x^2})$，

$y=\arctan\dfrac{3x+2}{2}+5$，$y=|x|=\sqrt{x^2}$，$y=x^x=\mathrm{e}^{\ln x^x}=\mathrm{e}^{x\ln x}$

都是初等函数. 分段函数常常不是初等函数.

六、双曲函数与反双曲函数

1. 双曲函数

在初等函数中，有一类函数在电学、热学、声学、流体力学以及工程技术中很有用，这就是双曲函数. 双曲函数是由指数函数 e^x 与 e^{-x} 构成的下列初等函数.

称 $\dfrac{\mathrm{e}^x+\mathrm{e}^{-x}}{2}$ 为双曲余弦，记作 $\operatorname{ch}x$，即 $\operatorname{ch}x=\dfrac{\mathrm{e}^x+\mathrm{e}^{-x}}{2}$.

称 $\dfrac{\mathrm{e}^x-\mathrm{e}^{-x}}{2}$ 为双曲正弦，记作 $\operatorname{sh}x$，即 $\operatorname{sh}x=\dfrac{\mathrm{e}^x-\mathrm{e}^{-x}}{2}$.

称 $\dfrac{\operatorname{sh}x}{\operatorname{ch}x}$ 为双曲正切，记作 $\operatorname{th}x$，即 $\operatorname{th}x=\dfrac{\operatorname{sh}x}{\operatorname{ch}x}=\dfrac{\mathrm{e}^x-\mathrm{e}^{-x}}{\mathrm{e}^x+\mathrm{e}^{-x}}$.

显然，$\operatorname{sh}x$ 与 $\operatorname{th}x$ 是奇函数，$\operatorname{ch}x$ 是偶函数. 由 $|\operatorname{th}x|=\left|\dfrac{\mathrm{e}^{2x}-1}{\mathrm{e}^{2x}+1}\right|=\left|\dfrac{1-\mathrm{e}^{-2x}}{1+\mathrm{e}^{-2x}}\right|$，可推知 $|\operatorname{th}x|<1$。

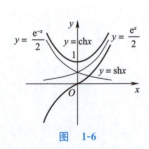

图 1-6

$y=\operatorname{ch}x$ 及 $y=\operatorname{sh}x$ 的图形可分别通过将 $y=\dfrac{\mathrm{e}^x}{2}$ 与 $y=\dfrac{\mathrm{e}^{-x}}{2}$ 的图形相加或相减得到（见图 1-6）. $y=\operatorname{th}x$ 的图形如图 1-7 所示.

双曲函数有很多与三角函数类似的恒等式.

根据双曲函数的定义，有

图 1-7

$$\operatorname{ch}^2 x = \left(\frac{e^x + e^{-x}}{2}\right)^2 = \frac{e^{2x} + e^{-2x} + 2}{4},$$

$$\operatorname{sh}^2 x = \left(\frac{e^x - e^{-x}}{2}\right)^2 = \frac{e^{2x} + e^{-2x} - 2}{4},$$

于是得 $\operatorname{ch}^2 x - \operatorname{sh}^2 x = 1.$

同样,利用定义可以证得下列恒等式:

$$\operatorname{sh}(x \pm y) = \operatorname{sh} x \operatorname{ch} y \pm \operatorname{ch} x \operatorname{sh} y, \quad \operatorname{ch}(x \pm y) = \operatorname{ch} x \operatorname{ch} y \pm \operatorname{sh} x \operatorname{sh} y,$$

$$\operatorname{sh} 2x = 2 \operatorname{sh} x \operatorname{ch} x, \quad \operatorname{ch} 2x = \operatorname{ch}^2 x + \operatorname{sh}^2 x = 2\operatorname{ch}^2 x - 1.$$

2. 反双曲函数

双曲函数的反函数称为反双曲函数,双曲正弦、双曲余弦、双曲正切的反函数分别称为反双曲正弦、反双曲余弦、反双曲正切,记作 $\operatorname{arsh} x, \operatorname{arch} x, \operatorname{arth} x.$ 下面我们来导出它们的表达式.

设 $y = \operatorname{arsh} x$,则

$$x = \operatorname{sh} y = \frac{e^y - e^{-y}}{2}, 2x = e^y - e^{-y},$$

两边乘以 e^y,得方程

$$e^{2y} - 2x e^y - 1 = 0,$$

这是关于 e^y 的二次方程,解得

$$e^y = \frac{2x \pm \sqrt{4x^2 + 4}}{2} = x \pm \sqrt{x^2 + 1},$$

由于 $e^y > 0$,故 $e^y = x + \sqrt{x^2 + 1}$,

得 $$y = \operatorname{arsh} x = \ln(x + \sqrt{x^2 + 1}).$$

由于 $y = \operatorname{sh} x$ 的定义域为 $(-\infty, +\infty)$,值域也是 $(-\infty, +\infty)$,且 $y = \operatorname{sh} x$ 是单调函数,故 $y = \operatorname{arsh} x$ 的定义域为 $(-\infty, +\infty)$,值域为 $(-\infty, +\infty)$.

函数 $y = \operatorname{ch} x$ 不是单调函数,但是它在区间 $(-\infty, 0]$ 或 $[0, +\infty)$ 上是单调函数,因此,$y = \operatorname{ch} x$ 的反函数有两个单值支,其中在 $[0, +\infty)$ 上的反函数称为主值分支,下面推导其主值分支的表示式.

设 $y = \operatorname{arch} x, y \geq 0$,则

$$x = \operatorname{ch} y = \frac{e^y + e^{-y}}{2},$$

同前面过程一样,可以得到 $y = \ln(x \pm \sqrt{x^2 - 1}),$

由于 $y \geq 0$,有 $y = \operatorname{arch} x = \ln(x + \sqrt{x^2 - 1}).$

由于 $y = \operatorname{ch} x$ 的值域为 $[1, +\infty)$,故 $y = \operatorname{arch} x$ 的定义域为 $[1, +\infty)$,值域为 $[0, +\infty)$.

采用同样的方法,可得到 $y = \operatorname{arth} x$ 的表达式为

$$y = \operatorname{arth} x = \frac{1}{2} \ln \frac{1+x}{1-x}.$$

其定义域为 $(-1, 1)$,值域为 $(-\infty, +\infty)$.

七、曲线的参数方程与极坐标方程

函数 $y=f(x)$ 在直角坐标系中的图形是曲线,而 $y=f(x)$ 称为曲线的直角坐标方程.实际中,有些曲线上 x 与 y 的直接关系难于得到,或者所得 x 与 y 之间的函数关系很复杂,也有一些曲线是物体的运动轨迹,我们需要将曲线上坐标 (x,y) 与时间 t 联系起来考虑问题,因此有必要引入曲线的另外两种方程——参数方程与极坐标方程.

1. 曲线的参数方程

引进一个辅助变量 t,将曲线上点的坐标 (x,y) 都表示成 t 的函数 $x=x(t),y=y(t)$,则

$$\begin{cases} x=x(t), \\ y=y(t) \end{cases}$$

称为曲线的参数方程,其中 t 称为参变量或参数.

例 9 炮弹运动的轨道(弹道曲线).设 v_1, v_2 分别表示炮弹的水平初速度和铅直初速度,g 为重力加速度,t 为时间,x, y 分别为 t 时刻炮弹在铅直平面上的横坐标和纵坐标,则在不计空气阻力的情况下,可以得到弹道曲线的参数方程

$$\begin{cases} x=v_1 t, \\ y=v_2 t - \dfrac{1}{2} g t^2. \end{cases}$$

由第一式解得 t,代入第二式,消去参数 t,可得其直角坐标方程

$$y = \dfrac{v_2}{v_1} x - \dfrac{g}{2 v_1^2} x^2.$$

弹道曲线的图形如图 1-8 所示,是抛物线.

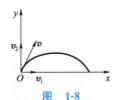

图 1-8

例 10 椭圆 $\dfrac{x^2}{a^2} + \dfrac{y^2}{b^2} = 1$ 的参数方程为 $\begin{cases} x=a\cos t, \\ y=b\sin t, \end{cases}$ 特别地,圆 $x^2+y^2=R^2$ 的参数方程为 $\begin{cases} x=R\cos t, \\ y=R\sin t. \end{cases}$

例 11 曲线 $\dfrac{x^2}{a^2} - \dfrac{y^2}{b^2} = 1 (x>0)$ 的参数方程为 $\begin{cases} x=a\operatorname{ch} t, \\ y=b\operatorname{sh} t, \end{cases}$ 如图 1-9 所示,如果记阴影部分的面积为 S,则有 $t = \dfrac{2S}{ab}$.

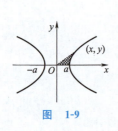

图 1-9

例 12 摆线方程.一半径为 a 的圆,初始时其圆心位于点 $(0,a)$ 处,P 是圆上一定点,初始时位于原点处,当圆沿 x 轴正向做无滑动的滚动时,求 P 的轨迹.

解 设点 P 位于 (x,y) 时,圆的半径所转过的角度为 t(见图 1-10),则

$$x = OC - PB = \overset{\frown}{PC} - PB = at - a\sin t = a(t - \sin t),$$
$$y = AC - AB = a - a\cos t = a(1 - \cos t),$$

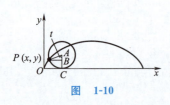

图 1-10

因此得运动轨迹的参数方程
$$\begin{cases} x = a(t - \sin t), \\ y = a(1 - \cos t). \end{cases}$$
此运动轨迹叫作摆线(也叫作旋轮线),它是以 2π 为周期的.

例 13 星形线方程.一个小圆在大圆内沿大圆周做无滑动的滚动,设大圆圆心在原点,半径为 $4r$,小圆半径为 r,P 是小圆上一定点,初始时,点 P 在 $P_0(4r,0)$,求点 P 的运动轨迹.

解 如图 1-11 所示,设定点由 P_0 移动到 $P(x,y)$ 时,小圆与大圆的切点为 N,ON 与 x 轴正向的夹角为 t,设 $\angle PCN = \alpha$,$\angle PCD = \beta$,由 $\overset{\frown}{NP} = \overset{\frown}{NP_0}$,得 $r\alpha = 4rt$,$\alpha = 4t$,故

$$\beta = \pi - \alpha - \left(\frac{\pi}{2} - t\right) = \frac{\pi}{2} - 3t,$$
$$x = OA + AB = 3r\cos t + r\sin\beta = 4r\cos^3 t,$$
$$y = AC - CD = 3r\sin t - r\cos\beta = 4r\sin^3 t,$$

记 $a = 4r$,则 P 点的运动轨迹为

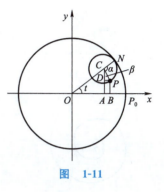

图 1-11

$$\begin{cases} x = a\cos^3 t, \\ y = a\sin^3 t, \end{cases}$$

它的图形如图 1-12 所示,称为星形线或内摆线.消去参数 t 后可得星形线的直角坐标方程

$$x^{\frac{2}{3}} + y^{\frac{2}{3}} = a^{\frac{2}{3}}.$$

2. 曲线的极坐标方程

在平面上取一个定点 O,称为极点,由 O 点向右引一具有规定长度单位的水平射线 Ox,称为极轴(见图 1-13).设 M 是平面上任一点,将 OM 的长度记作 ρ,极轴与 OM 的夹角记作 θ,则 (ρ,θ) 叫作点 M 的极坐标.每一对 (ρ,θ) 确定一个点的位置.显然 $\rho \geqslant 0$,而 θ 的取值范围通常规定为 $0 \leqslant \theta < 2\pi$.点 M 的直角坐标 (x,y) 与极坐标 (ρ,θ) 之间有如下关系:

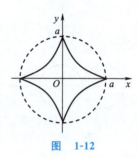

图 1-12

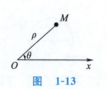

图 1-13

$$\begin{cases} x = \rho\cos\theta, \\ y = \rho\sin\theta. \end{cases}$$

反之,由 $x^2 + y^2 = \rho^2$,得 $\rho = \sqrt{x^2 + y^2}$,$\dfrac{y}{x} = \dfrac{\rho\sin\theta}{\rho\cos\theta} = \tan\theta$,故有

$$\begin{cases} \rho = \sqrt{x^2 + y^2}, \\ \tan\theta = \dfrac{y}{x}. \end{cases}$$

利用上述关系,可以将曲线的直角坐标方程与极坐标方程互相转化.

例 14 将下列圆的直角坐标方程化成极坐标方程.

(1) $x^2 + y^2 = a^2$;

(2) $(x-a)^2 + y^2 = a^2$;

(3) $x^2+(y-a)^2=a^2$.

解 (1) 显然 $x^2+y^2=a^2$ 的极坐标方程为 $\rho=a$；

(2) 将 $(x-a)^2+y^2=a^2$ 展开得 $x^2+y^2=2ax$，

将 $x^2+y^2=\rho^2$ 及 $x=\rho\cos\theta$ 代入得 $\rho^2=2a\rho\cos\theta$，

故所求极坐标方程为 $\rho=2a\cos\theta$；

(3) 将 $x^2+(y-a)^2=a^2$ 展开得 $x^2+y^2=2ay$，将 $x^2+y^2=\rho^2$ 及 $y=\rho\sin\theta$ 代入得 $\rho^2=2a\rho\sin\theta$，

故所求极坐标方程为 $\rho=2a\sin\theta$.

图 1-14

例 15 阿基米德螺线. 设一动点沿着某射线匀速前进，而该射线又同时绕着端点匀速转动，求动点所描绘出的曲线方程.

解 如图 1-14 所示，设开始时动点 M 在原点处，射线与极轴重合，动点沿直线的运动速度为 v，射线转动的角速度为 ω，则有 $\rho=vt$，$\theta=\omega t$，消去 t，并记 $a=\dfrac{v}{\omega}(a>0)$，得

$$\rho=a\theta.$$

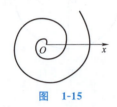

图 1-15

此即所要求动点的运动轨迹方程，它的图形如图 1-15 所示，称为阿基米德螺线（也叫作等速螺线）.

请读者自己思考一下对数螺线 $\rho=e^{a\theta}$（$a>0$ 是常数）的图形，它与阿基米德螺线的相同之处与不同之处分别是什么？

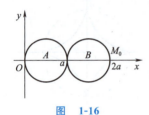

图 1-16

例 16 如图 1-16 所示，两个直径都为 a 的圆，$M_0(2a,0)$ 是右边圆 B 上一定点，现让圆 B 沿圆 A 做无滑动的滚动，求定点 M_0 的运动轨迹.

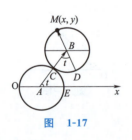

图 1-17

解 如图 1-17 所示，设 M_0 运动到 $M(x,y)$ 时，圆 B 与圆 A 的切点为 C，AB 与 x 轴正向的夹角为 t，则由于 $\overparen{CE}=\overparen{CD}$，有 $\angle CBD=t$，故 $\overrightarrow{BM}$ 与 x 轴正向的夹角为 $2t$. 由 $\overrightarrow{AM}=\overrightarrow{AB}+\overrightarrow{BM}$，有

$$\left\{x-\dfrac{a}{2},y\right\}=a\{\cos t,\sin t\}+\dfrac{a}{2}\{\cos 2t,\sin 2t\}$$

$$=\{a\cos t+\dfrac{a}{2}\cos 2t, a\sin t+\dfrac{a}{2}\sin 2t\},$$

故

$$x-\dfrac{a}{2}=a\cos t+\dfrac{a}{2}\cos 2t,$$

$$x=\dfrac{a}{2}+a\cos t+\dfrac{a}{2}(2\cos^2 t-1)$$

$$=a\cos t(1+\cos t), \qquad (1)$$

$$y=a\sin t+\dfrac{a}{2}\sin 2t=a\sin t+\dfrac{a}{2}2\sin t\cos t$$

$$=a\sin t(1+\cos t). \qquad (2)$$

由式(1)、式(2) 可得 $\dfrac{y}{x}=\tan t$，又由极坐标知 $\dfrac{y}{x}=\tan\theta$，故有 $t=\theta$.

同样由式(1)、式(2) 可得 $x^2+y^2=a^2(1+\cos t)^2=a^2(1+\cos\theta)^2$，

故得到 $\rho^2 = a^2(1+\cos\theta)^2$,
即 $\rho = a(1+\cos\theta)$.
此即所求运动轨迹的极坐标方程. 它的图形如图 1-18 所示.
此曲线称为心形线, 又称外摆线.

例 17 将 $(x^2+y^2)^2 = a^2(x^2-y^2)$ 化成极坐标方程.

解 将 $x=\rho\cos\theta, y=\rho\sin\theta$ 代入方程, 得
$$\rho^4 = a^2(\rho^2\cos^2\theta - \rho^2\sin^2\theta) = a^2\rho^2\cos 2\theta,$$
消去 ρ^2 得曲线的极坐标方程为
$$\rho^2 = a^2\cos 2\theta.$$
此曲线的图形如图 1-19 所示. 此曲线叫作双纽线.

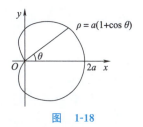

图 1-18

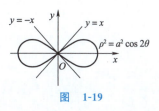

图 1-19

习题 1-1

1. 下列各组函数相同吗？为什么？
   (1) $y=x$ 与 $y=\sin(\arcsin x)$;
   (2) $y=\dfrac{x-1}{x^2-1}$ 与 $y=\dfrac{1}{x+1}$;
   (3) $y=\sqrt{x^2}$ 与 $y=(\sqrt{x})^2$;
   (4) $y\equiv 1$ 与 $y=\sin^2 x+\cos^2 x$;
   (5) $y=\sqrt{x+1}\sqrt{x-1}$ 与 $y=\sqrt{x^2-1}$.

2. 求下列函数的自然定义域：
   (1) $y=\sqrt{2-x}+\sqrt{4-x^2}$;　(2) $y=\arcsin\dfrac{2x}{1+x}$;
   (3) $y=\dfrac{1}{\ln(x+1)}$;　(4) $y=\ln\dfrac{x+2}{x-1}$;
   (5) $y=\arcsin\left(\lg\dfrac{x}{10}\right)$;　(6) $y=\sqrt[3]{\dfrac{1}{x-2}}+\ln(2x-3)$;
   (7) $y=\dfrac{\sqrt{4-x}}{\ln(x-1)}$;　(8) $y=\sqrt{3-x}+\arctan\dfrac{1}{x}$.

3. 设函数 $f(x)$ 的定义域为 $D=[0,1]$, 求下列函数的定义域：
   (1) $f(x^2)$;　(2) $f(\sin x)$;
   (3) $f(x+a)\ (a>0)$;　(4) $f(x+a)+f(x-a)\ (a>0)$;
   (5) $f(\lg x)$.

4. 讨论下列函数的奇偶性：
   (1) $y=x+x\cos x$;　(2) $y=x+\sin x+e^x$;
   (3) $y=x\sin\dfrac{1}{x}$;　(4) $y=\ln(x+\sqrt{x^2+1})$.

5. 设 $f(x)$ 是定义在对称区间 $(-l, l)$ 上的任何函数, 证明：
   (1) $\varphi(x)=f(x)+f(-x)$ 是偶函数, $\psi(x)=f(x)-f(-x)$ 是奇函数;

(2) $f(x)$ 可以写成一个奇函数与一个偶函数之和.

6. 假定中午 12 时飞机 A 以 400km/h 的速度向北飞行,1h 后,飞机 B 从同一地点出发以 300km/h 的速度向东飞行,假定它们飞行的高度相同,且忽略地球表面的曲率,求午后 t 时刻两飞机之间的水平距离 $D(t)$.

7. (1) 设 $f(x+1)=x^2-3x+2$,求 $f(x)$;

   (2) 设 $f\left(\sin\dfrac{x}{2}\right)=\cos x+1$,求 $f\left(\cos\dfrac{x}{2}\right)$;

   (3) 设 $f\left(x+\dfrac{1}{x}\right)=x^2+\dfrac{1}{x^2}$,求 $f(x+2)$;

   (4) 设 $2f(x)+f(1-x)=x^2$,求 $f(x)$.

8. 求下列函数的反函数:

   (1) $y=\dfrac{1-x}{1+x}$;   (2) $y=1+\ln(x+2)$;

   (3) $y=\dfrac{2^x}{2^x+1}$;   (4) $y=\text{sh}\dfrac{x+1}{2}$.

9. 设 $f(x)=x^2, g(x)=2^x$,求 $(f\circ g)(x),(g\circ f)(x)$.

10. 设 $f(x)=\dfrac{1}{1-x}$,求 $(f\circ f)(x)$.

11. 设 $f(x)=\begin{cases}0, & x\leqslant 0, \\ x, & x>0,\end{cases} g(x)=\begin{cases}x, & x\leqslant 0, \\ -x^2, & x>0,\end{cases}$ 求 $(f\circ g)(x),(f\circ f)(x),(g\circ g)(x)$.

12. 设 $f(x)=2^x+3$,求 $g(x)$,使 $f(g(x))=\sqrt{x}+4$.

13. 设 $f(x^2-1)=\ln\dfrac{x^2}{x^2-2}$,且 $f(\varphi(x))=\ln x$,求 $\varphi(x)$.

14. 下列函数分别是由哪些简单函数复合而成的?
    (1) $y=\sin^2(3x+1)$;   (2) $y=3^{(x+1)^2}$;
    (3) $y=\sqrt[3]{\ln(\cos^2 x)}$.

15. 将下列曲线的直角坐标方程化成极坐标方程,并画出其图形.
    (1) $(x-1)^2+y^2=1$;   (2) $x^2+(y-3)^2=9$;
    (3) $y=\dfrac{x^2}{2}$;   (4) $y=5$;
    (5) $(x^2+y^2)^2=2a^2xy$;   (6) $x^2+y^2+ax=a\sqrt{x^2+y^2}$.

第二节 极限的概念

自然界中有很多量,直接去计算它们的精确值是很困难的,因此只能采取间接的方法,逼近法就是一种间接的方法.例如,公元前 3 世纪,古希腊的阿基米德在计算一些由曲线围成的图形面积 A 时,先用 n 个内接矩形的面积之和 A_n 作为 A 的近似值,再让 n 无限变大,用 A_n 去逼近 A 的精确值.又如,3 世纪我国数学家刘徽的割圆术,即通过不断增加圆内接正多边形的边数来推算圆面积的方法,也是逼近的方法.这种逼近的方法就是极限思想在几何学上的应用.极限思想的引入是初等数学与高等数学的重要区别.

一、数列的极限

1. 数列极限的定义

按照某种法则排列的无穷多个实数

$$y_1, y_2, y_3, \cdots, y_n, \cdots$$

叫作数列,简记为 $\{y_n\}$. y_n 叫作数列的一般项,其中 n 叫作数列的下标.

下面是一些数列的例子:

(1) $1, \dfrac{1}{2}, \dfrac{1}{3}, \cdots, \dfrac{1}{n}, \cdots$,一般项 $y_n = \dfrac{1}{n}$;

(2) $2, \dfrac{1}{2}, \dfrac{4}{3}, \cdots, \dfrac{n+(-1)^{n+1}}{n}, \cdots$,一般项 $y_n = \dfrac{n+(-1)^{n+1}}{n}$;

(3) $\dfrac{1}{2}, 1, \dfrac{3}{4}, 1, \cdots$,一般项 $y_n = \begin{cases} \dfrac{n}{n+1}, & n = 2k-1, \\ 1, & n = 2k, \end{cases}$

(k 是正整数).

数列可以理解为定义域为自然数集 $\mathbf{N}$ 的函数,即

$$y_n = f(n), \quad n \in \mathbf{N}.$$

因此数列又可称为整标函数,它的图形是 xOy 平面上无穷多个离散的点.

下面先让我们对极限概念做一些感性的了解.

有一些数列,当 n 无限增大时,y_n 可以任意地接近于某个常数 A,在这种情况下,我们将数 A 称为数列 $\{y_n\}$ 的极限,记作

$$\lim_{n \to \infty} y_n = A \text{ 或 } y_n \to A (n \to \infty).$$

这种描述不能算是极限的定义,严格的定义我们将在后面给出.我们先来考察几个有极限的数列和没有极限的数列.

例 1 (1) $\{y_n\} = \left\{\dfrac{1}{n}\right\} = 1, \dfrac{1}{2}, \dfrac{1}{3}, \dfrac{1}{4}, \cdots$,由于当 n 无限增大时,y_n 任意地接近于常数 0,因此,

$$\lim_{n \to \infty} y_n = \lim_{n \to \infty} \dfrac{1}{n} = 0;$$

(2) $\{y_n\} = \left\{1 - \dfrac{1}{n}\right\} = 0, \dfrac{1}{2}, \dfrac{2}{3}, \dfrac{3}{4}, \dfrac{4}{5}, \cdots$,由于当 n 无限增大时,y_n 任意地接近于常数 1,因此,

$$\lim_{n \to \infty} y_n = \lim_{n \to \infty} \left(1 - \dfrac{1}{n}\right) = 1;$$

(3) $\{y_n\} = \left\{2 + \dfrac{(-1)^n}{n}\right\} = 1, \dfrac{5}{2}, \dfrac{5}{3}, \dfrac{9}{4}, \dfrac{9}{5}, \dfrac{13}{6}, \cdots$,由于当 n 无限增大时,y_n 任意地接近于常数 2,因此,

$$\lim_{n\to\infty} y_n = \lim_{n\to\infty}\left(2 + \dfrac{(-1)^n}{n}\right) = 2;$$

(4) $y_n = \begin{cases} \dfrac{1}{n}, & n\text{ 为奇数,} \\ \dfrac{2}{n}, & n\text{ 为偶数} \end{cases} = 1, 1, \dfrac{1}{3}, \dfrac{1}{2}, \dfrac{1}{5}, \dfrac{1}{3}, \dfrac{1}{7}, \dfrac{1}{4}, \cdots$,由于当 n 无限增大时,y_n 任意地接近于常数 0,因此,

$$\lim_{n\to\infty} y_n = 0;$$

(5) $y_n = \begin{cases} -1 + \dfrac{1}{n}, & n\text{ 为奇数,} \\ -1, & n\text{ 为偶数} \end{cases} = 0, -1, -\dfrac{2}{3}, -1, -\dfrac{4}{5},$

$-1, -\dfrac{6}{7}, -1, \cdots$,由于当 n 无限增大时,y_n 任意地接近于常数 -1,因此

$$\lim_{n\to\infty} y_n = -1.$$

例 2 数列 $\{y_n\} = \{n\} = 1, 2, 3, \cdots$ 是没有极限的,因为当 n 无限增大时,y_n 并不任意地接近某个常数.

前面关于数列极限的描述是很含糊的.主要是当 n 无限增大以及 $\{y_n\}$ 与 A 任意地接近,这些说法不是很明确,我们也无法根据这种描述去证明,去计算,或进行理论推导.下面我们对有极限的数列做进一步的考察,以获得更深入的认识.

再次考察例 1 中的数列(3) $\{y_n\} = \left\{2 + \dfrac{(-1)^n}{n}\right\} = 1, \dfrac{5}{2}, \dfrac{5}{3},$ $\dfrac{9}{4}, \dfrac{9}{5}, \dfrac{13}{6}, \cdots$.如图 1-20 所示,我们会发现,如果我们在极限 $y = 2$ 的上方与下方各做一条与 $y = 2$ 等距离(将这个距离记为 ε)的直线 $y = 2 + \varepsilon$ 与 $y = 2 - \varepsilon$,不论 ε 有多么小,我们总能在 x 轴上找到一点 N(N 是正数,但不一定是整数),使得在这个点右方,$\{y_n\}$ 的图形完全位于直线 $y = 2 + \varepsilon$ 与 $y = 2 - \varepsilon$ 所形成的水平带形域内,如果用数学式表示就是:

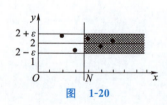

图 1-20

对 $\forall \varepsilon > 0$,都 $\exists N > 0$,使得当 $n > N$ 时,恒有 $|y_n - 2| < \varepsilon$.

例如,当 $\varepsilon = 0.1$,由于 $|y_n - 2| = \left|\left(2 + \dfrac{(-1)^n}{n}\right) - 2\right| = \dfrac{1}{n}$,则只要 $N = 10$,或 $N = 11.5$(或其他大于 10 的数),则当 $n > N$ 时,恒有 $|y_n - 2| < 0.1$.当 $\varepsilon = 0.05$,只要 $N = 20$,或 $N = 23.7$(或其他大于 20 的数),则当 $n > N$ 时,恒有 $|y_n - 2| < 0.05$.

一般地,我们给出下面关于数列极限的严格定义(称为 $\varepsilon - N$ 定义).

定义 1 设数列 $\{y_n\}$，A 是一常数，如果对于任意给定的正数 ε，都存在正数 N，使得当 $n>N$ 时，恒有 $|y_n-A|<\varepsilon$ 成立，则称数列 $\{y_n\}$ 以 A 为极限，或者称数列 $\{y_n\}$ 收敛于 A，记作

$$\lim_{n\to\infty} y_n = A \quad \text{或} \quad y_n \to A(n\to\infty).$$

如果数列 $\{y_n\}$ 没有极限，则称数列 $\{y_n\}$ 是发散的.

我们可以将定义中的"当 $n>N$ 时"说成"当 n 充分大时"，将"$|y_n-A|<\varepsilon$"说成"y_n 与 A 任意地接近".

从几何上看（见图 1-21），$\lim\limits_{n\to\infty} y_n = A$ 就意味着，对 $\forall\varepsilon>0$，都 $\exists N>0$，使得当 $n>N$ 时，数列 $\{y_n\}$ 在 N 右边的图形都位于直线 $y=A-\varepsilon$ 与 $y=A+\varepsilon$ 之间.

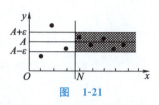

图 1-21

一个数列是否有极限，同它的前有限项的值是没有关系的. 另外，对每个 $\varepsilon>0$，定义中的 N 不是唯一的. 通常，如果 ε 改变了，N 也要随之改变.

利用极限的 $\varepsilon-N$ 定义可以证明数列的极限.

例 3 证明 $\lim\limits_{n\to\infty}\dfrac{2+(-1)^n}{n+1}=0$.

证 对 $\forall\varepsilon>0$，只要 $N=\dfrac{3}{\varepsilon}$，则当 $n>N$ 时，总有

$$|y_n-0|=\left|\frac{2+(-1)^n}{n+1}\right|\leqslant\frac{3}{n+1}<\frac{3}{n}<\varepsilon,$$

因此

$$\lim_{n\to\infty}\frac{2+(-1)^n}{n+1}=0.$$

例 4 设 $y_n=\dfrac{1}{6n^2}-\dfrac{1}{2n}+\dfrac{1}{3}$，证明 $\lim\limits_{n\to\infty} y_n = \dfrac{1}{3}$.

证 对 $\forall\varepsilon>0$，只要 $N=\dfrac{1}{2\varepsilon}$，则当 $n>N$，总有

$$\left|y_n-\frac{1}{3}\right|=\left|\frac{1}{6n^2}-\frac{1}{2n}\right|=\left|\frac{3n-1}{6n^2}\right|<\frac{3n}{6n^2}=\frac{1}{2n}<\varepsilon,$$

故

$$\lim_{n\to\infty} y_n = \frac{1}{3}.$$

例 5 证明 $\lim\limits_{n\to\infty}\dfrac{1}{2^n}=0$.

证 对 $\forall\varepsilon>0$（不妨设 $\varepsilon<1$），只要 $N=\dfrac{\ln\dfrac{1}{\varepsilon}}{\ln 2}$，则当 $n>N$ 时，总有

$$|y_n-0|=\left|\frac{1}{2^n}-0\right|=\frac{1}{2^n}<\varepsilon,$$

故

$$\lim_{n\to\infty}\frac{1}{2^n}=0.$$

2. 数列极限与子列极限的关系

在数列$\{y_n\}$中任意抽取无限多项并保持这些项在原数列$\{y_n\}$中前后的次序,这样得到的数列称为原数列$\{y_n\}$的一个子序列(简称子列).如果将第k次抽到的数记为y_{n_k},则所得子列为

$$\{y_{n_k}\} = y_{n_1}, y_{n_2}, y_{n_3}, \cdots, y_{n_k}, \cdots.$$

例如,由$\{y_n\}$的奇数项构成的子列为

$$\{y_{2n-1}\} = y_1, y_3, y_5, \cdots, y_{2n-1}, \cdots.$$

由$\{y_n\}$的偶数项构成的子列为

$$\{y_{2n}\} = y_2, y_4, y_6, \cdots, y_{2n}, \cdots.$$

下面的定理给出了数列的极限与其子列的极限之间的关系.

定理 1 如果数列$\{y_n\}$收敛于A,则$\{y_n\}$的任一子列$\{y_{n_k}\}$也收敛于A.

证 由于$\lim\limits_{n\to\infty} y_n = A$,对$\forall \varepsilon > 0$,$\exists N > 0$,当$n > N$时,总有$|y_n - A| < \varepsilon$.故当$k > N$时,必有$n_k \geq k > N$,因此有$|y_{n_k} - A| < \varepsilon$,所以$\lim\limits_{k\to\infty} y_{n_k} = A$.定理得证.

由定理 1 可知,如果$\{y_n\}$有一个子列是发散的,则$\{y_n\}$也发散.如果$\{y_n\}$有两个子列收敛于不同的极限,则$\{y_n\}$一定是发散的.

例 6 下面数列是否有极限?

(1) $y_n = \begin{cases} 2n, & n \text{ 是奇数}, \\ \dfrac{1}{n}, & n \text{ 是偶数}; \end{cases}$ (2) $y_n = 1 + (-1)^n$.

解 (1) 由于$\lim\limits_{n\to\infty} y_{2n-1} = \lim\limits_{n\to\infty} 2(2n-1)$不存在,因此$\lim\limits_{n\to\infty} y_n$不存在;

(2) $\lim\limits_{n\to\infty} y_{2n} = \lim\limits_{n\to\infty}(1+1) = 2$,$\lim\limits_{n\to\infty} y_{2n-1} = \lim\limits_{n\to\infty}(1-1) = 0$,由于$\lim\limits_{n\to\infty} y_{2n} \neq \lim\limits_{n\to\infty} y_{2n-1}$,因此$\lim\limits_{n\to\infty} y_n$不存在.

可以证明,若$\{y_{n_k}\}, \{y_{n_l}\}, \cdots, \{y_{n_m}\}$是数列$\{y_n\}$的$m$个子列,当这些子列都收敛于$A$,并且这些子列构成的并集等于$\{y_n\}$,则数列$\{y_n\}$也收敛于$A$.

例如,如果$\lim\limits_{n\to\infty} y_{2n} = A$,$\lim\limits_{n\to\infty} y_{2n-1} = A$,则有$\lim\limits_{n\to\infty} y_n = A$.

又如,如果$\lim\limits_{n\to\infty} y_{3n-1} = A$,$\lim\limits_{n\to\infty} y_{3n-2} = A$,$\lim\limits_{n\to\infty} y_{3n} = A$,则有$\lim\limits_{n\to\infty} y_n = A$.

二、函数的极限

数列(整标函数)的自变量n是离散变化的.数列的极限研究的是自变量n沿着正整数点向无穷大变化时,因变量y_n是否任意地接近某一常数A.下面我们来讨论自变量x连续变化时,函数$f(x)$有极限的情况.x的变化趋势包括x趋于无穷大和x趋

于有限值.

1. 自变量趋于无穷大时函数的极限

自变量 x 趋于无穷大包括三种情况：$x \to +\infty$ 是指 x 沿 x 轴正向趋于无穷大. $x \to -\infty$ 是指 x 沿 x 轴负向趋于无穷大. $x \to \infty$ 是指 x 沿 x 轴正向和负向都趋于无穷大，即 $|x|$ 趋于无穷大. $x \to +\infty$ 与 $n \to \infty$ 的不同之处是 n 是离散变化的，而 x 是在某区间 $(a, +\infty)$ 内连续变化的. 因而 $x \to +\infty$ 时，函数 $f(x)$ 的极限定义与数列极限的定义是类似的.

定义 2　设函数 $f(x)$ 在区间 $[a, +\infty)$ 上有定义，A 是一常数，如果对任意给定的正数 ε，都存在正数 N，使得当 $x > N$ 时，恒有 $|f(x) - A| < \varepsilon$ 成立，则 A 叫作函数 $f(x)$ 当 $x \to +\infty$ 时的极限，记作

$$\lim_{x \to +\infty} f(x) = A \quad \text{或} \quad f(x) \to A \, (x \to +\infty).$$

注　我们可将此定义中的"当 $x > N$ 时"说成"当 x 充分大时".

例如，$\lim\limits_{x \to +\infty} \dfrac{1}{x} = 0$，$\lim\limits_{x \to +\infty} \arctan x = \dfrac{\pi}{2}$.

从几何上看（见图 1-22），$\lim\limits_{x \to +\infty} f(x) = A$ 意味着对 $\forall \varepsilon > 0$，$\exists N > 0$，使得 $f(x)$ 在 N 右边的图形都位于直线 $y = A - \varepsilon$ 与 $y = A + \varepsilon$ 之间.

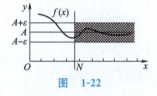

图 1-22

定义 3　设函数 $f(x)$ 在区间 $(-\infty, b]$ 上有定义，A 是一常数，如果对任意给定的正数 ε，都存在正数 N，使得当 $x < -N$ 时，恒有 $|f(x) - A| < \varepsilon$ 成立，则 A 叫作函数 $f(x)$ 当 $x \to -\infty$ 时的极限，记作

$$\lim_{x \to -\infty} f(x) = A \quad \text{或} \quad f(x) \to A \, (x \to -\infty).$$

例如，$\lim\limits_{x \to -\infty} \dfrac{1}{x} = 0$，$\lim\limits_{x \to -\infty} \arctan x = -\dfrac{\pi}{2}$，$\lim\limits_{x \to -\infty} 2^x = 0$.

从几何上看（见图 1-23），$\lim\limits_{x \to -\infty} f(x) = A$ 意味着对 $\forall \varepsilon > 0$，$\exists N > 0$，使得 $f(x)$ 在 $-N$ 左边的图形都位于直线 $y = A - \varepsilon$ 与 $y = A + \varepsilon$ 之间.

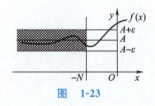

图 1-23

定义 4　设函数 $f(x)$ 在区间 $(-\infty, b] \cup [a, +\infty)$ 上有定义，A 是一常数，如果对任意给定的正数 ε，都存在正数 N，使得当 $|x| > N$ 时，恒有 $|f(x) - A| < \varepsilon$ 成立，则 A 叫作函数 $f(x)$ 当 $x \to \infty$ 时的极限，记作

$$\lim_{x \to \infty} f(x) = A \quad \text{或} \quad f(x) \to A \, (x \to \infty).$$

注　我们可将此定义中的"当 $|x| > N$ 时"说成"当 $|x|$ 充分大时".

例如，$\lim\limits_{x \to \infty} \dfrac{1}{x} = 0$，$\lim\limits_{x \to \infty} |\arctan x| = \dfrac{\pi}{2}$.

从几何上看（见图 1-24），$\lim\limits_{x \to \infty} f(x) = A$ 意味着对 $\forall \varepsilon > 0$，

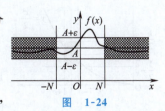

图 1-24

$\exists N>0$,使得 $f(x)$ 在 $-N$ 左边以及 N 右边的图形都位于直线 $y=A-\varepsilon$ 与 $y=A+\varepsilon$ 之间.

例 7 证明 $\lim\limits_{x\to\infty}\dfrac{\sin x}{x}=0$.

证 对 $\forall \varepsilon>0$,只要 $N=\dfrac{1}{\varepsilon}$,则当 $|x|>N$ 时,总有

$$|f(x)-0|=\left|\dfrac{\sin x}{x}-0\right|=\dfrac{|\sin x|}{|x|}\leqslant\dfrac{1}{|x|}<\varepsilon,$$

故

$$\lim_{x\to\infty}\dfrac{\sin x}{x}=0.$$

三种自变量趋于无穷大时的极限有如下关系.

定理 2 $\lim\limits_{x\to\infty}f(x)=A$ 的充分必要条件是 $\lim\limits_{x\to+\infty}f(x)=A$ 且 $\lim\limits_{x\to-\infty}f(x)=A$.

证 先证必要性. 设 $\lim\limits_{x\to\infty}f(x)=A$,则对 $\forall\varepsilon>0$,$\exists N>0$,当 $|x|>N$ 时,有 $|f(x)-A|<\varepsilon$. 由此可得当 $x>N$,以及 $x<-N$ 时,都有 $|f(x)-A|<\varepsilon$,故有 $\lim\limits_{x\to+\infty}f(x)=A$,$\lim\limits_{x\to-\infty}f(x)=A$.

再证充分性. 对 $\forall\varepsilon>0$,由于 $\lim\limits_{x\to+\infty}f(x)=A$,$\exists N_1>0$,当 $x>N_1$ 时,有 $|f(x)-A|<\varepsilon$. 由于 $\lim\limits_{x\to-\infty}f(x)=A$,$\exists N_2>0$,当 $x<-N_2$ 时,有 $|f(x)-A|<\varepsilon$. 令 $N=\max\{N_1,N_2\}$(此式表示取 N_1,N_2 中最大的),则当 $|x|>N$ 时,有 $|f(x)-A|<\varepsilon$,故有 $\lim\limits_{x\to\infty}f(x)=A$.

由于 $\lim\limits_{x\to+\infty}\arctan x=\dfrac{\pi}{2}$,$\lim\limits_{x\to-\infty}\arctan x=-\dfrac{\pi}{2}$,由定理 2 可知极限 $\lim\limits_{x\to\infty}\arctan x$ 不存在.

2. 自变量趋于有限值时函数的极限

自变量趋于有限值包括三种情况:$x\to x_0^+$,$x\to x_0^-$,$x\to x_0$. 其中 $x\to x_0^+$ 表示在数轴上 x 从 x_0 的右侧无限接近于 x_0 但又不等于 x_0. $x\to x_0^-$ 表示在数轴上 x 从 x_0 的左侧无限接近于 x_0 但又不等于 x_0. $x\to x_0$ 表示在数轴上 x 从 x_0 的两侧无限接近于 x_0 但又不等于 x_0.

直观上,如果当 $x\to x_0$ 时,函数 $f(x)$ 任意地接近于常数 A,则称 A 是函数 $f(x)$ 当 $x\to x_0$ 时的极限,记作 $\lim\limits_{x\to x_0}f(x)=A$.

例如,$\lim\limits_{x\to 1}\dfrac{x^2}{2}=\dfrac{1}{2}$.

考察 $f(x)=\dfrac{x^2}{2}$ 的图形(见图 1-25),当 x 充分接近 1 且不等于 1 时,$\dfrac{x^2}{2}$ 可以任意地接近于 $\dfrac{1}{2}$,即对 $\forall\varepsilon>0$,都存在 $\delta>0$,使对 $x_0=1$ 的去心 δ 邻域内的所有 x,即当 $0<|x-1|<\delta$ 时,$f(x)$ 的图形都

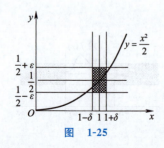

图 1-25

位于直线 $y=\frac{1}{2}-\varepsilon$ 与 $y=\frac{1}{2}+\varepsilon$ 之间.

一般地,有如下严格定义(称为 $\varepsilon-\delta$ 定义).

定义 5 设函数 $f(x)$ 在点 x_0 的某去心邻域内有定义,A 是一常数,如果对任意给定的正数 ε,都存在正数 δ,使得当 x 满足不等式 $0<|x-x_0|<\delta$ 时,总有 $|f(x)-A|<\varepsilon$,则 A 叫作函数 $f(x)$ 当 $x\to x_0$ 时的极限(或 $f(x)$ 在点 x_0 的极限),记作
$$\lim_{x\to x_0}f(x)=A \quad 或 \quad f(x)\to A(x\to x_0).$$

由于 $\lim\limits_{x\to x_0}f(x)$ 研究的是当 x 无限接近于 x_0 时 $f(x)$ 的变化趋势,因此当 $x\to x_0$ 时,$f(x)$ 的极限是否存在同 $f(x_0)$ 没有关系,$f(x)$ 可以在 x_0 处没有定义,也允许 $f(x_0)$ 存在,但 $f(x_0)$ 与 A 不相等,因此在定义中有 $0<|x-x_0|<\delta$.

定义中的"当 $0<|x-x_0|<\delta$ 时"可以说成"当 x 充分接近 x_0 时".

几何上(见图 1-26),$\lim\limits_{x\to x_0}f(x)=A$ 意味着对 $\forall \varepsilon>0$,都 $\exists \delta>0$,使得当 x 在 x_0 的去心 δ 邻域内时,函数 $f(x)$ 的图形都位于直线 $y=A-\varepsilon$ 与 $y=A+\varepsilon$ 之间.

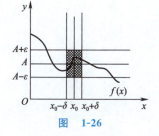

图 1-26

例 8 证明 $\lim\limits_{x\to 2}\dfrac{2x^2-3x-2}{x-2}=5$.

证 对 $\forall \varepsilon>0$,只要 $\delta=\dfrac{\varepsilon}{2}$,则当 $0<|x-2|<\delta$ 时,总有
$$|f(x)-5|=\left|\frac{2x^2-3x-2}{x-2}-5\right|=\left|\frac{(2x+1)(x-2)}{x-2}-5\right|$$
$$=|(2x+1)-5|=2|x-2|<\varepsilon,$$
故
$$\lim_{x\to 2}\frac{2x^2-3x-2}{x-2}=5.$$

接下来我们研究函数在点 x_0 的单侧极限.

定义 6 设函数 $f(x)$ 在点 x_0 的某左邻域内有定义,A 是一常数,如果对任意给定的正数 ε,都存在正数 δ,使得当 x 满足不等式 $0<x_0-x<\delta$ 时,总有 $|f(x)-A|<\varepsilon$,则 A 叫作函数 $f(x)$ 在点 x_0 的左极限,记作 $\lim\limits_{x\to x_0^-}f(x)=A$,或 $f(x)\to A(x\to x_0^-)$,或 $f(x_0-0)=A$.

类似地,可以定义 $f(x)$ 在点 x_0 的右极限.

设函数 $f(x)$ 在点 x_0 的某右邻域内有定义,A 是一常数,如果对任意给定的正数 ε,都存在正数 δ,使得当 x 满足不等式 $0<x-x_0<\delta$ 时,总有 $|f(x)-A|<\varepsilon$,则 A 叫作函数 $f(x)$ 在点 x_0 的右极限,记作 $\lim\limits_{x\to x_0^+}f(x)=A$. 或 $f(x)\to A(x\to x_0^+)$,或 $f(x_0+0)=A$.

左极限与右极限统称为单侧极限.

例 9 证明 $\lim\limits_{x \to 0^+} e^x = 1$.

证 由于当 $x > 0$ 时,$|e^x - 1| = e^x - 1$,由 $e^x - 1 < \varepsilon$,可得 $e^x < 1 + \varepsilon$,$x < \ln(1 + \varepsilon)$,因此,对 $\forall \varepsilon > 0$,只要 $\delta = \ln(1 + \varepsilon)$,则当 $0 < x < \delta$ 时,总有
$$|e^x - 1| = e^x - 1 < \varepsilon,$$
故
$$\lim\limits_{x \to 0^+} e^x = 1.$$

函数在一点处的极限与它在该点处的左极限和右极限有如下关系.

定理 3 $\lim\limits_{x \to x_0} f(x) = A$ 的充分必要条件是 $\lim\limits_{x \to x_0^-} f(x) = A$ 且 $\lim\limits_{x \to x_0^+} f(x) = A$.

证明与定理 2 的证明类似.

根据定理 3,如果 $f(x_0 - 0)$ 与 $f(x_0 + 0)$ 有一个不存在,或者两者都存在但不相等,则 $\lim\limits_{x \to x_0} f(x)$ 一定不存在.

例如,$f(x) = \begin{cases} x, & x > 0, \\ \dfrac{1}{x}, & x < 0, \end{cases}$ 由于 $\lim\limits_{x \to 0^-} f(x) = \lim\limits_{x \to 0^-} \dfrac{1}{x}$ 不存在,

故 $\lim\limits_{x \to 0} f(x)$ 不存在.

又如,$g(x) = \operatorname{sgn} x = \begin{cases} 1, & x > 0, \\ 0, & x = 0, \\ -1, & x < 0, \end{cases}$

由于 $\lim\limits_{x \to 0^-} g(x) = \lim\limits_{x \to 0^-}(-1) = -1$,$\lim\limits_{x \to 0^+} g(x) = \lim\limits_{x \to 0^+} 1 = 1$,可知 $\lim\limits_{x \to 0} g(x)$ 不存在.

习题 1-2

1. 根据 $\varepsilon - N$ 定义证明:

    (1) $\lim\limits_{n \to \infty} \dfrac{1}{n^2} = 0$;　　(2) $\lim\limits_{n \to \infty} \dfrac{3n + 2}{2n + 1} = \dfrac{3}{2}$.

2. 考察下列数列子列的极限并判断数列是否有极限.

    (1) $y_n = \dfrac{1}{n} \sin \dfrac{n\pi}{2}$;　　(2) $y_n = 4 + (-1)^{n-1}$.

3. 利用 $\varepsilon - N$ 或 $\varepsilon - \delta$ 定义证明:

    (1) $\lim\limits_{x \to +\infty} \dfrac{\sin x^2}{\sqrt{x}} = 0$;　　(2) $\lim\limits_{x \to \infty} \dfrac{x^2 + 1}{2x^2} = \dfrac{1}{2}$;

    (3) $\lim\limits_{x \to 2}(3x - 2) = 4$;　　(4) $\lim\limits_{x \to 1} \dfrac{x^2 - 1}{x - 1} = 2$.

4. 设 $f(x) = \dfrac{|x|}{x}$,求 $\lim\limits_{x \to 0^-} f(x)$,$\lim\limits_{x \to 0^+} f(x)$,并指出 $\lim\limits_{x \to 0} f(x)$ 是否

存在.

第三节　极限的性质

前一节我们给出了极限的定义,在这一节我们将讨论极限的基本性质.

1. 极限的唯一性

定理 1　如果极限存在,则必唯一.

证　下面只对数列证明此性质,其他情形证明类似.

设数列$\{y_n\}$有极限,我们只需证明:如果$\lim\limits_{n\to\infty}y_n=A$,且$\lim\limits_{n\to\infty}y_n=B$,则一定有$A=B$.

用反证法.如果$A\neq B$,由于$\lim\limits_{n\to\infty}y_n=A$,根据数列极限的定义,对$\varepsilon=\dfrac{|B-A|}{2}$,$\exists N_1>0$,使得当$n>N_1$时,总有

$$|y_n-A|<\dfrac{|B-A|}{2}. \tag{1}$$

又由于$\lim\limits_{n\to\infty}y_n=B$,故$\exists N_2>0$,使得当$n>N_2$时,总有

$$|y_n-B|<\dfrac{|B-A|}{2}. \tag{2}$$

取$N=\max\{N_1,N_2\}$,则当$n>N$时,应该有式(1)、式(2)都成立,但由式(1)成立却得到

$$|y_n-B|=|(y_n-A)+(A-B)|$$
$$\geqslant |B-A|-|y_n-A|>|B-A|-\dfrac{|B-A|}{2}$$
$$=\dfrac{|B-A|}{2},$$

产生矛盾,因此应该有$A=B$.

2. 有界性或局部有界性

定理 2　如果数列$\{y_n\}$收敛,则$\{y_n\}$一定有界,即$\exists M>0$,使得对所有n,都有$|y_n|\leqslant M$;

如果$\lim\limits_{x\to x_0}f(x)$存在,则在点$x_0$的某去心邻域内,函数$f(x)$有界;

如果$\lim\limits_{x\to\infty}f(x)$存在,则当$|x|$充分大时(即$\exists N>0$,当$|x|>N$时),函数$f(x)$有界.

对$x\to x_0^-$,$x\to x_0^+$,$x\to -\infty$,$x\to +\infty$有同样的结论,此处不再一一详细表述.

证　设$\lim\limits_{n\to\infty}y_n=A$,则对$\varepsilon=1$,存在正整数$N$,使得当$n>N$时,总有　$|y_n-A|<1$,

故　$|y_n|=|(y_n-A)+A|\leqslant|y_n-A|+|A|<1+|A|$,

令 $M=\max\{|y_1|,|y_2|,\cdots,|y_N|,1+|A|\}$，则对所有 n，都有 $|y_n|\leqslant M$，即 $\{y_n\}$ 有界.

设 $\lim\limits_{x\to x_0}f(x)=A$，则对 $\varepsilon=1$，$\exists\delta>0$，使得当 $0<|x-x_0|<\delta$ 时，总有 $|f(x)-A|<1$，于是有
$$|f(x)|=|(f(x)-A)+A|\leqslant|f(x)-A|+|A|<1+|A|,$$
即 $f(x)$ 在点 x_0 的某去心邻域内有界.

其他情况留给读者自己证明.

3. 局部保号性

定理 3 如果 $\lim\limits_{x\to x_0}f(x)=A$，且 $A>0$（或 $A<0$），则在点 x_0 的某去心邻域内，有 $f(x)>0$（或 $f(x)<0$）；

如果 $\lim\limits_{x\to\infty}f(x)=A$，且 $A>0$（或 $A<0$），则当 $|x|$ 充分大时（即 $\exists N>0$，当 $|x|>N$ 时），有 $f(x)>0$（或 $f(x)<0$）.

对 $x\to x_0^-$，$x\to x_0^+$，$x\to-\infty$，$x\to+\infty$ 的情形以及数列极限有同样的结论.

证 设 $\lim\limits_{x\to x_0}f(x)=A$，且 $A>0$，则对 $\varepsilon=\dfrac{A}{2}$，$\exists\delta>0$，使得当 $0<|x-x_0|<\delta$ 时，总有 $|f(x)-A|<\dfrac{A}{2}$，即
$$-\dfrac{A}{2}<f(x)-A<\dfrac{A}{2},$$
故有
$$f(x)>A-\dfrac{A}{2}=\dfrac{A}{2}>0.$$

其他情形证明略.

4. 保序性（比较性质）

定理 4 如果在点 x_0 的某去心邻域内有 $f(x)\geqslant 0$，且 $\lim\limits_{x\to x_0}f(x)=A$，则 $A\geqslant 0$；

如果当 $|x|$ 充分大时（即 $\exists N>0$，当 $|x|>N$ 时），有 $f(x)\geqslant 0$，且 $\lim\limits_{x\to\infty}f(x)=A$，则 $A\geqslant 0$.

对 $x\to x_0^-$，$x\to x_0^+$，$x\to-\infty$，$x\to+\infty$ 的情形以及数列极限有同样的结论.

如果将定理中的条件 $f(x)\geqslant 0$ 改为 $f(x)\leqslant 0$，则定理的结论应为 $A\leqslant 0$.

根据定理 3 并用反证法很容易证明定理 4.

推论 如果在点 x_0 的某去心邻域内有 $f(x)\geqslant g(x)$，且 $\lim\limits_{x\to x_0}f(x)=A$，$\lim\limits_{x\to x_0}g(x)=B$，则 $A\geqslant B$；

如果当 $|x|$ 充分大时（即 $\exists N>0$，当 $|x|>N$ 时），有 $f(x)\geqslant g(x)$，且 $\lim\limits_{x\to\infty}f(x)=A$，$\lim\limits_{x\to\infty}g(x)=B$，则 $A\geqslant B$.

对自变量的其他情况有类似的结论.

5. 归并性(函数极限与数列极限的关系)

定理 5 (1) $\lim\limits_{x \to a} f(x) = A$(或$\infty$)的充分必要条件是,对任意数列$\{x_n\}$($x_n \neq a$,且 x_n 在 $f(x)$ 的定义域内),只要$\lim\limits_{n \to \infty} x_n = a$,则有$\lim\limits_{n \to \infty} f(x_n) = A$(或$\infty$).

(2) $\lim\limits_{x \to +\infty} f(x) = A$(或$\infty$)的充分必要条件是,对任意数列$\{x_n\}$,只要$\lim\limits_{n \to \infty} x_n = +\infty$,则有$\lim\limits_{n \to \infty} f(x_n) = A$(或$\infty$). 对$\lim\limits_{x \to -\infty} f(x)$ 及 $\lim\limits_{x \to \infty} f(x)$有类似结论.

证 (1) 只对$\lim\limits_{x \to a} f(x) = A$ 的情况证明.

必要性. 设$\lim\limits_{x \to a} f(x) = A$,则对$\forall \varepsilon > 0$,$\exists \delta > 0$,当$0 < |x - a| < \delta$ 时,有$|f(x) - A| < \varepsilon$. 由于$\lim\limits_{n \to \infty} x_n = a$,$x_n \neq a$,故对$\delta > 0$,$\exists N > 0$,当$n > N$ 时,有$0 < |x_n - a| < \delta$,因此有$|f(x_n) - A| < \varepsilon$,所以$\lim\limits_{n \to \infty} f(x_n) = A$.

充分性. 反证. 在定理的条件下,若$\lim\limits_{x \to a} f(x) \neq A$,则对某个$\varepsilon_0 > 0$,找不到极限定义中要求的$\delta$. 即对任意自然数$n$,都存在$x$ 满足$0 < |x - a| < \dfrac{1}{n}$,但$|f(x) - A| \geq \varepsilon_0$. 取这样的点构造一个数列$\{x_n\}$,$n = 1, 2, \cdots$,满足$0 < |x_n - a| < \dfrac{1}{n}$,且$|f(x_n) - A| \geq \varepsilon_0$. 由于$0 < |x_n - a| < \dfrac{1}{n}$,所以有$\lim\limits_{n \to \infty} x_n = a$,但不论$n$ 多大,都不能使$|f(x_n) - A| < \varepsilon_0$,与$\lim\limits_{n \to \infty} f(x_n) = A$ 矛盾. 故应有$\lim\limits_{x \to a} f(x) = A$.

$\lim\limits_{x \to a} f(x) = \infty$的证明类似.

(2) 的证明与(1)的证明类似.

根据定理5,可以利用函数的极限去求某些数列的极限,也可以通过某些数列不存在极限而得出函数的极限不存在.

例 1 证明下列极限不存在:

(1) $\lim\limits_{x \to +\infty} \sin x$; (2) $\lim\limits_{x \to +\infty} \tan x$.

证 (1) 令 $f(x) = \sin x$,如取 $x_n = n\pi$ (x_n 单调增加趋于正无穷大),则有 $\lim\limits_{n \to \infty} f(x_n) = \lim\limits_{n \to \infty} \sin n\pi = \lim\limits_{n \to \infty} 0 = 0$,

如取 $x_n = 2n\pi + \dfrac{\pi}{2}$,则有 $\lim\limits_{n \to \infty} f(x_n) = \lim\limits_{n \to \infty} \sin\left(2n\pi + \dfrac{\pi}{2}\right) = \lim\limits_{n \to \infty} 1 = 1$,

因此 $\lim\limits_{x \to +\infty} \sin x$ 不存在.

(2) 令 $f(x) = \tan x$,取 $x_n = n\pi + \dfrac{\pi}{2}$ (x_n 单调增加趋于正无穷大),$f(x_n)$没有意义,因此 $\lim\limits_{x \to +\infty} \tan x$ 不存在.

同样可证明 $\lim\limits_{x\to-\infty}\sin x$, $\lim\limits_{x\to-\infty}\tan x$ 都不存在.

对 $\cos x, \cot x$ 可以得到同样结果.

6. 绝对值性质

定理 6 在自变量的某种趋向下,如果 $\lim f(x)=A$,则有 $\lim |f(x)|=|A|$.

证 只对 $x\to a$ 的情况证明,其他情形证明类似.

对 $\forall \varepsilon>0$,由于 $\lim\limits_{x\to a}f(x)=A$,$\exists \delta>0$,当 $0<|x-a|<\delta$ 时,有 $|f(x)-A|<\varepsilon$,从而 $||f(x)|-|A||\leqslant |f(x)-A|<\varepsilon$,所以 $\lim\limits_{x\to a}|f(x)|=|A|$.

定理 6 的逆命题不成立.

例如,对 $f(x)=\begin{cases}1, & x>0,\\ -1, & x<0,\end{cases}$ 虽然 $\lim\limits_{x\to 0}|f(x)|=1$,但是 $\lim\limits_{x\to 0}f(x)$ 不存在.

习题 1-3

1. 证明 $\lim\limits_{x\to+\infty}\cos x$ 不存在.

2. 证明 $\lim\limits_{x\to\infty}\cot x$ 不存在.

3. 证明 $\lim\limits_{x\to+\infty}\sin\sqrt{x}$ 不存在.

4. 证明 $\lim\limits_{x\to 0}\sin\dfrac{1}{x}$ 不存在.

第四节 无穷小与无穷大

这一节所介绍的无穷小与无穷大是我们在后面的研究中要用到的重要概念,在极限理论中起着重要作用.

一、无穷小

无穷小概念是研究函数的重要工具,我们先来认识一下什么是无穷小.

定义 1 如果 $\lim\limits_{n\to\infty}y_n=0$,则称数列 $\{y_n\}$ 为无穷小. 如果 $\lim\limits_{x\to x_0}f(x)=0$(或 $\lim\limits_{x\to\infty}f(x)=0$),则称当 $x\to x_0$(或 $x\to\infty$)时,$f(x)$ 是无穷小.

同样可定义当 $x\to x_0^-, x\to x_0^+, x\to-\infty, x\to+\infty$ 时的无穷小.

例 1 由于 $\lim\limits_{n\to\infty}\dfrac{(-1)^n}{n}=0$,故数列 $y_n=\dfrac{(-1)^n}{n}$ 是无穷小.

由于 $\lim\limits_{x\to 2}(x^2-4)=0$,故当 $x\to 2$ 时,x^2-4 是无穷小.

由于 $\lim\limits_{x\to-\infty}e^x=0$,故当 $x\to-\infty$ 时,e^x 是无穷小.

如果 $f(x)\equiv0$,则在自变量 x 的任何变化趋势下,$f(x)$ 都是无穷小.

无穷小指的是变量变化的一种趋势,它在变化过程中可以任意地小.除了 $f(x)\equiv0$ 以外,其他任何常数,即使其绝对值很小,也不能称为无穷小.另外,一个函数能否称为无穷小,同自变量的变化趋势有关.例如,e^x,当 $x\to-\infty$ 时是无穷小,但是当 $x\to0$,或 $x\to1^+$,或 $x\to+\infty$ 等都不是无穷小.

无穷小具有下列代数性质.

定理 1 (1) 有限个无穷小的代数和是无穷小;

(2) 有界函数与无穷小的乘积是无穷小;

(3) 有限个无穷小的乘积是无穷小.

说明 其中(2)所提到的有界函数只要是局部有界即可.例如,如果函数 $u(x)$ 在点 x_0 的某去心邻域内有界,且 $\lim\limits_{x\to x_0}\alpha(x)=0$,则有 $\lim\limits_{x\to x_0}u(x)\alpha(x)=0$.同样,如果当 $|x|$ 充分大时,函数 $u(x)$ 有界,且 $\lim\limits_{x\to\infty}\alpha(x)=0$,则有 $\lim\limits_{x\to\infty}u(x)\alpha(x)=0$.

证 只对 $x\to x_0$ 的情况证明,其他情形证明类似.

(1) 设 $\lim\limits_{x\to x_0}\alpha(x)=0$,$\lim\limits_{x\to x_0}\beta(x)=0$.则对 $\forall\varepsilon>0$,$\exists\delta_1,\delta_2>0$,当 $0<|x-x_0|<\delta_1$ 时,有 $|\alpha(x)|<\dfrac{\varepsilon}{2}$,当 $0<|x-x_0|<\delta_2$,有 $|\beta(x)|<\dfrac{\varepsilon}{2}$.令 $\delta=\min\{\delta_1,\delta_2\}$(此式表示取 δ_1,δ_2 中最小的),则当 $0<|x-x_0|<\delta$ 时,有

$$|\alpha(x)\pm\beta(x)|\leqslant|\alpha(x)|+|\beta(x)|<\dfrac{\varepsilon}{2}+\dfrac{\varepsilon}{2}=\varepsilon,$$

所以 $\lim\limits_{x\to x_0}(\alpha(x)\pm\beta(x))=0$.

(2) 设 $\lim\limits_{x\to x_0}\alpha(x)=0$,$u(x)$ 在点 x_0 的某去心邻域内有界,即 $\exists\delta_1,M>0$,当 $0<|x-x_0|<\delta_1$ 时,有 $|u(x)|\leqslant M$.对 $\forall\varepsilon>0$,由于 $\lim\limits_{x\to x_0}\alpha(x)=0$,故 $\exists\delta_2>0$,当 $0<|x-x_0|<\delta_2$ 时,有 $|\alpha(x)|<\dfrac{\varepsilon}{M}$,令 $\delta=\min\{\delta_1,\delta_2\}$,则当 $0<|x-x_0|<\delta$ 时,有

$$|\alpha(x)u(x)|<\dfrac{\varepsilon}{M}M=\varepsilon,$$

所以 $\lim\limits_{x\to x_0}\alpha(x)u(x)=0$.

(3) 设 $\lim\limits_{x\to x_0}\alpha(x)=0$,$\lim\limits_{x\to x_0}\beta(x)=0$.则根据极限的性质,$\beta(x)$ 在点 x_0 的某去心邻域内有界,利用(2)即可得出 $\lim\limits_{x\to x_0}\alpha(x)\beta(x)=0$.

例 2 证明当 $x\to\infty$ 时,$\dfrac{\arctan x}{x}$ 是无穷小.

证 由于当 $x\to\infty$ 时,$\dfrac{1}{x}$ 是无穷小,而 $|\arctan x|<\dfrac{\pi}{2}$,因此 $\dfrac{\arctan x}{x}$ 是无穷小.

无穷小是极限的一种特殊情形,那么它同一般的极限之间有什么关系吗?让我们来考察一下.

如果 $\lim\limits_{x\to x_0}f(x)=A$,根据极限的定义,对 $\forall\varepsilon>0,\exists\delta>0$,当 $0<|x-x_0|<\delta$ 时,总有 $|f(x)-A|<\varepsilon$.令 $\alpha(x)=f(x)-A$,则上式变为 $|\alpha(x)|<\varepsilon$,这说明 $\lim\limits_{x\to x_0}\alpha(x)=0$,即当 $x\to x_0$ 时,$\alpha(x)$ 是无穷小,而 $f(x)=A+\alpha(x)$,意味着 $f(x)$ 可以表示成极限 A 与一无穷小之和.

得出这一结果后,我们再来看一下,上面过程是否可逆?

设 $f(x)=A+\alpha(x)$,其中 $\lim\limits_{x\to x_0}\alpha(x)=0$.则对 $\forall\varepsilon>0,\exists\delta>0$,当 $0<|x-x_0|<\delta$ 时,总有 $|\alpha(x)|<\varepsilon$,亦即 $|f(x)-A|<\varepsilon$,这说明有 $\lim\limits_{x\to x_0}f(x)=A$.

这样就发现了当 $x\to x_0$ 时极限与无穷小之间的一种关系.如果考察 $x\to\infty$ 等情况,还会发现极限与无穷小之间同样有这种关系.我们将这种关系表述成如下定理.

定理 2 在自变量的同一变化趋向下,函数 $f(x)$ 以数 A 为极限的充分必要条件是 $f(x)$ 可以表示成 A 与一无穷小之和的形式,即 $f(x)=A+\alpha(x)$,其中 $\alpha(x)$ 是无穷小.

对数列有同样的结论.

二、无穷大

无穷小的特点是在变化过程中其绝对值可以任意地小.而另一类变量,在变化过程中其绝对值可以任意地大,这类变量即是无穷大.那么,什么叫作在变化过程中其绝对值可以任意地大呢?我们给出如下定义.

定义 2 设函数 $f(x)$ 在点 x_0 的某去心邻域内有定义,如果对任意正数 M,都存在 $\delta>0$,使得当 $0<|x-x_0|<\delta$ 时,恒有 $|f(x)|>M$,则称当 $x\to x_0$ 时,$f(x)$ 是无穷大,记作

$$\lim_{x\to x_0}f(x)=\infty,\quad 或\quad f(x)\to\infty\quad(当\ x\to x_0);$$

设函数 $f(x)$ 在 $(-\infty,b]\cup[a,+\infty)$ 上有定义,如果对任意正数 M,都存在 $N>0$,使得当 $|x|>N$ 时,恒有 $|f(x)|>M$,则称当 $x\to\infty$ 时,$f(x)$ 是无穷大,记作

$$\lim_{x\to\infty}f(x)=\infty,\quad 或\quad f(x)\to\infty\quad(当\ x\to\infty).$$

同样可定义当 $x\to x_0^-,x\to x_0^+,x\to-\infty,x\to+\infty$ 时的无穷大以及数列的无穷大.

例如，$\lim\limits_{x\to 0}\dfrac{1}{x}=\infty$，$\lim\limits_{x\to\frac{\pi}{2}}\tan x=\infty$，

$\lim\limits_{x\to+\infty}10^x=\infty$，$\lim\limits_{x\to 1^+}\dfrac{1}{\sqrt{x-1}}=\infty$，$\lim\limits_{n\to\infty}(-n^3)=\infty$．

与无穷小类似，无穷大是变量的一种变化趋势，它在变化过程中可以任意地大，它不是一个常数，再大的常数也不能与无穷大混为一谈．另外，一个变量是否为无穷大，同自变量的趋向有关．例如，$f(x)=10^x$，当 $x\to+\infty$ 时是无穷大，而当 $x\to-\infty$，或 $x\to 0$ 时都不是无穷大．

我们将无穷大记为 $\lim\limits_{x\to x_0}f(x)=\infty$，或 $\lim\limits_{x\to\infty}f(x)=\infty$ 等，只是借用了极限记号，此时应认为极限是不存在的．

从几何上看（见图 1-27），$\lim\limits_{x\to x_0}f(x)=\infty$ 意味着，对 $\forall M>0$，都 $\exists\delta>0$，当 $0<|x-x_0|<\delta$ 时，$f(x)$ 的图像全部位于直线 $y=M$ 之上以及 $y=-M$ 之下．

对 $\lim\limits_{x\to\infty}f(x)=\infty$ 有同样的几何解释．

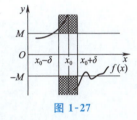

图 1-27

如果将定义 2 中的不等式 $|f(x)|>M$ 换成 $f(x)>M$，则 $\lim\limits_{x\to x_0}f(x)=\infty$ 与 $\lim\limits_{x\to\infty}f(x)=\infty$ 可分别写成 $\lim\limits_{x\to x_0}f(x)=+\infty$ 与 $\lim\limits_{x\to\infty}f(x)=+\infty$，这样的无穷大可以称为正无穷大．

同样，如果将定义 2 中的 $|f(x)|>M$ 换成 $f(x)<-M$，则 $\lim\limits_{x\to x_0}f(x)=\infty$ 与 $\lim\limits_{x\to\infty}f(x)=\infty$ 可分别写成 $\lim\limits_{x\to x_0}f(x)=-\infty$ 与 $\lim\limits_{x\to\infty}f(x)=-\infty$，这样的无穷大可以称为负无穷大．

例如，$\lim\limits_{x\to+\infty}10^x=+\infty$，$\lim\limits_{n\to\infty}(-n^3)=-\infty$，$\lim\limits_{x\to 0^+}\dfrac{1}{x}=+\infty$，$\lim\limits_{x\to 0^-}\dfrac{1}{x}=-\infty$．

由无穷大的定义可知，如果 $\lim\limits_{x\to x_0}f(x)=\infty$，则在点 x_0 附近（即在点 x_0 的某去心邻域内），$f(x)$ 一定是无界函数．但是反过来，如果 $f(x)$ 在点 x_0 的某去心邻域内无界，当 $x\to x_0$ 时，$f(x)$ 却不一定是无穷大．对 $x\to\infty$ 等情况也是这样的．

例如，$f(x)=x\sin x$ 在任何区间 $[a,+\infty)$ 内都是无界函数（见图 1-28），用无穷大的定义衡量一下，当 $x\to+\infty$ 时，$f(x)$ 却并非无穷大．

又如，数列 $\{y_n\}=\{[1+(-1)^n]n\}=0,4,0,8,0,12,\cdots$ 是一无界数列，但不是无穷大．

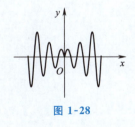

图 1-28

无穷小与无穷大之间有如下关系．

定理 3　在自变量的同一趋向下，如果 $f(x)$ 是无穷大，则 $\dfrac{1}{f(x)}$ 是无穷小；反之，如果 $f(x)$ 是无穷小，且 $f(x)\neq 0$，则 $\dfrac{1}{f(x)}$ 是

无穷大.

证 设 $\lim\limits_{x \to x_0} f(x) = \infty$，下面证明 $\lim\limits_{x \to x_0} \dfrac{1}{f(x)} = 0$. 对 $\forall \varepsilon > 0$，因为 $\lim\limits_{x \to x_0} f(x) = \infty$，故 $\exists \delta > 0$，当 $0 < |x - x_0| < \delta$ 时，总有 $|f(x)| > \dfrac{1}{\varepsilon}$，即 $\left| \dfrac{1}{f(x)} \right| < \varepsilon$，故 $\lim\limits_{x \to x_0} \dfrac{1}{f(x)} = 0$.

反之，设 $\lim\limits_{x \to x_0} f(x) = 0$，且 $f(x) \neq 0$，下面证明 $\lim\limits_{x \to x_0} \dfrac{1}{f(x)} = \infty$. 对 $\forall M > 0$，因为 $\lim\limits_{x \to x_0} f(x) = 0$，故 $\exists \delta > 0$，当 $0 < |x - x_0| < \delta$ 时，总有 $|f(x)| < \dfrac{1}{M}$，即 $\left| \dfrac{1}{f(x)} \right| > M$，故 $\lim\limits_{x \to x_0} \dfrac{1}{f(x)} = \infty$.

对 $x \to \infty$ 等情形的证明类似.

习题 1-4

1. 两个无穷小的商是否一定为无穷小？如果是，请给出证明，如果不是，请举例说明.

2. 指出下列函数在 x 的什么变化趋势下为无穷小，什么变化趋势下为无穷大.

    (1) $\ln x$； (2) $10^{\frac{1}{x}}$； (3) $\dfrac{1}{(x-1)^2}$；

    (4) $\sqrt{2x+1}$； (5) $\arcsin x$.

3. 证明：当 $x \to 0$ 时，$x \sin \dfrac{1}{x}$ 为无穷小.

4. 如果 $\lim\limits_{x \to x_0} \dfrac{f(x)}{g(x)} = A$，且 $\lim\limits_{x \to x_0} g(x) = 0$，证明 $\lim\limits_{x \to x_0} f(x) = 0$.

第五节 极限的运算法则

本节主要建立极限的四则运算和复合函数的极限运算法则，以后还将陆续介绍别的方法.

定理 1（极限的四则运算法则） 设在自变量的同一趋向下，$\lim f(x) = A$，$\lim g(x) = B$，则 $\lim [f(x) \pm g(x)]$，$\lim [f(x) g(x)]$，$\lim [f(x)]^n$（n 是正整数），$\lim \dfrac{f(x)}{g(x)}$（当 $B \neq 0$ 时）都存在，且

(1) $\lim [f(x) \pm g(x)] = \lim f(x) \pm \lim g(x) = A \pm B$；

(2) $\lim [f(x) g(x)] = \lim f(x) \lim g(x) = AB$，**特别地**，$\lim [C f(x)] = C \lim f(x)$（$C$ 是常数）；

(3) $\lim \dfrac{f(x)}{g(x)} = \dfrac{\lim f(x)}{\lim g(x)} = \dfrac{A}{B}$.

证 只对 $x \to x_0$ 的情况证明,其他情形的证明类似.

由于 $\lim\limits_{x \to x_0} f(x) = A$, $\lim\limits_{x \to x_0} g(x) = B$,根据第四节定理 2,有 $f(x) = A + \alpha$, $g(x) = B + \beta$,其中 α, β 当 $x \to x_0$ 时都为无穷小.

(1) $f(x) \pm g(x) = (A + \alpha) \pm (B + \beta) = (A \pm B) + (\alpha \pm \beta)$,由于 $A \pm B$ 是常数,$\alpha \pm \beta$ 是无穷小,因此有
$$\lim_{x \to x_0} [f(x) \pm g(x)] = A \pm B = \lim_{x \to x_0} f(x) \pm \lim_{x \to x_0} g(x);$$

(2) $f(x)g(x) = (A + \alpha)(B + \beta) = AB + (\alpha B + A\beta + \alpha\beta)$,由于 AB 是常数,$\alpha B + A\beta + \alpha\beta$ 是无穷小,因此有
$$\lim_{x \to x_0} [f(x)g(x)] = AB = \lim_{x \to x_0} f(x) \lim_{x \to x_0} g(x);$$

(3) 先证 $\lim\limits_{x \to x_0} \dfrac{1}{g(x)} = \dfrac{1}{B}$. 对 $\forall \varepsilon > 0$,由于 $\lim\limits_{x \to x_0} g(x) = B$,

$\exists \delta_1 > 0$,当 $0 < |x - x_0| < \delta_1$ 时,有 $|g(x) - B| < \dfrac{B^2}{2}\varepsilon$,又

$\exists \delta_2 > 0$,当 $0 < |x - x_0| < \delta_2$ 时,有 $|g(x) - B| < \dfrac{|B|}{2}$,因此有

$|B| - |g(x)| \leqslant |g(x) - B| < \dfrac{|B|}{2}$,故有 $|g(x)| > \dfrac{|B|}{2}$. 令 $\delta = \min\{\delta_1, \delta_2\}$,则当 $0 < |x - x_0| < \delta$ 时,有
$$\left| \frac{1}{g(x)} - \frac{1}{B} \right| = \frac{|g(x) - B|}{|g(x)||B|} < \frac{\dfrac{B^2}{2}\varepsilon}{\dfrac{|B|}{2}|B|} = \varepsilon,$$

所以有 $\lim\limits_{x \to x_0} \dfrac{1}{g(x)} = \dfrac{1}{B}$. 于是利用(2) 便得到
$$\lim_{x \to x_0} \frac{f(x)}{g(x)} = \lim_{x \to x_0} f(x) \lim_{x \to x_0} \frac{1}{g(x)} = A \frac{1}{B} = \frac{A}{B}.$$

定理 1 对数列极限也是适用的.

如果将定理 1 的(1)(2) 合起来可得到
$$\lim [C_1 f(x) + C_2 g(x)] = C_1 \lim f(x) + C_2 \lim g(x)$$
(其中 C_1, C_2 是任意常数).我们将这样的性质称为线性性质,即极限运算具有线性性质.

例 1 求 $\lim\limits_{x \to 2} \dfrac{x^2 + 1}{x^3 + 3x - 1}$.

解 根据定理 1,得
$$\lim_{x \to 2} \frac{x^2 + 1}{x^3 + 3x - 1} = \frac{\lim\limits_{x \to 2}(x^2 + 1)}{\lim\limits_{x \to 2}(x^3 + 3x - 1)} = \frac{2^2 + 1}{2^3 + 3 \times 2 - 1} = \frac{5}{13}.$$

例 1 是求有理函数在 $x = 2$ 处的极限,所得极限恰好都等于被求极限函数在 $x = 2$ 处的函数值.

一般地,可以得出,如果 $f(x)$ 是有理函数,即 $f(x) = \dfrac{P_n(x)}{Q_m(x)}$,

其中 $P_n(x)$ 与 $Q_m(x)$ 都是多项式,若 x_0 是 $f(x)$ 定义域内的点,即若 $Q_m(x_0) \neq 0$,则

$$\lim_{x \to x_0} f(x) = \frac{P_n(x_0)}{Q_m(x_0)} = f(x_0).$$

令定义区间是包含在定义域内的区间,则更一般地,有:

定理 2 设 $f(x)$ 是初等函数,且 x_0 是 $f(x)$ 定义区间内的点,则

$$\lim_{x \to x_0} f(x) = f(x_0).$$

这一定理的证明留到本章第八节.但我们不妨超前使用这个定理的结论.

例 2 求下列极限:

(1) $\lim\limits_{x \to 1} \dfrac{4x+1}{x^2-3x+2}$;   (2) $\lim\limits_{x \to 4} \dfrac{x^2-4x}{x^2-16}$.

解 (1) 由于 $\lim\limits_{x \to 1}(x^2-3x+2)=0$,故不能利用极限的运算法则. 但由于 $\lim\limits_{x \to 1}(4x+1) \neq 0$,故可得 $\lim\limits_{x \to 1} \dfrac{x^2-3x+2}{4x+1}=0$,因此

$$\lim_{x \to 1} \frac{4x+1}{x^2-3x+2} = \infty;$$

(2) 此处分子与分母的极限均为 0 $\left(\text{这类极限称为} \dfrac{0}{0} \text{型不定式}\right)$,不能利用商的求极限法则,但如果将分子与分母的公因式 $x-4$ 约去,便可求得极限.

$$\lim_{x \to 4} \frac{x^2-4x}{x^2-16} = \lim_{x \to 4} \frac{x(x-4)}{(x+4)(x-4)} = \lim_{x \to 4} \frac{x}{x+4} = \frac{x}{x+4}\bigg|_{x=4} = \frac{1}{2}.$$

例 3 求下列极限:

(1) $\lim\limits_{x \to \infty} \dfrac{2x^3+3x^2-1}{7x^3-x+5}$;   (2) $\lim\limits_{x \to \infty} \dfrac{3x^2-2x}{5x^3+x^2+1}$;

(3) $\lim\limits_{x \to \infty} \dfrac{4x^3-x^2+3x+2}{7x^2-x+5}$.

解 (1) 由于当 $x \to \infty$ 时,分子与分母都是无穷大 $\left(\text{这类极限称为} \dfrac{\infty}{\infty} \text{型不定式}\right)$,不能利用商的求极限法则,可先将分子与分母同时除以 x^3,再求极限.

$$\lim_{x \to \infty} \frac{2x^3+3x^2-1}{7x^3-x+5} = \lim_{x \to \infty} \frac{2+\dfrac{3}{x}-\dfrac{1}{x^3}}{7-\dfrac{1}{x^2}+\dfrac{5}{x^3}} = \frac{\lim\limits_{x \to \infty}\left(2+\dfrac{3}{x}-\dfrac{1}{x^3}\right)}{\lim\limits_{x \to \infty}\left(7-\dfrac{1}{x^2}+\dfrac{5}{x^3}\right)} = \frac{2}{7};$$

(2) 将分子与分母同时除以 x^3,得

$$\lim_{x\to\infty}\frac{3x^2-2x}{5x^3+x^2+1}=\lim_{x\to\infty}\frac{\dfrac{3}{x}-\dfrac{2}{x^2}}{5+\dfrac{1}{x}+\dfrac{1}{x^3}}=\frac{\lim\limits_{x\to\infty}\left(\dfrac{3}{x}-\dfrac{2}{x^2}\right)}{\lim\limits_{x\to\infty}\left(5+\dfrac{1}{x}+\dfrac{1}{x^3}\right)}=\frac{0}{5}=0;$$

(3) 将分子与分母同时除以 x^3，得

$$\lim_{x\to\infty}\frac{4x^3-x^2+3x+2}{7x^2-x+5}=\lim_{x\to\infty}\frac{4-\dfrac{1}{x}+\dfrac{3}{x^2}+\dfrac{2}{x^3}}{\dfrac{7}{x}-\dfrac{1}{x^2}+\dfrac{5}{x^3}}=\infty.$$

由例 3 所使用的方法可得到一般性的结论. 设 $a_0\neq0,b_0\neq0,m$ 和 n 为非负整数，则

$$\lim_{x\to\infty}\frac{a_0x^m+a_1x^{m-1}+\cdots+a_m}{b_0x^n+b_1x^{n-1}+\cdots+b_n}=\begin{cases}\dfrac{a_0}{b_0},&m=n,\\0,&m<n,\\\infty,&m>n.\end{cases}$$

上面例 2 和例 3 所用求极限的方法对非有理函数也是适用的.

例 4 求下列极限：

(1) $\lim\limits_{x\to0}\dfrac{\sin2x}{\sin x}$；　　(2) $\lim\limits_{x\to0}\dfrac{\sqrt{x+4}-2}{x}$；

(3) $\lim\limits_{n\to\infty}\dfrac{10^n+1}{2\times10^n-3}$.

解 (1) 先将分子、分母的公因式 $\sin x$ 约去，再求极限.

$$\lim_{x\to0}\frac{\sin2x}{\sin x}=\lim_{x\to0}\frac{2\sin x\cos x}{\sin x}=\lim_{x\to0}2\cos x=2;$$

(2) 将分子、分母同乘以 $\sqrt{x+4}+2$，得

$$\lim_{x\to0}\frac{\sqrt{x+4}-2}{x}=\lim_{x\to0}\frac{(\sqrt{x+4}-2)(\sqrt{x+4}+2)}{x(\sqrt{x+4}+2)}$$
$$=\lim_{x\to0}\frac{x}{x(\sqrt{x+4}+2)}=\lim_{x\to0}\frac{1}{\sqrt{x+4}+2}=\frac{1}{\sqrt{0+4}+2}$$
$$=\frac{1}{4};$$

(3) 将分子、分母同除以 10^n，得

$$\lim_{n\to\infty}\frac{10^n+1}{2\times10^n-3}=\lim_{n\to\infty}\frac{1+\dfrac{1}{10^n}}{2-\dfrac{3}{10^n}}=\frac{1+0}{2-0}=\frac{1}{2}.$$

定理 3（复合函数的极限运算法则）　设函数 $y=f(g(x))$ 是由函数 $y=f(u)$ 与 $u=g(x)$ 复合而成，$\lim\limits_{x\to x_0}g(x)=u_0$，且在点 x_0 的某去心邻域内 $g(x)\neq u_0$，$\lim\limits_{u\to u_0}f(u)=A$（或 ∞），则 $\lim\limits_{x\to x_0}f(g(x))=A$（或 ∞）.

证 只对 $\lim\limits_{u \to u_0} f(u) = A$ 的情形证明.

对 $\forall \varepsilon > 0$,由于 $\lim\limits_{u \to u_0} f(u) = A$,$\exists \eta > 0$,当 $0 < |u - u_0| < \eta$ 时,有 $|f(u) - A| < \varepsilon$.由于 $\lim\limits_{x \to x_0} g(x) = u_0$,$\exists \delta > 0$,当 $0 < |x - x_0| < \delta$ 时,有 $|g(x) - u_0| < \eta$,从而有 $|f(g(x)) - A| < \varepsilon$,所以有 $\lim\limits_{x \to x_0} f(g(x)) = A$.定理得证.

根据定理 3,可以通过变量代换 $u = g(x)$ 将求 $\lim\limits_{x \to x_0} f(g(x))$ 化成求 $\lim\limits_{u \to u_0} f(u)$,其中 $u_0 = \lim\limits_{x \to x_0} g(x)$.

类似地,可以得到,如果 $\lim\limits_{x \to x_0} g(x) = \infty$,则 $\lim\limits_{x \to x_0} f(g(x)) = \lim\limits_{u \to \infty} f(u)$.

还有其他类似的结论,这里不再一一叙述.

例 5 求下列极限:

(1) $\lim\limits_{x \to \infty} \sqrt[3]{5 + \dfrac{1}{x}}$; (2) $\lim\limits_{x \to +\infty} \dfrac{7\sqrt{x^3 - 5}}{2x^{\frac{3}{2}} + x - 4}$.

解 (1) 令 $u = 5 + \dfrac{1}{x}$,由于 $\lim\limits_{x \to \infty}\left(5 + \dfrac{1}{x}\right) = 5$,故

$$\lim\limits_{x \to \infty} \sqrt[3]{5 + \dfrac{1}{x}} = \lim\limits_{u \to 5} \sqrt[3]{u} = \sqrt[3]{5};$$

(2) 该极限式是 $\dfrac{\infty}{\infty}$ 型不定式,分子、分母同除以 $x^{\frac{3}{2}}$,得

$$\lim\limits_{x \to +\infty} \dfrac{7\sqrt{x^3 - 5}}{2x^{\frac{3}{2}} + x - 4} = \lim\limits_{x \to +\infty} \dfrac{7\sqrt{1 - \dfrac{5}{x^3}}}{2 + \dfrac{1}{x^{1/2}} - \dfrac{4}{x^{3/2}}} = \dfrac{7}{2}.$$

例 6 求下列极限:

(1) $\lim\limits_{x \to +\infty} (\sqrt{x^2 + x} - \sqrt{x^2 + 1})$; (2) $\lim\limits_{x \to 2}\left(\dfrac{1}{x - 2} - \dfrac{12}{x^3 - 8}\right)$.

解 (1) 当 $x \to +\infty$ 时,括号中的两项都是正无穷大(这类极限称为 $\infty - \infty$ 型不定式),不能直接利用减法法则,这类问题常常要通过变形化成其他类型的极限.

$$\lim\limits_{x \to +\infty} (\sqrt{x^2 + x} - \sqrt{x^2 + 1})$$
$$= \lim\limits_{x \to +\infty} \dfrac{(\sqrt{x^2 + x} - \sqrt{x^2 + 1})(\sqrt{x^2 + x} + \sqrt{x^2 + 1})}{\sqrt{x^2 + x} + \sqrt{x^2 + 1}}$$
$$= \lim\limits_{x \to +\infty} \dfrac{x - 1}{\sqrt{x^2 + x} + \sqrt{x^2 + 1}}$$
$$= \lim\limits_{x \to +\infty} \dfrac{1 - \dfrac{1}{x}}{\sqrt{1 + \dfrac{1}{x}} + \sqrt{1 + \dfrac{1}{x^2}}} = \dfrac{1 - 0}{1 + 1} = \dfrac{1}{2};$$

(2) 该极限式是$\infty-\infty$型不定式,利用通分化成其他类型的极限.

$$\lim_{x\to 2}\left(\frac{1}{x-2}-\frac{12}{x^3-8}\right)$$
$$=\lim_{x\to 2}\left[\frac{1}{x-2}-\frac{12}{(x-2)(x^2+2x+4)}\right]$$
$$=\lim_{x\to 2}\frac{x^2+2x-8}{(x-2)(x^2+2x+4)}=\lim_{x\to 2}\frac{(x-2)(x+4)}{(x-2)(x^2+2x+4)}$$
$$=\lim_{x\to 2}\frac{x+4}{x^2+2x+4}=\frac{x+4}{x^2+2x+4}\Big|_{x=2}=\frac{1}{2}.$$

习题 1-5

1. 求下列极限:

(1) $\lim\limits_{x\to -1}\dfrac{x^2+2x+4}{x^2+1}$; (2) $\lim\limits_{x\to 2}\dfrac{x^2-2}{\sqrt{x+7}}$;

(3) $\lim\limits_{x\to 0}\dfrac{4x^3-2x^2+x}{3x^2+2x}$; (4) $\lim\limits_{x\to 1}\dfrac{x^2-2x+1}{x^2-1}$;

(5) $\lim\limits_{x\to 3}\dfrac{2x^2-7x+3}{x^2+4x-21}$; (6) $\lim\limits_{x\to\infty}\dfrac{3x^3-1}{4x^3+2x^2-5}$;

(7) $\lim\limits_{x\to\infty}\dfrac{x^2+x}{x^4-x+2}$; (8) $\lim\limits_{x\to+\infty}\dfrac{\sqrt{x^2+1}}{5x+1}$;

(9) $\lim\limits_{x\to a}\dfrac{\sin x-\sin a}{\sin\dfrac{x-a}{2}}$; (10) $\lim\limits_{x\to a^+}\dfrac{\sqrt{x}-\sqrt{a}}{\sqrt{x-a}}$ $(a>0)$;

(11) $\lim\limits_{n\to\infty}\dfrac{1+2+3+\cdots+n}{n^2}$; (12) $\lim\limits_{n\to\infty}\dfrac{1+2^2+3^2+\cdots+n^2}{n^3}$;

(13) $\lim\limits_{n\to\infty}\left(1+\dfrac{1}{3}+\dfrac{1}{9}+\cdots+\dfrac{1}{3^n}\right)$; (14) $\lim\limits_{x\to 2}\dfrac{\sqrt{x+2}-2}{\sqrt{x+7}-3}$;

(15) $\lim\limits_{x\to 1}\dfrac{x^m-1}{x^n-1}$ (m,n 为正整数);

(16) $\lim\limits_{x\to 1}\left(\dfrac{1}{1-x}-\dfrac{3}{1-x^3}\right)$;

(17) $\lim\limits_{x\to+\infty}\sqrt{x}(\sqrt{x+1}-\sqrt{x})$; (18) $\lim\limits_{x\to\infty}\dfrac{x+\cos x}{x-\arctan x}$;

(19) $\lim\limits_{n\to\infty}\dfrac{4^n-3^n}{4^n+2^n}$; (20) $\lim\limits_{n\to\infty}\dfrac{(\sqrt{n^2+1}+n)^2}{\sqrt[3]{n^6+n}}$;

(21) $\lim\limits_{x\to 0}\dfrac{(1+mx)^n-(1+nx)^m}{x^2}$ (m,n 为正整数);

(22) $\lim\limits_{x\to 1}\dfrac{x+x^2+\cdots+x^n-n}{x-1}$; (23) $\lim\limits_{x\to 1}\dfrac{x^2-|x-1|-1}{|x-1|}$.

2. 求下列极限：

(1) $\lim\limits_{x\to 0}x^3\left(\sin\dfrac{1}{x}+2\right)$；　　(2) $\lim\limits_{x\to\infty}\dfrac{\arctan x}{x}$；

(3) $\lim\limits_{n\to\infty}\dfrac{\cos n}{n^2}$.

3. 判断下列极限是否存在：

(1) $\lim\limits_{x\to\infty}\left(\dfrac{1}{x}+\sin x\right)$；　　(2) $\lim\limits_{x\to\infty}(\sqrt{x^2+1}-x)$；

(3) $\lim\limits_{x\to\infty}\dfrac{10^x+1}{10^x-1}$；　　(4) $\lim\limits_{x\to 1}\left(\dfrac{1}{x-1}-\dfrac{1}{|x-1|}\right)$.

4. 求下列极限：

(1) $\lim\limits_{x\to\frac{\pi}{4}}(\sin x)^{\cos x}$；　　(2) $\lim\limits_{x\to\infty}\left(\dfrac{3x^2+x-1}{x^2+2}\right)^{\frac{4x^3+x}{x^3-3}}$；

(3) $\lim\limits_{x\to x_0}f(x)^{g(x)}$，其中 $\lim\limits_{x\to x_0}f(x)=A(A>0)$，$\lim\limits_{x\to x_0}g(x)=B$.

5. 在自变量的某一趋向下，讨论 $\lim(f(x)+g(x))$ 及 $\lim(f(x)-g(x))$.

(1) 如果 $\lim f(x)=+\infty$，$\lim g(x)=+\infty$；

(2) 如果 $\lim f(x)=+\infty$，$\lim g(x)=-\infty$；

(3) 如果 $\lim f(x)=\infty$，$\lim g(x)=\infty$.

第六节　极限存在准则与两个重要极限及几个基本定理

本节将要引入极限存在的两个准则，讨论两个重要极限，并给出几个关于区间和极限的基本定理．

一、夹逼准则

定理 1（夹逼定理）　(1) 如果在点 x_0 的某个去心邻域内，有
$$g(x)\leqslant f(x)\leqslant h(x),$$
且 $\lim\limits_{x\to x_0}g(x)=\lim\limits_{x\to x_0}h(x)=A$，则 $\lim\limits_{x\to x_0}f(x)=A$；

(2) 如果当 $|x|$ 充分大时（即 $\exists N>0$，当 $|x|>N$ 时），有
$$g(x)\leqslant f(x)\leqslant h(x),$$
且 $\lim\limits_{x\to\infty}g(x)=\lim\limits_{x\to\infty}h(x)=A$，则 $\lim\limits_{x\to\infty}f(x)=A$.

证　(1) 设当 $0<|x-x_0|<\delta_1$ 时，$g(x)\leqslant f(x)\leqslant h(x)$.

对 $\forall\varepsilon>0$，由于 $\lim\limits_{x\to x_0}g(x)=A$，$\exists\delta_2>0$，当 $0<|x-x_0|<\delta_2$，$|g(x)-A|<\varepsilon$，即　$A-\varepsilon<g(x)<A+\varepsilon$.

由于 $\lim\limits_{x\to x_0}h(x)=A$，$\exists\delta_3>0$，当 $0<|x-x_0|<\delta_3$，$|h(x)-A|<\varepsilon$，即　$A-\varepsilon<h(x)<A+\varepsilon$.

令 $\delta=\min\{\delta_1,\delta_2,\delta_3\}$，则当 $0<|x-x_0|<\delta$ 时，有
$$A-\varepsilon<g(x)\leqslant f(x)\leqslant h(x)<A+\varepsilon,$$
即 $|f(x)-A|<\varepsilon$，故　$\lim\limits_{x\to x_0}f(x)=A$；

(2) 证明与上面类似.

对自变量的其他趋向以及数列有同样的结论.

例 1 求 $\lim\limits_{x\to 0}\dfrac{\sin x}{x}$.

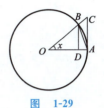

图 1-29

解 这是 $\dfrac{0}{0}$ 型不定式,现采用夹逼准则求此极限.当 $0<x<\dfrac{\pi}{2}$,如图 1-29 所示,做一单位圆,设圆心角 $\angle AOB = x$,$BD\perp OA$,$AC\perp OA$,则 $BD=\sin x$,$AC=\tan x$,因为

△AOB 的面积 < 扇形 AOB 的面积 < △AOC 的面积,

所以 $\dfrac{1}{2}\sin x < \dfrac{1}{2}x < \dfrac{1}{2}\tan x$,即 $\sin x < x < \tan x$,

同除以 $\sin x$,得 $1<\dfrac{x}{\sin x}<\dfrac{1}{\cos x}$,$\cos x<\dfrac{\sin x}{x}<1$,

因为 $\lim\limits_{x\to 0^+}\cos x = 1$,$\lim\limits_{x\to 0^+}1=1$,

得 $\lim\limits_{x\to 0^+}\dfrac{\sin x}{x}=1$,

令 $u=-x$,得 $\lim\limits_{x\to 0^-}\dfrac{\sin x}{x}=\lim\limits_{u\to 0^+}\dfrac{\sin u}{u}=1$,合起来得到

$$\boxed{\lim\limits_{x\to 0}\dfrac{\sin x}{x}=1.}$$

此式是本节给出的第一个重要极限.

例 2 求下列极限:

(1) $\lim\limits_{x\to 0}\dfrac{\tan x}{x}$; (2) $\lim\limits_{x\to 0}\dfrac{x}{\sin 3x}$;

(3) $\lim\limits_{x\to 0}\dfrac{\arcsin x}{x}$; (4) $\lim\limits_{x\to 0}\dfrac{\arctan x}{x}$;

(5) $\lim\limits_{x\to 0}\dfrac{1-\cos x}{x^2}$; (6) $\lim\limits_{x\to 0}\dfrac{\cos x-\cos 2x}{x^2}$.

解 (1) $\lim\limits_{x\to 0}\dfrac{\tan x}{x}=\lim\limits_{x\to 0}\dfrac{\sin x}{x}\cdot\dfrac{1}{\cos x}=\lim\limits_{x\to 0}\dfrac{\sin x}{x}\cdot\lim\limits_{x\to 0}\dfrac{1}{\cos x}=1$;

(2) $\lim\limits_{x\to 0}\dfrac{x}{\sin 3x}=\lim\limits_{x\to 0}\dfrac{1}{3}\cdot\dfrac{3x}{\sin 3x}=\dfrac{1}{3}\lim\limits_{x\to 0}\dfrac{3x}{\sin 3x}$ （令 $u=3x$）

$=\dfrac{1}{3}\lim\limits_{u\to 0}\dfrac{u}{\sin u}=\dfrac{1}{3}$;

(3) 令 $u=\arcsin x$,由于当 $x\to 0$ 时,有 $u\to 0$,得

$\lim\limits_{x\to 0}\dfrac{\arcsin x}{x}=\lim\limits_{u\to 0}\dfrac{u}{\sin u}=1$;

(4) 令 $u=\arctan x$,由于当 $x\to 0$ 时,有 $u\to 0$,得

$\lim\limits_{x\to 0}\dfrac{\arctan x}{x}=\lim\limits_{u\to 0}\dfrac{u}{\tan u}=1$;

(5) $\lim\limits_{x\to 0}\dfrac{1-\cos x}{x^2}=\lim\limits_{x\to 0}\dfrac{2\sin^2\dfrac{x}{2}}{x^2}=\lim\limits_{x\to 0}\dfrac{1}{2}\left(\dfrac{\sin\dfrac{x}{2}}{\dfrac{x}{2}}\right)^2$ $\left(\diamondsuit u=\dfrac{x}{2}\right)$

$=\dfrac{1}{2}\lim\limits_{u\to 0}\left(\dfrac{\sin u}{u}\right)^2=\dfrac{1}{2}$;

(6) $\lim\limits_{x\to 0}\dfrac{\cos x-\cos 2x}{x^2}=\lim\limits_{x\to 0}\dfrac{(1-\cos 2x)-(1-\cos x)}{x^2}$

$=\lim\limits_{x\to 0}\dfrac{1-\cos 2x}{x^2}-\lim\limits_{x\to 0}\dfrac{1-\cos x}{x^2}$

$=4\lim\limits_{x\to 0}\dfrac{1-\cos 2x}{(2x)^2}-\dfrac{1}{2}=4\times\dfrac{1}{2}-\dfrac{1}{2}=\dfrac{3}{2}.$

例 3 设 $y_n=\dfrac{1}{n^2+1}+\dfrac{2}{n^2+2}+\cdots+\dfrac{n}{n^2+n}$,求 $\lim\limits_{n\to\infty}y_n$.

解 分别将 y_n 适当放大和缩小,再利用夹逼定理.

$y_n<\dfrac{1}{n^2}+\dfrac{2}{n^2}+\cdots+\dfrac{n}{n^2}=\dfrac{\dfrac{1}{2}n(n+1)}{n^2}=\dfrac{n+1}{2n},$

$y_n\geqslant\dfrac{1}{n^2+n}+\dfrac{2}{n^2+n}+\cdots+\dfrac{n}{n^2+n}=\dfrac{\dfrac{1}{2}n(n+1)}{n^2+n}=\dfrac{1}{2},$

由于 $\lim\limits_{n\to\infty}\dfrac{n+1}{2n}=\dfrac{1}{2},\quad \lim\limits_{n\to\infty}\dfrac{1}{2}=\dfrac{1}{2},$

由夹逼准则得 $\lim\limits_{n\to\infty}y_n=\dfrac{1}{2}.$

二、单调有界准则

如果数列 $\{y_n\}$ 满足 $y_{n+1}\geqslant y_n, n=1,2,\cdots$,则称 $\{y_n\}$ 是单调增加的.如果数列 $\{y_n\}$ 满足 $y_{n+1}\leqslant y_n, n=1,2,\cdots$,则称 $\{y_n\}$ 是单调减少的.单调增加数列与单调减少数列统称单调数列.

下面我们给出极限存在的另一个准则.

定理 2 (单调有界准则) 如果数列 $\{y_n\}$ 单调增加,且有上界,即存在数 M,使得 $y_n\leqslant M(n=1,2,\cdots)$,则 $\lim\limits_{n\to\infty}y_n$ 一定存在;如果数列 $\{y_n\}$ 单调减少,且有下界,即存在数 M,使得 $y_n\geqslant M(n=1,2,\cdots)$,则 $\lim\limits_{n\to\infty}y_n$ 一定存在.

定理 2 的证明要用到实数的完备性,此处从略.

由于数列 $\{y_n\}$ 是否有极限同数列 $\{y_n\}$ 的前有限项无关,故定理 2 对单调性的要求可放宽到,当 n 充分大时 $\{y_n\}$ 单调.

对函数极限,也可以给出相应的单调有界准则.例如,设函数 $f(x)$ 在区间 $[a,+\infty)$ 有定义,如果当 x 充分大时,$f(x)$ 单调增加(严格或不严格都可以),且有上界,则 $\lim\limits_{x\to+\infty}f(x)$ 一定存在;如果

当 x 充分大时,$f(x)$ 单调减少(严格或不严格都可以),且有下界,则 $\lim\limits_{x \to +\infty} f(x)$ 一定存在.

对 $x \to -\infty, x \to x_0^-, x \to x_0^+$ 有类似的结论.

定理 2 指出了极限的存在性,至于如何求极限需借助其他方法.其实在某些场合下,我们并不要求具体计算出极限值,只要能判定极限存在就可以了.

例 4 讨论下列极限的存在性.

(1) $\lim\limits_{n \to \infty} \left(1 + \dfrac{1}{n}\right)^n$; (2) $\lim\limits_{x \to \infty} \left(1 + \dfrac{1}{x}\right)^x$.

解 (1) 设 $y_n = \left(1 + \dfrac{1}{n}\right)^n$,$\lim\limits_{n \to \infty} y_n = \lim\limits_{n \to \infty} \left(1 + \dfrac{1}{n}\right)^n$ 是 1^∞ 型不定式.

下面证明 $\{y_n\}$ 单调且有上界.根据二项式定理,有

$$y_n = \left(1 + \frac{1}{n}\right)^n$$

$$= 1 + n \cdot \frac{1}{n} + \frac{n(n-1)}{2!} \cdot \frac{1}{n^2} + \frac{n(n-1)(n-2)}{3!} \cdot \frac{1}{n^3} + \cdots +$$

$$\frac{n(n-1)(n-2)\cdots(n-k+1)}{k!} \cdot \frac{1}{n^k} + \cdots +$$

$$\frac{n(n-1)(n-2)\cdots(n-n+1)}{n!} \cdot \frac{1}{n^n}$$

$$= 1 + 1 + \frac{1}{2!}\left(1 - \frac{1}{n}\right) + \frac{1}{3!}\left(1 - \frac{1}{n}\right)\left(1 - \frac{2}{n}\right) + \cdots +$$

$$\frac{1}{k!}\left(1 - \frac{1}{n}\right)\left(1 - \frac{2}{n}\right)\cdots\left(1 - \frac{k-1}{n}\right) + \cdots +$$

$$\frac{1}{n!}\left(1 - \frac{1}{n}\right)\left(1 - \frac{2}{n}\right)\cdots\left(1 - \frac{n-1}{n}\right),$$

同理

$$y_{n+1} = 1 + 1 + \frac{1}{2!}\left(1 - \frac{1}{n+1}\right) + \frac{1}{3!}\left(1 - \frac{1}{n+1}\right)\left(1 - \frac{2}{n+1}\right) +$$

$$\cdots + \frac{1}{k!}\left(1 - \frac{1}{n+1}\right)\left(1 - \frac{2}{n+1}\right)\cdots\left(1 - \frac{k-1}{n+1}\right) + \cdots +$$

$$\frac{1}{n!}\left(1 - \frac{1}{n+1}\right)\left(1 - \frac{2}{n+1}\right)\cdots\left(1 - \frac{n-1}{n+1}\right) +$$

$$\frac{1}{(n+1)!}\left(1 - \frac{1}{n+1}\right)\left(1 - \frac{2}{n+1}\right)\cdots\left(1 - \frac{n}{n+1}\right),$$

比较 y_n 与 y_{n+1} 右边各项,除前两项相等外,从第三项开始,y_n 的每一项都小于 y_{n+1} 的对应项,y_{n+1} 还多了最后一项(此项大于 0),因此 $y_n < y_{n+1} (n = 1, 2, 3, \cdots)$,即 $\{y_n\}$ 单调增加.

根据 y_n 的展开式,得

$$y_n \leqslant 1 + 1 + \frac{1}{2!} + \frac{1}{3!} + \cdots + \frac{1}{n!} \leqslant 1 + 1 + \frac{1}{2} + \frac{1}{2^2} + \cdots + \frac{1}{2^{n-1}}$$

$$= 1 + \frac{1-\left(\frac{1}{2}\right)^n}{1-\frac{1}{2}} = 3 - \frac{1}{2^{n-1}} < 3,$$

即 $\{y_n\}$ 有上界，因此 $\lim\limits_{n\to\infty} y_n = \lim\limits_{n\to\infty}\left(1+\frac{1}{n}\right)$ 存在．用 e 来表示这个极限，即

$$\lim_{n\to\infty}\left(1+\frac{1}{n}\right)^n = e;$$

(2) 当 $x \to +\infty$ 时，记 $[x] = n$，则 $n \leqslant x < n+1$，当 $x \to +\infty$ 时，有 $n \to \infty$，并且有不等式

$$1 + \frac{1}{n+1} < 1 + \frac{1}{x} \leqslant 1 + \frac{1}{n},$$

$$\left(1+\frac{1}{n+1}\right)^n < \left(1+\frac{1}{x}\right)^x < \left(1+\frac{1}{n}\right)^{n+1},$$

由于 $\quad \lim\limits_{n\to\infty}\left(1+\frac{1}{n+1}\right)^n = \lim\limits_{n\to\infty}\left(1+\frac{1}{n+1}\right)^{n+1}\left(1+\frac{1}{n+1}\right)^{-1}$

$$= e \times 1 = e,$$

$$\lim_{n\to\infty}\left(1+\frac{1}{n}\right)^{n+1} = \lim_{n\to\infty}\left(1+\frac{1}{n}\right)^n \left(1+\frac{1}{n}\right) = e \times 1 = e,$$

根据夹逼准则，得 $\quad \lim\limits_{x\to +\infty}\left(1+\frac{1}{x}\right)^x = e.$

当 $x \to -\infty$ 时，有

$$\lim_{x\to-\infty}\left(1+\frac{1}{x}\right)^x = \lim_{x\to-\infty}\left(\frac{x+1}{x}\right)^x = \lim_{x\to-\infty}\left(\frac{x}{x+1}\right)^{-x}$$

$$= \lim_{x\to-\infty}\left(1+\frac{-1}{x+1}\right)^{-x} \quad (\diamondsuit\, u = -(x+1))$$

$$= \lim_{u\to+\infty}\left(1+\frac{1}{u}\right)^{u+1} = \lim_{u\to+\infty}\left(1+\frac{1}{u}\right)^u\left(1+\frac{1}{u}\right) = e \times 1 = e.$$

因此得到另一个重要极限

$$\boxed{\lim_{x\to\infty}\left(1+\frac{1}{x}\right)^x = e.}$$

如果令 $t = \frac{1}{x}$，则当 $x \to \infty$ 时，$t \to 0$，故有

$$\lim_{x\to\infty}\left(1+\frac{1}{x}\right)^x = \lim_{t\to 0}(1+t)^{\frac{1}{t}},$$

因此第二个重要极限的另一种形式为

$$\boxed{\lim_{x\to 0}(1+x)^{\frac{1}{x}} = e.}$$

可以证明，e 是一个无理数，它的值为 $e = 2.718281828459045$ $\cdots$，至于如何计算 e 的值，待学完级数一章自会明白．

例 5 求下列极限：

(1) $\lim\limits_{x\to+\infty}\left(1-\dfrac{1}{x}\right)^{\sqrt{x}}$；

(2) $\lim\limits_{x\to 0}(1+x)^{\frac{2}{\sin x}}$；

(3) $\lim\limits_{x\to\infty}\left(\dfrac{x+1}{x-2}\right)^{x}$；

(4) $\lim\limits_{x\to 0}\cos x^{\frac{1}{\sin^2 x}}$。

解 四个极限均为 1^∞ 型不定式．

(1) $\lim\limits_{x\to+\infty}\left(1-\dfrac{1}{x}\right)^{\sqrt{x}}=\lim\limits_{x\to+\infty}\left[\left(1-\dfrac{1}{x}\right)^{-x}\right]^{\frac{-1}{\sqrt{x}}}=\mathrm{e}^0=1$；

(2) $\lim\limits_{x\to 0}(1+x)^{\frac{2}{\sin x}}=\lim\limits_{x\to 0}\left[(1+x)^{\frac{1}{x}}\right]^{\frac{2x}{\sin x}}=\mathrm{e}^2$；

(3) $\lim\limits_{x\to\infty}\left(\dfrac{x+1}{x-2}\right)^{x}=\lim\limits_{x\to\infty}\left[1+\left(\dfrac{x+1}{x-2}-1\right)\right]^{x}=\lim\limits_{x\to\infty}\left(1+\dfrac{3}{x-2}\right)^{x}$

$\qquad=\lim\limits_{x\to\infty}\left[\left(1+\dfrac{3}{x-2}\right)^{\frac{x-2}{3}}\right]^{\frac{3x}{x-2}}=\mathrm{e}^3$；

(4) $\lim\limits_{x\to 0}\cos x^{\frac{1}{\sin^2 x}}=\lim\limits_{x\to 0}(\cos^2 x)^{\frac{1}{2\sin^2 x}}$

$\qquad=\lim\limits_{x\to 0}\left[(1-\sin^2 x)^{\frac{-1}{\sin^2 x}}\right]^{-\frac{1}{2}}=\mathrm{e}^{-\frac{1}{2}}$。

例 6 求下列极限：

(1) $\lim\limits_{x\to 0}\dfrac{\ln(1+x)}{x}$；

(2) $\lim\limits_{x\to 0}\dfrac{\mathrm{e}^x-1}{x}$；

(3) $\lim\limits_{x\to 0}\dfrac{a^x-1}{x}$；

(4) $\lim\limits_{x\to 0}\dfrac{(1+x)^\alpha-1}{x}$ (α 是非零常数)。

解 四个极限均为 $\dfrac{0}{0}$ 型不定式．

(1) $\lim\limits_{x\to 0}\dfrac{\ln(1+x)}{x}=\lim\limits_{x\to 0}\dfrac{1}{x}\ln(1+x)=\lim\limits_{x\to 0}\ln(1+x)^{\frac{1}{x}}=\ln\mathrm{e}=1$；

(2) 令 $u=\mathrm{e}^x-1$，当 $x\to 0$，有 $u\to 0$，于是得

$$\lim\limits_{x\to 0}\dfrac{\mathrm{e}^x-1}{x}=\lim\limits_{u\to 0}\dfrac{u}{\ln(1+u)}=1$$

(3) $\lim\limits_{x\to 0}\dfrac{a^x-1}{x}=\lim\limits_{x\to 0}\dfrac{\mathrm{e}^{\ln a^x}-1}{x}=\lim\limits_{x\to 0}\dfrac{\mathrm{e}^{x\ln a}-1}{x\ln a}\ln a=1\times\ln a=\ln a$；

(4) $\lim\limits_{x\to 0}\dfrac{(1+x)^\alpha-1}{x}=\lim\limits_{x\to 0}\dfrac{\mathrm{e}^{\ln(1+x)^\alpha}-1}{x}$

$\qquad=\lim\limits_{x\to 0}\alpha\dfrac{\mathrm{e}^{\alpha\ln(1+x)}-1}{\alpha\ln(1+x)}\dfrac{\ln(1+x)}{x}$

$\qquad=\alpha\times 1\times 1=\alpha$。

例 7 设 $x_1=\sqrt{2}$，$x_{n+1}=\sqrt{2+x_n}$ ($n=1,2,\cdots$)，证明数列 $\{x_n\}$ 有极限，并求出极限值．

解 利用单调有界准则证明数列有极限．

$$x_2=\sqrt{2+x_1}=\sqrt{2+\sqrt{2}}>\sqrt{2}=x_1,$$

设 $x_n>x_{n-1}$，则有

$$x_{n+1} - x_n = \sqrt{2+x_n} - \sqrt{2+x_{n-1}} = \frac{x_n - x_{n-1}}{\sqrt{2+x_n} + \sqrt{2+x_{n-1}}} > 0,$$

即 $x_{n+1} > x_n$,数列 $\{x_n\}$ 单调增加.

$x_1 = \sqrt{2} < 2$,设 $x_n < 2$,则有 $x_{n+1} = \sqrt{2+x_n} < \sqrt{2+2} = 2$,故 $\{x_n\}$ 有界,因此数列 $\{x_n\}$ 有极限.

设 $\lim\limits_{n\to\infty} x_n = A$,则 $\lim\limits_{n\to\infty} x_{n+1} = A$,由 $x_{n+1} = \sqrt{2+x_n}$ 两端取极限,得 $A = \sqrt{2+A}$,解得 $A = 2, A = -1$(舍去),故

$$\lim\limits_{n\to\infty} x_n = 2.$$

三、几个关于区间和极限的基本定理

前面我们给出了单调有界数列极限的存在性,这是数列极限存在的一个重要判别法.但是如果数列不是单调的,就不能用这个方法了.下面我们要给出有关区间和数列的其他几个基本定理.

定理 3(区间套定理) 设 $[a_n, b_n](n=1,2,3,\cdots)$ 是一串闭区间,满足:后一个区间总是包含在前一个区间内,即有 $a_n \leqslant a_{n+1} < b_{n+1} \leqslant b_n$,并且 $\lim\limits_{n\to\infty}(b_n - a_n) = 0$,则 $\{a_n\}$ 与 $\{b_n\}$ 收敛于同一个极限 c,且 c 是所有区间 $[a_n, b_n](n=1,2,3,\cdots)$ 的唯一公共点.

证 由定理条件,有 $a_1 \leqslant a_2 \leqslant a_3 \leqslant \cdots \leqslant a_n \leqslant \cdots < b_1$,
$$b_1 \geqslant b_2 \geqslant b_3 \geqslant \cdots \geqslant b_n \geqslant \cdots > a_1,$$
即 $\{a_n\}$ 单调增加且有上界,$\{b_n\}$ 单调减少且有下界,故 $\lim\limits_{n\to\infty} a_n$ 与 $\lim\limits_{n\to\infty} b_n$ 都存在,由 $\lim\limits_{n\to\infty} b_n - \lim\limits_{n\to\infty} a_n = \lim\limits_{n\to\infty}(b_n - a_n) = 0$,得 $\lim\limits_{n\to\infty} b_n = \lim\limits_{n\to\infty} a_n$,设 $\lim\limits_{n\to\infty} a_n = c$,显然 c 是所有区间 $[a_n, b_n]$ 的公共点.下面证 c 是所有区间的唯一公共点.若所有区间还有另一个公共点 c_1,则有 $|c_1 - c| \leqslant b_n - a_n$,令 $n \to \infty$,得 $|c_1 - c| = 0$,故 $c_1 = c$.

利用区间套定理,可以证明有界数列具有下面的性质,我们将其称为致密性定理,它是由德国数学家魏尔斯特拉斯首先得到的,有时也称为魏尔斯特拉斯定理.

定理 4(致密性定理) 任一有界数列必有收敛的子列.

证 设 $\{y_n\}$ 为有界数列,即存在两个数 a, b,使 $a \leqslant y_n \leqslant b$.若 $a = b$,则 $\{y_n\}$ 恒为常数,它自身即是一个收敛的数列.

若 $a < b$,用中点将 $[a, b]$ 等分成两个区间,则这两个区间中至少有一个包含着 $\{y_n\}$ 的无数个点,将此区间记为 $[a_1, b_1]$(如两个区间都包含无数个 $\{y_n\}$ 的点,则任取一个作为 $[a_1, b_1]$).再将 $[a_1, b_1]$ 等分成两个区间,将其中一个含有无数个 $\{y_n\}$ 点的记为 $[a_2, b_2]$.如此下去,得到一串闭区间 $[a_n, b_n](n=1,2,3,\cdots)$,它们显然满足

$$[a, b] \supset [a_1, b_1] \supset [a_2, b_2] \supset \cdots \supset [a_n, b_n] \supset \cdots,$$

且
$$b_n - a_n = \frac{b-a}{2^n} \to 0,$$
于是根据区间套定理,存在唯一点 $c \in [a,b]$,使 $a_n \to c, b_n \to c$,且 $c \in [a_n, b_n]$ $(n=1,2,3,\cdots)$. 在 $[a_1, b_1]$ 中任取 $\{y_n\}$ 的一项,记为 y_{n_1},在 $[a_2, b_2]$ 中任取 $\{y_n\}$ 的一个位于 y_{n_1} 之后的项,记为 y_{n_2},则 $n_2 > n_1$,如此下去,在每个 $[a_k, b_k]$ 中任取一个 y_{n_k},即得到一个 $\{y_n\}$ 的子列 $\{y_{n_k}\}$,其中 $n_1 < n_2 < \cdots < n_k < \cdots$,且 $a_k \leqslant y_{n_k} \leqslant b_k$. 由于 $a_k \to c, b_k \to c$,故 $y_{n_k} \to c$. 定理得证.

当 $\{y_n\}$ 是无界数列时,有一个类似的性质. 即 $\{y_n\}$ 必存在一个子列 $\{y_{n_k}\}$,使 $y_{n_k} \to \infty$.

前面我们给出过一些利用极限定义证明数列以某数为极限的例子,但数列的极限即使存在也并不是事先就都能知道的,因此我们希望从数列本身来找到能够判断它的收敛性的条件,下面给出一个这样的定理.

定理 5（完备性定理——柯西收敛原理） 数列 $\{y_n\}$ 有极限的充分必要条件是:对 $\forall \varepsilon > 0, \exists N > 0$,使当 $n, m > N$ 时,有 $|y_n - y_m| < \varepsilon$.

证 先证必要性.

设 $y_n \to A$,则对 $\forall \varepsilon > 0, \exists N > 0$,当 $n > N$ 时,有 $|y_n - A| < \frac{\varepsilon}{2}$. 从而当 $n, m > N$ 时,有
$$|y_n - y_m| = |(y_n - A) - (y_m - A)| \leqslant |y_n - A| + |y_m - A| < \frac{\varepsilon}{2} + \frac{\varepsilon}{2} = \varepsilon.$$

再证充分性.

首先证 $\{y_n\}$ 是有界的. 对 $\varepsilon = 1$,由所设条件,存在正整数 $N > 0$,当 $n, m > N$ 时,有 $|y_n - y_m| < 1$,从而有 $|y_n - y_{N+1}| < 1$,于是有
$$|y_n| = |y_n - y_{N+1} + y_{N+1}| \leqslant |y_n - y_{N+1}| + |y_{N+1}| < 1 + |y_{N+1}|,$$
令 $M = \max\{|y_1|, |y_2|, \cdots, |y_N|, 1 + |y_{N+1}|\}$. 则对 $\forall n$,有 $|y_n| \leqslant M$,即 $\{y_n\}$ 是有界的. 于是根据定理 4,$\{y_n\}$ 一定有收敛的子列 $\{y_{n_k}\}$. 设 $y_{n_k} \to A$,下面证明 $y_n \to A$.

对 $\forall \varepsilon > 0$,由所设条件,存在正整数 $N_1 > 0$,当 $n, m > N_1$ 时,有 $|y_n - y_m| < \frac{\varepsilon}{2}$. 又由于 $y_{n_k} \to A$,故存在正整数 $N_2 > 0$,当 $k > N_2$ 时,有 $|y_{n_k} - A| < \frac{\varepsilon}{2}$. 令 $N = \max\{N_1 + 1, N_2 + 1\}$,于是当 $n > N$ 时,有

$$|y_n - A| = |y_n - y_{n_{N+2}} + y_{n_{N+2}} - A| \leq |y_n - y_{n_{N+2}}| +$$
$$|y_{n_{N+2}} - A| < \frac{\varepsilon}{2} + \frac{\varepsilon}{2} = \varepsilon,$$

所以有
$$y_n \to A.$$

例 8 设 $y_n = \frac{\sin 1}{2} + \frac{\sin 2}{2^2} + \cdots + \frac{\sin n}{2^n}$,证明 $\{y_n\}$ 有极限.

证 不妨设 $m > n$,则
$$|y_n - y_m| = \left|\frac{\sin(n+1)}{2^{n+1}} + \frac{\sin(n+2)}{2^{n+2}} + \cdots + \frac{\sin m}{2^m}\right|$$
$$\leq \frac{1}{2^{n+1}} + \frac{1}{2^{n+2}} + \cdots + \frac{1}{2^m} = \frac{1}{2^{n+1}}\left(1 + \frac{1}{2} + \cdots + \frac{1}{2^{m-n-1}}\right)$$
$$= \frac{1}{2^{n+1}} \cdot \frac{1 - \left(\frac{1}{2}\right)^{m-n}}{1 - \frac{1}{2}} < \frac{1}{2^n},$$

对 $\forall \varepsilon > 0$,由于 $\lim\limits_{n \to \infty} \frac{1}{2^n} = 0$,故 $\exists N > 0$,当 $n > N$ 时,有 $\frac{1}{2^n} < \varepsilon$,于是当 $n, m > N$ 时,有 $|y_n - y_m| < \varepsilon$,根据柯西收敛原理,$\{y_n\}$ 有极限.

接下来我们介绍博雷尔定理,也叫作有限覆盖定理.

定理 6(**有限覆盖定理**) 设 $[a, b]$ 是一闭区间,E 是一族开区间,它完全覆盖了区间 $[a, b]$,则必定可以从 E 中选出有限个区间,使这有限个区间完全覆盖了 $[a, b]$.

证 反证.假设 $[a, b]$ 不能被 E 中任意有限个区间完全覆盖.用中点将 $[a, b]$ 等分为两个区间 $[a, c]$ 和 $[c, b]$,则这两个区间中至少有一个不能被 E 中有限个区间完全覆盖,记此区间为 $[a_1, b_1]$.再将 $[a_1, b_1]$ 等分为两个区间 $[a_1, c_1]$ 和 $[c_1, b_1]$,将其中不能被 E 中有限个区间完全覆盖的那个区间记为 $[a_2, b_2]$.如此下去,得出一串闭区间 $[a_n, b_n](n = 1, 2, \cdots)$,它们都不能被 E 中有限个区间完全覆盖,并且有
$$[a, b] \supset [a_1, b_1] \supset [a_2, b_2] \supset \cdots \supset [a_n, b_n] \supset \cdots,$$
$$\lim_{n \to \infty}(b_n - a_n) = \lim_{n \to \infty} \frac{b - a}{2^n} = 0.$$

根据区间套定理,有唯一的一点 $\xi \in [a_n, b_n] \subset [a, b]$,且 $a_n \to \xi$,$b_n \to \xi$.根据定理条件,在 E 中至少有一个开区间(将其记为 (α, β)),使 $\xi \in (\alpha, \beta)$.令 $d = \min\{\beta - \xi, \xi - \alpha\}$,则 $d > 0$.由于 $\lim\limits_{n \to \infty}(b_n - a_n) = 0$,故 $\exists N > 0$,当 $n > N$ 时,有 $|b_n - a_n| < d$,因而 $[a_n, b_n]$ 完全包含在 (α, β) 内,与假设矛盾,从而定理的结论是对的.

习题 1-6

1. 求下列极限:

(1) $\lim\limits_{x\to 0}\dfrac{\sin\alpha x}{\sin\beta x}$ ($\beta\neq 0$); (2) $\lim\limits_{x\to 0^+}\sqrt{x}\cot\sqrt{x}$;

(3) $\lim\limits_{x\to 0}\dfrac{\arcsin 5x}{\arctan 3x}$; (4) $\lim\limits_{x\to 0}\dfrac{1-\cos 2x}{x\sin x}$;

(5) $\lim\limits_{x\to 0^+}\dfrac{x}{\sqrt{1-\cos x}}$; (6) $\lim\limits_{x\to 1}(1-x)\tan\dfrac{\pi x}{2}$;

(7) $\lim\limits_{x\to 0}\dfrac{\sqrt{2}-\sqrt{1+\cos x}}{\sin^2 x}$; (8) $\lim\limits_{x\to a}\dfrac{\sin x-\sin a}{x-a}$;

(9) $\lim\limits_{x\to \pi}\dfrac{\sin(x-\pi)}{x^2-\pi^2}$.

2. 求下列极限：

(1) $\lim\limits_{x\to\infty}\left(1+\dfrac{3}{x}\right)^x$; (2) $\lim\limits_{x\to 0}\left(\dfrac{2+x}{2}\right)^{\frac{2}{x}}$;

(3) $\lim\limits_{x\to\infty}\left(\dfrac{x}{1+x}\right)^x$; (4) $\lim\limits_{x\to\infty}\left(\dfrac{x^2+2}{x^2+1}\right)^{x^2+1}$;

(5) $\lim\limits_{x\to 0}(1+x^2)^{\cot^2 x}$; (6) $\lim\limits_{x\to\infty}\left(\dfrac{x-1}{x}\right)^{\frac{1}{\sin\frac{1}{x}}}$;

(7) $\lim\limits_{x\to\infty}\left(\dfrac{x^2}{x^2-1}\right)^x$; (8) $\lim\limits_{n\to\infty}\left(1+\dfrac{5}{3^n}\right)^{3^n}$.

3. 求下列极限：

(1) $\lim\limits_{x\to 0}\dfrac{\ln(1+x)}{\sin 3x}$; (2) $\lim\limits_{x\to 0}\dfrac{e^{5x}-e^{2x}}{x}$;

(3) $\lim\limits_{x\to 0}\dfrac{10^x-1}{2x}$; (4) $\lim\limits_{x\to 0}\dfrac{\ln(a+x)-\ln a}{x}$;

(5) $\lim\limits_{x\to\infty}x[\ln(1+x)-\ln x]$.

4. 设 A_n 是以 r 为半径的圆内接正 n 边形的面积,试求 A_n 的表示式,并利用 A_n 推导出圆的面积 A 的计算公式.

5. 设函数 $f(x)=\begin{cases}(1+x^2)^{\frac{3}{x^2}},& x>0,\\ \dfrac{e^{2x}-1}{x},& x<0,\end{cases}$ 讨论极限 $\lim\limits_{x\to 0}f(x)$ 是否存在.

6. 已知 $\lim\limits_{x\to\infty}\left(\dfrac{x-2}{x}\right)^{kx}=\dfrac{1}{e}$,求常数 k.

7. 求下列极限：

(1) $\lim\limits_{n\to\infty}n\left(\dfrac{1}{n^2+\pi}+\dfrac{1}{n^2+2\pi}+\cdots+\dfrac{1}{n^2+n\pi}\right)$;

(2) $\lim\limits_{x\to 0^+}x\left[\dfrac{1}{x}\right]$; (3) $\lim\limits_{n\to\infty}\dfrac{5^n}{n!}$;

(4) $\lim\limits_{n\to\infty}\left(\dfrac{1}{n^3+1}+\dfrac{4}{n^3+4}+\cdots+\dfrac{n^2}{n^3+n^2}\right)$.

8. 证明下列数列有极限,并求出极限值：

(1) $y_1=10, y_{n+1}=\sqrt{6+y_n}$ ($n=1,2,\cdots$);

(2) $x_1 = \dfrac{1}{2}, x_{n+1} = \dfrac{1+x_n^2}{2}, (n=1,2,\cdots);$

(3) $y_1 = \sqrt{2}, y_{n+1} = \sqrt{2y_n}, (n=1,2,\cdots).$

9. 设 $x_n = \dfrac{1}{5+10} + \dfrac{1}{5^2+10} + \cdots + \dfrac{1}{5^n+10}$ $(n=1,2,\cdots)$,证明极限 $\lim\limits_{n\to\infty} x_n$ 存在.

第七节 无穷小的比较

在同一极限过程中出现的几个无穷小,尽管都以零为极限,但趋于零的快慢却往往不一样.在某些问题中,特别是在近似计算中,常常要对各个无穷小趋于零的速度做出比较.由于快慢都是相对的,因此我们可以通过考察两个无穷小之比的极限来比较它们趋于零的快慢,这就有了无穷小的阶的概念.

定义 设在自变量的同一趋向下 α 与 β 都是无穷小.

(1) 如果 $\lim\dfrac{\beta}{\alpha} = 0$,则称 β 是 α 的高阶无穷小,记作
$$\beta = o(\alpha);$$

(2) 如果 $\lim\dfrac{\beta}{\alpha} = C \neq 0$,则称 β 与 α 是同阶无穷小,特别地,如果 $\lim\dfrac{\beta}{\alpha} = 1$,则称 β 与 α 是等价无穷小,记作 $\beta \sim \alpha$;

(3) 如果 $\lim\limits_{x\to x_0}\dfrac{\alpha}{(x-x_0)^k} = C \neq 0 (k>0)$,则称当 $x \to x_0$ 时,α 是 k 阶无穷小,或者说 α 是 $x-x_0$ 的 k 阶无穷小.

例 1 比较下列各对无穷小:

(1) $x \to 0, x^3$ 与 x^2;

(2) $x \to 0, 1-\cos x$ 与 x^2;

(3) $x \to 2, \tan(x-2)^{\frac{3}{2}}$ 与 $x-2$.

解 (1) $\lim\limits_{x\to 0}\dfrac{x^3}{x^2} = 0$,故当 $x \to 0$ 时,x^3 是 x^2 的高阶无穷小;

(2) $\lim\limits_{x\to 0}\dfrac{1-\cos x}{x^2} = \dfrac{1}{2}$,故当 $x \to 0$ 时,$1-\cos x$ 与 x^2 是同阶无穷小,或者说,$1-\cos x \sim \dfrac{1}{2}x^2$;

(3) $\lim\limits_{x\to 2}\dfrac{\tan(x-2)^{\frac{3}{2}}}{x-2} = \lim\limits_{x\to 2}\dfrac{\tan(x-2)^{\frac{3}{2}}}{(x-2)^{\frac{3}{2}}}(x-2)^{\frac{1}{2}} = 0$,

故当 $x \to 2$ 时,$\tan(x-2)^{\frac{3}{2}} = o(x-2)$.

由于 $\lim\limits_{x\to 2}\dfrac{\tan(x-2)^{\frac{3}{2}}}{(x-2)^{\frac{3}{2}}} = 1$,故当 $x \to 2$ 时,$\tan(x-2)^{\frac{3}{2}}$ 是 $x-2$ 的

$\frac{3}{2}$ 阶无穷小,或者说,$\tan(x-2)^{\frac{3}{2}} \sim (x-2)^{\frac{3}{2}}$.

例 2 设当 $x \to 1$ 时,$\tan^{\frac{5}{2}}(x-1) + x^3 - 3x + 2$ 与 $a(x-1)^k$ 是等价无穷小,求 a,k 的值.

解 由题设,$\lim\limits_{x \to 1} \dfrac{\tan^{\frac{5}{2}}(x-1) + x^3 - 3x + 2}{a(x-1)^k} = 1$,

令 $u = x - 1$,即 $x = u + 1$,则

$$\lim_{x \to 1} \frac{\tan^{\frac{5}{2}}(x-1) + x^3 - 3x + 2}{a(x-1)^k}$$

$$= \lim_{u \to 0} \frac{\tan^{\frac{5}{2}} u + (u+1)^3 - 3(u+1) + 2}{au^k}$$

$$= \lim_{u \to 0} \frac{\tan^{\frac{5}{2}} u + u^3 + 3u^2}{au^k} = 1,$$

因此得 $k = 2, a = 3$.

等价无穷小有下列性质:

定理 1 β 与 α 是等价无穷小的充分必要条件是 $\beta - \alpha = o(\alpha)$,即 $\beta = \alpha + o(\alpha)$.

证 必要性.设 $\beta \sim \alpha$,则

$$\lim \frac{\beta - \alpha}{\alpha} = \lim\left(\frac{\beta}{\alpha} - 1\right) = \lim \frac{\beta}{\alpha} - 1 = 1 - 1 = 0,$$

因此 $\beta - \alpha = o(\alpha)$.

充分性.设 $\beta - \alpha = o(\alpha)$,则

$$\lim \frac{\beta}{\alpha} = \lim \frac{\beta - \alpha + \alpha}{\alpha} = \lim\left(\frac{\beta - \alpha}{\alpha} + 1\right) = \lim \frac{\beta - \alpha}{\alpha} + 1$$
$$= 0 + 1 = 1,$$

因此 $\beta \sim \alpha$.

定理 2 设在变量 x 的同一变化趋向下,$\alpha, \beta, \alpha', \beta'$ 都是无穷小,$\alpha \sim \alpha', \beta \sim \beta'$,且 $\lim \dfrac{\beta'}{\alpha'} f(x)$ 存在或为无穷大,则 $\lim \dfrac{\beta}{\alpha} f(x) = \lim \dfrac{\beta'}{\alpha'} f(x)$.

对数列极限有同样的结论.

证

$$\lim \frac{\beta}{\alpha} f(x) = \lim \frac{\beta}{\beta'} \cdot \frac{\beta'}{\alpha'} \cdot \frac{\alpha'}{\alpha} f(x)$$

$$= \lim \frac{\beta}{\beta'} \lim \frac{\beta'}{\alpha'} f(x) \lim \frac{\alpha'}{\alpha} = \lim \frac{\beta'}{\alpha'} f(x).$$

定理 2 表明,求极限时,如果被求极限函数的分子或分母的某个因式是无穷小,可以用其等价无穷小进行替换,这样能简化求极限运算.

为用起来方便,根据上一节所讲,可以给出常见的等价无穷小.
当 $x \to 0$ 时,有

$\sin x \sim x$, $\tan x \sim x$, $\arcsin x \sim x$, $\arctan x \sim x$,

$1 - \cos x \sim \dfrac{x^2}{2}$;

$\ln(1+x) \sim x$, $e^x - 1 \sim x$, $a^x - 1 \sim x \ln a$,

$(1+x)^\alpha - 1 \sim \alpha x$ (α 是非零常数).

例 3 求下列极限:

(1) $\lim\limits_{x \to 0} \dfrac{\tan^3 x}{\sin 2x^3}$; (2) $\lim\limits_{x \to 0} \dfrac{\sqrt[3]{1+x^2} - 1}{\cos x - 1}$;

(3) $\lim\limits_{x \to 0^+} \dfrac{1 - \sqrt{\cos x}}{1 - \cos \sqrt{x}}$.

解 (1) 由于当 $x \to 0$ 时,$\tan x \sim x$,$\sin 2x^3 \sim 2x^3$,故

$$\lim_{x \to 0} \frac{\tan^3 x}{\sin 2x^3} = \lim_{x \to 0} \frac{x^3}{2x^3} = \frac{1}{2};$$

(2) 由于当 $x \to 0$ 时,$1 - \cos x \sim \dfrac{x^2}{2}$,

$$\sqrt[3]{1+x^2} - 1 = (1+x^2)^{\frac{1}{3}} - 1 \sim \frac{1}{3} x^2,$$

所以

$$\lim_{x \to 0} \frac{\sqrt[3]{1+x^2} - 1}{\cos x - 1} = \lim_{x \to 0} \frac{\frac{1}{3} x^2}{-\frac{1}{2} x^2} = -\frac{2}{3};$$

(3) $\lim\limits_{x \to 0^+} \dfrac{1 - \sqrt{\cos x}}{1 - \cos \sqrt{x}} = -\lim\limits_{x \to 0^+} \dfrac{[1 + (\cos x - 1)]^{\frac{1}{2}} - 1}{\frac{1}{2}(\sqrt{x})^2}$

$= -\lim\limits_{x \to 0^+} \dfrac{\frac{1}{2}(\cos x - 1)}{\frac{1}{2} x} = \lim\limits_{x \to 0^+} \dfrac{1 - \cos x}{x}$

$= \lim\limits_{x \to 0^+} \dfrac{\frac{1}{2} x^2}{x} = 0.$

习题 1-7

1. 当 $x \to 1$ 时,无穷小 $1 - x$ 与 (1) $1 - x^3$;(2) $\dfrac{1}{2}(1 - x^2)$ 是否同阶?是否等价?

2. 比较下列各对无穷小,指出是高阶无穷小、同阶无穷小、还是等价无穷小?

(1) $\sqrt{1+x}-1$ 与 x　$(x\to 0)$；

(2) $\sqrt{x^2+2}-\sqrt{x^2+1}$ 与 $\dfrac{1}{x^2}$　$(x\to\infty)$；

(3) $\dfrac{1-x}{1+x}$ 与 $1-\sqrt{x}$　$(x\to 1)$；

(4) $x^2+x^3\sin\dfrac{1}{x}$ 与 x^2　$(x\to 0)$；

(5) $\sqrt{x+\sqrt{x}}$ 与 $\sqrt[8]{x}$　$(x\to 0^+)$.

3. 当 $x\to 0$ 时，试确定下列各无穷小的阶：

(1) $\sqrt{x}+\sin x$；　(2) $x^{\frac{3}{4}}-x^{\frac{1}{3}}$；　(3) $\sqrt{x+\sqrt{x+\sqrt{x}}}$；

(4) $\sqrt[3]{\cos x}-1$；

(5) $\tan x-\sin x$；　(6) $\sqrt{1+\tan^3 x}-1$；

(7) $\sqrt{1+\tan x}-\sqrt{1+\sin x}$；

(8) $\dfrac{x(x+1)}{1+\sqrt{x}}$；　(9) $\sqrt{1-\cos x}+\sqrt[3]{x\sin x}$.

4. 设 k,l 为正数，且 $k<l$，证明当 $x\to 0$ 时，

(1) $o(x^k)+o(x^k)=o(x^k)$；

(2) $o(x^k)+o(x^l)=o(x^k)$；

(3) $o(x^k)o(x^l)=o(x^{k+l})$.

5. 证明下列关系式：

(1) $\arcsin x=x+o(x)$　$(x\to 0)$；

(2) $\tan^2 x=x^2+o(x^2)$　$(x\to 0)$；

(3) $\sqrt[n]{1+x}=1+\dfrac{1}{n}x+o(x)$　$(x\to 0)$.

6. 求下列极限：

(1) $\lim\limits_{x\to 0}\dfrac{\tan 2x^2}{\ln(1+3x^2)}$；　(2) $\lim\limits_{x\to 0}\dfrac{\sin(x^n)}{(\arcsin x)^m}$；

(3) $\lim\limits_{x\to 0}\dfrac{1-\cos mx}{e^{x^2}-1}$；　(4) $\lim\limits_{x\to 0}\dfrac{\tan x-\sin x}{x\sin^2 x}$；

(5) $\lim\limits_{x\to 0}\dfrac{\sin x-\tan x}{(\sqrt[3]{1+x^2}-1)(\sqrt{1+\sin x}-1)}$；

(6) $\lim\limits_{x\to 0}\dfrac{\sqrt{1+\tan^2 x}-1}{(10^x-1)^2}$；

(7) $\lim\limits_{x\to 0}\dfrac{5x^2-2(1-\cos^2 x)}{6x^3+4\sin^2 x}$；

(8) $\lim\limits_{n\to\infty}\dfrac{\tan^3\dfrac{1}{n}\cdot\arctan\dfrac{3}{n\sqrt{n}}}{\sin\dfrac{3}{n^3}\tan\dfrac{1}{\sqrt{n}}\arcsin\dfrac{7}{n}}$.

第八节　函数的连续性

客观世界中存在着许多连续变化的现象,例如,植物的连续生长、流体的连续流动、化学反应的连续发生、气温的连续变化等.如果用函数来描述这些现象,那么这些现象连续变化的情况在函数上的反映就是函数的连续性.连续函数在数学分析中是很重要的一类函数.本节要定义函数的连续性,讨论连续函数的运算及重要性质.

一、连续函数的概念

1. 函数在一点处的连续性

定义 1　如果 $\lim\limits_{x \to x_0} f(x) = f(x_0)$,则称函数 $f(x)$ 在点 x_0 处连续.

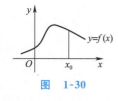

图 1-30

图 1-30 所示的函数在点 x_0 处便是连续的.

如果我们称自变量的 x_0 为始值,x 为终值,称 $x - x_0$ 为增量,记作 Δx,即 $\Delta x = x - x_0$.同样,对函数 $f(x)$,称 $f(x_0)$ 为始值,$f(x)$ 为终值,$f(x) - f(x_0)$ 为增量,记作 Δy 或 Δf,即 $\Delta y = f(x) - f(x_0)$,则

$$\lim\limits_{x \to x_0} f(x) = f(x_0) \quad \text{等价于} \quad \lim\limits_{x \to x_0}[f(x) - f(x_0)] = 0,$$

即 $\lim\limits_{x \to x_0} \Delta y = 0$.故定义 1 有下面的等价叙述.

定义 2　设函数 $f(x)$ 在点 x_0 的某邻域内有定义,如果

$$\lim\limits_{x \to x_0} \Delta y = \lim\limits_{\Delta x \to 0}[f(x_0 + \Delta x) - f(x_0)] = 0,$$

则称函数 $f(x)$ 在点 x_0 处连续.

如同单侧极限一样,我们也可以定义单侧连续的概念.

定义 3　如果 $\lim\limits_{x \to x_0^-} f(x) = f(x_0)$,则称函数 $f(x)$ 在点 x_0 处左连续;如果 $\lim\limits_{x \to x_0^+} f(x) = f(x_0)$,则称函数 $f(x)$ 在点 x_0 处右连续.

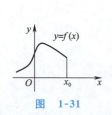

图 1-31

图 1-31 所示的函数在点 $x = x_0$ 处左连续,图 1-32 所示的函数在点 $x = x_0$ 处右连续.

根据极限与单侧极限的关系,我们可以得出:

函数 $f(x)$ 在点 x_0 处连续的充分必要条件是 $f(x)$ 在点 x_0 处左连续且右连续.

2. 函数在区间上的连续性

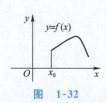

图 1-32

如果函数 $f(x)$ 在区间 (a,b) 内每一点都连续,则称 $f(x)$ 在区间 (a,b) 内连续,如果函数 $f(x)$ 在区间 (a,b) 内连续,且在点 $x = a$ 处右连续,在点 $x = b$ 处左连续,则称函数 $f(x)$ 在区间 $[a,b]$ 上连续,同样可定义函数在半开区间上的连续性.

例 1　设 $y = x^n$(n 是正整数),x_0 是区间 $(-\infty, +\infty)$ 内任意一点,

则由于 $$\lim_{x\to x_0}x^n=(\lim_{x\to x_0}x)^n=x_0^n,$$
因此 $y=x^n$ 在点 x_0 处连续,由点 x_0 的任意性,$y=x^n$ 在区间 $(-\infty,+\infty)$ 内连续.

例 2 证明函数 $y=\sin x$ 在区间 $(-\infty,+\infty)$ 内连续.

证 设 x_0 是区间 $(-\infty,+\infty)$ 内任意一点,要证 $\lim_{x\to x_0}\sin x=\sin x_0$.

由于 $$0\leqslant|\sin x-\sin x_0|=\left|2\cos\frac{x+x_0}{2}\sin\frac{x-x_0}{2}\right|$$
$$\leqslant 2\left|\sin\frac{x-x_0}{2}\right|\leqslant 2\left|\frac{x-x_0}{2}\right|=|x-x_0|,$$
故根据夹逼定理得到 $$\lim_{x\to x_0}|\sin x-\sin x_0|=0,$$
因此 $$\lim_{x\to x_0}(\sin x-\sin x_0)=0,$$
故 $$\lim_{x\to x_0}\sin x=\sin x_0,$$
即 $y=\sin x$ 在点 x_0 处连续,由点 x_0 的任意性,$y=\sin x$ 在区间 $(-\infty,+\infty)$ 内连续.

例 3 证明函数 $y=e^x$ 在区间 $(-\infty,+\infty)$ 内连续.

证 先证 $\lim_{x\to 0}e^x=e^0=1$. 由第二节例 9,有 $\lim_{x\to 0^+}e^x=1$. 令 $u=-x$,得 $$\lim_{x\to 0^-}e^x=\lim_{u\to 0^+}e^{-u}=\lim_{u\to 0^+}\frac{1}{e^u}=1,$$
因此有 $\lim_{x\to 0^-}e^x=e^0=1$. 设 x_0 是区间 $(-\infty,+\infty)$ 内任意一点,令 $t=x-x_0$,则
$$\lim_{x\to x_0}(e^x-e^{x_0})=\lim_{x\to x_0}e^{x_0}(e^{x-x_0}-1)=e^{x_0}\lim_{t\to 0}(e^t-1)$$
$$=e^{x_0}(1-1)=0,$$
故 $\lim_{x\to x_0}e^x=e^{x_0}$,因此,$y=e^x$ 在点 x_0 处连续,故在区间 $(-\infty,+\infty)$ 内连续.

3. 函数的间断点及其分类

根据函数的连续性定义,如果函数 $f(x)$ 在点 x_0 处连续,它必须同时满足三个条件:(1) $f(x)$ 在点 x_0 处有定义,即 $f(x_0)$ 存在;(2) $\lim_{x\to x_0}f(x)$ 存在;(3) $\lim_{x\to x_0}f(x)=f(x_0)$.如果这三个条件有一个不成立,则 $f(x)$ 在点 x_0 处便不是连续的.我们将**使函数 $f(x)$ 不连续的点 x_0 称为 $f(x)$ 的间断点**.

通常将函数的间断点分为两类.

设 x_0 是 $f(x)$ 的间断点,如果 $f(x)$ 在点 x_0 处的左极限 $f(x_0-0)$ 与右极限 $f(x_0+0)$ 都存在,则称 x_0 为**第一类间断点**.如果 x_0 是 $f(x)$ 的第一类间断点,并且 $f(x_0-0)=f(x_0+0)$,则又可称 x_0 为**可去间断点**.此时,$\lim_{x\to x_0}f(x)$ 存在,因此 $f(x)$ 在 x_0 间断

的原因是 $f(x_0)$ 不存在,或者 $f(x_0)$ 存在,但与极限 $\lim\limits_{x \to x_0} f(x)$ 不相等.

如果 x_0 是 $f(x)$ 的间断点,但不是第一类间断点,则称其为第二类间断点.

例 4 讨论下列函数在指定点的连续性,如果是间断点,指出是第几类间断点.

(1) $f(x) = \dfrac{x^2 - 1}{x - 1}$, $x_0 = 1$;

(2) $f(x) = \begin{cases} \dfrac{\sin x}{x}, & x \neq 0, \\ 0, & x = 0, \end{cases}$ $x_0 = 0$;

(3) $f(x) = \begin{cases} x, & x \geqslant 0, \\ 1 - x, & x < 0, \end{cases}$ $x_0 = 0$;

(4) $f(x) = \begin{cases} \tan x, & x < \dfrac{\pi}{2}, \\ 1, & x \geqslant \dfrac{\pi}{2}, \end{cases}$ $x_0 = \dfrac{\pi}{2}$;

(5) $f(x) = \sin \dfrac{1}{x}$, $x_0 = 0$.

解 (1) $f(x)$ 在点 $x_0 = 1$ 没有定义,所以 $x_0 = 1$ 是间断点,又因为 $\lim\limits_{x \to 1} f(x) = \lim\limits_{x \to 1} \dfrac{x^2 - 1}{x - 1} = \lim\limits_{x \to 1}(x + 1) = 2$,

故 $x_0 = 1$ 是第一类间断点.且是可去间断点.

(2) 因为 $\lim\limits_{x \to 0} \dfrac{\sin x}{x} = 1$,但 $f(0) = 0$,二者不相等,因此 $x_0 = 0$ 是第一类间断点.且是可去间断点. $f(x)$ 的图形如图 1-33 所示.

(3) $f(0 - 0) = \lim\limits_{x \to 0^-} f(x) = \lim\limits_{x \to 0^-}(1 - x) = 1$,

$f(0 + 0) = \lim\limits_{x \to 0^+} f(x) = \lim\limits_{x \to 0^+} x = 0$,

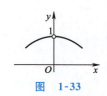

图 1-33

$f(0 - 0)$ 与 $f(0 + 0)$ 都存在,但不相等,因此 $x_0 = 0$ 是第一类间断点,但不是可去间断点.

(4) $f\left(\dfrac{\pi}{2} - 0\right) = \lim\limits_{x \to \frac{\pi}{2}^-} \tan x = \infty$,因此 $x_0 = \dfrac{\pi}{2}$ 是间断点,且是第二类间断点.

(5) $f(x)$ 在 $x_0 = 0$ 处没有定义,所以 $x_0 = 0$ 是间断点.令 $u = \dfrac{1}{x}$,则 $f(0 + 0) = \lim\limits_{x \to 0^+} \sin \dfrac{1}{x} = \lim\limits_{u \to +\infty} \sin u$,

此极限不存在,因此 $x_0 = 0$ 是第二类间断点. $f(x)$ 的图形如图 1-34 所示.

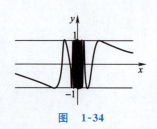

图 1-34

二、连续函数的运算及初等函数的连续性

1. 连续函数的运算

根据连续函数的定义以及极限的四则运算,我们可以得到如下定理.

定理 1 (和、差、积、商的连续性) 设函数 $f(x)$ 和 $g(x)$ 在点 x_0 连续,则它们的和与差 $f(x) \pm g(x)$、积 $f(x)g(x)$、商 $\dfrac{f(x)}{g(x)}$(当 $g(x_0) \neq 0$)都在点 x_0 连续.

如果函数 $y = f(x)$ 在区间 I 上单调,它一定有反函数 $y = f^{-1}(x)$,并且两函数的图形关于直线 $y = x$ 是对称的.因此,如果 $y = f(x)$ 在区间 I 上是单调连续的,则其图形是连续不断的曲线,因而 $y = f^{-1}(x)$ 的图形也是连续不断的曲线,故有下面定理.

定理 2 (反函数的连续性) 如果函数 $y = f(x)$ 在区间 $[a, b]$ 上单调且连续,则其反函数 $y = f^{-1}(x)$ 在对应区间 $[f(a), f(b)]$(或 $[f(b), f(a)]$)上单调且连续.

我们也可将定理 2 的区间改成开区间、半开区间,或无穷区间.

接下来我们讨论复合函数的连续性.

设函数 $y = f(g(x))$ 由 $y = f(u), u = g(x)$ 复合而成.如果 $u = g(x)$ 在点 x_0 连续,$y = f(u)$ 在点 $u_0 = g(x_0)$ 也是连续的,则有
$$\lim_{x \to x_0} g(x) = g(x_0) = u_0, \quad \lim_{u \to u_0} f(u) = f(u_0),$$
因而 $\lim\limits_{x \to x_0} f(g(x)) = \lim\limits_{u \to u_0} f(u) = f(u_0) = f(g(x_0))$,故有下面定理.

定理 3 (复合函数的连续性) 设函数 $u = g(x)$ 在点 x_0 连续,$y = f(u)$ 在对应点 $u_0 = g(x_0)$ 连续,则复合函数 $y = f(g(x))$ 在点 x_0 连续.

2. 初等函数的连续性

我们已经证明了函数 $y = \sin x, y = e^x, y = x^n$ 在区间 $(-\infty, +\infty)$ 上是连续的,由于
$$\cos x = \sin\left(\frac{\pi}{2} - x\right), \quad \tan x = \frac{\sin x}{\cos x}, \quad \cot x = \frac{\cos x}{\sin x},$$
根据连续函数的运算,我们可以得出,三角函数在其定义域内连续.利用连续函数的运算,我们又可以得出 $y = \ln x$ 在定义域内连续.由于
$$a^x = e^{x \ln a} (a > 0, a \neq 1), \quad x^\mu = e^{\mu \ln x} (\mu \text{ 是任意实数}),$$
故 $y = a^x$ 与 $y = x^\mu$ 在其定义域内都是连续的.由反函数的连续性,可得出 $y = \log_a x$ 与反三角函数在各自的定义域内都连续.而 $y = C$(C 是常数)显然是连续函数.

综上所述,我们得出,所有基本初等函数在其定义域内都是连续的.根据初等函数的定义,我们立刻可以得到:

定理 4（初等函数的连续性） 一切初等函数在其定义区间内都连续.

因此,如果 $y=f(x)$ 是初等函数,x_0 是其定义区间内的点,则
$$\lim_{x\to x_0}f(x)=f(x_0),$$
即初等函数在其定义区间内任何点处的极限值等于其在该点处的函数值. 这一结果我们在第五节就已给出过,然而关于它的证明在此才予以完成.

例 5 讨论函数 $f(x)=\begin{cases}\dfrac{\sqrt{1+x}-1}{x}, & x>0, \\ \dfrac{1}{2}, & x=0, \\ e^{-\frac{1}{x}}, & x<0\end{cases}$ 的连续性.

解 当 $x>0$ 时,$f(x)=\dfrac{\sqrt{1+x}-1}{x}$ 是初等函数,且在所有 $x>0$ 的点处都有定义,因此是连续函数.

同理,当 $x<0$ 时,$f(x)=e^{-\frac{1}{x}}$ 也是初等函数,且总有定义,因此也是连续函数.

$$f(0+0)=\lim_{x\to 0^+}f(x)=\lim_{x\to 0^+}\frac{\sqrt{1+x}-1}{x}=\lim_{x\to 0^+}\frac{\frac{1}{2}x}{x}=\frac{1}{2},$$
$$f(0-0)=\lim_{x\to 0^-}f(x)=\lim_{x\to 0^-}e^{-\frac{1}{x}}=+\infty,$$

故 $x=0$ 是间断点,且是第二类间断点.

三、闭区间上的连续函数的性质

闭区间上的连续函数还有如下一些重要性质.

定理 5（有界性） 设函数 $f(x)$ 在闭区间 $[a,b]$ 上连续,则 $f(x)$ 在 $[a,b]$ 上有界.

证 假设 $f(x)$ 在 $[a,b]$ 上无界,则对任意自然数 n,在 $[a,b]$ 内至少有一点 x_n,使 $|f(x_n)|>n$,从而得到一个点列 $\{x_n\}$. $\{x_n\}$ 是有界的,因此它一定有一个收敛的子列 $\{x_{n_k}\}$. 设 $\lim\limits_{k\to\infty}x_{n_k}=x_0$,有 $x_0\in[a,b]$. 由于 $f(x)$ 在点 x_0 处连续,有 $\lim\limits_{k\to\infty}f(x_{n_k})=f(x_0)$.

另一方面,由于 $|f(x_{n_k})|>n_k$,所以 $\lim\limits_{k\to\infty}f(x_{n_k})=\infty$,产生矛盾. 所以 $f(x)$ 在 $[a,b]$ 上是有界的. 定理得证.

如果没有闭区间或连续这样的假设,情况就可能发生变化. 例如,函数 $y=\dfrac{1}{x}$ 在 $(0,1]$ 上是连续的,但它在 $(0,1]$ 上是无界的.

定理 6（最值定理） 设函数 $f(x)$ 在闭区间 $[a,b]$ 上连续,则 $f(x)$ 在 $[a,b]$ 上必有最大值与最小值,即至少存在两点 $x_1,x_2\in$

$[a,b]$,使得对 $\forall x\in[a,b]$,有
$$f(x_1)\geqslant f(x), \quad f(x_2)\leqslant f(x).$$

证 根据定理 5,$f(x)$ 在 $[a,b]$ 上有界.根据有关实数理论,$f(x)$ 的上界中必有一个最小的,下界中必有一个最大的(关于实数理论这部分我们这里就不做详细介绍和证明了).将 $f(x)$ 在 $[a,b]$ 上的最小上界记为 M,最大下界记为 m.我们下面先证明 $\exists x_1\in[a,b]$,使 $f(x_1)=M$.如果这样的 x_1 不存在,则 $M-f(x)$ 是 $[a,b]$ 上恒不为零的连续函数.设 $g(x)=\dfrac{1}{M-f(x)}$,则 $g(x)$ 在 $[a,b]$ 上连续,于是 $g(x)$ 在 $[a,b]$ 上有界.设 $k>0$ 是 $g(x)$ 的一个上界,即对 $\forall x\in[a,b]$,有 $g(x)\leqslant k$.由于 M 是 $f(x)$ 的最小上界,故存在 $x_0\in[a,b]$,使 $f(x_0)>M-\dfrac{1}{k}$,从而有 $g(x_0)=\dfrac{1}{M-f(x_0)}>k$,矛盾.故 $\exists x_1\in[a,b]$,使 $f(x_1)=M$.同样可证明 $\exists x_2\in[a,b]$,使 $f(x_2)=m$.定理得证.

如果没有闭区间或连续这样的假设,情况就可能发生变化.例如,函数 $y=\dfrac{1}{x}$ 在 $[0,1]$ 上不是连续的,它在区间 $[0,1]$ 上不存在最大值.

接下来一个性质可以通过考察函数的几何图形而得到.如图 1-35 所示,当连续曲线 $f(x)$ 的两个端点分别位于 x 轴的两侧时,此曲线与 x 轴至少有一个交点.因而有下面定理.

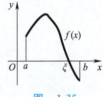

图 1-35

定理 7 (零值定理) 设函数 $f(x)$ 在闭区间 $[a,b]$ 上连续,且 $f(a)f(b)<0$,则至少存在一点 $\xi\in(a,b)$,使 $f(\xi)=0$.

证 不妨设 $f(a)>0,f(b)<0$.令 $c=\dfrac{a+b}{2}$,若 $f(c)=0$,取 $\xi=c$,则定理得证,若 $f(c)\neq 0$,则 $f(x)$ 必在 $[a,c]$ 与 $[c,b]$ 中的某一个区间端点处异号,将此区间记为 $[a_1,b_1]$,不妨设 $f(a_1)>0$,$f(b_1)<0$.令 $c_1=\dfrac{a_1+b_1}{2}$,如果 $f(c_1)=0$,取 $\xi=c_1$,则定理得证,若 $f(c_1)\neq 0$,再按上面方法得出一个区间 $[a_2,b_2]$,使 $f(a_2)>0$,$f(b_2)<0$.继续下去,如果在某个 c_k 处有 $f(c_k)=0$,取 $\xi=c_k$,则定理得证,如果在所有 c_k 处都有 $f(c_k)\neq 0$,则最终得到一串闭区间 $[a_n,b_n](n=1,2,\cdots)$,满足 $f(a_n)>0,f(b_n)<0$,且
$$[a,b]\supset[a_1,b_1]\supset[a_2,b_2]\supset\cdots\supset[a_n,b_n]\supset\cdots,$$
$$\lim_{n\to\infty}(b_n-a_n)=\lim_{n\to\infty}\frac{b-a}{2^n}=0.$$
根据区间套定理,$\exists \xi\in[a,b]$,使 $\lim\limits_{n\to\infty}a_n=\lim\limits_{n\to\infty}b_n=\xi$.现在证明 $f(\xi)=0$.由于 $f(x)$ 在 $x=\xi$ 处连续,所以
$$f(\xi)=\lim_{n\to\infty}f(a_n)=\lim_{n\to\infty}f(b_n),$$
由于 $\lim\limits_{n\to\infty}f(a_n)\geqslant 0,\lim\limits_{n\to\infty}f(b_n)\leqslant 0$,所以有 $f(\xi)=0$.定理得证.

如果我们将零值定理中的条件"$f(a)f(b)<0$"改为"$f(a)f(b)\leqslant 0$",则结论相应地变为至少存在一点 $\xi\in[a,b]$,使得 $f(\xi)=0$.如果上述条件变为 $f(a)>0$(或 <0), $f(b)\leqslant 0$(或 $\geqslant 0$),读者可以自己给出相应的结论.

我们还可以将零值定理推广到如下情形:

(1) 设 $f(x)$ 在开区间 (a,b) 内连续, $\lim\limits_{x\to a^+}f(x)$ 和 $\lim\limits_{x\to b^-}f(x)$ 存在(或为无穷大),且二者反号,则 $\exists\xi\in(a,b)$,使得 $f(\xi)=0$.

(2) 设 $f(x)$ 在开区间 $(-\infty,+\infty)$ 内连续, $\lim\limits_{x\to -\infty}f(x)$ 和 $\lim\limits_{x\to +\infty}f(x)$ 存在(或为无穷大),且二者反号,则 $\exists\xi\in(-\infty,+\infty)$,使得 $f(\xi)=0$.

$\vdots$

根据零值定理,可以推出下面的介值定理.

定理 8(**介值定理**) 设函数 $f(x)$ 在闭区间 $[a,b]$ 上连续, $m=\min\limits_{x\in[a,b]}\{f(x)\}, M=\max\limits_{x\in[a,b]}\{f(x)\}$,则对任意 μ,只要 $m\leqslant\mu\leqslant M$,至少存在一点 $\xi\in[a,b]$,使得 $f(\xi)=\mu$.

证 当 $\mu=M$,或 $\mu=m$,由最值定理即得证.如果 $f(a)=\mu$,或 $f(b)=\mu$,定理也得证.如果 $m<\mu<M$,且 $f(a)\neq\mu, f(b)\neq\mu$,令 $F(x)=f(x)-\mu$,由最值定理, $\exists x_1, x_2\in[a,b]$,使 $f(x_1)=M, f(x_2)=m$.不妨设 $x_1<x_2$,则 $F(x)$ 在 $[x_1,x_2]$ 上连续,且 $F(x_1)F(x_2)<0$,根据零值定理, $\exists\xi\in(x_1,x_2)\subseteq(a,b)$,使 $F(\xi)=0$,即 $f(\xi)=\mu$.定理得证.

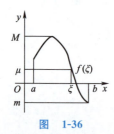

图 1-36

介值定理的几何解释如图 1-36 所示,如果我们在 y 轴上任取一点 μ,只要 $m\leqslant\mu\leqslant M$,则直线 $y=\mu$ 一定与曲线 $y=f(x)$ 至少有一个交点.如果 $f(x)$ 在 $[a,b]$ 上不连续,则不一定有这个结果.如图 1-37 中的函数 $f(x)$ 在 $[a,b]$ 上不连续,图中直线 $y=\mu$ 与曲线 $y=f(x)$ 没有交点,即没有一点的函数值等于 μ.

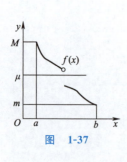

图 1-37

例 6 证明方程 $\sin x-x+1=0$ 在 0 与 π 之间有实根.

证 令 $f(x)=\sin x-x+1, f(x)$ 是处处有定义的初等函数,因此在 $[0,\pi]$ 上连续,由于 $f(0)=1>0, f(\pi)=1-\pi<0$,根据零值定理,在 $(0,\pi)$ 内至少有一点 ξ,使 $f(\xi)=0$,即方程 $\sin x-x+1=0$ 在 0 与 π 之间至少有一实根.

例 7 设函数 $f(x)$ 在区间 $[a,b]$ 上连续, $\alpha,\beta>0$,证明存在 $\xi\in[a,b]$,使

$$f(\xi)=\frac{\alpha f(a)+\beta f(b)}{\alpha+\beta}.$$

证 $f(x)$ 在区间 $[a,b]$ 上连续,故 $f(x)$ 在 $[a,b]$ 上有最大值 M 与最小值 m,由于 $\alpha,\beta>0$,有 $m=\dfrac{\alpha m+\beta m}{\alpha+\beta}\leqslant\dfrac{\alpha f(a)+\beta f(b)}{\alpha+\beta}$,且

$$\frac{\alpha f(a)+\beta f(b)}{\alpha+\beta} \leqslant \frac{\alpha M+\beta M}{\alpha+\beta}=M,$$

由介值定理,存在 $\xi \in [a,b]$,使 $f(\xi)=\frac{\alpha f(a)+\beta f(b)}{\alpha+\beta}$.

例 8 设 $a_0>0$,证明三次方程 $a_0 x^3+a_1 x^2+a_2 x+a_3=0$ 至少有一实根.

证 令 $f(x)=a_0 x^3+a_1 x^2+a_2 x+a_3$,则 $f(x)$ 在区间 $(-\infty,+\infty)$ 内连续,

$$f(x)=x^3 \left(a_0+\frac{a_1}{x}+\frac{a_2}{x^2}+\frac{a_3}{x^3}\right),$$

由于

$$\lim_{x\to\infty}\left(a_0+\frac{a_1}{x}+\frac{a_2}{x^2}+\frac{a_3}{x^3}\right)=a_0>0,$$

则 $\lim\limits_{x\to-\infty} f(x)=-\infty$, $\lim\limits_{x\to+\infty} f(x)=+\infty$,即 $\lim\limits_{x\to-\infty} f(x)$ 与 $\lim\limits_{x\to+\infty} f(x)$ 反号,故 $\exists \xi \in (-\infty,+\infty)$,使得 $f(\xi)=0$,即方程 $a_0 x^3+a_1 x^2+a_2 x+a_3=0$ 有实根.

习题 1-8

1. 指出下列函数的间断点,并说明间断点的类型:

   (1) $f(x)=\dfrac{1}{x^2-1}$;   (2) $f(x)=e^{\frac{1}{x-2}}$;

   (3) $f(x)=\dfrac{1-\cos x}{x^2}$;   (4) $f(x)=x\cos^2\dfrac{1}{x}$;

   (5) $f(x)=\dfrac{\tan x}{x^2}$;   (6) $f(x)=\dfrac{1}{1+2^{\frac{1}{x-1}}}$;

   (7) $f(x)=\dfrac{2^{\frac{1}{x}}+1}{2^{\frac{1}{x}}-1}$;   (8) $f(x)=\left[\dfrac{1}{x}\right]$(取整函数);

   (9) $f(x)=\begin{cases}\dfrac{\sin x}{|x|}, & x\neq 0, \\ 1, & x=0;\end{cases}$

   (10) $f(x)=\begin{cases}\sin\dfrac{1}{x^2-1}, & x<0, \\ \dfrac{x^2-1}{\cos\dfrac{\pi}{2}x}, & x\geqslant 0.\end{cases}$

2. 研究下列函数的连续性,如有间断点,说明间断点的类型:

   (1) $f(x)=\lim\limits_{n\to\infty}\sqrt[n]{1+x^{2n}}$;   (2) $f(x)=\lim\limits_{n\to\infty}\dfrac{1-x^{2n}}{1+x^{2n}}$;

   (3) $f(x)=\lim\limits_{n\to\infty}\dfrac{x^{n+2}}{\sqrt{2^{2n}+x^{2n}}}$ $(x\geqslant 0)$;

   (4) $f(x)=\lim\limits_{n\to\infty}(1+x)(1+x^2)(1+x^4)\cdots(1+x^{2n})$.

3. 设函数 $f(x), g(x)$ 在点 x_0 连续,证明函数 $\varphi(x) = \max\{f(x), g(x)\}$ 和函数 $\psi(x) = \min\{f(x), g(x)\}$ 在点 x_0 处也连续.

4. 设 $f(x) = \sin x, g(x) = \begin{cases} x - \pi, & x \leq 0, \\ x + \pi, & x > 0, \end{cases}$ 证明 $f(g(x))$ 在 $(-\infty, +\infty)$ 内连续.

5. 设函数 $f(x)$ 对于区间 $[a,b]$ 上的任意两点 x, y,恒有 $|f(x) - f(y)| \leq L|x - y|$,其中 L 为常数,证明 $f(x)$ 在 $[a, b]$ 上连续.

6. 设函数 $f(x) = \begin{cases} e^x, & x < 0, \\ a + x, & x \geq 0, \end{cases}$ 当 a 为何值时,$f(x)$ 在 $x = 0$ 处连续?

7. 设函数 $f(x) = \begin{cases} \dfrac{\sin ax}{\sqrt{1 - \cos x}}, & x < 0, \\ b, & x = 0, \\ \dfrac{1}{x}[\ln x - \ln(x^2 + x)], & x > 0, \end{cases}$ 当 a, b 为何值时,$f(x)$ 在它的定义域上连续?

8. 试确定常数 a, b,使下列函数在 $x = 0$ 处连续:

(1) $f(x) = \begin{cases} \arctan \dfrac{1}{x}, & x < 0, \\ b, & x = 0, \\ a + \sqrt{x+1}, & x > 0; \end{cases}$

(2) $f(x) = \begin{cases} \dfrac{\sin ax}{x}, & x > 0, \\ 2, & x = 0, \\ \dfrac{1}{bx}\ln(1 - 3x), & x < 0. \end{cases}$

9. 证明方程 $x^5 - 3x = 1$ 至少有一实根介于 1 和 2 之间.

10. 证明方程 $x = a \sin x + b$(其中 $a > 0, b > 0$)至少有一个正根,并且它不超过 $a + b$.

11. 设函数 $f(x)$ 在区间 $[0, 1]$ 上连续,且 $0 \leq f(x) \leq 1$,证明在 $[0, 1]$ 上至少有一点 ξ,使 $f(\xi) = \xi$.

12. 设函数 $f(x)$ 在区间 $[0, 2a]$ $(a > 0)$ 上连续,且 $f(0) = f(2a)$,$f(a) \neq f(0)$,求证至少存在一点 $\xi \in (0, a)$,使 $f(\xi) = f(\xi + a)$.

13. 设函数 $f(x)$ 在 $[a, b]$ 上连续,$a < x_1 < x_2 < \cdots < x_n < b$,证明在 $[x_1, x_n]$ 上存在点 ξ,使 $f(\xi) = \dfrac{1}{n}[f(x_1) + f(x_2) + \cdots + f(x_n)]$.

第九节　综合例题

例 1　求 $\lim\limits_{n\to\infty}\left(1-\dfrac{1}{2^2}\right)\left(1-\dfrac{1}{3^2}\right)\cdots\left(1-\dfrac{1}{n^2}\right)$.

解　$\lim\limits_{n\to\infty}\left(1-\dfrac{1}{2^2}\right)\left(1-\dfrac{1}{3^2}\right)\cdots\left(1-\dfrac{1}{n^2}\right)$

$=\lim\limits_{n\to\infty}\dfrac{2^2-1}{2^2}\cdot\dfrac{3^2-1}{3^2}\cdot\dfrac{4^2-1}{4^2}\cdot\cdots\cdot\dfrac{n^2-1}{n^2}$

$=\lim\limits_{n\to\infty}\dfrac{1\times3}{2^2}\cdot\dfrac{2\times4}{3^2}\cdot\dfrac{3\times5}{4^2}\cdot\cdots\cdot\dfrac{(n-1)(n+1)}{n^2}$

$=\lim\limits_{n\to\infty}\dfrac{n+1}{2n}=\dfrac{1}{2}$.

例 2　设 $x_n=\sqrt[n]{a^n+b^n+c^n}\,(0\leqslant a<b<c)$，求 $\lim\limits_{n\to\infty}x_n$.

解　$x_n\leqslant\sqrt[n]{3c^n}=c\sqrt[n]{3}$，$x_n\geqslant\sqrt[n]{c^n}=c$，由于 $\lim\limits_{n\to\infty}\sqrt[n]{3}=1$，根据夹逼准则，得

$$\lim\limits_{n\to\infty}x_n=c.$$

例 3　求 $\lim\limits_{x\to0}\dfrac{1-\sqrt{1-x^2}}{e^x-\cos x}$.

解　由于当 $x\to0$ 时，$\sqrt{1-x^2}-1\sim\dfrac{1}{2}(-x^2)$，故

$\lim\limits_{x\to0}\dfrac{1-\sqrt{1-x^2}}{e^x-\cos x}=\lim\limits_{x\to0}\dfrac{-\dfrac{1}{2}(-x^2)}{(e^x-1)+(1-\cos x)}$

$=\dfrac{1}{2}\lim\limits_{x\to0}\dfrac{x}{\dfrac{e^x-1}{x}+\dfrac{1-\cos x}{x}}=\dfrac{1}{2}\times\dfrac{0}{1+0}=0$.

例 4　求 $\lim\limits_{x\to0}\dfrac{1-\cos x\cdot\sqrt[3]{\cos 3x}}{x^2}$.

解　$\lim\limits_{x\to0}\dfrac{1-\cos x\cdot\sqrt[3]{\cos 3x}}{x^2}$

$=\lim\limits_{x\to0}\dfrac{(1-\cos x)+\cos x(1-\sqrt[3]{\cos 3x})}{x^2}$

$=\lim\limits_{x\to0}\dfrac{1-\cos x}{x^2}-\lim\limits_{x\to0}\cos x\lim\limits_{x\to0}\dfrac{\sqrt[3]{1+(\cos 3x-1)}-1}{x^2}$

$=\dfrac{1}{2}-\lim\limits_{x\to0}\dfrac{\dfrac{1}{3}(\cos 3x-1)}{x^2}=\dfrac{1}{2}+\dfrac{1}{3}\lim\limits_{x\to0}\dfrac{\dfrac{1}{2}(3x)^2}{x^2}$

$=\dfrac{1}{2}+\dfrac{3}{2}=2$.

例 5 求 $\lim\limits_{n\to\infty}\tan^n\left(\dfrac{\pi}{4}+\dfrac{2}{n}\right)$.

解 $\lim\limits_{n\to\infty}\tan^n\left(\dfrac{\pi}{4}+\dfrac{2}{n}\right)=\lim\limits_{n\to\infty}\left[\dfrac{1+\tan\dfrac{2}{n}}{1-\tan\dfrac{2}{n}}\right]^n$

$$=\lim_{n\to\infty}\dfrac{\left(1+\tan\dfrac{2}{n}\right)^{\frac{1}{\tan\frac{2}{n}}\cdot n\cdot\tan\frac{2}{n}}}{\left(1-\tan\dfrac{2}{n}\right)^{\frac{-1}{\tan\frac{2}{n}}\left(-n\tan\frac{2}{n}\right)}}$$

$$=\dfrac{e^{\lim\limits_{n\to\infty}n\cdot\tan\frac{2}{n}}}{e^{\lim\limits_{n\to\infty}\left(-n\tan\frac{2}{n}\right)}}=\dfrac{e^{\lim\limits_{n\to\infty}n\cdot\frac{2}{n}}}{e^{\lim\limits_{n\to\infty}\left(-n\frac{2}{n}\right)}}=\dfrac{e^2}{e^{-2}}$$

$$=e^4.$$

例 6 证明 $\lim\limits_{n\to\infty}\sqrt[n]{n}=1$.

证 设 $\sqrt[n]{n}=1+\alpha$,则 $\alpha\geqslant 0$,如果能证明 $\lim\limits_{n\to\infty}\alpha=0$,问题即得证. 由假设及二项式定理,当 $n>1$ 时,

$$n=(1+\alpha)^n=1+n\alpha+\dfrac{n(n-1)}{2!}\alpha^2+\cdots\geqslant\dfrac{n(n-1)}{2}\alpha^2,$$

得 $\alpha\leqslant\sqrt{\dfrac{2}{n-1}}$,由于 $\lim\limits_{n\to\infty}\sqrt{\dfrac{2}{n-1}}=0$,故 $\lim\limits_{n\to\infty}\alpha=0$,

因此 $\lim\limits_{n\to\infty}\sqrt[n]{n}=1.$

例 7 设 $a>0$, $x_1=\sqrt{a}$, $x_{n+1}=\sqrt{a+x_n}$, $n=1,2,\cdots$,求 $\lim\limits_{n\to\infty}x_n$.

解 先证 $\lim\limits_{n\to\infty}x_n$ 存在.

$$x_2=\sqrt{a+x_1}=\sqrt{a+\sqrt{a}}>\sqrt{a}=x_1,$$

设 $x_n>x_{n-1}$,则有 $\sqrt{a+x_n}>\sqrt{a+x_{n-1}}$,即 $x_{n+1}>x_n$,故 $\{x_n\}$ 单调增加.

由于 $x_2=\sqrt{a+\sqrt{a}}<\sqrt{a+2\sqrt{a}+1}=\sqrt{(\sqrt{a}+1)^2}=\sqrt{a}+1$,

设 $x_n<\sqrt{a}+1$,则

$$x_{n+1}=\sqrt{a+x_n}<\sqrt{a+\sqrt{a}+1}<\sqrt{a+2\sqrt{a}+1}=\sqrt{a}+1,$$

故 $\{x_n\}$ 有上界,因此 $\lim\limits_{n\to\infty}x_n$ 存在.

设 $\lim\limits_{n\to\infty}x_n=A$,则 $\lim\limits_{n\to\infty}x_{n+1}=A$,由 $x_{n+1}=\sqrt{a+x_n}$ 两边取极限,

得 $A=\sqrt{a+A}$,解得 $A=\dfrac{1}{2}(1\pm\sqrt{1+4a})$(舍去负值),

得 $$\lim_{n\to\infty}x_n=\dfrac{1}{2}(1+\sqrt{1+4a}).$$

例 8 设 $x_0=7, x_1=3, 3x_n=2x_{n-1}+x_{n-2}(n\geqslant 2)$，求 $\lim\limits_{n\to\infty}x_n$.

解 由 $3x_n=2x_{n-1}+x_{n-2}$，有 $3x_n-3x_{n-1}=-x_{n-1}+x_{n-2}$，

$$x_n-x_{n-1}=-\frac{1}{3}(x_{n-1}-x_{n-2})=\left(-\frac{1}{3}\right)^2(x_{n-2}-x_{n-3})=\cdots$$
$$=\left(-\frac{1}{3}\right)^{n-1}(x_1-x_0)=-4\left(-\frac{1}{3}\right)^{n-1},$$

因此 $x_n=(x_n-x_{n-1})+(x_{n-1}-x_{n-2})+\cdots+(x_1-x_0)+x_0$

$$=-4\left(-\frac{1}{3}\right)^{n-1}-4\left(-\frac{1}{3}\right)^{n-2}-\cdots-4\left(-\frac{1}{3}\right)-4+7$$

$$=-4\frac{1-\left(-\frac{1}{3}\right)^n}{1-\left(-\frac{1}{3}\right)}+7=-3\left[1-\left(-\frac{1}{3}\right)^n\right]+7,$$

故 $\lim\limits_{n\to\infty}x_n=\lim\limits_{n\to\infty}\left\{-3\left[1-\left(-\frac{1}{3}\right)^n\right]+7\right\}=-3+7=4.$

例 9 已知 $\lim\limits_{x\to a}\dfrac{x^2+bx+3b}{x-a}=8$，求 a,b 的值.

解 令 $t=x-a$，即 $x=t+a$，得

$$\lim_{x\to a}\frac{x^2+bx+3b}{x-a}=\lim_{t\to 0}\frac{(t+a)^2+b(t+a)+3b}{t}$$
$$=\lim_{t\to 0}\frac{t^2+(2a+b)t+a^2+ab+3b}{t}$$
$$=\lim_{t\to 0}\left(t+2a+b+\frac{a^2+ab+3b}{t}\right)$$
$$=2a+b+\lim_{t\to 0}\frac{a^2+ab+3b}{t}=8,$$

故 $2a+b=8, a^2+ab+3b=0$，

解得 $a=6, b=-4$，或 $a=-4, b=16$.

例 10 设 $\lim\limits_{x\to\infty}\left(\dfrac{x^2}{x+1}-ax-b\right)=0$，求 a,b 的值.

解 $\lim\limits_{x\to\infty}\left(\dfrac{x^2}{x+1}-ax-b\right)=\lim\limits_{x\to\infty}\dfrac{(1-a)x^2+(-a-b)x-b}{x+1}$，

由于此极限为 0，且分母是一次多项式，因而分子应为常数，故

$$1-a=0,\quad -a-b=0,$$

解得 $a=1,\quad b=-1.$

例 11 已知 $f(x)$ 是三次多项式，且有 $\lim\limits_{x\to 2a}\dfrac{f(x)}{x-2a}=\lim\limits_{x\to 4a}\dfrac{f(x)}{x-4a}=1(a\neq 0)$，求 $\lim\limits_{x\to 3a}\dfrac{f(x)}{x-3a}$.

解 由题设，有 $f(x)=(Ax+B)(x-2a)(x-4a)$，

故 $$\lim_{x\to 2a}\frac{f(x)}{x-2a}=\lim_{x\to 2a}(Ax+B)(x-4a)$$
$$=(2aA+B)(-2a)=1,$$
$$\lim_{x\to 4a}\frac{f(x)}{x-4a}=\lim_{x\to 4a}(Ax+B)(x-2a)$$
$$=(4aA+B)2a=1,$$

解得 $$A=\frac{1}{2a^2},\quad B=-\frac{3}{2a},$$

故 $$\lim_{x\to 3a}\frac{f(x)}{x-3a}=\lim_{x\to 3a}\frac{\left(\frac{1}{2a^2}x-\frac{3}{2a}\right)(x-2a)(x-4a)}{x-3a}$$
$$=\lim_{x\to 3a}\frac{\frac{1}{2a^2}(x-3a)(x-2a)(x-4a)}{x-3a}$$
$$=\lim_{x\to 3a}\frac{1}{2a^2}(x-2a)(x-4a)=-\frac{1}{2}.$$

例 12 $f(x)=\begin{cases}\dfrac{x^4+ax+b}{(x-1)(x+2)}, & x\neq 1,-2,\\ 2, & x=1\end{cases}$ 在 $x=1$ 处连续,试求 a,b 的值.

解 由题意, $\lim\limits_{x\to 1}f(x)=\lim\limits_{x\to 1}\dfrac{x^4+ax+b}{(x-1)(x+2)}=f(1)=2,$

又当 $x\to 1$ 时,分母是无穷小,故分子也应是无穷小,即有
$$\lim_{x\to 1}(x^4+ax+b)=1+a+b=0,$$
得 $a=-b-1$,又由
$$\lim_{x\to 1}\frac{x^4+ax+b}{(x-1)(x+2)}=\lim_{x\to 1}\frac{x^4+(-b-1)x+b}{(x-1)(x+2)}$$
$$=\lim_{x\to 1}\frac{(x^4-x)-b(x-1)}{(x-1)(x+2)}$$
$$=\lim_{x\to 1}\frac{x^3+x^2+x-b}{x+2}=\frac{3-b}{3}=2,$$

解得 $b=-3,\quad a=-(-3)-1=2.$

例 13 设函数 $f(x)$ 对任意实数 x,y 满足 $f(x+y)=f(x)+f(y)$,且 $f(x)$ 在 $x=0$ 处连续,证明 $f(x)$ 在 $(-\infty,+\infty)$ 内处处连续.

证 对 $\forall x_0\in(-\infty,+\infty)$,令 $\Delta x=x-x_0$,有
$$\lim_{x\to x_0}f(x)=\lim_{\Delta x\to 0}f(x_0+\Delta x)$$
$$=\lim_{\Delta x\to 0}[f(x_0)+f(\Delta x)]=f(x_0)+\lim_{\Delta x\to 0}f(\Delta x),$$
由于 $f(x)$ 在 $x=0$ 处连续,有 $\lim\limits_{\Delta x\to 0}f(\Delta x)=f(0),$

因此得 $\lim\limits_{x\to x_0}f(x)=f(x_0)+f(0)=f(x_0+0)=f(x_0),$

故 $f(x)$ 在 x_0 处连续,因此 $f(x)$ 在 $(-\infty,+\infty)$ 内处处连续.

例 14 设函数 $f(x)$ 在 $(-\infty,+\infty)$ 内连续,且 $\lim\limits_{x\to-\infty}f(x)=A$, $\lim\limits_{x\to+\infty}f(x)=B$,证明 $f(x)$ 在 $(-\infty,+\infty)$ 内有界.

证 由于 $\lim\limits_{x\to-\infty}f(x)=A$,根据第三节极限的局部有界性, $\exists N_1>0$ 及 $M_1>0$,使得当 $x<-N_1$ 时,有 $|f(x)|\leqslant M_1$.同理,由于 $\lim\limits_{x\to+\infty}f(x)=B$, $\exists N_2>0$ 及 $M_2>0$,使得当 $x>N_2$ 时,有 $|f(x)|\leqslant M_2$.根据闭区间连续函数的有界性, $\exists M_3>0$,当 $x\in[-N_1,N_2]$,有 $|f(x)|\leqslant M_3$,令 $M=\max\{M_1,M_2,M_3\}$,则对 $\forall x\in(-\infty,+\infty)$,有 $|f(x)|\leqslant M$,即 $f(x)$ 在 $(-\infty,+\infty)$ 内有界.

习题 1-9

1. 求下列极限:

(1) $\lim\limits_{x\to 0}(\cos x)^{\frac{1}{\ln(1+x^2)}}$;

(2) $\lim\limits_{x\to a^+}\dfrac{\sqrt{x}-\sqrt{a}+\sqrt{x-a}}{\sqrt{x^2-a^2}}(a>0)$;

(3) $\lim\limits_{x\to+\infty}(3^x+9^x)^{\frac{1}{x}}$;

(4) $\lim\limits_{x\to 0}\dfrac{3\sin x+x^2\cos\dfrac{1}{x}}{(1+\cos x)\ln(1+x)}$;

(5) $\lim\limits_{n\to\infty}\left(\dfrac{1}{n^2+n+1}+\dfrac{2}{n^2+n+2}+\cdots\dfrac{n}{n^2+n+n}\right)$;

(6) $\lim\limits_{x\to\infty}x\left[\sin\ln\left(1+\dfrac{3}{x}\right)-\sin\ln\left(1+\dfrac{1}{x}\right)\right]$;

(7) $\lim\limits_{x\to 0}\dfrac{\sqrt{1+\tan x}-\sqrt{1+\sin x}}{x(1-\cos x)}$; (8) $\lim\limits_{x\to\frac{\pi}{4}}\tan 2x\tan\left(\dfrac{\pi}{4}-x\right)$;

(9) $\lim\limits_{x\to 0}\left(\dfrac{\cos x}{\cos 2x}\right)^{\frac{1}{x^2}}$; (10) $\lim\limits_{x\to 0}\left[\tan\left(\dfrac{\pi}{4}-x\right)\right]^{\cot x}$;

(11) $\lim\limits_{n\to\infty}\left(\dfrac{\sqrt[n]{a}+\sqrt[n]{b}}{2}\right)^n(a,b>0)$; (12) $\lim\limits_{x\to 0}\left(\cot x-\dfrac{e^{2x}}{\sin x}\right)$;

(13) $\lim\limits_{x\to\infty}\left(\dfrac{1}{x}+2^{\frac{1}{x}}\right)^x$;

(14) $\lim\limits_{x\to+\infty}(\sin\sqrt{x^2+1}-\sin x)$;

(15) $\lim\limits_{x\to 0}\left(\dfrac{a^x+b^x+c^x}{3}\right)^{\frac{1}{x}}(a,b,c>0)$;

(16) $\lim\limits_{x\to 1}\dfrac{x^x-1}{x\ln x}$; (17) $\lim\limits_{x\to-\infty}\dfrac{\sqrt{4x^2+x-1}+x+1}{\sqrt{x^2+\sin x}}$;

(18) $\lim\limits_{x\to+\infty}(\sqrt{x+\sqrt{x}}-\sqrt{x})$;

(19) $\lim\limits_{n\to\infty}\cos\dfrac{x}{2}\cos\dfrac{x}{2^2}\cdots\cos\dfrac{x}{2^n}(x\neq 0)$;

(20) $\lim\limits_{n\to\infty}\left(\dfrac{1}{n^3}+\dfrac{1+2}{n^3}+\cdots+\dfrac{1+2+\cdots+n}{n^3}\right)$.

2. 已知 $x_n\leqslant a\leqslant y_n$，且 $\lim\limits_{n\to\infty}(y_n-x_n)=0$，证明 $\lim\limits_{n\to\infty}y_n=\lim\limits_{n\to\infty}x_n=a$.

3. 设函数 $f(x)=a^x(0<a<1)$，求 $\lim\limits_{n\to\infty}\dfrac{1}{n^2}[f(1)\,f(2)\cdots f(n)]$.

4. 设 $p(x)$ 是多项式，且 $\lim\limits_{x\to\infty}\dfrac{p(x)-2x^3}{x^2}=1$，$\lim\limits_{x\to 0}\dfrac{p(x)}{x}=3$，求 $p(x)$.

5. 确定下列极限中的常数 a,b,c 的值：

(1) $\lim\limits_{x\to 2}\dfrac{x^2+ax+b}{x^2-x-2}=2$；　　(2) $\lim\limits_{x\to\infty}\left(\dfrac{x+2a}{x-a}\right)^x=8$；

(3) $\lim\limits_{n\to\infty}\dfrac{n^a}{n^b-(n-1)^b}=1992$；　(4) $\lim\limits_{x\to 1}\dfrac{\sin^2(x-1)}{x^2+ax+b}=1$.

6. 设 $\lim\limits_{x\to -1}\dfrac{x^3-ax^2-x+4}{x+1}=L$，求 a,L 的值.

7. 确定常数 c，使极限 $\lim\limits_{x\to\infty}[(x^5+7x^4+2)^c-x]$ 存在且不为零，并求出极限的值.

8. 已知 $\lim\limits_{x\to 0}\dfrac{\sqrt{1+\dfrac{f(x)}{\sin x}}-1}{x(e^x-1)}=A\neq 0$，求 c 及 k 使 $f(x)\sim cx^k$.

9. 若 $f(x)=\begin{cases}e^{\frac{1}{x}}, & x<0,\\ 3x, & 0<x<1,\\ e^{2ax}-e^{ax}+1, & x\geqslant 1\end{cases}$，在 $x=1$ 处连续，求 a 的值.

10. 设 $f(x)=\lim\limits_{n\to\infty}\dfrac{x^{2n+1}+(a-1)x^n-1}{x^{2n}-ax^n-1}(a\neq 0)$.

(1) 求 $f(x)$；

(2) 若当 $x\geqslant 0$ 时，$f(x)$ 连续，求 a 的值.

11. 确定 a,b 的值，使函数 $f(x)=\begin{cases}e^x(\sin x+\cos x), & x>0,\\ a, & x=0,\\ b\arctan\dfrac{1}{x}, & x<0\end{cases}$ 处连续.

12. 设函数 $g(x)$ 在 $x=0$ 处连续，$g(0)=0$，且 $|f(x)|\leqslant |g(x)|$，证明 $f(x)$ 在 $x=0$ 处连续.

13. 设函数 $f(x)$ 对一切 x_1,x_2 满足 $f(x_1+x_2)=f(x_1)f(x_2)$，且

$f(x)$ 在 $x=0$ 处连续,证明 $f(x)$ 在 $(-\infty,+\infty)$ 内连续.

14. 证明方程 $\dfrac{a_1}{x-\lambda_1}+\dfrac{a_2}{x-\lambda_2}+\dfrac{a_3}{x-\lambda_3}=0$ 在 $(\lambda_1,\lambda_2),(\lambda_2,\lambda_3)$ 内各有唯一的根,其中 a_1,a_2,a_3 均为正常数,且 $\lambda_1<\lambda_2<\lambda_3$.

15. 设函数 $f(x)=x^n+a_1x^{n-1}+\cdots+a_{n-1}x+a_n$,证明:

(1) 若 $a_n>0$,且 n 为奇数,则方程 $f(x)=0$ 至少有一负根;

(2) 若 $a_n<0$,则方程 $f(x)=0$ 至少有一正根;

(3) 若 $a_n<0$,且 n 为偶数,则方程 $f(x)=0$ 至少有一个正根和一个负根.

第二章 导数与微分

在这一章,我们将开始进入一元函数微分学.我们要讨论由于自变量的变化所引起的函数变化的快慢问题,由此引入导数这个重要概念.另外,要分析函数的微小改变量的近似问题,引出另一个重要概念——微分,并建立导数与微分的基本公式和运算法则.

第一节 导数的概念

本节通过几个实例引入导数的定义,讨论导数存在的条件,可导与连续的关系,导数的几何意义.

神舟一号返回舱

一、几个实例

例 1 直线运动的瞬时速度问题.

在研究物体的运动过程中,速度问题是一个基本问题,它也是促使微积分产生的主要问题之一.如果是匀速运动,求速度的问题用初等数学就可以解决,只需用距离除以时间即可.但是如果是变速运动,如何去表达和计算它在某一时刻的速度呢?

我们先考察自由落体运动.在如图 2-1 所示的坐标系中,初速度为零的自由落体在 t 时刻的位置为

$$s = \frac{1}{2}gt^2 \quad (0 \leqslant t \leqslant a),$$

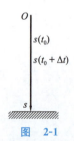

图 2-1

t_0 是 $[0,a]$ 中的某一时刻,现在要求下落物体在 t_0 时刻的瞬时速度(这里所说的速度实际是指速度的大小,即速率)$v(t_0)$.

为此,我们先找出 $v(t_0)$ 的近似值.设 $t_0+\Delta t$ 是与 t_0 很接近的另一时刻,在 t_0 与 $t_0+\Delta t$ 之间,物体位置的改变量为

$$\Delta s = \frac{1}{2}g(t_0+\Delta t)^2 - \frac{1}{2}gt_0^2 = gt_0\Delta t + \frac{1}{2}g(\Delta t)^2,$$

我们将 $\dfrac{\Delta s}{\Delta t}$ 称为物体在 t_0 与 $t_0+\Delta t$ 之间的平均速度,记作 $\overline{v}$,即

$$\overline{v} = \frac{\Delta s}{\Delta t} = gt_0 + \frac{1}{2}g\Delta t,$$

$\overline{v}$ 便可以作为 $v(t_0)$ 的近似值,且当 $|\Delta t|$ 越小,$\overline{v}$ 与 $v(t_0)$ 之间的误差越小.如果我们让 $\Delta t \to 0$,便可以得到 $v(t_0)$ 的精确值,即

$$v(t_0) = \lim_{\Delta t \to 0} \frac{\Delta s}{\Delta t} = \lim_{\Delta t \to 0}\left(gt_0 + \frac{1}{2}g\Delta t\right) = gt_0.$$

一般地,对于沿直线运动的物体,我们可以在直线上建立坐标系,设 t 时刻物体所在位置为 $s = f(t)$,现在来求某一时刻 t_0 物体运动的瞬时速度 $v(t_0)$.

同上面自由落体运动一样,如图 2-2 所示,首先在 t_0 附近任取一时刻 $t_0 + \Delta t$,求出 t_0 与 $t_0 + \Delta t$ 之间物体位置的改变量

$$\Delta s = f(t_0 + \Delta t) - f(t_0),$$

再求出 t_0 与 $t_0 + \Delta t$ 之间物体运动的平均速度

$$\bar{v} = \frac{\Delta s}{\Delta t} = \frac{f(t_0 + \Delta t) - f(t_0)}{\Delta t},$$

然后令 $\Delta t \to 0$,即可得到 t_0 时刻的瞬时速度

$$v(t_0) = \lim_{\Delta t \to 0}\frac{\Delta s}{\Delta t} = \lim_{\Delta t \to 0}\frac{f(t_0 + \Delta t) - f(t_0)}{\Delta t}.$$

例 2 平面曲线的切线斜率.

求曲线的切线斜率是个很古老的问题,它和速度问题一样,也是促使微积分产生的重要问题.

首先我们要为曲线在一点处的切线下一个定义.

设 C 为一连续的平面曲线,如图 2-3 所示,M 为曲线上一点,在曲线 C 上另取一点 N,直线 MN 称为曲线的割线,当点 N 沿曲线(从点 M 的两侧)趋于点 M 时,如果割线 MN 绕着点 M 转动而有一极限位置 MT,则直线 MT 就称为**曲线 C 在点 M 处的切线**.

接下来我们要设法求切线 MT 的斜率.设曲线方程为 $y = f(x)$,点 M, N 的横坐标分别为 $x_0, x_0 + \Delta x$,则 $M(x_0, f(x_0))$,$N(x_0 + \Delta x, f(x_0 + \Delta x))$,因此割线 MN 的斜率为

$$k_{MN} = \tan\beta = \frac{\Delta y}{\Delta x} = \frac{f(x_0 + \Delta x) - f(x_0)}{\Delta x},$$

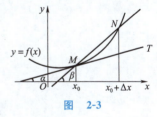

图 2-3

由于切线是割线的极限位置,因此当点 N 趋于点 M 时,k_{MN} 的极限便是切线的斜率,而点 N 趋于点 M 又等价于 $\Delta x \to 0$,因而得切线 MT 的斜率

$$k = \tan\alpha = \lim_{\Delta x \to 0}\frac{\Delta y}{\Delta x} = \lim_{\Delta x \to 0}\frac{f(x_0 + \Delta x) - f(x_0)}{\Delta x}.$$

以上所讨论的两个问题背景是不同的,一个是运动学的问题,一个是几何学的问题,但是它们的处理方法是相同的,所得数学形式也是一样的,都是求函数的增量与自变量的增量之比的极限.在自然科学和工程技术中,还有许多非均匀变化的问题可以归结为上述形式的极限.我们去掉这些问题的实际意义,从中抽象出一种数学模式,这便是导数.

二、导数的定义

1. 函数在一点处的导数

定义 1 设函数 $y = f(x)$ 在点 x_0 的某邻域内有定义,当自变

量在 x_0 处取得增量 Δx 时,函数取得相应的增量 $\Delta y = f(x_0+\Delta x)-f(x_0)$,如果极限

$$\lim_{\Delta x \to 0} \frac{\Delta y}{\Delta x} = \lim_{\Delta x \to 0} \frac{f(x_0+\Delta x)-f(x_0)}{\Delta x}$$

存在,则称 $f(x)$ 在点 x_0 处可导,且称此极限值为 $f(x)$ 在点 x_0 处的导数,记作 $f'(x_0)$,或 $y'\big|_{x=x_0}$,$\dfrac{\mathrm{d}y}{\mathrm{d}x}\big|_{x=x_0}$,$\dfrac{\mathrm{d}f}{\mathrm{d}x}\big|_{x=x_0}$,即

$$f'(x_0) = \lim_{\Delta x \to 0} \frac{f(x_0+\Delta x)-f(x_0)}{\Delta x}.$$

如果记 $x=x_0+\Delta x$,则上式也可以写成

$$f'(x_0) = \lim_{x \to x_0} \frac{f(x)-f(x_0)}{x-x_0}.$$

如果极限 $\lim\limits_{\Delta x \to 0}\dfrac{\Delta y}{\Delta x}$ 不存在,则称 $f(x)$ 在点 x_0 处不可导. 如果 $\lim\limits_{\Delta x \to 0}\dfrac{\Delta y}{\Delta x}=\infty$,则应认为 $\lim\limits_{\Delta x \to 0}\dfrac{\Delta y}{\Delta x}$ 不存在,因而这时 $f'(x_0)$ 不存在,但是为了叙述方便起见,这种情况也可以说成 $f(x)$ 在点 x_0 处的导数为无穷大,即 $f'(x_0)=\infty$.

类似于单侧极限与单侧连续,我们也可以定义单侧导数.

定义 2 如果极限 $\lim\limits_{\Delta x \to 0^-}\dfrac{\Delta y}{\Delta x} = \lim\limits_{\Delta x \to 0^-}\dfrac{f(x_0+\Delta x)-f(x_0)}{\Delta x}$ 存在,则称此极限值为 $f(x)$ 在点 x_0 处的左导数,记作 $f'_-(x_0)$,即

$$f'_-(x_0) = \lim_{\Delta x \to 0^-} \frac{f(x_0+\Delta x)-f(x_0)}{\Delta x}.$$

同样可定义 $f(x)$ 在点 x_0 处的右导数,记作 $f'_+(x_0)$,即

$$f'_+(x_0) = \lim_{\Delta x \to 0^+} \frac{f(x_0+\Delta x)-f(x_0)}{\Delta x}.$$

利用极限与左极限、右极限的关系可得出下面结论.

函数 $f(x)$ 在点 x_0 处可导的充分必要条件是 $f(x)$ 在点 x_0 处的左、右导数都存在且相等.

例 3 讨论下列函数在指定点是否可导:

(1) $f(x)=|x|$, $x_0=0$;

(2) $g(x)=\begin{cases} x, & x\leqslant 1, \\ 2-x^2, & x>1, \end{cases}$ $x_0=1$.

解 (1) $f'(0)=\lim\limits_{x\to 0}\dfrac{f(x)-f(0)}{x}=\lim\limits_{x\to 0}\dfrac{|x|}{x}$,

$$f'_-(0)=\lim_{x\to 0^-}\frac{|x|}{x}=\lim_{x\to 0^-}\frac{-x}{x}=-1,$$

$$f'_+(0)=\lim_{x\to 0^+}\frac{|x|}{x}=\lim_{x\to 0^+}\frac{x}{x}=1,$$

$f'_-(0)\neq f'_+(0)$,故 $f'(0)$ 不存在;

(2) $g'_-(1) = \lim\limits_{x \to 1^-} \dfrac{g(x)-g(1)}{x-1} = \lim\limits_{x \to 1^-} \dfrac{x-1}{x-1} = 1$,

$g'_+(1) = \lim\limits_{x \to 1^+} \dfrac{g(x)-g(1)}{x-1} = \lim\limits_{x \to 1^+} \dfrac{(2-x^2)-1}{x-1}$

$= \lim\limits_{x \to 1^+} \dfrac{1-x^2}{x-1} = \lim\limits_{x \to 1^+} (-x-1) = -2$,

$g'_-(1) \neq g'_+(1)$,故 $g'(1)$ 不存在.

此例中的两个函数的图形分别为图 2-4 和图 2-5. 由图形可以看到,$f(x)$ 在 $x=0$ 处,$g(x)$ 在 $x=1$ 处的图形都是连续的,但是都出现了"角".

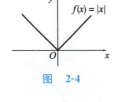

图 2-4

2. 函数在区间的可导性

如果函数 $f(x)$ 在开区间 (a,b) 内的每一点都可导,则称函数 $f(x)$ 在区间 (a,b) 内可导. 如果函数 $f(x)$ 在区间 (a,b) 内可导,并且在 $x=a$ 处有右导数 $f'_+(a)$,在 $x=b$ 处有左导数 $f'_-(b)$,则称函数 $f(x)$ 在区间 $[a,b]$ 上可导. 类似地,可定义 $f(x)$ 在其他区间的可导性.

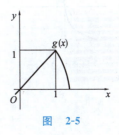

图 2-5

如果 $f(x)$ 在开区间 I 内可导,则对此区间内每一点 x,都有一个 $f'(x)$ 的值与之对应,这样 $f'(x)$ 就构成了一个新的函数,这个函数叫作原来函数 $y=f(x)$ 的导函数,记作

$$y' \text{ 或 } f'(x), \quad f', \dfrac{\mathrm{d}y}{\mathrm{d}x}, \quad \dfrac{\mathrm{d}f}{\mathrm{d}x}, \quad \dfrac{\mathrm{d}f(x)}{\mathrm{d}x}.$$

其中 $\dfrac{\mathrm{d}y}{\mathrm{d}x}, \dfrac{\mathrm{d}f(x)}{\mathrm{d}x}$ 可分别写成 $\dfrac{\mathrm{d}}{\mathrm{d}x}y, \dfrac{\mathrm{d}}{\mathrm{d}x}f(x)$.

导函数也可简称为导数. 函数 $f(x)$ 在点 x_0 处的导数就是导函数 $f'(x)$ 在点 x_0 处的函数值.

三、导数的意义

1. 导数的几何意义

由例 2 的讨论可知,如果 $f(x)$ 在点 x_0 处可导(见图 2-6),则它在 x_0 处的导数 $f'(x_0)$ 在几何上就表示曲线 $y=f(x)$ 在点 $M(x_0, f(x_0))$ 处切线的斜率,即 $f'(x_0) = \tan\alpha$,由此可得曲线在点 $M(x_0, y_0)$ 处的切线方程

$$y - y_0 = f'(x_0)(x - x_0).$$

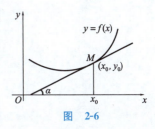

图 2-6

过切点 $M(x_0, y_0)$ 且与切线垂直的直线称为曲线 $y=f(x)$ 在点 M 处的法线. 如果 $f'(x_0) \neq 0$,则法线的斜率为 $-\dfrac{1}{f'(x_0)}$,因此法线的方程为

$$y - y_0 = -\dfrac{1}{f'(x_0)}(x - x_0).$$

当 $f'(x_0) = 0$,表明曲线 $y=f(x)$ 在点 M 处的切线是水平的,此时法线方程为 $x = x_0$.

如果函数 $y=f(x)$ 在点 x_0 处连续,且导数 $f'(x_0)$ 为无穷大,即当 $\Delta x \to 0$ 时,割线斜率的极限为无穷大,这意味着割线的倾角趋于 $\dfrac{\pi}{2}$,因此这时曲线 $y=f(x)$ 在点 $M(x_0, y_0)$ 有倾角为 $\dfrac{\pi}{2}$ 的切线,即切线方程为 $x=x_0$,此时法线方程为 $y=y_0$.

例如:对曲线 $y=\sqrt[3]{x}$,在 $x=0$ 处曲线连续,且

$$f'(0) = \lim_{x \to 0} \frac{f(x)-f(0)}{x} = \lim_{x \to 0} \frac{\sqrt[3]{x}}{x} = \lim_{x \to 0} x^{-\frac{2}{3}} = \infty,$$

在 $x=0$ 处曲线的切线为 $x=0$,即 y 轴(见图 2-7).

根据导数的几何意义,如果曲线 $y=f(x)$ 在点 $(x_0, f(x_0))$ 处有类似于例 3 的图 2-4 或图 2-5 中"角",则表明曲线在此点没有切线,因此函数在 x_0 处一定是不可导的.

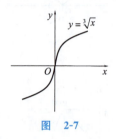

图 2-7

2. 导数在其他方面的意义

如果将导数概念应用在物理、化学等自然科学方面或其他学科领域,可以定义许多重要概念.

导数定义中的 $\dfrac{\Delta y}{\Delta x}$ 反映的是在以 x_0 和 $x_0 + \Delta x$ 为端点的区间上,y 对于 x 的平均变化情况,因此称 $\dfrac{\Delta y}{\Delta x}$ 为平均变化率.当 $\Delta x \to 0$ 时,通过取极限得到的导数 $f'(x_0) = \lim\limits_{\Delta x \to 0} \dfrac{\Delta y}{\Delta x}$ 刻画了函数 $y=f(x)$ 在 x_0 处变化的快慢,因此 $f'(x_0)$ 叫作函数 $f(x)$ 在 x_0 处的变化率.

变化率在不同问题中的具体含义不同.

根据例 1 的讨论可知,若物体沿直线运动,如果其位置函数为 $s=f(t)$,则 t_0 时刻物体运动的速度为

$$v = \dfrac{ds}{dt}\bigg|_{t=t_0},$$

即直线运动的瞬时速度为位置函数对时间的导数.

下面再举一些其他的例子.

例 4 直线运动的加速度.

设物体做直线运动,其 t 时刻的速度函数为 $v=v(t)$,则

$$\frac{\Delta v}{\Delta t} = \frac{v(t_0 + \Delta t) - v(t_0)}{\Delta t}$$

是以 t_0 和 $t_0 + \Delta t$ 为端点的时间区间上的平均加速度.当 $\Delta t \to 0$ 时,对平均加速度取极限(如果极限存在)可以得到 t_0 时刻的瞬时加速度

$$a(t_0) = \lim_{\Delta t \to 0} \frac{\Delta v}{\Delta t} = \lim_{\Delta t \to 0} \frac{v(t_0 + \Delta t) - v(t_0)}{\Delta t} = \frac{dv}{dt}\bigg|_{t=t_0},$$

因此瞬时加速度是速度函数对时间的导数.

例 5　细杆的线密度.

物理学上的细杆是指横截面的面积与长度比较起来很小,且各处横截面都相同,形状接近于直线的物体.如果细杆上任何长度相同的两段质量都相等,则称细杆是均匀的,否则称为不均匀的.当细杆是均匀的,它在各点处的(质量)线密度可以利用公式

$$\mu = \frac{m}{l}$$

求得,其中 m 是细杆的总质量,l 为细杆的长度.如果细杆质量分布不均匀,为了求出各点处的线密度,将细杆放在 x 轴的区间 $[0, l]$ 上(见图 2-8),设左端点到 x 点的一段细杆的质量为

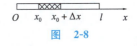

图 2-8

$$m = m(x), x \in [0, l],$$

则细杆从点 x_0 到点 $x_0 + \Delta x$ 这一小段的质量为

$$\Delta m = m(x_0 + \Delta x) - m(x_0),$$

而

$$\frac{\Delta m}{\Delta x} = \frac{m(x_0 + \Delta x) - m(x_0)}{\Delta x},$$

称为这一小段细杆的平均线密度.如果当 $\Delta x \to 0$ 时平均线密度的极限存在,则此极限称为细杆在点 x_0 处的线密度,即

$$\mu(x_0) = \lim_{\Delta x \to 0} \frac{\Delta m}{\Delta x} = \lim_{\Delta x \to 0} \frac{m(x_0 + \Delta x) - m(x_0)}{\Delta x} = \frac{\mathrm{d}m}{\mathrm{d}x}\bigg|_{x=x_0},$$

这表明细杆在一点处的线密度是质量对长度的导数.

例 6　电流.

单位时间内通过导线截面的电荷量称为电流.在直流电路中,电流为常数.对于交流电,电流是随时间而变化的.设从开始到时刻 t,通过导线截面的电荷量为

$$q = q(t), t \in [0, T],$$

下面求 t_0 时刻的电流 $i(t_0)$.

在 t_0 和 $t_0 + \Delta t$ 这段时间内,通过导线截面的电荷量为

$$\Delta q = q(t_0 + \Delta t) - q(t_0),$$

平均电流为

$$\frac{\Delta q}{\Delta t} = \frac{q(t_0 + \Delta t) - q(t_0)}{\Delta t}.$$

令 $\Delta t \to 0$,则平均电流的极限就是 t_0 时刻的电流,即

$$i(t_0) = \lim_{\Delta t \to 0} \frac{\Delta q}{\Delta t} = \lim_{\Delta t \to 0} \frac{q(t_0 + \Delta t) - q(t_0)}{\Delta t} = \frac{\mathrm{d}q}{\mathrm{d}t}\bigg|_{t=t_0},$$

这表明电流是电荷量对时间的导数.

导数还可以刻画动(植)物的生长率、化学反应的速度、信息的传播速度等,这里不再一一细说.

四、可导性与连续性的关系

设函数 $y=f(x)$ 在点 x_0 处可导，即极限 $\lim\limits_{\Delta x \to 0} \dfrac{\Delta y}{\Delta x} = f'(x_0)$ 存在. 由极限与无穷小的关系，有

$$\frac{\Delta y}{\Delta x} = f'(x_0) + \alpha,$$

其中 $\lim\limits_{\Delta x \to 0} \alpha = 0$. 上式两端乘以 Δx，得

$$\Delta y = f'(x_0)\Delta x + \alpha \Delta x,$$

因此，得 $\lim\limits_{\Delta x \to 0} \Delta y = \lim\limits_{\Delta x \to 0}(f'(x_0)\Delta x + \alpha \Delta x) = 0,$

故有下面定理.

定理 如果函数 $y=f(x)$ 在点 x_0 处可导，则它在点 x_0 处一定连续.

这个定理的逆命题是不成立的. 即如果 $f(x)$ 在点 x_0 处连续，它在点 x_0 处不一定是可导的. 例如，函数 $y=|x|$ 在 $x=0$ 处连续，但它在 $x=0$ 处不可导.

根据此定理，我们可以得知，如果函数 $y=f(x)$ 在点 x_0 处不连续，那么它在点 x_0 处一定是不可导的.

例 7 设 $f(x) = \begin{cases} a+\ln(1+x), & x>0, \\ bx+2, & x \leqslant 0, \end{cases}$ 试确定常数 a 和 b，使函数 $f(x)$ 在 $x=0$ 处可导.

解 由 $f(x)$ 在 $x=0$ 处可导，可以得出函数 $f(x)$ 在 $x=0$ 处一定连续，因此

$f'_-(0) = f'_+(0), \quad f(0-0) = f(0+0),$

$f(0-0) = \lim\limits_{x \to 0^-}(bx+2) = 2,$

$f(0+0) = \lim\limits_{x \to 0^+}(a+\ln(1+x)) = a,$

故 $a=2,$

$f'_-(0) = \lim\limits_{x \to 0^-} \dfrac{f(x)-f(0)}{x} = \lim\limits_{x \to 0^-} \dfrac{(bx+2)-2}{x} = b,$

$f'_+(0) = \lim\limits_{x \to 0^+} \dfrac{f(x)-f(0)}{x} = \lim\limits_{x \to 0^+} \dfrac{[a+\ln(1+x)]-2}{x}$

$= \lim\limits_{x \to 0^+} \dfrac{2+\ln(1+x)-2}{x} = \lim\limits_{x \to 0^+} \dfrac{\ln(1+x)}{x} = 1,$

故 $b=1.$

五、一些简单函数的导数

例 8 求函数 $f(x) = C$（C 为常数）的导数.

解 $f'(x) = \lim\limits_{\Delta x \to 0} \dfrac{f(x+\Delta x) - f(x)}{\Delta x} = \lim\limits_{\Delta x \to 0} \dfrac{C-C}{\Delta x} = 0,$

即 $(C)' = 0.$

例 9 设 $f(x) = x^n$ (n 为正整数),求 $f'(x)$.

解 当 $n \geq 2$ 时,

$$f'(x) = \lim_{\Delta x \to 0} \frac{f(x+\Delta x) - f(x)}{\Delta x} = \lim_{\Delta x \to 0} \frac{(x+\Delta x)^n - x^n}{\Delta x}$$

$$= \lim_{\Delta x \to 0} \frac{nx^{n-1}\Delta x + \frac{n(n-1)}{2}x^{n-2}(\Delta x)^2 + \cdots + (\Delta x)^n}{\Delta x}$$

$$= \lim_{\Delta x \to 0} \left[nx^{n-1} + \frac{n(n-1)}{2}x^{n-2}\Delta x + \cdots + (\Delta x)^{n-1} \right] = nx^{n-1},$$

当 $n = 1$ 时,

$$f'(x) = \lim_{\Delta x \to 0} \frac{f(x+\Delta x) - f(x)}{\Delta x} = \lim_{\Delta x \to 0} \frac{(x+\Delta x) - x}{\Delta x} = 1,$$

合起来有 $(x^n)' = nx^{n-1}.$

例 10 求 $f(x) = \sin x$ 的导数.

解
$$f'(x) = \lim_{\Delta x \to 0} \frac{f(x+\Delta x) - f(x)}{\Delta x} = \lim_{\Delta x \to 0} \frac{\sin(x+\Delta x) - \sin x}{\Delta x}$$

$$= \lim_{\Delta x \to 0} \frac{2\cos\left(x + \frac{\Delta x}{2}\right)\sin\frac{\Delta x}{2}}{\Delta x} = \lim_{\Delta x \to 0} 2\cos\left(x + \frac{\Delta x}{2}\right)\frac{\frac{\Delta x}{2}}{\Delta x}$$

$$= \cos x,$$

即 $(\sin x)' = \cos x.$

例 11 $f(x) = a^x$ ($a > 0, a \neq 1$),求 $f'(x)$.

解
$$f'(x) = \lim_{\Delta x \to 0} \frac{f(x+\Delta x) - f(x)}{\Delta x} = \lim_{\Delta x \to 0} \frac{a^{x+\Delta x} - a^x}{\Delta x}$$

$$= \lim_{\Delta x \to 0} a^x \frac{a^{\Delta x} - 1}{\Delta x} = \lim_{\Delta x \to 0} a^x \frac{\Delta x \ln a}{\Delta x} = a^x \ln a,$$

即 $(a^x)' = a^x \ln a.$

特别地, $(e^x)' = e^x.$

例 12 设 $f(x) = \log_a x$ ($a > 0, a \neq 1$),求 $f'(x)$.

解
$$f'(x) = \lim_{\Delta x \to 0} \frac{f(x+\Delta x) - f(x)}{\Delta x} = \lim_{\Delta x \to 0} \frac{\log_a(x+\Delta x) - \log_a x}{\Delta x}$$

$$= \lim_{\Delta x \to 0} \frac{\log_a\left(1 + \frac{\Delta x}{x}\right)}{\Delta x} = \lim_{\Delta x \to 0} \frac{\ln\left(1 + \frac{\Delta x}{x}\right)}{\Delta x \ln a}$$

$$= \lim_{\Delta x \to 0} \frac{\frac{\Delta x}{x}}{\Delta x \ln a} = \frac{1}{x \ln a},$$

即 $(\log_a x)' = \frac{1}{x \ln a}.$

特别地, $(\ln x)' = \frac{1}{x}.$

习题 2-1

1. 设物体绕定轴旋转，从开始到 t 时刻转过的角度为 $\theta = 3t^2$，求：
   (1) 物体在 $t=2\mathrm{s}$ 到 $t=2+\Delta t\,\mathrm{s}$ 间的平均角速度 $\bar{\omega}$（s 为秒）；
   (2) 物体在 $t=2\mathrm{s}$ 时的瞬时角速度 $\omega(2)$；
   (3) 物体在时刻 t 的瞬时角速度 $\omega(t)$.

2. 有一质量分布不均匀的细杆 AB，长 20cm，设 M 是 AB 上任一点，已知 AM 段的质量与从 A 点到 M 点距离的平方成正比，且 $AM=2\mathrm{cm}$ 时，质量为 8g，求：
   (1) $AM=2\mathrm{cm}$ 一段上的平均线密度；
   (2) 全杆的平均线密度；
   (3) 当 $AM=2\mathrm{cm}$ 时，点 M 处的线密度；
   (4) 任一点 M 处的线密度.

3. 设 $f'(x_0)$ 存在，求下列极限：
   (1) $\lim\limits_{\Delta x \to 0} \dfrac{f(x_0 - \Delta x) - f(x_0)}{\Delta x}$；
   (2) $\lim\limits_{n \to \infty} n\left[f\left(x_0 + \dfrac{3}{n}\right) - f(x_0)\right]$；
   (3) $\lim\limits_{h \to 0} \dfrac{f(x_0+h) - f(x_0-h)}{h}$.

4. 设 $f'(0)$ 存在，且 $\lim\limits_{x \to 0} f(x) = 0$，求 $\lim\limits_{x \to 0} \dfrac{f(x)}{x}$.

5. 设 $f(x) = \begin{cases} x^2 \sin \dfrac{1}{x}, & x \neq 0, \\ 0, & x = 0, \end{cases}$ 利用定义求 $f'(0)$.

6. 求出下列函数在分段点处的左、右导数，并指出在该点的可导性.
   (1) $f(x) = \begin{cases} x, & x \geq 0, \\ x^2, & x < 0; \end{cases}$
   (2) $f(x) = \begin{cases} x, & x < 0, \\ \ln(1+x), & x \geq 0; \end{cases}$
   (3) $f(x) = \begin{cases} \sin x, & x \geq 0, \\ x^3, & x < 0. \end{cases}$

7. 设函数 $f(x)$ 在 $x=a$ 处可导，证明
$$\lim_{x \to a} \dfrac{x^2 f(a) - a^2 f(x)}{x - a} = 2a f(a) - a^2 f'(a).$$

8. 设函数 $\varphi(x)$ 在 $x=a$ 处连续，$f(x) = (x-a)\varphi(x)$，$g(x) = |x-a|\varphi(x)$，讨论 $f(x)$ 与 $g(x)$ 在 $x=a$ 处的可导性.

9. 当 a, b 为何值时，下列函数在指定点 x_0 处可导：
   (1) $f(x) = \begin{cases} ax + b, & x > 3, \\ x^2, & x \leq 3, \end{cases}$ $x_0 = 3$；

(2) $f(x)=\begin{cases}\dfrac{2}{1+x^2}, & x\leqslant 1, \\ ax+b, & x>1,\end{cases}$ $x_0=1$;

(3) $f(x)=\begin{cases}e^x-1, & x\leqslant 0, \\ ax+b, & x>0,\end{cases}$ $x_0=0$.

10. 在自变量的哪些点处曲线 $y=x^2$ 与 $y=x^3$ 的切线斜率相同.
11. 求曲线 $y=e^x$ 在点 $(0,1)$ 处的切线方程.
12. 求曲线 $y=\sin x$ 和 $y=\cos x$ 在交点处的夹角(即两曲线在交点处的切线的夹角).
13. 设函数 $f(x)$ 和 $g(x)$ 在区间 (a,b) 内可导,且 $f(x)\leqslant g(x)$,能否得出 $f'(x)\leqslant g'(x)$,为什么?

第二节 求导法则和基本公式

利用导数定义只适合求一些简单函数的导数,当函数的表达式比较复杂时,用定义来计算导数就很困难了.为了使导数的计算简单化、系统化,本节将推导出求导的基本法则,并得出一些求导的基本公式.

一、函数的和、差、积、商的求导法则

定理 1 如果函数 $u=u(x)$ 和 $v=v(x)$ 在点 x 处可导,则 $u(x)\pm v(x), Cu(x)(C\text{ 是常数}), u(x)v(x), \dfrac{u(x)}{v(x)}(v(x)\neq 0)$ 都在点 x 处可导,且

(1) $(u(x)\pm v(x))'=u'(x)\pm v'(x)$;

(2) $(Cu(x))'=Cu'(x)$;

(3) $(u(x)v(x))'=u'(x)v(x)+u(x)v'(x)$;

(4) $\left(\dfrac{u(x)}{v(x)}\right)'=\dfrac{u'(x)v(x)-u(x)v'(x)}{v^2(x)}$,特别地,$\left(\dfrac{1}{v(x)}\right)'=-\dfrac{v'(x)}{v^2(x)}$.

证 根据导数定义有如下证明.

(1)
$$(u(x)\pm v(x))'=\lim_{\Delta x\to 0}\frac{[u(x+\Delta x)\pm v(x+\Delta x)]-[u(x)\pm v(x)]}{\Delta x}$$
$$=\lim_{\Delta x\to 0}\frac{u(x+\Delta x)-u(x)}{\Delta x}\pm\lim_{\Delta x\to 0}\frac{v(x+\Delta x)-v(x)}{\Delta x}$$
$$=u'(x)\pm v'(x);$$

(3) $(u(x)v(x))'$
$$=\lim_{\Delta x\to 0}\frac{u(x+\Delta x)v(x+\Delta x)-u(x)v(x)}{\Delta x}$$

$$= \lim_{\Delta x \to 0} \frac{u(x+\Delta x)v(x+\Delta x) - u(x)v(x+\Delta x) + u(x)v(x+\Delta x) - u(x)v(x)}{\Delta x}$$

$$= \lim_{\Delta x \to 0} \frac{u(x+\Delta x) - u(x)}{\Delta x} v(x+\Delta x) + \lim_{\Delta x \to 0} u(x) \frac{v(x+\Delta x) - v(x)}{\Delta x}$$

$$= \lim_{\Delta x \to 0} \frac{u(x+\Delta x) - u(x)}{\Delta x} \lim_{\Delta x \to 0} v(x+\Delta x) + u(x) \lim_{\Delta x \to 0} \frac{v(x+\Delta x) - v(x)}{\Delta x}$$

$$= u'(x)v(x) + u(x)v'(x);$$

(2) 取 $v(x) = C$，由上面结果及 $(C)' = 0$，即可得

$$(Cu(x))' = Cu'(x).$$

(4)

$$\left(\frac{1}{v(x)}\right)' = \lim_{\Delta x \to 0} \frac{\frac{1}{v(x+\Delta x)} - \frac{1}{v(x)}}{\Delta x} = \lim_{\Delta x \to 0} \frac{v(x) - v(x+\Delta x)}{\Delta x v(x+\Delta x) v(x)}$$

$$= \lim_{\Delta x \to 0} \frac{-1}{v(x+\Delta x) v(x)} \lim_{\Delta x \to 0} \frac{v(x+\Delta x) - v(x)}{\Delta x}$$

$$= \frac{-1}{v^2(x)} v'(x) = \frac{-v'(x)}{v^2(x)},$$

$$\left(\frac{u(x)}{v(x)}\right)' = \left(u(x) \frac{1}{v(x)}\right)' = u'(x) \frac{1}{v(x)} + u(x) \left(\frac{1}{v(x)}\right)'$$

$$= u'(x) \frac{1}{v(x)} + u(x) \frac{-v'(x)}{v^2(x)} = \frac{u'(x)v(x) - u(x)v'(x)}{v^2(x)}.$$

将定理 1 中的法则 (1) 与 (2) 合起来可以得到：对任意常数 C_1, C_2，有

$$(C_1 u(x) + C_2 v(x))' = C_1 u'(x) + C_2 v'(x).$$

这表明导数具有线性性质.

定理 1 中的法则 (1) 与 (3) 可以推广到任意有限个可导函数的情形. 例如，设 $u = u(x), v = v(x), w = w(x)$ 都是可导函数，则有

$$(u + v + w)' = u' + v' + w';$$

$$(uvw)' = u'vw + uv'w + uvw'.$$

例 1 求下列函数的导数：

(1) $y = x^4 - 3x^2 + \cos x + \ln x$；　(2) $y = e^x (\sin x + \cos x)$；

(3) $y = \frac{x^2 - x}{x^3 + 6}$.

解 (1) $y' = (x^4)' - 3(x^2)' + (\cos x)' + (\ln x)'$

$$= 4x^3 - 3 \times 2x - \sin x + \frac{1}{x} = 4x^3 - 6x - \sin x + \frac{1}{x};$$

(2) $y' = (e^x)' (\sin x + \cos x) + e^x (\sin x + \cos x)'$

$$= e^x (\sin x + \cos x) + e^x (\cos x - \sin x) = 2e^x \cos x;$$

(3) $y' = \frac{(x^2 - x)'(x^3 + 6) - (x^2 - x)(x^3 + 6)'}{(x^3 + 6)^2}$

$$= \frac{(2x-1)(x^3+6)-(x^2-x)3x^2}{(x^3+6)^2}$$

$$= \frac{-x^4+2x^3+12x-6}{(x^3+6)^2}.$$

例 2 （1）求 $\tan x$ 与 $\cot x$ 的导数；（2）求 $\sec x$ 与 $\csc x$ 的导数.

解 （1）$(\tan x)' = \left(\dfrac{\sin x}{\cos x}\right)' = \dfrac{(\sin x)'\cos x - \sin x(\cos x)'}{\cos^2 x}$

$$= \frac{\cos x \cos x - \sin x(-\sin x)}{\cos^2 x}$$

$$= \frac{1}{\cos^2 x} = \sec^2 x;$$

类似地，可以得到

$$(\cot x)' = -\frac{1}{\sin^2 x} = -\csc^2 x;$$

（2） $(\sec x)' = \left(\dfrac{1}{\cos x}\right)' = -\dfrac{(\cos x)'}{\cos^2 x}$

$$= \frac{\sin x}{\cos^2 x} = \sec x \tan x;$$

类似地，可以得到

$$(\csc x)' = -\csc x \cot x.$$

二、反函数的求导法则

定理 2 如果函数 $y = f(x)$ 在区间 I 内单调可导，且 $f'(x) \neq 0$，则它的反函数 $x = \varphi(y)$ 在对应区间 I_y 内也可导，且有

$$\varphi'(y) = \frac{1}{f'(x)} \quad \text{或} \quad \frac{\mathrm{d}x}{\mathrm{d}y} = \frac{1}{\dfrac{\mathrm{d}y}{\mathrm{d}x}}.$$

即反函数的导数等于直接函数的导数的倒数.

证 因为 $y = f(x)$ 在区间 I 内单调可导，因此在 I 内连续，故反函数 $x = \varphi(y)$ 在对应区间 I_y 内单调且连续. 对 $\forall y \in I_y$，当它取得增量 $\Delta y (\Delta y \neq 0, y + \Delta y \in I_y)$ 时，则 $x = \varphi(y)$ 有增量

$$\Delta x = \varphi(y + \Delta y) - \varphi(y),$$

且 $\Delta x \neq 0$，于是有 $\dfrac{\Delta x}{\Delta y} = \dfrac{1}{\dfrac{\Delta y}{\Delta x}},$

由 $x = \varphi(y)$ 的连续性可知，当 $\Delta y \to 0$ 时，有 $\Delta x \to 0$，因此

$$\lim_{\Delta y \to 0} \frac{\Delta x}{\Delta y} = \lim_{\Delta x \to 0} \frac{1}{\dfrac{\Delta y}{\Delta x}} = \frac{1}{\lim_{\Delta x \to 0} \dfrac{\Delta y}{\Delta x}},$$

即

$$\varphi'(y) = \frac{1}{f'(x)}.$$

定理得证.

反函数求导公式 $\varphi'(y) = \dfrac{1}{f'(x)}$ 当然也可以写成 $f'(x) = \dfrac{1}{\varphi'(y)}$.

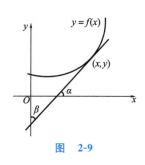

图 2-9

反函数求导公式有如下几何解释. 如图 2-9 所示, $y = f(x)$ 与 $x = \varphi(y)$ 表示的是同一条曲线, $f'(x)$ 表示曲线 $y = f(x)$ 在点 (x, y) 处的切线关于 x 轴的斜率, 即 $f'(x) = \tan\alpha$, $\varphi'(y)$ 表示曲线 $x = \varphi(y)$ 在点 (x, y) 处的切线关于 y 轴的斜率, 即 $\varphi'(y) = \tan\beta$, 显然有 $\alpha + \beta = \dfrac{\pi}{2}$ (当 α 是锐角时) 或 $\alpha + \beta = \dfrac{3\pi}{2}$ (当 α 是钝角时), 因此有

$$\tan\alpha = \dfrac{1}{\tan\beta}, \quad 即 \quad f'(x) = \dfrac{1}{\varphi'(y)}.$$

例 3 求反三角函数的导数.

解 (1) 设 $y = \arcsin x$, $x \in (-1, 1)$, 则 $x = \sin y$, $y \in \left(-\dfrac{\pi}{2}, \dfrac{\pi}{2}\right)$, 在此区间内 $\sin y$ 单调可导, 且 $(\sin y)' = \cos y > 0$, 根据反函数的求导公式, 得

$$(\arcsin x)' = \dfrac{1}{(\sin y)'} = \dfrac{1}{\cos y} = \dfrac{1}{\sqrt{1 - \sin^2 y}} = \dfrac{1}{\sqrt{1 - x^2}};$$

用同样方法可得到 $(\arccos x)' = -\dfrac{1}{\sqrt{1 - x^2}}$;

(2) 设 $y = \arctan x$, $x \in (-\infty, +\infty)$, 则 $x = \tan y$, $y \in \left(-\dfrac{\pi}{2}, \dfrac{\pi}{2}\right)$, 在此区间内 $\tan y$ 单调可导, 且 $(\tan y)' = \sec^2 y \neq 0$, 根据反函数求导公式, 得

$$(\arctan x)' = \dfrac{1}{(\tan y)'} = \dfrac{1}{\sec^2 y} = \dfrac{1}{1 + \tan^2 y} = \dfrac{1}{1 + x^2};$$

用同样方法可得到 $(\text{arccot}\, x)' = -\dfrac{1}{1 + x^2}$.

三、复合函数的求导法则

定理 3 (链式法则) 如果函数 $u = g(x)$ 在点 x 可导, $y = f(u)$ 在对应点 $u (= g(x))$ 可导, 则复合函数 $y = f(g(x))$ 在点 x 可导, 且

$$\dfrac{\mathrm{d}y}{\mathrm{d}x} = f'(u) g'(x) = f' \cdot g',$$

或写成

$$\dfrac{\mathrm{d}y}{\mathrm{d}x} = \dfrac{\mathrm{d}y}{\mathrm{d}u} \cdot \dfrac{\mathrm{d}u}{\mathrm{d}x}.$$

证 对自变量 x 的增量 Δx, $u = g(x)$ 有增量 Δu, 从而 $y = f(u)$ 有增量 Δy. 如果 $\Delta u \neq 0$, 由 $\lim\limits_{\Delta u \to 0} \dfrac{\Delta y}{\Delta u} = f'(u)$, 有

$$\frac{\Delta y}{\Delta u} = f'(u) + \alpha, \quad \text{其中} \lim_{\Delta u \to 0} \alpha = 0,$$

于是有
$$\Delta y = f'(u)\Delta u + \alpha \Delta u,$$

如果 $\Delta u = 0$，一定有 $\Delta y = 0$，则上式也成立，将上式两端同除以 Δx，得

$$\frac{\Delta y}{\Delta x} = f'(u)\frac{\Delta u}{\Delta x} + \alpha \frac{\Delta u}{\Delta x},$$

由于 $u = g(x)$ 在点 x 可导，因而在点 x 连续，故当 $\Delta x \to 0$ 时，有 $\Delta u \to 0$，所以 $\alpha \to 0$，因此有

$$\lim_{\Delta x \to 0}\frac{\Delta y}{\Delta x} = \lim_{\Delta x \to 0}\left(f'(u)\frac{\Delta u}{\Delta x} + \alpha \frac{\Delta u}{\Delta x}\right)$$
$$= f'(u)\lim_{\Delta x \to 0}\frac{\Delta u}{\Delta x} + \lim_{\Delta x \to 0}\alpha \cdot \lim_{\Delta x \to 0}\frac{\Delta u}{\Delta x}$$
$$= f'(u)g'(x) + 0 \times g'(x) = f'(u)g'(x),$$

即
$$\frac{\mathrm{d}y}{\mathrm{d}x} = f'(u)g'(x).$$

复合函数的求导法则可以推广到更多个中间变量的情形. 例如，$y = f(g(\varphi(x)))$ 是由 $y = f(u), u = g(v), v = \varphi(x)$ 复合而成的，如果这几个函数都是可导的，则有

$$\frac{\mathrm{d}y}{\mathrm{d}x} = \frac{\mathrm{d}y}{\mathrm{d}u} \cdot \frac{\mathrm{d}u}{\mathrm{d}v} \cdot \frac{\mathrm{d}v}{\mathrm{d}x} = f'(u)g'(v)\varphi'(x) = f' \cdot g' \cdot \varphi'.$$

例 4 设 $y = x^\alpha$（α 为实数），求 y'.

解
$$y = \mathrm{e}^{\ln x^\alpha} = \mathrm{e}^{\alpha \ln x},$$

令 $u = \alpha \ln x$，则 $y = \mathrm{e}^u$，根据复合函数求导法则，得

$$y' = \frac{\mathrm{d}y}{\mathrm{d}u} \cdot \frac{\mathrm{d}u}{\mathrm{d}x} = \mathrm{e}^u \cdot \alpha \cdot \frac{1}{x} = \alpha x^{\alpha-1},$$

即
$$(x^\alpha)' = \alpha x^{\alpha-1}.$$

例 5 求下列函数的导数：

(1) $y = \mathrm{e}^{-x}$； (2) $y = \mathrm{sh}x$； (3) $y = \mathrm{ch}x$.

解 (1) $y = \mathrm{e}^{-x}$ 是由 $y = \mathrm{e}^u, u = -x$ 复合而成，因此

$$y' = \frac{\mathrm{d}y}{\mathrm{d}u} \cdot \frac{\mathrm{d}u}{\mathrm{d}x} = \mathrm{e}^u \cdot (-1) = -\mathrm{e}^{-x};$$

(2) $$y = \mathrm{sh}x = \frac{\mathrm{e}^x - \mathrm{e}^{-x}}{2},$$

$$y' = \frac{1}{2}(\mathrm{e}^x - \mathrm{e}^{-x})' = \frac{1}{2}[(\mathrm{e}^x)' - (\mathrm{e}^{-x})'] = \frac{1}{2}(\mathrm{e}^x + \mathrm{e}^{-x}) = \mathrm{ch}x;$$

(3) $$y = \mathrm{ch}x = \frac{\mathrm{e}^x + \mathrm{e}^{-x}}{2},$$

$$y' = \frac{1}{2}(\mathrm{e}^x + \mathrm{e}^{-x})' = \frac{1}{2}[(\mathrm{e}^x)' + (\mathrm{e}^{-x})'] = \frac{1}{2}(\mathrm{e}^x - \mathrm{e}^{-x}) = \mathrm{sh}x.$$

例 6 求下列函数的导数：

(1) $y=\sqrt[3]{1-2x^3}$；　(2) $y=\arctan\dfrac{a+x}{1-ax}$；　(3) $y=e^{\sin^2\frac{1}{x}}$.

解　(1) 函数由 $y=u^{\frac{1}{3}}, u=1-2x^3$ 复合而成，故

$$y'=\frac{dy}{du}\cdot\frac{du}{dx}=\frac{1}{3}u^{-\frac{2}{3}}(-6x^2)=\frac{-2x^2}{\sqrt[3]{(1-2x^3)^2}};$$

(2) 函数由 $y=\arctan u, u=\dfrac{a+x}{1-ax}$ 复合而成，故

$$y'=\frac{dy}{du}\cdot\frac{du}{dx}=\frac{1}{1+u^2}\cdot\frac{(1-ax)-(a+x)(-a)}{(1-ax)^2}$$

$$=\frac{1}{1+\left(\dfrac{a+x}{1-ax}\right)^2}\cdot\frac{1+a^2}{(1-ax)^2}=\frac{1+a^2}{(1-ax)^2+(a+x)^2}$$

$$=\frac{1}{1+x^2};$$

(3) 函数由 $y=e^u, u=v^2, v=\sin t, t=\dfrac{1}{x}$ 复合而成，故

$$y'=\frac{dy}{du}\frac{du}{dv}\frac{dv}{dt}\frac{dt}{dx}=e^u\cdot 2v\cdot\cos t\cdot\left(-\frac{1}{x^2}\right)$$

$$=e^{\sin^2\frac{1}{x}}\cdot 2\sin\frac{1}{x}\cdot\cos\frac{1}{x}\cdot\left(-\frac{1}{x^2}\right)=-\frac{1}{x^2}\sin\frac{2}{x}e^{\sin^2\frac{1}{x}}.$$

对复合函数的求导运算熟练以后，则不用每次都将中间变量明确表示出来，可直接写出对中间变量的导数，重要的是每一步对哪个变量求导要胸中有数.

例 7　求下列函数的导数：

(1) $y=\text{arsh}\, x=\ln(x+\sqrt{x^2+1})$；

(2) $y=\text{arch}\, x=\ln(x+\sqrt{x^2-1})$.

解　(1) $y'=\dfrac{1}{x+\sqrt{x^2+1}}\left(1+\dfrac{2x}{2\sqrt{x^2+1}}\right)$

$$=\frac{1}{x+\sqrt{x^2+1}}\frac{\sqrt{x^2+1}+x}{\sqrt{x^2+1}}=\frac{1}{\sqrt{x^2+1}};$$

(2)　$y'=\dfrac{1}{x+\sqrt{x^2-1}}\left(1+\dfrac{2x}{2\sqrt{x^2-1}}\right)$

$$=\frac{1}{x+\sqrt{x^2-1}}\frac{\sqrt{x^2-1}+x}{\sqrt{x^2-1}}=\frac{1}{\sqrt{x^2-1}}.$$

例 8　求 $f'(x)$：

(1) $f(x)=\begin{cases}\dfrac{\sin^2 x}{x}, & x\neq 0,\\ 0, & x=0;\end{cases}$　(2) $f(x)=\begin{cases}2-x, & x>1,\\ x^2, & x\leqslant 1.\end{cases}$

解　(1) 当 $x\neq 0$ 时，

$$f'(x) = \left(\frac{\sin^2 x}{x}\right)' = \frac{2\sin x \cos x \cdot x - \sin^2 x}{x^2}$$
$$= \frac{x\sin 2x - \sin^2 x}{x^2},$$

$x=0$ 是分段点,分段点的导数要根据导数定义求,

$$f'(0) = \lim_{x \to 0}\frac{f(x)-f(0)}{x} = \lim_{x \to 0}\frac{\frac{\sin^2 x}{x}-0}{x} = \lim_{x \to 0}\frac{\sin^2 x}{x^2} = 1,$$

因此
$$f'(x) = \begin{cases} \dfrac{x\sin 2x - \sin^2 x}{x^2}, & x \neq 0, \\ 1, & x = 0; \end{cases}$$

(2) 当 $x>1$ 时,$f'(x)=(2-x)'=-1$,

当 $x<1$ 时,$f'(x)=(x^2)'=2x$,$x=1$ 是分段点,$f'(1)$ 要根据导数定义求,

$$f'_-(1) = \lim_{x \to 1^-}\frac{f(x)-f(1)}{x-1} = \lim_{x \to 1^-}\frac{x^2-1}{x-1} = \lim_{x \to 1^-}(x+1) = 2,$$
$$f'_+(1) = \lim_{x \to 1^+}\frac{f(x)-f(1)}{x-1} = \lim_{x \to 1^+}\frac{(2-x)-1}{x-1} = \lim_{x \to 1^+}\frac{1-x}{x-1} = -1,$$

$f'_-(1) \neq f'_+(1)$,故 $f'(1)$ 不存在,因此

$$f'(x) = \begin{cases} -1, & x>1, \\ \text{不存在}, & x=1, \\ 2x, & x<1. \end{cases}$$

例 9 求下列函数的导数:

(1) $y=\ln|x|$; (2) $y=\ln|f(x)|$,$f(x)$ 是非零可导函数.

解 (1) $y=\ln|x| = \begin{cases} \ln x, & x>0, \\ \ln(-x), & x<0, \end{cases}$

当 $x>0$ 时,$y'=(\ln x)'=\dfrac{1}{x}$,

当 $x<0$ 时,$y'=(\ln(-x))'=\dfrac{1}{-x}(-x)'=\dfrac{1}{-x}(-1)=\dfrac{1}{x}$,

故 $(\ln|x|)'=\dfrac{1}{x}$;

(2) $y=\ln|f(x)|$ 是由 $y=\ln|u|$,$u=f(x)$ 复合而成,根据(1)的结果,得

$$y' = (\ln|u|)'f'(x) = \frac{1}{u}f'(x) = \frac{f'(x)}{f(x)}.$$

例 10 设曲线方程 $y=\dfrac{x-4}{x-2}$.

(1) 求曲线在点 $(1,3)$ 处的切线方程;

(2) 设曲线与直线 $y=kx-2$ 相切,求 k 的值.

解 (1) 点 $(1,3)$ 在曲线上,

$$y' = \frac{1 \times (x-2) - (x-4) \times 1}{(x-2)^2} = \frac{2}{(x-2)^2},$$

曲线在点(1,3)处切线的斜率为

$$y'|_{x=1} = \frac{2}{(x-2)^2}\Big|_{x=1} = 2,$$

所求切线方程为 $\qquad y - 3 = 2(x-1),$

即 $\qquad y = 2x + 1;$

(2) 设曲线与直线 $y = kx - 2$ 的切点为 $M(x_0, y_0)$,则在 x_0 处曲线与直线相交,因而纵坐标相同,又由于相切,因而导数值相等,故有

$$\frac{x_0 - 4}{x_0 - 2} = kx_0 - 2, \tag{1}$$

$$\frac{2}{(x_0 - 2)^2} = k, \tag{2}$$

将式(2)代入式(1),得

$$\frac{x_0 - 4}{x_0 - 2} = \frac{2x_0}{(x_0 - 2)^2} - 2$$

整理得 $\qquad 3x_0^2 - 16x_0 + 16 = 0,$

解得 $\qquad x_0 = 4 \quad \text{或} \quad x_0 = \frac{4}{3},$

故 $\qquad k = \frac{2}{(4-2)^2} = \frac{1}{2}, \quad \text{或} \quad k = \frac{2}{\left(\frac{4}{3} - 2\right)^2} = \frac{9}{2}.$

四、导数的基本公式

根据前面的讨论,总结如下求导的基本公式:

(1) $(C)' = 0$; (2) $(x^\alpha)' = \alpha x^{\alpha-1}$ (α 为实数);

(3) $(a^x)' = a^x \ln a$, $(e^x)' = e^x$;

(4) $(\log_a x)' = \frac{1}{x \ln a}$, $(\ln|x|)' = \frac{1}{x}$;

(5) $(\sin x)' = \cos x$; (6) $(\cos x)' = -\sin x$;

(7) $(\tan x)' = \frac{1}{\cos^2 x} = \sec^2 x$;

(8) $(\cot x)' = -\frac{1}{\sin^2 x} = -\csc^2 x$;

(9) $(\arcsin x)' = \frac{1}{\sqrt{1-x^2}}$; (10) $(\arccos x)' = -\frac{1}{\sqrt{1-x^2}}$;

(11) $(\arctan x)' = \frac{1}{1+x^2}$; (12) $(\text{arccot}\, x)' = -\frac{1}{1+x^2}$;

(13) $(\text{sh}\, x)' = \text{ch}\, x$; (14) $(\text{ch}\, x)' = \text{sh}\, x$;

(15) $(\text{arsh}\, x)' = (\ln(x + \sqrt{x^2+1}))' = \frac{1}{\sqrt{x^2+1}}$;

(16) $(\text{arch} x)' = (\ln(x+\sqrt{x^2-1}))' = \dfrac{1}{\sqrt{x^2-1}}.$

习题 2-2

1. 求下列函数的导数：

(1) $y = 2x^4 - \dfrac{3}{x^2} + 10$;

(2) $y = e^{2x} + 2^x + \log_2 x$;

(3) $y = x^2 \sin x$;

(4) $y = x^3 \ln x + \dfrac{\ln x}{x}$;

(5) $y = \dfrac{e^x}{x^2 + 2x + 1}$;

(6) $y = x^2 e^x \cos x$;

(7) $y = \dfrac{2\ln x + x^3}{3\ln x + x^2}$;

(8) $y = \dfrac{x}{\sqrt{4-x^2}}$;

(9) $y = e^{\sqrt[3]{x}}$;

(10) $y = \sqrt{x + \sqrt{x + \sqrt{x}}}$;

(11) $y = \cos \dfrac{1-\sqrt{x}}{1+\sqrt{x}}$;

(12) $y = \sin x \, e^{\cos x}$;

(13) $y = \arcsin \sqrt{x}$;

(14) $y = \dfrac{\arccos x}{\sqrt{1-x^2}}$;

(15) $y = \ln(\arccos 2x)$;

(16) $y = \dfrac{x}{x^2 + a^2}$;

(17) $y = \ln \sqrt{\dfrac{1+\sin x}{1-\sin x}}$;

(18) $y = \sin^2(\cos 3x)$;

(19) $y = \ln \dfrac{x + \sqrt{1-x^2}}{x}$;

(20) $y = \ln |\tan 2x|$;

(21) $y = 2^{\frac{x}{\ln x}}$;

(22) $y = \left(\arccos \dfrac{1}{x}\right)^2$;

(23) $y = \sqrt[3]{\dfrac{1+x}{1-x}}$;

(24) $y = \arctan(1-2x)^2$;

(25) $y = \ln(\csc x - \cot x)$;

(26) $y = \text{arccot} \sqrt{x^2-1}$;

(27) $y = \ln \sqrt{x \sin x \sqrt{1-e^x}}$;

(28) $y = \sqrt[3]{x} \, e^{\sin \frac{1}{x}}$;

(29) $y = \sqrt{1 + 2\ln^2 x}$;

(30) $y = \sin^n x \cos nx$;

(31) $y = \text{sh} x \, e^{\text{ch} x}$;

(32) $y = \dfrac{e^x - e^{-x}}{e^x + e^{-x}}$;

(33) $y = \ln \sqrt{\dfrac{1-x}{1+x^2}}$.

2. 求下列函数在给定点的导数：

(1) $y = \dfrac{3}{5-x} + \dfrac{x^2}{5}$, 求 $y'|_{x=0}$, $y'|_{x=2}$；

(2) $y = \ln\sin\left(x - \dfrac{1}{x}\right)$,求 $y'|_{x=2}$;

(3) $y = e^{3(\sin 2x)^2}$,求 $y'\left(\dfrac{\pi}{6}\right)$.

3. 已知 $f(x)$ 可导,求 $\dfrac{dy}{dx}$:

(1) $y = f(\sin^2 x) + \sin^2 f(x)$;   (2) $y = f(e^x)e^{f(x)}$;

(3) $y = f^3(\ln x) + e^{f\left(\frac{1}{x}\right)}$.

4. 确定 a, b, c, d 的值,使曲线 $y = ax^4 + bx^3 + cx^2 + d$ 与 $y = 11x - 5$ 在点 $(1, 6)$ 相切,经过点 $(-1, 8)$,并在点 $(0, 3)$ 有一水平的切线.

5. 问 a 为何值时,直线 $y = x$ 与对数曲线 $y = \log_a x$ 相切?在何处相切?

6. 设曲线 $y = x^n$(n 为正整数)上点 $(1, 1)$ 处的切线交 x 轴于点 $(\xi, 0)$,求 $\lim\limits_{n \to \infty} y(\xi)$.

7. 已知曲线 $y = \ln x$ 的一条切线为 $y = ax$,求 a 的值.

8. 设曲线 $y = \dfrac{1}{2}(x^2 + 1)$ 和曲线 $y = 1 + \ln x$ 相切,求切点及公切线方程.

9. 试求过原点且与曲线 $y = \dfrac{x+9}{x+5}$ 相切的直线方程.

10. 设 $f(x) = x(x-1)(x-2)\cdots(x-100)$,求 $f'(0)$.

11. 求 $f'(x)$.

(1) $f(x) = \begin{cases} 1 - e^x, & x \leqslant 0, \\ x^2, & x > 0; \end{cases}$ (2) $f(x) = \begin{cases} \dfrac{x^2}{2e}, & x \leqslant \sqrt{e}, \\ \ln x - \dfrac{1}{2}, & x > \sqrt{e}. \end{cases}$

12. 求 $f'(x)$,并讨论 $f'(x)$ 在 $x = 0$ 处的连续性.

(1) $f(x) = \begin{cases} x^2 \sin\dfrac{1}{x}, & x \neq 0, \\ 0, & x = 0; \end{cases}$

(2) $f(x) = \begin{cases} x \arctan\dfrac{1}{x^2}, & x \neq 0, \\ 0, & x = 0. \end{cases}$

第三节   隐函数的求导法和由参数方程确定的函数的求导法

一、隐函数求导法

前面研究的函数都可以表示为 $y = f(x)$ 的形式,其中 $f(x)$ 是 x 的解析式,这种形式的函数称为显函数.但是有些函数的函数关系并不是用显函数的形式表示的,而是由方程 $F(x, y) = 0$ 确定的.

如果方程 $F(x,y)=0$ 能够确定定义在某个区间上的函数 $y=y(x)$，则称 $y=y(x)$ 是由方程 $F(x,y)=0$ 所确定的隐函数.

例如，$x^2+y^2=1$；$xy-e^x+e^y=0(x>0)$ 都能确定隐函数 $y=y(x)$.

并不是任何一个方程 $F(x,y)=0$ 都能确定隐函数.例如，$x^2+y^2+1=0$ 就不能确定隐函数.对于方程 $F(x,y)=0$ 何时能确定隐函数这样一个问题，我们等到第七章再做讨论.

下面在隐函数存在且可导的前提下，讨论隐函数的求导方法.设 $y=y(x)$ 是由方程 $F(x,y)=0$ 所确定的隐函数，而且这个函数可导，于是有
$$F(x,y(x))=0.$$
将此式两端对 x 求导，然后从中解出 y' 便得到所要求的导数.在这个过程中，要注意将 y 看成 x 的函数，因此要用到复合函数的求导法.

例 1 求由方程 $xy-e^x+e^y=0(x>0)$ 所确定的隐函数的导数 $\dfrac{dy}{dx}$.

解 注意方程中的 y 是 x 的函数，即有
$$xy(x)-e^x+e^{y(x)}=0,$$
两端对 x 求导，得
$$y+x\frac{dy}{dx}-e^x+e^y\cdot\frac{dy}{dx}=0,$$
解得
$$\frac{dy}{dx}=\frac{e^x-y}{e^y+x}.$$

例 2 设 $y=y(x)$ 由方程 $\ln(x^2+y)=x^3y+\sin x$ 确定，求 $y'|_{x=0}$.

解 方程两端对 x 求导，得
$$\frac{2x+y'}{x^2+y}=3x^2y+x^3y'+\cos x,$$
在已知方程中令 $x=0$，得 $\ln y=0$，于是 $y=1$，将 $x=0$，$y=1$ 代入上式，得
$$y'|_{x=0}=1.$$

例 3 求由方程 $\cos y=x+y$ 所确定的隐函数 $y(x)$ 的导数 $\dfrac{dy}{dx}$.

解 1 方程两端对 x 求导，得
$$-\sin y\cdot\frac{dy}{dx}=1+\frac{dy}{dx},$$
解得
$$\frac{dy}{dx}=\frac{-1}{1+\sin y}.$$

解 2 由方程可以解得 $x = \cos y - y$，可先求出 $\dfrac{\mathrm{d}x}{\mathrm{d}y}$，再利用反函数求导法即可得到 $\dfrac{\mathrm{d}y}{\mathrm{d}x}$. 由于

$$\frac{\mathrm{d}x}{\mathrm{d}y} = -\sin y - 1,$$

故

$$\frac{\mathrm{d}y}{\mathrm{d}x} = \frac{1}{\dfrac{\mathrm{d}x}{\mathrm{d}y}} = -\frac{1}{\sin y + 1}.$$

二、对数求导法

求函数的导数时，如果先取对数，再求导，这种求导法叫作对数求导法.

当函数的形式为 $y = u(x)^{v(x)}$，称其为幂指函数. 用对数求导法求幂指函数的导数是很方便的.

例 4 设 $y = x^{\sin x} \, (x > 0)$，求 y'.

解 两端取对数，得

$$\ln y = \sin x \ln x,$$

利用隐函数求导法，方程两端对 x 求导，得

$$\frac{1}{y} y' = \cos x \ln x + \sin x \cdot \frac{1}{x},$$

于是 $y' = y\left(\cos x \ln x + \dfrac{1}{x} \sin x \right) = x^{\sin x} \left(\cos x \ln x + \dfrac{1}{x} \sin x \right).$

由例 4 看到，如果要求幂指函数 $y = u(x)^{v(x)}$（其中 $u(x)$，$v(x)$ 都是可导函数）的导数，可先将两端取对数，得

$$\ln y = v(x) \ln u(x),$$

然后方程两端对 x 求导，得

$$\frac{1}{y} y' = v'(x) \ln u(x) + v(x) \frac{u'(x)}{u(x)},$$

于是

$$y' = y \left[v'(x) \ln u(x) + v(x) \frac{u'(x)}{u(x)} \right]$$

$$= u(x)^{v(x)} \left[v'(x) \ln u(x) + v(x) \frac{u'(x)}{u(x)} \right].$$

也可以利用 $y = u(x)^{v(x)} = \mathrm{e}^{\ln u(x)^{v(x)}} = \mathrm{e}^{v(x) \ln u(x)}$ 求导而得到 y'.

如果函数 y 是由若干个式子经过乘、除、乘方、开方所得到的，也可以利用对数求导法求 y'. 如此可使求导运算变得简单些.

例 5 设 $y = \dfrac{x^2}{1-x} \sqrt[3]{\dfrac{2+x}{(2-x)^2}}$，求 y'.

解 由于 y 的符号不确定，故对 $|y|$ 取对数，得

$$\ln |y| = \ln \left| \frac{x^2}{1-x} \sqrt[3]{\frac{2+x}{(2-x)^2}} \right|$$

$$= 2\ln|x| - \ln|x-1| + \frac{1}{3}\ln|2+x| - \frac{2}{3}\ln|x-2|,$$

两端对 x 求导,得

$$\frac{1}{y}y' = \frac{2}{x} - \frac{1}{x-1} + \frac{1}{3} \cdot \frac{1}{2+x} - \frac{2}{3} \cdot \frac{1}{x-2},$$

因此 $y' = \frac{x^2}{1-x}\sqrt[3]{\frac{2+x}{(2-x)^2}}\left(\frac{2}{x} - \frac{1}{x-1} + \frac{1}{3} \cdot \frac{1}{2+x} - \frac{2}{3} \cdot \frac{1}{x-2}\right).$

例 6 已知方程 $(\sin x)^y = (\cos y)^x$ 确定隐函数 $y = y(x)$,求 y'.

解 两端取对数,得

$$y\ln\sin x = x\ln\cos y,$$

两端对 x 求导,得

$$y'\ln\sin x + y \cdot \frac{\cos x}{\sin x} = \ln\cos y + x \cdot \frac{-\sin y}{\cos y}y',$$

解得

$$y' = \frac{\ln\cos y - y\cot x}{\ln\sin x + x\tan y}.$$

三、由参数方程确定的函数的求导法

设变量 y 与 x 之间的函数关系是由参数方程

$$\begin{cases} x = g(t), \\ y = f(t) \end{cases}$$

给出的,如何求变量 y 对 x 的导数 $\frac{\mathrm{d}y}{\mathrm{d}x}$ 呢?

设 $f(t), g(t)$ 都是可导函数,且 $g'(t) \neq 0$,此时 $g(t)$ 一定是单调函数(证明略),因此 $x = g(t)$ 一定具有反函数 $t = g^{-1}(x)$,且 $g^{-1}(x)$ 也是可导函数,将它代入到 $y = f(t)$ 中,得

$$y = f(g^{-1}(x)),$$

根据复合函数求导法,得

$$\frac{\mathrm{d}y}{\mathrm{d}x} = \frac{\mathrm{d}y}{\mathrm{d}t}\frac{\mathrm{d}t}{\mathrm{d}x},$$

利用反函数求导法,$\frac{\mathrm{d}t}{\mathrm{d}x} = \frac{1}{\frac{\mathrm{d}x}{\mathrm{d}t}}$,因此有

$$\boxed{\frac{\mathrm{d}y}{\mathrm{d}x} = \frac{\frac{\mathrm{d}y}{\mathrm{d}t}}{\frac{\mathrm{d}x}{\mathrm{d}t}} = \frac{f'(t)}{g'(t)}.}$$

此式为由参数方程确定的函数的求导公式.

例 7 已知摆线(见图 2-10)的参数方程为 $\begin{cases} x = a(t - \sin t), \\ y = a(1 - \cos t), \end{cases}$ 求 $\frac{\mathrm{d}y}{\mathrm{d}x}$,并求 $t = \frac{2\pi}{3}$ 所对应的点 P 处的法线方程.

图 2-10

解 根据参数方程所确定的函数求导公式,有

$$\frac{\mathrm{d}y}{\mathrm{d}x} = \frac{\frac{\mathrm{d}y}{\mathrm{d}t}}{\frac{\mathrm{d}x}{\mathrm{d}t}} = \frac{a\sin t}{a(1-\cos t)} = \frac{\sin t}{1-\cos t}, \quad \frac{\mathrm{d}y}{\mathrm{d}x}\bigg|_{t=\frac{2\pi}{3}} = \frac{\sin\frac{2\pi}{3}}{1-\cos\frac{2\pi}{3}} = \frac{\sqrt{3}}{3}.$$

故法线斜率为 $-\sqrt{3}$,又 $t=\dfrac{2\pi}{3}$ 时,

$$x = a\left(\frac{2\pi}{3} - \sin\frac{2\pi}{3}\right) = a\left(\frac{2\pi}{3} - \frac{\sqrt{3}}{2}\right),$$

$$y = a\left(1 - \cos\frac{2\pi}{3}\right) = a\left(1 + \frac{1}{2}\right) = \frac{3a}{2},$$

故所求法线方程为

$$y - \frac{3a}{2} = -\sqrt{3}\left[x - a\left(\frac{2\pi}{3} - \frac{\sqrt{3}}{2}\right)\right],$$

即

$$\sqrt{3}\,x + y = \frac{2\sqrt{3}\,\pi}{3}a.$$

例 8 证明星形线 $x^{\frac{2}{3}} + y^{\frac{2}{3}} = a^{\frac{2}{3}}$(见图 2-11)上任意一点处的切线被两坐标轴所截出的线段长度等于常数.

证 1 利用直角坐标方程证.略.

证 2 星形线的参数方程为 $\begin{cases} x = a\cos^3 t, \\ y = a\sin^3 t, \end{cases}$ 设 (x,y) 是星形线上任意一点,在此点处切线斜率为

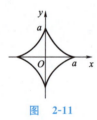

图 2-11

$$\frac{\mathrm{d}y}{\mathrm{d}x} = \frac{\frac{\mathrm{d}y}{\mathrm{d}t}}{\frac{\mathrm{d}x}{\mathrm{d}t}} = \frac{3a\sin^2 t\cos t}{3a\cos^2 t(-\sin t)} = -\tan t,$$

过此点的切线方程为

$$Y - a\sin^3 t = -\tan t(X - a\cos^3 t),$$

令 $Y=0$,得 $X = a\cos^3 t + a\sin^2 t\cos t = a\cos t$,

令 $X=0$,得 $Y = a\sin^3 t + a\sin t\cos^2 t = a\sin t$,

因此切线被两坐标轴所截出的线段长度为

$$\sqrt{X^2 + Y^2} = \sqrt{a^2\cos^2 t + a^2\sin^2 t} = a.$$

例 9 已知 $\begin{cases} x = \mathrm{e}^{2t}, \\ \cos y + t\mathrm{e}^y = 0, \end{cases} 0 \leqslant y \leqslant \dfrac{3\pi}{4}$,求 $\dfrac{\mathrm{d}y}{\mathrm{d}x}\bigg|_{x=1}$.

解

$$\frac{\mathrm{d}x}{\mathrm{d}t} = 2\mathrm{e}^{2t},$$

由已知方程的第二个,解得 $t = -\mathrm{e}^{-y}\cos y$,由此得

$$\frac{\mathrm{d}t}{\mathrm{d}y} = \mathrm{e}^{-y}\cos y + \mathrm{e}^{-y}\sin y = \frac{\sin y + \cos y}{\mathrm{e}^y},$$

因此

$$\frac{\mathrm{d}y}{\mathrm{d}t} = \frac{\mathrm{e}^y}{\sin y + \cos y},$$

故 $\dfrac{dy}{dx}=\dfrac{\dfrac{dy}{dt}}{\dfrac{dx}{dt}}=\dfrac{\dfrac{e^y}{\sin y+\cos y}}{2e^{2t}}=\dfrac{e^y}{2e^{2t}(\sin y+\cos y)}$,

在 $x=e^{2t}$ 中令 $x=1$，得 $t=0$，在 $\cos y+te^y=0$ 中令 $t=0$，得

$$\cos y=0, y=\dfrac{\pi}{2},$$

于是 $\dfrac{dy}{dx}\Big|_{x=1}=\dfrac{e^y}{2e^{2t}(\sin y+\cos y)}\Big|_{t=0,y=\frac{\pi}{2}}=\dfrac{1}{2}e^{\frac{\pi}{2}}$.

四、由极坐标确定的函数求导法

当曲线方程为极坐标方程 $\rho=\rho(\theta)$ 时，如何求 $\dfrac{dy}{dx}$ 呢？

一般地，可利用直角坐标与极坐标之间的关系给出曲线的参数方程 $\begin{cases}x=\rho(\theta)\cos\theta,\\y=\rho(\theta)\sin\theta,\end{cases}$ 然后利用参数方程求导法求得 $\dfrac{dy}{dx}$.

有时也可以利用直角坐标与极坐标之间的关系

$$\rho=\sqrt{x^2+y^2},\quad \tan\theta=\dfrac{y}{x},$$

将曲线的极坐标方程化成直角坐标方程，然后求 $\dfrac{dy}{dx}$.

例 10 设曲线的极坐标方程为 $\rho=a(1-\cos\theta)(a>0)$（见图 2-12），求曲线在 $\theta=\dfrac{\pi}{2}$ 处的切线方程.

解 曲线的参数方程为 $\begin{cases}x=a(1-\cos\theta)\cos\theta,\\y=a(1-\cos\theta)\sin\theta,\end{cases}$

因而 $\dfrac{dy}{dx}=\dfrac{\dfrac{dy}{d\theta}}{\dfrac{dx}{d\theta}}=\dfrac{a\sin\theta\sin\theta+a(1-\cos\theta)\cos\theta}{a\sin\theta\cos\theta+a(1-\cos\theta)(-\sin\theta)}$

图 2-12

$=\dfrac{\sin^2\theta+\cos\theta-\cos^2\theta}{2\sin\theta\cos\theta-\sin\theta}$,

$\dfrac{dy}{dx}\Big|_{\theta=\frac{\pi}{2}}=\dfrac{\sin^2\dfrac{\pi}{2}+\cos\dfrac{\pi}{2}-\cos^2\dfrac{\pi}{2}}{2\sin\dfrac{\pi}{2}\cos\dfrac{\pi}{2}-\sin\dfrac{\pi}{2}}=-1$,

将 $\theta=\dfrac{\pi}{2}$ 代入参数方程，得 $x=0, y=a$，故所求切线方程为

$$y-a=-(x-0),\quad 即\ x+y=a.$$

例 11 求对数螺线 $\rho=ae^\theta(a>0)$（见图 2-13）上任一点处切线的斜率.

解 对数螺线的参数方程为

图 2-13

$$\begin{cases} x = a\,\mathrm{e}^\theta \cos\theta \\ y = a\,\mathrm{e}^\theta \sin\theta, \end{cases}$$

$$\frac{\mathrm{d}y}{\mathrm{d}x} = \frac{\dfrac{\mathrm{d}y}{\mathrm{d}\theta}}{\dfrac{\mathrm{d}x}{\mathrm{d}\theta}} = \frac{a\,\mathrm{e}^\theta \sin\theta + a\,\mathrm{e}^\theta \cos\theta}{a\,\mathrm{e}^\theta \cos\theta + a\,\mathrm{e}^\theta(-\sin\theta)}$$

$$= \frac{\sin\theta + \cos\theta}{\cos\theta - \sin\theta} = \frac{1 + \tan\theta}{1 - \tan\theta},$$

此即对数螺线上任一点 (ρ,θ) 处的切线斜率.

五、相关变化率问题

实际中有时会遇到这样的问题,在某变化过程中,变量 x 和 y 都是另一变量 t 的函数,即 $x=x(t), y=y(t)$,而且变量 x 和 y 满足方程 $F(x,y)=0$,即 x 和 y 之间存在着相互依赖关系.因此,当 x 对于 t 的变化率 $\dfrac{\mathrm{d}x}{\mathrm{d}t}$ 与 y 对于 t 的变化率 $\dfrac{\mathrm{d}y}{\mathrm{d}t}$ 都存在时,这两个变化率之间也是相互联系的.我们将这两个变化率称为相关变化率,将 x 和 y 称为相关变量,而将 $F(x,y)=0$ 称为相关方程.如果已知相关变化率中的一个,要求另一个,这种问题称为相关变化率问题.

解相关变化率问题的基本步骤为:①建立相关方程 $F(x,y)=0$(它实际上也可以写成 $F(x(t),y(t))=0$);②将相关方程两端对 t 求导(利用隐函数求导法及复合函数求导法),得到 $\dfrac{\mathrm{d}x}{\mathrm{d}t}$ 与 $\dfrac{\mathrm{d}y}{\mathrm{d}t}$ 所满足的关系式;③解出所要求的变化率.

下面通过例题来说明这一过程.

例 12 一块圆形金属板,因加热而膨胀,其半径以 $0.01\mathrm{cm/s}$ 匀速增加,问当半径为 $2\mathrm{cm}$ 时,圆板面积的增加率为多少?

解 设金属板半径为 r,面积为 A,则 r 与 A 都是时间 t 的函数,且它们是相关变量,它们所满足的相关方程为

$$A = \pi r^2,$$

两端对 t 求导,得

$$\frac{\mathrm{d}A}{\mathrm{d}t} = 2\pi r \frac{\mathrm{d}r}{\mathrm{d}t},$$

将 $r=2\mathrm{cm}$, $\dfrac{\mathrm{d}r}{\mathrm{d}t}=0.01\mathrm{cm/s}$ 代入,得圆面积的增加率为

$$\frac{\mathrm{d}A}{\mathrm{d}t} = (2\pi \times 2 \times 0.01)\mathrm{cm}^2/\mathrm{s} \approx 0.126\mathrm{cm}^2/\mathrm{s}.$$

例 13 设有深为 $18\mathrm{cm}$,顶部直径为 $12\mathrm{cm}$ 的圆锥形漏斗装满水,下面接一直径为 $10\mathrm{cm}$ 的圆柱形水桶(见图 2-14),水由漏斗流入桶内,当漏斗中水深为 $12\mathrm{cm}$ 时,水面下降速率为 $1\mathrm{cm/s}$,求此时桶中水面上升的速率.

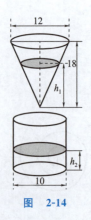

图 2-14

解 设 t 时刻漏斗中水面高度为 $h_1=h_1(t)$,水面半径为 $r=r(t)$,水桶中水面高度为 $h_2=h_2(t)$,h_1 与 h_2 是相关变量.由于在任何时刻漏斗中水量与水桶中水量之和是常量(等于开始时漏斗中水量),因此有

$$\frac{1}{3}\pi r^2 h_1 + 5^2\pi h_2 = C(C\text{ 为常数}),$$

由于 $\dfrac{r}{6}=\dfrac{h_1}{18}$,故 $r=\dfrac{1}{3}h_1$,代入上式,得

$$\frac{1}{27}\pi h_1^3 + 25\pi h_2 = C(\text{相关方程}),$$

两端对 t 求导,得

$$\frac{1}{27}\pi\cdot 3h_1^2\frac{\mathrm{d}h_1}{\mathrm{d}t}+25\pi\frac{\mathrm{d}h_2}{\mathrm{d}t}=0,$$

即

$$\frac{1}{9}h_1^2\frac{\mathrm{d}h_1}{\mathrm{d}t}+25\frac{\mathrm{d}h_2}{\mathrm{d}t}=0,$$

由已知,当 $h_1=12\text{cm}$ 时,$\dfrac{\mathrm{d}h_1}{\mathrm{d}t}=-1\text{cm/s}$,代入上式,得

$$\frac{1}{9}\times 12^2\times(-1)+25\frac{\mathrm{d}h_2}{\mathrm{d}t}=0,$$

解得

$$\frac{\mathrm{d}h_2}{\mathrm{d}t}=\frac{16}{25}(\text{cm/s}),$$

因此水桶中水面上升的速率为 $\dfrac{16}{25}\text{cm/s}$.

习题 2-3

1. 求由下列方程所确定的隐函数的导数 $\dfrac{\mathrm{d}y}{\mathrm{d}x}$:

   (1) $x^3+y^3-3xy=0$; (2) $xy=\mathrm{e}^{x+y}$;

   (3) $y=1-x\mathrm{e}^y$; (4) $x\cos y=\sin(x+y)$;

   (5) $x+\sqrt{xy}+y=10$; (6) $\cos(xy)=x$;

   (7) $\sqrt{x}+\sqrt{y}=x+y$; (8) $\arcsin y=\mathrm{e}^{x+y}$.

2. 求下列隐函数在指定点的导数 $\dfrac{\mathrm{d}y}{\mathrm{d}x}$:

   (1) $x^2+2xy-y^2=2x$,在点 $(2,4)$;

   (2) $y\mathrm{e}^x+\ln y=1$,在点 $(0,1)$;

   (3) $y=\cos x+\dfrac{1}{2}\sin y$,在点 $\left(\dfrac{\pi}{2},0\right)$;

   (4) $\sin(xy)+\ln(y-x)=x$,在 $x=0$ 处;

   (5) $\mathrm{e}^y+xy=\mathrm{e}$,在 $x=0$ 处.

3. 试证:曲线 $\sqrt{x}+\sqrt{y}=\sqrt{a}$ 上任一点处的切线所截两坐标轴截距

之和等于 a.

4. 求经过点 $(-5,5)$ 且与直线 $3x+4y-20=0$ 相切于点 $(4,2)$ 的圆的方程.

5. 已知曲线 $y=x^2+ax+b$ 和 $2y=-1+xy^3$ 在点 $(1,-1)$ 相切，试确定 a 和 b 的值.

6. 证明双曲线 $xy=a$ 上任一点处的切线介于两坐标轴间的一段被切点所平分.

7. 用对数求导法求下列函数的导数：

(1) $y=(\sin x)^{\cos x}$ $(\sin x>0)$； (2) $y=\dfrac{(2x+3)^4\sqrt{x-6}}{\sqrt[3]{x+1}}$；

(3) $y=x^{x^2}+2^{x^x}$； (4) $y=2x^{\sqrt{x}}$；

(5) $y=(\ln x)^x$； (6) $y=\sqrt[3]{\dfrac{x(x^2+1)}{(x^2-1)^2}}$；

(7) $x^y=y^x$； (8) $y=\left(\dfrac{a}{b}\right)^x\left(\dfrac{b}{x}\right)^a\left(\dfrac{x}{a}\right)^b$ $(a,b>0)$；

(9) $y=x(\sin x)^{x^2}$； (10) $y=\sqrt{e^{\frac{1}{x}}\sqrt{x\sqrt{\sin x}}}$；

(11) $y=\sqrt[5]{x}\cdot x^{\tan x}$； (12) $y=x^{\frac{1}{y}}$.

8. 求由下列参数方程所确定的函数的导数：

(1) $\begin{cases}x=1-t^2,\\ y=t-t^3,\end{cases}$ 求 $\dfrac{dy}{dx}$； (2) $\begin{cases}x=\sqrt{1+t},\\ y=\sqrt{1-t},\end{cases}$ 求 $\dfrac{dy}{dx}$；

(3) $\begin{cases}x=a(\cos t+t\sin t),\\ y=a(\sin t-t\cos t),\end{cases}$ 求 $\dfrac{dy}{dx}$；

(4) $\begin{cases}x=\theta(1-\sin\theta),\\ y=\theta\cos\theta,\end{cases}$ 求 $\dfrac{dy}{dx}$；

(5) $\begin{cases}x=te^{-t},\\ y=e^t,\end{cases}$ 求 $\dfrac{dy}{dx}$； (6) $\begin{cases}x=\ln(1+t^2),\\ y=t-\arctan t,\end{cases}$ 求 $\dfrac{dy}{dx}$；

(7) $\begin{cases}x=e^t\sin t,\\ y=e^t\cos t,\end{cases}$ 求 $\dfrac{dy}{dx}\Big|_{t=\frac{\pi}{4}}$；

(8) $\begin{cases}x=\arctan t,\\ 2y-ty^2+e^t=5,\end{cases}$ 求 $\dfrac{dy}{dx}$；

(9) $\begin{cases}x=3t^2+2t+3,\\ e^y\sin t-y+1=0,\end{cases}$ 求 $\dfrac{dy}{dx}\Big|_{t=0}$.

9. 求曲线 $\begin{cases}x=\dfrac{3at}{1+t^2},\\ y=\dfrac{3at^2}{1+t^2}\end{cases}$ 在 $t=2$ 处的切线方程和法线方程.

10. 求曲线 $\begin{cases}x=e^t\sin 2t,\\ y=e^t\cos t\end{cases}$ 在点 $(0,1)$ 处的法线方程.

11. 求心形线 $\rho=a(1+\cos\theta)$ $\left(0<\theta<\dfrac{\pi}{3}\right)$ 上任意一点的切线的倾角.

12. 求双纽线 $\rho^2 = 2a^2\cos 2\theta$ 在 $\theta = \dfrac{\pi}{12}$ 处切线的斜率.

13. 一动点沿抛物线 $y = x^2$ 向右移动,它沿 x 方向的分速度为 3cm/s,问该动点经过点 (2,4) 时,沿 y 方向的分速度是多少?

14. 一气球从离开观察员 500m 处离地铅直上升,当此球的高度为 500m 时,其速率为 140m/min,求此时观察员视线的斜角的增加率为多少?

15. 一个圆锥形的蓄水池,高为 10m,底半径为 4m,水以 $5\text{m}^3/\text{min}$ 的速率流进水池,试求当水深为 5m 时,水面上升的速率.

16. 设手表的分针长 10mm,时针长 6mm,两针针尖的距离为 d,问 2 点钟时,d 关于时间的变化率是多少?

17. 落在平静水面上的石头,产生同心波纹,若最外一圈波半径的增大率总是 6m/s,问在 2s 末扰动水面面积的增大率为多少?

18. 一架巡逻直升机在距地面 3km 的高度以 120km/h 的常速沿着一条笔直的高速公路向前飞行,飞行员观察到迎面驶来一辆汽车,通过雷达测出直升机与汽车间的距离为 5km,并且此距离以 160km/h 的速率减少,试求出汽车行进的速度.

19. 某人走过一桥的速率为 4km/h,同时一船在此人下方以 8km/h 的速率驶过,此桥比船高 20m,求 3min 后人与船相离的速率.

第四节 高阶导数

一、高阶导数定义

一般地,函数 $y = f(x)$ 的导数 $f'(x)$ 仍是 x 的函数,所以又可以讨论 $f'(x)$ 的导数.如果 $f'(x)$ 在点 x 处是可导的,即如果极限

$$\lim_{\Delta x \to 0} \frac{f'(x+\Delta x) - f'(x)}{\Delta x}$$

存在,则称此极限(即 $f'(x)$ 的导数)为 $f(x)$ 的**二阶导数**,记作

$$y'',\; f''(x),\; \frac{\mathrm{d}^2 y}{\mathrm{d} x^2},\; \frac{\mathrm{d}^2 f}{\mathrm{d} x^2},$$

即 $\dfrac{\mathrm{d}^2 y}{\mathrm{d} x^2} = \dfrac{\mathrm{d}}{\mathrm{d} x}\left(\dfrac{\mathrm{d} y}{\mathrm{d} x}\right) = (f'(x))' = \lim\limits_{\Delta x \to 0} \dfrac{f'(x+\Delta x) - f'(x)}{\Delta x}$.

同样,如果 $y'' = f''(x)$ 仍然是可导的,将其导数称为 $f(x)$ 的**三阶导数**,记作 $y''',\; f'''(x),\; \dfrac{\mathrm{d}^3 y}{\mathrm{d} x^3},\; \dfrac{\mathrm{d}^3 f}{\mathrm{d} x^3}$,即

$$\frac{\mathrm{d}^3 y}{\mathrm{d} x^3} = \frac{\mathrm{d}}{\mathrm{d} x}\left(\frac{\mathrm{d}^2 y}{\mathrm{d} x^2}\right).$$

类似地,如果 $f(x)$ 的 $n-1$ 阶导数仍然是可导的,将其导数称为 $f(x)$ 的 n **阶导数**,记作 $y^{(n)},\; f^{(n)}(x),\; \dfrac{\mathrm{d}^n y}{\mathrm{d} x^n},\; \dfrac{\mathrm{d}^n f}{\mathrm{d} x^n}$,即

$$\frac{\mathrm{d}^n y}{\mathrm{d} x^n} = \frac{\mathrm{d}}{\mathrm{d} x}\left(\frac{\mathrm{d}^{n-1} y}{\mathrm{d} x^{n-1}}\right).$$

前面两种表示各阶导数的记号当 $n \leqslant 3$ 时和 $n > 3$ 时是有区别的,即分别为

$$y', y'', y''', y^{(4)}, y^{(5)}, \cdots,$$
$$f'(x), f''(x), f'''(x), f^{(4)}(x), f^{(5)}(x), \cdots,$$

当 $n \geqslant 4$ 时,要用 $y^{(n)}$ 或 $f^{(n)}(x)$.

二阶及二阶以上导数统称为高阶导数. $f'(x)$ 称为一阶导数. 为叙述方便起见,我们可将 $f(x)$ 称为零阶导数,并表示为 $f^{(0)}(x)$,即 $f^{(0)}(x) = f(x)$.

二、几个重要函数的高阶导数

由定义知道,一般地,求高阶导数时,只要对函数 $y = f(x)$ 逐次求导即可,并不需要什么新的方法,对于某些简单函数,我们可以求得它们的高阶导数的一般表达式.

例 1 求下列各函数的 n 阶导数:

(1) $y = x^m$(m 是正整数); (2) $y = x^\alpha$(α 不是正整数);

(3) $y = \dfrac{1}{x+a}$; (4) $y = \dfrac{1}{ax+b}$.

解 (1) 由于 m 是正整数,因此有

$$y^{(n)} = \begin{cases} m(m-1)(m-2)\cdots(m-n+1)x^{m-n}, & n < m, \\ m!, & n = m, \\ 0, & n > m; \end{cases}$$

(2) 由于 α 不是正整数,故对任何 n, $\alpha - n$ 都不会等于零,因此有

$$y^{(n)} = \alpha(\alpha-1)(\alpha-2)\cdots(\alpha-n+1)x^{\alpha-n};$$

(3) $y = (x+a)^{-1}$,利用(2)的结果及复合函数求导法,得

$$y' = -(x+a)^{-2}, y'' = (-1)(-2)(x+a)^{-3}, \cdots,$$
$$y^{(n)} = (-1)(-2)\cdots(-n)(x+a)^{-n-1} = \frac{(-1)^n n!}{(x+a)^{n+1}};$$

(4) 由于分母中 x 的系数为 a,故有

$$y = (ax+b)^{-1}, y' = -(ax+b)^{-2} a,$$
$$y'' = (-1)(-2)(ax+b)^{-3} a^2, \cdots,$$
$$y^{(n)} = \frac{(-1)^n a^n n!}{(ax+b)^{n+1}}.$$

例 2 求下列各函数的 n 阶导数:

(1) $y = e^x$; (2) $y = e^{ax}$ ($a \neq 0$); (3) $y = a^x$ ($a > 0, a \neq 1$).

解 (1) 由于 $(e^x)' = e^x$,故有

$$(e^x)^{(n)} = e^x;$$

(2) $(e^{ax})' = e^{ax} \cdot a$, $(e^{ax})'' = (e^{ax} \cdot a)' = e^{ax} \cdot a^2$,于是得

$$(e^{ax})^{(n)} = a^n e^{ax};$$

(3) $(a^x)' = a^x \ln a$, $(a^x)'' = (a^x \ln a)' = a^x \ln^2 a$, 以此类推, 得
$$(a^x)^{(n)} = a^x \ln^n a.$$

例 3 求对数函数 $y = \ln(1+x)$ 的 n 阶导数.

解 $y' = \dfrac{1}{1+x}$, 根据例 1(3) 的结果
$$y^{(n)} = \left(\dfrac{1}{1+x}\right)^{(n-1)} = \dfrac{(-1)^{n-1}(n-1)!}{(x+1)^n},$$
即
$$(\ln(1+x))^{(n)} = \dfrac{(-1)^{n-1}(n-1)!}{(x+1)^n}.$$

例 4 求 $y = \sin x$ 与 $y = \cos x$ 的 n 阶导数.

解 对 $y = \sin x$, $y' = \cos x$, $y'' = -\sin x$, $y''' = -\cos x$, $y^{(4)} = \sin x$, 再继续求导, 上述形式将重复出现. 为了便于写出高阶导数的一般规律, 将各阶导数写成下面形式,
$$y' = \cos x = \sin\left(x + \dfrac{\pi}{2}\right),$$
$$y'' = \cos\left(x + \dfrac{\pi}{2}\right) = \sin\left(x + \dfrac{\pi}{2} + \dfrac{\pi}{2}\right) = \sin\left(x + \dfrac{2\pi}{2}\right),$$
$$y''' = \cos\left(x + \dfrac{2\pi}{2}\right) = \sin\left(x + \dfrac{2\pi}{2} + \dfrac{\pi}{2}\right) = \sin\left(x + \dfrac{3\pi}{2}\right),$$
$$y^{(4)} = \cos\left(x + \dfrac{3\pi}{2}\right) = \sin\left(x + \dfrac{3\pi}{2} + \dfrac{\pi}{2}\right) = \sin\left(x + \dfrac{4\pi}{2}\right),$$

一般地, 可得
$$(\sin x)^{(n)} = \sin\left(x + \dfrac{n\pi}{2}\right).$$

用类似的方法可以求得
$$(\cos x)^{(n)} = \cos\left(x + \dfrac{n\pi}{2}\right).$$

例 5 设 $y = \sin^3 x$, 求 $y^{(n)}$.

解 由于 $y = \sin x \cdot \sin^2 x = \sin x \cdot \dfrac{1-\cos 2x}{2}$
$$= \dfrac{1}{2}(\sin x - \sin x \cos 2x)$$
$$= \dfrac{1}{2}\sin x - \dfrac{1}{4}(\sin 3x + \sin(-x))$$
$$= \dfrac{1}{2}\sin x - \dfrac{1}{4}\sin 3x + \dfrac{1}{4}\sin x = \dfrac{3}{4}\sin x - \dfrac{1}{4}\sin 3x,$$

于是根据例 4 的结论, 并对 $\sin 3x$ 利用复合函数求导法则,
$$y^{(n)} = \dfrac{3}{4}\sin\left(x + \dfrac{n\pi}{2}\right) - \dfrac{3^n}{4}\sin\left(3x + \dfrac{n\pi}{2}\right).$$

例 6 设 $y = \ln x^2(x+1)^3$, 求 $y^{(n)}$.

解 由于 $y = 2\ln|x| + 3\ln(x+1)$，故
$$y^{(n)} = \frac{2(-1)^{n-1}(n-1)!}{x^n} + \frac{3(-1)^{n-1}(n-1)!}{(x+1)^n}.$$

三、乘积的高阶导数

如果函数 $u = u(x)$ 与 $v = v(x)$ 都有 n 阶导数，则由导数的线性性质，有
$$(C_1 u(x) + C_2 v(x))' = C_1 u'(x) + C_2 v'(x) \quad (C_1, C_2 \text{ 是任意常数}),$$
继续求导可得
$$(C_1 u(x) + C_2 v(x))^{(n)} = C_1 u^{(n)}(x) + C_2 v^{(n)}(x),$$
即 n 阶导数仍具有线性性质.

下面考察乘积的高阶导数. $uv = u(x)v(x)$ 对 x 的一阶、二阶、三阶导数为
$$(uv)' = u'v + uv',$$
$$(uv)'' = (u'v + uv')' = u''v + u'v' + u'v' + uv''$$
$$= u''v + 2u'v' + uv'',$$
$$(uv)''' = (u''v + 2u'v' + uv'')'$$
$$= u'''v + u''v' + 2u''v' + 2u'v'' + u'v'' + uv'''$$
$$= u'''v + 3u''v' + 3u'v'' + uv'''.$$

我们将以上各阶导数的形式与二项式 $(u+v)^n$ 的展开结果对比一下.
$$u + v = uv^0 + u^0 v,$$
$$(uv)' = u'v + uv' = u'v^{(0)} + u^{(0)}v',$$
$$(u+v)^2 = u^2 + 2uv + v^2 = u^2 v^0 + 2uv + u^0 v^2,$$
$$(uv)'' = u''v + 2u'v' + uv'' = u''v^{(0)} + 2u'v' + u^{(0)}v'',$$
$$(u+v)^3 = u^3 + 3u^2v + 3uv^2 + v^3 = u^3 v^0 + 3u^2 v + 3uv^2 + u^0 v^3,$$
$$(uv)''' = u'''v + 3u''v' + 3u'v'' + uv''' = u'''v^{(0)} + 3u''v' + 3u'v'' + u^{(0)}v'''.$$

由此看到，uv 的一阶、二阶、三阶导数公式与 $u+v$ 的一次方、二次方、三次方展开式在形式上是相同的. 由此很自然地猜想到：uv 的 n 阶导数公式与 $(u+v)^n$ 的展开式在形式上是相同的. 事实上，用数学归纳法可以证明这个猜想是正确的（证明略），即乘积 uv 的 n 阶导数有如下公式：
$$(uv)^{(n)} = \sum_{k=0}^{n} C_n^k u^{(n-k)} v^{(k)}$$
$$= u^{(n)} v + n u^{(n-1)} v' + \frac{n(n-1)}{2!} u^{(n-2)} v'' + \cdots +$$
$$\frac{n(n-1)\cdots(n-k+1)}{k!} u^{(n-k)} v^{(k)} + \cdots + u v^{(n)}.$$

此公式称为**莱布尼茨(Leibniz)公式**.

例7 设 $f(x) = x^3 \sin x$，求 $f^{(10)}(x)$.

解 取 $u=\sin x, v=x^3$,由于当 $k\geqslant 4$ 时,$v^{(k)}=(x^3)^{(k)}=0$,由莱布尼茨公式得

$$f^{(10)}(x)=(\sin x)^{(10)}x^3+10(\sin x)^{(9)}(x^3)'+\frac{10\times 9}{2!}(\sin x)^{(8)}(x^3)''+$$

$$\frac{10\times 9\times 8}{3!}(\sin x)^{(7)}(x^3)'''$$

$$=x^3\sin\left(x+\frac{10\pi}{2}\right)+30x^2\sin\left(x+\frac{9\pi}{2}\right)+$$

$$270x\sin\left(x+\frac{8\pi}{2}\right)+720\sin\left(x+\frac{7\pi}{2}\right)$$

$$=-x^3\sin x+30x^2\cos x+270x\sin x-720\cos x.$$

例 8 设 $y=\dfrac{1}{x(1-x)}$,求 $y^{(50)}$.

解 取 $u=\dfrac{1}{x},v=\dfrac{1}{1-x}$,可利用莱布尼茨公式求 $y^{(50)}$,但是采用下面的方法更简单.

$$y=\frac{(1-x)+x}{x(1-x)}=\frac{1}{x}+\frac{1}{1-x}=\frac{1}{x}-\frac{1}{x-1},$$

因此

$$y^{(50)}=\left(\frac{1}{x}\right)^{(50)}-\left(\frac{1}{x-1}\right)^{(50)}$$

$$=\frac{(-1)^{50}50!}{x^{51}}-\frac{(-1)^{50}50!}{(x-1)^{51}}=50!\left(\frac{1}{x^{51}}-\frac{1}{(x-1)^{51}}\right).$$

四、隐函数的二阶导数

下面通过例子来说明隐函数二阶导数的求法.用同样方法可求得三阶及三阶以上导数.

例 9 求由方程 $x-y+\dfrac{1}{2}\sin y=0$ 所确定的隐函数 $y=y(x)$ 的二阶导数.

解 方程两端对 x 求导,得

$$1-\frac{dy}{dx}+\frac{1}{2}\cos y\cdot\frac{dy}{dx}=0,$$

解得

$$\frac{dy}{dx}=\frac{2}{2-\cos y},$$

上式对 x 求导,得

$$\frac{d^2y}{dx^2}=\frac{-2(2-\cos y)'}{(2-\cos y)^2}=\frac{-2\sin y\cdot\frac{dy}{dx}}{(2-\cos y)^2},$$

将 $\dfrac{dy}{dx}$ 代入,得

$$\frac{d^2y}{dx^2} = \frac{-2\sin y \cdot \dfrac{2}{2-\cos y}}{(2-\cos y)^2} = \frac{-4\sin y}{(2-\cos y)^3}.$$

例 10 求由方程 $e^y + xy = e^{x+1}$ 所确定的隐函数 y 的二阶导数 $\dfrac{d^2y}{dx^2}\bigg|_{x=0}$.

解 方程两端对 x 求导，得

$$e^y \frac{dy}{dx} + y + x\frac{dy}{dx} = e^{x+1}, \tag{1}$$

两端再对 x 求导（也可像例 9 那样先将 $\dfrac{dy}{dx}$ 解出来再求导），得

$$e^y\left(\frac{dy}{dx}\right)^2 + e^y \frac{d^2y}{dx^2} + \frac{dy}{dx} + \frac{dy}{dx} + x\frac{d^2y}{dx^2} = e^{x+1}, \tag{2}$$

在已知方程中令 $x=0$，得 $e^y = e$，故 $y|_{x=0}=1$，将 $x=0, y=1$ 代入式(1) 得

$$e\frac{dy}{dx}\bigg|_{x=0} + 1 = e, \quad \frac{dy}{dx}\bigg|_{x=0} = \frac{e-1}{e} = 1 - \frac{1}{e},$$

将 $x=0, y=1, \dfrac{dy}{dx}\bigg|_{x=0} = 1-\dfrac{1}{e}$ 代入式(2)，得

$$e\left(1-\frac{1}{e}\right)^2 + e\frac{d^2y}{dx^2}\bigg|_{x=0} + 2\left(1-\frac{1}{e}\right) = e,$$

解得

$$\frac{d^2y}{dx^2}\bigg|_{x=0} = \frac{1}{e^2}.$$

五、由参数方程确定的函数的二阶导数

设参数方程 $\begin{cases} x=x(t), \\ y=y(t) \end{cases}$ 确定 y 为 x 的函数. 当 $x(t), y(t)$ 都是可导函数，且 $x'(t) \neq 0$ 时，有

$$\frac{dy}{dx} = \frac{\dfrac{dy}{dt}}{\dfrac{dx}{dt}} = \frac{y'(t)}{x'(t)}.$$

如果设 $x(t), y(t)$ 都有二阶导数，且 $x'(t) \neq 0$ 时，我们可以像推导一阶导数 $\dfrac{dy}{dx}$ 的公式一样，利用复合函数求导法和反函数求导法得出二阶导数 $\dfrac{d^2y}{dx^2}$.

$$\frac{d^2y}{dx^2} = \frac{d}{dx}\left(\frac{dy}{dx}\right) = \frac{d}{dt}\left(\frac{dy}{dx}\right)\frac{dt}{dx} = \frac{\dfrac{d}{dt}\left(\dfrac{dy}{dx}\right)}{\dfrac{dx}{dt}}$$

$$= \frac{\dfrac{y''(t)x'(t) - y'(t)x''(t)}{(x'(t))^2}}{x'(t)} = \frac{y''(t)x'(t) - y'(t)x''(t)}{(x'(t))^3}.$$

最后一个公式的结果不易记住，而其中

$$\frac{d^2 y}{dx^2} = \frac{\dfrac{d}{dt}\left(\dfrac{dy}{dx}\right)}{\dfrac{dx}{dt}} = \frac{\dfrac{dy'}{dt}}{\dfrac{dx}{dt}}$$

是比较容易记住的.

例 11 已知摆线方程 $\begin{cases} x = a(t-\sin t), \\ y = a(1-\cos t), \end{cases}$ 求 $\dfrac{d^2 y}{dx^2}$.

解 $\dfrac{dy}{dx} = \dfrac{\dfrac{dy}{dt}}{\dfrac{dx}{dt}} = \dfrac{a\sin t}{a(1-\cos t)} = \dfrac{2\sin\dfrac{t}{2}\cos\dfrac{t}{2}}{2\sin^2\dfrac{t}{2}} = \cot\dfrac{t}{2},$

$\dfrac{d^2 y}{dx^2} = \dfrac{\dfrac{d}{dt}\left(\dfrac{dy}{dx}\right)}{\dfrac{dx}{dt}} = \dfrac{-\dfrac{1}{\sin^2\dfrac{t}{2}}\cdot\dfrac{1}{2}}{a(1-\cos t)} = \dfrac{-\dfrac{1}{\sin^2\dfrac{t}{2}}\cdot\dfrac{1}{2}}{2a\sin^2\dfrac{t}{2}} = -\dfrac{1}{4a\sin^4\dfrac{t}{2}}$

习题 2-4

1. 求下列函数的二阶导数：

   (1) $y = xe^{-x^2}$；　(2) $y = \ln(x + \sqrt{x^2-1})$；

   (3) $y = e^{2x}\sin(2x+1)$；　(4) $y = \dfrac{1}{4}\ln\dfrac{1+x}{1-x} - \dfrac{1}{2}\arctan x$；

   (5) $y = \ln\ln x$；　(6) $y = \sin^4 x - \cos^4 x$；

   (7) $y = x^x$.

2. 设 $f(x)$ 有二阶导数，求下列函数 y 的二阶导数 $\dfrac{d^2 y}{dx^2}$：

   (1) $y = f(e^{-x})$；　(2) $y = \ln|f(x)|$.

3. 求下列函数的指定阶导数：

   (1) $f(x) = e^x \cos x$，求 $f^{(4)}(x)$；

   (2) $f(x) = x\sh x$，求 $f^{(100)}(x)$；

   (3) $f(x) = x^2\sin 2x$，求 $f^{(50)}(x)$；

   (4) $y = x^2 e^{2x}$，求 $y^{(20)}$.

4. 求下列函数的 n 阶导数：

   (1) $y = \ln\dfrac{a+bx}{a-bx}$；　(2) $y = x\ln x$；

   (3) $y = \sin^2 x$；　(4) $y = \dfrac{x^3}{x-1}$；

   (5) $y = \dfrac{x}{(1-x)^2}$；　(6) $y = \dfrac{2x+2}{x^2+2x-3}$.

5. 设函数 $f(x)$ 有任意阶导数，且 $f'(x) = f^2(x)$，求 $f^{(n)}(x)$.

6. 求由下列方程所确定的隐函数的二阶导数：

(1) $x^2-y^2=1$，求 $\dfrac{d^2y}{dx^2}$；　(2) $e^{x+y}=xy$，求 $\dfrac{d^2y}{dx^2}$；

(3) $x^3+y^3-3axy=0$，求 $\dfrac{d^2y}{dx^2}$；　(4) $y=\tan(x+y)$，求 $\dfrac{d^2y}{dx^2}$；

(5) $y=1+xe^y$，求 $\dfrac{d^2y}{dx^2}\bigg|_{x=0}$；

(6) $\sin y+xe^y=0$，求 $\dfrac{d^2y}{dx^2}\bigg|_{x=0}$.

7. 求下列参数方程所确定的函数的二阶导数 $\dfrac{d^2y}{dx^2}$：

(1) $\begin{cases} x=a\cos^3 t,\\ y=a\sin^3 t; \end{cases}$　(2) $\begin{cases} x=\dfrac{t}{e^t},\\ y=e^t; \end{cases}$

(3) $\begin{cases} x=\ln(1+t^2),\\ y=\arctan t; \end{cases}$　(4) $\begin{cases} x=\dfrac{3at}{1+t^2},\\ y=\dfrac{3at^2}{1+t^2}; \end{cases}$

(5) $\begin{cases} x=f'(t),\\ y=tf'(t)-f(t), \end{cases}$ 其中 f'' 存在且不为 0.

8. 设 $\begin{cases} x=\ln\cos t,\\ y=\sin t-t\cos t, \end{cases}$ 求 $\dfrac{d^2y}{dx^2}\bigg|_{t=\frac{\pi}{3}}$.

9. 设 $\begin{cases} x=3t^2+2t+3,\\ e^x\sin t-y+1=0, \end{cases}$ 求 $\dfrac{d^2y}{dx^2}\bigg|_{t=0}$.

10. 设 $f(x)=(x-a)^2 g(x)$，其中 $g(x)$ 在 $x=a$ 的某邻域内有连续导数，求 $f''(a)$.

11. 设 $f(x)=\begin{cases} e^x, & x\leqslant 0,\\ ax^2+bx+c, & x>0, \end{cases}$ 已知 $f''(0)$ 存在，求 a,b,c 的值.

12. 设 $f(x)=x|\sin x|$，$x\in\left(-\dfrac{\pi}{2},\dfrac{\pi}{2}\right)$，求 $f''(x)$.

第五节　微　分

前面我们从研究一个变量相对于另一个变量的变化快慢问题引出了导数（即变化率）的概念，它是微分学的一个基本概念.本节将从讨论函数的增量的线性近似问题而引出微分学的另一个基本概念——微分.微分与导数密切相关，但又有本质的区别，它们都是一元函数微分学的重要概念，同时也是解决一元函数积分与常微分方程等问题的基础.

一、微分的概念

在很多问题中,常常需要计算函数 $y=f(x)$ 在点 x 处的增量
$$\Delta y = f(x+\Delta x) - f(x).$$
当 $f(x)$ 是线性函数,即 $f(x)=kx+b$ 时,Δy 很简单,
$$\Delta y = (k(x+\Delta x)+b) - (kx+b) = k\Delta x,$$
即 Δy 是自变量增量 Δx 的线性函数. 而对一般函数来说, Δy 的计算常常很复杂. 因此我们提出这样一个问题: 当 $|\Delta x|$ 比较小时, 能否用一个 Δx 的线性函数作为 Δy 的近似值, 并使这种计算所产生的误差与 $|\Delta x|$ 相比微不足道呢? 下面先来分析一个实例.

例 1 设有边长为 x 的正方形铁片, 将其均匀加热, 当边长由 x 增加到 $x+\Delta x$ 时, 考察其面积 A 的增量
$$\Delta A = (x+\Delta x)^2 - x^2 = 2x\Delta x + (\Delta x)^2.$$
ΔA 为图 2-15 中阴影部分的面积, 它可以分成两部分, 一部分是 $2x\Delta x$, 它是两个单线阴影部分矩形的面积之和, 是 Δx 的线性函数. 另一部分是 $(\Delta x)^2$, 它是图中点形阴影部分所示的小正方形的面积, 是 Δx 的高阶无穷小, 即 $(\Delta x)^2 = o(\Delta x)$. 显然, 当 $|\Delta x|$ 比较小时, $(\Delta x)^2$ 与 $|2x\Delta x|$ 相比要小得多, 因此 $2x\Delta x$ 是 ΔA 的主要部分,

故此时有
$$\Delta A \approx 2x\Delta x,$$
这个近似所产生的误差是 $o(\Delta x)$.

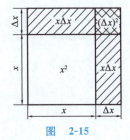

图 2-15

经过研究可以发现, 有相当多的函数可以像此例中的函数那样, 能用自变量增量的线性函数去近似函数的增量. 因此引出下面的定义.

定义 设函数 $y=f(x)$ 在点 x 的某邻域内有定义, 如果函数在点 x 处的增量 $\Delta y = f(x+\Delta x) - f(x)$ 可以表示为
$$\Delta y = A(x)\Delta x + o(\Delta x),$$
其中 $A(x)$ 只与 x 有关, 而与 Δx 无关, 则称 $f(x)$ 在点 x 是可微的, 而 $A(x)\Delta x$ 叫作函数 $f(x)$ 在点 x 处的微分, 记作 $\mathrm{d}y$ 或 $\mathrm{d}f$, 即
$$\mathrm{d}y = A(x)\Delta x.$$

由微分的定义, $\Delta y = A(x)\Delta x + o(\Delta x) = \mathrm{d}y + o(\Delta x)$, 当 $\mathrm{d}y \neq 0$ 时, 有
$$\lim_{\Delta x \to 0} \frac{\Delta y}{\mathrm{d}y} = \lim_{\Delta x \to 0} \frac{A(x)\Delta x + o(\Delta x)}{A(x)\Delta x} = \lim_{\Delta x \to 0} \left(1 + \frac{o(\Delta x)}{A(x)\Delta x}\right) = 1,$$
因此, 若 $\mathrm{d}y \neq 0$, 则当 $\Delta x \to 0$ 时, $\mathrm{d}y$ 与 Δy 是等价无穷小. 当 $\mathrm{d}y \neq 0$ 时, 且 $|\Delta x|$ 比较小时, 我们可以用 $\mathrm{d}y = A(x)\Delta x$ 作为 $\Delta y = f(x+\Delta x) - f(x)$ 的近似值, 所产生的误差 $o(\Delta x)$ 将随 $|\Delta x|$ 的减小而迅速减小, 因此 $\mathrm{d}y = A(x)\Delta x$ 是函数增量 Δy 的主要部分, 可称为 Δy 的线性主部.

二、微分与导数的关系

下面我们来讨论可微的条件以及微分中的 $A(x)$ 等于什么.

设函数 $y=f(x)$ 在点 x 处可微,则
$$\Delta y = f(x+\Delta x) - f(x) = A(x)\Delta x + o(\Delta x),$$
两端同除以 Δx,得
$$\frac{\Delta y}{\Delta x} = A(x) + \frac{o(\Delta x)}{\Delta x},$$
令 $\Delta x \to 0$,对上式取极限,得
$$\lim_{\Delta x \to 0} \frac{\Delta y}{\Delta x} = \lim_{\Delta x \to 0}\left[A(x) + \frac{o(\Delta x)}{\Delta x}\right] = A(x),$$
故 $f'(x)$ 存在,且 $f'(x)=A(x)$. 因此 $f(x)$ 在点 x 处可微的必要条件是 $f'(x)$ 存在. 这个条件是不是可微的充分条件呢?我们来做进一步的研究.

设函数 $y=f(x)$ 在点 x 处可导,即
$$\lim_{\Delta x \to 0} \frac{\Delta y}{\Delta x} = f'(x),$$
根据极限与无穷小的关系,有
$$\frac{\Delta y}{\Delta x} = f'(x) + \alpha, \quad \text{其中} \lim_{\Delta x \to 0}\alpha = 0,$$
于是
$$\Delta y = f'(x)\Delta x + \alpha \Delta x,$$
$f'(x)\Delta x$ 是 Δx 的线性函数,$f'(x)$ 与 Δx 无关,又 $\lim\limits_{\Delta x \to 0}\frac{\alpha \Delta x}{\Delta x} = \lim\limits_{\Delta x \to 0}\alpha = 0$,故当 $\Delta x \to 0$ 时,$\alpha\Delta x$ 是 Δx 的高阶无穷小,即 $\alpha\Delta x = o(\Delta x)$,因此 $f(x)$ 在点 x 处是可微的,且 $A(x) = f'(x)$.

综合以上讨论,给出如下定理.

定理 函数 $f(x)$ 在点 x 处可微的充分必要条件是 $f(x)$ 在点 x 处可导,并且 $dy = f'(x)\Delta x$.

由于 $(x)' = 1$,故 $dx = (x)'\Delta x = 1 \cdot \Delta x = \Delta x$,即自变量的微分等于其增量,于是有
$$\boxed{dy = f'(x)dx.}$$
即函数 $y=f(x)$ 的微分等于其导数乘以自变量的微分,并由此得
$$\boxed{f'(x) = \frac{dy}{dx}.}$$
即函数 $y=f(x)$ 的导数等于函数的微分除以自变量的微分. 因此导数又可称为微商,而 $\frac{dy}{dx}$ 既可以看作导数记号,又可以看成 dy 与 dx 的商.

例 2 求函数 $y = 2x^3$ 在 $x=2$ 处的微分.

解 因为 $y' = 6x^2$,于是

$$dy = 6x^2 dx,$$
$$dy\big|_{x=2} = 6x^2\big|_{x=2} dx = 24 dx.$$

例 3 求函数 $y = e^{-x^2}$ 在 $x=0$ 和 $x=1$ 处的微分.

解 因为 $y' = -2x e^{-x^2}$,于是 $dy = -2x e^{-x^2} dx$,
$$dy\big|_{x=0} = -2x e^{-x^2}\big|_{x=0} dx = 0, \quad dy\big|_{x=1} = -2x e^{-x^2}\big|_{x=1} dx$$
$$= -\frac{2}{e} dx.$$

三、微分的几何意义

为了加深对微分概念的理解,我们来考察一下微分的几何意义.

如图 2-16 所示,函数 $y = f(x)$ 的图形是一条曲线,设 (x, y) 是曲线上一点.当 $f(x)$ 在点 x 处可导时,曲线在点 M 处有切线 MT,且此切线的斜率为 $\tan\alpha = f'(x)$.设 $N(x+\Delta x, f(x+\Delta x))$ 是曲线上另一点,P 是切线上与 N 横坐标相同的点,取点 Q 如图所示(Q 与 M 的纵坐标相同),于是当 $\Delta x > 0$,且 $f(x+\Delta x) > f(x)$ 时,可以得到
$$QP = MQ \tan\alpha = \Delta x \cdot f'(x) = f'(x) dx,$$
即
$$dy = QP.$$

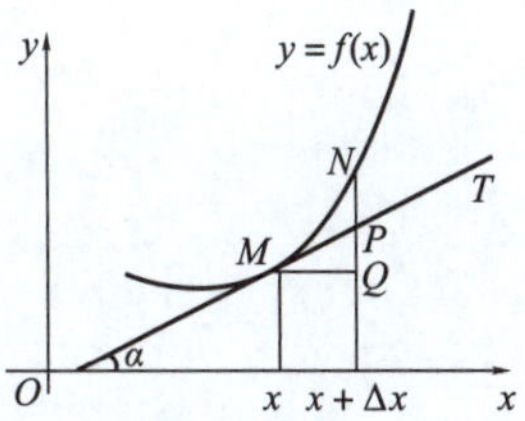

图 2-16

如果去掉上面的限制条件 $\Delta x > 0$ 与 $f(x+\Delta x) > f(x)$,可以得到类似的结论.即一般地,如果将点 M、N、P 的纵坐标分别记为 y_M、y_N、y_P,则有
$$\Delta y = y_N - y_M, \quad dy = y_P - y_M,$$
即当自变量由 x 变为 $x+\Delta x$ 时,Δy 表示曲线上纵坐标的增量,而 dy 表示曲线在点 $(x, f(x))$ 处的切线上相应纵坐标的增量.当 $|\Delta x|$ 很小时,$|\Delta y - dy|$ 与 $|\Delta x|$ 相比要小得多.因此在点 x 附近,可以用 dy 近似代替 Δy,即有 $\Delta y \approx dy$,这个近似代替称为非线性函数的局部线性化,也可称为以直代曲,它是微分学的重要思想方法之一.

四、基本微分公式和微分运算法则

1. 基本微分公式

由微分与导数的关系,对 $y = f(x)$,只要求出导数 $f'(x)$,再乘以 dx 即可得 dy.因此,由函数的导数公式立即可以得到相应的微分公式,由导数的基本公式可以得到下面的基本微分公式.

(1) $dC = 0$(C 为常数); (2) $d(x^\alpha) = \alpha x^{\alpha-1} dx$;

(3) $d(a^x) = a^x \ln a \, dx$, $d(e^x) = e^x dx$;

(4) $d(\log_a x) = \dfrac{1}{x \ln a} dx$, $d(\ln|x|) = \dfrac{1}{x} dx$;

(5) $d(\sin x) = \cos x \, dx$; (6) $d(\cos x) = -\sin x \, dx$;

(7) $d(\tan x) = \dfrac{1}{\cos^2 x} dx$；　(8) $d(\cot x) = -\dfrac{1}{\sin^2 x} dx$；

(9) $d(\arcsin x) = \dfrac{1}{\sqrt{1-x^2}} dx$；

(10) $d(\arccos x) = -\dfrac{1}{\sqrt{1-x^2}} dx$；

(11) $d(\arctan x) = \dfrac{1}{1+x^2} dx$；

(12) $d(\operatorname{arccot}) = -\dfrac{1}{1+x^2} dx$；

(13) $d(\operatorname{sh} x) = \operatorname{ch} x\, dx$；　(14) $d(\operatorname{ch} x) = \operatorname{sh} x\, dx$；

(15) $d(\operatorname{arsh} x) = d(\ln(x+\sqrt{x^2+1})) = \dfrac{1}{\sqrt{x^2+1}} dx$；

(16) $d(\operatorname{arch} x) = d(\ln(x+\sqrt{x^2-1})) = \dfrac{1}{\sqrt{x^2-1}} dx$.

2. 微分的四则运算法则

由导数的四则运算法则，可以得到微分的四则运算法则.

设函数 $u=u(x), v=v(x)$ 在点 x 处可微，则有
$$d(u \pm v) = du \pm dv,$$
$$d(uv) = v\, du + u\, dv, \text{特别地，} d(Cu) = C\, du\ (C\ 为常数),$$
$$d\left(\dfrac{u}{v}\right) = \dfrac{v\, du - u\, dv}{v^2} (v \neq 0), \text{特别地，} d\left(\dfrac{1}{v}\right) = \dfrac{-dv}{v^2}.$$

证 $d(u \pm v) = (u \pm v)' dx = (u' \pm v') dx = u'\, dx \pm v'\, dx$
$$= du \pm dv;$$
$d(uv) = (uv)' dx = (u'v + uv') dx = u'v\, dx + uv'\, dx$
$$= v\, du + u\, dv;$$
$d\left(\dfrac{u}{v}\right) = \left(\dfrac{u}{v}\right)' dx = \dfrac{u'v - uv'}{v^2} dx = \dfrac{u'v\, dx - uv'\, dx}{v^2}$
$$= \dfrac{v\, du - u\, dv}{v^2}$$

3. 复合函数的微分法则

设复合函数 $y = f(g(x))$，若 $u = g(x)$ 在点 x 处可微，$y = f(u)$ 在对应点 u 可微，则 $y = f(g(x))$ 在点 x 处可微，且
$$dy = f'(u) du.$$

证 由微分与导数的关系，有

$dy = y'_x dx$（y'_x 表示 y 对 x 的导数），　$du = g'(x) dx$，

根据复合函数求导公式，有
$$y'_x = f'(u) g'(x),$$
故
$$dy = f'(u) g'(x) dx = f'(u) du,$$
定理得证.

这个法则表明,不论 u 是自变量还是中间变量,函数 $y=f(u)$ 的微分有着相同的形式,都是 $dy=f'(u)du$. 这个形式并不因 u 是中间变量而改变,这一性质称为**微分形式的不变性**.

例 4　设 $y=e^x \sin x$, 求 dy.

解　由乘积的微分法则
$$dy = \sin x\, d(e^x) + e^x d(\sin x) = \sin x \cdot e^x dx + e^x \cos x\, dx$$
$$= e^x(\sin x + \cos x)dx.$$

例 5　设 $y=(\arctan e^x)^2$, 求 dy.

解　将 $\arctan e^x$ 看成中间变量 u, 根据微分形式的不变性, 得
$$dy = 2\arctan e^x\, d(\arctan e^x),$$
将 e^x 看成中间变量 v, 再次利用微分形式的不变性, 得
$$dy = 2\arctan e^x \cdot \frac{1}{1+(e^x)^2}de^x = 2\arctan e^x \cdot \frac{e^x}{1+e^{2x}}dx.$$

例 6　设 $y=\dfrac{\ln\sin\sqrt{x}}{\sqrt{x}}$, 求 dy.

解　根据商的微分法则及微分形式的不变性, 得
$$dy = \frac{\sqrt{x}\, d(\ln\sin\sqrt{x}) - \ln\sin\sqrt{x}\, d(\sqrt{x})}{x}$$
$$= \frac{\sqrt{x}\, \dfrac{1}{\sin\sqrt{x}}d(\sin\sqrt{x}) - \ln\sin\sqrt{x} \cdot \dfrac{1}{2\sqrt{x}}dx}{x}$$
$$= \frac{\sqrt{x}\, \dfrac{1}{\sin\sqrt{x}}\cos\sqrt{x}\, d(\sqrt{x}) - \ln\sin\sqrt{x} \cdot \dfrac{1}{2\sqrt{x}}dx}{x}$$
$$= \frac{\sqrt{x}\cot\sqrt{x} \cdot \dfrac{1}{2\sqrt{x}}dx - \ln\sin\sqrt{x} \cdot \dfrac{1}{2\sqrt{x}}dx}{x}$$
$$= \frac{\sqrt{x}\cot\sqrt{x} - \ln\sin\sqrt{x}}{2x^{\frac{3}{2}}}dx.$$

例 7　已知 $(x+y)^2(xy+2)^3=1$, 求 dy.

解　方程两端同时取微分, 得
$$(xy+2)^3 d(x+y)^2 + (x+y)^2 d(xy+2)^3 = 0,$$
$$(xy+2)^3 2(x+y)d(x+y) + (x+y)^2 3(xy+2)^2 d(xy+2) = 0,$$
$$(xy+2)^3 2(x+y)(dx+dy) + $$
$$(x+y)^2 3(xy+2)^2(y\,dx + x\,dy) = 0,$$
解得
$$dy = -\frac{(xy+2)^3(2x+2y) + 3y(x+y)^2(xy+2)^2}{(xy+2)^3(2x+2y) + 3x(x+y)^2(xy+2)^2}dx$$
$$= -\frac{5xy + 3y^2 + 4}{5xy + 3x^2 + 4}dx.$$

五、微分在近似计算中的应用

1. 近似计算

根据前面的讨论,当函数 $y=f(x)$ 在点 x_0 处可导时,有
$$\Delta y = f(x_0+\Delta x) - f(x_0) = \mathrm{d}y + o(\Delta x) = f'(x_0)\Delta x + o(\Delta x),$$
因而当 $|\Delta x|$ 很小时,有

$$\boxed{\Delta y \approx \mathrm{d}y = f'(x_0)\Delta x.} \qquad (1)$$

即 $\qquad f(x_0+\Delta x) - f(x_0) \approx f'(x_0)\Delta x,$

故 $\qquad f(x_0+\Delta x) \approx f(x_0) + f'(x_0)\Delta x,$

记 $x_0+\Delta x = x$,则 $\Delta x = x - x_0$,

$$\boxed{f(x) \approx f(x_0) + f'(x_0)(x - x_0).} \qquad (2)$$

即当 $|\Delta x| = |x - x_0|$ 很小时,可以分别利用式(1)和式(2)作为 Δy 和 $f(x)$ 的近似计算公式.特别地,当 $x_0=0$ 时,式(2) 为

$$\boxed{f(x) \approx f(0) + f'(0)x.} \qquad (3)$$

例 8 钟表的周期原来是 1s,在冬季,摆长缩短了 0.01cm,问这钟每天大约快多少(由物理学,单摆的周期 T 与摆长 l 之间有关系式 $T = 2\pi\sqrt{\dfrac{l}{g}}$, g 为重力加速度)?

解 设钟表原来的周期为 T_0,摆长为 l_0.

由题设, $T_0 = 1$, $T_0 = 2\pi\sqrt{\dfrac{l_0}{g}}$,故 $l_0 = \dfrac{g}{(2\pi)^2}$,已知 $\Delta l = -0.01$cm,下面先求 ΔT.根据式(1),

$$\Delta T \approx \mathrm{d}T = \dfrac{\mathrm{d}T}{\mathrm{d}l}\bigg|_{l_0} \cdot \Delta l = \pi \cdot \dfrac{1}{\sqrt{gl_0}}\Delta l$$

$$= \dfrac{\pi}{\sqrt{g}} \cdot \dfrac{2\pi}{\sqrt{g}}\Delta l = \dfrac{2\pi^2}{g}\Delta l \approx \dfrac{2 \times 3.14^2}{980}(-0.01) \approx -0.0002(\mathrm{s}),$$

这表明摆的周期缩短了约 0.0002s,即每秒大约要快 0.0002s,由于 $0.0002 \times 3600 \times 24 = 17.28(\mathrm{s})$,因此每天大约快 17.28s.

例 9 计算 $\sin 44°$ 的近似值.

解 设 $f(x) = \sin x$,则 $f'(x) = \cos x$,由式(2),有
$$\sin x \approx \sin x_0 + \cos x_0 \cdot (x - x_0),$$
现在 $x = 44° = \dfrac{44\pi}{180}$,取 $x_0 = \dfrac{45\pi}{180} = \dfrac{\pi}{4}$,于是

$$\sin 44° \approx \sin\dfrac{\pi}{4} + \cos\dfrac{\pi}{4} \cdot \left(\dfrac{44\pi}{180} - \dfrac{\pi}{4}\right)$$

$$= \dfrac{\sqrt{2}}{2} + \dfrac{\sqrt{2}}{2}\left(-\dfrac{\pi}{180}\right) \approx 0.694.$$

2. 误差估计

在实际问题中,常常要通过测量(包括实验)获得某种数据,并通过计算获得其他数据.由于受测量的条件以及方法等各种因素的影响,所得到的数据往往是带有误差的.而根据这些数据进行计算所得的结果同样是有误差的.我们需要对这些误差做出一定的分析和估计.

首先定义两个概念.

如果某个量的准确值为 a,近似值为 a_0,则 $|a-a_0|$ 叫作 a_0 的**绝对误差**.

在实际中,准确值往往是无法知道的,于是误差也就不得而知.但是我们有时可以根据测量工具的精度,或根据计算所用的公式等知道 $|a-a_0|$ 不超过某个数,即

$$|a-a_0| \leqslant \varepsilon(a_0),$$

我们将 $\varepsilon(a_0)$ 称为 a_0 的**绝对误差限**.例如,用带有毫米刻度的尺子去测量长度时,$\varepsilon(a_0)=0.5\mathrm{mm}$.

绝对误差的大小并不能很好地反映测量或计算的质量如何,为此提出相对误差的概念.

将 $\left|\dfrac{a-a_0}{a_0}\right|$ 称为 a_0 的**相对误差**,如果 $\left|\dfrac{a-a_0}{a_0}\right|$ 不超过某个数,即

$$\left|\dfrac{a-a_0}{a_0}\right| \leqslant \varepsilon_r(a_0),$$

我们将 $\varepsilon_r(a_0)$ 称为 a_0 的**相对误差限**.显然有

$$\varepsilon_r(a_0) = \dfrac{\varepsilon(a_0)}{|a_0|}.$$

设函数 $y=f(x)$ 在点 x_0 处可导,记 $y_0=f(x_0)$,下面利用微分讨论自变量的误差和函数的误差之间的关系.

一般来说,$\varepsilon(x_0)$ 往往很小,因此 $|x-x_0|$ 也很小,故 $|y-y_0|=|\Delta y| \approx |\mathrm{d}y|=|f'(x_0)||x-x_0| \leqslant |f'(x_0)|\varepsilon(x_0)$,于是可取

$$\boxed{\varepsilon(y_0) = |f'(x_0)|\varepsilon(x_0).} \qquad (4)$$

因此有

$$\boxed{\varepsilon_r(y_0) = \dfrac{\varepsilon(y_0)}{|f(x_0)|} = \left|\dfrac{f'(x_0)}{f(x_0)}\right|\varepsilon(x_0) = \left|\dfrac{x_0 f'(x_0)}{f(x_0)}\right|\varepsilon_r(x_0).} \quad (5)$$

我们将式(4)与式(5)称为误差估计公式.根据这两个公式,可以由自变量的误差限确定函数的误差限,也可以由函数的误差限确定自变量的误差限.

例 10 用带有毫米刻度的尺子测得圆的直径为 5.2cm,如果用此数据计算圆的面积,试估计面积的绝对误差与相对误差.

解 设圆的直径为 D,面积为 A,则

$$A = \frac{\pi}{4}D^2,$$

由题设,$D_0 = 5.2\text{cm}$,$\varepsilon(D_0) = 0.05\text{cm}$,而 $A_0 = \frac{\pi}{4}D_0^2$,下面求 $\varepsilon(A_0)$ 和 $\varepsilon_r(A_0)$,由式(4)得

$$\varepsilon(A_0) = \left|\frac{\mathrm{d}A}{\mathrm{d}D}\right|_{D=D_0} \varepsilon(D_0) = \left|\frac{\pi}{2}D_0\right|\varepsilon(D_0)$$

$$\approx \frac{3.14}{2} \times 5.2 \times 0.05 = 0.4082 \approx 0.41(\text{cm}^2),$$

$$\varepsilon_r(A_0) = \frac{\varepsilon(A_0)}{|A_0|} = \frac{\left|\frac{\pi}{2}D_0\right|\varepsilon(D_0)}{\left|\frac{\pi}{4}D_0^2\right|} = \frac{2\varepsilon(D_0)}{D_0}$$

$$= \frac{2 \times 0.05}{5.2} \approx 0.0192 = 1.92\%,$$

故面积的绝对误差不超过 0.41cm^2,相对误差不超过 1.92%.

六、高阶微分

对于函数 $y = f(x)$,类似于高阶导数,我们可以定义高阶微分,这时,假定自变量的增量仍为 $\mathrm{d}x$,我们将 $\mathrm{d}y$ 的微分叫作 $y = f(x)$ 在点 x 处的二阶微分,记作 d^2y 或 d^2f,即 $\mathrm{d}^2y = \mathrm{d}(\mathrm{d}y)$.同样,如果 d^2y 还是可微的,将其微分称为 $y = f(x)$ 的三阶微分,记作 d^3y 或 d^3f,即 $\mathrm{d}^3y = \mathrm{d}(\mathrm{d}^2y)$.一般地,如果 $y = f(x)$ 的 $n-1$ 阶微分还是可微的,则将其微分叫作 $y = f(x)$ 的 n 阶微分,记作 d^ny 或 d^nf,即 $\mathrm{d}^ny = \mathrm{d}(\mathrm{d}^{n-1}y)$.二阶及二阶以上微分叫作高阶微分.

当 x 是自变量时,$\mathrm{d}x = \Delta x$,且 $\mathrm{d}x$ 与 x 是相互独立的,因此求在 x 处的微分时,$\mathrm{d}x$ 要看成常数,并且每次求微分时所取的 $\mathrm{d}x$ 都是相同的.因此,由 $\mathrm{d}y = f'(x)\mathrm{d}x$,有

$$\mathrm{d}^2y = \mathrm{d}(\mathrm{d}y) = \mathrm{d}(f'(x)\mathrm{d}x) = \mathrm{d}(f'(x))\mathrm{d}x = f''(x)\mathrm{d}x\mathrm{d}x$$
$$= f''(x)\mathrm{d}x^2,$$
$$\mathrm{d}^3y = \mathrm{d}(\mathrm{d}^2y) = \mathrm{d}(f''(x)\mathrm{d}x^2) = \mathrm{d}(f''(x))\mathrm{d}x^2$$
$$= f'''(x)\mathrm{d}x\mathrm{d}x^2 = f'''(x)\mathrm{d}x^3,$$

如此下去,可得

$$\boxed{\mathrm{d}^ny = f^{(n)}(x)\mathrm{d}x^n.}$$

并可以得到

$$\boxed{f^{(n)}(x) = \frac{\mathrm{d}^ny}{\mathrm{d}x^n}.}$$

我们要注意的是,对于复合函数,高阶微分就不具有 $f^{(n)}(x)\mathrm{d}x^n$ 这种形式了.

例如,对 $y = f(u)$,而 $u = g(x)$,由一阶微分形式不变性有

$dy = f'(u)du$,但现在由于 u 不是自变量,故继续求微分时,du 不能看成常数,它依赖于 x,即 $du = g'(x)dx$,因此有

$$d^2 y = d(f'(u)du) = d(f'(u))du + f'(u)d(du)$$
$$= f''(u)du\,du + f'(u)d^2 u = f''(u)du^2 + f'(u)d^2 u.$$

这说明高阶微分已不再具有形式上的不变性,这是高阶微分与一阶微分之间的一个重要差别.

下面我们看一个具体的例子.设 $y = f(x) = x^2$,当 x 是自变量时,有 $d^2 y = f''(x)dx^2 = 2dx^2$.

如果 $y = f(x) = x^2$,但是 x 不是自变量,$x = g(t) = t^2$,t 是自变量,则有 $y = t^4$,$\dfrac{d^2 y}{dt^2} = 12t^2$,因此有 $d^2 y = 12t^2 dt^2$,而由 $x = t^2$,得 $dx = 2t\,dt$,故 $d^2 y = 3(2t\,dt)^2 = 3dx^2$.

显然这与 x 是自变量时的形式是不一样的.

习题 2-5

1. 设 $y = x^3 - x$,当 $x = 2$,Δx 分别为 $0.1, 0.01$ 时,计算 Δy 与 dy 及 $\Delta y - dy$.

2. 求下列函数的微分:

   (1) $y = \dfrac{x}{\sqrt{x^2+1}}$; (2) $y = \ln^2(1-x)$;

   (3) $y = e^{-x}\cos(3-x)$; (4) $y = \arctan\dfrac{1-x^2}{1+x^2}$;

   (5) $y = \tan^2(1+2x^2)$; (6) $y = \sqrt[3]{\dfrac{1-x}{1+x}}$;

   (7) $y = \dfrac{\cos 2x}{1+\sin x}$; (8) $y = \arccos(\ln x)$;

   (9) $y = f(e^{f(x)})$,其中 f 是可导函数.

3. 求由下列方程所确定的隐函数的微分:

   (1) $\ln\sqrt{x^2+y^2} = \arctan\dfrac{y}{x}$,求 dy;

   (2) $(x+y)^2(2x-y)^3 = 5$,求 dy;

   (3) $y = e^{-\frac{x}{y}}$,求 dy;

   (4) $e^{x+y} - xy = 0$,求 dy;

   (5) $x^3 + y^3 - \sin 3x + 6y = 0$,求 $dy\big|_{x=0}$.

4. 有一批半径为 1cm 的球,为了提高球面的光洁度,要镀上一层铜,厚度为 0.01cm,试估计每只球需用多少克的铜(铜的密度为 8.9g/cm^3).

5. 设扇形的圆心角 $\alpha = 60°$,半径 $R = 100$cm,问:

   (1) 如果 R 不变,α 减少 $30'$,扇形面积大约改变了多少?

(2) 如果 α 不变，R 增加 1cm，扇形面积大约改变了多少？

6. 已知单摆的摆动周期 $T=2\pi\sqrt{\dfrac{l}{g}}$，其中 $g=980\text{cm/s}^2$，l 为摆长。设原摆长为 20cm，为使周期 T 增大 0.05s，摆长约需加长多少？

7. 计算下列函数的近似值：

   (1) $\cos 29°$；   (2) $\sqrt[3]{1.02}$；

   (3) $\sqrt{25.4}$；   (4) $\ln 1.01$；

   (5) $\arctan 1.02$；   (6) $\dfrac{5.03}{\sqrt{5.03^2-9}}$.

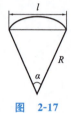

图 2-17

8. 某厂生产如图 2-17 所示的扇形板，半径 $R=200\text{mm}$，要求中心角 α 为 55°，产品检验时，一般用测量弦长 l 的方法来间接测量中心角，如果测量弦长 l 时的误差 $\varepsilon(l)=0.1\text{mm}$，问由此引起的中心角 α 的误差 $\varepsilon(\alpha)$ 是多少？

9. 有一圆柱，高 25cm，半径为 (20 ± 0.05)cm（即半径为 20cm 时，其绝对误差限为 0.05cm），试求此圆柱的体积与侧面积的相对误差限。

第六节　综合例题

例 1　设 $f(x)=3x^2+x|\tan x|$，$\left(-\dfrac{\pi}{2}<x<\dfrac{\pi}{2}\right)$，求 $f''(x)$.

解　$f(x)=\begin{cases}3x^2+x\tan x & 0<x<\dfrac{\pi}{2}\\ 0 & x=0\\ 3x^2-x\tan x & -\dfrac{\pi}{2}<x<0\end{cases}$,

当 $0<x<\dfrac{\pi}{2}$ 时，$f'(x)=6x+\tan x+\dfrac{x}{\cos^2 x}$,

$$f''(x)=6+\dfrac{1}{\cos^2 x}+\dfrac{1}{\cos^2 x}+x\dfrac{2\sin x}{\cos^3 x}$$

$$=6+\dfrac{2}{\cos^2 x}+x\dfrac{2\sin x}{\cos^3 x}=6+2\sec^2 x(1+x\tan x),$$

当 $-\dfrac{\pi}{2}<x<0$ 时，$f'(x)=6x-\tan x-\dfrac{x}{\cos^2 x}$,

$$f''(x)=6-\dfrac{1}{\cos^2 x}-\dfrac{1}{\cos^2 x}-x\dfrac{2\sin x}{\cos^3 x}$$

$$=6-2\sec^2 x(1+x\tan x),$$

$$f'_-(0)=\lim_{x\to 0^-}\dfrac{f(x)-f(0)}{x}=\lim_{x\to 0^-}\dfrac{3x^2-x\tan x}{x}=0,$$

$$f'_+(0)=\lim_{x\to 0^+}\dfrac{f(x)-f(0)}{x}=\lim_{x\to 0^+}\dfrac{3x^2+x\tan x}{x}=0,$$

故　　$f'(0)=0,$

$$f''_-(0) = \lim_{x \to 0^-} \frac{f'(x) - f'(0)}{x} = \lim_{x \to 0^-} \frac{6x - \tan x - \dfrac{x}{\cos^2 x}}{x}$$

$$= \lim_{x \to 0^-} \left(6 - \frac{\tan x}{x} - \frac{1}{\cos^2 x}\right) = 4,$$

$$f''_+(0) = \lim_{x \to 0^+} \frac{f'(x) - f'(0)}{x} = \lim_{x \to 0^-} \frac{6x + \tan x + \dfrac{x}{\cos^2 x}}{x}$$

$$= \lim_{x \to 0^-} \left(6 + \frac{\tan x}{x} + \frac{1}{\cos^2 x}\right) = 8,$$

$f''_-(0) \neq f''_+(0)$, 故 $f''(0)$ 不存在.

$$f''(x) = \begin{cases} 6 + 2\sec^2 x(1 + x\tan x) & 0 < x < \dfrac{\pi}{2} \\ 不存在 & x = 0 \\ 6 - 2\sec^2 x(1 + x\tan x) & -\dfrac{\pi}{2} < x < 0 \end{cases}.$$

例 2 设 $y = f(x^2)^{f\left(\frac{1}{x}\right)}$, f 为可导函数, 求 dy.

解 取对数, 得 $\ln y = f\left(\dfrac{1}{x}\right) \ln f(x^2)$, 两端取微分, 得

$$\frac{dy}{y} = \ln f(x^2) df\left(\frac{1}{x}\right) + f\left(\frac{1}{x}\right) d\ln f(x^2)$$

$$= \ln f(x^2) f'\left(\frac{1}{x}\right) d\left(\frac{1}{x}\right) + f\left(\frac{1}{x}\right) \frac{1}{f(x^2)} df(x^2)$$

$$= \ln f(x^2) f'\left(\frac{1}{x}\right)\left(-\frac{1}{x^2}\right) dx + f\left(\frac{1}{x}\right) \frac{1}{f(x^2)} f'(x^2) 2x dx,$$

$$dy = f(x^2)^{f\left(\frac{1}{x}\right)} \left[-\frac{1}{x^2} f'\left(\frac{1}{x}\right) \ln f(x^2) + 2x f\left(\frac{1}{x}\right) \frac{f'(x^2)}{f(x^2)}\right] dx.$$

例 3 设 $f(x) = \begin{cases} x^\alpha \sin \dfrac{1}{x} & x \neq 0 \\ 0 & x = 0 \end{cases}$ (α 为整数), 问 α 为何值时,

(1) $f(x)$ 在 $x = 0$ 处连续?

(2) $f(x)$ 在 $x = 0$ 处可导?

(3) $f(x)$ 的导函数连续?

解 (1) 如果 $f(x)$ 在 $x = 0$ 处连续, 需要

$$\lim_{x \to 0} f(x) = f(0), \quad 即 \quad \lim_{x \to 0} x^\alpha \sin \frac{1}{x} = 0,$$

由于 $\lim\limits_{x \to 0} \sin \dfrac{1}{x}$ 不存在, 但 $\sin \dfrac{1}{x}$ 是有界函数, 因此应有 $\lim\limits_{x \to 0} x^\alpha = 0$,

故 $\alpha > 0$, 即当 $\alpha > 0$ 时, $f(x)$ 在 $x = 0$ 处连续;

(2) 根据导数定义, 有

$$f'(0) = \lim_{x \to 0} \frac{f(x) - f(0)}{x} = \lim_{x \to 0} \frac{x^\alpha \sin \dfrac{1}{x}}{x} = \lim_{x \to 0} x^{\alpha - 1} \sin \frac{1}{x},$$

如果此极限存在，必须 $\alpha-1>0$，故当 $\alpha>1$ 时，$f(x)$ 在 $x=0$ 处可导，且可求得
$$f'(0)=0;$$

(3) 当 $x\neq 0$ 时，
$$f'(x)=\alpha x^{\alpha-1}\sin\frac{1}{x}+x^{\alpha}\cos\frac{1}{x}\cdot\left(-\frac{1}{x^2}\right)=x^{\alpha-2}\left(\alpha x\sin\frac{1}{x}-\cos\frac{1}{x}\right),$$
此函数当 $x\neq 0$ 时是连续的，若它在 $x=0$ 处连续，需要
$$\lim_{x\to 0}f'(x)=f'(0)=0,$$
由于 $\lim\limits_{x\to 0}\alpha x\sin\dfrac{1}{x}=0$，而 $\lim\limits_{x\to 0}\cos\dfrac{1}{x}$ 不存在，故 $\lim\limits_{x\to 0}\left(\alpha x\sin\dfrac{1}{x}-\cos\dfrac{1}{x}\right)$ 不存在，因此应有 $\lim\limits_{x\to 0}x^{\alpha-2}=0$，故 $\alpha-2>0$，即当 $\alpha>2$ 时，$f'(x)$ 是连续函数.

例 4 已知 $f(1)=0,f'(1)=3$，求 $\lim\limits_{x\to 0}\dfrac{f(\sin^2 x+\cos x)}{x\tan x}$.

解
$$\lim_{x\to 0}\frac{f(\sin^2 x+\cos x)}{x\tan x}$$
$$=\lim_{x\to 0}\frac{f(\sin^2 x+\cos x)}{x^2}$$
$$=\lim_{x\to 0}\frac{f[1+(\sin^2 x+\cos x-1)]-f(1)}{\sin^2 x+\cos x-1}\cdot$$
$$\quad\frac{\sin^2 x+\cos x-1}{x^2}$$
$$=\lim_{x\to 0}\frac{f[1+(\sin^2 x+\cos x-1)]-f(1)}{\sin^2 x+\cos x-1}\cdot$$
$$\quad\lim_{x\to 0}\frac{\sin^2 x+\cos x-1}{x^2}$$
$$=f'(1)\lim_{x\to 0}\left(\frac{\sin^2 x}{x^2}+\frac{\cos x-1}{x^2}\right)=3\left(1-\frac{1}{2}\right)=\frac{3}{2}.$$

例 5 设函数 f 在 $x=a$ 处可导，$f(a)\neq 0$，试求 $\lim\limits_{n\to\infty}\left[\dfrac{f\left(a+\dfrac{1}{n}\right)}{f(a)}\right]^n$.

解
$$\lim_{n\to\infty}\left[\frac{f\left(a+\dfrac{1}{n}\right)}{f(a)}\right]^n$$
$$=\lim_{n\to\infty}\left[1+\left(\frac{f\left(a+\dfrac{1}{n}\right)}{f(a)}-1\right)\right]^n$$
$$=\lim_{n\to\infty}\left[1+\left(\frac{f\left(a+\dfrac{1}{n}\right)}{f(a)}-1\right)\right]^{\frac{f(a)}{f\left(a+\frac{1}{n}\right)-f(a)}\cdot\frac{f\left(a+\frac{1}{n}\right)-f(a)}{f(a)}n}$$
$$=e^{\lim\limits_{n\to\infty}\frac{f\left(a+\frac{1}{n}\right)-f(a)}{\frac{1}{n}}\cdot\frac{1}{f(a)}}=e^{f'(a)\frac{1}{f(a)}}=e^{\frac{f'(a)}{f(a)}}.$$

例 6 设 $f(x) = a_1\sin x + a_2\sin 2x + \cdots + a_n\sin nx$，其中 $a_1, a_2, \cdots, a_n$ 是实数，且 $|f(x)| \leqslant |\sin x|$，试证：
$$|a_1 + 2a_2 + \cdots + na_n| \leqslant 1.$$

证 $f'(x) = a_1\cos x + 2a_2\cos 2x + \cdots + na_n\cos nx$，
$$f'(0) = a_1 + 2a_2 + \cdots + na_n,$$

另一方面，根据导数定义，有
$$f'(0) = \lim_{x \to 0}\frac{f(x) - f(0)}{x} = \lim_{x \to 0}\frac{f(x)}{x},$$

由已知条件，得
$$\left|\frac{f(x)}{x}\right| \leqslant \left|\frac{\sin x}{x}\right| \leqslant 1, \quad -1 \leqslant \frac{f(x)}{x} \leqslant 1,$$

故 $-1 \leqslant \lim\limits_{x\to 0}\dfrac{f(x)}{x} \leqslant 1,\quad$ 即 $-1 \leqslant f'(0) \leqslant 1,\quad |f'(0)| \leqslant 1,$
因此有 $\quad |a_1 + 2a_2 + \cdots + na_n| \leqslant 1.$

例 7 已知 $f(x)$ 是周期为 5 的连续函数，它在 $x=0$ 的某个邻域内满足关系式 $f(1+\sin x) - 3f(1-\sin x) = 8x + \alpha(x)$，其中 $\alpha(x)$ 是当 $x \to 0$ 时比 x 高阶的无穷小，且 $f(x)$ 在 $x=1$ 处可导，求曲线 $y = f(x)$ 在点 $(6, f(6))$ 处的切线方程.

解 只需求出 $f'(6)$ 即可. 由于 $f(x) = f(x+5)$，且 $f(x)$ 在 $x=1$ 处可导，故 $f'(6) = f'(1)$，
由 $\qquad f(1+\sin x) - 3f(1-\sin x) = 8x + \alpha(x),$
及 $f(x)$ 在 $x=1$ 处连续，得
$$\lim_{x\to 0}[f(1+\sin x) - 3f(1-\sin x)] = \lim_{x\to 0}[8x + \alpha(x)],$$
即 $\qquad f(1) - 3f(1) = 0, \quad$ 故 $\quad f(1) = 0,$
又 $\qquad \lim\limits_{x\to 0}\dfrac{f(1+\sin x) - 3f(1-\sin x)}{\sin x} = \lim\limits_{x\to 0}\dfrac{8x + \alpha(x)}{\sin x}$
$$= \lim_{x\to 0}\left[\frac{8x}{\sin x} + \frac{\alpha(x)}{x}\cdot\frac{x}{\sin x}\right] = 8,$$
故 $\lim\limits_{x\to 0}\dfrac{f(1+\sin x) - f(1)}{\sin x} + 3\lim\limits_{x\to 0}\dfrac{f(1-\sin x) - f(1)}{-\sin x} = 8,$
即 $\qquad f'(1) + 3f'(1) = 8, \quad f'(1) = 2,$
故 $\qquad\qquad f(6) = 0, \quad f'(6) = 2,$
所求切线方程为 $\qquad y = 2(x - 6).$

例 8 设函数 $f(x)$ 在 $(-\infty, +\infty)$ 内有定义，对任意 x 都有 $f(x+1) = 2f(x)$，且当 $0 \leqslant x \leqslant 1$ 时，$f(x) = x(1-x^2)$，试判断在 $x=0$ 处 $f(x)$ 是否可导.

解 当 $-1 \leqslant x < 0$ 时，有 $0 \leqslant x+1 < 1$，故
$$f(x) = \frac{1}{2}f(x+1) = \frac{1}{2}(x+1)[1-(x+1)^2]$$
$$= \frac{1}{2}(x+1)(-2x-x^2),$$

$$f'_-(0) = \lim_{x \to 0^-} \frac{f(x)-f(0)}{x} = \lim_{x \to 0^-} \frac{\frac{1}{2}(x+1)(-2x-x^2)-0}{x}$$
$$= \lim_{x \to 0^-} \frac{1}{2}(x+1)(-2-x) = -1,$$
$$f'_+(0) = \lim_{x \to 0^+} \frac{f(x)-f(0)}{x} = \lim_{x \to 0^+} \frac{x(1-x^2)-0}{x}$$
$$= \lim_{x \to 0^+}(1-x^2) = 1,$$

$f'_-(0) \neq f'_+(0)$,故在 $x=0$ 处 $f(x)$ 不可导.

例 9 设 $f(x)$ 在点 $x=0$ 处可导,且 $F(x)=f(x)(1+|\sin x|)$,证明 $f(0)=0$ 是 $F(x)$ 在 $x=0$ 点可导的充分必要条件.

证 由题设可得 $F(0)=f(0)$,
$$F'(0) = \lim_{x \to 0} \frac{F(x)-F(0)}{x} = \lim_{x \to 0} \frac{f(x)(1+|\sin x|)-f(0)}{x}$$
$$= \lim_{x \to 0} \frac{f(x)-f(0)}{x} + \lim_{x \to 0} \frac{f(x)|\sin x|}{x} = f'(0) +$$
$$\lim_{x \to 0} \frac{f(x)|\sin x|}{x},$$
$$F'_\pm(0) = f'(0) \pm \lim_{x \to 0^\pm} \frac{f(x)|\sin x|}{x}$$
$$= f'(0) \pm \lim_{x \to 0^\pm} \frac{f(x)\sin x}{x} = f'(0) \pm f(0),$$

由于 $F'(0)$ 存在的充分必要条件是 $F'_-(0)$ 与 $F'_+(0)$ 都存在且相等,故 $F'(0)$ 存在的充分必要条件是 $f(0)=0$.

例 10 设 $f(x) = \dfrac{x^n}{x^2-1}$ $(n=1,2,\cdots)$,求 $f^{(n)}(x)$.

解 当 $n=2k+1$ $(k=1,2,\cdots)$时,
$$f(x) = \frac{x^{2k+1}-x^{2k-1}+x^{2k-1}-x^{2k-3}+x^{2k-3}-\cdots-x^3+x^3-x+x}{x^2-1}$$
$$= x^{2k-1}+x^{2k-3}+\cdots+x^3+x+\frac{x}{x^2-1}$$
$$= x^{2k-1}+x^{2k-3}+\cdots+x^3+x+\frac{1}{2}\left(\frac{1}{x-1}+\frac{1}{x+1}\right),$$
$$f^{(n)}(x) = \frac{1}{2}\left[\frac{(-1)^n n!}{(x-1)^{n+1}}+\frac{(-1)^n n!}{(x+1)^{n+1}}\right]$$
$$= -\frac{n!}{2}\left[\frac{1}{(x-1)^{n+1}}+\frac{1}{(x+1)^{n+1}}\right],$$

当 $n=2k$ $(k=1,2,\cdots)$时,
$$f(x) = \frac{x^{2k}-x^{2k-2}+x^{2k-2}-x^{2k-4}+x^{2k-4}-\cdots-x^2+x^2-1+1}{x^2-1}$$
$$= x^{2k-2}+x^{2k-4}+\cdots+x^2+1+\frac{1}{x^2-1}$$
$$= x^{2k-2}+x^{2k-4}+\cdots+x^2+1+$$

$$\frac{1}{2}\Big(\frac{1}{x-1}-\frac{1}{x+1}\Big),$$

$$f^{(n)}(x) = \frac{1}{2}\Big[\frac{(-1)^n n!}{(x-1)^{n+1}} - \frac{(-1)^n n!}{(x+1)^{n+1}}\Big]$$

$$= \frac{n!}{2}\Big[\frac{1}{(x-1)^{n+1}} - \frac{1}{(x+1)^{n+1}}\Big].$$

例 11 设函数 $y=y(x)$ 满足方程

$$3\Big(\frac{\mathrm{d}^2 y}{\mathrm{d}x^2}\Big)^2 - \frac{\mathrm{d}y}{\mathrm{d}x}\frac{\mathrm{d}^3 y}{\mathrm{d}x^3} - \frac{\mathrm{d}^2 y}{\mathrm{d}x^2}\Big(\frac{\mathrm{d}y}{\mathrm{d}x}\Big)^2 = 0,$$

且 $y=y(x)$ 有反函数 $x=x(y)$，证明 $x=x(y)$ 满足方程

$$\frac{\mathrm{d}^3 x}{\mathrm{d}y^3} + \frac{\mathrm{d}^2 x}{\mathrm{d}y^2} = 0.$$

证 根据反函数的求导法则

$$\frac{\mathrm{d}y}{\mathrm{d}x} = \frac{1}{\dfrac{\mathrm{d}x}{\mathrm{d}y}} = \frac{1}{x'(y)},$$

利用商的求导法则和复合函数的求导法则，得

$$\frac{\mathrm{d}^2 y}{\mathrm{d}x^2} = \frac{\mathrm{d}}{\mathrm{d}x}\Big(\frac{1}{x'(y)}\Big) = -\frac{1}{(x'(y))^2}\frac{\mathrm{d}}{\mathrm{d}x}(x'(y))$$

$$= -\frac{1}{(x'(y))^2}\frac{\mathrm{d}}{\mathrm{d}y}(x'(y))\frac{\mathrm{d}y}{\mathrm{d}x} = -\frac{1}{(x'(y))^2}x''(y)\frac{1}{x'(y)}$$

$$= -\frac{x''(y)}{(x'(y))^3},$$

$$\frac{\mathrm{d}^3 y}{\mathrm{d}x^3} = \frac{\mathrm{d}}{\mathrm{d}x}\Big(-\frac{x''(y)}{(x'(y))^3}\Big) = -\frac{(x'(y))^3 \dfrac{\mathrm{d}}{\mathrm{d}x}(x''(y)) - x''(y)\dfrac{\mathrm{d}}{\mathrm{d}x}(x'(y))^3}{(x'(y))^6}$$

$$= -\frac{(x'(y))^3 \dfrac{\mathrm{d}}{\mathrm{d}y}(x''(y))\dfrac{\mathrm{d}y}{\mathrm{d}x} - x''(y)3(x'(y))^2\dfrac{\mathrm{d}}{\mathrm{d}x}x'(y)}{(x'(y))^6}$$

$$= -\frac{x'(y)x'''(y)\dfrac{1}{x'(y)} - 3x''(y)x''(y)\dfrac{1}{x'(y)}}{(x'(y))^4}$$

$$= \frac{-x'(y)x'''(y) + 3(x''(y))^2}{(x'(y))^5},$$

将 $\dfrac{\mathrm{d}y}{\mathrm{d}x}, \dfrac{\mathrm{d}^2 y}{\mathrm{d}x^2}, \dfrac{\mathrm{d}^3 y}{\mathrm{d}x^3}$ 代入已知的第一个方程，得

$$3\frac{(x''(y))^2}{(x'(y))^6} - \frac{1}{x'(y)}\frac{-x'(y)x'''(y) + 3(x''(y))^2}{(x'(y))^5} + \frac{x''(y)}{(x'(y))^3}\frac{1}{(x'(y))^2} = 0,$$

整理得 $x'''(y) + x''(y) = 0$，即 $\dfrac{\mathrm{d}^3 x}{\mathrm{d}y^3} + \dfrac{\mathrm{d}^2 x}{\mathrm{d}y^2} = 0$.

习题 2-6

1. 设 $f(x)=\sqrt[3]{x}\sin x$，求 $f'(0)$.

2. 设 $f(x)$ 在 $x=a$ 的某个邻域内有定义，则下列条件中哪个是 $f(x)$ 在 $x=a$ 可导的充分条件.

    (1) $\lim\limits_{h\to+\infty} h\left[f\left(a+\dfrac{1}{h}\right)-f(a)\right]$ 存在；

    (2) $\lim\limits_{h\to 0}\dfrac{f(a+2h)-f(a+h)}{h}$ 存在；

    (3) $\lim\limits_{h\to 0}\dfrac{f(a)-f(a-h)}{h}$ 存在；

    (4) $\lim\limits_{x\to 0}\dfrac{f(1-\cos x)-f(0)}{x^2}$ 存在.

3. 求 $f(x)$ 的不可导点：

    (1) $f(x)=(x^2-x-2)|x^3-x|$；

    (2) $f(x)=\lim\limits_{n\to\infty}\sqrt[n]{1+|x|^{3n}}$.

4. 设 f 是定义在 $(-\infty,+\infty)$ 上的函数，$f(x)\neq 0$，$f'(0)=1$，且对 $\forall x,y\in(-\infty,+\infty)$，$f(x+y)=f(x)f(y)$，证明：$f$ 在 $(-\infty,+\infty)$ 上可导，且 $f'(x)=f(x)$.

5. 设 $x=y^2+y$，$u=(x^2+x)^{\frac{3}{2}}$，求 $\dfrac{\mathrm{d}y}{\mathrm{d}u}$.

6. 设 $f(x)$ 可导，且导数有界，$g(x)=f(x)\sin^2 x$，求 $g''(0)$.

7. 讨论函数 $f(x)=\begin{cases}\dfrac{x}{1-\mathrm{e}^{\frac{1}{x}}} & x\neq 0 \\ 0 & x=0\end{cases}$ 在 $x=0$ 处的连续性和可导性.

8. 设 $y=y(x)$ 由方程 $y^2 f(x)+x f(y)=x^2$ 确定，其中 $f(x)$ 是 x 的可微函数，求 $\mathrm{d}y$.

9. 设函数 $f(x)=\lim\limits_{n\to\infty}\dfrac{x^2\mathrm{e}^{n(x-1)}+ax+b}{\mathrm{e}^{n(x-1)}+1}$，问 a,b 为何值时，$f(x)$ 可导？并求出 $f'(x)$.

10. 设 φ 在 $(-\infty,x_0]$ 上是二阶可导函数，试求 a,b,c，使函数
$$f(x)=\begin{cases}\varphi(x) & x\leqslant x_0 \\ a(x-x_0)^2+b(x-x_0)+c & x>x_0\end{cases}$$
二阶可导.

11. 以 4 为周期的函数 $f(x)$ 在 $(-\infty,+\infty)$ 内可导，且 $\lim\limits_{x\to 0}\dfrac{f(1)-f(1-x)}{2x}=-1$，求 $f'(5)$.

12. 设 $f(x)$ 对任意的 x 满足 $f(1+x)=af(x)$，且 $f'(0)=b$，其中 a,b 均为非零常数，讨论 $f'(1)$ 的存在性.

13. 若 $g(x)=\begin{cases} x^2\cos\dfrac{1}{x} & x\neq 0 \\ 0 & x=0 \end{cases}$, $f(x)$ 在 $x=0$ 处可导, 求 $[f(g(x))]'|_{x=0}$.

14. 若 $f(x)$ 是可导函数, 且 $f'(x)=\sin^2(\sin(x+1))$, $f(0)=4$, $x=\varphi(y)$ 是 $f(x)$ 的反函数, 求 $\varphi'(4)$.

15. 证明:(1) 可导的周期函数的导数仍是周期函数;
    (2) 可导的偶函数的导数是奇函数;
    (3) 可导的奇函数的导数是偶函数.

16. 设 $f(x)$ 是不恒等于零的奇函数, 且 $f'(0)$ 存在, $g(x)=\dfrac{f(x)}{x}$, 判断 $x=0$ 是 $g(x)$ 的哪一类间断点.

17. 设曲线 $y=f(x)$ 与 $y=\sin x$ 在原点相切, 求 $\lim\limits_{n\to\infty} n^{\frac{1}{2}}\sqrt{f\left(\dfrac{2}{n}\right)}$.

18. 设 $\lim\limits_{x\to a}\dfrac{f(x)-b}{x-a}=A$, 求 $\lim\limits_{x\to a}\dfrac{e^{f(x)}-e^b}{x-a}$.

19. 设函数 $f(x)$ 在 $x=1$ 处可导, 且 $f'(1)=1$, 求
$\lim\limits_{x\to 0}\dfrac{f(1+x)+f(1+2\sin x)-2f(1-3\tan x)}{x}$.

20. 证明曲线 $\rho=a(1+\cos\theta)$ 与 $\rho=a(1-\cos\theta)$ 是垂直相交的.

21. 试确定正数 λ 的值, 使曲线 $\dfrac{x^2}{a^2}+\dfrac{y^2}{b^2}=1$ 与 $xy=\lambda$ 相切, 并求出切线方程.

22. 已知椭圆 $4x^2+y^2=5$, 试求与此椭圆切于点 $(1,-1)$ 和点 $(-1,-1)$ 的抛物线方程.

23. 将一光源放在椭圆 $\dfrac{x^2}{a^2}+\dfrac{y^2}{b^2}=1$ 的一个焦点上, 试证光线射至椭圆上经反射后必通过另一个焦点.

24. 甲船以 6km/h 的速率向东行驶, 乙船以 8km/h 的速率向南行驶, 在中午十二点整, 乙船位于甲船之北 16km 处, 问下午一点整两船相离的速率为多少?

25. 一半径为 1 的轮子沿 x 轴向右做无滑动地滚动, 设轮子中心以匀速 v 运动, $M(x,y)$ 是轮子边缘一定点, 且 $t=0$ 时 M 在原点, 求 x 的速率与 y 的速率.

26. 一太空飞机沿曲线 $y=x^2$ 由左向右飞行, 当它关闭发动机时, 将继续沿着那时刻所在点的切线飞行, 如果它要到达点 $(4,15)$, 那么它应该在哪点关闭发动机?

第三章 微分中值定理与导数的应用

这一章我们将应用导数与微分进一步研究函数的性质,并解决一些比较复杂的应用问题.我们先介绍微分学的几个重要定理——微分中值定理,它们是微分学应用的理论基础.

第一节 微分中值定理

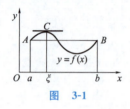

图 3-1

首先考察一个几何现象.如图 3-1 所示,函数 $y=f(x)$ 在区间 $[a,b]$ 上连续,除了端点以外,它在每个点都有不垂直于 x 轴的切线,此外 $f(a)=f(b)$.我们发现,曲线 AB 上至少有一个点处有水平切线.经过论证可知,这不是一个偶然的现象,而是一个普遍的结论,此即下面要给出的第一个定理.

定理 1 (罗尔定理) 如果函数 $f(x)$ 在闭区间 $[a,b]$ 上连续,在开区间 (a,b) 内可导,并且满足 $f(a)=f(b)$,则至少存在一点 $\xi \in (a,b)$,使得 $f'(\xi)=0$.

证 因为 $f(x)$ 在闭区间 $[a,b]$ 上连续,故 $f(x)$ 在 $[a,b]$ 上有最大值 M 和最小值 m.

如果 $M=m$,则 $f(x)$ 在 $[a,b]$ 上恒为常数,因此在 (a,b) 内 $f'(x)\equiv 0$,故 (a,b) 内的每一点都可以作为 ξ.

如果 $M\neq m$,由于 $f(a)=f(b)$,故 M 与 m 中至少有一个不在区间端点处取得,不妨设 M 在 (a,b) 内取得,即存在 $\xi \in (a,b)$,使 $f(\xi)=M$,下面证在此 ξ 处有 $f'(\xi)=0$.

因为 $f(\xi)$ 是最大值,故当 $\xi+\Delta x \in (a,b)$ 时,总有
$$f(\xi+\Delta x)-f(\xi) \leqslant 0,$$
于是当 $\Delta x > 0$ 时, $\dfrac{f(\xi+\Delta x)-f(\xi)}{\Delta x} \leqslant 0,$

当 $\Delta x < 0$ 时, $\dfrac{f(\xi+\Delta x)-f(\xi)}{\Delta x} \geqslant 0,$

对上面两式取极限,得
$$f'_+(\xi) = \lim_{\Delta x \to 0^+} \frac{f(\xi+\Delta x)-f(\xi)}{\Delta x} \leqslant 0,$$
$$f'_-(\xi) = \lim_{\Delta x \to 0^-} \frac{f(\xi+\Delta x)-f(\xi)}{\Delta x} \geqslant 0,$$

因为 $f'(\xi)$ 存在，有 $f'_-(\xi)=f'_+(\xi)$，所以 $f'(\xi)=0$. 定理得证.

罗尔定理所给的三个条件是很重要的，如有一个不满足，定理的结论就可能不成立. 如图 3-2 所示的三个图形所表示的函数分别有一个条件不满足，它们都没有平行于 x 轴的切线.

如果函数 $y=f(x)$ 只满足罗尔定理的前两个条件，会有什么样的结论呢？考察图 3-3，曲线在区间 $[a,b]$ 上连续，除了端点以外，它在每个点都有不垂直于 x 轴的切线. 我们发现，曲线 AB 上至少有一个点 C，在此点 C 处，曲线的切线 CT 与弦 AB 是平行的. 如果设曲线 AB 的方程为 $y=f(x)$，记点 C 的横坐标为 ξ，则有如下定理.

定理 2（拉格朗日中值定理）如果函数 $f(x)$ 在闭区间 $[a,b]$ 上连续，在开区间 (a,b) 内可导，则至少存在一点 $\xi\in(a,b)$，使得

$$f'(\xi)=\frac{f(b)-f(a)}{b-a}.$$

拉格朗日中值定理是罗尔定理的推广，罗尔定理是拉格朗日中值定理的特殊情形. 为了能够利用罗尔定理来证明拉格朗日中值定理，需要对 $y=f(x)$ 的图形做一次变形，使变形后的曲线仍保持在 $[a,b]$ 上连续，在 (a,b) 内可导，同时使其两个端点在同一水平线上. 如图 3-4 所示，弦 AB 的方程为

$$y=f(a)+\frac{f(b)-f(a)}{b-a}(x-a),$$

用曲线的纵坐标 $f(x)$ 减去弦 AB 的纵坐标可以构造出一个满足上面要求的曲线，因此有如下对拉格朗日中值定理的证明.

证 设辅助函数

$$F(x)=f(x)-f(a)-\frac{f(b)-f(a)}{b-a}(x-a),$$

显然 $F(x)$ 在 $[a,b]$ 上连续，在 (a,b) 内可导，又

$$F(a)=0, \quad F(b)=0, \text{故} \quad F(a)=F(b),$$

根据罗尔定理，存在 $\xi\in(a,b)$，使 $F'(\xi)=0$，即

$$f'(\xi)-\frac{f(b)-f(a)}{b-a}=0, \text{故} \ f'(\xi)=\frac{f(b)-f(a)}{b-a},$$

定理得证.

拉格朗日中值定理中的公式 $f'(\xi)=\dfrac{f(b)-f(a)}{b-a}$ 称为拉格朗日中值公式，此公式也可以写成下面形式：

$$f(b)-f(a)=f'(\xi)(b-a).$$

由于 $\xi\in(a,b)$，所以 $0<\dfrac{\xi-a}{b-a}<1$，令 $\theta=\dfrac{\xi-a}{b-a}$，则 $\xi=a+\theta(b-a)$，于是有

$$f(b)-f(a)=f'(a+\theta(b-a))(b-a) \quad (0<\theta<1).$$

如果取 $a=x, b=x+\Delta x$，拉格朗日中值公式又可以写成

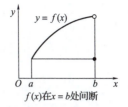

$f(x)$ 在 $x=b$ 处间断

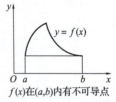

$f(x)$ 在 (a,b) 内有不可导点

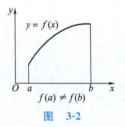

$f(a)\neq f(b)$

图 3-2

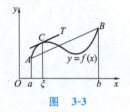

图 3-3

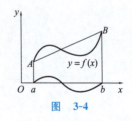

图 3-4

$$f(x+\Delta x)-f(x)=f'(x+\theta\Delta x)\Delta x \quad (0<\theta<1),$$

它建立了函数的增量与导数之间的关系.

由拉格朗日中值定理可以得到如下推论.

推论 如果在区间 (a,b) 内 $f'(x)\equiv 0$,则在 (a,b) 内 $f(x)$ 是一个常数.

证 设 x_1,x_2 是 (a,b) 内任意两点,不妨设 $x_1<x_2$,由拉格朗日中值定理,存在 $\xi\in(x_1,x_2)$,使

$$f(x_2)-f(x_1)=f'(\xi)(x_2-x_1),$$

因为 $f'(\xi)=0$,所以 $f(x_2)-f(x_1)=0$,即 $f(x_1)=f(x_2)$,由 x_1, x_2 的任意性可得知,$f(x)$ 在 (a,b) 内的所有函数值都是相等的,因此在 (a,b) 内 $f(x)$ 是一个常数.

我们回过头再来考察图 3-3 中的曲线,如果曲线 AB 的方程为参数方程 $\begin{cases}x=g(t)\\y=f(t)\end{cases}$,假定在点 A 处,$t=a$,在点 B 处,$t=b$,在点 C 处,$t=\xi$,则切线 CT 的斜率与弦 AB 的斜率分别为

$$k_{CT}=\frac{\mathrm{d}y}{\mathrm{d}x}\bigg|_{t=\xi}=\frac{f'(\xi)}{g'(\xi)}, \quad k_{AB}=\frac{f(b)-f(a)}{g(b)-g(a)},$$

由 CT 的斜率与弦 AB 的斜率相等得到

$$\frac{f(b)-f(a)}{g(b)-g(a)}=\frac{f'(\xi)}{g'(\xi)},$$

因此有如下定理.

定理 3(柯西中值定理) 如果函数 $f(x)$ 与 $g(x)$ 在闭区间 $[a,b]$ 上连续,在开区间 (a,b) 内可导,并且在 (a,b) 内 $g'(x)\neq 0$,则至少存在一点 $\xi\in(a,b)$,使得

$$\frac{f(b)-f(a)}{g(b)-g(a)}=\frac{f'(\xi)}{g'(\xi)}.$$

此式称为柯西中值公式.

容易看出,在柯西中值定理中,如果 $g(x)=x$,就变成拉格朗日中值定理,因此柯西中值定理是拉格朗日中值定理的推广,拉格朗日中值定理是柯西中值定理的特殊情况.根据这两个定理的这一关系,如果我们将证明拉格朗日中值定理时所构造的辅助函数做一些改变,就可以得到能证明柯西中值定理的辅助函数.

证 设辅助函数

$$F(x)=f(x)-f(a)-\frac{f(b)-f(a)}{g(b)-g(a)}(g(x)-g(a)),$$

其中 $g(b)-g(a)\neq 0$,否则,由定理 1,存在 $c\in(a,b)$,使 $g'(c)=0$,与定理条件矛盾.

显然,$F(x)$ 在 $[a,b]$ 上连续,在 (a,b) 内可导,又

$$F(a)=0, F(b)=0, \text{故} \quad F(a)=F(b),$$

由罗尔定理,存在 $\xi\in(a,b)$,使 $F'(\xi)=0$,即

$$f'(\xi) - \frac{f(b)-f(a)}{g(b)-g(a)}g'(\xi) = 0,$$

故
$$\frac{f(b)-f(a)}{g(b)-g(a)} = \frac{f'(\xi)}{g'(\xi)}.$$

例 1 设 $f(x)=(x+1)(x-1)(x-2)(x-3)$,证明方程 $f'(x)=0$ 有三个实根,并指明它们所在的区间.

证 $f(x)$ 在 $(-\infty,+\infty)$ 是可导的,又
$$f(-1)=f(1)=f(2)=f(3)=0,$$
即 $f(x)=0$ 有四个实根 $x=-1, x=1, x=2, x=3$,因此由罗尔定理知,存在 $\xi_1 \in (-1,1)$,使 $f'(\xi_1)=0$,存在 $\xi_2 \in (1,2)$,使 $f'(\xi_2)=0$,存在 $\xi_3 \in (2,3)$,使 $f'(\xi_3)=0$,由于 $f'(x)$ 是三次多项式,故 $f'(x)=0$ 最多有三个实根,现在证明了它确实有三个实根,分别位于区间 $(-1,1),(1,2),(2,3)$ 内.

例 2 证明方程 $\frac{2}{3}x^3-2x+1=0$ 在区间 $(0,1)$ 内至多只有一个实根.

证 令 $f(x)=\frac{2}{3}x^3-2x+1$,用反证法证.

如果方程 $f(x)=0$ 在区间 $(0,1)$ 内有两个不同实根 x_1,x_2,不妨设 $x_1<x_2$,即有 $f(x_1)=f(x_2)=0$,

显然 $f(x)$ 在 $[x_1,x_2]$ 上连续,在 (x_1,x_2) 内可导,于是由罗尔定理,存在 $\xi \in (x_1,x_2) \subset (0,1)$,使得 $f'(\xi)=0$,但事实上,由
$$f'(x)=2x^2-2=2(x^2-1)$$
可知,$f'(x)=0$ 在区间 $(0,1)$ 内并没有根,矛盾,故 $f(x)=0$ 在 $(0,1)$ 内至多只有一个实根.

例 3 证明恒等式 $\arcsin x + \arccos x = \frac{\pi}{2}$.

证 令 $f(x)=\arcsin x + \arccos x$,$f(x)$ 的定义域为 $[-1,1]$,由于当 $|x|<1$ 时,
$$f'(x)=\frac{1}{\sqrt{1-x^2}}-\frac{1}{\sqrt{1-x^2}} \equiv 0,$$
故在 $(-1,1)$ 内,$f(x) \equiv C (C$ 为常数$)$,又由于
$$f(0)=\arcsin 0 + \arccos 0 = \frac{\pi}{2},$$
故在 $(-1,1)$ 内,$f(x) \equiv \frac{\pi}{2}$,而
$$f(-1)=\arcsin(-1)+\arccos(-1)=-\frac{\pi}{2}+\pi=\frac{\pi}{2},$$
$$f(1)=\arcsin 1 + \arccos 1 = \frac{\pi}{2}+0=\frac{\pi}{2},$$
因此在 $[-1,1]$ 上,$f(x) \equiv \frac{\pi}{2}$,即

$$\arcsin x + \arccos x = \frac{\pi}{2}.$$

例 4 设函数 $f(x)$ 在 $[0,1]$ 上连续,在 $(0,1)$ 内可导,且 $f(1)=0$,则至少存在一个 $\xi \in (0,1)$,使 $f'(\xi) = -\frac{f(\xi)}{\xi}$.

证 令 $F(x)=xf(x)$,则 $F(x)$ 在 $[0,1]$ 上连续,在 $(0,1)$ 内可导,又 $F(0)=0, F(1)=f(1)=0$,

根据罗尔定理,存在 $\xi \in (0,1)$,使 $F'(\xi)=0$,即

$$\xi f'(\xi) + f(\xi) = 0, \text{于是} \quad f'(\xi) = -\frac{f(\xi)}{\xi}.$$

例 5 设函数 $f(x)$ 在 $[a,b]$ 上连续,在 (a,b) 内存在二阶导数,连接两点 $A(a,f(a))$ 和 $B(b,f(b))$ 的直线段与曲线 $y=f(x)$ 相交于点 $C(c,f(c))$,其中 $a<c<b$,证明至少存在一点 $\xi \in (a,b)$,使 $f''(\xi)=0$.

分析 如果存在两点 $x_1, x_2 \in (a,b)$,使 $f'(x_1) = f'(x_2)$,根据罗尔定理便可证得所要证的结论.如图 3-5 所示,只要对 $f(x)$ 在区间 $[a,c]$ 和 $[c,b]$ 上分别利用拉格朗日中值定理即可.

证 根据拉格朗日中值定理,存在 $x_1 \in (a,c)$,使

$$f'(x_1) = \frac{f(c)-f(a)}{c-a},$$

存在 $x_2 \in (c,b)$,使 $f'(x_2) = \frac{f(b)-f(c)}{b-c}$,由于点 A,B,C 共线,故

$$\frac{f(c)-f(a)}{c-a} = \frac{f(b)-f(c)}{b-c},$$

即 $f'(x_1) = f'(x_2)$,

根据罗尔定理,存在 $\xi \in (x_1, x_2) \subset (a,b)$,使

$$f''(\xi) = 0.$$

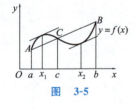

图 3-5

例 6 证明不等式 $na^{n-1}(b-a) \leqslant b^n - a^n \leqslant nb^{n-1}(b-a)$,其中 $0<a \leqslant b, n>1$.

证 当 $a=b$ 时,结论显然成立.

当 $a<b$ 时,令 $f(x)=x^n$,根据拉格朗日中值定理,$\exists \xi \in (a,b)$,使

$$f(b) - f(a) = f'(\xi)(b-a),$$

即 $b^n - a^n = n\xi^{n-1}(b-a)$,

由于 $a < \xi < b$,从而 $a^{n-1} < \xi^{n-1} < b^{n-1}$,因此有

$$na^{n-1}(b-a) \leqslant b^n - a^n \leqslant nb^{n-1}(b-a).$$

例 7 证明当 $x>0$ 时,$\frac{x}{1+x} < \ln(1+x) < x$.

证 令 $f(x) = \ln(1+x)$,根据拉格朗日中值定理,存在 $\xi \in$

$(0,x)$, 使
$$f(x)-f(0)=f'(\xi)(x-0),$$
即
$$\ln(1+x)=\frac{x}{1+\xi},$$
由于 $0<\xi<x$, 故 $\frac{1}{1+x}<\frac{1}{1+\xi}<1$, 于是有
$$\frac{x}{1+x}<\ln(1+x)<x.$$

习题 3-1

1. 验证罗尔定理对函数 $y=\ln\sin x$ 在区间 $\left[\frac{\pi}{6},\frac{5\pi}{6}\right]$ 上的正确性.

2. 设 $f(x)=\begin{cases}\dfrac{3-x^2}{2}, & 0\leqslant x\leqslant 1, \\ \dfrac{1}{x}, & 1<x<+\infty,\end{cases}$ 证明 $f(x)$ 在 $[0,2]$ 上满足拉格朗日中值定理的条件,并求中值 ξ.

3. 不用求出函数 $f(x)=3(x-2)(x-4)(x-5)(x-8)$ 的导数,说明方程 $f'(x)=0, f''(x)=0, f'''(x)=0$ 各有几个实根.

4. 设实数 $a_0,a_1,\cdots,a_n$ 满足 $a_0+\dfrac{a_1}{2}+\dfrac{a_2}{3}+\cdots+\dfrac{a_n}{n+1}=0$,证明:方程 $a_0+a_1x+a_2x^2+\cdots+a_nx^n=0$ 在 $(0,1)$ 内至少有一个实根.

5. 证明方程 $x^5+x-1=0$ 有唯一的正根.

6. 证明下列恒等式:

   (1) $\arctan x+\operatorname{arccot} x=\dfrac{\pi}{2}$ $(x>0)$;

   (2) $\arctan x-\dfrac{1}{2}\arccos\dfrac{2x}{1+x^2}=\dfrac{\pi}{4}$ $(x\geqslant 1)$;

   (3) $\arctan\dfrac{\sqrt{3}+x}{1-\sqrt{3}x}-\arctan x=\dfrac{\pi}{3}$ $\left(x<\dfrac{\sqrt{3}}{3}\right)$.

7. 证明下列不等式:

   (1) $|\sin x-\sin y|\leqslant|x-y|$;

   (2) $|\arctan x-\arctan y|\leqslant|x-y|$;

   (3) $|\arcsin x-\arcsin y|\geqslant|x-y|$;

   (4) $\dfrac{a-b}{a}<\ln\dfrac{a}{b}<\dfrac{a-b}{b}$ $(0<b<a)$;

   (5) $e^x>xe$ $(x>1)$.

8. 设函数 $f(x)$ 在 $[a,b]$ 上有连续导数,证明:存在常数 $L>0$,使对任意 $x_1,x_2\in[a,b]$,有 $|f(x_1)-f(x_2)|\leqslant L|x_1-x_2|$.

9. 设 $f'(x)$ 在 $[a,b]$ 上连续,$f''(x)$ 在 (a,b) 存在,如果 $f(a)=$

$f(b)=0$,且 $f(c)>0$,c 是 (a,b) 内一点,证明在 (a,b) 内至少存在一点 ξ,使 $f''(\xi)<0$.

10. 证明:若 $f(x)$ 在 $(0,+\infty)$ 内可微,并且有 $\lim\limits_{x\to+\infty}f'(x)=0$,则
$$\lim_{x\to+\infty}(f(x+1)-f(x))=0.$$

11. 设 $f(x),g(x)$ 在 $[a,b]$ 上连续,在 (a,b) 内可导,证明存在 $\xi\in(a,b)$,使
$$f(a)g(b)-f(b)g(a)=(b-a)(f(a)g'(\xi)-f'(\xi)g(a)).$$

12. 设 $f(x)$ 在 $[a,b]$ 上可微,且 $ab>0$,证明存在 $\xi\in(a,b)$,使
  (1) $2\xi[f(b)-f(a)]=(b^2-a^2)f'(\xi)$;
  (2) $f(b)-f(a)=\xi\left(\ln\dfrac{b}{a}\right)f'(\xi).$

第二节　洛必达法则

在求极限的过程中,经常会遇到求两个无穷小之比的极限或两个无穷大之比的极限,例如:
$$\lim_{x\to 0}\frac{\sin x}{x},\quad \lim_{x\to 2}\frac{x^2-5x+6}{x^2-4},\quad \lim_{\Delta x\to 0}\frac{\Delta y}{\Delta x}$$
都是两个无穷小之比的极限,又如:
$$\lim_{x\to\infty}\frac{x^2+1}{x^2+2x-3},\quad \lim_{x\to+\infty}\frac{e^x}{x}$$
都是两个无穷大之比的极限.这两类极限分别称为 $\dfrac{0}{0}$ 型和 $\dfrac{\infty}{\infty}$ 型.求这两种类型的极限不能直接运用极限的除法运算法则,并且极限可能存在,也可能不存在,因此通常把这两类极限称为不定式.被称为不定式的极限问题还有以下几种类型:$0\cdot\infty$ 型,$\infty-\infty$ 型,1^∞ 型,0^0 型,∞^0 型.我们在第一章中已经利用初等方法以及夹逼定理等方法讨论过一些不定式的极限,本章将利用柯西中值定理推出一种求 $\dfrac{0}{0}$ 型和 $\dfrac{\infty}{\infty}$ 型极限的很重要的方法——洛必达法则,并且介绍其他几种不定式极限的求法.

一、洛必达法则

定理1　设
(1) $\lim\limits_{x\to x_0}f(x)=0$,　$\lim\limits_{x\to x_0}g(x)=0$;
(2) 在点 x_0 的某去心邻域内,$f(x)$ 与 $g(x)$ 可导,且 $g'(x)\neq 0$;
(3) $\lim\limits_{x\to x_0}\dfrac{f'(x)}{g'(x)}$ 存在(或为无穷大),

则
$$\lim_{x\to x_0}\frac{f(x)}{g(x)}=\lim_{x\to x_0}\frac{f'(x)}{g'(x)}.$$

证 令 $F(x)=\begin{cases}f(x), & x\neq x_0,\\ 0, & x=x_0,\end{cases}$ $G(x)=\begin{cases}g(x), & x\neq x_0,\\ 0, & x=x_0,\end{cases}$ 设 x 是 x_0 邻域内的一点，$x\neq x_0$，则 $F(x)$ 与 $G(x)$ 在区间 $[x_0,x]$ 或 $[x,x_0]$ 上满足柯西中值定理的条件，故在 x_0 与 x 之间存在 ξ，使

$$\frac{f(x)}{g(x)}=\frac{F(x)}{G(x)}=\frac{F(x)-F(x_0)}{G(x)-G(x_0)}=\frac{F'(\xi)}{G'(\xi)}=\frac{f'(\xi)}{g'(\xi)},$$

由于当 $x\to x_0$ 时，有 $\xi\to x_0$，于是有

$$\lim_{x\to x_0}\frac{f(x)}{g(x)}=\lim_{x\to x_0}\frac{f'(\xi)}{g'(\xi)}=\lim_{\xi\to x_0}\frac{f'(\xi)}{g'(\xi)}=\lim_{x\to x_0}\frac{f'(x)}{g'(x)}.$$

定理 2 设

(1) $\lim\limits_{x\to x_0}f(x)=\infty, \lim\limits_{x\to x_0}g(x)=\infty$；

(2) 在点 x_0 的某去心邻域内，$f(x)$ 与 $g(x)$ 可导，且 $g'(x)\neq 0$；

(3) $\lim\limits_{x\to x_0}\dfrac{f'(x)}{g'(x)}$ 存在（或为无穷大），

则

$$\lim_{x\to x_0}\frac{f(x)}{g(x)}=\lim_{x\to x_0}\frac{f'(x)}{g'(x)}.$$

证明略.

定理 1 与定理 2 都称为洛必达法则，它们分别是针对 $\dfrac{0}{0}$ 型与 $\dfrac{\infty}{\infty}$ 型极限的. 如果我们将这两个定理中的 $x\to x_0$ 换成 $x\to\infty$，或 $x\to+\infty$，$x\to-\infty$ 以及 $x\to x_0^-$，$x\to x_0^+$，可以得到类似的结论，这些结论也都称为洛必达法则，此处不再一一叙述了.

应用洛必达法则时，首先要注意检查是否为 $\dfrac{0}{0}$ 型或 $\dfrac{\infty}{\infty}$ 型极限，尤其是在连续几次利用洛必达法则时更要注意这一点. 为了使运算简单，可以同时使用消去公因式、等价无穷小代换、变量代换等方法.

例 1 求 $\lim\limits_{x\to 0}\dfrac{\tan x-x}{\sin x-x}$.

解 这是 $\dfrac{0}{0}$ 型不定式，利用洛必达法则，得

$$\lim_{x\to 0}\frac{\tan x-x}{\sin x-x}=\lim_{x\to 0}\frac{\dfrac{1}{\cos^2 x}-1}{\cos x-1}$$

$$=\lim_{x\to 0}\frac{1-\cos^2 x}{\cos^2 x(\cos x-1)}$$

$$=\lim_{x\to 0}\frac{-1-\cos x}{\cos^2 x}=\frac{-1-1}{1}=-2.$$

例 2 求 $\lim\limits_{x\to 0}\dfrac{2e^{2x}-e^x-3x-1}{(e^x-1)^2 e^x}$.

解 先利用乘积的极限法则和等价无穷小代换，得

$$\lim_{x \to 0} \frac{2e^{2x} - e^x - 3x - 1}{(e^x - 1)^2 e^x}$$

$$= \lim_{x \to 0} \frac{2e^{2x} - e^x - 3x - 1}{x^2} \quad \text{(利用洛必达法则)}$$

$$= \lim_{x \to 0} \frac{4e^{2x} - e^x - 3}{2x} \quad \text{(利用洛必达法则)}$$

$$= \lim_{x \to 0} \frac{8e^{2x} - e^x}{2} = \frac{8 - 1}{2} = \frac{7}{2}.$$

例 3 求 $\lim\limits_{x \to 0} \dfrac{e^x - e^{\sin x}}{x(\sqrt[3]{1+x^2} - 1)}$.

解 首先将分子变形,并做等价无穷小代换,得

$$\lim_{x \to 0} \frac{e^x - e^{\sin x}}{x(\sqrt[3]{1+x^2} - 1)} = \lim_{x \to 0} \frac{e^{\sin x}(e^{x - \sin x} - 1)}{x \cdot \frac{1}{3}x^2}$$

$$= \lim_{x \to 0} \frac{x - \sin x}{\frac{1}{3}x^3} \quad \text{(利用洛必达法则)}$$

$$= \lim_{x \to 0} \frac{1 - \cos x}{x^2} = \frac{1}{2}.$$

例 4 求 $\lim\limits_{x \to +\infty} \dfrac{\dfrac{\pi}{2} - \arctan x}{\dfrac{1}{x}}$.

解 利用洛必达法则,得

$$\lim_{x \to +\infty} \frac{\frac{\pi}{2} - \arctan x}{\frac{1}{x}} = \lim_{x \to +\infty} \frac{-\frac{1}{1+x^2}}{-\frac{1}{x^2}} = \lim_{x \to +\infty} \frac{x^2}{1+x^2} = 1.$$

例 5 求 $\lim\limits_{x \to 1^-} \dfrac{\ln \tan \dfrac{\pi}{2} x}{\ln(1-x)}$.

解 利用洛必达法则,得

$$\lim_{x \to 1^-} \frac{\ln \tan \frac{\pi}{2} x}{\ln(1-x)} = \lim_{x \to 1^-} \frac{\frac{1}{\tan \frac{\pi}{2} x} \cdot \frac{1}{\cos^2 \frac{\pi}{2} x} \cdot \frac{\pi}{2}}{\frac{-1}{1-x}}$$

$$= \lim_{x \to 1^-} \frac{\pi(x-1)}{2 \sin \frac{\pi}{2} x \cos \frac{\pi}{2} x}$$

$$= \lim_{x \to 1^-} \frac{\pi(x-1)}{\sin \pi x} \quad \text{(利用洛必达法则)}$$

$$= \lim_{x \to 1^-} \frac{\pi}{\pi \cos \pi x} = -1.$$

例 6 求 $\lim\limits_{x\to+\infty}\dfrac{\log_a x}{x^\mu}$ $(a>0, a\neq 1, \mu>0)$.

解 利用洛必达法则,得

$$\lim_{x\to+\infty}\frac{\log_a x}{x^\mu}=\lim_{x\to+\infty}\frac{\dfrac{1}{x\ln a}}{\mu x^{\mu-1}}=\lim_{x\to+\infty}\frac{1}{\mu x^\mu \ln a}=0.$$

例 7 求 $\lim\limits_{x\to+\infty}\dfrac{x^\mu}{b^x}$ $(\mu>0, b>1)$.

解 设 $\mu\in(n-1,n]$,其中 n 是正整数,连续 n 次利用洛必达法则,得

$$\lim_{x\to+\infty}\frac{x^\mu}{b^x}=\lim_{x\to+\infty}\frac{\mu x^{\mu-1}}{b^x\ln b}=\lim_{x\to+\infty}\frac{\mu(\mu-1)x^{\mu-2}}{b^x\ln^2 b}=\cdots$$
$$=\lim_{x\to+\infty}\frac{\mu(\mu-1)\cdots(\mu-n+1)x^{\mu-n}}{b^x\ln^n b}$$
$$=\lim_{x\to+\infty}\frac{\mu(\mu-1)\cdots(\mu-n+1)}{x^{n-\mu}b^x\ln^n b}=0.$$

当 $x\to+\infty$ 时,$\log_a x, x^\mu, b^x$ $(\mu>0, b>1)$ 均为无穷大,由例 6 和例 7 可知,这三个无穷大趋于无穷大的"速度"是不一样的,幂函数趋于无穷大的"速度"比对数函数要快得多,而指数函数趋于无穷大的"速度"又比幂函数要快得多.上述事实对自变量的其他趋向也是成立的.

例 8 求 $\lim\limits_{n\to\infty}\dfrac{\ln\left(\dfrac{2}{\pi}\arctan\sqrt{n}\right)}{\mathrm{e}^{-\sqrt{n}}}$.

解 由于 n 是正整数,不能求导,先求下面的极限,

$$\lim_{x\to+\infty}\frac{\ln\left(\dfrac{2}{\pi}\arctan\sqrt{x}\right)}{\mathrm{e}^{-\sqrt{x}}} \quad (\diamondsuit\ t=\sqrt{x})$$

$$=\lim_{t\to+\infty}\frac{\ln\left(\dfrac{2}{\pi}\arctan t\right)}{\mathrm{e}^{-t}} \quad (\text{利用洛必达法则})$$

$$=\lim_{t\to+\infty}\frac{\dfrac{1}{\dfrac{2}{\pi}\arctan t}\cdot\dfrac{2}{\pi}\cdot\dfrac{1}{1+t^2}}{-\mathrm{e}^{-t}}=\lim_{t\to+\infty}\frac{-1}{\arctan t}\lim_{t\to+\infty}\frac{\mathrm{e}^t}{1+t^2}$$

$$=-\frac{2}{\pi}\lim_{t\to+\infty}\frac{\mathrm{e}^t}{2t}=\infty.$$

利用函数极限与数列极限的关系,得

$$\lim_{n\to\infty}\frac{\ln\left(\dfrac{2}{\pi}\arctan\sqrt{n}\right)}{\mathrm{e}^{-\sqrt{n}}}=\infty.$$

洛必达法则是求 $\dfrac{0}{0}$ 型与 $\dfrac{\infty}{\infty}$ 型极限的一个简单有效的方法,但并不

是一个万能的方法. 根据定理 1 和定理 2,只有当 $\lim \dfrac{f'(x)}{g'(x)}$ 存在或为无穷大时,才能利用洛必达法则. 当 $\lim \dfrac{f'(x)}{g'(x)}$ 既不存在也不为无穷大时,并不能断定 $\lim \dfrac{f(x)}{g(x)}$ 是否存在. 例如,

$$\lim_{x\to\infty}\frac{x+\sin x}{x}=\lim_{x\to\infty}\left(1+\frac{\sin x}{x}\right)=1+0=1,$$

但 $$\lim_{x\to\infty}\frac{(x+\sin x)'}{(x)'}=\lim_{x\to\infty}\frac{1+\cos x}{1}=\lim_{x\to\infty}(1+\cos x)$$

不存在,而且也不是无穷大,故此极限不能利用洛必达法则求.

二、其他类型的不定式

在自变量的某种趋向下,如果 $\lim f(x)=0,\lim g(x)=\infty$,则将 $\lim f(x)g(x)$ 称为 $0\cdot\infty$ 型不定式;如果 $\lim f(x)=\infty$,$\lim g(x)=\infty$,则将 $\lim[f(x)-g(x)]$ 称为 $\infty-\infty$ 型不定式;如果 $\lim f(x)=1,\lim g(x)=\infty$,则将 $\lim f(x)^{g(x)}$ 称为 1^∞ 型不定式;如果 $\lim f(x)=0,\lim g(x)=0$,则将 $\lim f(x)^{g(x)}$ 称为 0^0 型不定式;如果 $\lim f(x)=\infty,\lim g(x)=0$,则将 $\lim f(x)^{g(x)}$ 称为 ∞^0 型不定式. 这几种类型的不定式都可以转化为 $\dfrac{0}{0}$ 或 $\dfrac{\infty}{\infty}$ 这两种基本的不定式,进而利用洛必达法则求解. 具体办法是,对 $0\cdot\infty$ 和 $\infty-\infty$ 型不定式,通过代数恒等变形化成 $\dfrac{0}{0}$ 或 $\dfrac{\infty}{\infty}$ 型,例如:

$$\lim f(x)g(x)=\lim\frac{f(x)}{\dfrac{1}{g(x)}},$$

$$\lim[f(x)-g(x)]=\lim\frac{\dfrac{1}{g(x)}-\dfrac{1}{f(x)}}{\dfrac{1}{f(x)g(x)}}.$$

对 $1^\infty,0^0,\infty^0$ 型不定式,通过取对数可化为 $0\cdot\infty$ 型,进而再化为 $\dfrac{0}{0}$ 或 $\dfrac{\infty}{\infty}$ 型,其中 1^∞ 型也可利用第一章所讲的重要极限求解.

例9 求 $\lim\limits_{x\to 0^+}x^2\ln x$.

解 $\lim\limits_{x\to 0^+}x^2\ln x=\lim\limits_{x\to 0^+}\dfrac{\ln x}{\dfrac{1}{x^2}}=\lim\limits_{x\to 0^+}\dfrac{-\ln\dfrac{1}{x}}{\dfrac{1}{x^2}}=0.$

例10 求 $\lim\limits_{x\to 1}\left(\dfrac{x}{x-1}-\dfrac{1}{\ln x}\right)$.

解 $\lim\limits_{x\to 1}\left(\dfrac{x}{x-1}-\dfrac{1}{\ln x}\right)=\lim\limits_{x\to 1}\dfrac{x\ln x-x+1}{(x-1)\ln x}$ (利用洛必达法则)

$$= \lim_{x\to 1}\frac{\ln x}{\ln x + \dfrac{x-1}{x}}$$

$$= \lim_{x\to 1}\frac{\ln x}{\ln x + 1 - \dfrac{1}{x}} \quad \text{(利用洛必达法则)}$$

$$= \lim_{x\to 1}\frac{\dfrac{1}{x}}{\dfrac{1}{x}+\dfrac{1}{x^2}} = \frac{1}{1+1} = \frac{1}{2}.$$

例 11 求 $\lim\limits_{x\to 0}\left(\dfrac{\sin x}{x}\right)^{\frac{1}{x^2}}$.

解 1 设 $y = \left(\dfrac{\sin x}{x}\right)^{\frac{1}{x^2}}$,

$$\lim_{x\to 0}\ln y = \lim_{x\to 0}\frac{1}{x^2}\ln\frac{\sin x}{x}$$

$$= \lim_{x\to 0}\frac{\ln|\sin x| - \ln|x|}{x^2} \quad \text{(利用洛必达法则)}$$

$$= \lim_{x\to 0}\frac{\dfrac{\cos x}{\sin x} - \dfrac{1}{x}}{2x} = \lim_{x\to 0}\frac{x\cos x - \sin x}{2x^2\sin x}$$

$$= \lim_{x\to 0}\frac{x\cos x - \sin x}{2x^3} \quad \text{(利用洛必达法则)}$$

$$= \lim_{x\to 0}\frac{-x\sin x}{6x^2} = \lim_{x\to 0}\frac{-x}{6x} = -\frac{1}{6},$$

故 $\lim\limits_{x\to 0}\left(\dfrac{\sin x}{x}\right)^{\frac{1}{x^2}} = \mathrm{e}^{-\frac{1}{6}}$.

解 2 利用重要极限,得

$$\lim_{x\to 0}\left(\frac{\sin x}{x}\right)^{\frac{1}{x^2}} = \lim_{x\to 0}\left[1 + \left(\frac{\sin x}{x} - 1\right)\right]^{\frac{1}{x^2}}$$

$$= \lim_{x\to 0}\left[\left(1 + \frac{\sin x - x}{x}\right)^{\frac{x}{\sin x - x}}\right]^{\frac{\sin x - x}{x^3}}$$

$$= \mathrm{e}^{\lim\limits_{x\to 0}\frac{\sin x - x}{x^3}} \quad \text{(两次利用洛必达法则)}$$

$$= \mathrm{e}^{\lim\limits_{x\to 0}\frac{\cos x - 1}{3x^2}} = \mathrm{e}^{\lim\limits_{x\to 0}\frac{-\sin x}{6x}} = \mathrm{e}^{-\frac{1}{6}}.$$

例 12 求 $\lim\limits_{x\to +\infty}\left(\dfrac{\pi}{2} - \arctan x\right)^{\frac{1}{\ln x}}$.

解 设 $y = \left(\dfrac{\pi}{2} - \arctan x\right)^{\frac{1}{\ln x}}$,

$$\lim_{x\to +\infty}\ln y = \lim_{x\to +\infty}\frac{\ln\left(\dfrac{\pi}{2} - \arctan x\right)}{\ln x} \quad \text{(利用洛必达法则)}$$

$$= \lim_{x \to +\infty} \frac{\frac{1}{\frac{\pi}{2} - \arctan x}\left(-\frac{1}{1+x^2}\right)}{\frac{1}{x}} = \lim_{x \to +\infty} \frac{1}{\arctan x - \frac{\pi}{2}} \cdot \frac{x}{1+x^2}$$

$$= \lim_{x \to +\infty} \frac{\frac{1}{x}}{\arctan x - \frac{\pi}{2}} \cdot \lim_{x \to +\infty} \frac{x^2}{1+x^2}$$

$$= \lim_{x \to +\infty} \frac{\frac{1}{x}}{\arctan x - \frac{\pi}{2}} \quad \text{(利用洛必达法则)}$$

$$= \lim_{x \to +\infty} \frac{-\frac{1}{x^2}}{\frac{1}{1+x^2}} = \lim_{x \to +\infty} \frac{1+x^2}{-x^2} = -1,$$

故 $\quad \lim\limits_{x \to +\infty} \left(\frac{\pi}{2} - \arctan x\right)^{\frac{1}{\ln x}} = \mathrm{e}^{-1}.$

例 13 求 $\lim\limits_{x \to 0^+} \left(\ln \frac{1}{x}\right)^{\sin x}.$

解 设 $y = \left(\ln \frac{1}{x}\right)^{\sin x}$,

$$\lim_{x \to 0^+} \ln y = \lim_{x \to 0^+} \sin x \ln \ln \frac{1}{x} \quad \text{(等价无穷小代换)}$$

$$= \lim_{x \to 0^+} x \ln \ln \frac{1}{x} = \lim_{x \to 0^+} \frac{\ln \ln \frac{1}{x}}{\frac{1}{x}} \quad \left(\text{令 } t = \frac{1}{x}\right)$$

$$= \lim_{t \to +\infty} \frac{\ln \ln t}{t} = \lim_{t \to +\infty} \frac{\frac{1}{\ln t} \cdot \frac{1}{t}}{1} = \lim_{t \to +\infty} \frac{1}{t \ln t} = 0,$$

故 $\quad \lim\limits_{x \to 0^+} \left(\ln \frac{1}{x}\right)^{\sin x} = \mathrm{e}^0 = 1.$

习题 3-2

1. 下面求极限的过程中应用了洛必达法则,解法是否正确?

$$\lim_{x \to 0} \frac{x^2+1}{x-1} = \lim_{x \to 0} \frac{(x^2+1)'}{(x-1)'} = \lim_{x \to 0} \frac{2x}{1} = 0.$$

2. 求下列极限:

(1) $\lim\limits_{x \to 0} \dfrac{\mathrm{e}^x - \mathrm{e}^{-x}}{\sin x}$;

(2) $\lim\limits_{x \to \frac{\pi}{2}} \dfrac{\ln \sin x}{(\pi - 2x)^2}$;

(3) $\lim\limits_{x\to 0}\dfrac{x-\arcsin x}{\sin x^3}$;

(4) $\lim\limits_{x\to 0}\dfrac{\tan x-x}{x^2\ln(1+x)}$;

(5) $\lim\limits_{x\to a}\dfrac{x^m-a^m}{x^n-a^n}$;

(6) $\lim\limits_{x\to 0^+}\dfrac{\ln\tan 7x}{\ln\tan 2x}$;

(7) $\lim\limits_{x\to a}\dfrac{a^x-x^a}{x-a}\;(a>0,a\ne 1)$;

(8) $\lim\limits_{x\to 1^+}\dfrac{\ln(x-1)-x}{\tan\dfrac{\pi}{2x}}$;

(9) $\lim\limits_{x\to +\infty}\dfrac{\ln(a+be^x)}{\sqrt{a+bx^2}}\;(b>0)$;

(10) $\lim\limits_{x\to +\infty}\dfrac{(\ln x)^n}{x}\;(n>0)$;

(11) $\lim\limits_{x\to 0}\left(\dfrac{1}{x}-\dfrac{1}{e^x-1}\right)$;

(12) $\lim\limits_{x\to 1^+}(x-1)\tan\dfrac{\pi}{2}x$;

(13) $\lim\limits_{x\to 0}\left(\cot^2 x-\dfrac{1}{x^2}\right)$;

(14) $\lim\limits_{x\to 0}\cot x\ln\dfrac{1+x}{1-x}$;

(15) $\lim\limits_{x\to \pi}\left(1-\tan\dfrac{x}{4}\right)\sec\dfrac{x}{2}$;

(16) $\lim\limits_{x\to 1}\left(\dfrac{2}{x^2-1}-\dfrac{1}{x-1}\right)$;

(17) $\lim\limits_{x\to 1^+}\ln x\ln(x-1)$;

(18) $\lim\limits_{x\to 0}\left(\dfrac{1}{x^2}-\dfrac{1}{\sin^2 x}\right)$;

(19) $\lim\limits_{x\to \frac{\pi}{2}}(\sec x-\tan x)$;

(20) $\lim\limits_{x\to 0^+}\left(\dfrac{1}{x}\right)^{\tan x}$;

(21) $\lim\limits_{x\to \frac{\pi}{4}}(\tan x)^{\tan 2x}$;

(22) $\lim\limits_{n\to \infty}\left(\cos\dfrac{1}{n}\right)^{n^2}$;

(23) $\lim\limits_{x\to 0^+}(\cot x)^{\frac{1}{\ln x}}$;

(24) $\lim\limits_{x\to +\infty}\left(\dfrac{2}{\pi}\arctan x\right)^x$;

(25) $\lim\limits_{x\to 0}\left(\dfrac{\arcsin x}{x}\right)^{\frac{1}{x^2}}$;

(26) $\lim\limits_{x\to 0}(\cos x+x\sin x)^{\frac{1}{x^2}}$;

(27) $\lim\limits_{x\to 0}\left(\dfrac{a^x+b^x}{2}\right)^{\frac{1}{x}}\;(a,b>0)$;

(28) $\lim\limits_{x\to 0}\left(\dfrac{a^x-x\ln a}{b^x-x\ln b}\right)^{\frac{1}{x^2}}$;

(29) $\lim\limits_{x\to 0}x^{\sin x}$;

(30) $\lim\limits_{x\to \frac{\pi}{2}}(\cos x)^{\frac{\pi}{2}-x}$.

3. 设 $f(x)$ 在 x 点二阶可导,求
$$\lim_{h\to 0}\dfrac{f(x+h)+f(x-h)-2f(x)}{h^2}.$$

4. 讨论函数
$$f(x)=\begin{cases}\left[\dfrac{(1+x)^{\frac{1}{x}}}{e}\right]^{\frac{1}{x}}, & x>0,\\ e^{-\frac{1}{2}}, & x=0,\\ e^{\frac{\cos x-1}{\ln(1+x^2)}}, & x<0\end{cases}$$

在 $x=0$ 处的连续性.

第三节 函数的单调性与极值

从这一节开始,我们将利用微分学的理论进一步研究函数的某些性态.首先研究函数的单调性与极值.

一、函数的单调性

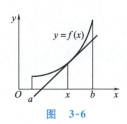

图 3-6

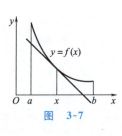

图 3-7

假定函数 $f(x)$ 在 $[a,b]$ 上连续,在 (a,b) 内可导.如果函数 $y=f(x)$ 在 $[a,b]$ 上单调增加,如图 3-6 所示,$y=f(x)$ 的图形从左向右是一上升的曲线,曲线上各点处的切线斜率都非负,于是根据导数的几何意义,有 $f'(x) \geqslant 0$. 如果函数 $y=f(x)$ 在 $[a,b]$ 上单调减少,如图 3-7 所示,$y=f(x)$ 的图形从左向右是一下降的曲线,曲线上各点处的切线斜率都非正,于是有下面定理.

定理 1 (单调的必要条件) 设函数 $f(x)$ 在 $[a,b]$ 上连续,在 (a,b) 内可导.如果 $y=f(x)$ 在 $[a,b]$ 上单调增加(单调减少),则对任意 $x\in(a,b)$,$f'(x)\geqslant 0 (f'(x)\leqslant 0)$.

证 只对 $y=f(x)$ 在 $[a,b]$ 上单调增加的情况证明.

对任意 $x\in(a,b)$,设 $x+\Delta x\in(a,b)$,当 $\Delta x>0$ 时,有
$$f(x+\Delta x)-f(x)>0, \quad 故 \quad \frac{f(x+\Delta x)-f(x)}{\Delta x}>0,$$
当 $\Delta x<0$ 时,有 $f(x+\Delta x)-f(x)<0$,同样有
$$\frac{f(x+\Delta x)-f(x)}{\Delta x}>0,$$
根据极限的保号性,得
$$f'(x)=\lim_{\Delta x\to 0}\frac{f(x+\Delta x)-f(x)}{\Delta x}\geqslant 0.$$

反过来,我们也可以利用导数的符号来判定函数的单调性.

根据拉格朗日中值定理,可以得到下面的定理.

定理 2 (单调的充分条件) 设函数 $f(x)$ 在 $[a,b]$ 上连续,在 (a,b) 内可导.

(1) 如果在 (a,b) 内,$f'(x)>0$,则 $f(x)$ 在 $[a,b]$ 上单调增加;

(2) 如果在 (a,b) 内,$f'(x)<0$,则 $f(x)$ 在 $[a,b]$ 上单调减少.

证 (1) 对 $[a,b]$ 上任意两点 x_1,x_2,设 $x_1<x_2$,根据拉格朗日中值定理,存在 $\xi\in(x_1,x_2)$,使
$$f(x_2)-f(x_1)=f'(\xi)(x_2-x_1),$$
因为 $f'(\xi)>0$,且 $x_2-x_1>0$,所以 $f(x_2)-f(x_1)>0$,即 $f(x_1)<f(x_2)$,故 $f(x)$ 在 $[a,b]$ 上单调增加;

(2) 证明与(1)的证明类似.

如果我们将定理 2 中的"$f(x)$ 在 $[a,b]$ 上连续"这一条件去掉,则其结论应相应地改为 $f(x)$ 在 (a,b) 内单调增加(或单调减少).如

果将区间(a,b)换成无穷区间,有类似的结论.

另外,定理 2 中的条件"如果在(a,b)内,$f'(x)>0$(或$f'(x)<0$)"可以变为:如果在(a,b)内,$f'(x)\geq 0$(或$f'(x)\leq 0$),且在(a,b)的任意子区间上,使等号成立的点都只有有限多个,依然可以得出 $f(x)$ 在 $[a,b]$ 上是单调增加的(或单调减少的). 例如,$f(x)=\sin x-x$ 的定义域是$(-\infty,+\infty)$,在此区间上有
$$f'(x)=\cos x-1\leq 0,$$
并且等号只在 $x=2k\pi(k=0,\pm 1,\pm 2,\cdots)$ 这样一些孤立的点处成立,所以在$(-\infty,+\infty)$上 $f(x)$ 是单调减少的.

很多函数在其定义域上的单调性是会改变的,而使其单调性改变的点可能是使 $f'(x)=0$ 的点,也可能是 $f'(x)$ 不存在的点. 我们将使 $f'(x)=0$ 的点称为驻点. 因此讨论函数的单调性时首先要求出它的驻点和不可导点,这些点将函数的定义域(或指定区间)分成若干个子区间,根据每个子区间内导数的符号便可确定函数在每个子区间上的单调性.

例 1 讨论下列函数的单调性:

(1) $y=x^3-3x^2-9x+5$; (2) $y=(1-x)x^{\frac{2}{3}}$.

解 (1) $y'=3x^2-6x-9=3(x+1)(x-3)$,
令 $y'=0$,得 $x=-1$ 和 $x=3$,函数的定义域被分成三个子区间$(-\infty,-1),(-1,3),(3,+\infty)$. 在区间$(-1,3)$内,$y'<0$,在$(-\infty,-1)$内,$y'>0$, 在$(3,+\infty)$内,$y'>0$,因此在区间$(-\infty,-1)$和$(3,+\infty)$内,函数单调增加,在区间$(-1,3)$内,函数单调减少;

可以将上面的讨论列成一个表,在表上进行分析,即

x	$(-\infty,-1)$	$(-1,3)$	$(3,+\infty)$
y'	+	−	+
y	↗	↘	↗

(2) 定义域为$(-\infty,+\infty)$,
$$y'=-x^{\frac{2}{3}}+(1-x)\frac{2}{3}x^{-\frac{1}{3}}=\frac{2-5x}{3\sqrt[3]{x}},$$
令 $y'=0$,得 $x=\frac{2}{5}$,当 $x=0$ 时,y' 不存在,列表讨论如下:

x	$(-\infty,0)$	$\left(0,\frac{2}{5}\right)$	$\left(\frac{2}{5},+\infty\right)$
y'	−	+	−
y	↘	↗	↘

故函数在$(-\infty,0)$和$\left(\frac{2}{5},+\infty\right)$内单调减少,在$\left(0,\frac{2}{5}\right)$内单调

增加.

利用函数的单调性和闭区间上连续函数的介值定理,可以判断方程 $f(x)=0$ 在某区间上的实根个数,下面举例说明.

例 2 讨论方程 $3x^4-4x^3-12x^2+10=0$ 在区间 $[-2,3]$ 上的实根个数.

解 令 $f(x)=3x^4-4x^3-12x^2+10$,
$$f'(x)=12x^3-12x^2-24x=12x(x+1)(x-2),$$
令 $f'(x)=0$,得 $x=0,x=-1,x=2$,这三个点都位于区间 $[-2,3]$ 上,并将此区间分成四个子区间:
$$[-2,-1],\quad [-1,0],\quad [0,2],\quad [2,3],$$
$$f(-2)=42>0,\quad f(-1)=5>0,\quad f(0)=10>0,$$
$$f(2)=-22<0,\quad f(3)=37>0,$$
由于 $f(x)$ 在每个子区间上都是单调的,又由于
$$f(-2)f(-1)>0,\quad f(-1)f(0)>0,$$
$$f(0)f(2)<0,\quad f(2)f(3)<0,$$
根据介值定理,$f(x)=0$ 在 $(0,2)$ 内与 $(2,3)$ 内各有一个实根,因此方程在 $[-2,3]$ 上有两个实根.

利用函数的单调性,也可以证明一些不等式.对函数 $y=f(x)$,如果 $f(x)$ 在 (a,b) 内单调增加,并且 $f(a)\geqslant 0$(或 $f(a+0)\geqslant 0$),则可以得出在 (a,b) 内,$f(x)>0$.如果 $f(x)$ 在 (a,b) 内单调减少,并且 $f(b)\geqslant 0$(或 $f(b-0)\geqslant 0$),则可以得出在 (a,b) 内,$f(x)>0$.类似地,可以利用单调性证明在 (a,b) 内,$f(x)<0$.也可以将上面区间换成无穷区间.

例 3 证明当 $x>0$ 时,$\arctan x > x - \dfrac{x^3}{3}$.

证 令 $f(x)=\arctan x - x + \dfrac{x^3}{3}$,当 $x>0$ 时,
$$f'(x)=\frac{1}{1+x^2}-1+x^2=\frac{x^4}{1+x^2}>0,$$
所以在 $(0,+\infty)$ 内,$f(x)$ 单调增加,又因为 $f(0)=0$,因此当 $x>0$ 时,$f(x)>0$,即 $\arctan x - x + \dfrac{x^3}{3}>0$,

故
$$\arctan x > x - \frac{x^3}{3}.$$

例 4 证明当 $0<x<1$ 时,$e^{2x} < \dfrac{1+x}{1-x}$.

证 为证明简单,将不等式变形为
$$(1-x)e^{2x} < 1+x,$$
令 $f(x)=(1-x)e^{2x}-1-x$,$f'(x)=(1-2x)e^{2x}-1$,$f'(x)$ 的符号不易确定,再求导,得
$$f''(x)=-4xe^{2x},$$

当 $x\in(0,1)$ 时,$f''(x)<0$,故 $f'(x)$ 在 $(0,1)$ 内单调减少,又由于 $f'(0)=0$,故在 $(0,1)$ 内 $f'(x)<0$,因此 $f(x)$ 在此区间内单调减少,又由于 $f(0)=0$,故在 $(0,1)$ 内 $f(x)<0$,于是有

$$(1-x)\mathrm{e}^{2x}<1+x, \quad \mathrm{e}^{2x}<\frac{1+x}{1-x}.$$

二、函数的极值

先给出极值的概念.

设 x_0 是函数 $y=f(x)$ 的定义域上的内点,因而 $f(x)$ 在 x_0 的某邻域内有定义,如果对此邻域内的任意 x,都有 $f(x)\leqslant f(x_0)$,则称 x_0 是 $f(x)$ 的极大点,$f(x_0)$ 是 $f(x)$ 的极大值.如果对此邻域内的任意 x,都有 $f(x)\geqslant f(x_0)$,则称 x_0 是 $f(x)$ 的极小点,$f(x_0)$ 是 $f(x)$ 的极小值.极大点与极小点统称为极值点,极大值与极小值统称为极值.

极值是函数 $f(x)$ 的一个局部性态,是函数在小范围内的最大值与最小值.在整个定义域上,有时会出现极小值比极大值还大的现象.

极值会出现在什么样的点处呢? 如果在极值点 x_0 处,函数的导数存在,则有如下定理.

定理 3 (费马定理) 如果函数 $f(x)$ 在点 x_0 处可导,且在 x_0 处取得极值,则 $f'(x_0)=0$.

证明类似于罗尔定理的证明(略).

根据费马定理,可微的极值点必定是驻点.另外,函数的不可导点也有可能是极值点,如对函数 $y=|x|$,$x=0$ 是极小点,它是不可导点.因此极值点必定是驻点或不可导点.但是反过来,驻点与不可导点不一定都是极值点.例如,对函数 $y=x^3$,$y'=3x^2$,$x=0$ 是一个驻点,但是当 $x<0$ 时,$y<0$,当 $x>0$ 时,$y>0$,而 $y|_{x=0}=0$,因而 $x=0$ 不是极值点.

求函数的极值时,首先要求出它的驻点和不可导点,然后再做出进一步的判断,常用的判别方法有两个.

定理 4 (极值的第一充分条件) 设函数 $f(x)$ 在点 x_0 处连续,在 x_0 的去心 δ 邻域内可导,且 x_0 是 $f(x)$ 的驻点或不可导点.

(1) 如果当 $x\in(x_0-\delta,x_0)$ 时,$f'(x)>0$,当 $x\in(x_0,x_0+\delta)$ 时,$f'(x)<0$,则 $f(x)$ 在 x_0 处取得极大值;

(2) 如果当 $x\in(x_0-\delta,x_0)$ 时,$f'(x)<0$,当 $x\in(x_0,x_0+\delta)$ 时,$f'(x)>0$,则 $f(x)$ 在 x_0 处取得极小值;

(3) 如果在 $(x_0-\delta,x_0)$ 与 $(x_0,x_0+\delta)$ 内,皆有 $f'(x)>0$(或 $f'(x)<0$),则 $f(x)$ 在 x_0 处不取得极值.

证 (1) 由于 $f(x)$ 在点 x_0 处连续,且在 $(x_0-\delta,x_0)$ 内,$f'(x)>0$,故 $f(x)$ 在 $(x_0-\delta,x_0]$ 上单调增加,因此对任意

$x \in (x_0 - \delta, x_0)$,有 $f(x) < f(x_0)$,而在 $(x_0, x_0 + \delta)$ 内,由于 $f'(x) < 0$,故 $f(x)$ 在 $[x_0, x_0 + \delta]$ 上单调减少,因此对任意 $x \in (x_0, x_0 + \delta)$,同样有 $f(x) < f(x_0)$,根据极值的定义可知,$f(x)$ 在 x_0 处取得极大值.

(2) 证明与(1)的证明类似.

(3) 不妨设在 $(x_0 - \delta, x_0)$ 与 $(x_0, x_0 + \delta)$ 内都有 $f'(x) > 0$,又由于 $f(x)$ 在点 x_0 处连续,则 $f(x)$ 在 $(x_0 - \delta, x_0 + \delta)$ 内单调增加,因而当 $x \in (x_0 - \delta, x_0)$ 时,$f(x) < f(x_0)$,当 $x \in (x_0, x_0 + \delta)$ 时,$f(x) > f(x_0)$,根据极值的定义,$f(x)$ 在 x_0 处不取得极值.

例 5 求函数 $f(x) = \sqrt[3]{6x^2 - x^3}$ 的极值.

解 $f(x)$ 的定义域为 $(-\infty, +\infty)$,

$$f'(x) = \frac{12x - 3x^2}{3(6x^2 - x^3)^{\frac{2}{3}}} = \frac{4-x}{\sqrt[3]{x} \cdot \sqrt[3]{(6-x)^2}},$$

由 $f'(x) = 0$,解得驻点 $x = 4$,又在 $x = 0$ 和 $x = 6$ 处,函数连续但导数不存在.

分析上述各点两侧 $f'(x)$ 的符号进行判断,列表如下:

x	$(-\infty, 0)$	0	$(0, 4)$	4	$(4, 6)$	6	$(6, +\infty)$
$f'(x)$	−	不存在	+	0	−	不存在	−
$f(x)$	↘	极小值	↗	极大值	↘	非极值	↘

得出极小值为 $f(0) = 0$,极大值为 $f(4) = 2\sqrt[3]{4}$.

当 x_0 是 $f(x)$ 的驻点,且 $f''(x_0) \neq 0$ 时,也可以利用另一种方法来判断极值.

定理 5(极值的第二充分条件) 设函数 $f(x)$ 在点 x_0 处有二阶导数,且 $f'(x_0) = 0, f''(x_0) \neq 0$,则

(1) 当 $f''(x_0) < 0$ 时,$f(x)$ 在 x_0 处取得极大值;

(2) 当 $f''(x_0) > 0$ 时,$f(x)$ 在 x_0 处取得极小值.

证 (1) 根据已知条件和二阶导数的定义,有

$$f''(x_0) = \lim_{x \to x_0} \frac{f'(x) - f'(x_0)}{x - x_0} < 0,$$

由极限的保号性,在 x_0 的某邻域内,有 $\dfrac{f'(x) - f'(x_0)}{x - x_0} < 0$,

因为 $f'(x_0) = 0$,故 $\dfrac{f'(x)}{x - x_0} < 0$,因此在 x_0 的左邻域内,有 $f'(x) > 0$,在 x_0 的右邻域内,有 $f'(x) < 0$,根据定理 4 知,$f(x)$ 在 x_0 处取得极大值;

(2) 证明与(1)类似.

例 6 求函数 $f(x) = x^2(x-1)^3$ 的极值.

解 $f'(x) = 2x(x-1)^3 + 3x^2(x-1)^2 = x(x-1)^2(5x-2)$,

令 $f'(x)=0$,得 $x=0, x=\dfrac{2}{5}, x=1$,

$f''(x)=(x-1)^2(5x-2)+2x(x-1)(5x-2)+5x(x-1)^2$,

$f''(0)=-2<0, \quad f''\left(\dfrac{2}{5}\right)=\dfrac{18}{25}>0, \quad f''(1)=0$,

故 $f(0)=0$ 是极大值,$f\left(\dfrac{2}{5}\right)=-\dfrac{108}{3125}$ 是极小值,无法利用定理 5 判别 $f(1)$ 是否为极值,由于在 $x=1$ 左侧较小的邻域内与其右侧较小的邻域内,都有 $f'(x)>0$,因此根据第一充分条件可知 $f(1)$ 不是极值.

三、函数的最大值和最小值

在很多科学领域和实际问题中经常遇到要求一个函数在某区间上的最大值与最小值问题(简称最值问题),我们将这个函数称为目标函数.函数的最值与极值是有区别的,极值是将一点的函数值与它的某邻域内的其他函数值相比较而得到的,是函数的局部性质,而最值是将整个定义域上(或指定区间上)所有函数值进行比较而得出的,是函数的一种全局性质.最值与极值的另一个不同之处是,最值可能出现在区间端点处.

下面讨论怎样求函数的最值.

如果函数 $f(x)$ 在闭区间 $[a,b]$ 上连续,则 $f(x)$ 在 $[a,b]$ 上必有最大值 M 和最小值 m,并且最大值必定会在极大值和端点的函数值中产生,最小值必定会在函数的极小值和端点的函数值中产生.因此我们只要求出 $f(x)$ 的所有驻点与不可导点,并将 $f(x)$ 在这些点处的函数值与端点处的函数值 $f(a)$ 和 $f(b)$ 进行比较,则其中最大者就是 M,最小者就是 m.

有时会遇到下面一些情况,此时上述步骤可以适当简化或调整:

(1) 如果 $f(x)$ 在 $[a,b]$ 上单调增加,则 $M=f(b), m=f(a)$.如果 $f(x)$ 在 $[a,b]$ 上单调减少,则 $M=f(a), m=f(b)$.

(2) 如果函数 $f(x)$ 在区间 (a,b)(或 $(a,+\infty)$,或 $(-\infty,a)$)内可导,且有唯一的驻点 x_0,则当 $f(x_0)$ 是极小值时,它必定是 $f(x)$ 在此区间上的最小值,当 $f(x_0)$ 是极大值时,它必定是 $f(x)$ 在此区间上的最大值.

(3) 如果目标函数 $f(x)$ 是根据实际问题建立的,当 $f(x)$ 在其定义区间(有限或无穷)上可导,并且只有唯一的驻点 x_0 时,如果根据问题的实际意义,可以确定 $f(x)$ 在其定义区间上必有最大值(或最小值),则不必进行讨论就可以判定 $f(x_0)$ 就是最大值(或最小值).

例 7 求函数 $f(x)=x^{\frac{2}{3}}-(x^2-1)^{\frac{1}{3}}$ 在区间 $[-2,3]$ 上的最

大值和最小值.

解 $f'(x) = \dfrac{2}{3}x^{-\frac{1}{3}} - \dfrac{1}{3}(x^2-1)^{-\frac{2}{3}}2x$

$= \dfrac{2}{3} \cdot \dfrac{(x^2-1)^{\frac{2}{3}} - x^{\frac{4}{3}}}{x^{\frac{1}{3}}(x^2-1)^{\frac{2}{3}}},$

令 $f'(x) = 0$,得 $x = \pm\dfrac{1}{\sqrt{2}}$,在 $x=0$ 和 $x=\pm 1$ 处,$f'(x)$ 不存在,$f(x)$ 在上述各点及区间端点的函数值为

$$f\left(\pm\dfrac{1}{\sqrt{2}}\right) = \sqrt[3]{4}, \quad f(0)=1, \quad f(\pm 1)=1,$$

$$f(-2) = \sqrt[3]{4} - \sqrt[3]{3} \approx 0.1, \quad f(3) = \sqrt[3]{9} - 2 \approx 0.08,$$

比较得 $f\left(\pm\dfrac{1}{\sqrt{2}}\right) = \sqrt[3]{4}$ 为最大值,$f(3) = \sqrt[3]{9} - 2$ 为最小值.

例 8 半径为 R 的圆铁片上剪去一个扇形,如图 3-8 所示,并用余下部分做成一个圆锥形漏斗,问余下部分的圆心角 φ 为多大时,能使漏斗的容积最大?

图 3-8

解 如图 3-9 所示,设圆锥形漏斗的底半径为 r,高为 h,则它的体积为

$$V = \dfrac{1}{3}\pi r^2 h,$$

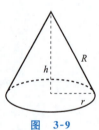

图 3-9

由题设,圆锥底周长应等于圆铁片上余下部分的弧长,故

$$2\pi r = R\varphi, \quad r = \dfrac{R\varphi}{2\pi},$$

又 $h^2 + r^2 = R^2$,故

$$h = \sqrt{R^2 - r^2} = \sqrt{R^2 - \left(\dfrac{R\varphi}{2\pi}\right)^2} = \dfrac{R}{2\pi}\sqrt{4\pi^2 - \varphi^2},$$

因此

$$V = \dfrac{1}{3}\pi\left(\dfrac{R\varphi}{2\pi}\right)^2 \dfrac{R}{2\pi}\sqrt{4\pi^2 - \varphi^2}$$

$$= \dfrac{R^3}{24\pi^2}\varphi^2\sqrt{4\pi^2 - \varphi^2} = \dfrac{R^3}{24\pi^2}\sqrt{4\pi^2\varphi^4 - \varphi^6} \quad (0 < \varphi < 2\pi),$$

为了计算简单,可将目标函数设成

$$f(\varphi) = 4\pi^2\varphi^4 - \varphi^6 \quad (f \text{ 与 } V \text{ 有同样的最大值点}),$$
$$f'(\varphi) = 16\pi^2\varphi^3 - 6\varphi^5,$$

令 $f'(\varphi) = 0$,在 $(0, 2\pi)$ 内有唯一解 $\varphi = 2\pi\sqrt{\dfrac{2}{3}}$,由问题的实际意义,$V$ 确有最大值存在,故当 $\varphi = 2\pi\sqrt{\dfrac{2}{3}}$ 时,可使圆锥形漏斗的容积最大.

例 9 由抛物线 $y = x^2$,直线 $x = 8$ 和 x 轴围成一曲边三角

形 OAB(见图 3-10),在曲线 OB 上求一点 M,使过 M 点所作抛物线的切线与 OA,AB 所围成的三角形面积最大.

解 设 $M(x, x^2)$,则过 M 点的切线斜率为 $(x^2)' = 2x$,切线方程为
$$Y - x^2 = 2x(X - x),$$
令 $Y = 0$,得 $X = \dfrac{x}{2}$,令 $X = 8$,得 $Y = 16x - x^2$,故 P 的坐标为 $\left(\dfrac{x}{2}, 0\right)$,$Q$ 点的坐标为 $(8, 16x - x^2)$,于是 $\triangle PAQ$ 的面积为

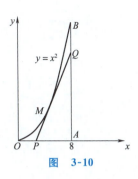

图 3-10

$$S = \dfrac{1}{2} PA \cdot AQ = \dfrac{1}{2}\left(8 - \dfrac{x}{2}\right)(16x - x^2) \quad (0 < x < 8),$$
$$\dfrac{dS}{dx} = \dfrac{1}{2}\left(-\dfrac{1}{2}\right)(16x - x^2) + \dfrac{1}{2}\left(8 - \dfrac{x}{2}\right)(16 - 2x)$$
$$= \dfrac{1}{4}(3x^2 - 64x + 256),$$

令 $\dfrac{dS}{dx} = 0$,解得 $x = \dfrac{16}{3}$,$x = 16$(不在(0,8)内,舍去),由问题的实际意义,三角形的面积确有最大值,故点 $\left(\dfrac{16}{3}, \dfrac{256}{9}\right)$ 为所求.

习题 3-3

1. 求下列函数的单调区间:

   (1) $y = 2x + \dfrac{8}{x}$; (2) $y = 2x^2 - \ln x$;

   (3) $y = \dfrac{10}{4x^3 - 9x^2 + 6x}$; (4) $y = \ln(x + \sqrt{1 + x^2})$.

2. 证明下列不等式:

   (1) 当 $x > 0$ 时,$1 + \dfrac{1}{2}x > \sqrt{1+x}$;

   (2) 当 $0 < x < \dfrac{\pi}{2}$ 时,$\sin x + \tan x > 2x$;

   (3) 当 $0 < x < \dfrac{\pi}{2}$ 时,$\tan x > x + \dfrac{1}{3}x^3$;

   (4) 当 $x > 4$ 时,$2^x > x^2$;

   (5) 当 $x \geq 0$ 时,$\ln(1+x) \geq \dfrac{\arctan x}{1+x}$;

   (6) 当 $x \neq 0$ 时,$e^{-x^2} < \dfrac{1}{1+x^2}$;

   (7) 当 $x \neq 0$ 时,$\dfrac{e^x + e^{-x}}{2} > 1 + \dfrac{x^2}{2}$;

   (8) 当 $x > 0$ 时,$\sin x > x - \dfrac{x^3}{6}$;

(9) 当 $0<x_1<x_2<\dfrac{\pi}{2}$,$\dfrac{\tan x_2}{\tan x_1}>\dfrac{x_2}{x_1}$.

3. 求下列函数的单调区间与极值:

(1) $y=x^3(1-x)$;   (2) $y=\dfrac{x}{1+x^2}$;

(3) $y=\dfrac{2x}{\ln x}$;   (4) $y=x^2 e^{-x}$;

(5) $f(x)=\sin x(1+\cos x)$;   (6) $f(x)=x-\ln(1+x)$;

(7) $f(x)=\dfrac{(x+1)^{\frac{2}{3}}}{x-1}$;

(8) $f(x)=\begin{cases} x^3 & x\geqslant 0 \\ \cos x-1 & -\pi\leqslant x<0. \\ -(x+2+\pi) & x<-\pi \end{cases}$

4. 当 a 为何值时,函数 $f(x)=a\sin x+\dfrac{1}{3}\sin 3x$ 在 $x=\dfrac{\pi}{3}$ 处取得极值？它是极大值还是极小值？

5. 求下列函数在给定区间上的最大值和最小值:

(1) $y=x+2\sqrt{x}$,$x\in[0,4]$;

(2) $y=x e^{-\frac{x^2}{2}}$,$x\in(-\infty,+\infty)$;

(3) $y=\dfrac{x-1}{x+1}$,$x\in[0,4]$;

(4) $y=\sin^3 x+\cos^3 x$,$x\in\left[\dfrac{\pi}{6},\dfrac{3\pi}{4}\right]$;

(5) $y=\max\{x^2,(1-x)^2\}$,$x\in[0,1]$;

(6) $y=x+\cos x$,$x\in[0,2\pi]$;

(7) $y=\arctan\dfrac{1-x}{1+x}$,$x\in[0,1]$;

(8) $y=\dfrac{a^2}{x}+\dfrac{b^2}{1-x}$,其中 $a>b>0$,$x\in(0,1)$;

(9) $y=|x^2-3x+2|$,$x\in[-10,10]$;

(10) $y=\sqrt[3]{(x^2-2x)^2}$,$x\in[0,3]$.

6. 证明下列方程只有唯一的实根.

(1) $\sin x=x$;   (2) $e^x-x-1=0$.

7. 某铁路隧道的截面拟建成矩形加半圆的形状(见图 3-11),截面积为 $a\,\mathrm{m}^2$,问底边 x 为多少时,才能使建造时所用的材料最省？

8. 某公司有 50 套公寓要出租,当月租金为 1000 元时,公寓能全部租出去,当月租金每增加 50 元时,就会多一套公寓租不出去,而租出去的公寓每月需花费 100 元的维修费,试问房租为多少时可获得最大收入？

图 3-11

9. 作半径为 r 的球的外切直圆锥,问圆锥的高为多少时能使圆锥的体积最小?

10. 货车以 x km/h 的常速行驶 130km,按交通法规限制 $50 \leqslant x \leqslant 100$. 假设汽油的价格是 2 元/L,而汽车耗油的速率是 $\left(2+\dfrac{x^2}{360}\right)$ L/h,司机的工资是 14 元/h,问最经济的车速是多少?这次行车的总费用是多少?

11. 一个体积给定的观察站底部是一个直圆柱,顶部是一个半球形,如果顶部单位面积的造价是侧面单位面积造价的两倍,怎样选择尺寸是最经济的选择?

第四节 曲线的凹凸性和渐近线,函数作图

本节继续研究函数变化的性态,并讨论函数作图问题.

一、曲线的凹凸性和拐点

曲线除了有单调性,还有一个弯曲方向的问题.例如,曲线 $y=x^2$ 和 $y=\sqrt{x}$ 在区间 $[0,1]$ 上都是单调增加的,但 $y=x^2$ 是向上弯曲的,而 $y=\sqrt{x}$ 是向下弯曲的(见图 3-12),它们分别被称为凹弧和凸弧.

下面给出曲线凹凸性的定义,并给出凹凸性的判别法.

考察图 3-13a、b,位于区间 (a,b) 内的曲线 $y=f(x)$ 都具有这样的几何特征:曲线 $y=f(x)$ 在 (a,b) 内的每一点都有不平行于 y 轴的切线,并且图 3-13a 中的曲线是凹弧,其曲线位于每一点的切线的上方,图 3-13b 中的曲线是凸弧,其曲线位于每一点的切线的下方.根据这一特征,我们给出如下定义.

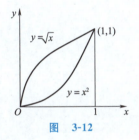

图 3-12

定义 设函数 $f(x)$ 在区间 (a,b) 内可导,如果曲线 $y=f(x)$ 位于每一点切线的上方,即对于任意 $x_0 \in (a,b)$,都有
$$f(x) > f(x_0) + f'(x_0)(x-x_0) \quad (x \in (a,b), x \neq x_0),$$
则称在 (a,b) 内曲线 $f(x)$ 是凹弧.如果曲线 $y=f(x)$ 位于每一点切线的下方,即对于任意 $x_0 \in (a,b)$,都有
$$f(x) < f(x_0) + f'(x_0)(x-x_0) \quad (x \in (a,b), x \neq x_0),$$
则称在 (a,b) 内曲线 $f(x)$ 是凸弧.

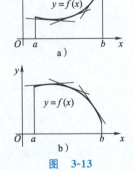

图 3-13

如何能比较简单地利用导数判别曲线的凹凸性呢?进一步考察图 3-13,可以看出,对于凹弧,其上各点的切线的斜率随 x 的增大而变大,即 $f'(x)$ 单调增加,而对于凸弧,其上各点的切线的斜率随 x 的增大而变小,即 $f'(x)$ 单调减少.当函数 $f(x)$ 有二阶导数时,根据 $f''(x)$ 的符号,可以判别 $f'(x)$ 的单调性,因而得到凹凸性的判别法则.

定理 1（凹凸性的充分条件） 设函数 $f(x)$ 在 (a,b) 内有二阶导数.

(1) 如果在 (a,b) 内 $f''(x)>0$,则在 (a,b) 内曲线 $y=f(x)$ 是凹弧；

(2) 如果在 (a,b) 内 $f''(x)<0$,则在 (a,b) 内曲线 $y=f(x)$ 是凸弧.

证 (1) 由于在 (a,b) 内 $f''(x)>0$,故在 (a,b) 内 $f'(x)$ 单调增加,对任意 $x_0\in(a,b)$,当 $x\in(a,b),x<x_0$,根据拉格朗日中值定理,存在 $\xi\in(x,x_0)$,使
$$f(x)-f(x_0)=f'(\xi)(x-x_0),$$
由于 $f'(\xi)<f'(x_0),x-x_0<0$,故
$$f(x)-f(x_0)>f'(x_0)(x-x_0),$$
即
$$f(x)>f(x_0)+f'(x_0)(x-x_0),$$
同样,当 $x\in(a,b),x>x_0$,存在 $\xi\in(x_0,x)$,使
$$f(x)-f(x_0)=f'(\xi)(x-x_0)>f'(x_0)(x-x_0),$$
即
$$f(x)>f(x_0)+f'(x_0)(x-x_0),$$
根据定义得知,在 (a,b) 内曲线 $y=f(x)$ 是凹弧；

(2) 证明与(1)类似.

如果曲线 $y=f(x)$ 在点 $(x_0,f(x_0))$ 连续,并且 $(x_0,f(x_0))$ 是曲线的凹弧与凸弧的分界点,则称 $(x_0,f(x_0))$ 为曲线 $y=f(x)$ 的**拐点**.

根据凹凸性的判别法则可知,如果曲线 $y=f(x)$ 在点 $(x_0,f(x_0))$ 连续,并且在 x_0 的左邻域和右邻域内,$f''(x)$ 改变符号,则 $(x_0,f(x_0))$ 是拐点. 由于使 $f''(x)$ 改变符号的点只可能是 $f''(x)=0$ 的点或 $f''(x)$ 不存在的点,于是可以按如下步骤求拐点：

(1) 求出 $f''(x)=0$ 的点和 $f''(x)$ 不存在的点；

(2) 对于上面求出的每一个 x_0,若 $f(x)$ 在 x_0 处连续,检查 $f''(x)$ 在 x_0 左右两侧邻近的符号,当两侧的符号相反时,点 $(x_0,f(x_0))$ 是拐点,当两侧的符号相同时,点 $(x_0,f(x_0))$ 不是拐点.

例 1 求曲线 $y=(x-1)\sqrt[3]{x^2}$ 的凹凸区间和拐点.

解 $y=x^{\frac{5}{3}}-x^{\frac{2}{3}}$, $y'=\frac{5}{3}x^{\frac{2}{3}}-\frac{2}{3}x^{-\frac{1}{3}}$,

$$y''=\frac{10}{9}x^{-\frac{1}{3}}+\frac{2}{9}x^{-\frac{4}{3}}=\frac{2(5x+1)}{9x^{\frac{4}{3}}},$$

令 $y''=0$,得 $x=-\frac{1}{5}$,又当 $x=0$ 时,y'' 不存在,列表讨论如下：

x	$\left(-\infty, -\dfrac{1}{5}\right)$	$-\dfrac{1}{5}$	$\left(-\dfrac{1}{5}, 0\right)$	0	$(0, +\infty)$
y''	$-$	0	$+$	不存在	$+$
y	$\frown$	$\dfrac{-6}{5\sqrt[3]{5^2}}$	$\smile$		$\smile$

因此在 $\left(-\infty, -\dfrac{1}{5}\right)$ 内曲线是凸弧，在 $\left(-\dfrac{1}{5}, +\infty\right)$ 内曲线是凹弧， $\left(-\dfrac{1}{5}, \dfrac{-6}{5\sqrt[3]{5^2}}\right)$ 是拐点.

如果我们对凹弧与凸弧做进一步的考察，会发现它们的另一个重要的几何特征.

图 3-14a 中的曲线是凹弧，如果在曲线上任取两点，则连接这两点的弦总是位于这两点间的曲线段的上方，特别地，弦的中点位于曲线上具有相同横坐标的点的上方，而图 3-14b 中的曲线是凸弧，如果在曲线上任取两点，则连接这两点的弦总是位于这两点间的曲线段的下方，特别地，弦的中点位于曲线上具有相同横坐标的点的下方，由此经过必要的讨论可以得出下面的定理.

定理 2 设函数 $y = f(x)$ 在 (a, b) 内可导，则有：

(1) 在 (a, b) 内曲线 $y = f(x)$ 是凹弧的充分必要条件是对任意 $x_1, x_2 \in (a, b)$ $(x_1 \neq x_2)$，恒有
$$f\left(\dfrac{x_1 + x_2}{2}\right) < \dfrac{f(x_1) + f(x_2)}{2};$$

(2) 在 (a, b) 内曲线 $y = f(x)$ 是凸弧的充分必要条件是对任意 $x_1, x_2 \in (a, b)$ $(x_1 \neq x_2)$，恒有
$$f\left(\dfrac{x_1 + x_2}{2}\right) > \dfrac{f(x_1) + f(x_2)}{2}.$$

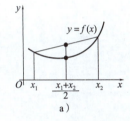

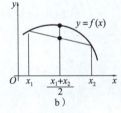

图 3-14

证 (1) 设在 (a, b) 内曲线 $f(x)$ 是凹弧，对任意 $x_1, x_2 \in (a, b)$ $(x_1 \neq x_2)$，令 $x_0 = \dfrac{x_1 + x_2}{2}$，则根据凹弧定义有
$$f(x_1) > f(x_0) + f'(x_0)(x_1 - x_0),$$
$$f(x_2) > f(x_0) + f'(x_0)(x_2 - x_0),$$

两式相加，得
$$f(x_1) + f(x_2) > 2f(x_0) + f'(x_0)(x_1 + x_2 - 2x_0) = 2f(x_0),$$

故
$$f\left(\dfrac{x_1 + x_2}{2}\right) = f(x_0) < \dfrac{f(x_1) + f(x_2)}{2}.$$

反之，设对任意 $x_1, x_2 \in (a, b)$ $(x_1 \neq x_2)$，恒有
$$f\left(\dfrac{x_1 + x_2}{2}\right) < \dfrac{f(x_1) + f(x_2)}{2},$$

即
$$f\left(\dfrac{x_1 + x_2}{2}\right) - f(x_1) < f(x_2) - f\left(\dfrac{x_1 + x_2}{2}\right),$$

为证 $f(x)$ 是凹弧,首先证 $f'(x)$ 单调增加.不妨设 $x_1<x_2$,将 $[x_1,x_2]$ 作 2^n 等分,并对各分点 $x_1,x_1+\frac{1}{2^n}(x_2-x_1),x_1+\frac{1}{2^{n-1}}(x_2-x_1),\cdots,x_2-\frac{1}{2^n}(x_2-x_1),x_2$ 依次利用上面不等式,可以得到

$$f\left(x_1+\frac{1}{2^n}(x_2-x_1)\right)-f(x_1) < f\left(x_1+\frac{1}{2^{n-1}}(x_2-x_1)\right)-f\left(x_1+\frac{1}{2^n}(x_2-x_1)\right)$$
$$< \cdots < f\left(x_2-\frac{1}{2^n}(x_2-x_1)\right)-f\left(x_2-\frac{1}{2^{n-1}}(x_2-x_1)\right)$$
$$< f(x_2)-f\left(x_2-\frac{1}{2^n}(x_2-x_1)\right),$$

故

$$\frac{f\left(x_1+\frac{1}{2^n}(x_2-x_1)\right)-f(x_1)}{\frac{1}{2^n}(x_2-x_1)} < \frac{f(x_2)-f\left(x_2-\frac{1}{2^n}(x_2-x_1)\right)}{\frac{1}{2^n}(x_2-x_1)},$$

由于 $f(x)$ 在 (a,b) 内可导,在上式中令 $n\to\infty$,取极限得
$$f'(x_1) \leqslant f'(x_2),$$
如果 $f'(x_1)=f'(x_2)$,则对任意 $x\in(x_1,x_2)$,用同样方法可证得
$$f'(x_1) \leqslant f'(x) \leqslant f'(x_2),$$
则在 $[x_1,x_2]$ 上,$f'(x)\equiv C(C$ 是常数$)$,

因此 $$f(x)=Cx+d,$$

于是有 $f\left(\frac{x_1+x_2}{2}\right)=\frac{f(x_1)+f(x_2)}{2}$,矛盾,故只能是 $f'(x_1)<f'(x_2)$,即在 (a,b) 内 $f'(x)$ 单调增加.

对任意 $x_0\in(a,b)$,当 $x\in(a,b)$,且 $x>x_0$ 时,由于
$$\frac{f(x)-f(x_0)}{x-x_0}=f'(\xi), \quad \xi\in(x_0,x),$$

及 $f'(x_0)<f'(\xi)$,得 $\quad f'(x_0)<\dfrac{f(x)-f(x_0)}{x-x_0},$

故 $\quad f(x)>f(x_0)+f'(x_0)(x-x_0),$

当 $x\in(a,b)$,且 $x<x_0$ 时,由于
$$\frac{f(x)-f(x_0)}{x-x_0}=f'(\xi), \quad \xi\in(x,x_0),$$

及 $f'(\xi)<f'(x_0)$,得 $\quad \dfrac{f(x)-f(x_0)}{x-x_0}<f'(x_0),$

同样得到 $f(x) > f(x_0) + f'(x_0)(x-x_0)$,
故在 (a,b) 内曲线 $f(x)$ 是凹弧;

(2) 的证明与(1)类似.

根据定理 2, 我们可以利用曲线的凹凸性证明一些不等式.

例 2 证明当 $x>0, y>0, x \neq y$ 时, $xe^x + ye^y > (x+y)e^{\frac{x+y}{2}}$.

证 令 $f(x) = xe^x, f'(x) = e^x + xe^x, f''(x) = (2+x)e^x$,
当 $x>0$ 时, $f''(x)>0$, 故在 $(0, +\infty)$ 内曲线是凹弧,

因此对任意 $x>0, y>0, x \neq y$, 有 $f\left(\dfrac{x+y}{2}\right) < \dfrac{f(x)+f(y)}{2}$,

即 $$\dfrac{x+y}{2}e^{\frac{x+y}{2}} < \dfrac{xe^x + ye^x}{2},$$

故 $$xe^x + ye^y > (x+y)e^{\frac{x+y}{2}}.$$

二、曲线的渐近线

为了更全面地了解函数 $f(x)$ 的性态,我们还要介绍有关渐近线的知识.

如果当曲线上的点沿曲线无限远离原点时,与某一直线 L 的距离趋于零,则称 L 为此曲线的一条渐近线.

下面讨论渐近线的求法.

如果 $\lim\limits_{x \to C^-} f(x) = \infty$ (或 $\lim\limits_{x \to C^+} f(x) = \infty$),则直线 $x = C$ 是曲线 $y = f(x)$ 的**垂直渐近线**.

事实上,当点 $(x, f(x)) \to (C^-, \infty)$ (或 (C^+, ∞)) 时,也就意味着点 $(x, f(x))$ 无限远离原点,此时曲线上的点与直线 $x = C$ 的距离 $|x - C| \to 0$,因而直线 $x = C$ 是曲线 $y = f(x)$ 的渐近线.

例如, $\lim\limits_{x \to \frac{\pi}{2}} \tan x = \infty$, 故 $x = \dfrac{\pi}{2}$ 是曲线 $y = \tan x$ 的垂直渐近线.
又如, $\lim\limits_{x \to 0^+} \ln x = -\infty$, 故 $x = 0$ 是曲线 $y = \ln x$ 的垂直渐近线.

如果 $\lim\limits_{x \to +\infty} f(x) = C$ (或 $\lim\limits_{x \to -\infty} f(x) = C$)($C$ 是常数),则直线 $y = C$ 是曲线 $y = f(x)$ 的**水平渐近线**.

事实上,当点 $(x, f(x)) \to (+\infty, C)$ (或 $(-\infty, C)$) 时,也就意味着点 $(x, f(x))$ 无限远离原点,此时曲线上的点与直线 $y = C$ 的距离 $|f(x) - C| \to 0$,因而直线 $y = C$ 是曲线 $y = f(x)$ 的渐近线.

例如, $\lim\limits_{x \to +\infty} \arctan x = \dfrac{\pi}{2}$, $\lim\limits_{x \to -\infty} \arctan x = -\dfrac{\pi}{2}$, 故 $y = \dfrac{\pi}{2}$ 和 $y = -\dfrac{\pi}{2}$ 都是曲线 $y = \arctan x$ 的水平渐近线. 又如, $\lim\limits_{x \to \infty} \sin \dfrac{1}{x} = 0$, 故 $y = 0$ 是曲线 $y = \sin \dfrac{1}{x}$ 的水平渐近线.

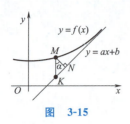

图 3-15

再讨论斜渐近线的求法.

如果曲线有斜渐近线 $y=ax+b$ $(a\neq 0)$,如图 3-15 所示,设 $M(x,f(x))$ 是曲线上的点,过 M 向直线 $y=ax+b$ 作垂线,设垂足为 N,则根据渐近线的定义,

$$\lim_{x\to+\infty}|MN|=0,$$

设 K 是直线 $y=ax+b$ 上以 x 为横坐标的点,MK 与 MN 的夹角为 α,则 α 为常数,且 $\alpha\neq\dfrac{\pi}{2}$,由于 $|MK|=\dfrac{|MN|}{\cos\alpha}$,则

$$\lim_{x\to+\infty}|MN|=0\Leftrightarrow\lim_{x\to+\infty}|MK|=0,$$

即 $\lim\limits_{x\to+\infty}|f(x)-ax-b|=0$, $\lim\limits_{x\to+\infty}(f(x)-ax-b)=0$,

$$\lim_{x\to+\infty}x\left(\dfrac{f(x)}{x}-a-\dfrac{b}{x}\right)=0,$$

于是有

$$\lim_{x\to+\infty}\left(\dfrac{f(x)}{x}-a-\dfrac{b}{x}\right)=0,$$

$$a=\lim_{x\to+\infty}\dfrac{f(x)}{x},\quad b=\lim_{x\to+\infty}[f(x)-ax].$$

由此讨论可得下述结论.

如果极限 $\lim\limits_{x\to+\infty}\dfrac{f(x)}{x}=a$ $(a\neq 0)$ 和 $\lim\limits_{x\to+\infty}[f(x)-ax]=b$ 都存在,则直线 $y=ax+b$ 是曲线 $y=f(x)$ 的一条渐近线. 对 $x\to-\infty$ 有同样的结论.

例 3 求曲线 $y=\dfrac{2x^3}{x^2-3x+2}$ 的渐近线.

解 $$y=\dfrac{2x^3}{(x-1)(x-2)},$$

由于 $\lim\limits_{x\to 1}\dfrac{2x^3}{(x-1)(x-2)}=\infty$, $\lim\limits_{x\to 2}\dfrac{2x^3}{(x-1)(x-2)}=\infty$,

故 $x=1$ 和 $x=2$ 都是曲线的垂直渐近线,由于

$$\lim_{x\to\infty}\dfrac{2x^3}{x^2-3x+2}=\infty,$$

所以曲线没有水平渐近线,由于

$$\lim_{x\to\infty}\dfrac{y}{x}=\lim_{x\to\infty}\dfrac{2x^2}{x^2-3x+2}=2\neq 0,$$

$$\lim_{x\to\infty}(y-2x)=\lim_{x\to\infty}\left(\dfrac{2x^3}{x^2-3x+2}-2x\right)=\lim_{x\to\infty}\dfrac{2(3x^2-2x)}{x^2-3x+2}=6,$$

因此曲线有斜渐近线 $y=2x+6$.

例 4 求曲线 $y=x\ln\left(e+\dfrac{1}{x}\right)$ 的渐近线.

解 当 $e+\dfrac{1}{x}=0$ 时, $x=-\dfrac{1}{e}$, $\lim\limits_{x\to-\frac{1}{e}0}x\ln\left(e+\dfrac{1}{x}\right)=\infty$,

故 $x=-\dfrac{1}{e}$ 是曲线的垂直渐近线,

$$\lim_{x\to\infty} x\ln\left(e+\frac{1}{x}\right) = \infty,$$

所以曲线没有水平渐近线,

$$\lim_{x\to\infty}\frac{y}{x} = \lim_{x\to\infty}\ln\left(e+\frac{1}{x}\right) = 1 \neq 0,$$

又

$$\lim_{x\to\infty}(y-x) = \lim_{x\to\infty}\left[x\ln\left(e+\frac{1}{x}\right) - x\right]$$

$$= \lim_{x\to\infty} x\left[\ln\left(e+\frac{1}{x}\right) - 1\right]$$

$$= \lim_{x\to\infty} \frac{\ln\left(e+\frac{1}{x}\right) - 1}{\frac{1}{x}} \quad \left(\text{令 } t = \frac{1}{x}\right)$$

$$= \lim_{t\to 0}\frac{\ln(e+t)-1}{t} = \lim_{t\to 0}\frac{\frac{1}{e+t}}{1} = \frac{1}{e},$$

因此 $y = x + \dfrac{1}{e}$ 是曲线的斜渐近线.

三、函数作图

为了对函数有一个直观的整体的了解,常常需要做出函数的图形.我们下面所介绍的函数作图是一种定性的作图,要求我们要将曲线的单调性、凹凸性、极值、拐点以及渐近线等性态反映出来,而画出来的曲线在一般点处往往都是近似的.

函数作图的一般步骤如下.

(1) 确定函数 $f(x)$ 的定义域、间断点,判断函数的周期性、奇偶性;

(2) 求出曲线 $y = f(x)$ 的渐近线;

(3) 求 $f'(x)$,并求出所有驻点和不可导点;

(4) 求 $f''(x)$,并求出所有使 $f''(x) = 0$ 的点和 $f''(x)$ 不存在的点;

(5) 根据以上各点列表,讨论曲线在各区间的单调性、极值、凹凸性、拐点;

(6) 作图,一般先画出曲线的渐近线、极值点与极值、拐点,必要时再求出曲线上一些点的坐标,如截距点等,然后按照曲线的单调性和凹凸性描出曲线.

例 5 做出函数 $y = \dfrac{1-2x}{x^2} + 1$ 的图形.

解 函数的定义域为 $(-\infty, 0) \cup (0, +\infty)$,由于

$$\lim_{x\to 0}\left(\frac{1-2x}{x^2}+1\right) = +\infty, \quad \lim_{x\to\infty}\left(\frac{1-2x}{x^2}+1\right) = 1,$$

故 $x=0$ 是垂直渐近线，$y=1$ 是水平渐近线，
$$\lim_{x\to\infty}\frac{y}{x}=\lim_{x\to\infty}\left(\frac{1-2x}{x^3}+\frac{1}{x}\right)=0,$$
因而曲线没有斜渐近线，
$$y'=\frac{-2}{x^3}+\frac{2}{x^2}=\frac{2(x-1)}{x^3},$$
$$y''=\frac{6}{x^4}+\frac{-4}{x^3}=\frac{2(3-2x)}{x^4},$$

令 $y'=0$，得 $x=1$，令 $y''=0$，得 $x=\frac{3}{2}$，列表讨论如下：

x	$(-\infty,0)$	0	$(0,1)$	1	$\left(1,\frac{3}{2}\right)$	$\frac{3}{2}$	$\left(\frac{3}{2},+\infty\right)$
y'	+		−	0	+		+
y''	+		+		+	0	−
y	↗	间断	↘	极小值 0	↗	拐点 $\left(\frac{3}{2},\frac{1}{9}\right)$	↗

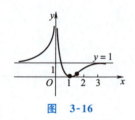

图 3-16

做出函数的图形如图 3-16 所示.

例 6 做出函数 $y=(x+2)\mathrm{e}^{\frac{1}{x}}$ 的图形.

解 函数的定义域为 $(-\infty,0)\cup(0,+\infty)$，由于
$$\lim_{x\to0^-}(x+2)\mathrm{e}^{\frac{1}{x}}=0,\quad \lim_{x\to0^+}(x+2)\mathrm{e}^{\frac{1}{x}}=+\infty,$$
故 $x=0$ 为垂直渐近线（只在 $x>0$ 一侧），

由于 $\lim\limits_{x\to\infty}(x+2)\mathrm{e}^{\frac{1}{x}}=\infty$，曲线不存在水平渐近线，
$$\lim_{x\to\infty}\frac{y}{x}=\lim_{x\to\infty}\left(1+\frac{2}{x}\right)\mathrm{e}^{\frac{1}{x}}=1,$$
$$\lim_{x\to\infty}(y-x)=\lim_{x\to\infty}[(x+2)\mathrm{e}^{\frac{1}{x}}-x]=\lim_{x\to\infty}x(\mathrm{e}^{\frac{1}{x}}-1)+\lim_{x\to\infty}2\mathrm{e}^{\frac{1}{x}}$$
$$=\lim_{x\to\infty}x\cdot\frac{1}{x}+2=1+2=3,$$
故 $y=x+3$ 为斜渐近线，
$$y'=\mathrm{e}^{\frac{1}{x}}+(x+2)\mathrm{e}^{\frac{1}{x}}\frac{-1}{x^2}=\frac{x^2-x-2}{x^2}\mathrm{e}^{\frac{1}{x}},$$
令 $y'=0$，得 $x=-1,x=2$（当 $x=0$ 时，y' 不存在，但此时函数没有定义，故不考虑此点），
$$y''=\mathrm{e}^{\frac{1}{x}}\frac{-1}{x^2}-\left(-\frac{1}{x^2}-\frac{4}{x^3}\right)\mathrm{e}^{\frac{1}{x}}-\left(\frac{1}{x}+\frac{2}{x^2}\right)\mathrm{e}^{\frac{1}{x}}\left(-\frac{1}{x^2}\right)$$
$$=\frac{5x+2}{x^4}\mathrm{e}^{\frac{1}{x}},$$
令 $y''=0$，得 $x=-\frac{2}{5}$，列表讨论如下：

x	$(-\infty,-1)$	-1	$\left(-1,\dfrac{2}{5}\right)$	$-\dfrac{2}{5}$	$\left(-\dfrac{2}{5},0\right)$	0	$(0,2)$	2	$(2,+\infty)$
y'	$+$	0	$-$		$-$		$-$	0	$+$
y''	$-$		$-$	0	$+$		$+$		$+$
y	↗	极大值 e^{-1}	↘	拐点	↘	间断	↘	极小值 $4e^{\frac{1}{2}}$	↗

其中拐点坐标为 $\left(-\dfrac{2}{5},\dfrac{8}{5}e^{-\frac{5}{2}}\right)$，做出函数的图形如图 3-17 所示．

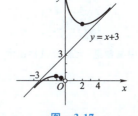

图 3-17

习题 3-4

1. 求下列曲线的凹凸区间和拐点：

    (1) $y=\dfrac{x}{1+x^2}$；　　　(2) $y=xe^x+1$；

    (3) $y=\dfrac{2x}{\ln x}$；　　　(4) $y=x+\dfrac{x}{x-1}$；

    (5) $y=x+\sin x$；　　　(6) $y=e^{\arctan x}$．

2. 证明下列不等式：

    (1) $\dfrac{1}{2}(x^n+y^n)>\left(\dfrac{x+y}{2}\right)^n$　$(x>0,y>0,x\neq y,n>1)$；

    (2) $\dfrac{e^x+e^y}{2}>e^{\frac{x+y}{2}}$　$(x\neq y)$；

    (3) $x\ln x+y\ln y>(x+y)\ln\dfrac{x+y}{2}$　$(x>0,y>0,x\neq y)$．

3. 证明曲线 $y=\dfrac{x-1}{x^2+1}$ 有三个拐点且位于同一直线上．

4. 问 a,b 为何值时，点 $(1,3)$ 为曲线 $y=ax^3+bx^2$ 的拐点？

5. 试决定 a,b,c,d 的值，使得曲线 $y=ax^3+bx^2+cx+d$ 当 $x=-2$ 时有水平切线，以 $(1,-10)$ 为拐点，且经过点 $(-2,44)$．

6. 试决定 $y=k(x^2-3)^2$ 中 k 的值，使曲线的拐点处的法线经过原点．

7. 求下列曲线的渐近线：

    (1) $y=e^{\frac{1}{x}}-1$；　　　(2) $y=\dfrac{(x+1)^3}{(x-1)^2}$；

    (3) $y=\sqrt[3]{\dfrac{x}{x-2}}$；　　　(4) $y=\dfrac{x^2}{\sqrt{x^2-1}}$；

    (5) $y=x+\arctan x$；　　　(6) $y=e^{\frac{1}{x^2}}\arctan\dfrac{x^2+x+1}{(x-1)(x+2)}$．

8. 画出下列函数的图形：

(1) $y = e^{-x^2}$； (2) $y = \dfrac{x^2 - 2x + 2}{x - 1}$；

(3) $y = \sqrt[3]{6x^2 - x^3}$.

第五节　曲线的曲率

中国创造：大跨径拱桥技术

本节要讨论导数的另一个应用：利用导数研究曲线的弯曲程度．曲线的弯曲程度具有重要的意义．我们将用一个被称为曲率的数量来刻画曲线的弯曲程度．为了能比较方便地计算曲率，在给出曲率的定义前，首先介绍有关弧微分的知识．

一、弧微分

如果曲线上每一点都有切线，并且当点沿着曲线连续移动时，曲线的切线连续转动（即切线的倾角连续变化），则将此曲线称为**光滑曲线**．

本节的讨论都是针对光滑曲线的．

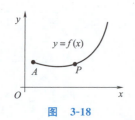

图 3-18

当曲线方程为 $y = f(x)\,(a \leqslant x \leqslant b)$ 时，如图 3-18 所示，如在曲线上取左端点 $A(a, f(a))$ 作为量度弧长的起点，对曲线上任意一点 $P(x, y)$，记曲线段 $\overparen{AP}$ 的长度（称为弧长）为 $s = s(x)$，则 $s(x)$ 是 x 的单调增加函数．

当 $s(x)$ 是可导函数时，可以证明（证明见第四章第七节）

$$\dfrac{\mathrm{d}s}{\mathrm{d}x} = \sqrt{1 + (y')^2},$$

于是得弧微分

$$\mathrm{d}s = \sqrt{1 + (y')^2}\,\mathrm{d}x.$$

由于 $\mathrm{d}y = y'\mathrm{d}x$，故上式也可以写成

$$(\mathrm{d}s)^2 = (\mathrm{d}x)^2 + (\mathrm{d}y)^2.$$

图 3-19

我们来考察一下弧微分 $\mathrm{d}s$ 的几何意义．如图 3-19 所示，做出曲线在点 P 处的切线，此切线的倾角为 α，根据勾股定理和微分的几何意义，得

$$PA^2 = PB^2 + AB^2 = (\mathrm{d}x)^2 + (\mathrm{d}y)^2,$$

因此 $|\mathrm{d}s|$ 等于切线上线段 $\overline{PA}$ 的长．

二、曲线的曲率

1. 曲率的定义

为了能够定量地描述曲线的弯曲程度，我们来考察一下哪些数量能反映曲线的弯曲程度．

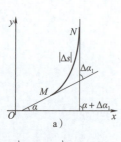

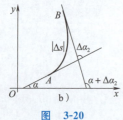

图 3-20

图 3-20a 中的曲线 $\overparen{MN}$ 与图 3-20b 中的曲线 $\overparen{AB}$ 的弧长相同．当点沿 $\overparen{MN}$ 由点 M 连续移动到点 N 时，其切线也随之连续转动，切线

倾角由 α 连续地变到 $\alpha+\Delta\alpha_1$. 我们将角 $\Delta\alpha_1$ 称为转角.当点沿曲线 $\overset{\frown}{AB}$ 由点 A 连续移动到点 B 时，其切线的转角为 $\Delta\alpha_2$.可以看出, $|\Delta\alpha_2|>|\Delta\alpha_1|$,并且 $\overset{\frown}{AB}$ 的弯曲程度比 $\overset{\frown}{MN}$ 的弯曲程度要大一些.因此切线的转角可以反映曲线的弯曲程度, $|\Delta\alpha|$ 越大,曲线弯得越厉害.但是切线的转角还不能完全反映曲线的弯曲程度,再考察图 3-21,其中曲线 $\overset{\frown}{AB}$ 与 $\overset{\frown}{MN}$ 的切线转角是相同的, $\overset{\frown}{MN}$ 的弧长为 $|\Delta s_1|$, $\overset{\frown}{AB}$ 的弧长为 $|\Delta s_2|$,可以看出, $|\Delta s_1|>|\Delta s_2|$,并且 $\overset{\frown}{AB}$ 比 $\overset{\frown}{MN}$ 弯曲得厉害一些.因而曲线的弯曲程度还与曲线的弧长有关, $|\Delta s|$ 越小,曲线弯曲得越厉害.因此有如下定义.

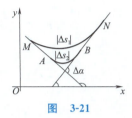

图 3-21

定义 设 C 是一光滑曲线, P_0 是曲线 C 上一点, P 是曲线 C 上另一点,记 $\overset{\frown}{P_0P}$ 的弧长为 $|\Delta s|$,切线转角为 $\Delta\alpha$,称比值 $\left|\dfrac{\Delta\alpha}{\Delta s}\right|$ 为曲线段 $\overset{\frown}{P_0P}$ 的平均曲率,记作 $\overline{K}$,即 $\overline{K}=\left|\dfrac{\Delta\alpha}{\Delta s}\right|$,当点 P 沿曲线 C 趋于 P_0 时,即 $\Delta s\to 0$ 时,如果此平均曲率的极限存在,则称此极限为曲线 C 在点 P_0 处的曲率,记作 K,即

$$K=\lim_{\Delta s\to 0}\left|\dfrac{\Delta\alpha}{\Delta s}\right|.$$

在 $\lim\limits_{\Delta s\to 0}\dfrac{\Delta\alpha}{\Delta s}$ 存在的条件下, K 也可以表示成为

$$K=\left|\lim_{\Delta s\to 0}\dfrac{\Delta\alpha}{\Delta s}\right|=\left|\dfrac{\mathrm{d}\alpha}{\mathrm{d}s}\right|.$$

$\overline{K}$ 刻画了曲线 $\overset{\frown}{P_0P}$ 的平均弯曲程度,而 K 体现的是曲线在一点处的弯曲程度. K 越大,曲线弯曲得越厉害.

例 1 (1) 求直线上任一点处的曲率；

(2) 求半径为 R 的圆上任一点处的曲率.

解 (1) 对直线上任意一段线段,显然总有 $\Delta\alpha=0$,故

$$K=\lim_{\Delta s\to 0}\left|\dfrac{\Delta\alpha}{\Delta s}\right|=0,$$

即直线上任一点处的曲率都是 0;

(2) 设 P_0 是圆上任一点(见图 3-22), P 是圆上另一点, $\overset{\frown}{P_0P}$ 的转角为 $\Delta\alpha$,圆心角为 θ,则 $|\Delta\alpha|=\theta$,又 $|\Delta s|=R\theta$,故

$$K=\lim_{\Delta s\to 0}\left|\dfrac{\Delta\alpha}{\Delta s}\right|=\lim_{\Delta s\to 0}\dfrac{\theta}{R\theta}=\dfrac{1}{R},$$

即圆上各点处的曲率是相等的,都等于其半径的倒数.

2. 曲率的计算公式

一般情况下,很难像直线和圆那样利用定义求得曲线的曲率.下面我们要推导出便于实际计算的曲率的公式.

设曲线方程为 $y=f(x)$,其中 $f(x)$ 具有二阶导数(此时

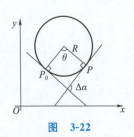

图 3-22

$f'(x)$ 连续,故曲线是光滑的),由于

$$K = \left|\frac{d\alpha}{ds}\right| = \left|\frac{\frac{d\alpha}{dx}}{\frac{ds}{dx}}\right|,$$

根据公式 $\frac{ds}{dx} = \sqrt{1+(y')^2}$, 又根据导数的几何意义,

$$\tan\alpha = y', \quad \alpha = \arctan y',$$

$$\frac{d\alpha}{dx} = \frac{y''}{1+(y')^2},$$

因此得

$$\boxed{K = \frac{|y''|}{(1+(y')^2)^{\frac{3}{2}}}}. \tag{1}$$

这就是曲率的计算公式.

如果曲线由参数方程 $\begin{cases} x = x(t) \\ y = y(t) \end{cases}$ 给出,其中 $x(t), y(t)$ 都有二阶导数,则由于

$$\frac{dy}{dx} = \frac{y'(t)}{x'(t)}, \quad \frac{d^2 y}{dx^2} = \frac{y''(t)x'(t) - y'(t)x''(t)}{(x'(t))^3},$$

代入式(1)便得到

$$\boxed{K = \frac{|x'(t)y''(t) - x''(t)y'(t)|}{[(x'(t))^2 + (y'(t))^2]^{\frac{3}{2}}}}. \tag{2}$$

如果曲线由极坐标方程 $\rho = \rho(\theta)$ 给出,其中 $\rho(\theta)$ 具有二阶导数,则利用 $x = \rho(\theta)\cos\theta, y = \rho(\theta)\sin\theta$ 及式(2)可以得到

$$\boxed{K = \frac{|\rho^2(\theta) + 2(\rho'(\theta))^2 - \rho(\theta)\rho''(\theta)|}{(\rho^2(\theta) + (\rho'(\theta))^2)^{\frac{3}{2}}}}. \tag{3}$$

式(2)与式(3)都不易记住,因而最好掌握此二式的推导方法.

例 2 求抛物线 $y^2 = 4x$ 在点 $(1,2)$ 处的曲率.

解 点 $(1,2)$ 在抛物线的上半支上,故 $y = 2\sqrt{x}$,

$$y' = \frac{1}{\sqrt{x}}, \quad y'' = \frac{-1}{2x^{\frac{3}{2}}}, \quad y'|_{x=1} = 1, \quad y''|_{x=1} = -\frac{1}{2},$$

因此所求曲率为

$$K = \frac{\left|-\frac{1}{2}\right|}{(1+1^2)^{\frac{3}{2}}} = \frac{1}{4\sqrt{2}}.$$

例 3 求立方抛物线 $y = ax^3$ 上任一点的曲率.

解 $\quad y' = 3ax^2, \quad y'' = 6ax,$

代入曲率公式得

$$K = \frac{|6ax|}{(1+9a^2x^4)^{\frac{3}{2}}}.$$

例 4 求摆线 $\begin{cases} x = a(t - \sin t) \\ y = a(1 - \cos t) \end{cases}$ $(a > 0)$ 上任一点处的曲率.

解 $\dfrac{dy}{dx} = \dfrac{\dfrac{dy}{dt}}{\dfrac{dx}{dt}} = \dfrac{a \sin t}{a(1 - \cos t)} = \dfrac{2 \sin \dfrac{t}{2} \cos \dfrac{t}{2}}{2 \sin^2 \dfrac{t}{2}} = \cot \dfrac{t}{2}$,

$\dfrac{d^2 y}{dx^2} = \dfrac{\dfrac{d}{dt} \cot \dfrac{t}{2}}{\dfrac{dx}{dt}} = \dfrac{-\dfrac{1}{\sin^2 \dfrac{t}{2}} \dfrac{1}{2}}{a(1-\cos t)} = \dfrac{-\dfrac{1}{2 \sin^2 \dfrac{t}{2}}}{2 a \sin^2 \dfrac{t}{2}} = -\dfrac{1}{4 a \sin^4 \dfrac{t}{2}}$,

利用式(1), 得

$$K = \dfrac{\left| -\dfrac{1}{4a \sin^4 \dfrac{t}{4}} \right|}{\left(1 + \cot^2 \dfrac{t}{2}\right)^{\frac{3}{2}}} = \dfrac{\dfrac{1}{4a \sin^4 \dfrac{t}{2}}}{\left(\dfrac{1}{\sin^2 \dfrac{t}{2}}\right)^{\frac{3}{2}}} = \dfrac{1}{4a \left| \sin \dfrac{t}{2} \right|}.$$

三、曲率圆

如图 3-23 所示, 设 P 是曲线 C 上一点, 且设曲线在点 P 处的曲率 $K \neq 0$, 称 $R = \dfrac{1}{K}$ 为曲线在点 P 处的**曲率半径**. 做出曲线在 P 点的法线, 在曲线凹向一侧的法线上取一点 M, 使 $PM = R$, 称点 M 为曲线在点 P 处的**曲率中心**, 以点 M 为圆心, 以 R 为半径做一圆, 将此圆称为曲线在点 P 处的**曲率圆**.

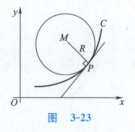

图 3-23

由此定义可知, 曲率圆与曲线在点 P 处的切线是相同的, 曲率也是相同的.

下面求曲率中心的坐标.

设曲线方程为 $y = f(x)$, 其中 $f(x)$ 具有二阶导数, 设曲线在点 $P(x, y)$ 处的曲率中心为 $M(\xi, \eta)$ (见图 3-24), PT 是曲线在 P 处的切线, 则根据曲率中心的定义, $PM \perp PT$, 由于 PM 的斜率为 $\dfrac{y - \eta}{x - \xi}$, PT 的斜率为 y', 故有

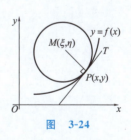

图 3-24

$$-\dfrac{x - \xi}{y - \eta} = y', \tag{4}$$

又由于 $PM = R = \dfrac{1}{K}$, 故有

$$(x - \xi)^2 + (y - \eta)^2 = R^2 = \dfrac{(1 + (y')^2)^3}{(y'')^2}, \tag{5}$$

由式(4)得

$$x - \xi = -(y - \eta) y', \tag{6}$$

将式(6)代入式(5), 得

$$(y-\eta)^2(1+(y')^2) = \frac{(1+(y')^2)^3}{(y'')^2},$$

故 $\quad (y-\eta)^2 = \frac{(1+(y')^2)^2}{(y'')^2}, \quad y-\eta = \pm\frac{1+(y')^2}{y''},$ (7)

当 $y''>0$ 时,曲线为凹弧,点 M 在点 P 的上方,有 $y-\eta<0$,当 $y''<0$ 时,曲线为凸弧,点 M 在点 P 的下方,有 $y-\eta>0$,故式(7)中应取负号,即

$$y-\eta = -\frac{1+(y')^2}{y''},$$

再由式(6),得 $\quad x-\xi = y'\frac{1+(y')^2}{y''},$

于是得曲线在点 $P(x,y)$ 处曲率中心的坐标为

$$\boxed{\begin{cases}\xi = x - \dfrac{y'(1+(y')^2)}{y''},\\ \eta = y + \dfrac{1+(y')^2}{y''}.\end{cases}}$$

例 5 求双曲线 $xy=1$ 在点 $(1,1)$ 处的曲率圆的方程.

解 $\quad y = \dfrac{1}{x}, \quad y' = -\dfrac{1}{x^2}, \quad y'' = \dfrac{2}{x^3},$

$$y'|_{x=1} = -1, \quad y''|_{x=1} = 2,$$

曲率半径 $\quad R = \dfrac{(1+(y')^2)^{\frac{3}{2}}}{|y''|}\Big|_{x=1} = \sqrt{2},$

曲率中心的坐标为

$$\xi = 1 - \frac{-1(1+1^2)}{2} = 2, \quad \eta = 1 + \frac{1+1^2}{2} = 2,$$

于是得曲率圆的方程

$$(x-2)^2 + (y-2)^2 = 2.$$

例 6 求摆线 $\begin{cases}x=a(t-\sin t)\\ y=a(1-\cos t)\end{cases}$,上在 $t=\pi$ 的点处的曲率圆方程.

解 $t=\pi$ 时,$x=a\pi, y=2a$,由例 4,有

$$\frac{\mathrm{d}y}{\mathrm{d}x} = \cot\frac{t}{2}, \quad \frac{\mathrm{d}^2y}{\mathrm{d}x^2} = -\frac{1}{4a\sin^4\frac{t}{2}}, \quad K = \frac{1}{4a\left|\sin\frac{t}{2}\right|},$$

故 $R = 4a\left|\sin\dfrac{t}{2}\right|_{t=\pi} = 4a, \quad \dfrac{\mathrm{d}y}{\mathrm{d}x}\Big|_{t=\pi} = 0, \quad \dfrac{\mathrm{d}^2y}{\mathrm{d}x^2}\Big|_{t=\pi} = -\dfrac{1}{4a},$

故曲率中心的坐标为

$$\xi = a\pi - 0 = a\pi, \quad \eta = 2a + \frac{1}{-\dfrac{1}{4a}} = -2a,$$

于是得曲率圆的方程

$$(x-a\pi)^2 + (y+2a)^2 = 16a^2.$$

习题 3-5

1. 求下列函数的弧微分：

   (1) $y=\ln(1-x^2)$；
   (2) $y=a\operatorname{ch}\dfrac{x}{a}$；
   (3) $\begin{cases} x=a\cos^3 t, \\ y=a\sin^3 t; \end{cases}$
   (4) $\rho=a(1+\cos\theta)$.

2. 求下列曲线在指定点处的曲率：

   (1) $y=a\operatorname{ch}\dfrac{x}{a}$，在点 $(a,a\operatorname{ch}1)$ 处；
   (2) $y=x^2-4x$，在点 $(0,0)$ 处；
   (3) $4x^2+y^2=4$，在点 $(0,2)$ 处；
   (4) $x^2-xy+y^2=1$，在点 $(1,1)$ 处；
   (5) $y^2=x^3$，在点 $(4,8)$ 处.

3. 求下列曲线在指定点处的曲率半径和曲率圆：

   (1) $y=\tan x$，在点 $\left(\dfrac{\pi}{4},1\right)$ 处；
   (2) $y=e^{-x^2}$，在点 $(0,1)$ 处；
   (3) $\begin{cases} x=3t^2, \\ y=3t-t^2, \end{cases}$ 在 $t=1$ 处.

4. 求曲线 $y=\ln x$ 上曲率半径最小的点及最小的曲率半径.

5. 确定数 k 与 b 的值，使直线 $y=kx+b$ 与曲线 $y=x^3-3x^2+2$ 相切，并使曲线在切点处的曲率为零.

6. 确定 a,b,c 的值，使抛物线 $y=ax^2+bx+c$ 在 $x=0$ 处与曲线 $y=e^x$ 相切又有共同的曲率半径.

7. 证明曲线 $x+y=ax^2+by^2+cx^3$ 在原点处的曲率圆为
$$(a+b)(x^2+y^2)=2(x+y).$$

第六节 泰勒公式

一、泰勒定理

用简单函数逼近（即近似表示）复杂函数是数学中的一种基本思想方法，它在近似计算和理论研究中都是很重要的. 由于多项式是比较简单的函数，便于利用计算机计算，因此我们希望能用多项式逼近复杂函数.

由第二章微分一节我们知道，当 $f(x)$ 在点 x_0 可导，且 $f'(x_0)\neq 0$ 时，有
$$f(x)=f(x_0)+f'(x_0)(x-x_0)+o(x-x_0),$$

于是当 $|x-x_0|$ 比较小时,有
$$f(x) \approx f(x_0) + f'(x_0)(x-x_0), \quad 误差为 o(x-x_0).$$

上式右端是一个关于 $x-x_0$ 的一次多项式.如果在近似计算中要求更高的精确度,例如误差为 $o((x-x_0)^n)$,即当 $x \to x_0$ 时,误差为 $(x-x_0)^n$ 的高阶无穷小,则上面的近似计算公式便无法满足要求了.我们很自然地想到,能否用 $x-x_0$ 的 n 次多项式近似地表示函数 $f(x)$,并使当 $x \to x_0$ 时,函数 $f(x)$ 与这个多项式的差是 $o((x-x_0)^n)$.为了找到这样的多项式,我们先考虑一个特殊情况:$f(x)$ 本身就是一个关于 $x-x_0$ 的多项式,即
$$f(x) = a_0 + a_1(x-x_0) + a_2(x-x_0)^2 + \cdots + a_n(x-x_0)^n,$$
我们来考察一下这个多项式各项的系数与 $f(x)$ 及其导数有什么关系.上式两端求导,得
$$f'(x) = a_1 + 2a_2(x-x_0) + \cdots + na_n(x-x_0)^{n-1},$$
$$f''(x) = 2a_2 + 3 \times 2a_3(x-x_0) + \cdots + n(n-1)a_n(x-x_0)^{n-2},$$
$$\vdots$$
$$f^{(n)}(x) = n!\, a_n,$$
在上面各式中令 $x=x_0$,则可以得到
$$a_0 = f(x_0), \quad a_1 = f'(x_0), \quad a_2 = \frac{f''(x_0)}{2!},$$
$$a_3 = \frac{f'''(x_0)}{3!}, \cdots, \quad a_n = \frac{f^n(x_0)}{n!},$$
于是有
$$f(x) = f(x_0) + f'(x_0)(x-x_0) + \frac{f''(x_0)}{2!}(x-x_0)^2 + \cdots +$$
$$\frac{f^{(n)}(x_0)}{n!}(x-x_0)^n, \tag{1}$$
即如果 $f(x)$ 是一个关于 $x-x_0$ 的 n 次多项式,它一定可以写成式(1) 的形式.

如果 $f(x)$ 是一个一般的函数,并且设 $f(x)$ 在点 x_0 有 n 阶导数,我们提出这样一个问题:能否用一个形如式(1) 右端的多项式来近似 $f(x)$,并使误差为 $o((x-x_0)^n)$ 呢?

让我们来讨论一下.令
$$P_n(x) = f(x_0) + f'(x_0)(x-x_0) + \frac{f''(x_0)}{2!}(x-x_0)^2 + \cdots +$$
$$\frac{f^{(n)}(x_0)}{n!}(x-x_0)^n,$$
$$R_n(x) = f(x) - P_n(x),$$
我们要讨论是否有 $R_n(x) = o((x-x_0)^n)$,即是否有 $\lim\limits_{x \to x_0} \dfrac{R_n(x)}{(x-x_0)^n} = 0$.

由于 $f(x)$ 与 $P_n(x)$ 都在 x_0 处有 n 阶导数,故 $R_n(x)$ 也在 x_0 处有 n 阶导数,并且由

$$f^{(k)}(x_0) = P_n^{(k)}(x_0) \quad (k=0,1,2,\cdots,n),$$

可以得出

$$R_n(x_0)=0, \quad R_n'(x_0)=0, \quad R_n''(x_0)=0, \cdots, \quad R_n^{(n)}(x_0)=0,$$

连续 $n-1$ 次利用洛必达法则,并对 $R_n^{(n-1)}(x)$ 利用微分定义,得

$$\begin{aligned}\lim_{x\to x_0}\frac{R_n(x)}{(x-x_0)^n} &= \lim_{x\to x_0}\frac{R_n'(x)}{n(x-x_0)^{n-1}} \\ &= \lim_{x\to x_0}\frac{R_n''(x)}{n(n-1)(x-x_0)^{n-2}} = \cdots \\ &= \lim_{x\to x_0}\frac{R_n^{(n-1)}(x)}{n!\,(x-x_0)} \\ &= \lim_{x\to x_0}\frac{R_n^{(n-1)}(x_0)+R_n^{(n)}(x_0)(x-x_0)+o(x-x_0)}{n!\,(x-x_0)} \\ &= \lim_{x\to x_0}\frac{o(x-x_0)}{n!\,(x-x_0)} = 0,\end{aligned}$$

由此可见,当 $x\to x_0$ 时,$R_n(x)=f(x)-P_n(x)=o((x-x_0)^n)$,故

$$f(x)=P_n(x)+o((x-x_0)^n).$$

归纳以上讨论,得到下面定理.

泰勒定理 1 设函数 $f(x)$ 在 x_0 的某邻域内有 $n-1$ 阶导数,在 x_0 处有 n 阶导数,则对于此邻域内的 x,有

$$f(x) = f(x_0) + f'(x_0)(x-x_0) + \frac{f''(x_0)}{2!}(x-x_0)^2 + \cdots + \frac{f^{(n)}(x_0)}{n!}(x-x_0)^n + o((x-x_0)^n) \tag{2}$$

式(2)称为函数 $f(x)$ 在点 x_0 处带皮亚诺余项的 n 阶泰勒公式,式中 $R_n(x)=o((x-x_0)^n)$ 称为这个泰勒公式的皮亚诺(Peano)型余项,式(2)右端的多项式

$$P_n(x) = f(x_0) + f'(x_0)(x-x_0) + \frac{f''(x_0)}{2!}(x-x_0)^2 + \cdots + \frac{f^{(n)}(x_0)}{n!}(x-x_0)^n$$

称为 $f(x)$ 在点 x_0 处的 n 阶泰勒多项式.

泰勒公式的余项 $R_n(x)$ 当 $x\to x_0$ 时是 $(x-x_0)^n$ 的高阶无穷小,那么,我们再提出进一步的问题:是否可以将 $R_n(x)$ 写成 $\alpha(x-x_0)^{n+1}$(其中 α 待定)的形式呢? 即是否有

$$R_n(x)=f(x)-P_n(x)=\alpha(x-x_0)^{n+1},$$

此式等价于

$$\frac{R_n(x)}{(x-x_0)^{n+1}}=\alpha.$$

下面我们做进一步的讨论.

记 $g(x)=(x-x_0)^{n+1}$,显然有

$$g(x_0)=0, g'(x_0)=0,\cdots,g^{(n)}(x_0)=0, g^{(n+1)}(x)=(n+1)!,$$

如果设 $f(x)$ 在点 x_0 的某邻域内有 $n+1$ 阶导数,则由前面的讨论已知

$$R_n(x_0)=0,\quad R_n'(x_0)=0,\quad R_n''(x_0)=0,\cdots,\quad R_n^{(n)}(x_0)=0,$$

并且 $R_n^{(n+1)}(x)=f^{(n+1)}(x)$,

连续 $n+1$ 次利用柯西中值定理,得

$$\frac{R_n(x)}{(x-x_0)^{n+1}} = \frac{R_n(x)}{g(x)} = \frac{R_n(x)-R_n(x_0)}{g(x)-g(x_0)}$$

$$= \frac{R_n'(\xi_1)}{g'(\xi_1)} \quad (\xi_1 \text{ 在 } x_0 \text{ 与 } x \text{ 之间})$$

$$= \frac{R_n'(\xi_1)-R_n'(x_0)}{g'(\xi_1)-g'(x_0)} = \frac{R_n''(\xi_2)}{g''(\xi_2)} \quad (\xi_2 \text{ 在 } x_0 \text{ 与 } \xi_1 \text{ 之间})$$

$$= \cdots = \frac{R_n^{(n)}(\xi_n)}{g^{(n)}(\xi_n)} \quad (\xi_n \text{ 在 } x_0 \text{ 与 } \xi_{n-1} \text{ 之间})$$

$$= \frac{R_n^{(n)}(\xi_n)-R_n^{(n)}(x_0)}{g^{(n)}(\xi_n)-g^{(n)}(x_0)} = \frac{R_n^{(n+1)}(\xi)}{g^{(n+1)}(\xi)} = \frac{f^{(n+1)}(\xi)}{(n+1)!},$$

(其中 ξ 在 x_0 与 ξ_n 之间,因而在 x_0 与 x 之间),因此有

$$R_n(x) = \frac{f^{(n+1)}(\xi)}{(n+1)!}(x-x_0)^{n+1}.$$

故只要将泰勒定理 1 中对 $f(x)$ 所要求的条件再加强一点,就可以使余项具有这样的形式. 我们由这个讨论可以归纳出另一个定理.

泰勒定理 2 设函数 $f(x)$ 在点 x_0 的某邻域内有 $n+1$ 阶导数,则对此邻域内的 x,有

$$f(x) = f(x_0) + f'(x_0)(x-x_0) + \frac{f''(x_0)}{2!}(x-x_0)^2 + \cdots +$$

$$\frac{f^{(n)}(x_0)}{n!}(x-x_0)^n + \frac{f^{(n+1)}(\xi)}{(n+1)!}(x-x_0)^{n+1}, \tag{3}$$

其中 ξ 是 x_0 与 x 之间的某个值. 式(3)称为函数 $f(x)$ 在点 x_0 处带**拉格朗日余项**的 n 阶泰勒公式,式中 $R_n(x) = \frac{f^{(n+1)}(\xi)}{(n+1)!}(x-x_0)^{n+1}$ 称为**拉格朗日**(Lagrange)**型余项**.

拉格朗日余项中的 ξ 也可以写成 $x_0+\theta(x-x_0)$,其中 $0<\theta<1$.

当 $x_0=0$ 时,泰勒公式就成为

$$f(x) = f(0) + f'(0)x + \frac{f''(0)}{2!}x^2 + \cdots + \frac{f^{(n)}(0)}{n!}x^n + R_n(x), \tag{4}$$

其中 $R_n(x)=o(x^n)$ 或 $R_n(x)=\frac{f^{(n+1)}(\xi)}{(n+1)!}x^{n+1}$ (ξ 在 0 与 x 之间),此式也可以写成 $R_n(x)=\frac{f^{(n+1)}(\theta x)}{(n+1)!}x^{n+1}$ ($0<\theta<1$),式(4)称为麦

克劳林(Maclaurin)公式,它是泰勒公式的一个极其重要的特殊情况.

二、几个初等函数的麦克劳林公式

1. 指数函数 $f(x) = e^x$ 的麦克劳林公式

由于 $f^{(k)}(x) = e^x, k = 0, 1, 2, \cdots$, 有

$$f(0) = f'(0) = \cdots = f^{(n)}(0) = 1, \quad f^{(n+1)}(x) = e^x,$$

代入式(4),得

$$e^x = 1 + x + \frac{x^2}{2!} + \frac{x^3}{3!} + \cdots + \frac{x^n}{n!} + \frac{e^{\theta x}}{(n+1)!}x^{n+1} \quad (0 < \theta < 1).$$

此即 e^x 的 n 阶麦克劳林公式(其中 $x \in (-\infty, +\infty)$).

2. 正弦函数 $f(x) = \sin x$ 和余弦函数 $f(x) = \cos x$ 的麦克劳林公式

对函数 $f(x) = \sin x$, 由第二章高阶导数一节可知

$$f'(x) = \sin\left(x + \frac{\pi}{2}\right), \quad f''(x) = \sin\left(x + \frac{2\pi}{2}\right), \cdots,$$

$$f^{(k)}(x) = \sin\left(x + \frac{k\pi}{2}\right),$$

故 $f(0) = 0, \quad f'(0) = 1, \quad f''(0) = 0, \quad f'''(0) = -1, \cdots$

$$f^{(k)}(0) = \sin\frac{k\pi}{2} = \begin{cases} (-1)^{m-1}, & k = 2m - 1, \\ 0, & k = 2m, \end{cases}$$

于是得

$$\sin x = x - \frac{x^3}{3!} + \frac{x^5}{5!} + \cdots + (-1)^{m-1}\frac{x^{2m-1}}{(2m-1)!} + R_{2m},$$

$$其中 R_{2m} = \frac{\sin\left(\theta x + \frac{(2m+1)\pi}{2}\right)}{(2m+1)!}x^{2m+1}$$

$$= o(x^{2m}) \quad (0 < \theta < 1).$$

此式称为 $\sin x$ 的 $2m$ 阶麦克劳林公式(其中 $x \in (-\infty, +\infty)$).

类似地,可以得到

$$\cos x = 1 - \frac{x^2}{2!} + \frac{x^4}{4!} + \cdots + (-1)^m\frac{x^{2m}}{(2m)!} + R_{2m+1},$$

$$其中 R_{2m+1} = \frac{\cos(\theta x + (m+1)\pi)}{(2m+2)!}x^{2m+2} = o(x^{2m+1}) \quad (0 < \theta < 1).$$

此式称为 $\cos x$ 的 $2m+1$ 阶麦克劳林公式(其中 $x \in (-\infty, +\infty)$).

3. 对数函数 $f(x) = \ln(1+x)$ 的麦克劳林公式

由于 $f'(x) = \frac{1}{1+x}, f''(x) = \frac{-1}{(1+x)^2}, \cdots,$

$$f^{(k)}(x) = \frac{(-1)^{k-1}(k-1)!}{(1+x)^k},$$

$$f(0) = 0, \quad f'(0) = 1, \quad f''(0) = -1, \quad f'''(0) = 2, \cdots,$$

$$f^{(n)}(0)=(-1)^{n-1}(n-1)!, \quad f^{(n+1)}(\theta x)=\frac{(-1)^n n!}{(1+\theta x)^{n+1}},$$

代入式(4),得

$$\boxed{\begin{aligned}&\ln(1+x)=x-\frac{x^2}{2}+\frac{x^3}{3}-\frac{x^4}{4}+\cdots+\frac{(-1)^{n-1}x^n}{n}+R_n(x),\\&\text{其中},R_n(x)=\frac{(-1)^n}{(n+1)(1+\theta x)^{n+1}}x^{n+1}=o(x^n)\quad(0<\theta<1).\end{aligned}}$$

此式称为 $\ln(1+x)$ 的 n 阶麦克劳林公式(其中 $x\in(-1,+\infty)$).

4. 函数 $f(x)=(1+x)^\alpha$(α 是实数)的麦克劳林公式

由于
$$f'(x)=\alpha(1+x)^{\alpha-1}, f''(x)=\alpha(\alpha-1)(1+x)^{\alpha-2},\cdots,$$
$$f^{(k)}(x)=\alpha(\alpha-1)(\alpha-2)\cdots(\alpha-k+1)(1+x)^{\alpha-k},$$

故
$$f(0)=1,\quad f'(0)=\alpha,\quad f''(0)=\alpha(\alpha-1),\cdots,$$
$$f^{(n)}(0)=\alpha(\alpha-1)(\alpha-2)\cdots(\alpha-n+1),$$
$$f^{(n+1)}(\theta x)=\alpha(\alpha-1)\cdots(\alpha-n)(1+\theta x)^{\alpha-n-1},$$

代入公式(4),得

$$\boxed{\begin{aligned}&(1+x)^\alpha=1+\alpha x+\frac{\alpha(\alpha-1)}{2!}x^2+\cdots+\frac{\alpha(\alpha-1)\cdots(\alpha-n+1)}{n!}x^n+\\&\quad R_n(x),\\&\text{其中},R_n(x)=\frac{\alpha(\alpha-1)\cdots(\alpha-n)}{(n+1)!}(1+\theta x)^{\alpha-n-1}x^{n+1}=o(x^n)\\&\quad(0<\theta<1).\end{aligned}}$$

此式为 $(1+x)^\alpha$ 的 n 阶麦克劳林公式,其中泰勒系数的形式与牛顿二项式定理中各项系数的形式是一样的.

三、一些其他函数的泰勒公式

例 1 求 $f(x)=\tan x$ 在 $x_0=\frac{\pi}{4}$ 处带有拉格朗日余项的三阶泰勒公式.

解 所要求泰勒公式的形式为

$$f(x)=f\left(\frac{\pi}{4}\right)+f'\left(\frac{\pi}{4}\right)\left(x-\frac{\pi}{4}\right)+\frac{f''\left(\frac{\pi}{4}\right)}{2!}\left(x-\frac{\pi}{4}\right)^2+$$
$$\frac{f'''\left(\frac{\pi}{4}\right)}{3!}\left(x-\frac{\pi}{4}\right)^3+\frac{f^{(4)}(\xi)}{4!}\left(x-\frac{\pi}{4}\right)^4,$$

由于
$$f'(x)=\frac{1}{\cos^2 x},\quad f''(x)=\frac{2\sin x}{\cos^3 x},$$
$$f'''(x)=\frac{2+4\sin^2 x}{\cos^4 x},\quad f^{(4)}(x)=\frac{8\sin x\cdot(2+\sin^2 x)}{\cos^5 x},$$
$$f\left(\frac{\pi}{4}\right)=1,\quad f'\left(\frac{\pi}{4}\right)=2,\quad f''\left(\frac{\pi}{4}\right)=4,\quad f'''\left(\frac{\pi}{4}\right)=16,$$

于是得
$$\tan x = 1 + 2\left(x - \frac{\pi}{4}\right) + 2\left(x - \frac{\pi}{4}\right)^2 + \frac{8}{3}\left(x - \frac{\pi}{4}\right)^3 +$$
$$\frac{\sin\xi \cdot (2 + \sin^2\xi)}{3\cos^5\xi}\left(x - \frac{\pi}{4}\right)^4 \quad \left(\xi \text{ 在 } x \text{ 和 } \frac{\pi}{4} \text{ 之间}\right).$$

以上各函数的泰勒公式都是直接由式(3)或式(4)而得到的,这种求泰勒公式的方法称为直接法.如果问题要求泰勒公式的余项为拉格朗日余项,则必须用直接法,但是如果问题要求泰勒公式的余项是皮亚诺型,或对余项的形式没有限定,则也可以利用间接法求出泰勒公式,即利用前面所推导出的五个初等函数的麦克劳林公式,通过换元、加、减、乘、待定系数、求导等方法而得到所要求函数的泰勒公式.下面举例说明.

例 2 求 $x\mathrm{e}^{-x^2}$ 的麦克劳林公式.

解 在 e^x 的麦克劳林公式中用 $-x^2$ 替换 x,得
$$\mathrm{e}^{-x^2} = 1 + (-x^2) + \frac{(-x^2)^2}{2!} + \cdots + \frac{(-x^2)^n}{n!} + o((x^2)^n)$$
$$= 1 - x^2 + \frac{x^4}{2!} + \cdots + \frac{(-1)^n x^{2n}}{n!} + o(x^{2n}),$$

两端同乘以 x,并利用 $xo(x^{2n}) = o(x^{2n+1})$,得
$$x\mathrm{e}^{-x^2} = x - x^3 + \frac{x^5}{2!} + \cdots + \frac{(-1)^n x^{2n+1}}{n!} + o(x^{2n+1}).$$

例 3 求 $\sin^2 x$ 的麦克劳林公式.

解 $\sin^2 x = \frac{1 - \cos 2x}{2} = \frac{1}{2} - \frac{1}{2}\cos 2x,$

将 $\cos x$ 的麦克劳林公式中的 x 换成 $2x$,并利用
$$o((2x)^{2m+1}) = o(x^{2m+1}),$$
$$\sin^2 x = \frac{1}{2} - \frac{1}{2}\left[1 - \frac{(2x)^2}{2!} + \frac{(2x)^4}{4!} - \frac{(2x)^6}{6!} + \cdots + \right.$$
$$\left.(-1)^m \frac{(2x)^{2m}}{(2m)!} + o((2x)^{2m+1})\right]$$
$$= \frac{2}{2!}x^2 - \frac{2^3}{4!}x^4 + \frac{2^5}{6!}x^6 - \cdots +$$
$$(-1)^{m-1}\frac{2^{2m-1}}{(2m)!}x^{2m} + o(x^{2m+1}).$$

例 4 求 $f(x) = \mathrm{e}^x \sin x$ 的三阶麦克劳林公式.

解 由 $\mathrm{e}^x = 1 + x + \frac{x^2}{2!} + \frac{x^3}{3!} + o(x^3),$
$$\sin x = x - \frac{x^3}{3!} + o(x^4),$$

得 $\mathrm{e}^x \sin x = \left(1 + x + \frac{x^2}{2!} + \frac{x^3}{3!} + o(x^3)\right)\left(x - \frac{x^3}{3!} + o(x^4)\right)$

$$= x + x^2 + \frac{x^3}{3} + o(x^3).$$

例 5 求 $f(x)=\ln(3+x)$ 在 $x=-1$ 处的泰勒公式（带皮亚诺余项）.

解 利用间接法求.

$$f(x) = \ln[2+(x+1)] = \ln\left[2\left(1+\frac{x+1}{2}\right)\right]$$

$$= \ln 2 + \ln\left(1+\frac{x+1}{2}\right)$$

将 $\ln(1+x)$ 的麦克劳林公式中的 x 替换成 $\frac{x+1}{2}$，得

$$f(x) = \ln 2 + \frac{x+1}{2} - \frac{1}{2}\left(\frac{x+1}{2}\right)^2 + \frac{1}{3}\left(\frac{x+1}{2}\right)^3 - \cdots +$$

$$\frac{(-1)^{n-1}}{n}\left(\frac{x+1}{2}\right)^n + o\left(\left(\frac{x+1}{2}\right)^n\right)$$

$$= \ln 2 + \frac{1}{2}(x+1) - \frac{1}{2\times 2^2}(x+1)^2 + \frac{1}{3\times 2^3}(x+1)^3 - \cdots +$$

$$\frac{(-1)^{n-1}}{n \cdot 2^n}(x+1)^n + o((x+1)^n).$$

四、泰勒公式的应用

1. 近似计算

根据泰勒公式，当 $|x-x_0|$ 比较小时，有近似计算公式

$$f(x) \approx f(x_0) + f'(x_0)(x-x_0) + \frac{f''(x_0)}{2!}(x-x_0)^2 + \cdots +$$

$$\frac{f^{(n)}(x_0)}{n!}(x-x_0)^n,$$

其误差为

$$|R_n(x)| = \left|\frac{f^{(n+1)}(x_0+\theta(x-x_0))}{(n+1)!}(x-x_0)^{n+1}\right| \quad (0<\theta<1),$$

通过加大 n，可以使近似计算满足任何精确度.

例 6 求 e 的近似值，精确到 10^{-5}.

解 在 e^x 的麦克劳林公式中令 $x=1$，得

$$e = 1 + 1 + \frac{1}{2!} + \frac{1}{3!} + \cdots + \frac{1}{n!} + \frac{e^\theta}{(n+1)!} \quad (0<\theta<1),$$

因此有近似计算公式

$$e \approx 1 + 1 + \frac{1}{2!} + \frac{1}{3!} + \cdots + \frac{1}{n!},$$

要使误差小于 10^{-5}，只要

$$|R_n(1)| = \left|\frac{e^\theta}{(n+1)!}\right| < \frac{e}{(n+1)!} < \frac{3}{(n+1)!} < 10^{-5},$$

如果取 $n=8$,则有 $|R_8(1)|<\dfrac{3}{9!}<0.00001=10^{-5}$,

故有 $\quad \mathrm{e}\approx 1+1+\dfrac{1}{2!}+\dfrac{1}{3!}+\cdots+\dfrac{1}{8!}\approx 2.71828.$

2. 确定无穷小的阶

如果函数 $f(x)$ 在 x_0 处的泰勒公式有如下形式:
$$f(x)=a_k(x-x_0)^k+o((x-x_0)^k) \quad (a_k\neq 0, k\geqslant 1),$$
则有 $\lim\limits_{x\to x_0}\dfrac{f(x)}{(x-x_0)^k}=\lim\limits_{x\to x_0}\left[a_k+\dfrac{o((x-x_0)^k)}{(x-x_0)^k}\right]=a_k,$

即当 $x\to x_0$ 时, $f(x)$ 是 k 阶无穷小, 且
$$f(x)\sim a_k(x-x_0)^k.$$

例 7 (1) 判断当 $x\to 0$ 时, $f(x)=\mathrm{e}^x\sin x-x(1+x)$ 是几阶无穷小? 并给出 $f(x)$ 的较简单的等价无穷小;

(2) 判断当 $x\to 2$ 时, $f(x)=2x^3-11x^2+19x-10+\ln(x-1)$ 是几阶无穷小? 并给出 $f(x)$ 的较简单的等价无穷小.

解 (1) 由于 $x(1+x)=x+x^2$, 又由例 4 的结果
$$\mathrm{e}^x\sin x=x+x^2+\dfrac{x^3}{3}+o(x^3),$$
$$\begin{aligned}f(x)&=\mathrm{e}^x\sin x-x(1+x)\\&=x+x^2+\dfrac{x^3}{3}+o(x^3)-x-x^2=\dfrac{x^3}{3}+o(x^3),\end{aligned}$$

故当 $x\to 0$ 时, $f(x)$ 是 3 阶无穷小, 并且 $f(x)\sim\dfrac{x^3}{3}$;

(2) 令 $g(x)=2x^3-11x^2+19x-10$
$$g'(x)=6x^2-22x+19,\quad g''(x)=12x-22,\quad g'''(x)=12,$$
$$g(2)=0,\quad g'(2)=-1,\quad g''(2)=2,\quad g'''(2)=12,$$

故 $\quad g(x)=-(x-2)+\dfrac{2}{2!}(x-2)^2+\dfrac{12}{3!}(x-2)^3$
$$=-(x-2)+(x-2)^2+2(x-2)^3,$$

又 $\ln(x-1)=\ln(1+(x-2))=(x-2)-\dfrac{1}{2}(x-2)^2+o((x-2)^2),$

于是有
$$\begin{aligned}f(x)=&-(x-2)+(x-2)^2+2(x-2)^3+(x-2)-\\&\dfrac{1}{2}(x-2)^2+o((x-2)^2)\\=&\dfrac{1}{2}(x-2)^2+o((x-2)^2),\end{aligned}$$

故当 $x\to 2$ 时, $f(x)$ 是 2 阶无穷小, 并且 $f(x)\sim\dfrac{1}{2}(x-2)^2.$

3. 求极限

下面举例说明如何利用带皮亚诺余项的泰勒公式计算某些不

定式的极限.

例 8 求 $\lim\limits_{x\to 0}\dfrac{\cos x - e^{-\frac{x^2}{2}}}{x^4}$.

解 由于 $\cos x = 1 - \dfrac{x^2}{2!} + \dfrac{x^4}{4!} + o(x^5)$,

$$e^{-\frac{x^2}{2}} = 1 + \left(-\dfrac{x^2}{2}\right) + \dfrac{1}{2!}\left(-\dfrac{x^2}{2}\right)^2 + o\left(\left(-\dfrac{x^2}{2}\right)^2\right)$$

$$= 1 - \dfrac{x^2}{2} + \dfrac{x^4}{8} + o(x^4),$$

$$\cos x - e^{-\frac{x^2}{2}} = 1 - \dfrac{x^2}{2!} + \dfrac{x^4}{4!} + o(x^5) - 1 + \dfrac{x^2}{2} - \dfrac{x^4}{8} + o(x^4)$$

$$= -\dfrac{x^4}{12} + o(x^4),$$

于是 $\lim\limits_{x\to 0}\dfrac{\cos x - e^{-\frac{x^2}{2}}}{x^4} = \lim\limits_{x\to 0}\dfrac{-\dfrac{x^4}{12} + o(x^4)}{x^4} = -\dfrac{1}{12}.$

4. 求导数值

例 9 设 $f(x) = \dfrac{x^3}{\sqrt{1+x}}$, 求 $f^{(k)}(0), k=1,2,\cdots,6$.

解 利用 $(1+x)^\alpha$ 的麦克劳林公式及乘法得 $f(x)$ 的 6 阶麦克劳林公式

$$f(x) = x^3(1+x)^{-\frac{1}{2}}$$

$$= x^3\left[1 + \left(-\dfrac{1}{2}\right)x + \dfrac{\left(-\dfrac{1}{2}\right)\left(-\dfrac{1}{2}-1\right)}{2!}x^2 + \dfrac{\left(-\dfrac{1}{2}\right)\left(-\dfrac{1}{2}-1\right)\left(-\dfrac{1}{2}-2\right)}{3!}x^3 + o(x^3)\right]$$

$$= x^3 - \dfrac{1}{2}x^4 + \dfrac{3}{8}x^5 - \dfrac{5}{16}x^6 + o(x^6),$$

如将上式中 x^k 的系数记为 a_k, 根据泰勒公式, x^k 的系数又等于 $\dfrac{f^{(k)}(0)}{k!}$, 故有 $\dfrac{f^{(k)}(0)}{k!} = a_k$, 即 $f^{(k)}(0) = a_k k!$, 于是得

$$f'(0) = a_1 = 0,$$

$$f''(0) = 2!\ a_2 = 0,$$

$$f'''(0) = 3!\ a_3 = 3!\times 1 = 6,$$

$$f^{(4)}(0) = 4!\ a_4 = 4!\left(-\dfrac{1}{2}\right) = -12,$$

$$f^{(5)}(0) = 5!\ a_5 = 5!\times\dfrac{3}{8} = 45,$$

$$f^{(6)}(0) = 6!\ a_6 = 6!\left(-\dfrac{5}{16}\right) = -225.$$

5. 证明等式或不等式

例 10 设 $f(x)$ 在 $[a,b]$ $(a<b)$ 上有 n 阶导数,且
$$f(a)=f(b)=f'(b)=\cdots=f^{(n-1)}(b)=0,$$
证明在 (a,b) 内至少存在一点 ξ,使 $f^{(n)}(\xi)=0$.

证 本题可以通过连续 n 次利用罗尔定理证明,也可以利用泰勒公式证明如下. 由题设,$f(x)$ 在 b 处的 $n-1$ 阶泰勒公式为
$$f(x)=f(b)+f'(b)(x-b)+\frac{f''(b)}{2!}(x-b)^2+\cdots+$$
$$\frac{f^{(n-1)}(b)}{(n-1)!}(x-b)^{n-1}+\frac{f^{(n)}(\xi)}{n!}(x-b)^n$$
$$=\frac{f^{(n)}(\xi)}{n!}(x-b)^n \quad (\xi \text{ 是 } x \text{ 和 } b \text{ 之间的某个值})$$

令 $x=a$,得 $0=f(a)=\dfrac{f^{(n)}(\xi)}{n!}(a-b)^n$,由于 $a-b\neq 0$,故 $f^{(n)}(\xi)=0$.

例 11 设函数 $f(x)$ 在区间 (a,b) 内满足 $f''(x)<0$,试利用泰勒公式证明:对 (a,b) 内任意不同的两点 x_1 和 x_2,恒有
$$f\left(\frac{x_1+x_2}{2}\right)>\frac{f(x_1)+f(x_2)}{2}.$$

证 令 $x_0=\dfrac{x_1+x_2}{2}$,$f(x)$ 在 x_0 处的一阶泰勒公式为
$$f(x)=f(x_0)+f'(x_0)(x-x_0)+\frac{f''(\xi)}{2!}(x-x_0)^2,$$
分别令 $x=x_1, x=x_2$,得
$$f(x_1)=f(x_0)+f'(x_0)(x_1-x_0)+\frac{f''(\xi_1)}{2!}(x_1-x_0)^2,$$
$$f(x_2)=f(x_0)+f'(x_0)(x_2-x_0)+\frac{f''(\xi_2)}{2!}(x_2-x_0)^2,$$

其中 ξ_1 在 x_0 与 x_1 之间,ξ_2 在 x_0 与 x_2 之间,因而 $\xi_1,\xi_2 \in (a,b)$,由题设 $f''(\xi_1)<0, f''(\xi_2)<0$,将上面两式相加,得
$$f(x_1)+f(x_2)=2f(x_0)+f'(x_0)(x_1+x_2-2x_0)+$$
$$\frac{f''(\xi_1)}{2!}(x_1-x_0)^2+\frac{f''(\xi_2)}{2!}(x_2-x_0)^2$$
$$<2f(x_0),$$

故 $f(x_0)>\dfrac{f(x_1)+f(x_2)}{2}$,即 $f\left(\dfrac{x_1+x_2}{2}\right)>\dfrac{f(x_1)+f(x_2)}{2}$.

习题 3-6

1. 将多项式 $f(x)=x^4-2x^3+1$ 展成关于 $x-1$ 的多项式.

2. 求下列函数的麦克劳林公式.

   (1) $f(x)=\dfrac{1}{1-x}$; (2) $f(x)=\mathrm{ch}x$;

   (3) $f(x)=\dfrac{1}{\sqrt{1-2x}}$; (4) $f(x)=\ln\dfrac{1+x}{1-x}$.

3. 求 $\arctan x$ 的三阶麦克劳林公式.

4. 求 $\sin(\sin x)$ 的三阶麦克劳林公式.

5. 求 $y=\dfrac{1}{x}$ 在 $x_0=-1$ 处的 n 阶泰勒公式.

6. 求 $y=\ln(1-x)$ 在 $x_0=\dfrac{1}{2}$ 处的 n 阶泰勒公式.

7. 求 $f(x)=\sqrt{x}$ 关于 $x-4$ 的带有拉格朗日型余项的 3 阶泰勒公式.

8. $y=2^x$ 的麦克劳林公式中 x^n 的系数是什么?

9. 求下列极限:

   (1) $\lim\limits_{x\to 0}\dfrac{\dfrac{x^2}{2}+1-\sqrt{1+x^2}}{x^2\sin x^2}$; (2) $\lim\limits_{x\to 0}\dfrac{\ln(1+x)-\sin x}{\sqrt{1+x^2}-\cos x^2}$;

   (3) $\lim\limits_{x\to 0}\dfrac{f(x)-x}{x^2}$,其中 $f(0)=0,f'(0)=1,f''(0)=4$.

10. 当 $x\to 0$ 时,下列无穷小分别是几阶无穷小,并给出它们的较简单的等价无穷小.

    (1) $f(x)=\sin 2x$;

    (2) $f(x)=\sin x-x$;

    (3) $f(x)=\cos x-1+\dfrac{x^2}{2}$;

    (4) $f(x)=x(\mathrm{e}^x+1)-2(\mathrm{e}^x-1)$;

    (5) $f(x)=3x-4\sin x+\sin x\cos x$.

11. 求 $\sqrt{\mathrm{e}}$ 的近似值,使绝对误差不超过 0.001.

12. 利用 3 阶泰勒公式求下列各函数的近似值,并估计误差.

    (1) $\sqrt[3]{30}$; (2) $\sin 18°$.

13. 设 $f(x)=x^2\ln(1+x)$,求 $f^{(n)}(0)$ $(n\geqslant 3)$.

第七节 综合例题

例 1 设 $f(x)$ 和 $g(x)$ 都是可导函数,证明在 $f(x)$ 的两个零点之间一定存在 $f'(x)+f(x)g'(x)$ 的零点.

证 设 x_1,x_2 $(x_1<x_2)$ 是 $f(x)$ 的两个零点,要证存在 $\xi\in(x_1,x_2)$,使
$$f'(\xi)+f(\xi)g'(\xi)=0.$$

令 $F(x)=f(x)\mathrm{e}^{g(x)}$,

则 $F(x)$ 在 $[x_1,x_2]$ 上可导,根据罗尔定理,存在 $\xi\in(x_1,x_2)$,使 $F'(\xi)=0$,即

$$[f'(\xi)+f(\xi)g'(\xi)]\mathrm{e}^{g(\xi)}=0,$$

由于 $\mathrm{e}^{g(\xi)}\neq 0$,故有 $f'(\xi)+f(\xi)g'(\xi)=0$.

例 2 设 $f(x)$ 和 $g(x)$ 在 $[a,b]$ 上存在二阶导数,且 $g''(x)\neq 0$, $f(a)=f(b)=g(a)=g(b)=0$,证明:

(1) 在 (a,b) 内, $g(x)\neq 0$;

(2) 在 (a,b) 内至少存在一点 ξ,使 $\dfrac{f(\xi)}{g(\xi)}=\dfrac{f''(\xi)}{g''(\xi)}$.

证 (1) 用反证法.

如果存在 $c\in(a,b)$,使 $g(c)=0$,则由于 $g(a)=g(b)=0$,根据罗尔定理,存在 $x_1\in(a,c)$,使 $g'(x_1)=0$,存在 $x_2\in(c,b)$,使 $g'(x_2)=0$,再次利用罗尔定理,存在 $x_3\in(x_1,x_2)\subset(a,b)$,使 $g''(x_3)=0$,与已知矛盾,故在 (a,b) 内, $g(x)\neq 0$;

(2) 令 $F(x)=f(x)g'(x)-f'(x)g(x)$,

则 $F(x)$ 在 $[a,b]$ 上可导,且 $F(a)=0,F(b)=0$,根据罗尔定理,存在 $\xi\in(a,b)$,使 $F'(\xi)=0$,即

$$f(\xi)g''(\xi)-f''(\xi)g(\xi)=0,$$

故 $\dfrac{f(\xi)}{g(\xi)}=\dfrac{f''(\xi)}{g''(\xi)}$.

例 3 设函数 $f(x)$ 在 $[0,1]$ 上连续,在 $(0,1)$ 内二阶可导, $f(0)=f(1)$,证明存在 $\xi\in(0,1)$,使 $f''(\xi)=\dfrac{2f'(\xi)}{1-\xi}$.

证 令 $F(x)=(x-1)^2 f'(x)$,则 $F(x)$ 在 $[0,1]$ 上连续,在 $(0,1)$ 内可导,且 $F(1)=0$,又由于 $f(0)=f(1)$,根据罗尔定理,存在 $c\in(0,1)$,使 $f'(c)=0$,故 $F(c)=0$,再利用罗尔定理,存在 $\xi\in(c,1)\subset(0,1)$,使 $F'(\xi)=0$,即

$$2(\xi-1)f'(\xi)+(\xi-1)^2 f''(\xi)=0,$$

由 $\xi-1\neq 0$,得 $2f'(\xi)+(\xi-1)f''(\xi)=0$,即 $f''(\xi)=\dfrac{2f'(\xi)}{1-\xi}$.

例 4 设 $f(x)$ 在 $[a,b]$ 上连续,在 (a,b) 内可导, $f'(x)\neq 0$,证明存在 $\xi,\eta\in(a,b)$,使 $\dfrac{f'(\xi)}{f'(\eta)}=\dfrac{\mathrm{e}^b-\mathrm{e}^a}{b-a}\mathrm{e}^{-\eta}$.

证 根据拉格朗日中值定理, $\exists\,\xi\in(a,b)$,使

$$\dfrac{f(b)-f(a)}{b-a}=f'(\xi),$$

根据柯西中值定理, $\exists\,\eta\in(a,b)$,使

$$\dfrac{f(b)-f(a)}{\mathrm{e}^b-\mathrm{e}^a}=\dfrac{f'(\eta)}{\mathrm{e}^\eta},$$

于是 $f'(\xi) = \dfrac{e^b - e^a}{b-a} \dfrac{f(b)-f(a)}{e^b - e^a} = \dfrac{e^b - e^a}{b-a} \dfrac{f'(\eta)}{e^\eta}$

即 $$\dfrac{f'(\xi)}{f'(\eta)} = \dfrac{e^b - e^a}{b-a} e^{-\eta}.$$

例 5 设 $f(x)$ 在 $[a,b]$ 上连续,在 (a,b) 内可导,$f(a) = f(b) = 1$,证明存在 $\xi, \eta \in (a,b)$,使 $e^{\eta-\xi}(f(\eta) + f'(\eta)) = 1$.

证 1 令 $F(x) = e^x f(x)$,根据拉格朗日中值定理,$\exists \eta \in (a,b)$,使
$$\dfrac{F(b) - F(a)}{b-a} = F'(\eta),$$
即 $\dfrac{e^b f(b) - e^a f(a)}{b-a} = e^\eta (f(\eta) + f'(\eta)),$
由于 $f(a) = f(b) = 1$,故有
$$e^\eta (f(\eta) + f'(\eta)) = \dfrac{e^b - e^a}{b-a},$$
同样,对函数 e^x,根据拉格朗日中值定理,$\exists \xi \in (a,b)$,使
$$\dfrac{e^b - e^a}{b-a} = (e^x)'|_{x=\xi} = e^\xi,$$
故 $e^\eta(f(\eta) + f'(\eta)) = e^\xi, e^{\eta-\xi}(f(\eta) + f'(\eta)) = 1$.

证 2 令 $F(x) = e^x (f(x) - 1)$,
则 $F(a) = F(b) = 0$,根据罗尔定理,$\exists \eta \in (a,b)$,使 $F'(\eta) = 0$,即
$$e^\eta (f(\eta) - 1) + e^\eta f'(\eta) = 0,$$
由于 $e^\eta \neq 0$,有 $f(\eta) + f'(\eta) = 1$,只要 $\xi = \eta$,则有
$$e^{\eta-\xi}(f(\eta) + f'(\eta)) = 1.$$

例 6 (1) 设 $f(0) = 0, \lim\limits_{x \to 0} \dfrac{f(x)}{x^2} = 2$,判断 $f(0)$ 是否为 $f(x)$ 的极值;

(2) 设 $f(x)$ 有二阶连续导数,且 $f'(1) = 0, \lim\limits_{x \to 1} \dfrac{f''(x)}{|x-1|} = -1$,判断 $f(1)$ 是否为函数 $f(x)$ 的极值,$(1, f(1))$ 是否为曲线 $y = f(x)$ 的拐点.

解 (1) 由于 $\lim\limits_{x \to 0} \dfrac{\frac{f(x)}{x}}{x} = \lim\limits_{x \to 0} \dfrac{f(x)}{x^2} = 2$,

故 $f'(0) = \lim\limits_{x \to 0} \dfrac{f(x) - f(0)}{x} = \lim\limits_{x \to 0} \dfrac{f(x)}{x} = 0,$

并且根据极限的性质,在 $x=0$ 的某去心邻域内,$\dfrac{f(x)}{x^2} > 0$,因此 $f(x) > 0$,即 $f(x) > f(0)$,根据极值的定义知 $f(0)$ 是 $f(x)$ 的极小值;

(2) 由于 $\lim\limits_{x\to 1}\dfrac{f''(x)}{|x-1|}=-1<0$, 故在 $x=1$ 的某去心邻域内, $\dfrac{f''(x)}{|x-1|}<0$, 因而 $f''(x)<0$, 所以 $f'(x)$ 单调减少, 又由于 $f'(1)=0$, 故当 $x<1$ 时, $f'(x)>0$, 当 $x>1$ 时, $f'(x)<0$, 根据极值的第一充分条件知, $f(1)$ 是 $f(x)$ 的极大值, 由于在 $x=1$ 的两侧邻域内 $f''(x)$ 不改变符号, 故 $(1,f(1))$ 不是曲线 $y=f(x)$ 的拐点.

例 7 设 $e<a<b<e^2$, 证明 $\ln^2 b - \ln^2 a > \dfrac{4}{e^2}(b-a)$.

证 1 令 $f(x) = \ln^2 x - \dfrac{4}{e^2}x$, $x\in(e,e^2)$,

$$f'(x) = 2\dfrac{\ln x}{x} - \dfrac{4}{e^2}, \quad f''(x) = \dfrac{2(1-\ln x)}{x^2} < 0,$$

故 $f'(x)$ 单调减少, 由于 $f'(e^2) = \dfrac{4}{e^2} - \dfrac{4}{e^2} = 0$, 故当 $x\in(e,e^2)$, $f'(x)>0$, $f(x)$ 单调增加, 因此 $f(b)-f(a)>0$, 即

$$\ln^2 b - \dfrac{4}{e^2}b > \ln^2 a - \dfrac{4}{e^2}a,$$

故

$$\ln^2 b - \ln^2 a > \dfrac{4}{e^2}(b-a).$$

证 2 对函数 $f(x) = \ln^2 x$, 根据拉格朗日中值定理, $\exists \xi \in (a,b)$, 使

$$\dfrac{\ln^2 b - \ln^2 a}{b-a} = f'(\xi) = \dfrac{2\ln\xi}{\xi}.$$

令 $g(t) = \dfrac{\ln t}{t}$, 由于当 $t>e$ 时, $g'(t) = \dfrac{1-\ln t}{t^2} < 0$, 故 $g(t)$ 单调减少, 于是

$$g(\xi) > g(e^2),$$

即

$$\dfrac{\ln^2 b - \ln^2 a}{b-a} > 2g(e^2) = \dfrac{4}{e^2},$$

故

$$\ln^2 b - \ln^2 a > \dfrac{4}{e^2}(b-a).$$

例 8 已知函数 $f(x)$ 在 $x=0$ 的某邻域内有连续导数, 且 $\lim\limits_{x\to 0}\left(\dfrac{\sin x}{x^2} + \dfrac{f(x)}{x}\right) = 2$, 求 $f(0)$ 及 $f'(0)$.

解 由于 $\lim\limits_{x\to 0}\left(\dfrac{\sin x}{x^2} + \dfrac{f(x)}{x}\right) = \lim\limits_{x\to 0}\dfrac{\sin x + xf(x)}{x^2} = 2$,

可知当 $x\to 0$ 时, $\sin x + xf(x)$ 与 $2x^2$ 是等价无穷小, 而根据麦克劳林公式, 有

$$\sin x + xf(x) = (x + o(x^2)) + x(f(0) + f'(0)x + o(x))$$
$$= (1+f(0))x + f'(0)x^2 + o(x^2),$$

故 $1+f(0) = 0$, $f'(0) = 2$, 解得 $f(0) = -1$, $f'(0) = 2$.

例 9 设 $f(x)$ 在 $[a,+\infty)$ 上连续, 在 $(a,+\infty)$ 可导, 且

$f(a) > 0$, $f'(x) < k < 0$（k 是常数），证明方程 $f(x) = 0$ 在 $(a, +\infty)$ 内有唯一的实根.

证 根据拉格朗日中值公式，对 $x > a$，$\exists b \in (a, x)$，使
$$f(x) - f(a) = f'(b)(x-a), \quad f(x) = f(a) + f'(b)(x-a)$$
$$< f(a) + k(x-a),$$
由于 $k < 0$，故 $\lim\limits_{x \to +\infty}(f(a) + k(x-a)) = -\infty$，

因此 $\lim\limits_{x \to +\infty} f(x) = -\infty$，

又 $f(a) > 0$，故 $\exists \xi \in (a, +\infty)$，使 $f(\xi) = 0$，即方程 $f(x) = 0$ 在 $(a, +\infty)$ 内有根，由于 $f'(x) < 0$，故在 $(a, +\infty)$ 内 $f(x)$ 单调减少，因而根是唯一的.

例 10 求 y 轴上定点 $(0, b)$ 到抛物线 $x^2 = 4y$ 的最短距离.

解 设 (x, y) 是抛物线上任一点，它与点 $(0, b)$ 的距离为 d，记 $f(y) = d^2$，则
$$f(y) = x^2 + (y-b)^2 = 4y + (y-b)^2 \quad (y \geqslant 0),$$
$$f'(y) = 4 + 2(y-b),$$
当 $b > 2$ 时，由 $f'(y) = 0$，得 $y = b - 2$，
由于 $f''(y) = 2 > 0$，故 $y = b - 2$ 是极小值点，也是最小值点，且
$$d_{\min} = \sqrt{4(b-2) + 2^2} = 2\sqrt{b-1},$$
当 $b \leqslant 2$ 时，在 $(0, +\infty)$ 内，$f'(y) > 0$，$f(y)$ 单调增加，因此 d 单调增加，故此时
$$d_{\min} = d\big|_{y=0} = b.$$

例 11 如图 3-25 所示，有 T 形通道，通道宽分别为 2m 和 3m，有一钢管长为 7m，问能否水平地将钢管抬过通道？

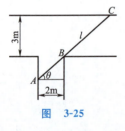

图 3-25

解 如图作线段 AC，设其长度为 $l = l(\theta)$，如果 l 的最小值大于等于 7，则钢管能被水平地抬过通道.
$$l = AB + BC = \frac{2}{\cos\theta} + \frac{3}{\sin\theta} \quad \left(0 < \theta < \frac{\pi}{2}\right),$$
$$\frac{\mathrm{d}l}{\mathrm{d}\theta} = \frac{2\sin\theta}{\cos^2\theta} - \frac{3\cos\theta}{\sin^2\theta},$$
令 $\dfrac{\mathrm{d}l}{\mathrm{d}\theta} = 0$，得 $\tan\theta = \sqrt[3]{\dfrac{3}{2}}$，$\theta = \arctan\sqrt[3]{\dfrac{3}{2}}$，

由问题的实际意义，l 确有最小值，又驻点唯一，故当 $\theta = \arctan\sqrt[3]{\dfrac{3}{2}}$ 时，l 取得最小值，当 $\tan\theta = \sqrt[3]{\dfrac{3}{2}}$ 时，可得
$$\cos\theta = \frac{\sqrt[3]{2}}{\sqrt{\sqrt[3]{4} + \sqrt[3]{9}}}, \quad \sin\theta = \frac{\sqrt[3]{3}}{\sqrt{\sqrt[3]{4} + \sqrt[3]{9}}},$$
于是 $l_{\min} = \dfrac{2\sqrt{\sqrt[3]{4} + \sqrt[3]{9}}}{\sqrt[3]{2}} + \dfrac{3\sqrt{\sqrt[3]{4} + \sqrt[3]{9}}}{\sqrt[3]{3}}$

$$= \sqrt{\sqrt[3]{4}+\sqrt[3]{9}}(\sqrt[3]{4}+\sqrt[3]{9}) = (\sqrt[3]{4}+\sqrt[3]{9})^{\frac{3}{2}} \approx 7.023 > 7,$$

因此能够水平地将钢管抬过通道.

例 12 设 $f(x)$ 在 $[0,1]$ 上二阶可导，$|f(x)| \leqslant a$，$|f''(x)| \leqslant b$，c 为 $(0,1)$ 内任意一点，证明 $|f'(c)| \leqslant 2a + \dfrac{b}{2}$.

证 $f(x)$ 在点 c 处的一阶泰勒公式为

$$f(x) = f(c) + f'(c)(x-c) + \dfrac{f''(\xi)}{2!}(x-c)^2 \quad (\xi \text{ 在 } x \text{ 和 } c \text{ 之间}),$$

令 $x=0$，得 $f(0) = f(c) + f'(c)(-c) + \dfrac{f''(\xi_1)}{2!}c^2$，

令 $x=1$，得 $f(1) = f(c) + f'(c)(1-c) + \dfrac{f''(\xi_2)}{2!}(1-c)^2$，

两式相减，得

$$f(1) - f(0) = f'(c) + \dfrac{1}{2}f''(\xi_2)(1-c)^2 - \dfrac{1}{2}f''(\xi_1)c^2,$$

$$|f'(c)| = \left| f(1) - f(0) - \dfrac{1}{2}f''(\xi_2)(1-c)^2 + \dfrac{1}{2}f''(\xi_1)c^2 \right|$$

$$\leqslant |f(1)| + |f(0)| + \dfrac{1}{2}|f''(\xi_2)|(1-c^2) + \dfrac{1}{2}|f''(\xi_1)|c^2$$

$$\leqslant a + a + \dfrac{b}{2}(1-c)^2 + \dfrac{b}{2}c^2 = 2a + \dfrac{b}{2}(1-2c+2c^2)$$

$$= 2a + \dfrac{b}{2}[1 - 2c(1-c)] \leqslant 2a + \dfrac{b}{2}.$$

例 13 设 $f(x)$ 在 $[-1,1]$ 上具有三阶连续导数，且 $f(-1)=0$，$f(1)=1$，$f'(0)=0$，证明存在 $\xi \in (-1,1)$，使 $f'''(\xi)=3$.

证 由于 $f'(0)=0$，故由 $f(x)$ 的麦克劳林公式得

$$f(x) = f(0) + \dfrac{1}{2}f''(0)x^2 + \dfrac{f'''(\eta)}{3!}x^3,$$

令 $x=-1$，得

$$0 = f(-1) = f(0) + \dfrac{1}{2}f''(0) - \dfrac{f'''(\eta_1)}{3!} \quad (\eta_1 \in (-1,0)),$$

令 $x=1$，得

$$1 = f(1) = f(0) + \dfrac{1}{2}f''(0) + \dfrac{f'''(\eta_2)}{3!} \quad (\eta_2 \in (0,1)),$$

两式相减，得

$$1 = \dfrac{1}{6}(f'''(\eta_1) + f'''(\eta_2)), \quad \dfrac{1}{2}(f'''(\eta_1) + f'''(\eta_2)) = 3,$$

由于 $f'''(x)$ 在 $[\eta_1, \eta_2] \subset (-1,1)$ 上连续，故在 $[\eta_1, \eta_2]$ 上有最小值 m 和最大值 M，并且有

$$m \leqslant \dfrac{1}{2}(f'''(\eta_1) + f'''(\eta_2)) \leqslant M,$$

根据连续函数的介值定理，$\exists \xi \in [\eta_1, \eta_2] \subset (-1, 1)$，使
$$f'''(\xi) = \frac{1}{2}(f'''(\eta_1) + f'''(\eta_2)) = 3.$$

例 14 设 $\rho = \rho(x)$ 是抛物线 $y = \sqrt{x}$ 上任一点 $M(x, y)$ ($x \geq 1$) 处的曲率半径，$s = s(x)$ 是该抛物线上介于点 $A(1, 1)$ 和 M 之间的弧长，计算 $3\rho \dfrac{\mathrm{d}^2 \rho}{\mathrm{d}s^2} - \left(\dfrac{\mathrm{d}\rho}{\mathrm{d}s}\right)^2$ 的值.

解 $y' = \dfrac{1}{2\sqrt{x}}, \quad y'' = -\dfrac{1}{4\sqrt{x^3}},$

故 $\rho = \rho(x) = \dfrac{(1 + (y')^2)^{\frac{3}{2}}}{|y''|} = \dfrac{1}{2}(4x + 1)^{\frac{3}{2}}, \mathrm{d}\rho = 3(4x + 1)^{\frac{1}{2}} \mathrm{d}x,$

根据弧微分公式，有
$$\mathrm{d}s = \sqrt{1 + (y')^2} \, \mathrm{d}x = \sqrt{1 + \frac{1}{4x}} \, \mathrm{d}x,$$

故 $\dfrac{\mathrm{d}\rho}{\mathrm{d}s} = \dfrac{3(4x + 1)^{\frac{1}{2}} \mathrm{d}x}{\sqrt{1 + \dfrac{1}{4x}} \mathrm{d}x} = 6\sqrt{x},$

$$\frac{\mathrm{d}^2 \rho}{\mathrm{d}s^2} = \frac{\mathrm{d}}{\mathrm{d}s}\left(\frac{\mathrm{d}\rho}{\mathrm{d}s}\right) = \frac{\mathrm{d}}{\mathrm{d}s}(6\sqrt{x}) = \frac{\mathrm{d}(6\sqrt{x})}{\mathrm{d}x} \cdot \frac{\mathrm{d}x}{\mathrm{d}s} = \frac{3}{\sqrt{x}} \cdot \frac{1}{\sqrt{1 + \dfrac{1}{4x}}} = \frac{6}{\sqrt{4x + 1}}.$$

因此 $3\rho \dfrac{\mathrm{d}^2 \rho}{\mathrm{d}s^2} - \left(\dfrac{\mathrm{d}\rho}{\mathrm{d}s}\right)^2 = \dfrac{3}{2}(4x + 1)^{\frac{3}{2}} \cdot \dfrac{6}{\sqrt{4x + 1}} - (6\sqrt{x})^2 = 9.$

例 15 (1) 设函数 $f(x)$ 满足方程 $xf''(x) + 3x[f'(x)]^2 = 1 - \mathrm{e}^{-x}$ (x 为任意实数)，且在 $x = c$ 处 $f(x)$ 取得极值，判断 $f(c)$ 是极大值还是极小值；

(2) 设函数 $f(x)$ 满足关系式 $f''(x) + [f'(x)]^2 = x$，且 $f'(0) = 0$，判断 $f(0)$ 是否为 $f(x)$ 的极值，$(0, f(0))$ 是否为曲线 $y = f(x)$ 的拐点.

解 (1) 由于 $f'(x)$ 存在，故 $f'(c) = 0$，若 $c \neq 0$，在已知方程中令 $x = c$，得 $cf''(c) = 1 - \mathrm{e}^{-c}, f''(c) = \dfrac{\mathrm{e}^c - 1}{c\mathrm{e}^c},$

不论 $c > 0$ 还是 $c < 0$，都有 $f''(c) > 0$；若 $c = 0$，由于 $f''(x)$ 存在，故 $f'(x)$ 是连续函数，因此
$$\lim_{x \to 0} f'(x) = f'(0) = 0$$

根据二阶导数的定义，
$$f''(c) = f''(0) = \lim_{x \to 0} \frac{f'(x) - f'(0)}{x} = \lim_{x \to 0} \frac{f'(x)}{x}$$
$$= \lim_{x \to 0} \frac{f''(x)}{1} = \lim_{x \to 0} \frac{1 - \mathrm{e}^{-x} - 3x[f'(x)]^2}{x}$$

$$= \lim_{x\to 0}\frac{1-e^{-x}}{x} - \lim_{x\to 0}3[f'(x)]^2 = 1 - 0 = 1 > 0,$$

因此 $f(c)$ 是极小值;

(2) 由关系式可得 $f''(0)=0$,将关系式两端求导,得

$$f'''(x) + 2f'(x)f''(x) = 1,$$

令 $x=0$,得 $f'''(0)=1$,由上式继续求导可知 $f^{(4)}(x)$ 存在,因此 $f'''(x)$ 是连续函数,故在 $x=0$ 的某邻域内 $f'''(x)>0$,对此邻域内的 x,$f(x)$ 的二阶和 $f''(x)$ 的零阶麦克劳林公式分别为

$$f(x) = f(0) + \frac{f'''(\xi_1)}{3!}x^3, \quad f''(x) = f'''(\xi_2)x,$$

由前一式知,在 $x=0$ 两侧,$f(x)-f(0)$ 改变符号,故 $f(0)$ 不是 $f(x)$ 的极值,由后一式知,在 $x=0$ 两侧,$f''(x)$ 改变符号,故 $(0,f(0))$ 是曲线 $y=f(x)$ 的拐点.

例 16 设 $f(x) = \begin{cases} \dfrac{\varphi(x)-\cos x}{x} & x\neq 0, \\ a & x=0, \end{cases}$ 其中 $\varphi(x)$ 具有二阶连续导数,且 $\varphi(0)=1$.

(1) 确定 a 的值,使 $f(x)$ 在 $x=0$ 处连续;
(2) 求 $f'(x)$;
(3) 讨论 $f'(x)$ 在 $x=0$ 处的连续性.

解 (1) 由于 $\varphi(0)=1$,

$$\lim_{x\to 0}f(x) = \lim_{x\to 0}\frac{\varphi(x)-\cos x}{x}$$

$$= \lim_{x\to 0}\left[\frac{\varphi(x)-\varphi(0)}{x} + \frac{1-\cos x}{x}\right] = \varphi'(0),$$

故当 $a=\varphi'(0)$ 时,$f(x)$ 在 $x=0$ 处连续;

(2) 当 $x\neq 0$ 时,

$$f'(x) = \frac{x[\varphi'(x)+\sin x] - [\varphi(x)-\cos x]}{x^2},$$

$$f'(0) = \lim_{x\to 0}\frac{f(x)-f(0)}{x} = \lim_{x\to 0}\frac{\dfrac{\varphi(x)-\cos x}{x} - \varphi'(0)}{x}$$

$$= \lim_{x\to 0}\frac{\varphi(x)-\cos x - x\varphi'(0)}{x^2} \quad \text{(利用洛必达法则)}$$

$$= \lim_{x\to 0}\frac{\varphi'(x)+\sin x - \varphi'(0)}{2x}$$

$$= \lim_{x\to 0}\left[\frac{\varphi'(x)-\varphi'(0)}{2x} + \frac{\sin x}{2x}\right] = \frac{1}{2}\varphi''(0) + \frac{1}{2};$$

(3) 由于

$$\lim_{x\to 0}f'(x) = \lim_{x\to 0}\frac{x[\varphi'(x)+\sin x] - [\varphi(x)-\cos x]}{x^2} \quad \text{(利用洛必达法则)}$$

$$= \lim_{x\to 0}\frac{x\varphi''(x)+x\cos x}{2x}=\frac{1}{2}\varphi''(0)+\frac{1}{2}=f'(0),$$

所以 $f'(x)$ 在 $x=0$ 处是连续的.

例 17 当 $x\to 0$ 时,要使

$$f(x)=a-\frac{x^2}{2}+e^x+x\ln(1+x^2)+(b+c\cos x)\sin x$$

是比 x^3 高阶的无穷小, a,b,c 应该等于多少?

解 利用 $f(x)$ 的 3 阶麦克劳林公式,得

$$f(x)=a-\frac{x^2}{2}+e^x+x\ln(1+x^2)+b\sin x+\frac{c}{2}\sin 2x$$

$$=a-\frac{x^2}{2}+\left(1+x+\frac{x^2}{2!}+\frac{x^3}{3!}+o(x^3)\right)+x(x^2+o(x^2))+$$

$$b\left(x-\frac{x^3}{3!}+o(x^4)\right)+\frac{c}{2}\left(2x-\frac{(2x)^3}{3!}+o(x^4)\right)$$

$$=(a+1)+(1+b+c)x+\left(-\frac{1}{2}+\frac{1}{2}\right)x^2+$$

$$\left(\frac{7}{6}-\frac{b}{6}-\frac{2c}{3}\right)x^3+o(x^3),$$

由题意,有 $a+1=0, 1+b+c=0, \frac{7}{6}-\frac{b}{6}-\frac{2c}{3}=0$,

解得

$$a=-1, b=-\frac{11}{3}, c=\frac{8}{3}.$$

例 18 设函数 $f(x)$ 在 $x=0$ 的某邻域内有二阶导数,且

$$\lim_{x\to 0}\left(1+x+\frac{f(x)}{x}\right)^{\frac{1}{x}}=e^3,$$

求 $f(0), f'(0), f''(0)$ 及 $\lim_{x\to 0}\left(1+\frac{f(x)}{x}\right)^{\frac{1}{x}}$.

解 由题设,有

$$\lim_{x\to 0}\frac{\ln\left(1+x+\frac{f(x)}{x}\right)}{x}=3,$$

故 $\lim_{x\to 0}\ln\left(1+x+\frac{f(x)}{x}\right)=0, \lim_{x\to 0}\left(x+\frac{f(x)}{x}\right)=0, \lim_{x\to 0}\frac{f(x)}{x}=0,$

由此可得 $f(0)=\lim_{x\to 0}f(x)=0, \quad f'(0)=\lim_{x\to 0}\frac{f(x)}{x}=0,$

又由于 $\lim_{x\to 0}\frac{\ln\left(1+x+\frac{f(x)}{x}\right)}{x}=\lim_{x\to 0}\frac{x+\frac{f(x)}{x}}{x}$

$$=\lim_{x\to 0}\frac{x^2+f(x)}{x^2}=\lim_{x\to 0}\frac{x^2+f(0)+f'(0)x+\frac{f''(0)}{2!}x^2+o(x^2)}{x^2}$$

$$=\lim_{x\to 0}\frac{\left(1+\frac{f''(0)}{2}\right)x^2+o(x^2)}{x^2}=1+\frac{f''(0)}{2}=3, 得 f''(0)=4, 由于$$

$$\lim_{x \to 0} \frac{\ln\left(1+\frac{f(x)}{x}\right)}{x} = \lim_{x \to 0} \frac{\frac{f(x)}{x}}{x} = \lim_{x \to 0} \left(\frac{x^2 + f(x)}{x^2} - 1\right)$$
$$= 3 - 1 = 2,$$

所以
$$\lim_{x \to 0} \left(1 + \frac{f(x)}{x}\right)^{\frac{1}{x}} = e^2.$$

习题 3-7

1. 证明方程 $\tan x = 1 - x$ 在 $(0,1)$ 内有根.

2. 证明方程 $4ax^3 + 3bx^2 + 2cx = a + b + c$ 在 $(0,1)$ 内至少有一根.

3. 设 $f(x)$ 在 $(-\infty, +\infty)$ 内有定义,并且对任意实数 x, y 都有 $|f(x) - f(y)| \leqslant (x-y)^2$,证明 $f(x)$ 恒为常数.

4. 设函数 $f(x)$ 在 $[a,b]$ 上连续,在 (a,b) 内可导,且 $f(a) = f(b) = 0$,证明:存在 $\xi \in (a,b)$,使 $f'(\xi) = \lambda f(\xi)$ (λ 是常数).

5. 设抛物线 $y = -x^2 + Bx + C$ 与 x 轴有两个交点 $x = a$ 和 $x = b(a < b)$,函数 $f(x)$ 在 $[a,b]$ 上二阶可导,$f(a) = f(b) = 0$,并且曲线 $y = f(x)$ 与 $y = -x^2 + Bx + C$ 在 (a,b) 内有一个交点,证明:$\exists \xi \in (a,b)$,使 $f''(\xi) = -2$.

6. 设函数 $f(x)$ 在 $[0, +\infty)$ 内可导,$f'(x)$ 单调减少,且 $f(0) = 0$,证明:对满足 $0 \leqslant a \leqslant b$ 的任意 a, b,恒有 $f(a+b) \leqslant f(a) + f(b)$.

7. 设 $f(x), g(x)$ 在 $[a,b]$ 上可导,且 $g'(x) \neq 0$,证明存在 $c \in (a,b)$,使
$$\frac{f(a) - f(c)}{g(c) - g(b)} = \frac{f'(c)}{g'(c)}.$$

8. (1) 设 $\lim\limits_{x \to 0} \dfrac{\ln(1+x) - (ax + bx^2)}{x^2} = 2$,求 a 和 b 的值;

(2) 试确定常数 a, b,使极限 $\lim\limits_{x \to 0} \dfrac{1 + a\cos 2x + b\cos 4x}{x^4}$ 存在,并求出它的值.

9. 设函数 f 具有一阶连续导数,且 $f(0) = 0, f'(0) = 0, f''(0)$ 存在,
$$g(x) = \begin{cases} \dfrac{f(x)}{x}, & x \neq 0, \\ a, & x = 0. \end{cases}$$

(1) 确定 a,使 $g(x)$ 处处连续;

(2) 对上面所确定的 a,证明 $g(x)$ 具有一阶连续导数.

10. 求下列极限:

(1) $\lim\limits_{x \to \pi} \left(1 - \tan \dfrac{x}{4}\right) \sec \dfrac{x}{2}$;

(2) $\lim\limits_{x \to 0} \dfrac{(1+x)^{\frac{1}{x}} - e}{x}$;

(3) $\lim\limits_{x \to 0} \left(\dfrac{a_1^x + a_2^x + \cdots + a_n^x}{n} \right)^{\frac{1}{x}}$,其中 $a_i > 0, i = 1, 2, \cdots, n$;

(4) $\lim\limits_{x \to +\infty} \left[x - x^2 \ln\left(1 + \dfrac{1}{x}\right) \right]$;

(5) $\lim\limits_{x \to 0} \dfrac{\ln(1+x) - \sin x}{\sqrt{1+x^2} - \cos x^2}$;

(6) $\lim\limits_{x \to 0} \left(\dfrac{1}{x^2} - \dfrac{1}{x \tan x} \right)$;

(7) $\lim\limits_{x \to 0} \dfrac{\sqrt{1+\tan x} - \sqrt{1+\sin x}}{x \ln(1+x) - x^2}$;

(8) $\lim\limits_{x \to 1^-} \left[\dfrac{1}{\pi x} + \dfrac{1}{\sin \pi x} - \dfrac{1}{\pi(1-x)} \right]$; (9) $\lim\limits_{x \to 0} \left(\dfrac{1}{\sin^2 x} - \dfrac{\cos^2 x}{x^2} \right)$.

11. 设 $f(x) = nx(1-x)^n$ (n 是自然数).

    (1) 求 $f(x)$ 在 $[0,1]$ 上的最大值 $M(n)$;

    (2) 求 $\lim\limits_{n \to \infty} M(n)$.

12. 求由下列各方程所确定的函数 $y = y(x)$ 的驻点,并判断是否为极值点.

    (1) $x^2 + 2xy + y^2 - 4x + 2y - 2 = 0$;

    (2) $x^3 + y^3 - 3axy = 0$ ($x > 0, a > 0$);

    (3) $\begin{cases} x = t^3 + 3t + 1, \\ y = t^3 - 3t + 1, \end{cases}$

    (4) $\begin{cases} x = t e^t, \\ y = t e^{-t}. \end{cases}$

13. 证明下列不等式:

    (1) $e^x \leqslant \dfrac{1}{1-x}, x \in (-\infty, 1)$;

    (2) $1 + x \ln(x + \sqrt{1+x^2}) > \sqrt{1+x^2}$ ($x > 0$);

    (3) $\dfrac{1-x}{1+x} < e^{-2x}$ ($x > 0$);

    (4) $\dfrac{2a}{a^2 + b^2} < \dfrac{\ln b - \ln a}{b - a} < \dfrac{1}{\sqrt{ab}}$ ($0 < a < b$).

14. 讨论方程 $\ln x - ax = 0 (a > 0)$ 的实根个数.

15. 已知曲线 $x^2 y + \alpha x + \beta y = 0$ 以 $(2, 2.5)$ 为拐点,试确定 α, β 的值.

16. 设 $f(x)$ 在 $[a,b]$ ($a > 0$) 上连续,在 (a,b) 内可导,证明 $\exists \xi, \eta \in (a,b)$,使 $f'(\xi) = \dfrac{\eta^2 f'(\eta)}{ab}$.

17. 已知函数 $f(x)$ 在 $[0,1]$ 上连续,在 $(0,1)$ 内可导,且 $f(0) = 0$,

$f(1)=1$,证明:

(1) 存在 $c\in(0,1)$,使 $f(c)=1-c$;

(2) 存在两个不同的点 $\xi,\eta\in(0,1)$,使 $f'(\xi)f'(\eta)=1$.

18. 设当 $x\to 0$ 时,$\sqrt{1-2x}-\sqrt[3]{1-3x}$ 与 ax^n 是等价无穷小,求 a 和 n 的值.

19. 确定常数 a,b,c 的值,使得当 $x\to 0$ 时,$x-(a+b\cos x)\sin x$ 与 $c(\sqrt[3]{1+x^5}-1)$ 是等价无穷小.

20. 设函数 $f(x)$ 在 $[a,b]$ 上有二阶导数,且 $f''(x)>0$,试比较下列三式的大小:$f(b)-f(a),(b-a)f'(a),(b-a)f'(b)$.

21. 设 $f(0)=0$,且 $f'(x)$ 在 $[0,+\infty)$ 上单调增加,证明 $\dfrac{f(x)}{x}$ 在 $(0,+\infty)$ 内也是单调增加的.

22. 设 $f(x)$ 是 x 的 4 次多项式,它有两个拐点 $(2,16)$ 和 $(0,0)$,并且在点 $(2,16)$ 处的切线平行于 x 轴,求函数 $f(x)$ 的表达式.

23. 设 $f(x)$ 在 $[0,1]$ 上有二阶导数,且 $f(0)=f(1)=0$,$\min\limits_{x\in[0,1]} f(x)=-1$,证明存在点 $\xi\in(0,1)$,使 $f''(\xi)\geqslant 8$.

24. 设 $f(x)=\ln x-\dfrac{x}{\mathrm{e}}+k$,$k>0$ 为常数,求方程 $f(x)=0$ 在 $(0,+\infty)$ 内实根的个数.

25. 已知 $f(x)$ 在 $(-\infty,+\infty)$ 内可导,且 $\lim\limits_{x\to\infty}f'(x)=\mathrm{e}$,$\lim\limits_{x\to\infty}\left(\dfrac{x+c}{x-c}\right)^x=\lim\limits_{x\to\infty}[f(x)-f(x-1)]$,求 c 的值.

26. (1) 设 $f(x)=|x(1-x)|$,判断 $x=0$ 是否为极值点,$(0,0)$ 是否为拐点;

(2) 设 $f(x)$ 的导数在 $x=a$ 处连续,又 $\lim\limits_{x\to a}\dfrac{f'(x)}{x-a}=-1$,判别 $f(a)$ 是否为 $f(x)$ 的极值,$(a,f(a))$ 是否为曲线 $y=f(x)$ 的拐点.

27. 设函数 $f(x)$ 在 $x=0$ 的某邻域内有一阶连续导数,且 $f(0)\neq 0$,$f'(0)\neq 0$,若 $af(h)+bf(2h)-f(0)$ 当 $h\to 0$ 时是比 h 高阶的无穷小,试确定 a,b 的值.

28. 设函数 $f(x)=\begin{cases}\dfrac{\ln(1+ax^3)}{x-\arcsin x}, & x<0, \\ 6, & x=0, \\ \dfrac{\mathrm{e}^{ax}+x^2-ax-1}{x\sin\dfrac{x}{4}}, & x>0,\end{cases}$ 问 a 为何值时,$f(x)$ 在 $x=0$ 处连续?a 为何值时,$x=0$ 是 $f(x)$ 的可去间断点?

29. 讨论曲线 $y=4\ln x+k$ 与 $y=4x+\ln^4 x$ 的交点个数.

30. 设方程 $y=1-xe^y$ 确定隐函数 $x=x(y)$,求 $x(y)$ 在 $y=1$ 处带有拉格朗日型余项的一阶泰勒公式.

31. 设 $f(x)$ 在 $[0,1]$ 上连续,在 $(0,1)$ 内可导,且 $f(0)=f(1)=0$,$f\left(\dfrac{1}{2}\right)=1$,证明在 $(0,1)$ 内存在点 ξ,使 $|f'(\xi)|=1$.

32. 设 $f(x)$ 在 $[0,1]$ 上有二阶导数,且 $f(0)=f(1)=0$,$|f''(x)|\leqslant A$,证明 $|f'(x)|\leqslant \dfrac{A}{2}$.

33. 一个圆柱体是由一个矩形绕 x 轴旋转而成,矩形的底边在 x 轴上,而且整个矩形位于曲线 $y=\dfrac{x}{1+x^2}$ 与 x 轴之间,矩形的两个角顶在曲线上,求可能得到的最大圆柱体的体积.

第四章
定积分与不定积分

接下来我们要学习定积分和不定积分.定积分有着丰富的实际背景,例如求平面图形的面积,求变速运动的路程,求变力所做的功等,而不定积分是作为导数的反问题引进的.定积分与不定积分之间又有着紧密的联系.这一章将在分析实例的基础上抽象出定积分的概念,在解决定积分计算问题时,引入原函数与不定积分概念,阐明微分与积分的关系,给出不定积分的求法,介绍广义积分,最后讨论定积分的应用.

第一节 定积分的概念与性质

一、几个实际问题

1. 曲边梯形的面积

求面积问题是一个有实际意义的问题,也是数学中最古老的问题之一.在平面图形中,曲边梯形是一个基本图形.所谓曲边梯形是指由三条相互垂直的直线和一条曲线所围成的图形(见图4-1).其他平面图形都可以分割成几个曲边梯形之和(见图4-2,将图形分成了6个曲边梯形之和),也可以利用曲边梯形面积之差求一些平面图形的面积(见图4-3,曲线围成的图形面积等于曲边梯形 $ABCED$ 的面积减去曲边梯形 $ABCFD$ 的面积).因此解决了曲边梯形面积的计算问题,也就能计算由一般曲线所围成的平面图形的面积.下面讨论曲边梯形面积的求法.

图 4-1

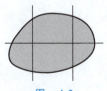

图 4-2

对于矩形,面积=底边长×高,而曲边梯形的曲边上各点的高度是变化的,因此不能简单地像矩形那样求面积.如果将曲边梯形分成若干个窄曲边梯形,由于窄曲边梯形的曲边上各点的高度变化不大,就可以用一个矩形面积作为窄曲边梯形面积的近似值,把这些窄曲边梯形面积的近似值相加后可以得到所求曲边梯形面积的近似值.分割越细,所得近似值就越接近曲边梯形的面积,当把曲边梯形无限细分,而使每个窄曲边梯形的底边长都趋于零时,近似值的极限就是曲边梯形面积的精确值.

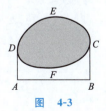

图 4-3

先看一个具体的例子.

例1 设曲边梯形由曲线 $f(x)=x^2$,直线 $x=1, x=2$ 和 x

轴围成,求它的面积 A.

解 如图 4-4 所示,用分点 $x_i=1+\dfrac{i}{n}(i=0,1,2,\cdots,n)$ 将区间 $[1,2]$ 分成 n 个小区间,第 i 个小区间的长度为

$$\Delta x_i = x_i - x_{i-1} = \frac{1}{n},$$

经过各分点作平行于 y 轴的直线段,于是将曲边梯形分成了 n 个窄曲边梯形,设第 i 个窄曲边梯形的面积为 ΔA_i,当与它对应的小区间 $[x_{i-1},x_i]$ 的长度 Δx_i 比较小时,可以将它近似地看成矩形,用矩形面积去近似窄曲边梯形的面积,矩形的底边长取成 Δx_i,矩形的高有很多不同取法.我们先用图 4-4 所示的高为 $f(x_{i-1})$ 的矩形的面积去近似窄曲边梯形的面积,即

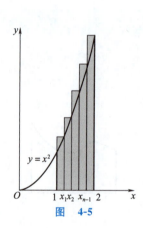

图 4-4

$$\Delta A_i \approx f(x_{i-1})\Delta x_i = \left(1+\frac{i-1}{n}\right)^2 \frac{1}{n},$$

于是 $A = \displaystyle\sum_{i=1}^{n} \Delta A_i \approx \sum_{i=1}^{n} \left(1+\frac{i-1}{n}\right)^2 \frac{1}{n}$

$$= \sum_{i=1}^{n}\left[1+\frac{2(i-1)}{n}+\frac{(i-1)^2}{n^2}\right]\frac{1}{n} = 1 + \frac{n(n-1)}{n^2} + \frac{n(n-1)(2n-1)}{6n^3} = 1 + \frac{n-1}{n} + \frac{(n-1)(2n-1)}{6n^2},$$

显然,Δx_i 越小,近似程度越好,令 $\lambda = \max\limits_{1 \leqslant i \leqslant n}\{\Delta x_i\} = \dfrac{1}{n}$,则 $\lambda \to 0 \Leftrightarrow n \to \infty$,于是

$$A = \lim_{n\to\infty}\left[1+\frac{n-1}{n}+\frac{(n-1)(2n-1)}{6n^2}\right] = 1 + 1 + \frac{1}{3} = \frac{7}{3}.$$

我们也可以用如图 4-5 所示的高为 $f(x_i)$ 的矩形面积去近似 ΔA_i,即

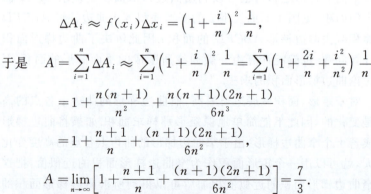

图 4-5

$$\Delta A_i \approx f(x_i)\Delta x_i = \left(1+\frac{i}{n}\right)^2 \frac{1}{n},$$

于是 $A = \displaystyle\sum_{i=1}^{n}\Delta A_i \approx \sum_{i=1}^{n}\left(1+\frac{i}{n}\right)^2 \frac{1}{n} = \sum_{i=1}^{n}\left(1+\frac{2i}{n}+\frac{i^2}{n^2}\right)\frac{1}{n}$

$$= 1 + \frac{n(n+1)}{n^2} + \frac{n(n+1)(2n+1)}{6n^3}$$

$$= 1 + \frac{n+1}{n} + \frac{(n+1)(2n+1)}{6n^2},$$

$$A = \lim_{n\to\infty}\left[1+\frac{n+1}{n}+\frac{(n+1)(2n+1)}{6n^2}\right] = \frac{7}{3}.$$

如果我们在 $[x_{i-1},x_i]$ 上任取一点 ξ_i,用高度为 $f(\xi_i)$ 的矩形面积去近似 ΔA_i,同样有

$$A = \lim_{n\to\infty}\sum_{i=1}^{n}f(\xi_i)\Delta x_i = \lim_{n\to\infty}\sum_{i=1}^{n}\xi_i^2 \frac{1}{n} = \frac{7}{3}.$$

如果将 $[1,2]$ 所分成的各小区间 $[x_{i-1},x_i]$ 的长度不都相等,同

样可以得到

$$A = \lim_{\lambda \to 0} \sum_{i=1}^{n} f(\xi_i) \Delta x_i = \frac{7}{3}.$$

一般地,设曲边梯形是由连续曲线 $y=f(x)(f(x)\geqslant 0)$,直线 $x=a, x=b(a \leqslant b)$ 与 x 轴围成的,可以用同样方法去求得它的面积 A.

具体做法可分为如下四步.

(1) 分割

用分点 $a=x_0<x_1<x_2<\cdots<x_{n-1}<x_n=b$ 将 $[a,b]$ 分成 n 个小区间,第 i 个小区间 $[x_{i-1},x_i]$ 的长度记为 $\Delta x_i=x_i-x_{i-1}$ ($i=1,2,\cdots,n$),经过各分点做平行于 y 轴的直线段,将曲边梯形分成 n 个窄曲边梯形,其面积分别记为

$$\Delta A_1, \Delta A_2, \cdots, \Delta A_n.$$

(2) 近似

在 $[x_{i-1},x_i]$ 上任取一点 ξ_i,用底边长为 Δx_i,高为 $f(\xi_i)$ 的矩形面积近似窄曲边梯形的面积,即

$$\Delta A_i \approx f(\xi_i) \Delta x_i \quad (i=1,2,\cdots n).$$

(3) 求和

将各矩形面积相加,得到曲边梯形面积 A 的近似值,即

$$A = \sum_{i=1}^{n} \Delta A_i \approx \sum_{i=1}^{n} f(\xi_i) \Delta x_i.$$

(4) 取极限

令 $\lambda = \max\limits_{1 \leqslant i \leqslant n} \{\Delta x_i\}$,则通过取极限得到面积 A 的精确值为

$$A = \lim_{\lambda \to 0} \sum_{i=1}^{n} f(\xi_i) \Delta x_i.$$

2. 变速运动的位移

设物体做直线运动,已知速度 $v=v(t)$ 是时间区间 $[a,b]$ 上的连续函数,要计算从 $t=a$ 到 $t=b$ 这段时间内物体的位移.

我们知道,对匀速运动,速度是常数,位移=速度×时间,对非匀速运动,速度随时间 t 而变化,不能直接利用上面的公式计算位移.但当时间间隔很小时,可以将变速运动近似地看成匀速运动,因此类似于求曲边梯形的面积,可以采用如下方法求位移 s.

(1) 分割

用分点 $a=t_0<t_1<t_2<\cdots<t_{n-1}<t_n=b$ 将 $[a,b]$ 分成 n 个小区间,第 i 个小区间 $[t_{i-1},t_i]$ 的长度记为 $\Delta t_i=t_i-t_{i-1}$ ($i=1,2,\cdots,n$),物体在 $[t_{i-1},t_i]$ 内的位移记作 Δs_i, $i=1,2,\cdots,n$.

(2) 近似

由于速度是连续变化的,因此当 Δt_i 很小时,物体在 $[t_{i-1},t_i]$ 内的运动可以近似地看成匀速运动,在 $[t_{i-1},t_i]$ 上任取一点 ξ_i,则在 $[t_{i-1},t_i]$ 上,$v(t) \approx v(\xi_i)$,于是得到

$$\Delta s_i \approx v(\xi_i)\Delta t_i \quad (i=1,2,\cdots,n).$$

(3) 求和

将各小段位移的近似值相加得

$$s = \sum_{i=1}^{n}\Delta s_i \approx \sum_{i=1}^{n} v(\xi_i)\Delta t_i.$$

(4) 取极限

令 $\lambda = \max\limits_{1\leqslant i\leqslant n}\{\Delta t_i\}$,通过取极限则可以得到位移的精确值为

$$s = \lim_{\lambda \to 0}\sum_{i=1}^{n} v(\xi_i)\Delta t_i.$$

3. 变力沿直线所做的功

设物体在力 F 的作用下沿 x 轴从 $x=a$ 运动到 $x=b$,要计算力 F 所做的功 W.

如果力 F 是常力,并且 F 的方向与 x 轴平行,则

$$W = F(b-a).$$

如果力 F 的方向与 x 轴平行,但在不同点处 F 的大小有不同的值,即设 $F=F(x)$(其中 $F(x)$ 在 $[a,b]$ 上连续),此时要计算这个变力所做的功就不能使用上面的公式了.但是如果物体移动的距离很短,就可以将力近似地看成常力,可以利用上面的公式求出功的近似值.因此同解决前面两个问题一样,我们采用如下方法求功 W.

(1) 分割

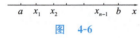

图 4-6

如图 4-6 所示,用分点 $a=x_0<x_1<x_2<\cdots<x_{n-1}<x_n=b$ 将 $[a,b]$ 分成 n 个小区间,第 i 个小区间 $[x_{i-1},x_i]$ 的长度记为 $\Delta x_i = x_i - x_{i-1}$,物体由 x_{i-1} 移动到 x_i 所做的功记为 $\Delta W_i(i=1,2,\cdots,n)$.

(2) 近似

由于力是连续变化的,因此当 Δx_i 很小时,可以将 $[x_{i-1},x_i]$ 上的力近似地看成常力,在 $[x_{i-1},x_i]$ 上任取一点 ξ_i,则在 $[x_{i-1},x_i]$ 上 $F(x)\approx F(\xi_i)$,于是

$$\Delta W_i \approx F(\xi_i)\Delta x_i \quad (i=1,2,\cdots,n).$$

(3) 求和

把力 F 在各小区间段上所做功的近似值相加,得到力 F 在 $[a,b]$ 上所做功的近似值,即

$$W = \sum_{i=1}^{n}\Delta W_i \approx \sum_{i=1}^{n} F(\xi_i)\Delta x_i.$$

(4) 取极限

令 $\lambda = \max\limits_{1\leqslant i\leqslant n}\{\Delta x_i\}$,则功的精确值为

$$W = \lim_{\lambda \to 0}\sum_{i=1}^{n} F(\xi_i)\Delta x_i.$$

图 4-7

4. 细杆的质量

设一细杆位于 x 轴的区间 $[a,b]$ 上(见图 4-7),如何求细杆的

质量 m 呢？如果细杆上物质的分布是均匀的，即细杆上各点处的线密度为常数 μ，则 $m=\mu(b-a)$.

如果物质在细杆上是非均匀分布的，线密度随点的变化而变化，即 $\mu=\mu(x)$，其中 $\mu(x)$ 在 $[a,b]$ 上连续，我们也可以通过分割、近似、求和、取极限这样四步而得到质量的精确值

$$m=\lim_{\lambda\to 0}\sum_{i=1}^{n}\mu(\xi_i)\Delta x_i.$$

上面几个问题的实际意义完全不同，但解决问题的方法和步骤是相同的，而且所得到的数学结构也是一样的.类似的实际问题还有很多，因而上述数学思想及数学结构在自然科学和工程技术中具有比较普遍的意义.下面我们去掉上述问题的具体意义，就所抽象出来的数学模式给出一个新的重要的定义.

二、定积分的定义

定义 设函数 $f(x)$ 在区间 $[a,b]$ 上有定义，用分点 $a=x_0<x_1<x_2<\cdots<x_{n-1}<x_n=b$ 将 $[a,b]$ 分成 n 个小区间，第 i 个小区间 $[x_{i-1},x_i]$ 的长度记为 $\Delta x_i=x_i-x_{i-1}(i=1,2,\cdots,n)$，任取 $\xi_i\in[x_{i-1},x_i]$，做乘积 $f(\xi_i)\Delta x_i(i=1,2,\cdots,n)$，将这些乘积相加得到和式 $\sum_{i=1}^{n}f(\xi_i)\Delta x_i$，令 $\lambda=\max_{1\leqslant i\leqslant n}\{\Delta x_i\}$，如果不论小区间怎样划分，以及点 ξ_i 怎样取，和式 $\sum_{i=1}^{n}f(\xi_i)\Delta x_i$ 的极限都存在且为同一个数，则称函数 $f(x)$ 在 $[a,b]$ 上可积，而此极限值称为函数 $f(x)$ 在 $[a,b]$ 上的定积分，记作 $\int_a^b f(x)\mathrm{d}x$，即

$$\int_a^b f(x)\mathrm{d}x=\lim_{\lambda\to 0}\sum_{i=1}^{n}f(\xi_i)\Delta x_i,$$

其中 $f(x)$ 称为被积函数，x 称为积分变量，$f(x)\mathrm{d}x$ 称为被积式，$[a,b]$ 称为积分区间，a,b 分别称为积分下限和积分上限，$\int$ 称为积分符号.

对于定积分的定义，我们需要做一些补充说明和规定.

(1) 定积分 $\int_a^b f(x)\mathrm{d}x$ 是一个确定的数，这个数只与被积函数 f 和积分区间 $[a,b]$ 有关，而与积分变量无关，即这个数不含有积分变量.因此定积分的值与积分变量用什么字母无关，故

$$\int_a^b f(x)\mathrm{d}x=\int_a^b f(t)\mathrm{d}t=\int_a^b f(u)\mathrm{d}u.$$

(2) 上面给出的定积分 $\int_a^b f(x)\mathrm{d}x$ 的定义中假定 $a\leqslant b$，当 $a\geqslant b$ 时，则规定

$$\int_b^a f(x)\,dx = -\int_a^b f(x)\,dx,$$

$$\int_a^a f(x)\,dx = 0.$$

根据定积分的定义,前面所讨论的几个实际问题可以用定积分分别表述如下:

由曲线 $y=f(x)$($f(x) \geqslant 0$),直线 $x=a$, $x=b$ 与 x 轴所围成的曲边梯形的面积等于曲边函数 $f(x)$ 在区间 $[a,b]$ 上的定积分,即

$$A = \int_a^b f(x)\,dx.$$

变速直线运动在时间区间 $[a,b]$ 内的位移等于速度函数 $v(t)$ 在区间 $[a,b]$ 上的定积分,即

$$s = \int_a^b v(t)\,dt.$$

物体在平行于 x 轴的变力 $F(x)$ 的作用下由 $x=a$ 移动到 $x=b$,所做功等于力函数 $F(x)$ 在 $[a,b]$ 上的定积分,即

$$W = \int_a^b F(x)\,dx.$$

位于区间 $[a,b]$ 上的细杆的质量等于线密度函数 $\mu(x)$ 在 $[a,b]$ 上的定积分,即

$$m = \int_a^b \mu(x)\,dx.$$

三、定积分存在的条件

从上面的定义可知,定积分是一个和式的极限.这个极限的存在是有条件的.如果被积函数 $f(x)$ 在 $[a,b]$ 上无界,可以证明,积分和式是没有极限的.因此有下面定理.

定理 1 函数 $f(x)$ 在区间 $[a,b]$ 上可积的必要条件是 $f(x)$ 在 $[a,b]$ 上有界.

证 用反证法.设 $f(x)$ 在 $[a,b]$ 上没有上界,将 $[a,b]$ 做 n 等分,分点为 $a=x_0<x_1<\cdots<x_n=b$, $\Delta x = \dfrac{b-a}{n}$,则 $\exists [x_{k-1},x_k]$,在其上 $f(x)$ 没有上界.做和式

$$f(\xi_k)\Delta x_k + \sum_{\substack{i=1\\i\neq k}}^n f(x_i)\Delta x_i = \frac{b-a}{n}\left(f(\xi_k) + \sum_{\substack{i=1\\i\neq k}}^n f(x_i)\right),$$

由于 $f(x)$ 在 $[x_{k-1},x_k]$ 上没有上界,一定可以选取某个 $\xi_k \in [x_{k-1},x_k]$,使

$$f(\xi_k) + \sum_{\substack{i=1\\i\neq k}}^n f(x_i) > \frac{n^2}{b-a},$$

于是

$$f(\xi_k)\Delta x_k + \sum_{\substack{i=1\\i\neq k}}^n f(x_i)\Delta x_i > n,$$

取极限得 $\lim\limits_{n\to\infty}\Big(f(\xi_k)\Delta x_k + \sum\limits_{\substack{i=1\\i\neq k}}^{n}f(x_i)\Delta x_i\Big)=+\infty,$

由于 $f(x)$ 在 $[a,b]$ 上可积,上面极限应是有限数,产生矛盾,故 $f(x)$ 在 $[a,b]$ 上有上界.同理可证 $f(x)$ 在 $[a,b]$ 上有下界,故 $f(x)$ 在 $[a,b]$ 上有界.定理得证.

另外我们不加证明地(证明所需知识超出了要求)给出如下定积分存在的充分条件.

定理 2(定积分存在定理)

(1) 如果函数 $f(x)$ 在区间 $[a,b]$ 上连续,则 $f(x)$ 在 $[a,b]$ 上可积.

(2) 如果函数 $f(x)$ 在区间 $[a,b]$ 上有界,且只有有限个间断点,则 $f(x)$ 在 $[a,b]$ 上可积.

四、定积分的几何意义

由前面的讨论可知,如果在 $[a,b]$ 上 $f(x)\geqslant 0$,则定积分 $\int_a^b f(x)\mathrm{d}x$ 的值等于由曲线 $y=f(x)$,直线 $x=a,x=b$ 和 x 轴围成的曲边梯形的面积(见图 4-8),即

$$\int_a^b f(x)\mathrm{d}x = A.$$

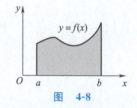

图 4-8

如果在 $[a,b]$ 上 $f(x)\leqslant 0$,由定义可推出

$$\int_a^b f(x)\mathrm{d}x = -\int_a^b [-f(x)]\mathrm{d}x,$$

因此定积分 $\int_a^b f(x)\mathrm{d}x$ 的值等于图 4-9 中曲边梯形面积的相反数,即

$$\int_a^b f(x)\mathrm{d}x = -A.$$

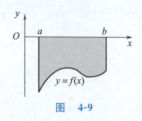

图 4-9

如果在 $[a,b]$ 上 $f(x)$ 改变符号,可以利用后面所给出的定积分的性质得知,此时定积分 $\int_a^b f(x)\mathrm{d}x$ 的值等于由曲线 $y=f(x)$,直线 $x=a,x=b$ 和 x 轴在 x 轴上方所围出图形的面积减去它们在 x 轴下方所围出图形的面积.例如,如果 $f(x)$ 如图 4-10 所示,则

$$\int_a^b f(x)\mathrm{d}x = A_1 + A_3 - A_2.$$

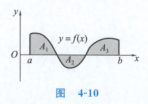

图 4-10

五、定积分的性质

为叙述简便,我们假定下面各性质中所列出的定积分都是存在的.

性质 1(线性性质) 对任意常数 C_1,C_2,

$$\int_a^b [C_1 f_1(x) + C_2 f_2(x)]\mathrm{d}x = C_1\int_a^b f_1(x)\mathrm{d}x + C_2\int_a^b f_2(x)\mathrm{d}x.$$

证
$$\int_a^b [C_1 f_1(x) + C_2 f_2(x)] dx$$
$$= \lim_{\lambda \to 0} \sum_{i=1}^n [C_1 f_1(\xi_i) + C_2 f_2(\xi_i)] \Delta x_i$$
$$= C_1 \lim_{\lambda \to 0} \sum_{i=1}^n f_1(\xi_i) \Delta x_i + C_2 \lim_{\lambda \to 0} \sum_{i=1}^n f_2(\xi_i) \Delta x_i$$
$$= C_1 \int_a^b f_1(x) dx + C_2 \int_a^b f_2(x) dx.$$

性质 2（对积分区间的可加性） 不论 a, b, c 的相对位置如何，都有
$$\int_a^b f(x) dx = \int_a^c f(x) dx + \int_c^b f(x) dx.$$

证 如果 $a < c < b$，由于 $f(x)$ 在 $[a, b]$ 上可积，不论区间 $[a, b]$ 怎样划分，积分和式的极限都是相同的。因此我们在分割区间 $[a, b]$ 时，可以使 c 永远是一个分点，于是 $[a, b]$ 上的积分和式等于 $[a, c]$ 上的积分和式加上 $[c, b]$ 上的积分和式，即
$$\sum_{[a,b]} f(\xi_i) \Delta x_i = \sum_{[a,c]} f(\xi_i) \Delta x_i + \sum_{[c,b]} f(\xi_i) \Delta x_i,$$
令 $\lambda \to 0$，上式两端取极限，即得
$$\int_a^b f(x) dx = \int_a^c f(x) dx + \int_c^b f(x) dx.$$

如果 $a < b < c$，由上面所证，有
$$\int_a^c f(x) dx = \int_a^b f(x) dx + \int_b^c f(x) dx,$$
于是
$$\int_a^b f(x) dx = \int_a^c f(x) dx - \int_b^c f(x) dx = \int_a^c f(x) dx + \int_c^b f(x) dx.$$
对 a, b, c 的其他相对位置，同样可证明此式。

性质 3（比较性质） 如果在 $[a, b]$ 上，$f(x) \geqslant g(x)$，则 $\int_a^b f(x) dx \geqslant \int_a^b g(x) dx$；如果在 $[a, b]$ 上，$f(x) \geqslant 0$，则 $\int_a^b f(x) dx \geqslant 0$。

此性质从定积分的定义很容易得到证明。

如果函数 $f(x)$ 在 $[a, b]$ 上连续，$f(x) \geqslant 0$，并且至少有一点处 $f(x) > 0$，则性质 3 最后的结论可以改成 $\int_a^b f(x) dx > 0$（这个证明留作习题）。

性质 4（绝对值性质） 如果函数 $f(x)$ 在 $[a, b]$ 上可积，则 $|f(x)|$ 也在 $[a, b]$ 上可积，并且
$$\left| \int_a^b f(x) dx \right| \leqslant \int_a^b |f(x)| dx.$$

证 $|f(x)|$ 的可积性的证明略，下面证明不等式。由

$$-|f(x)| \leqslant f(x) \leqslant |f(x)|,$$

及性质 3,得

$$-\int_a^b |f(x)| \mathrm{d}x \leqslant \int_a^b f(x) \mathrm{d}x \leqslant \int_a^b |f(x)| \mathrm{d}x,$$

故

$$\left|\int_a^b f(x) \mathrm{d}x\right| \leqslant \int_a^b |f(x)| \mathrm{d}x.$$

性质 5（估值定理） 如果在区间 $[a,b]$ 上，$m \leqslant f(x) \leqslant M$，则

$$m(b-a) \leqslant \int_a^b f(x) \mathrm{d}x \leqslant M(b-a).$$

证 由性质 3 及 $\int_a^b \mathrm{d}x = b-a$，得

$$\int_a^b m \mathrm{d}x \leqslant \int_a^b f(x) \mathrm{d}x \leqslant \int_a^b M \mathrm{d}x;$$

故

$$m(b-a) \leqslant \int_a^b f(x) \mathrm{d}x \leqslant M(b-a).$$

此性质可用来估计定积分值的范围.

性质 6（积分中值定理） 如果函数 $f(x)$ 在区间 $[a,b]$ 上连续，则在 $[a,b]$ 上至少存在一点 ξ，使得

$$\int_a^b f(x) \mathrm{d}x = f(\xi)(b-a).$$

证 如果 $a=b$，只要取 $\xi=a$，则等式成立.如果 $a<b$，由于 $f(x)$ 在 $[a,b]$ 上连续，故 $f(x)$ 在 $[a,b]$ 上取得最大值 M 和最小值 m，由估值定理，有

$$m(b-a) \leqslant \int_a^b f(x) \mathrm{d}x \leqslant M(b-a),$$

因而

$$m \leqslant \frac{1}{b-a} \int_a^b f(x) \mathrm{d}x \leqslant M,$$

根据连续函数的介值定理,在 $[a,b]$ 上存在点 ξ,使得

$$f(\xi) = \frac{1}{b-a} \int_a^b f(x) \mathrm{d}x,$$

即

$$\int_a^b f(x) \mathrm{d}x = f(\xi)(b-a).$$

积分中值定理的几何意义是:当 $f(x) \geqslant 0$ 时,在 $[a,b]$ 上存在点 ξ,使得由曲线 $y=f(x)$,直线 $x=a, x=b$ 和 x 轴围成的曲边梯形的面积等于底边长为 $b-a$,高为 $f(\xi)$ 的矩形的面积（见图 4-11）.

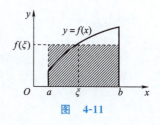

图 4-11

性质 6 中的 $f(\xi)$ 称为 $f(x)$ 在 $[a,b]$ 上的平均值,它是有限个数的算术平均值概念对连续函数的推广.

我们知道,n 个数 $y_1, y_2, \cdots, y_n$ 的算术平均值为

$$y_{\mathrm{av}} = \frac{y_1 + y_2 + \cdots + y_n}{n} = \frac{1}{n} \sum_{i=1}^n y_i.$$

当 $f(x)$ 在 $[a,b]$ 上连续时,为求 $f(x)$ 在区间 $[a,b]$ 上的平均值,将 $[a,b]$ 分成 n 个长度相等的小区间,记分点为

$$a = x_0 < x_1 < x_2 < \cdots < x_{n-1} < x_n = b,$$

$$\Delta x_i = x_i - x_{i-1} = \frac{b-a}{n} \quad (i = 1, 2, \cdots, n),$$

$$\text{记 } y_i = f(x_i) \quad (i = 1, 2, \cdots, n),$$

我们可以用 $y_1, y_2, \cdots, y_n$ 的平均值作为 y_{av} 的近似值，即

$$y_{av} \approx \frac{1}{n}\sum_{i=1}^{n} y_i = \sum_{i=1}^{n} f(x_i)\frac{1}{n} = \frac{1}{b-a}\sum_{i=1}^{n} f(x_i)\frac{b-a}{n}$$

$$= \frac{1}{b-a}\sum_{i=1}^{n} f(x_i)\Delta x_i,$$

显然 n 越大，近似程度就越好，令 $n \to \infty$，对上式取极限即可得到 y_{av} 的精确值，即

$$y_{av} = \lim_{n\to\infty} \frac{1}{b-a}\sum_{i=1}^{n} f(x_i)\Delta x_i = \frac{1}{b-a}\int_a^b f(x)\mathrm{d}x.$$

例 2 估计定积分 $\int_{-1}^{2} \mathrm{e}^{-x^2}\mathrm{d}x$ 值的范围.

解 设 $f(x) = \mathrm{e}^{-x^2}$，先求出 $f(x)$ 在区间 $[-1, 2]$ 上的最大值 M 和最小值 m，

$$f'(x) = -2x\mathrm{e}^{-x^2}, \quad \text{令 } f'(x) = 0, \quad \text{得 } x = 0,$$

$$f(0) = 1, \quad f(-1) = \mathrm{e}^{-1}, \quad f(2) = \mathrm{e}^{-4},$$

比较得 $M = 1, m = \mathrm{e}^{-4}$，又 $b - a = 2 - (-1) = 3$，故

$$3\mathrm{e}^{-4} \leqslant \int_{-1}^{2} \mathrm{e}^{-x^2}\mathrm{d}x \leqslant 3.$$

例 3 比较定积分 $\int_0^2 \ln(1+x)\mathrm{d}x$ 和 $\int_0^2 \left(x - \frac{x^2}{2}\right)\mathrm{d}x$ 的大小.

解 我们先考察在 $[0, 2]$ 上函数 $\ln(1+x)$ 与 $x - \frac{x^2}{2}$ 的关系. 令

$$f(x) = \ln(1+x) - \left(x - \frac{x^2}{2}\right), \quad x \in [0, 2],$$

$$f'(x) = \frac{1}{1+x} - 1 + x = \frac{x^2}{1+x} > 0,$$

故 $f(x)$ 在 $[0, 2]$ 上单调增加，由于 $f(0) = 0$，故当 $x \in (0, 2]$ 时，$f(x) > 0$，即

$$\ln(1+x) > x - \frac{x^2}{2},$$

因此

$$\int_0^2 \ln(1+x)\mathrm{d}x > \int_0^2 \left(x - \frac{x^2}{2}\right)\mathrm{d}x.$$

例 4 设 $f(x)$ 在 $[a, b]$ 上连续，且 $f(x) \geqslant 0$，证明：如果 $\int_a^b f(x)\mathrm{d}x = 0$，则在 $[a, b]$ 上 $f(x) \equiv 0$.

证 如果存在点 $x_0 \in [a, b]$，使 $f(x_0) > 0$，不妨设 $x_0 \in (a, b)$，则存在 x_0 的某邻域 $(x_0 - \delta, x_0 + \delta) \subset (a, b)$，使得在这个邻

域内 $f(x) > \dfrac{f(x_0)}{2}$,于是有

$$\int_a^b f(x)\mathrm{d}x = \int_a^{x_0-\delta} f(x)\mathrm{d}x + \int_{x_0-\delta}^{x_0+\delta} f(x)\mathrm{d}x + \int_{x_0+\delta}^b f(x)\mathrm{d}x$$

$$\geqslant 0 + \int_{x_0-\delta}^{x_0+\delta} \dfrac{f(x_0)}{2}\mathrm{d}x + 0 = \dfrac{f(x_0)}{2} 2\delta = f(x_0)\delta > 0,$$

与已知条件矛盾,故在 $[a,b]$ 上 $f(x)\equiv 0$.

习题 4-1

1. 设有一直的金属丝位于 x 轴上从 $x=0$ 到 $x=20\mathrm{cm}$ 处,其上各点的线密度与 x 成正比,比例系数为 k,用定积分表示此金属丝的质量.

2. 把定积分 $\int_0^{\frac{\pi}{2}} \sin x\,\mathrm{d}x$ 写成积分和式的极限形式.

3. 把在区间 $[0,1]$ 上的和式极限形式 $\lim\limits_{\lambda\to 0}\sum\limits_{i=1}^{n} \dfrac{1}{1+\xi_i^2}\Delta x_i$ 表示成定积分.

4. 利用定积分的几何意义计算下列积分:

   (1) $\int_0^a \sqrt{a^2-x^2}\,\mathrm{d}x \ (a>0)$;   (2) $\int_a^b x\,\mathrm{d}x$;

   (3) $\int_0^{2\pi} \sin x\,\mathrm{d}x$;   (4) $\int_{-a}^a 5x^3\,\mathrm{d}x$;

   (5) $\int_{-2}^2 |x|\,\mathrm{d}x$.

5. 利用定积分的定义求下列积分的值:

   (1) $\int_0^1 x\,\mathrm{d}x$;   (2) $\int_0^1 \mathrm{e}^x\,\mathrm{d}x$.

6. 比较下列各对积分的大小:

   (1) $\int_1^{\mathrm{e}} \ln x\,\mathrm{d}x$ 和 $\int_1^{\mathrm{e}} \ln^2 x\,\mathrm{d}x$;

   (2) $\int_1^{\frac{1}{\mathrm{e}}} \ln x\,\mathrm{d}x$ 和 $\int_1^{\frac{1}{\mathrm{e}}} \ln^2 x\,\mathrm{d}x$;

   (3) $\int_1^{\frac{\pi}{2}} x\,\mathrm{d}x$ 和 $\int_1^{\frac{\pi}{2}} \sin x\,\mathrm{d}x$;

   (4) $\int_0^1 \mathrm{e}^x\,\mathrm{d}x$ 和 $\int_0^1 (1+x)\,\mathrm{d}x$;

   (5) $\int_2^4 \ln(1+x)\,\mathrm{d}x$ 和 $\int_2^4 x\,\mathrm{d}x$;

   (6) $\int_1^2 \left(3-\dfrac{1}{x}\right)\mathrm{d}x$ 和 $\int_1^2 2\sqrt{x}\,\mathrm{d}x$;

   (7) $\int_0^1 \ln(1+x)\,\mathrm{d}x$ 和 $\int_0^1 \dfrac{\arctan x}{1+x}\,\mathrm{d}x$;

(8) $\int_0^2 f(x)\mathrm{d}x$ 和 $\int_0^2 (x+1)\mathrm{d}x$,其中 $f(x)=\begin{cases} \dfrac{x^2-1}{x-1}, & x\neq 1; \\ 0, & x=1. \end{cases}$

7. 估计下列积分值的范围：

(1) $\int_1^2 \mathrm{e}^{x^2}\mathrm{d}x$；

(2) $\int_{\frac{\pi}{4}}^{\frac{5\pi}{4}} (1+\sin^2 x)\mathrm{d}x$；

(3) $\int_2^0 \mathrm{e}^{x^2-x}\mathrm{d}x$；

(4) $\int_{-2}^0 x\mathrm{e}^x\mathrm{d}x$；

(5) $\int_{\frac{1}{\sqrt{3}}}^{\sqrt{3}} x\arctan x\,\mathrm{d}x$；

(6) $\int_{\frac{\pi}{4}}^{\frac{\pi}{2}} \dfrac{\sin x}{x}\mathrm{d}x$.

8. 求电动势 $E=E_0\sin t$ 在一个周期上的平均值.

9. 设 $f(x)$ 和 $g(x)$ 在 $[a,b]$ 上连续,$f(x)\geqslant g(x)$,且 $\int_a^b f(x)\mathrm{d}x = \int_a^b g(x)\mathrm{d}x$,证明在 $[a,b]$ 上 $f(x)\equiv g(x)$.

10. 设 $f(x)$ 在 $[a,b]$ 上连续,$f(x)\geqslant 0$,且不恒为零,证明
$$\int_a^b f(x)\mathrm{d}x > 0.$$

11. 证明定积分第一中值定理：设函数 $f(x)$ 和 $g(x)$ 在 $[a,b]$ 上连续,且 $g(x)$ 不变号,则在 $[a,b]$ 上至少存在一点 ξ,使得
$$\int_a^b f(x)g(x)\mathrm{d}x = f(\xi)\int_a^b g(x)\mathrm{d}x.$$

第二节　微积分基本定理

利用定积分的定义计算定积分在一般情形下是很困难的.如果每个定积分都通过和式的极限去计算,定积分的应用必将受到很大的限制,因此我们需要一般性的简便的计算定积分的方法,这一节就来讨论这个问题.我们将研究导数与积分的关系,阐述微积分基本定理,将定积分的计算转化为求被积函数的原函数问题.

一、一个实际问题引出的思考

为寻找解决问题的线索,我们首先研究一个实际问题：变速直线运动的路程问题.

假设一物体做直线运动,运动速度为 $v=v(t)$,则根据上一节的讨论,从时刻 $t=a$ 到 $t=b$ 物体的位移为
$$s = \int_a^b v(t)\mathrm{d}t.$$

另一方面,如果已知物体的位移函数为 $s=s(t)$,则在时间区间 $[a,b]$ 内,物体的位移又等于
$$s = s(b) - s(a),$$

因此有
$$\int_a^b v(t)\mathrm{d}t = s(b)-s(a).$$
即此定积分的值可由 $s(t)$ 在 $t=b$ 与 $t=a$ 的值的差而得到, 而 $s(t)$ 与被积函数 $v(t)$ 之间的关系是 $s'(t)=v(t)$.

一般的定积分是否也存在这样的公式呢? 为叙述方便, 我们先给出一个定义.

定义 如果函数 $F(x)$ 满足 $F'(x)=f(x)$, 则称 $F(x)$ 为 $f(x)$ 的原函数.

当 $F(x)$ 是 $f(x)$ 的原函数时, 显然 $F(x)+C$(C 是任意常数)也是 $f(x)$ 的原函数. 因此, 如果 $f(x)$ 有原函数, 则一定有无数多个, 且任意两个原函数之间只相差一个常数.

这样, 上面所提出的问题就变成: 如果 $F(x)$ 是 $f(x)$ 的原函数, $\int_a^b f(x)\mathrm{d}x$ 是否一定等于 $F(b)-F(a)$ 呢? 下面我们将通过对变上限的定积分的讨论证明, 只要被积函数满足一定的条件, 这个公式便成立.

二、变上限的积分

定积分 $\int_a^b f(x)\mathrm{d}x$ 是一个数, 这个数的大小是取决于被积函数 $f(x)$ 及积分区间 $[a,b]$ 的. 只要 $f(x)$ 和 a,b 确定了, 定积分的值也就确定了. 如果我们将 $f(x)$ 和 a 确定, 而让积分上限变动, 则定积分的值将随之变动, 现在设 $f(x)$ 在区间 $[a,b]$ 上可积, 则对 $\forall x \in [a,b]$, $f(x)$ 在区间 $[a,x]$ 上也一定是可积的, 即
$$\int_a^x f(x)\mathrm{d}x$$
一定存在. $\int_a^x f(x)\mathrm{d}x$ 的值是随着积分上限 x 的变化而变化的, 对于每个 $x \in [a,b]$, $\int_a^x f(x)\mathrm{d}x$ 都有一个确定的值与之对应, 因此这个变上限的积分是积分上限 x 的函数, 记作 $\Phi(x)$, 即
$$\Phi(x) = \int_a^x f(x)\mathrm{d}x.$$
给定一个积分上限 x, $\int_a^x f(x)\mathrm{d}x$ 就是一个定积分, 因此 $\Phi(x)$ 的函数值就是这个定积分的值. 为了避免将 $\Phi(x)$ 的自变量与被积分式 $f(x)\mathrm{d}x$ 中的积分变量 x 混淆, 根据定积分与积分变量用什么字母无关这一特点, 我们也可以将这个函数写成
$$\Phi(x) = \int_a^x f(t)\mathrm{d}t, \quad x \in [a,b].$$
这是一个新的函数形式.

对变上限的积分, 有如下定理.

定理 1（微积分第一基本定理） 如果函数 $f(x)$ 在 $[a,b]$ 上连续,则函数 $\Phi(x) = \int_a^x f(t)dt$ 在 $[a,b]$ 上可导,且

$$\Phi'(x) = \frac{d}{dx}\int_a^x f(t)dt = f(x),$$

如果 x 是 $[a,b]$ 的端点,其中导数为单侧导数.

证 对点 x 处的增量 Δx, 当 $x+\Delta x \in [a,b]$ 时,有

$$\Delta\Phi = \Phi(x+\Delta x) - \Phi(x) = \int_a^{x+\Delta x} f(t)dt - \int_a^x f(t)dt$$

$$= \int_a^{x+\Delta x} f(t)dt + \int_x^a f(t)dt = \int_x^{x+\Delta x} f(t)dt,$$

根据积分中值定理,在 x 与 $x+\Delta x$ 之间存在 ξ,使

$$\Delta\Phi = \int_x^{x+\Delta x} f(t)dt = f(\xi)\Delta x,$$

由于当 $\Delta x \to 0$ 时, $\xi \to x$,根据导数定义,得

$$\Phi'(x) = \lim_{\Delta x \to 0} \frac{\Delta\Phi}{\Delta x} = \lim_{\Delta x \to 0} f(\xi) = \lim_{\xi \to x} f(\xi) = f(x).$$

定理 1 有以下推论.

推论 如果函数 $f(x)$ 在 $[a,b]$ 上连续,则 $f(x)$ 在 $[a,b]$ 上一定有原函数,并且 $\Phi(x) = \int_a^x f(t)dt$ 是 $f(x)$ 在 $[a,b]$ 上的一个原函数.

例 1 设 $f(x) = \int_0^x e^{-t^2}dt$, 求 $f'(x)$.

解 由定理 1, $f'(x) = e^{-x^2}$.

例 2 设 $f(x) = \int_{\sin x}^2 \frac{1}{1+t^2}dt$, 求 $f'(x)$.

解 令 $u = \sin x$, 则

$$f(x) = \int_u^2 \frac{1}{1+t^2}dt = -\int_2^u \frac{1}{1+t^2}dt,$$

根据复合函数求导法则,得

$$f'(x) = \frac{d}{du}\left(-\int_2^u \frac{1}{1+t^2}dt\right) \cdot \frac{du}{dx} = -\frac{1}{1+u^2}\cos x = -\frac{\cos x}{1+\sin^2 x}.$$

一般地,对 $\Phi(x) = \int_a^{g(x)} f(t)dt$, 如果 f 是连续函数, $g(x)$ 是可导函数,则

$$\Phi'(x) = \frac{d}{dx}\int_a^{g(x)} f(t)dt = f(g(x))g'(x).$$

例 3 设 $f(x) = \int_{x^2}^{\arctan x} e^t dt$, 求 $f'(x)$.

解 $f(x) = \int_{x^2}^0 e^t dt + \int_0^{\arctan x} e^t dt$

$$= \int_0^{\arctan x} e^t dt - \int_0^{x^2} e^t dt,$$

故 $f'(x) = \dfrac{d}{dx}\displaystyle\int_0^{\arctan x} e^t dt - \dfrac{d}{dx}\displaystyle\int_0^{x^2} e^t dt$

$= e^{\arctan x}(\arctan x)' - e^{x^2}(x^2)' = \dfrac{1}{1+x^2}e^{\arctan x} - 2xe^{x^2}$.

一般地,对 $\Phi(x) = \displaystyle\int_{h(x)}^{g(x)} f(t) dt$,如果 f 是连续函数,$g(x)$,$h(x)$ 是可导函数,则

$$\Phi'(x) = f(g(x))g'(x) - f(h(x))h'(x).$$

例 4 求 $\lim\limits_{x \to 0} \dfrac{\displaystyle\int_{\cos x}^{1} e^{-t^2} dt}{x^2}$.

解 极限是 $\dfrac{0}{0}$ 型不定式,利用洛必达法则,得

$$\lim_{x \to 0} \frac{\displaystyle\int_{\cos x}^{1} e^{-t^2} dt}{x^2} = \lim_{x \to 0} \frac{-e^{-\cos^2 x}(-\sin x)}{2x} = \lim_{x \to 0} \frac{e^{-\cos^2 x} x}{2x} = \frac{1}{2e}.$$

例 5 设 $f(x)$ 在 $[0, +\infty)$ 上连续,且 $f(x) > 0$,证明函数
$F(x) = \dfrac{\displaystyle\int_0^x t f(t) dt}{\displaystyle\int_0^x f(t) dt}$ 在 $[0, +\infty)$ 上为单调增函数.

证 $F'(x) = \dfrac{\left(\dfrac{d}{dx}\displaystyle\int_0^x tf(t)dt\right) \cdot \displaystyle\int_0^x f(t)dt - \displaystyle\int_0^x tf(t)dt \cdot \dfrac{d}{dx}\displaystyle\int_0^x f(t)dt}{\left(\displaystyle\int_0^x f(t)dt\right)^2}$

$= \dfrac{xf(x)\displaystyle\int_0^x f(t)dt - f(x)\displaystyle\int_0^x tf(t)dt}{\left(\displaystyle\int_0^x f(t)dt\right)^2}$

$= \dfrac{f(x)\displaystyle\int_0^x xf(t)dt - f(x)\displaystyle\int_0^x tf(t)dt}{\left(\displaystyle\int_0^x f(t)dt\right)^2}$

$= \dfrac{f(x)\displaystyle\int_0^x (x-t)f(t)dt}{\left(\displaystyle\int_0^x f(t)dt\right)^2}$,

由题设可知,当 $x > 0$ 时,$\displaystyle\int_0^x f(t)dt > 0$,因此上式的分母大于零,而对分子中的积分,积分区间为 $[0, x]$,当 $t \in [0, x)$ 时,有 $(x-t)f(t) > 0$,因而有 $\displaystyle\int_0^x (x-t)f(t)dt > 0$,故 $F'(x) > 0$,所以在 $[0, +\infty)$ 上 $F(x)$ 为单调增函数.

在上述证明中,也可令 $g(x) = x\displaystyle\int_0^x f(t)dt - \displaystyle\int_0^x tf(t)dt$,

$g'(x) = \displaystyle\int_0^x f(t)dt + xf(x) - xf(x) = \displaystyle\int_0^x f(t)dt$,

当 $x>0$ 时,$g'(x)>0$,故 $g(x)$ 单调增加,又 $g(0)=0$,因此 $g(x)>0$,于是得 $F'(x)>0$,在 $[0,+\infty)$ 上 $F(x)$ 为单调增函数.

三、牛顿-莱布尼茨公式

有了上面对变上限的积分的研究,我们便可以就一般情况揭示定积分与原函数之间的内在联系,即定理 2.

定理 2(微积分第二基本定理) 如果函数 $f(x)$ 在区间 $[a,b]$ 上连续,$F(x)$ 是 $f(x)$ 在 $[a,b]$ 上的任意一个原函数,则

$$\int_a^b f(x)\mathrm{d}x = F(b)-F(a),$$

此公式称为**牛顿-莱布尼茨公式**.

证 根据定理条件,$F(x)$ 是 $f(x)$ 的一个原函数,根据定理 1 的推论,$\varPhi(x)=\int_a^x f(t)\mathrm{d}t$ 也是 $f(x)$ 的一个原函数,因此它们之间只差一个常数 C,即

$$\int_a^x f(t)\mathrm{d}t = F(x)+C,$$

在上式中令 $x=a$,得 $0=\int_a^a f(t)\mathrm{d}t = F(a)+C$,于是 $C=-F(a)$,故

$$\int_a^x f(t)\mathrm{d}t = F(x)-F(a),$$

令 $x=b$,得 $\int_a^b f(t)\mathrm{d}t = F(b)-F(a)$,即

$$\int_a^b f(x)\mathrm{d}x = F(b)-F(a).$$

定理得证.

如果引入记号 $F(b)-F(a)=F(x)\Big|_a^b$,则牛顿-莱布尼茨公式又可以写成

$$\int_a^b f(x)\mathrm{d}x = F(x)\Big|_a^b.$$

这个公式揭示了定积分与原函数之间的内在联系,它将定积分的计算转化为求原函数 $F(x)$ 在积分区间端点处的函数值之差,为定积分的计算提供了一个简便易行的方法.牛顿-莱布尼茨公式在微积分中具有极其重要的意义,它也被称为**微积分基本公式**.

例 6 求下列定积分:

(1) $\int_0^1 \mathrm{e}^x \mathrm{d}x$;   (2) $\int_{-1}^{\sqrt{3}} \dfrac{\mathrm{d}x}{1+x^2}$.

解 (1) 由于 $(\mathrm{e}^x)'=\mathrm{e}^x$,根据牛顿-莱布尼茨公式,得

$$\int_0^1 \mathrm{e}^x \mathrm{d}x = \mathrm{e}^x \Big|_0^1 = \mathrm{e}^1 - \mathrm{e}^0 = \mathrm{e}-1;$$

(2) 由于 $(\arctan x)' = \dfrac{1}{1+x^2}$,根据牛顿-莱布尼茨公式,

$$\int_{-1}^{\sqrt{3}} \dfrac{\mathrm{d}x}{1+x^2} = \arctan x \Big|_{-1}^{\sqrt{3}} = \arctan\sqrt{3} - \arctan(-1)$$

$$= \dfrac{\pi}{3} - \left(-\dfrac{\pi}{4}\right) = \dfrac{7}{12}\pi.$$

例 7 设 $f(x) = \begin{cases} 2x, & 0 \leqslant x \leqslant 1, \\ \dfrac{1}{2}, & 1 < x \leqslant 2. \end{cases}$

(1) 求 $\int_{\frac{1}{2}}^{\frac{3}{2}} f(x)\mathrm{d}x$;(2) 求 $F(x) = \int_0^x f(t)\mathrm{d}t \quad (0 \leqslant x \leqslant 2).$

解 (1) $f(x)$ 在 $x=1$ 处不连续,但在 $\left[\dfrac{1}{2}, 1\right]$ 上连续,且 x^2 是其原函数,在 $\left(1, \dfrac{3}{2}\right]$ 上也连续,且 $\dfrac{x}{2}$ 是其原函数,根据定积分对积分区间的可加性及牛顿-莱布尼茨公式,得

$$\int_{\frac{1}{2}}^{\frac{3}{2}} f(x)\mathrm{d}x = \int_{\frac{1}{2}}^{1} f(x)\mathrm{d}x + \int_{1}^{\frac{3}{2}} f(x)\mathrm{d}x$$

$$= \int_{\frac{1}{2}}^{1} 2x\,\mathrm{d}x + \int_{1}^{\frac{3}{2}} \dfrac{1}{2}\mathrm{d}x = x^2 \Big|_{\frac{1}{2}}^{1} + \dfrac{x}{2}\Big|_{1}^{\frac{3}{2}}$$

$$= 1^2 - \left(\dfrac{1}{2}\right)^2 + \dfrac{1}{2} \times \dfrac{3}{2} - \dfrac{1}{2} \times 1$$

$$= 1;$$

(2) 当 $0 \leqslant x \leqslant 1$ 时,有

$$F(x) = \int_0^x 2t\,\mathrm{d}t = t^2 \Big|_0^x = x^2;$$

当 $1 < x \leqslant 2$ 时,有

$$F(x) = \int_0^1 f(t)\mathrm{d}t + \int_1^x f(t)\mathrm{d}t = \int_0^1 2t\,\mathrm{d}t + \int_1^x \dfrac{1}{2}\mathrm{d}t$$

$$= t^2 \Big|_0^1 + \dfrac{t}{2}\Big|_1^x = 1 + \dfrac{x}{2} - \dfrac{1}{2} = \dfrac{1}{2}(x+1),$$

$$F(x) = \begin{cases} x^2, & 0 \leqslant x \leqslant 1, \\ \dfrac{1}{2}(x+1), & 1 < x \leqslant 2. \end{cases}$$

习题 4-2

1. 求下列函数的导数:

(1) $f(x) = \int_0^x \dfrac{1-t+t^2}{1+t+t^2}\mathrm{d}t$,求 $f'(x), f'(1)$;

(2) $f(x) = \int_2^{\mathrm{e}^x} \dfrac{\ln t}{t}\mathrm{d}t$,求 $f'(x)$;

(3) $f(x) = \int_{x^2}^{1} \frac{\sin\sqrt{u}}{u} du \ (x>0)$，求 $f'(x)$；

(4) $f(x) = \int_{\sqrt{x}}^{\sqrt[3]{x}} \ln(1+t^6) dt$，求 $f'(x)$.

2. 设 $\begin{cases} x = \int_1^t u \ln u \, du, \\ y = \int_t^1 u^2 \ln u \, du, \end{cases} (t>0)$，求 $\dfrac{dy}{dx}$.

3. 设 $\int_0^y e^t dt + 3\int_0^x \cos t \, dt = 0$，求 $\dfrac{dy}{dx}$.

4. 求函数 $y = \int_0^x t e^{-t^2} dt$ 的极值点.

5. 求下列极限：

(1) $\lim\limits_{x \to 0} \dfrac{\int_0^x \cos t^2 \, dt}{x}$；

(2) $\lim\limits_{x \to 0} \dfrac{\int_0^{\sin x} \sqrt{\tan t} \, dt}{\int_0^{\tan x} \sqrt{\sin t} \, dt}$；

(3) $\lim\limits_{x \to 0} \dfrac{\left(\int_0^x e^{t^2} dt\right)^2}{\int_0^x t e^{2t^2} dt}$；

(4) $\lim\limits_{x \to 1} \dfrac{\int_1^x e^{t^2} dt}{\ln x}$；

(5) $\lim\limits_{x \to 0^+} \dfrac{\int_0^{x^2} t^{\frac{3}{2}} dt}{\int_0^x t(t - \sin t) dt}$.

6. 设 $f(x) = \begin{cases} x^2, & 0 \leqslant x < 1, \\ 1+x, & 1 \leqslant x \leqslant 2, \end{cases}$ 求 $\int_0^x f(t) dt$ 的表达式.

7. 设 $f(x) = \int_0^{g(x)} \dfrac{1}{\sqrt{1+t^3}} dt$，其中 $g(x) = \int_0^{\cos x} (1 + \sin t^2) dt$，求 $f'\left(\dfrac{\pi}{2}\right)$.

8. 设 $f(x)$ 在 $[a,b]$ 上连续，在 (a,b) 内可导，且 $f'(x) \leqslant 0$，
$$F(x) = \frac{1}{x-a} \int_a^x f(t) dt,$$
证明在 (a,b) 内有 $F'(x) \leqslant 0$.

第三节　不定积分

根据牛顿-莱布尼茨公式，如果能求出被积函数的原函数，然后用这原函数在积分上限处的函数值减去其在积分下限处的函数值，即可得到定积分的值.这一节我们开始研究原函数的求法.

一、不定积分的概念

1. 不定积分的定义

由上一节的讨论我们已经知道，如果 f 是连续函数，它的原函

数一定存在,而且,如果 $F(x)$ 是 $f(x)$ 的原函数,则 $F(x)+C$(C 是任意常数)是 $f(x)$ 的原函数的一般表达式.由此我们引入一个新的概念.

定义 函数 $f(x)$ 在区间 I 上的所有原函数的一般表达式称为 $f(x)$ 在 I 上的**不定积分**,记作 $\int f(x)\mathrm{d}x$,即

$$\int f(x)\mathrm{d}x = F(x) + C,$$

其中 $F(x)$ 是 $f(x)$ 在区间 I 上的一个原函数,C 为任意常数(可称为积分常数).

与定积分相同的是,这里 $\int$,x,$f(x)$ 和 $f(x)\mathrm{d}x$ 分别称为积分号,积分变量,被积函数和被积分式.

不定积分与定积分是不同的概念,定积分 $\int_a^b f(x)\mathrm{d}x$ 是一个数,而不定积分 $\int f(x)\mathrm{d}x$ 是由 $f(x)$ 的全体原函数构成的一个函数族.

2. 不定积分的几何意义

几何上,对不定积分中积分常数 C 的每一个确定的值,函数 $F(x)+C$ 都是一条曲线,这条曲线称为**积分曲线**.当 C 取不同的值时,就得到不同的积分曲线.因此,不定积分的图形是一族曲线,这族曲线称为**积分曲线族**,其中每一条曲线在点 x 处的切线斜率都等于 $f(x)$,因此积分曲线族是一个平行曲线族,只要画出其中一条积分曲线 $y=F(x)$,将它沿 y 轴方向上下平行移动,就可以得到全部积分曲线(见图 4-12).

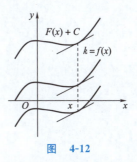

图 4-12

例 1 已知曲线上任意一点的切线斜率为 $3x^2$,并且曲线通过点 $(1,3)$,求此曲线的方程.

解 由题意,曲线满足 $y'=3x^2$,而 x^3 是 $3x^2$ 的一个原函数,因此曲线方程满足

$$y = \int 3x^2 \mathrm{d}x = x^3 + C,$$

将点 $(1,3)$ 代入,得 $3=1+C$,$C=2$,故所求曲线方程为

$$y = x^3 + 2.$$

二、不定积分的性质

由不定积分的定义可以推出不定积分具有下列性质.

性质 1

$$\frac{\mathrm{d}}{\mathrm{d}x}\int f(x)\mathrm{d}x = f(x),$$

$$\int f'(x)\mathrm{d}x = f(x) + C.$$

此性质表明,如果不计任意常数 C,则微分运算(求导运算)与求不定积分互为逆运算.

性质 2(线性性质) 如果 $f_1(x)$ 与 $f_2(x)$ 在区间 I 上的原函数存在,则

$$\int [C_1 f_1(x) + C_2 f_2(x)] \mathrm{d}x = C_1 \int f_1(x) \mathrm{d}x + C_2 \int f_2(x) \mathrm{d}x,$$

其中 C_1, C_2 是不同时为零的任意常数.

证 根据不定积分的定义,只要证明等式两端的导数相等即可.由性质 1,

$$\left(\int [C_1 f_1(x) + C_2 f_2(x)] \mathrm{d}x \right)' = C_1 f_1(x) + C_2 f_2(x),$$

$$\left(C_1 \int f_1(x) \mathrm{d}x + C_2 \int f_2(x) \mathrm{d}x \right)'$$

$$= C_1 \left(\int f_1(x) \mathrm{d}x \right)' + C_2 \left(\int f_2(x) \mathrm{d}x \right)'$$

$$= C_1 f_1(x) + C_2 f_2(x),$$

故 $\int [C_1 f_1(x) + C_2 f_2(x)] \mathrm{d}x = C_1 \int f_1(x) \mathrm{d}x + C_2 \int f_2(x) \mathrm{d}x.$

三、基本积分公式

根据不定积分与导数的互逆关系,将求导公式反过来就可以得到求不定积分的基本公式.因而由第二章所给出的基本求导公式可以得出下列求不定积分的基本公式(称为基本积分公式).

(1) $\int 0 \mathrm{d}x = C$;

(2) $\int x^\alpha \mathrm{d}x = \dfrac{1}{\alpha+1} x^{\alpha+1} + C \quad (\alpha \neq -1)$;

(3) $\int \dfrac{1}{x} \mathrm{d}x = \ln|x| + C$;

(4) $\int \mathrm{e}^x \mathrm{d}x = \mathrm{e}^x + C$;

(5) $\int a^x \mathrm{d}x = \dfrac{a^x}{\ln a} + C \quad (a > 0, a \neq 1)$;

(6) $\int \cos x \mathrm{d}x = \sin x + C$;

(7) $\int \sin x \mathrm{d}x = -\cos x + C$;

(8) $\int \dfrac{1}{\cos^2 x} \mathrm{d}x = \int \sec^2 x \mathrm{d}x = \tan x + C$;

(9) $\int \dfrac{1}{\sin^2 x} \mathrm{d}x = \int \csc^2 x \mathrm{d}x = -\cot x + C$;

(10) $\int \dfrac{1}{\sqrt{1-x^2}} \mathrm{d}x = \arcsin x + C \quad (或 -\arccos x + C_1)$;

(11) $\int \dfrac{1}{1+x^2} dx = \arctan x + C$ （或 $-\text{arccot} x + C_1$）;

(12) $\int \text{ch} x \, dx = \text{sh} x + C$;

(13) $\int \text{sh} x \, dx = \text{ch} x + C$;

(14) $\int \dfrac{1}{\sqrt{x^2+1}} dx = \text{arsh} x + C = \ln(x + \sqrt{x^2+1}) + C$;

(15) $\int \dfrac{1}{\sqrt{x^2-1}} dx = \text{arch} x + C = \ln(x + \sqrt{x^2-1}) + C$.

利用不定积分的性质和基本积分公式，便可以求一些简单函数的不定积分.求出一个不定积分后，可以反向检验积分结果是否正确，即对积分结果求导，看它的导数是否等于被积函数，相等则表明结果是正确的.

例 2 求 $\int \sqrt[3]{x} \, dx$.

解 $\int \sqrt[3]{x} \, dx = \int x^{\frac{1}{3}} dx = \dfrac{1}{\frac{1}{3}+1} x^{\frac{1}{3}+1} + C = \dfrac{3}{4} x^{\frac{4}{3}} + C.$

例 3 求 $\int \left(\dfrac{1}{x^2} - 3\sin x + \dfrac{2}{x} \right) dx$.

解 $\int \left(\dfrac{1}{x^2} - 3\sin x + \dfrac{2}{x} \right) dx$

$= \int \dfrac{1}{x^2} dx - 3 \int \sin x \, dx + 2 \int \dfrac{1}{x} dx$

$= \dfrac{1}{-2+1} x^{-2+1} + 3\cos x + 2\ln|x| + C$

$= -\dfrac{1}{x} + 3\cos x + \ln x^2 + C.$

例 4 求 $\int \dfrac{(x-\sqrt{x})(1+\sqrt{x})}{x} dx$.

解 $\int \dfrac{(x-\sqrt{x})(1+\sqrt{x})}{x} dx$

$= \int \dfrac{x\sqrt{x} - \sqrt{x}}{x} dx = \int \left(\sqrt{x} - \dfrac{1}{\sqrt{x}} \right) dx$

$= \dfrac{1}{\frac{1}{2}+1} x^{\frac{1}{2}+1} - \dfrac{1}{-\frac{1}{2}+1} x^{-\frac{1}{2}+1} + C$

$= \dfrac{2}{3} x^{\frac{3}{2}} - 2\sqrt{x} + C.$

例 5 求 $\int 3^{x+1} e^x \, dx$.

解 $\int 3^{x+1} e^x dx = 3\int (3e)^x dx = 3\dfrac{(3e)^x}{\ln(3e)} + C = \dfrac{3^{x+1} e^x}{1+\ln 3} + C.$

例 6 求 $\int \sin^2 \dfrac{x}{2} dx.$

解 $\int \sin^2 \dfrac{x}{2} dx = \int \dfrac{1-\cos x}{2} dx = \dfrac{1}{2}\Big(\int dx - \int \cos x \, dx\Big)$
$= \dfrac{1}{2}(x - \sin x) + C.$

例 7 求 $\int \tan^2 x \, dx.$

解 $\int \tan^2 x \, dx = \int \dfrac{\sin^2 x}{\cos^2 x} dx = \int \dfrac{1-\cos^2 x}{\cos^2 x} dx$
$= \int \Big(\dfrac{1}{\cos^2 x} - 1\Big) dx = \tan x - x + C.$

例 8 求 $\int \dfrac{1}{\sin^2 \dfrac{x}{2} \cos^2 \dfrac{x}{2}} dx.$

解 $\int \dfrac{1}{\sin^2 \dfrac{x}{2} \cos^2 \dfrac{x}{2}} dx = \int \dfrac{4}{\sin^2 x} dx = -4\cot x + C.$

例 9 求 $\int \dfrac{1+2x^2}{x^2(1+x^2)} dx.$

解 $\int \dfrac{1+2x^2}{x^2(1+x^2)} dx$
$= \int \dfrac{x^2+(1+x^2)}{x^2(1+x^2)} dx = \int \Big(\dfrac{1}{1+x^2} + \dfrac{1}{x^2}\Big) dx$
$= \arctan x + \dfrac{1}{-2+1} x^{-2+1} + C = \arctan x - \dfrac{1}{x} + C.$

习题 4-3

1. 求下列不定积分：

(1) $\int \dfrac{10x^3+3}{x^4} dx;$ (2) $\int \dfrac{(1-x)^2}{x\sqrt{x}} dx;$

(3) $\int \dfrac{x^2+7x+12}{x+4} dx;$ (4) $\int \Big(\dfrac{1}{2\sqrt{x}} - \dfrac{3}{\sqrt{1-x^2}} + 2e^x\Big) dx;$

(5) $\int (2^x+3^x)^2 dx;$ (6) $\int \dfrac{2\times 3^x - 5\times 2^x}{3^x} dx;$

(7) $\int \dfrac{\cos 2x}{\sin^2 x} dx;$ (8) $\int \dfrac{x^4}{1+x^2} dx;$

(9) $\int e^x \Big(1 - \dfrac{e^{-x}}{\sqrt{x}}\Big) dx;$ (10) $\int \dfrac{dx}{1+\cos 2x};$

(11) $\int \dfrac{\cos 2x}{\cos x - \sin x} dx$;   (12) $\int \left(1 - \dfrac{1}{x^2}\right) \sqrt{x \sqrt{x}}\, dx$.

2. 一曲线通过点$(e^2, 3)$,且在任一点处切线的斜率等于该点横坐标的倒数,求该曲线的方程.

3. 已知一质点沿直线运动的加速度是$\dfrac{d^2 s}{dt^2} = 5 - 2t$,又当$t = 0$时,$s = 0, \dfrac{ds}{dt} = 2$,求质点的运动规律.

第四节　不定积分的基本积分方法

利用不定积分的性质和基本积分公式只能求出少量函数的不定积分,这对实际需要是远远不够的,因此有必要进一步研究求不定积分的方法.由于积分是微分的逆运算,如果我们将复合函数求导法则和乘积的求导法则反过来用于求不定积分,便可以得出两种求不定积分的基本方法——换元法和分部积分法.下面将分别介绍这两种方法,此外我们要讨论几种常见类型的积分.

一、换元积分法

换元积分法是将复合函数求导法则反过来用于求不定积分所得到的法则.换元法分为两种.

1. 第一换元法

设$F(u)$是$f(u)$的一个原函数,即$F'(u) = f(u)$,如果$u = \varphi(x)$是可微函数,根据复合函数的求导法则,
$$(F(\varphi(x)))' = f(\varphi(x))\varphi'(x),$$
故 $\quad \int f(\varphi(x))\varphi'(x) dx = F(\varphi(x)) + C,$

又由于 $\quad \int f(u) du = F(u) + C,$

因此得出下面定理.

定理1　如果$F(u)$是$f(u)$的原函数,$u = \varphi(x)$可导,则有
$$\int f(\varphi(x))\varphi'(x) dx = \int f(\varphi(x)) d\varphi(x) = \int f(u) du$$
$$= F(u) + C = F(\varphi(x)) + C.$$

由此可见,如果要求不定积分$\int f(\varphi(x))\varphi'(x) dx$,可以先将它化成$\int f(\varphi(x)) d\varphi(x)$(称为凑微分),然后做变换$u = \varphi(x)$,得到$\int f(u) du$,再求出$f(u)$的原函数$F(u)$,则$F(\varphi(x)) + C$即为所要求的积分.如此求不定积分的方法**称为第一换元法**,也称为**凑微分法**.

例1 求 $\int \cos 2x \, dx$.

解
$$\int \cos 2x \, dx = \frac{1}{2} \int \cos 2x \, d(2x) \quad (\diamondsuit\, u = 2x)$$
$$= \frac{1}{2} \int \cos u \, du = \frac{1}{2} \sin u + C$$
$$= \frac{1}{2} \sin 2x + C.$$

例2 求 $\int (1-3x)^{\frac{2}{3}} \, dx$.

解
$$\int (1-3x)^{\frac{2}{3}} \, dx = -\frac{1}{3} \int (1-3x)^{\frac{2}{3}} \, d(-3x)$$
$$= -\frac{1}{3} \int (1-3x)^{\frac{2}{3}} \, d(1-3x)$$
$$(\diamondsuit\, u = 1-3x)$$
$$= -\frac{1}{3} \int u^{\frac{2}{3}} \, du = -\frac{1}{3} \cdot \frac{3}{5} u^{\frac{5}{3}} + C$$
$$= -\frac{1}{5} (1-3x)^{\frac{5}{3}} + C.$$

例3 求 $\int x^3 e^{x^4} \, dx$.

解
$$\int x^3 e^{x^4} \, dx = \frac{1}{4} \int e^{x^4} \, d(x^4) \quad (\diamondsuit\, u = x^4)$$
$$= \frac{1}{4} \int e^u \, du = \frac{1}{4} e^u + C = \frac{1}{4} e^{x^4} + C.$$

例4 求 $\int \frac{1}{x^2} \cos \frac{1}{x} \, dx$.

解
$$\int \frac{1}{x^2} \cos \frac{1}{x} \, dx = -\int \cos \frac{1}{x} \, d\left(\frac{1}{x}\right) \quad (\diamondsuit\, u = \frac{1}{x})$$
$$= -\int \cos u \, du = -\sin u + C = -\sin \frac{1}{x} + C.$$

例5 求 $\int \tan x \sqrt{\cos x} \, dx$.

解
$$\int \tan x \sqrt{\cos x} \, dx = \int \frac{\sin x}{\cos x} \sqrt{\cos x} \, dx$$
$$= \int \frac{\sin x}{\sqrt{\cos x}} \, dx = -\int \frac{d(\cos x)}{\sqrt{\cos x}}$$
$$(\diamondsuit\, u = \cos x)$$
$$= -\int u^{-\frac{1}{2}} \, du = -2 u^{\frac{1}{2}} + C$$
$$= -2\sqrt{\cos x} + C.$$

利用第一换元法求不定积分,关键在于怎样凑微分,这需要我们熟记基本积分公式,需要多练习并总结经验.当计算比较熟练以后,在积分过程中可以不将变量代换 $u=\varphi(x)$ 明确写出来,这样可使计算步骤简单些.

例 6 求 $\int \dfrac{\mathrm{d}x}{x\ln x}$.

解 $\int \dfrac{\mathrm{d}x}{x\ln x} = \int \dfrac{\mathrm{d}(\ln x)}{\ln x} = \ln|\ln x| + C.$

例 7 求 $\int \dfrac{\mathrm{e}^x}{1+\mathrm{e}^x}\mathrm{d}x$.

解 $\int \dfrac{\mathrm{e}^x}{1+\mathrm{e}^x}\mathrm{d}x = \int \dfrac{\mathrm{d}(\mathrm{e}^x)}{1+\mathrm{e}^x} = \int \dfrac{\mathrm{d}(1+\mathrm{e}^x)}{1+\mathrm{e}^x} = \ln(1+\mathrm{e}^x) + C.$

例 8 求 $\int \dfrac{\mathrm{d}x}{1+\mathrm{e}^x}$.

解 $\int \dfrac{\mathrm{d}x}{1+\mathrm{e}^x} = \int \dfrac{(1+\mathrm{e}^x) - \mathrm{e}^x}{1+\mathrm{e}^x}\mathrm{d}x = \int \left(1 - \dfrac{\mathrm{e}^x}{1+\mathrm{e}^x}\right)\mathrm{d}x$
$= \int \mathrm{d}x - \int \dfrac{\mathrm{e}^x}{1+\mathrm{e}^x}\mathrm{d}x = x - \ln(1+\mathrm{e}^x) + C.$

例 9 求 $\int \dfrac{10^{\sqrt{x}}}{\sqrt{x}}\mathrm{d}x$.

解 $\int \dfrac{10^{\sqrt{x}}}{\sqrt{x}}\mathrm{d}x = 2\int 10^{\sqrt{x}}\mathrm{d}(\sqrt{x}) = 2\dfrac{10^{\sqrt{x}}}{\ln 10} + C.$

例 10 求 $\int \dfrac{\mathrm{d}x}{\sqrt{a^2 - x^2}}\ (a>0)$.

解 $\int \dfrac{\mathrm{d}x}{\sqrt{a^2-x^2}} = \dfrac{1}{a}\int \dfrac{\mathrm{d}x}{\sqrt{1-\left(\dfrac{x}{a}\right)^2}}$

$= \int \dfrac{\mathrm{d}\left(\dfrac{x}{a}\right)}{\sqrt{1-\left(\dfrac{x}{a}\right)^2}} = \arcsin\dfrac{x}{a} + C.$

例 11 求 $\int \dfrac{\mathrm{d}x}{a^2+x^2}$.

解 $\int \dfrac{\mathrm{d}x}{a^2+x^2} = \dfrac{1}{a^2}\int \dfrac{\mathrm{d}x}{1+\left(\dfrac{x}{a}\right)^2} = \dfrac{1}{a}\int \dfrac{\mathrm{d}\left(\dfrac{x}{a}\right)}{1+\left(\dfrac{x}{a}\right)^2}$

$= \dfrac{1}{a}\arctan\dfrac{x}{a} + C.$

例 12 求 $\int \dfrac{\mathrm{d}x}{\sqrt{x^2+a^2}}\ (a>0)$.

解 $\int \dfrac{\mathrm{d}x}{\sqrt{x^2+a^2}} = \int \dfrac{\mathrm{d}\left(\dfrac{x}{a}\right)}{\sqrt{1+\left(\dfrac{x}{a}\right)^2}}$

$$= \ln\left(\frac{x}{a} + \sqrt{1 + \left(\frac{x}{a}\right)^2}\right) + C_1$$

$$= \ln(x + \sqrt{x^2 + a^2}) + C.$$

同样可得 $\displaystyle\int \frac{\mathrm{d}x}{\sqrt{x^2 - a^2}} = \ln(x + \sqrt{x^2 - a^2}) + C.$

例 13 求 $\displaystyle\int \sin^3 x \,\mathrm{d}x$.

解 $\displaystyle\int \sin^3 x \,\mathrm{d}x = \int \sin^2 x \sin x \,\mathrm{d}x = -\int (1 - \cos^2 x) \,\mathrm{d}\cos x$

$$= -\int \mathrm{d}(\cos x) + \int \cos^2 x \,\mathrm{d}(\cos x)$$

$$= -\cos x + \frac{1}{3}\cos^3 x + C.$$

例 14 求 $\displaystyle\int \cos^4 x \,\mathrm{d}x$.

解 $\displaystyle\int \cos^4 x \,\mathrm{d}x = \int \left(\frac{1 + \cos 2x}{2}\right)^2 \mathrm{d}x$

$$= \frac{1}{4}\int (1 + 2\cos 2x + \cos^2 2x) \,\mathrm{d}x$$

$$= \frac{1}{4}\int \left(1 + 2\cos 2x + \frac{1 + \cos 4x}{2}\right) \mathrm{d}x$$

$$= \frac{1}{4}\int \left(\frac{3}{2} + 2\cos 2x + \frac{1}{2}\cos 4x\right) \mathrm{d}x$$

$$= \frac{3}{8}\int \mathrm{d}x + \frac{1}{4}\int \cos 2x \,\mathrm{d}(2x) + \frac{1}{32}\int \cos 4x \,\mathrm{d}(4x)$$

$$= \frac{3}{8}x + \frac{1}{4}\sin 2x + \frac{1}{32}\sin 4x + C.$$

例 15 求 $\displaystyle\int \cos 3x \cos 2x \,\mathrm{d}x$.

解 $\displaystyle\int \cos 3x \cos 2x \,\mathrm{d}x = \frac{1}{2}\int (\cos 5x + \cos x) \,\mathrm{d}x$

$$= \frac{1}{10}\int \cos 5x \,\mathrm{d}(5x) + \frac{1}{2}\int \cos x \,\mathrm{d}x$$

$$= \frac{1}{10}\sin 5x + \frac{1}{2}\sin x + C.$$

例 16 求 $\displaystyle\int \sec x \,\mathrm{d}x$.

解 $\displaystyle\int \sec x \,\mathrm{d}x = \int \frac{\mathrm{d}x}{\cos x} = \int \frac{\cos x}{\cos^2 x} \mathrm{d}x$

$$= \int \frac{\mathrm{d}(\sin x)}{1 - \sin^2 x} \quad (\diamondsuit \ u = \sin x)$$

$$= \int \frac{\mathrm{d}u}{1 - u^2} = \int \frac{1}{(1 + u)(1 - u)} \mathrm{d}u$$

$$= \frac{1}{2}\int \left(\frac{1}{1+u} + \frac{1}{1-u}\right) du$$

$$= \frac{1}{2}\left[\int \frac{d(1+u)}{1+u} - \int \frac{d(1-u)}{1-u}\right]$$

$$= \frac{1}{2}(\ln|1+u| - \ln|1-u|) + C$$

$$= \frac{1}{2}\ln\left|\frac{1+u}{1-u}\right| + C = \frac{1}{2}\ln\left|\frac{1+\sin x}{1-\sin x}\right| + C$$

$$= \frac{1}{2}\ln\frac{(1+\sin x)^2}{(1-\sin x)(1+\sin x)} + C$$

$$= \frac{1}{2}\ln\frac{(1+\sin x)^2}{\cos^2 x} + C = \ln|\sec x + \tan x| + C.$$

例 17 求 $\int \csc x\, dx$.

解 $\int \csc x\, dx = \int \sec\left(\frac{\pi}{2} - x\right) dx = -\int \sec\left(\frac{\pi}{2} - x\right) d\left(\frac{\pi}{2} - x\right)$

$$= -\ln\left|\sec\left(\frac{\pi}{2} - x\right) + \tan\left(\frac{\pi}{2} - x\right)\right| + C$$

$$= \ln|\csc x - \cot x| + C.$$

例 18 求 $\int \dfrac{x - \sqrt{\arcsin x}}{\sqrt{1-x^2}} dx$.

解 $\int \dfrac{x - \sqrt{\arcsin x}}{\sqrt{1-x^2}} dx = \int \dfrac{x}{\sqrt{1-x^2}} dx - \int \dfrac{\sqrt{\arcsin x}}{\sqrt{1-x^2}} dx$

$$= -\frac{1}{2}\int \frac{d(1-x^2)}{\sqrt{1-x^2}} -$$

$$\int \sqrt{\arcsin x}\, d(\arcsin x)$$

$$= -\sqrt{1-x^2} - \frac{2}{3}(\arcsin x)^{\frac{3}{2}} + C.$$

2. 第二换元法

定理 2 设 $f(x)$ 是连续函数，令 $x = \varphi(t)$，如果 $\varphi'(t)$ 连续且 $\varphi(t)$ 单调，记 $g(t) = f(\varphi(t))\varphi'(t)$，则

$$\int f(x) dx = \int f(\varphi(t))\varphi'(t) dt = \int g(t) dt,$$

如果 $G(t)$ 是 $g(t)$ 的原函数，则

$$\int f(x) dx = G(\varphi^{-1}(x)) + C,$$

其中 $t = \varphi^{-1}(x)$ 是 $x = \varphi(t)$ 的反函数.

证 只需证明 $\dfrac{d}{dx} G(\varphi^{-1}(x)) = f(x)$. 由于 $G'(t) = g(t)$，根据复合函数求导法

$$\frac{\mathrm{d}}{\mathrm{d}x}G(\varphi^{-1}(x)) = \frac{\mathrm{d}}{\mathrm{d}t}G(\varphi^{-1}(x))\frac{\mathrm{d}t}{\mathrm{d}x} = g(t)\frac{1}{\frac{\mathrm{d}x}{\mathrm{d}t}}$$

$$= f(\varphi(t))\varphi'(t)\frac{1}{\varphi'(t)} = f(\varphi(t)) = f(x),$$

定理得证.

根据定理 2 求不定积分的方法称为**第二换元法**.

例 19 求 $\int \sqrt{a^2 - x^2}\,\mathrm{d}x$ ($a > 0$).

解 令 $x = a\sin t\left(-\frac{\pi}{2} < t < \frac{\pi}{2}\right)$,则 $\mathrm{d}x = \mathrm{d}(a\sin t) = a\cos t\,\mathrm{d}t$,

$$\int \sqrt{a^2 - x^2}\,\mathrm{d}x = \int \sqrt{a^2 - a^2\sin^2 t}\cdot a\cos t\,\mathrm{d}t$$

$$= \int a\cos t\cdot a\cos t\,\mathrm{d}t$$

$$= a^2\int \cos^2 t\,\mathrm{d}t = \frac{a^2}{2}\int (1 + \cos 2t)\,\mathrm{d}t$$

$$= \frac{a^2}{2}\left(t + \frac{1}{2}\sin 2t\right) + C$$

$$= \frac{a^2}{2}(t + \sin t\cos t) + C$$

$$= \frac{a^2}{2}\left(\arcsin\frac{x}{a} + \frac{x}{a}\cdot\frac{\sqrt{a^2 - x^2}}{a}\right) + C$$

$$= \frac{a^2}{2}\arcsin\frac{x}{a} + \frac{x}{2}\sqrt{a^2 - x^2} + C.$$

二、几种常见类型的积分

1. 有理函数的积分

设 $P(x)$ 和 $Q(x)$ 都是多项式,即

$$P(x) = a_0 x^n + a_1 x^{n-1} + \cdots + a_{n-1} x + a_n,$$

$$Q(x) = b_0 x^m + b_1 x^{m-1} + \cdots + b_{m-1} x + b_m,$$

其中 m 和 n 都是非负整数,$a_0, a_1, \cdots, a_n$ 与 $b_0, b_1, \cdots, b_m$ 都是实数,并且 $a_0 \neq 0, b_0 \neq 0$,称 $R(x) = \dfrac{P(x)}{Q(x)}$ 为**有理函数**.并且当 $n < m$ 时,称这有理函数为**真分式**,当 $n \geqslant m$ 时,称这有理函数为**假分式**.利用多项式的除法,可以将假分式化成一个多项式与一个真分式之和的形式.多项式的积分是很容易求的,因此下面只讨论真分式的积分方法.

形如 $\dfrac{A}{(x-a)^k}, \dfrac{Cx + D}{(x^2 + px + q)^k}$ (其中 $p^2 - 4q < 0$,k 是正整数) 的真分式称为**简单分式**.前一种简单分式的积分很容易求出,对后

一种简单分式,由于 $p^2-4q<0$,可以通过将 x^2+px+q 配方并作变量代换化成 t^2+a^2 的形式,于是有

$$\int \frac{Cx+D}{(x^2+px+q)^k}dx = \int \frac{Et+F}{(t^2+a^2)^k}dt$$
$$= \int \frac{Et}{(t^2+a^2)^k}dt + \int \frac{F}{(t^2+a^2)^k}dt,$$

右端第一个积分可以利用凑微分求出,第二个积分当 $k=1$ 时可以利用凑微分求出,当 $k \geqslant 2$ 时可以利用变量代换 $t=a\tan u$,也可以利用后面所介绍的分部积分法去求.

例 20 求 $I_1 = \int \frac{x+3}{x^2+4x+5}dx$,$I_2 = \int \frac{x+3}{(x^2+4x+5)^2}dx$.

解 由于 $x^2+4x+5=(x+2)^2+1$,令 $t=x+2$,即 $x=t-2$,于是 $dx=dt$,

$$I_1 = \int \frac{t+1}{t^2+1}dt = \int \frac{t}{t^2+1}dt + \int \frac{1}{t^2+1}dt$$
$$= \frac{1}{2}\ln(t^2+1) + \arctan t + C$$
$$= \frac{1}{2}\ln(x^2+4x+5) + \arctan(x+2) + C.$$

$$I_2 = \int \frac{t+1}{(t^2+1)^2}dt = \int \frac{t}{(t^2+1)^2}dt + \int \frac{1}{(t^2+1)^2}dt,$$

对右端第二个积分,令 $t=\tan u$,$u \in \left(-\frac{\pi}{2}, \frac{\pi}{2}\right)$,有 $dt = \frac{du}{\cos^2 u}$,故

$$I_2 = \frac{1}{2}\int \frac{d(t^2+1)}{(t^2+1)^2} + \int \frac{1}{(\tan^2 u+1)^2} \frac{du}{\cos^2 u}$$
$$= -\frac{1}{2(t^2+1)} + \int \cos^2 u \, du = -\frac{1}{2(t^2+1)} + \int \frac{1+\cos 2u}{2}du$$
$$= -\frac{1}{2(t^2+1)} + \frac{1}{2}\left(u + \frac{1}{2}\sin 2u\right) + C$$
$$= -\frac{1}{2(t^2+1)} + \frac{1}{2}\left(\arctan t + \frac{t}{1+t^2}\right) + C$$
$$= -\frac{1}{2(x^2+4x+5)} + \frac{1}{2}\arctan(x+2) + \frac{1}{2}\cdot\frac{x+2}{x^2+4x+5} + C.$$

如果一个真分式不是简单分式,我们可以将它拆成若干个简单分式之和的形式.

一般地,设 $R(x) = \frac{P(x)}{Q(x)}$ 是真分式,并设 $Q(x)$ 可以分解成

$$Q(x) = (x-a)^k \cdots (x-b)^l (x^2+px+q)^\lambda \cdots (x^2+rx+s)^\mu,$$

其中 $k, \cdots, l, \lambda, \cdots, \mu$ 是正整数,$p^2-4q<0, \cdots, r^2-4s<0$,则 $\frac{P(x)}{Q(x)}$ 可以唯一表示成若干个简单分式的和,即有

$$\frac{P(x)}{Q(x)} = \frac{A_1}{x-a} + \frac{A_2}{(x-a)^2} + \cdots + \frac{A_k}{(x-a)^k} + \cdots +$$

$$\frac{B_1}{x-b} + \frac{B_2}{(x-b)^2} + \cdots + \frac{B_l}{(x-b)^l} +$$

$$\frac{C_1 x + D_1}{x^2+px+q} + \frac{C_2 x + D_2}{(x^2+px+q)^2} + \cdots +$$

$$\frac{C_\lambda x + D_\lambda}{(x^2+px+q)^\lambda} + \cdots +$$

$$\frac{E_1 x + F_1}{x^2+sx+r} + \frac{E_2 x + F_2}{(x^2+sx+r)^2} + \cdots + \frac{E_\mu x + F_\mu}{(x^2+sx+r)^\mu},$$

其中 $A_1, \cdots, A_k, \cdots, B_1, \cdots, B_l, C_1, D_1, \cdots, C_\lambda, D_\lambda, \cdots, E_1, F_1, \cdots, E_\mu, F_\mu$ 都是常数.

证明略. 将此结论中的等式两端去分母, 然后通过比较等式两端 x 同次幂的系数, 或利用代值法即可定出其中各常数.

例 21 求 $\int \dfrac{x+3}{x^2-x-6} \mathrm{d}x$.

解 $x^2-x-6 = (x+2)(x-3)$, 因此设

$$\frac{x+3}{x^2-x-6} = \frac{A}{x+2} + \frac{B}{x-3},$$

两端同乘以 x^2-x-6, 得

$$x+3 = A(x-3) + B(x+2), \tag{1}$$

即

$$x+3 = (A+B)x - 3A + 2B,$$

比较等式两端 x 同次幂的系数, 得

$$A+B=1, \quad -3A+2B=3,$$

解得

$$A = -\frac{1}{5}, B = \frac{6}{5}.$$

因此有

$$\int \frac{x+3}{x^2-x-6} \mathrm{d}x = \int \left(\frac{-\frac{1}{5}}{x+2} + \frac{\frac{6}{5}}{x-3} \right) \mathrm{d}x$$

$$= -\frac{1}{5} \ln|x+2| + \frac{6}{5} \ln|x-3| + C.$$

也可以采用代值法定出此例中的常数 A, B. 在式(1) 中令 $x=3$, 得 $6=5B$, 故 $B=\dfrac{6}{5}$; 令 $x=-2$, 得 $1=-5A$, 故 $A=-\dfrac{1}{5}$.

例 22 求 $\int \dfrac{x^3+1}{x(x-1)^3} \mathrm{d}x$.

解 设 $\dfrac{x^3+1}{x(x-1)^3} = \dfrac{A}{x} + \dfrac{B}{x-1} + \dfrac{D}{(x-1)^2} + \dfrac{E}{(x-1)^3}$,

两端同乘以 $x(x-1)^3$, 得

$$x^3+1 = A(x-1)^3 + Bx(x-1)^2 + Dx(x-1) + Ex,$$

令 $x=0$, 得 $1=-A$, 故 $A=-1$; 令 $x=1$, 得 $2=E$, 故 $E=2$;

令 $x=2$, 得 $9 = A+2B+2D+2E = 2B+2D+3$,

令 $x=-1$, 得 $0 = -8A-4B+2D-E = -4B+2D+6$,

由此二式解得 $B=2, D=1$；因此

$$\int \frac{x^3+1}{x(x-1)^3} dx = \int \left[\frac{-1}{x} + \frac{2}{x-1} + \frac{1}{(x-1)^2} + \frac{2}{(x-1)^3} \right] dx$$

$$= -\ln|x| + 2\ln|x-1| - \frac{1}{x-1} - \frac{1}{(x-1)^2} + C.$$

例 23 求 $\int \dfrac{dx}{x^3-1}$.

解 $x^3-1=(x-1)(x^2+x+1)$，故设

$$\frac{1}{x^3-1} = \frac{A}{x-1} + \frac{Mx+N}{x^2+x+1},$$

去分母，得

$$1 = A(x^2+x+1) + (Mx+N)(x-1),$$

令 $x=1$，得 $1=3A$，故 $A=\dfrac{1}{3}$；令 $x=0$，得 $1=A-N=\dfrac{1}{3}-N$，解得 $N=-\dfrac{2}{3}$；令 $x=-1$，得 $1=A+2M-2N=2M+\dfrac{5}{3}$，解得 $M=-\dfrac{1}{3}$；因此

$$\int \frac{dx}{x^3-1} = \frac{1}{3} \int \frac{dx}{x-1} - \frac{1}{3} \int \frac{x+2}{x^2+x+1} dx$$

$$= \frac{1}{3}\ln|x-1| - \frac{1}{3} \int \frac{x+2}{\left(x+\frac{1}{2}\right)^2 + \frac{3}{4}} dx \quad \left(\diamondsuit\ t = x + \frac{1}{2}\right)$$

$$= \frac{1}{3}\ln|x-1| - \frac{1}{3} \int \frac{t + \frac{3}{2}}{t^2 + \frac{3}{4}} dt$$

$$= \frac{1}{3}\ln|x-1| - \frac{1}{3} \int \frac{t}{t^2 + \frac{3}{4}} dt - \frac{1}{2} \int \frac{dt}{t^2 + \frac{3}{4}}$$

$$= \frac{1}{3}\ln|x-1| - \frac{1}{6}\ln\left(t^2 + \frac{3}{4}\right) - \frac{1}{2} \cdot \frac{2}{\sqrt{3}} \arctan \frac{t}{\frac{\sqrt{3}}{2}} + C$$

$$= \frac{1}{3}\ln|x-1| - \frac{1}{6}\ln(x^2+x+1) - \frac{1}{\sqrt{3}} \arctan \frac{2x+1}{\sqrt{3}} + C.$$

例 24 求 $\int \dfrac{x^4-x^3+2}{x^3+x} dx$.

解 被积函数是假分式，利用多项式除法得

$$\frac{x^4-x^3+2}{x^3+x} = x - 1 + \frac{-x^2+x+2}{x^3+x},$$

设 $$\frac{-x^2+x+2}{x^3+x}=\frac{-x^2+x+2}{x(x^2+1)}=\frac{A}{x}+\frac{Mx+N}{x^2+1},$$

去分母,得
$$-x^2+x+2=A(x^2+1)+(Mx+N)x,$$

令 $x=0$,得 $2=A$;令 $x=1$,得 $2=2A+M+N=4+M+N$,令 $x=-1$,得 $0=2A+M-N=4+M-N$,由此二式解得 $M=-3,N=1$;因此

$$\int\frac{x^4-x^3+2}{x^3+x}\mathrm{d}x=\int\left(x-1+\frac{2}{x}+\frac{-3x+1}{x^2+1}\right)\mathrm{d}x$$
$$=\int\left(x-1+\frac{2}{x}+\frac{-3x}{x^2+1}+\frac{1}{x^2+1}\right)\mathrm{d}x$$
$$=\frac{x^2}{2}-x+2\ln|x|-\frac{3}{2}\ln(x^2+1)+\arctan x+C.$$

以上介绍的是有理函数积分的一般方法,有些有理函数的积分可不必采用上述一般方法,而利用比较简便的方法求得.

例 25 求下列不定积分:

(1) $\int\dfrac{\mathrm{d}x}{x(x^4+1)}$; (2) $\int\dfrac{x^2-2x+1}{(x-2)^3}\mathrm{d}x.$

解 (1) $\int\dfrac{\mathrm{d}x}{x(x^4+1)}=\int\dfrac{x^3\mathrm{d}x}{x^4(x^4+1)}$
$$=\frac{1}{4}\int\frac{\mathrm{d}(x^4)}{x^4(x^4+1)}\quad(\diamondsuit\ u=x^4)$$
$$=\frac{1}{4}\int\frac{\mathrm{d}u}{u(u+1)}=\frac{1}{4}\int\frac{(u+1)-u}{u(u+1)}\mathrm{d}u$$
$$=\frac{1}{4}\int\left(\frac{1}{u}-\frac{1}{u+1}\right)\mathrm{d}u$$
$$=\frac{1}{4}(\ln|u|-\ln|u+1|)+C$$
$$=\frac{1}{4}\ln\left|\frac{u}{u+1}\right|+C=\frac{1}{4}\ln\frac{x^4}{x^4+1}+C;$$

(2) 令 $u=x-2$,即 $x=u+2$,则 $\mathrm{d}x=\mathrm{d}u$,
$$\int\frac{x^2-2x+1}{(x-2)^3}\mathrm{d}x=\int\frac{(u+2)^2-2(u+2)+1}{u^3}\mathrm{d}u$$
$$=\int\frac{u^2+2u+1}{u^3}\mathrm{d}u=\int\left(\frac{1}{u}+\frac{2}{u^2}+\frac{1}{u^3}\right)\mathrm{d}u$$
$$=\ln|u|-\frac{2}{u}-\frac{1}{2u^2}+C$$
$$=\ln|x-2|-\frac{2}{x-2}-\frac{1}{2(x-2)^2}+C.$$

2. 三角函数有理式的积分

由三角函数和常数经过有限次四则运算所得到的式子称为三角函数有理式.例如,

$$\frac{1+\sin x}{\sin x(1+\cos x)}, \quad \frac{2}{\sin x + \tan x}, \quad \frac{1}{5+4\cos^2 x}$$

都是三角函数有理式.由于三角函数都可以用 $\sin x$ 和 $\cos x$ 表示,因此我们将三角函数有理式记作 $R(\sin x, \cos x)$.

通过前面的例子我们看到,一些三角函数有理式的积分可以利用基本积分公式和凑微分法得出,对一般的三角函数有理式的积分

$$\int R(\sin x, \cos x) \mathrm{d}x,$$

由于 $\quad \sin x = 2\sin\dfrac{x}{2}\cos\dfrac{x}{2} = 2\tan\dfrac{x}{2}\cos^2\dfrac{x}{2} = \dfrac{2\tan\dfrac{x}{2}}{1+\tan^2\dfrac{x}{2}},$

$$\cos x = 2\cos^2\frac{x}{2} - 1 = \frac{2}{1+\tan^2\dfrac{x}{2}} - 1 = \frac{1-\tan^2\dfrac{x}{2}}{1+\tan^2\dfrac{x}{2}},$$

因此,如果令 $u = \tan\dfrac{x}{2}(-\pi < x < \pi)$,则

$$\sin x = \frac{2u}{1+u^2}, \quad \cos x = \frac{1-u^2}{1+u^2},$$

且由于 $x = 2\arctan u$,有 $\mathrm{d}x = \dfrac{2}{1+u^2}\mathrm{d}u$,于是

$$\int R(\sin x, \cos x)\mathrm{d}x = \int R\left(\frac{2u}{1+u^2}, \frac{1-u^2}{1+u^2}\right)\frac{2}{1+u^2}\mathrm{d}u.$$

上式右端是一个有理函数的积分,即三角函数有理式的积分可以通过代换 $u = \tan\dfrac{x}{2}$ 化成有理函数的积分,我们将这个代换称为半角代换或万能代换.

例 26 求 $\displaystyle\int \frac{1+\sin x}{1-\cos x}\mathrm{d}x$.

解 令 $u = \tan\dfrac{x}{2}$,得

$$\int \frac{1+\sin x}{1-\cos x}\mathrm{d}x = \int \frac{1+\dfrac{2u}{1+u^2}}{1-\dfrac{1-u^2}{1+u^2}} \cdot \frac{2}{1+u^2}\mathrm{d}u$$

$$= \int \frac{1+u^2+2u}{u^2(1+u^2)}\mathrm{d}u = \int \left(\frac{1}{u^2} + \frac{2}{u(1+u^2)}\right)\mathrm{d}u$$

$$= \int \left(\frac{1}{u^2} + \frac{2}{u} - \frac{2u}{1+u^2}\right)\mathrm{d}u$$

$$= -\frac{1}{u} + 2\ln|u| - \ln(1+u^2) + C$$

$$= -\cot\frac{x}{2} + 2\ln\left|\tan\frac{x}{2}\right| - \ln\left(1 + \tan^2\frac{x}{2}\right) + C$$

$$= -\cot\frac{x}{2} + 2\ln\left|\sin\frac{x}{2}\right| + C.$$

对有些三角函数有理式的积分,也可以利用其他代换将其求出. 例如,当被积函数可以化成只是 $\tan x$ 的函数时,即当积分为 $\int R(\tan x)\,\mathrm{d}x$ 时,可令 $u = \tan x$. 当被积函数可以化成一个只是 $\sin x$ 的函数与 $\cos x$ 的乘积时,即当积分为

$$\int R(\sin x)\cos x\,\mathrm{d}x = \int R(\sin x)\,\mathrm{d}\sin x$$

时,可令 $u = \sin x$. 类似地,当积分为

$$\int R(\cos x)\sin x\,\mathrm{d}x = -\int R(\cos x)\,\mathrm{d}\cos x$$

时,可令 $u = \cos x$.

例 27 求 $\int \dfrac{\mathrm{d}x}{\sin^4 x \cos^2 x}$.

解 令 $u = \tan x$,则 $x = \arctan u$,$\mathrm{d}x = \dfrac{\mathrm{d}u}{1+u^2}$,

$$\int \frac{\mathrm{d}x}{\sin^4 x \cos^2 x} = \int \frac{\mathrm{d}x}{\tan^4 x \cos^6 x} = \int \frac{(1+\tan^2 x)^3}{\tan^4 x}\mathrm{d}x$$

$$= \int \frac{(1+u^2)^3}{u^4} \cdot \frac{\mathrm{d}u}{1+u^2} = \int \left(1 + \frac{2}{u^2} + \frac{1}{u^4}\right)\mathrm{d}u$$

$$= u - \frac{2}{u} - \frac{1}{3u^3} + C = \tan x - \frac{2}{\tan x} - \frac{1}{3\tan^3 x} + C.$$

例 28 求 $\int \dfrac{\sin^3 x}{2 + \cos x}\mathrm{d}x$.

解 令 $u = \cos x$,得

$$\int \frac{\sin^3 x}{2 + \cos x}\mathrm{d}x = \int \frac{-1 + \cos^2 x}{2 + \cos x}\mathrm{d}\cos x = \int \frac{u^2 - 1}{u + 2}\mathrm{d}u$$

$$= \int \left(u - 2 + \frac{3}{u+2}\right)\mathrm{d}u$$

$$= \frac{1}{2}u^2 - 2u + 3\ln|u+2| + C$$

$$= \frac{1}{2}\cos^2 x - 2\cos x + 3\ln(\cos x + 2) + C.$$

3. 简单无理函数的积分

有些简单无理函数的积分可利用基本积分公式或凑微分法求得,另外有些简单无理函数的积分,经过适当变换可以将它们先化成有理函数或三角函数有理式的积分,然后再求积分.

例如,当被积函数中含有根式 $\sqrt[n_1]{ax+b}$,$\sqrt[n_2]{ax+b}$,$\cdots$,$\sqrt[n_k]{ax+b}$

时,为去掉根号,可作变量代换 $t=\sqrt[n]{ax+b}$,其中 n 是 $n_1,n_2,\cdots,n_k$ 的最小公倍数.

当被积函数中含有根式 $\sqrt[n_1]{\dfrac{ax+b}{cx+d}}, \sqrt[n_2]{\dfrac{ax+b}{cx+d}}, \cdots, \sqrt[n_k]{\dfrac{ax+b}{cx+d}}$ 时,为去掉根号,可作变量代换 $t=\sqrt[n]{\dfrac{ax+b}{cx+d}}$,其中 n 是 $n_1,n_2,\cdots,n_k$ 的最小公倍数.

例 29 求 $\int \dfrac{\mathrm{d}x}{\sqrt{x+1}-\sqrt[3]{x+1}}$.

解 令 $t=\sqrt[6]{x+1}$,即 $x=t^6-1$,则 $\mathrm{d}x=6t^5\mathrm{d}t$,

$$\int \dfrac{\mathrm{d}x}{\sqrt{x+1}-\sqrt[3]{x+1}} = \int \dfrac{6t^5\mathrm{d}t}{t^3-t^2} = \int \dfrac{6t^3}{t-1}\mathrm{d}t = 6\int \dfrac{t^3-1+1}{t-1}\mathrm{d}t$$

$$= 6\int \left(t^2+t+1+\dfrac{1}{t-1}\right)\mathrm{d}t$$

$$= 6\left(\dfrac{t^3}{3}+\dfrac{t^2}{2}+t+\ln|t-1|\right)+C$$

$$= 2\sqrt{x+1}+3\sqrt[3]{x+1}+6\sqrt[6]{x+1}+6\ln|\sqrt[6]{x+1}-1|+C.$$

例 30 求 $I=\int \dfrac{\mathrm{d}x}{\sqrt[3]{(x-1)(x+1)^2}}$.

解 $I=\int \dfrac{\mathrm{d}x}{\sqrt[3]{(x-1)(x+1)^2}} = \int \sqrt[3]{\dfrac{x+1}{x-1}}\dfrac{\mathrm{d}x}{x+1}$,

令 $t=\sqrt[3]{\dfrac{x+1}{x-1}}$,即 $x=\dfrac{t^3+1}{t^3-1}$,则 $\mathrm{d}x=\dfrac{-6t^2}{(t^3-1)^2}\mathrm{d}t$,

$$I=\int t\dfrac{1}{\dfrac{t^3+1}{t^3-1}+1}\dfrac{-6t^2}{(t^3-1)^2}\mathrm{d}t = \int \dfrac{-3}{t^3-1}\mathrm{d}t$$

$$= \int \left(\dfrac{-1}{t-1}+\dfrac{t+2}{t^2+t+1}\right)\mathrm{d}t$$

$$= -\ln|t-1|+\dfrac{1}{2}\ln(t^2+t+1)+\sqrt{3}\arctan\dfrac{2t+1}{\sqrt{3}}+C$$

$$= -\ln\left|\sqrt[3]{\dfrac{x+1}{x-1}}-1\right|+\dfrac{1}{2}\ln\left[\left(\dfrac{x+1}{x-1}\right)^{\frac{2}{3}}+\sqrt[3]{\dfrac{x+1}{x-1}}+1\right]+\sqrt{3}\arctan\dfrac{2\sqrt[3]{\dfrac{x+1}{x-1}}+1}{\sqrt{3}}+C.$$

当被积函数含有根式 $\sqrt{a^2-x^2}$ 时,可作变量代换 $x=a\sin t$

$\left(t\in\left(-\dfrac{\pi}{2},\dfrac{\pi}{2}\right)\right)$,或 $t=a\cos t(t\in(0,\pi))$.

当被积函数含有根式 $\sqrt{x^2+a^2}$ 时,可作变量代换 $x=a\tan t$ $\left(t\in\left(-\dfrac{\pi}{2},\dfrac{\pi}{2}\right)\right)$,或 $x=a\cot t(t\in(0,\pi))$,或 $x=a\operatorname{sh}t$.

当被积函数含有根式 $\sqrt{x^2-a^2}$ 时,可作变量代换 $x=a\sec t$ $\left(t\in\left(0,\dfrac{\pi}{2}\right)\right.$,或 $\left.t\in\left(\dfrac{\pi}{2},\pi\right)\right)$,或 $x=a\csc t\left(t\in\left(0,\dfrac{\pi}{2}\right)\right.$,或 $t\in\left(-\dfrac{\pi}{2},0\right)\right)$,或 $x=a\operatorname{ch}t(t>0,$或 $t<0)$,或 $x=\dfrac{1}{t}(t>0,$或 $t<0)$.

当被积函数含有根式 $\sqrt{ax^2+bx+c}$ 时,可利用配方及换元化成上述三种情形.

以上所述方法中对 t 限定区间是为了使变换 $x=\varphi(t)$ 单调,另外有些积分也可以利用凑微分或其他变换求得.

例 31 求 $I=\displaystyle\int\dfrac{\mathrm{d}x}{(a^2-x^2)^{\frac{3}{2}}}(a>0)$.

解 令 $x=a\sin t,t\in\left(-\dfrac{\pi}{2},\dfrac{\pi}{2}\right)$,则 $\mathrm{d}x=a\cos t\,\mathrm{d}t$,

$$I=\int\dfrac{a\cos t}{a^3\cos^3 t}\mathrm{d}t=\dfrac{1}{a^2}\int\dfrac{\mathrm{d}t}{\cos^2 t}=\dfrac{1}{a^2}\tan t+C,$$

$$=\dfrac{1}{a^2}\dfrac{x}{\sqrt{a^2-x^2}}+C.$$

例 32 求 $I=\displaystyle\int\dfrac{\mathrm{d}x}{(x+1)^2\sqrt{x^2+2x+2}}$.

解 $x^2+2x+2=(x+1)^2+1$,令 $x+1=\tan t,t\in\left(-\dfrac{\pi}{2},\dfrac{\pi}{2}\right)$,则 $\mathrm{d}x=\dfrac{\mathrm{d}t}{\cos^2 t}$,于是

$$I=\int\dfrac{1}{\tan^2 t\sqrt{\tan^2 t+1}}\dfrac{\mathrm{d}t}{\cos^2 t}=\int\dfrac{\cos t}{\sin^2 t}\mathrm{d}t$$

$$=\int\dfrac{\mathrm{d}(\sin t)}{\sin^2 t}=-\dfrac{1}{\sin t}+C,$$

$$=-\dfrac{\sqrt{x^2+x+2}}{x+1}+C.$$

例 33 求 $I=\displaystyle\int\dfrac{\mathrm{d}x}{x\sqrt{x^2-4}}$.

解 1 令 $x=2\sec t\left(0<t<\dfrac{\pi}{2}\right)$,则 $\mathrm{d}x=2\sec t\cdot\tan t\,\mathrm{d}t$,

$$I=\int\dfrac{1}{2\sec t\cdot 2\tan t}2\sec t\cdot\tan t\,\mathrm{d}t=\int\dfrac{1}{2}\mathrm{d}t=\dfrac{1}{2}t+C$$

$$=\dfrac{1}{2}\operatorname{arcsec}\dfrac{x}{2}+C=\dfrac{1}{2}\arccos\dfrac{2}{x}+C.$$

解 2 令 $x = \dfrac{1}{t} (t > 0)$,则 $\mathrm{d}x = -\dfrac{1}{t^2}\mathrm{d}t$,

$$I = \int t \dfrac{1}{\sqrt{\dfrac{1}{t^2} - 4}} \cdot \dfrac{-1}{t^2}\mathrm{d}t = \int \dfrac{-1}{\sqrt{1 - 4t^2}}\mathrm{d}t$$

$$= -\dfrac{1}{2}\arcsin 2t + C = -\dfrac{1}{2}\arcsin\dfrac{2}{x} + C.$$

例 34 求 $\displaystyle\int \dfrac{x\mathrm{d}x}{1 + \sqrt{1 + x^2}}$.

解 由于 $x\mathrm{d}x = \dfrac{1}{2}\mathrm{d}(x^2)$,可选取变量代换 $u = \sqrt{1 + x^2}$,即 $u^2 = 1 + x^2$,故 $u\mathrm{d}u = x\mathrm{d}x$,于是

$$\int \dfrac{x\mathrm{d}x}{1 + \sqrt{1 + x^2}} = \int \dfrac{u\mathrm{d}u}{1 + u} = \int \dfrac{u + 1 - 1}{1 + u}\mathrm{d}u = \int \left(1 - \dfrac{1}{1 + u}\right)\mathrm{d}u$$

$$= u - \ln|1 + u| + C$$

$$= \sqrt{1 + x^2} - \ln(1 + \sqrt{1 + x^2}) + C.$$

三、分部积分法

利用乘积的求导公式,可以推出一种新的求不定积分的方法. 设函数 $u = u(x)$ 与 $v = v(x)$ 有连续导数,由乘积的求导公式

$$(uv)' = u'v + uv', \quad 得 \quad uv' = (uv)' - u'v,$$

两端求不定积分,得

$$\int uv'\mathrm{d}x = uv - \int u'v\mathrm{d}x,$$

上式也可以写成

$$\int u\mathrm{d}v = uv - \int v\mathrm{d}u,$$

此式称为分部积分公式. 如果积分 $\displaystyle\int uv'\mathrm{d}x$ 不易求,而 $\displaystyle\int u'v\mathrm{d}x$ 可以求出时,可以利用此式求不定积分,这种积分方法称为**分部积分法**.

例 35 求下列积分:

(1) $\displaystyle\int x\sin x\mathrm{d}x$;
(2) $\displaystyle\int x^2 \mathrm{e}^x \mathrm{d}x$;
(3) $\displaystyle\int x\ln x\mathrm{d}x$;
(4) $\displaystyle\int x\arctan x\mathrm{d}x$.

解 (1) $\displaystyle\int x\sin x\mathrm{d}x = -\int x\mathrm{d}\cos x$

$$= -\left(x\cos x - \int \cos x\mathrm{d}x\right)$$

$$= -x\cos x + \sin x + C;$$

$$(2) \int x^2 e^x dx = \int x^2 de^x$$
$$= x^2 e^x - \int 2x e^x dx = x^2 e^x - \int 2x de^x$$
$$= x^2 e^x - (2x e^x - \int 2e^x dx)$$
$$= x^2 e^x - 2x e^x + 2e^x + C;$$

$$(3) \int x \ln x \, dx = \frac{1}{2} \int \ln x \, d(x^2)$$
$$= \frac{1}{2} \left(x^2 \ln x - \int \frac{1}{x} x^2 dx \right)$$
$$= \frac{1}{2} x^2 \ln x - \frac{1}{4} x^2 + C;$$

$$(4) \int x \arctan x \, dx = \frac{1}{2} \int \arctan x \, d(x^2)$$
$$= \frac{1}{2} \left(x^2 \arctan x - \int \frac{1}{1+x^2} x^2 dx \right)$$
$$= \frac{1}{2} x^2 \arctan x - \frac{1}{2} \int \frac{x^2+1-1}{1+x^2} dx$$
$$= \frac{1}{2} x^2 \arctan x - \frac{1}{2} \int \left(1 - \frac{1}{1+x^2}\right) dx$$
$$= \frac{1}{2} x^2 \arctan x - \frac{x}{2} + \frac{1}{2} \arctan x + C.$$

当被积函数是一个函数时,有时也可以运用分部积分法.

例 36 求下列积分:

(1) $\int \arcsin x \, dx$;

(2) $\int \ln(x + \sqrt{x^2+1}) \, dx$.

解 (1) 设 $u = \arcsin x, v = x,$
$$\int \arcsin x \, dx = x \arcsin x - \int \frac{x}{\sqrt{1-x^2}} dx$$
$$= x \arcsin x + \sqrt{1-x^2} + C;$$

(2) 设 $u = \ln(x+\sqrt{x^2+1}), v = x,$
$$\int \ln(x+\sqrt{x^2+1}) \, dx = x \ln(x+\sqrt{x^2+1}) - \int \frac{x}{\sqrt{x^2+1}} dx$$
$$= x \ln(x+\sqrt{x^2+1}) - \sqrt{x^2+1} + C.$$

有时运用分部积分公式后,会得到一个关于所求积分 $\int f(x) dx$ 的方程,通过解方程即可得所求积分.

例 37 求下列积分:

(1) $\int e^{ax} \cos bx \, dx$;   (2) $\int \sqrt{x^2+a^2} \, dx \, (a > 0)$.

解 (1) $\int e^{ax}\cos bx\,dx = \dfrac{1}{b}\int e^{ax}\,d(\sin bx)$

$\qquad\qquad\qquad = \dfrac{1}{b}(e^{ax}\sin bx - \int a e^{ax}\sin bx\,dx)$

$\qquad\qquad\qquad = \dfrac{1}{b}e^{ax}\sin bx + \dfrac{a}{b^2}\int e^{ax}\,d(\cos bx)$

$\qquad\qquad\qquad = \dfrac{1}{b}e^{ax}\sin bx + \dfrac{a}{b^2}(e^{ax}\cos bx - \int a e^{ax}\cos bx\,dx)$

$\qquad\qquad\qquad = \dfrac{1}{b}e^{ax}\sin bx + \dfrac{a}{b^2}e^{ax}\cos bx - \dfrac{a^2}{b^2}\int e^{ax}\cos bx\,dx$

移项,得

$$\left(1+\dfrac{a^2}{b^2}\right)\int e^{ax}\cos bx\,dx = \dfrac{1}{b}e^{ax}\sin bx + \dfrac{a}{b^2}e^{ax}\cos bx + C_1,$$

因此 $\int e^{ax}\cos bx\,dx = \dfrac{e^{ax}}{a^2+b^2}(b\sin bx + a\cos bx) + C$;

用同样方法可得

$$\int e^{ax}\sin bx\,dx = \dfrac{e^{ax}}{a^2+b^2}(a\sin bx - b\cos bx) + C;$$

(2) $\int \sqrt{x^2+a^2}\,dx = x\sqrt{x^2+a^2} - \int \dfrac{x}{\sqrt{x^2+a^2}}x\,dx$

$\qquad\qquad\qquad = x\sqrt{x^2+a^2} - \int \dfrac{x^2+a^2-a^2}{\sqrt{x^2+a^2}}\,dx$

$\qquad\qquad\qquad = x\sqrt{x^2+a^2} - \int \sqrt{x^2+a^2}\,dx + a^2\int \dfrac{dx}{\sqrt{x^2+a^2}}$

$\qquad\qquad\qquad = x\sqrt{x^2+a^2} - \int \sqrt{x^2+a^2}\,dx + a^2\ln(x+\sqrt{x^2+a^2}),$

移项,得

$$2\int \sqrt{x^2+a^2}\,dx = x\sqrt{x^2+a^2} + a^2\ln(x+\sqrt{x^2+a^2}) + C_1,$$

因此 $\int \sqrt{x^2+a^2}\,dx = \dfrac{x}{2}\sqrt{x^2+a^2} + \dfrac{a^2}{2}\ln(x+\sqrt{x^2+a^2}) + C.$

用同样的方法,可以求得

$$\int \sqrt{x^2-a^2}\,dx = \dfrac{x}{2}\sqrt{x^2-a^2} - \dfrac{a^2}{2}\ln(x+\sqrt{x^2-a^2}) + C,$$

$$\int \sqrt{a^2-x^2}\,dx = \dfrac{x}{2}\sqrt{a^2-x^2} + \dfrac{a^2}{2}\arcsin\dfrac{x}{a} + C.$$

有时要将分部积分法与换元法及其他方法结合使用.

例 38 求下列积分:

(1) $\int e^{\sqrt{x}}\,dx$;

(2) $\int \dfrac{\arctan e^x}{e^x}\,dx.$

解 (1) 令 $t=\sqrt{x}$，即 $x=t^2$，

$$\int e^{\sqrt{x}}\,dx = \int 2te^t\,dt = \int 2t\,de^t = 2te^t - \int 2e^t\,dt$$
$$= 2te^t - 2e^t + C = 2e^{\sqrt{x}}(\sqrt{x}-1) + C;$$

(2) 令 $e^x = t$，即 $x = \ln t$，

$$\int \frac{\arctan e^x}{e^x}\,dx = \int \frac{\arctan t}{t} \cdot \frac{dt}{t} = \int \arctan t\,d\left(-\frac{1}{t}\right)$$
$$= -\frac{1}{t}\arctan t + \int \frac{1}{1+t^2} \cdot \frac{1}{t}\,dt$$
$$= -\frac{1}{t}\arctan t + \int \left(\frac{1}{t} - \frac{t}{1+t^2}\right)dt$$
$$= -\frac{1}{t}\arctan t + \ln|t| - \frac{1}{2}\ln(1+t^2) + C$$
$$= -\frac{1}{e^x}\arctan e^x + x - \frac{1}{2}\ln(1+e^{2x}) + C.$$

例 39 求 $I_k = \int \dfrac{dx}{(x^2+a^2)^k}$ （$a>0$，k 是正整数）.

解 $I_1 = \int \dfrac{dx}{x^2+a^2} = \dfrac{1}{a}\arctan\dfrac{x}{a} + C$，

当 $k\geqslant 2$ 时，由

$$I_{k-1} = \int \frac{dx}{(x^2+a^2)^{k-1}} \quad \left(\text{设 } u = \frac{1}{(x^2+a^2)^{k-1}}, v = x\right)$$
$$= \frac{x}{(x^2+a^2)^{k-1}} - \int \frac{-2(k-1)x}{(x^2+a^2)^k} x\,dx$$
$$= \frac{x}{(x^2+a^2)^{k-1}} + 2(k-1)\int \frac{x^2+a^2-a^2}{(x^2+a^2)^k}\,dx$$
$$= \frac{x}{(x^2+a^2)^{k-1}} + 2(k-1)I_{k-1} - 2(k-1)a^2 I_k,$$

于是得到递推公式

$$I_k = \frac{1}{2(k-1)a^2}\left[\frac{x}{(x^2+a^2)^{k-1}} + (2k-3)I_{k-1}\right].$$

利用此公式及 I_1 便可以求得任何 I_k.

从理论上讲，连续函数的不定积分一定存在，但有些函数的原函数并不是初等函数，例如，

$$e^{-x^2}, \quad \frac{e^x}{x}, \quad \frac{\sin x}{x}, \quad \frac{1}{\ln x}, \quad \frac{1}{\sqrt{1+x^4}}$$

都是这样的函数，它们的积分都不能用初等函数来表示，在初等函数范围内可以被认为是积不出来的.

习题 4-4

1. 求下列不定积分：

(1) $\int \cos(1-x)\,\mathrm{d}x$;

(2) $\int \sqrt{7+5x}\,\mathrm{d}x$;

(3) $\int \dfrac{\mathrm{e}^{2x}-1}{\mathrm{e}^x}\,\mathrm{d}x$;

(4) $\int \dfrac{\mathrm{d}x}{9+x^2}$;

(5) $\int \dfrac{\mathrm{d}x}{\sqrt{4-9x^2}}$;

(6) $\int \dfrac{x^2}{4+x^3}\,\mathrm{d}x$;

(7) $\int \dfrac{\ln x}{x}\,\mathrm{d}x$;

(8) $\int \dfrac{1}{\sqrt{x}}\sin\sqrt{x}\,\mathrm{d}x$;

(9) $\int \dfrac{\mathrm{d}x}{\cos^2 x\,\sqrt{1+\tan x}}$;

(10) $\int \dfrac{x^3}{\sqrt{1-x^8}}\,\mathrm{d}x$;

(11) $\int \cos^2 \dfrac{x}{2}\,\mathrm{d}x$;

(12) $\int \cos x \sin 3x\,\mathrm{d}x$;

(13) $\int \dfrac{\sin x \cos x}{1+\cos^2 x}\,\mathrm{d}x$;

(14) $\int \dfrac{\sqrt{\arctan x}}{1+x^2}\,\mathrm{d}x$;

(15) $\int \dfrac{\sqrt{1+\sqrt{x}}}{\sqrt{x}}\,\mathrm{d}x$;

(16) $\int \dfrac{\mathrm{d}x}{\sqrt{4-x^2}\,\arccos\dfrac{x}{2}}$;

(17) $\int \tan\sqrt{1+x^2}\,\dfrac{x\,\mathrm{d}x}{\sqrt{1+x^2}}$;

(18) $\int \dfrac{\mathrm{d}x}{\mathrm{e}^x+\mathrm{e}^{-x}}$;

(19) $\int \dfrac{\sin x}{\cos^3 x}\,\mathrm{d}x$;

(20) $\int \dfrac{\sin x+\cos x}{\sqrt[3]{\sin x-\cos x}}\,\mathrm{d}x$;

(21) $\int \dfrac{10^{2\arccos x}}{\sqrt{1-x^2}}\,\mathrm{d}x$;

(22) $\int \dfrac{\ln\tan x}{\cos x \sin x}\,\mathrm{d}x$;

(23) $\int \dfrac{\ln(x+\sqrt{1+x^2})}{\sqrt{1+x^2}}\,\mathrm{d}x$;

(24) $\int \dfrac{\mathrm{d}x}{\sqrt{x+1}+\sqrt{x-1}}$.

2. 求下列不定积分：

(1) $\int \dfrac{\mathrm{d}x}{2x^2+x-1}$;

(2) $\int \dfrac{\mathrm{d}x}{x^2+2x+3}$;

(3) $\int \dfrac{\mathrm{d}x}{a^2-x^2}\,(a\neq 0)$;

(4) $\int \dfrac{x^2}{1+x}\,\mathrm{d}x$;

(5) $\int \dfrac{x^2}{1-x^2}\,\mathrm{d}x$;

(6) $\int \dfrac{x+1}{x^2+2x}\,\mathrm{d}x$;

(7) $\int \dfrac{x^2+1}{(x+1)^2(x-1)}\,\mathrm{d}x$;

(8) $\int \dfrac{x^3-1}{4x^3-x}\,\mathrm{d}x$;

(9) $\int \dfrac{\mathrm{d}x}{x^3-1}$;

(10) $\int \dfrac{x^2}{1-x^4}\,\mathrm{d}x$;

(11) $\int \dfrac{\mathrm{d}x}{x^4(2x^2-1)}$;

(12) $\int \dfrac{x^4+2x^2-x+1}{x^5+2x^3+x}\,\mathrm{d}x$;

(13) $\int \dfrac{\mathrm{d}x}{x^4+3x^2}$;

(14) $\int \dfrac{x^2}{(x-1)^{100}}\,\mathrm{d}x$;

(15) $\int \dfrac{1-x^7}{x(1+x^7)}\,\mathrm{d}x$;

(16) $\int \dfrac{x^{11}}{x^8+4x^4+5}\,\mathrm{d}x$.

3. 求下列不定积分：

(1) $\displaystyle\int \frac{\mathrm{d}x}{5-4\cos x}$;

(2) $\displaystyle\int \frac{\mathrm{d}x}{3+\sin^2 x}$;

(3) $\displaystyle\int \frac{\mathrm{d}x}{(\sin x+\cos x)^2}$;

(4) $\displaystyle\int \cot^3 x\,\mathrm{d}x$;

(5) $\displaystyle\int (\tan^2 x+\tan^4 x)\,\mathrm{d}x$;

(6) $\displaystyle\int \sin^4 x\,\mathrm{d}x$;

(7) $\displaystyle\int \frac{\mathrm{d}x}{1+\sin x}$;

(8) $\displaystyle\int \frac{\sin x\cos x}{1+\sin^4 x}\,\mathrm{d}x$;

(9) $\displaystyle\int \sec^4 x\,\mathrm{d}x$;

(10) $\displaystyle\int \frac{\mathrm{d}x}{1+\sin x+\cos x}$;

(11) $\displaystyle\int \frac{\mathrm{d}x}{\sin x\cos x}$;

(12) $\displaystyle\int \frac{1+\sin 2x}{\sin^2 x}\,\mathrm{d}x$;

(13) $\displaystyle\int \frac{\sin x\cos x}{\sin^4 x+\cos^4 x}\,\mathrm{d}x$;

(14) $\displaystyle\int \frac{\sin^5 x}{\cos^4 x}\,\mathrm{d}x$;

(15) $\displaystyle\int \frac{1+\sin x}{\sin x(1+\cos x)}\,\mathrm{d}x$;

(16) $\displaystyle\int \frac{\mathrm{d}x}{1+2\tan x}$;

(17) $\displaystyle\int \cos^5 x\,\mathrm{d}x$;

(18) $\displaystyle\int \cos^6 x\,\mathrm{d}x$.

4. 求下列不定积分：

(1) $\displaystyle\int \frac{\sqrt{x+2}}{1+\sqrt{x+2}}\,\mathrm{d}x$;

(2) $\displaystyle\int \frac{\sqrt{x}}{1+\sqrt[3]{x}}\,\mathrm{d}x$;

(3) $\displaystyle\int \frac{\mathrm{d}x}{1+\sqrt{x}}$;

(4) $\displaystyle\int \frac{\mathrm{d}x}{x-\sqrt[3]{3x+2}}$;

(5) $\displaystyle\int x\sqrt{1-2x}\,\mathrm{d}x$;

(6) $\displaystyle\int \frac{1}{x}\sqrt{\frac{1+x}{x}}\,\mathrm{d}x$;

(7) $\displaystyle\int \frac{\mathrm{d}x}{\sqrt{x}+\sqrt[4]{x}}$;

(8) $\displaystyle\int \frac{\mathrm{d}x}{\sqrt[3]{(x+1)^2(x-1)^4}}$;

(9) $\displaystyle\int \sqrt[3]{\frac{2-x}{2+x}}\,\frac{\mathrm{d}x}{(2-x)^2}$;

(10) $\displaystyle\int \frac{x^2}{\sqrt{a^2-x^2}}\,\mathrm{d}x$;

(11) $\displaystyle\int \frac{\mathrm{d}x}{x\sqrt{1-x^2}}$;

(12) $\displaystyle\int \frac{\mathrm{d}x}{\sqrt{1-x-x^2}}$;

(13) $\displaystyle\int \frac{x\,\mathrm{d}x}{\sqrt{2x^2-4x}}$;

(14) $\displaystyle\int \frac{x+1}{\sqrt{x^2+x+1}}\,\mathrm{d}x$;

(15) $\displaystyle\int \frac{x^3}{\sqrt{1-x^8}}\,\mathrm{d}x$;

(16) $\displaystyle\int (x-2)\sqrt{x^2+4x+1}\,\mathrm{d}x$;

(17) $\displaystyle\int \frac{\sqrt{x^2-9}}{x}\,\mathrm{d}x$;

(18) $\displaystyle\int \frac{\mathrm{d}x}{x+\sqrt{1-x^2}}$;

(19) $\displaystyle\int \frac{\sqrt{x^2+2x}}{x^2}\,\mathrm{d}x$;

(20) $\displaystyle\int \frac{x^3}{(1+x^2)^{\frac{3}{2}}}\,\mathrm{d}x$;

(21) $\int \dfrac{\sqrt{1+\ln x}}{x\ln x}dx$; (22) $\int \dfrac{e^{2x}}{\sqrt{3e^x-2}}dx$;

(23) $\int \sqrt{x^2+2x+5}\,dx$; (24) $\int x^5\sqrt[3]{(1+x^3)^2}\,dx$;

(25) $\int \dfrac{\sin x\cos x\sqrt{1+\sin^2 x}}{2+\sin^2 x}dx$; (26) $\int \dfrac{dx}{x\sqrt{3x^2+4x+1}}$.

5. 求下列不定积分：

(1) $\int x^2 e^{3x}dx$; (2) $\int x\cos^2 x\,dx$;

(3) $\int \arctan x\,dx$; (4) $\int (\ln x)^2\,dx$;

(5) $\int \dfrac{\ln x}{\sqrt{1+x}}dx$; (6) $\int \dfrac{1}{\sqrt{x}}\arcsin\sqrt{x}\,dx$;

(7) $\int e^{-x}\sin 2x\,dx$; (8) $\int \sin\sqrt{x}\,dx$;

(9) $\int \dfrac{x\arctan x}{\sqrt{1+x^2}}dx$; (10) $\int x^2\arctan x\,dx$;

(11) $\int x\ln(1+x^2)\,dx$; (12) $\int \dfrac{x}{\cos^2 x}dx$;

(13) $\int \dfrac{\ln^3 x}{x^2}dx$; (14) $\int \cos\ln x\,dx$;

(15) $\int (\arcsin x)^2\,dx$; (16) $\int e^x\sin^2 x\,dx$;

(17) $\int x\tan^2 x\,dx$; (18) $\int \dfrac{x+\sin x}{1+\cos x}dx$;

(19) $\int \dfrac{(x+1)\arcsin x}{\sqrt{1-x^2}}dx$; (20) $\int \dfrac{\arctan x}{(1+x)^3}dx$;

(21) $\int \dfrac{x^2\arctan x}{1+x^2}dx$; (22) $\int \dfrac{\ln\cos x}{\cos^2 x}dx$.

6. 设 $f(x)$ 是单调连续函数，$f^{-1}(x)$ 是它的反函数，且 $\int f(x)dx = F(x)+C$，证明 $\int f^{-1}(x)dx = xf^{-1}(x)-F(f^{-1}(x))+C$.

第五节 定积分的计算

为了进一步解决定积分的计算问题，也为了满足一些理论的需要，下面我们要介绍定积分的换元法和分部积分法.

一、定积分的换元法

定理 1 设函数 $f(x)$ 在 $[a,b]$ 上连续，作变换 $x=\varphi(t)$，如果 $\varphi(\alpha)=a, \varphi(\beta)=b$，当 $t\in[\alpha,\beta]$（或 $t\in[\beta,\alpha]$）时，$\varphi'(t)$ 连续，且

$a \leqslant \varphi(t) \leqslant b$,则

$$\int_a^b f(x)\mathrm{d}x = \int_\alpha^\beta f(\varphi(t))\varphi'(t)\mathrm{d}t,$$

此公式称为定积分的换元公式.

证 因为 $f(x)$ 在 $[a,b]$ 上连续，故 $f(x)$ 有原函数，设 $F(x)$ 为 $f(x)$ 的一个原函数，则根据牛顿-莱布尼茨公式，有

$$\int_a^b f(x)\mathrm{d}x = F(b) - F(a),$$

由于 $\dfrac{\mathrm{d}}{\mathrm{d}t}F(\varphi(t)) = F'(\varphi(t))\varphi'(t) = f(\varphi(t))\varphi'(t),$

故 $F(\varphi(t))$ 是 $f(\varphi(t))\varphi'(t)$ 的原函数，于是有

$$\int_\alpha^\beta f(\varphi(t))\varphi'(t)\mathrm{d}t = F(\varphi(\beta)) - F(\varphi(\alpha)) = F(b) - F(a),$$

因此 $\int_a^b f(x)\mathrm{d}x = \int_\alpha^\beta f(\varphi(t))\varphi'(t)\mathrm{d}t.$

在定积分的换元公式中，由于将积分变量由 x 换成 t 后，积分限也做了相应的改变，因此求出 $f(\varphi(t))\varphi'(t)$ 的原函数后，不用再将变量还原，直接将 $t=\beta$ 和 $t=\alpha$ 分别代入即可得到所要求的积分值，即如果记 $g(t)=f(\varphi(t))\varphi'(t)$，并设 $G(t)$ 是 $g(t)$ 的原函数，则有

$$\int_a^b f(x)\mathrm{d}x = \int_\alpha^\beta f(\varphi(t))\varphi'(t)\mathrm{d}t = G(t)\big|_\alpha^\beta = G(\beta) - G(\alpha).$$

例 1 计算 $\int_0^4 \sqrt{2x+1}\,\mathrm{d}x.$

解 1 利用凑微分法求出原函数，然后利用牛顿-莱布尼茨公式，得

$$\int_0^4 \sqrt{2x+1}\,\mathrm{d}x = \frac{1}{2}\int_0^4 (2x+1)^{\frac{1}{2}}\mathrm{d}(2x+1)$$

$$= \frac{1}{3}(2x+1)^{\frac{3}{2}}\bigg|_0^4 = \frac{1}{3}(3^3 - 1^3) = \frac{26}{3}.$$

解 2 利用定积分换元公式. 令 $t=\sqrt{2x+1}$，即 $x=\dfrac{t^2-1}{2}$，$\mathrm{d}x = t\,\mathrm{d}t$，当 $x=0$ 时，$t=1$；当 $x=4$ 时，$t=3$，故

$$\int_0^4 \sqrt{2x+1}\,\mathrm{d}x = \int_1^3 t\cdot t\,\mathrm{d}t = \frac{1}{3}t^3\bigg|_1^3 = \frac{26}{3}.$$

例 2 计算 $\int_0^{\frac{1}{2}} \dfrac{x^2}{\sqrt{1-x^2}}\mathrm{d}x.$

解 令 $x=\sin t$，则 $\mathrm{d}x = \cos t\,\mathrm{d}t$. 当 $x=0$ 时，$t=0$；当 $x=\dfrac{1}{2}$ 时，$t=\dfrac{\pi}{6}$，故

$$\int_0^{\frac{1}{2}} \frac{x^2}{\sqrt{1-x^2}}\mathrm{d}x = \int_0^{\frac{\pi}{6}} \frac{\sin^2 t}{\sqrt{1-\sin^2 t}}\cos t\,\mathrm{d}t = \int_0^{\frac{\pi}{6}} \sin^2 t\,\mathrm{d}t$$

$$= \int_0^{\frac{\pi}{6}} \frac{1-\cos 2t}{2} dt = \left(\frac{t}{2} - \frac{1}{4}\sin 2t\right)\Big|_0^{\frac{\pi}{6}} = \frac{\pi}{12} - \frac{\sqrt{3}}{8}.$$

例 3 计算 $\int_0^{\frac{\pi}{4}} \frac{dx}{1+3\cos^2 x}$.

解 令 $t = \tan x$, 即 $x = \arctan t$, 则 $dx = \frac{dt}{1+t^2}$, 当 $x=0$ 时, $t=0$; 当 $x=\frac{\pi}{4}$ 时, $t=1$, 故

$$\int_0^{\frac{\pi}{4}} \frac{dx}{1+3\cos^2 x} = \int_0^1 \frac{1}{1+\frac{3}{1+t^2}} \frac{dt}{1+t^2} = \int_0^1 \frac{dt}{4+t^2}$$

$$= \frac{1}{2}\arctan\frac{t}{2}\Big|_0^1 = \frac{1}{2}\arctan\frac{1}{2}.$$

例 4 计算 $\int_0^1 \frac{dx}{(1+e^x)^2}$.

解 令 $t = 1+e^x$, 即 $x = \ln(t-1)$, $dx = \frac{dt}{t-1}$, 当 $x=0$ 时, $t=2$; 当 $x=1$ 时, $t=1+e$, 故

$$\int_0^1 \frac{dx}{(1+e^x)^2} = \int_2^{1+e} \frac{dt}{t^2(t-1)} = \int_2^{1+e} \left(\frac{1}{t-1} - \frac{1}{t} - \frac{1}{t^2}\right)dt$$

$$= \left(\ln|t-1| - \ln|t| + \frac{1}{t}\right)\Big|_2^{1+e}$$

$$= \frac{1}{1+e} + \frac{1}{2} + \ln\frac{2}{1+e}.$$

例 5 设 $f(x)$ 在区间 $[-a, a]$ 上连续, 证明: 如果 $f(x)$ 是偶函数, 则 $\int_{-a}^a f(x)dx = 2\int_0^a f(x)dx$; 如果 $f(x)$ 是奇函数, 则 $\int_{-a}^a f(x)dx = 0$.

证
$$\int_{-a}^a f(x)dx = \int_{-a}^0 f(x)dx + \int_0^a f(x)dx,$$

对右端第一个积分, 令 $x = -t$, 则

$$\int_{-a}^a f(x)dx = \int_a^0 f(-t)(-dt) + \int_0^a f(x)dx$$

$$= \int_0^a f(-t)dt + \int_0^a f(x)dx$$

$$= \int_0^a f(-x)dx + \int_0^a f(x)dx,$$

当 $f(x)$ 是偶函数时,

$$\int_{-a}^a f(x)dx = \int_0^a f(x)dx + \int_0^a f(x)dx = 2\int_0^a f(x)dx;$$

当 $f(x)$ 是奇函数时,

$$\int_{-a}^a f(x)dx = -\int_0^a f(x)dx + \int_0^a f(x)dx = 0.$$

利用此结论可以化简奇函数或偶函数在对称区间上的定积分.

例 6 计算 $\int_{-1}^{1} \dfrac{1-x^2\arcsin x}{\sqrt{4-x^2}}\mathrm{d}x$.

解 由于 $\dfrac{1}{\sqrt{4-x^2}}$ 是偶函数，$\dfrac{x^2\arcsin x}{\sqrt{4-x^2}}$ 是奇函数，故

$$\int_{-1}^{1} \dfrac{1-x^2\arcsin x}{\sqrt{4-x^2}}\mathrm{d}x = \int_{-1}^{1}\dfrac{\mathrm{d}x}{\sqrt{4-x^2}} - \int_{-1}^{1}\dfrac{x^2\arcsin x}{\sqrt{4-x^2}}\mathrm{d}x$$

$$= 2\int_{0}^{1}\dfrac{\mathrm{d}x}{\sqrt{4-x^2}} = 2\arcsin\dfrac{x}{2}\bigg|_{0}^{1} = 2\times\dfrac{\pi}{6} = \dfrac{\pi}{3}.$$

例 7 设 $f(x)$ 是以 T 为周期的连续函数，证明：对任意常数 a，
$$\int_{a}^{a+T}f(x)\mathrm{d}x = \int_{0}^{T}f(x)\mathrm{d}x.$$

证
$$\int_{a}^{a+T}f(x)\mathrm{d}x = \int_{a}^{0}f(x)\mathrm{d}x + \int_{0}^{T}f(x)\mathrm{d}x + \int_{T}^{a+T}f(x)\mathrm{d}x,$$

对右端第三个积分，令 $x=t+T$，得

$$\int_{T}^{a+T}f(x)\mathrm{d}x = \int_{0}^{a}f(t+T)\mathrm{d}t = \int_{0}^{a}f(t)\mathrm{d}t = \int_{0}^{a}f(x)\mathrm{d}x,$$

故有

$$\int_{a}^{a+T}f(x)\mathrm{d}x = \int_{a}^{0}f(x)\mathrm{d}x + \int_{0}^{T}f(x)\mathrm{d}x + \int_{0}^{a}f(x)\mathrm{d}x$$

$$= \int_{0}^{T}f(x)\mathrm{d}x$$

此结果表明，周期函数在任何长度为一个周期的区间上的定积分都相等.利用此结果也可以简化定积分的计算.

例 8 设 $f(x)$ 是连续函数，证明 $\int_{0}^{\pi}xf(\sin x)\mathrm{d}x = \dfrac{\pi}{2}\int_{0}^{\pi}f(\sin x)\mathrm{d}x$，并计算 $\int_{0}^{\pi}\dfrac{x\sin x}{1+\cos^2 x}\mathrm{d}x$.

解 令 $x=\pi-t$，则

$$\int_{0}^{\pi}xf(\sin x)\mathrm{d}x = \int_{\pi}^{0}(\pi-t)f(\sin(\pi-t))(-\mathrm{d}t)$$

$$= \int_{0}^{\pi}(\pi-t)f(\sin t)\mathrm{d}t$$

$$= \pi\int_{0}^{\pi}f(\sin x)\mathrm{d}x - \int_{0}^{\pi}xf(\sin x)\mathrm{d}x,$$

移项，得

$$2\int_{0}^{\pi}xf(\sin x)\mathrm{d}x = \pi\int_{0}^{\pi}f(\sin x)\mathrm{d}x,$$

因此有

$$\int_{0}^{\pi}xf(\sin x)\mathrm{d}x = \dfrac{\pi}{2}\int_{0}^{\pi}f(\sin x)\mathrm{d}x,$$

利用此结果，得

$$\int_0^\pi \frac{x\sin x}{1+\cos^2 x}dx = \frac{\pi}{2}\int_0^\pi \frac{\sin x}{1+\cos^2 x}dx = -\frac{\pi}{2}\int_0^\pi \frac{d\cos x}{1+\cos^2 x}$$

$$= -\frac{\pi}{2}\arctan(\cos x)\Big|_0^\pi$$

$$= -\frac{\pi}{2}\left(-\frac{\pi}{4}-\frac{\pi}{4}\right) = \frac{\pi^2}{4}.$$

二、定积分的分部积分法

定理 2 设函数 $u=u(x), v=v(x)$ 在区间 $[a,b]$ 上有连续导数,

则 $$\int_a^b u(x)v'(x)dx = u(x)v(x)\Big|_a^b - \int_a^b u'(x)v(x)dx,$$

此公式称为定积分的分部积分公式,它也可以写成

$$\int_a^b u(x)dv(x) = u(x)v(x)\Big|_a^b - \int_a^b v(x)du(x).$$

证 由于 $(u(x)v(x))' = u'(x)v(x) + u(x)v'(x)$,

$$u(x)v'(x) = (u(x)v(x))' - u'(x)v(x),$$

上式两端分别在 $[a,b]$ 上积分,并利用牛顿-莱布尼茨公式,得

$$\int_a^b u(x)v'(x)dx = \int_a^b (u(x)v(x))'dx - \int_a^b u'(x)v(x)dx$$

$$= u(x)v(x)\Big|_a^b - \int_a^b u'(x)v(x)dx.$$

例 9 计算 $\int_0^1 x\ln(x+1)dx$.

解 $\int_0^1 x\ln(x+1)dx = \frac{1}{2}\int_0^1 \ln(x+1)d(x^2)$

$$= \frac{1}{2}x^2\ln(x+1)\Big|_0^1 - \frac{1}{2}\int_0^1 \frac{x^2}{x+1}dx$$

$$= \frac{1}{2}\ln 2 - \frac{1}{2}\int_0^1 \frac{x^2-1+1}{x+1}dx$$

$$= \frac{1}{2}\ln 2 - \frac{1}{2}\int_0^1 \left(x-1+\frac{1}{x+1}\right)dx$$

$$= \frac{1}{2}\ln 2 - \frac{1}{2}\left(\frac{x^2}{2}-x+\ln|x+1|\right)\Big|_0^1$$

$$= \frac{1}{2}\ln 2 - \frac{1}{2}\left(\frac{1}{2}-1+\ln 2\right) = \frac{1}{4}.$$

例 10 计算 $\int_0^{\frac{1}{2}} \frac{x\arcsin x}{\sqrt{1-x^2}}dx$.

解 $\int_0^{\frac{1}{2}} \frac{x\arcsin x}{\sqrt{1-x^2}}dx = -\int_0^{\frac{1}{2}} \arcsin x \, d\sqrt{1-x^2}$

$$= -\sqrt{1-x^2}\arcsin x\Big|_0^{\frac{1}{2}} + \int_0^{\frac{1}{2}} \frac{\sqrt{1-x^2}}{\sqrt{1-x^2}}dx$$

$$= -\frac{\sqrt{3}}{2} \times \frac{\pi}{6} + x \Big|_0^{\frac{1}{2}} = \frac{1}{2} - \frac{\sqrt{3}}{12}\pi.$$

例 11 计算 $\int_0^8 e^{\sqrt[3]{x}} dx$.

解 令 $t = \sqrt[3]{x}$,即 $x = t^3$,则 $dx = 3t^2 dt$,

$$\int_0^8 e^{\sqrt[3]{x}} dx = \int_0^2 3t^2 e^t dt = \int_0^2 3t^2 de^t = 3t^2 e^t \Big|_0^2 - \int_0^2 6t e^t dt$$

$$= 12e^2 - \int_0^2 6t de^t = 12e^2 - \left(6t e^t \Big|_0^2 - \int_0^2 6e^t dt\right)$$

$$= 12e^2 - \left(12e^2 - 6e^t \Big|_0^2\right) = 6(e^2 - 1).$$

例 12 计算 $\int_0^{\frac{\pi}{2}} \sin^n x \, dx$ 和 $\int_0^{\frac{\pi}{2}} \cos^n x \, dx$,其中 n 为非负整数.

解 记 $I_n = \int_0^{\frac{\pi}{2}} \sin^n x \, dx$,当 $n \geq 2$ 时,

$$I_n = -\int_0^{\frac{\pi}{2}} \sin^{n-1} x \, d\cos x$$

$$= -\sin^{n-1} x \cdot \cos x \Big|_0^{\frac{\pi}{2}} + \int_0^{\frac{\pi}{2}} (n-1) \sin^{n-2} x \cdot \cos x \cdot \cos x \, dx$$

$$= (n-1) \int_0^{\frac{\pi}{2}} \sin^{n-2} x \cdot (1 - \sin^2 x) \, dx$$

$$= (n-1) I_{n-2} - (n-1) I_n,$$

移项,得递推公式

$$I_n = \frac{n-1}{n} I_{n-2},$$

由于 $I_0 = \int_0^{\frac{\pi}{2}} 1 \, dx = \frac{\pi}{2}$, $I_1 = \int_0^{\frac{\pi}{2}} \sin x \, dx = 1$,

多次利用上面的递推公式,得

$$I_n = \int_0^{\frac{\pi}{2}} \sin^n x \, dx = \begin{cases} \dfrac{n-1}{n} \cdot \dfrac{n-3}{n-2} \cdot \cdots \cdot \dfrac{1}{2} \cdot \dfrac{\pi}{2}, & \text{当 } n \text{ 为偶数时,} \\ \dfrac{n-1}{n} \cdot \dfrac{n-3}{n-2} \cdot \cdots \cdot \dfrac{2}{3} \cdot 1, & \text{当 } n \text{ 为奇数时} \end{cases}$$

$$= \begin{cases} \dfrac{(n-1)!!}{n!!} \cdot \dfrac{\pi}{2}, & \text{当 } n \text{ 为偶数时,} \\ \dfrac{(n-1)!!}{n!!}, & \text{当 } n \text{ 为奇数时,} \end{cases}$$

令 $x = \dfrac{\pi}{2} - t$,则

$$\int_0^{\frac{\pi}{2}} \cos^n x \, dx = \int_{\frac{\pi}{2}}^0 \cos^n \left(\frac{\pi}{2} - t\right) (-dt)$$

$$= \int_0^{\frac{\pi}{2}} \sin^n t \, dt = \int_0^{\frac{\pi}{2}} \sin^n x \, dx,$$

即 $\int_0^{\frac{\pi}{2}} \cos^n x \, dx$ 与 $\int_0^{\frac{\pi}{2}} \sin^n x \, dx$ 的值是相等的.

例 13 求下列积分：

(1) $\int_0^{\pi} \sin^5 x \, dx$；

(2) $\int_0^1 \frac{x^{10}}{\sqrt{1-x^2}} dx$.

解 (1) $\int_0^{\pi} \sin^5 x \, dx = \int_0^{\frac{\pi}{2}} \sin^5 x \, dx + \int_{\frac{\pi}{2}}^{\pi} \sin^5 x \, dx$，

对右端第二个积分，令 $t = \pi - x$，即 $x = \pi - t$，

$\int_{\frac{\pi}{2}}^{\pi} \sin^5 x \, dx = \int_{\frac{\pi}{2}}^{0} \sin^5(\pi - t)(- dt) = \int_0^{\frac{\pi}{2}} \sin^5 t \, dt = \int_0^{\frac{\pi}{2}} \sin^5 x \, dx$，

$\int_0^{\pi} \sin^5 x \, dx = 2\int_0^{\frac{\pi}{2}} \sin^5 x \, dx = 2 \times \frac{4}{5} \times \frac{2}{3} \times 1 = \frac{16}{15}$；

(2) 令 $x = \sin t$，则

$\int_0^1 \frac{x^{10}}{\sqrt{1-x^2}} dx = \int_0^{\frac{\pi}{2}} \frac{\sin^{10} t}{\sqrt{1-\sin^2 t}} \cos t \, dt = \int_0^{\frac{\pi}{2}} \sin^{10} t \, dt$

$= \frac{9}{10} \times \frac{7}{8} \times \frac{5}{6} \times \frac{3}{4} \times \frac{1}{2} \times \frac{\pi}{2} = \frac{63}{512}\pi$.

例 14 计算 $\int_{\frac{1}{e}}^{e} |\ln x| \, dx$.

解 $\int_{\frac{1}{e}}^{e} |\ln x| \, dx = \int_{\frac{1}{e}}^{1} (-\ln x) dx + \int_1^{e} \ln x \, dx$

$= -x \ln x \Big|_{\frac{1}{e}}^{1} + \int_{\frac{1}{e}}^{1} \frac{x}{x} dx + x \ln x \Big|_1^{e} - \int_1^{e} \frac{x}{x} dx$

$= -\frac{1}{e} + x \Big|_{\frac{1}{e}}^{1} + e - x \Big|_1^{e} = 2\left(1 - \frac{1}{e}\right)$.

例 15 计算 $\int_1^4 \frac{\sin \frac{x}{2} + x \cos \frac{x}{2}}{\sqrt{x}} dx$.

解 $\int_1^4 \frac{\sin \frac{x}{2} + x \cos \frac{x}{2}}{\sqrt{x}} dx$

$= \int_1^4 \frac{\sin \frac{x}{2}}{\sqrt{x}} dx + \int_1^4 \sqrt{x} \cos \frac{x}{2} dx$

$= \int_1^4 \frac{\sin \frac{x}{2}}{\sqrt{x}} dx + \int_1^4 2\sqrt{x} \, d\sin \frac{x}{2}$ （第二个积分分部积分）

$= \int_1^4 \frac{\sin \frac{x}{2}}{\sqrt{x}} dx + 2\sqrt{x} \sin \frac{x}{2} \Big|_1^4 - \int_1^4 \frac{\sin \frac{x}{2}}{\sqrt{x}} dx$

$= 2\sqrt{x} \sin \frac{x}{2} \Big|_1^4 = 4\sin 2 - 2\sin \frac{1}{2}$.

习题 4-5

1. 计算下列定积分：

   (1) $\int_0^{\frac{\pi}{2}} \cos^5 x \sin^2 x \, dx$；

   (2) $\int_1^{e^2} \dfrac{dx}{x\sqrt{1+\ln x}}$；

   (3) $\int_{\ln 2}^{2\ln 2} \dfrac{dx}{e^x - 1}$；

   (4) $\int_3^8 \dfrac{x}{\sqrt{1+x}} dx$；

   (5) $\int_1^2 \dfrac{\sqrt{x^2-1}}{x} dx$；

   (6) $\int_0^1 \sqrt{(1-x^2)^3} \, dx$；

   (7) $\int_1^3 \dfrac{dx}{x\sqrt{x^2+5x+1}}$；

   (8) $\int_0^\pi \sqrt{\sin^3 x - \sin^5 x} \, dx$；

   (9) $\int_0^{-\ln 2} \sqrt{1-e^{2x}} \, dx$；

   (10) $\int_{\frac{1}{2}}^1 \dfrac{\sqrt{1-x^2}}{x^2} dx$；

   (11) $\int_1^{\sqrt{3}} \dfrac{dx}{x^2\sqrt{1+x^2}}$；

   (12) $\int_0^\pi \sqrt{1+\cos 2x} \, dx$.

2. 计算下列定积分：

   (1) $\int_{-\pi}^{\pi} x^4 \sin x \, dx$；

   (2) $\int_{-\frac{\pi}{2}}^{\frac{\pi}{2}} 4\cos^4 \theta \, d\theta$；

   (3) $\int_{-\frac{1}{2}}^{\frac{1}{2}} \dfrac{(\arcsin x)^2}{\sqrt{1-x^2}} dx$；

   (4) $\int_{-5}^{5} \dfrac{x^3 \sin^2 x}{x^4 + 2x^2 + 1} dx$；

   (5) $\int_0^\pi \cos^5 x \, dx$；

   (6) $\int_0^{2\pi} \sin^3 x \cos^{10} x \, dx$.

3. 证明 $\int_x^1 \dfrac{dt}{1+t^2} = \int_1^{\frac{1}{x}} \dfrac{dt}{1+t^2} \quad (x>0)$.

4. 证明 $\int_0^1 x^m (1-x)^n \, dx = \int_0^1 x^n (1-x)^m \, dx$，其中 m, n 为正整数，并计算 $\int_0^1 x^2 (1-x)^{20} \, dx$.

5. 设 $f(x)$ 是连续函数，证明：

   (1) $\int_a^b f(x) \, dx = \int_a^b f(a+b-x) \, dx$；

   (2) $\int_0^a f(x) \, dx = \int_0^{\frac{a}{2}} [f(x) + f(a-x)] \, dx$.

6. 证明 $\int_0^\pi \cos^n x \, dx = \begin{cases} 0, & \text{当 } n \text{ 是奇数时,} \\ 2\int_0^{\frac{\pi}{2}} \cos^n x \, dx, & \text{当 } n \text{ 是偶数时.} \end{cases}$

7. 设 m 是正整数，证明 $\int_0^{\frac{\pi}{2}} \cos^m x \sin^m x \, dx = \dfrac{1}{2^m} \int_0^{\frac{\pi}{2}} \cos^m x \, dx$.

8. 计算下列定积分：

   (1) $\int_0^{\frac{1}{2}} \arcsin x \, dx$；

   (2) $\int_1^e x^2 \ln x \, dx$；

(3) $\int_0^{\sqrt{3}} x\arctan x\,dx$; (4) $\int_0^{\frac{\pi}{2}} e^{2x}\cos x\,dx$;

(5) $\int_0^3 \arcsin\sqrt{\dfrac{x}{1+x}}\,dx$; (6) $\int_0^{\frac{\pi}{2}} \cos^7 x\,dx$;

(7) $\int_0^{\pi} \sin^8 \dfrac{x}{2}\,dx$; (8) $\int_{-\pi}^{\pi} x\cos x\,dx$;

(9) $\int_{\frac{\pi}{4}}^{\frac{\pi}{3}} \dfrac{x}{\sin^2 x}\,dx$; (10) $\int_1^e \sin\ln x\,dx$;

(11) $\int_0^{\pi} (x\sin x)^2\,dx$; (12) $\int_0^{\pi} \ln(x+\sqrt{x^2+a^2})\,dx$;

(13) $\int_0^{\frac{\pi}{4}} \tan^4 x\,dx$; (14) $\int_0^1 (1-x^2)^{\frac{9}{2}}\,dx$.

9. 设 $f(x)=\begin{cases}1+x^2, & 0\leqslant x\leqslant 1,\\ 2-x, & 1<x\leqslant 2,\end{cases}$ 计算 $\int_0^2 f(x)e^x\,dx$.

第六节 反常积分

前面所讨论的定积分的积分区间是有限的,而且被积函数在积分区间上是有界的.但是在实际问题中有时会遇到积分区间是无限的,或被积函数在积分区间上有无穷间断点的情况,因此我们要将定积分的概念加以推广,推广后的积分称为反常积分.反常积分分为两种:无穷积分(无穷区间上的反常积分)和瑕积分(无界函数的反常积分).

一、无穷积分

定义 1 设函数 $f(x)$ 在区间 $[a,+\infty)$ 上连续,如果极限 $\lim\limits_{b\to+\infty}\int_a^b f(x)\,dx$ 存在,则称无穷积分 $\int_a^{+\infty} f(x)\,dx$ 存在或收敛,且

$$\int_a^{+\infty} f(x)\,dx = \lim_{b\to+\infty}\int_a^b f(x)\,dx,$$

如果极限 $\lim\limits_{b\to+\infty}\int_a^b f(x)\,dx$ 不存在,则称无穷积分 $\int_a^{+\infty} f(x)\,dx$ 不存在或发散.

类似地,设函数 $f(x)$ 在区间 $(-\infty,b]$ 上连续,则定义

$$\int_{-\infty}^b f(x)\,dx = \lim_{a\to-\infty}\int_a^b f(x)\,dx.$$

对 $(-\infty,+\infty)$ 上的无穷积分,任取常数 c,将其拆成两项,即

$$\int_{-\infty}^{+\infty} f(x)\,dx = \int_{-\infty}^c f(x)\,dx + \int_c^{+\infty} f(x)\,dx,$$

如果右端两个无穷积分都收敛,则称无穷积分 $\int_{-\infty}^{+\infty} f(x)\,dx$ 收敛,且

$$\int_{-\infty}^{+\infty} f(x)\,\mathrm{d}x = \lim_{a\to-\infty}\int_a^c f(x)\,\mathrm{d}x + \lim_{b\to+\infty}\int_c^b f(x)\,\mathrm{d}x,$$

否则称无穷积分 $\int_{-\infty}^{+\infty} f(x)\,\mathrm{d}x$ **发散**.

如果 $F(x)$ 是 $f(x)$ 的原函数,并且记 $\lim_{x\to+\infty} F(x) = F(+\infty)$, $\lim_{x\to-\infty} F(x) = F(-\infty)$,则

$$\lim_{b\to+\infty}\int_a^b f(x)\,\mathrm{d}x = \lim_{b\to+\infty} F(x)\Big|_a^b = \lim_{b\to+\infty} F(b) - F(a)$$
$$= F(+\infty) - F(a),$$

因此有

$$\int_a^{+\infty} f(x)\,\mathrm{d}x = F(+\infty) - F(a) = F(x)\Big|_a^{+\infty}.$$

类似地,有

$$\int_{-\infty}^b f(x)\,\mathrm{d}x = F(b) - F(-\infty) = F(x)\Big|_{-\infty}^b,$$

$$\int_{-\infty}^{+\infty} f(x)\,\mathrm{d}x = F(+\infty) - F(-\infty) = F(x)\Big|_{-\infty}^{+\infty}.$$

几何上,如果在 $[a, +\infty)$ 上,$f(x) \geqslant 0$,由于定积分 $\int_a^b f(x)\,\mathrm{d}x$ 表示由曲线 $y=f(x)$,直线 $x=a$,$x=b$ 与 x 轴所围成的曲边梯形的面积,因而无穷积分 $\int_a^{+\infty} f(x)\,\mathrm{d}x$ 表示由曲线 $y=f(x)$,$x=a$ 与 x 轴所围成的无界区域(见图 4-13 阴影部分)的面积.当无穷积分收敛时,这个面积是一个有限数,如果无穷积分发散,则意味着此图形没有有限面积.

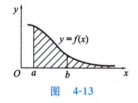

图 4-13

例1 求 $\int_0^{+\infty} \dfrac{\mathrm{d}x}{1+x^2}$, $\int_{-\infty}^{+\infty} \dfrac{\mathrm{d}x}{1+x^2}$.

解 $\int_0^{+\infty} \dfrac{\mathrm{d}x}{1+x^2} = \lim_{b\to+\infty}\int_0^b \dfrac{\mathrm{d}x}{1+x^2}$

$$= \lim_{b\to+\infty} \arctan x \Big|_0^b = \lim_{b\to+\infty} \arctan b = \dfrac{\pi}{2},$$

$\int_{-\infty}^{+\infty} \dfrac{\mathrm{d}x}{1+x^2} = \arctan x \Big|_{-\infty}^{+\infty}$

$$= \lim_{x\to+\infty} \arctan x - \lim_{x\to-\infty} \arctan x$$

$$= \dfrac{\pi}{2} - \left(-\dfrac{\pi}{2}\right) = \pi.$$

例2 求 $\int_{\frac{2}{\pi}}^{+\infty} \dfrac{1}{x^2}\sin\dfrac{1}{x}\,\mathrm{d}x$.

解 $\int_{\frac{2}{\pi}}^{+\infty} \dfrac{1}{x^2}\sin\dfrac{1}{x}\,\mathrm{d}x = -\int_{\frac{2}{\pi}}^{+\infty}\sin\dfrac{1}{x}\,\mathrm{d}\dfrac{1}{x} = \cos\dfrac{1}{x}\Big|_{\frac{2}{\pi}}^{+\infty}$

$$= \lim_{x\to+\infty}\cos\dfrac{1}{x} - \cos\dfrac{\pi}{2} = 1.$$

对无穷积分,也可以像定积分那样利用换元法.如对例 2 中的

积分,可令 $t = \dfrac{1}{x}$, 即 $x = \dfrac{1}{t}$, 则当 $x = \dfrac{2}{\pi}$ 时, $t = \dfrac{\pi}{2}$; 当 $x \to +\infty$ 时, $t \to 0$, 故

$$\int_{\frac{2}{\pi}}^{+\infty} \frac{1}{x^2} \sin \frac{1}{x} dx = \int_{\frac{\pi}{2}}^{0} t^2 \sin t \cdot \frac{-1}{t^2} dt = \int_{0}^{\frac{\pi}{2}} \sin t \, dt = 1.$$

例 3 讨论 $\int_{-\infty}^{+\infty} \sin x \, dx$ 的敛散性.

解
$$\int_{-\infty}^{+\infty} \sin x \, dx = \int_{-\infty}^{0} \sin x \, dx + \int_{0}^{+\infty} \sin x \, dx$$

$$\int_{0}^{+\infty} \sin x \, dx = -\cos x \Big|_{0}^{+\infty} = 1 - \lim_{x \to +\infty} \cos x,$$

由于极限 $\lim\limits_{x \to +\infty} \cos x$ 不存在, 故 $\int_{0}^{+\infty} \sin x \, dx$ 发散, 因此 $\int_{-\infty}^{+\infty} \sin x \, dx$ 发散.

例 4 讨论 $\int_{2}^{+\infty} \dfrac{dx}{x \ln x}$ 的敛散性.

解
$$\int_{2}^{+\infty} \frac{dx}{x \ln x} = \int_{2}^{+\infty} \frac{d\ln x}{\ln x} = \ln |\ln x| \Big|_{2}^{+\infty}$$
$$= \lim_{x \to +\infty} \ln |\ln x| - \ln \ln 2 = +\infty,$$

故积分发散.

对反常积分, 也可以利用分部积分法.

例 5 求 $\int_{-\infty}^{0} x e^x \, dx$.

解 $\int_{-\infty}^{0} x e^x \, dx = \int_{-\infty}^{0} x \, de^x = x e^x \Big|_{-\infty}^{0} - \int_{-\infty}^{0} e^x \, dx$
$$= -\lim_{x \to -\infty} x e^x - e^x \Big|_{-\infty}^{0}$$
$$= -\lim_{x \to -\infty} \frac{x}{e^{-x}} - 1 + \lim_{x \to -\infty} e^x = 0 - 1 + 0 = -1.$$

例 6 设 $a > 0$, 讨论无穷积分 $\int_{a}^{+\infty} \dfrac{dx}{x^p}$ (此积分称为 p-积分) 的敛散性.

解 当 $p = 1$ 时, 有
$$\int_{a}^{+\infty} \frac{dx}{x} = \ln x \Big|_{a}^{+\infty} = +\infty,$$

当 $p \ne 1$ 时, 有
$$\int_{a}^{+\infty} \frac{dx}{x^p} = \frac{x^{1-p}}{1-p} \Big|_{a}^{+\infty} = \lim_{x \to +\infty} \frac{x^{1-p}}{1-p} - \frac{a^{1-p}}{1-p},$$

如果 $p > 1$, 则 $\int_{a}^{+\infty} \dfrac{dx}{x^p} = -\dfrac{a^{1-p}}{1-p},$

如果 $p < 1$, 则 $\int_{a}^{+\infty} \dfrac{dx}{x^p} = +\infty,$

因此当 $p > 1$ 时, 积分收敛, 当 $p \leqslant 1$ 时, 积分发散.

二、瑕积分

如果 $\lim\limits_{x \to a^-} f(x) = \infty$，或 $\lim\limits_{x \to a^+} f(x) = \infty$，则 $x = a$ 称为函数 $f(x)$ 的**瑕点**. 函数 $f(x)$ 在瑕点处是无界的.

定义 2 设函数 $f(x)$ 在区间 $[a, b)$ 上连续，$\lim\limits_{x \to b^-} f(x) = \infty$，即 $x = b$ 是瑕点，如果极限 $\lim\limits_{t \to b^-} \int_a^t f(x) \mathrm{d}x$ 存在，则称反常积分 $\int_a^b f(x) \mathrm{d}x$ 存在或收敛，且

$$\int_a^b f(x) \mathrm{d}x = \lim_{t \to b^-} \int_a^t f(x) \mathrm{d}x,$$

如果极限 $\lim\limits_{t \to b^-} \int_a^t f(x) \mathrm{d}x$ 不存在，则称反常积分 $\int_a^b f(x) \mathrm{d}x$ 不存在或发散.

类似地，如果函数 $f(x)$ 在区间 $(a, b]$ 上连续，$\lim\limits_{x \to a^+} f(x) = \infty$，即 $x = a$ 是瑕点，定义

$$\int_a^b f(x) \mathrm{d}x = \lim_{t \to a^+} \int_t^b f(x) \mathrm{d}x.$$

如果函数 $f(x)$ 在区间 $[a, b]$ 上除 $x = c\,(a < c < b)$ 外处处连续，$x = c$ 是瑕点，可将 $\int_a^b f(x) \mathrm{d}x$ 写成

$$\int_a^b f(x) \mathrm{d}x = \int_a^c f(x) \mathrm{d}x + \int_c^b f(x) \mathrm{d}x,$$

如果右端两个积分都收敛，则称 $\int_a^b f(x) \mathrm{d}x$ 收敛，且定义

$$\int_a^b f(x) \mathrm{d}x = \lim_{t \to c^-} \int_a^t f(x) \mathrm{d}x + \lim_{t \to c^+} \int_t^b f(x) \mathrm{d}x,$$

否则称 $\int_a^b f(x) \mathrm{d}x$ 发散.

设 $F(x)$ 是 $f(x)$ 的原函数，则当 $x = b$ 是 $f(x)$ 的瑕点时，有

$$\int_a^b f(x) \mathrm{d}x = F(x) \Big|_a^b = \lim_{x \to b^-} F(x) - F(a) = F(b-0) - F(a),$$

类似地，当 $x = a$ 是 $f(x)$ 的瑕点时，有

$$\int_a^b f(x) \mathrm{d}x = F(x) \Big|_a^b = F(b) - \lim_{x \to a^+} F(x) = F(b) - F(a+0).$$

几何上，当 $f(x) \geqslant 0$ 时，如果 $f(x)$ 在 $[a, b)$ 上连续，$x = b$ 是瑕点，则 $\int_a^t f(x) \mathrm{d}x\,(a < t < b)$ 表示由曲线 $y = f(x)$，直线 $x = a$，$x = t$ 与 x 轴所围成的曲边梯形的面积，而 $\int_a^b f(x) \mathrm{d}x$ 表示曲线 $y = f(x)$，直线 $x = a$，$x = b$ 与 x 轴所围成的无界区域（见图 4-14 中阴影）的面积. 如果瑕积分 $\int_a^b f(x) \mathrm{d}x$ 收敛，则此面积是一个有限值，

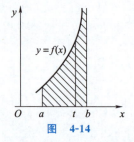

图 4-14

如果瑕积分 $\int_a^b f(x)\mathrm{d}x$ 发散,则意味着此区域没有有限面积.

同无穷积分一样,对瑕积分也可以利用换元法与分部积分法.

例 7 求 $\int_0^2 \dfrac{\mathrm{d}x}{\sqrt{4-x^2}}$.

解 $x=2$ 是瑕点,

$$\int_0^2 \frac{\mathrm{d}x}{\sqrt{4-x^2}} = \lim_{t\to 2^-}\int_0^t \frac{\mathrm{d}x}{\sqrt{4-x^2}}$$
$$= \lim_{t\to 2^-}\arcsin\frac{x}{2}\Big|_0^t = \lim_{t\to 2^-}\arcsin\frac{t}{2} = \frac{\pi}{2}.$$

例 8 求 $\int_{-a}^0 \dfrac{x^3\mathrm{d}x}{\sqrt{a^2-x^2}}\ (a>0)$.

解 $x=-a$ 是瑕点,作变换 $x=a\sin t$,

$$\int_{-a}^0 \frac{x^3\mathrm{d}x}{\sqrt{a^2-x^2}} = \int_{-\frac{\pi}{2}}^0 \frac{a^3\sin^3 t\cdot a\cos t}{\sqrt{a^2-a^2\sin^2 t}}\mathrm{d}t = \int_{-\frac{\pi}{2}}^0 a^3\sin^3 t\,\mathrm{d}t$$
$$= -a^3\int_0^{\frac{\pi}{2}}\sin^3 t\,\mathrm{d}t = -\frac{2a^3}{3}.$$

例 9 讨论 p-积分 $\int_0^b \dfrac{\mathrm{d}x}{x^p}(b>0)$ 的敛散性.

解 $x=0$ 是瑕点,当 $p=1$ 时,有

$$\int_0^b \frac{\mathrm{d}x}{x} = \ln x\Big|_0^b = \ln b - \lim_{x\to 0^+}\ln x = +\infty,$$

当 $p\neq 1$ 时,有

$$\int_0^b \frac{\mathrm{d}x}{x^p} = \frac{1}{(1-p)x^{p-1}}\Big|_0^b = \frac{1}{(1-p)b^{p-1}} - \lim_{x\to 0^+}\frac{1}{(1-p)x^{p-1}}$$
$$= \begin{cases}\dfrac{b^{1-p}}{1-p}, & p<1,\\ +\infty, & p>1,\end{cases}$$

因此当 $p<1$ 时,积分收敛,当 $p\geq 1$ 时,积分发散.

例 10 讨论积分 $\int_{-1}^1 \dfrac{\mathrm{d}x}{x^2}$ 的敛散性.

解 $x=0$ 是瑕点,$\int_{-1}^1 \dfrac{\mathrm{d}x}{x^2} = \int_{-1}^0 \dfrac{\mathrm{d}x}{x^2} + \int_0^1 \dfrac{\mathrm{d}x}{x^2}$,由于 $\int_0^1 \dfrac{\mathrm{d}x}{x^2}$ 发散,故 $\int_{-1}^1 \dfrac{\mathrm{d}x}{x^2}$ 发散.

例 11 求 $\int_0^1 \dfrac{1-2x}{\sqrt{x-x^2}}\mathrm{d}x$.

解 $x=0,x=1$ 都是瑕点,

$$\int_0^1 \frac{1-2x}{\sqrt{x-x^2}}\mathrm{d}x = \int_0^1 \frac{\mathrm{d}(x-x^2)}{\sqrt{x-x^2}} = 2\sqrt{x-x^2}\Big|_0^1 = 0-0 = 0,$$

此处被积函数的原函数 $F(x)=2\sqrt{x-x^2}$ 在 $x=0$ 和 $x=1$ 处都是

连续的,因而 $F(0+0)=F(0), F(1-0)=F(1)$.

例 12 求 $\int_0^1 \ln x \, dx$.

解 $x=0$ 是瑕点,利用分部积分法,得

$$\int_0^1 \ln x \, dx = x \ln x \Big|_0^1 - \int_0^1 dx = -\lim_{x \to 0^+} x \ln x - x \Big|_0^1$$

$$= \lim_{x \to 0^+} \frac{\ln \frac{1}{x}}{\frac{1}{x}} - 1 = 0 - 1 = -1.$$

三、反常积分收敛性的判别法

根据反常积分收敛性的定义来判断反常积分是否收敛,需要先求出被积函数的原函数再求极限,有时求原函数比较困难,或者原函数不是初等函数,或者极限不易求,因此有必要寻求其他判断反常积分收敛性的方法.下面给出一些直接从被积函数的性态来判断反常积分收敛性的方法.

1. 无穷积分收敛性的判别法

以下定理只对无穷区间 $[a,+\infty)$ 上的反常积分给出,所得结论可以推广到其他无穷区间情况.

引理 设函数 $f(x)$ 在区间 $[a,+\infty)$ 上连续,且 $f(x) \geqslant 0$,则反常积分 $\int_a^{+\infty} f(x) \, dx$ 收敛的充分必要条件是函数 $F(x) = \int_a^x f(t) \, dt$ 在 $[a,+\infty)$ 有上界.

证 由于 $f(x) \geqslant 0$,则 $F(x)$ 在 $[a,+\infty)$ 上单调增加,故 $\lim_{x \to +\infty} F(x)$ 存在的充分必要条件是 $F(x)$ 在 $[a,+\infty)$ 有上界.

而

$$\int_a^{+\infty} f(x) \, dx = \lim_{x \to +\infty} F(x) - F(a),$$

因此定理的结论成立.

根据此引理,可以推出下面的比较判别法.

定理 1 (比较判别法的不等式形式) 设函数 $f(x), g(x)$ 在区间 $[a,+\infty)$ 上连续,并且 $0 \leqslant f(x) \leqslant g(x), x \in [a,+\infty)$,则

(1) 当 $\int_a^{+\infty} g(x) \, dx$ 收敛时,$\int_a^{+\infty} f(x) \, dx$ 收敛;

(2) 当 $\int_a^{+\infty} f(x) \, dx$ 发散时,$\int_a^{+\infty} g(x) \, dx$ 发散.

证 由题设,有 $\int_a^x f(x) \, dx \leqslant \int_a^x g(x) \, dx$.

(1) 当 $\int_a^{+\infty} g(x) \, dx$ 收敛时,$\int_a^x g(x) \, dx$ 有上界,因此 $\int_a^x f(x) \, dx$ 有上界,故 $\int_a^{+\infty} f(x) \, dx$ 收敛;

(2) 利用(1)的结论反证即可.

如果将 $0 \leqslant f(x) \leqslant g(x)$ 成立的区间换成 $[b,+\infty) \subset [a,+\infty)$,定理 1 的结论仍然成立.

例 13 证明概率积分 $\int_0^{+\infty} e^{-x^2} dx$ 收敛.

证 $\int_0^{+\infty} e^{-x^2} dx = \int_0^1 e^{-x^2} dx + \int_1^{+\infty} e^{-x^2} dx$,

右端第一个积分是定积分,对第二个积分,由于 $x \geqslant 1$,有 $e^{-x^2} \leqslant e^{-x}$,

而 $\int_1^{+\infty} e^{-x} dx = -e^{-x} \Big|_1^{+\infty} = e^{-1}$,

故 $\int_1^{+\infty} e^{-x^2} dx$ 收敛,因此 $\int_0^{+\infty} e^{-x^2} dx$ 收敛.

定理 2(比较判别法的极限形式) 设函数 $f(x), g(x)$ 在区间 $[a,+\infty)$ 上连续,$f(x) \geqslant 0, g(x) > 0$,并且 $\lim\limits_{x \to +\infty} \dfrac{f(x)}{g(x)} = \lambda$($\lambda$ 为有限数或 $+\infty$),则有结论:

(1) 当 $0 < \lambda < +\infty$ 时,$\int_a^{+\infty} f(x) dx$ 与 $\int_a^{+\infty} g(x) dx$ 同时收敛或同时发散;

(2) 当 $\lambda = 0$ 时,如果 $\int_a^{+\infty} g(x) dx$ 收敛,则 $\int_a^{+\infty} f(x) dx$ 也收敛;

(3) 当 $\lambda = +\infty$ 时,如果 $\int_a^{+\infty} g(x) dx$ 发散,则 $\int_a^{+\infty} f(x) dx$ 也发散.

证 (1) 当 $0 < \lambda < +\infty$ 时,由于 $\lim\limits_{x \to +\infty} \dfrac{f(x)}{g(x)} = \lambda$,故存在正数 $b(\geqslant a)$,使当 $x \geqslant b$ 时,有 $\left| \dfrac{f(x)}{g(x)} - \lambda \right| < \dfrac{\lambda}{2}$,即 $-\dfrac{\lambda}{2} < \dfrac{f(x)}{g(x)} - \lambda < \dfrac{\lambda}{2}$,从而有

$$0 < \dfrac{\lambda}{2} g(x) < f(x) < \dfrac{3\lambda}{2} g(x),$$

由此可推出 $\int_a^{+\infty} f(x) dx$ 与 $\int_a^{+\infty} g(x) dx$ 同时收敛或同时发散;

(2) 当 $\lambda = 0$ 时,由于 $\lim\limits_{x \to +\infty} \dfrac{f(x)}{g(x)} = 0$,故存在正数 $b(\geqslant a)$,使当 $x \geqslant b$ 时,有 $\dfrac{f(x)}{g(x)} = \left| \dfrac{f(x)}{g(x)} - 0 \right| < 1$,因而 $0 \leqslant f(x) < g(x)$,因此当 $\int_a^{+\infty} g(x) dx$ 收敛时,$\int_a^{+\infty} f(x) dx$ 也收敛;

(3) 当 $\lambda = +\infty$ 时,由于 $\lim\limits_{x \to +\infty} \dfrac{f(x)}{g(x)} = +\infty$,故存在正数

$b(\geqslant a)$,使当 $x \geqslant b$ 时,$\dfrac{f(x)}{g(x)} \geqslant 1$,故 $0 < g(x) \leqslant f(x)$,因此当 $\displaystyle\int_a^{+\infty} g(x) \mathrm{d}x$ 发散时,$\displaystyle\int_a^{+\infty} f(x) \mathrm{d}x$ 也发散.

例 14 判断下列积分的收敛性:

(1) $\displaystyle\int_1^{+\infty} \dfrac{\sqrt{x}+1}{x\sqrt{1+x^2}} \mathrm{d}x$;   (2) $\displaystyle\int_1^{+\infty} \dfrac{3x^{\frac{3}{2}}}{2+x^2} \mathrm{d}x$;

(3) $\displaystyle\int_1^{+\infty} \sin \dfrac{1}{x^2} \mathrm{d}x$;   (4) $\displaystyle\int_1^{+\infty} \dfrac{\arctan x}{x} \mathrm{d}x$.

解 (1) 由于 $\lim\limits_{x \to +\infty} \dfrac{\frac{\sqrt{x}+1}{x\sqrt{1+x^2}}}{\frac{1}{x^{\frac{3}{2}}}} = 1$,而 $\displaystyle\int_1^{+\infty} \dfrac{1}{x^{\frac{3}{2}}} \mathrm{d}x$ 收敛,所以

$\displaystyle\int_1^{+\infty} \dfrac{\sqrt{x}+1}{x\sqrt{1+x^2}} \mathrm{d}x$ 收敛;

(2) 由于 $\lim\limits_{x \to +\infty} \dfrac{\frac{3x^{\frac{3}{2}}}{2+x^2}}{\frac{1}{\sqrt{x}}} = 3$,而 $\displaystyle\int_1^{+\infty} \dfrac{1}{\sqrt{x}} \mathrm{d}x$ 发散,所以 $\displaystyle\int_1^{+\infty} \dfrac{3x^{\frac{3}{2}}}{2+x^2} \mathrm{d}x$

发散;

(3) 由于 $\lim\limits_{x \to +\infty} \dfrac{\sin \frac{1}{x^2}}{\frac{1}{x^2}} = 1$,而 $\displaystyle\int_1^{+\infty} \dfrac{\mathrm{d}x}{x^2}$ 收敛,所以 $\displaystyle\int_1^{+\infty} \sin \dfrac{1}{x^2} \mathrm{d}x$

收敛;

(4) 由于 $\lim\limits_{x \to +\infty} \dfrac{\frac{\arctan x}{x}}{\frac{1}{x}} = \dfrac{\pi}{2}$,而 $\displaystyle\int_1^{+\infty} \dfrac{\mathrm{d}x}{x}$ 发散,所以 $\displaystyle\int_1^{+\infty} \dfrac{\arctan x}{x} \mathrm{d}x$

发散.

如果函数 $f(x)$ 在所讨论的区间上不保号,有时可以利用下面定理给出的结论判断无穷积分的敛散性.

定理 3 (绝对收敛准则) 设函数 $f(x)$ 在区间 $[a, +\infty)$ 上连续,如果 $\displaystyle\int_a^{+\infty} |f(x)| \mathrm{d}x$ 收敛,则 $\displaystyle\int_a^{+\infty} f(x) \mathrm{d}x$ 也收敛.

证 令 $g(x) = f(x) + |f(x)|$,则 $0 \leqslant g(x) \leqslant 2|f(x)|$,由于 $\displaystyle\int_a^{+\infty} |f(x)| \mathrm{d}x$ 收敛,所以 $\displaystyle\int_a^{+\infty} g(x) \mathrm{d}x$ 收敛,而

$$\int_a^{+\infty} f(x) \mathrm{d}x = \int_a^{+\infty} g(x) \mathrm{d}x - \int_a^{+\infty} |f(x)| \mathrm{d}x,$$

因此 $\int_a^{+\infty} f(x)\mathrm{d}x$ 也收敛.

例 15 判断 $\int_0^{+\infty} \mathrm{e}^{-x}\sin x\,\mathrm{d}x$ 的敛散性.

解 由于 $|\mathrm{e}^{-x}\sin x| \leqslant \mathrm{e}^{-x}$,而 $\int_0^{+\infty}\mathrm{e}^{-x}\mathrm{d}x$ 收敛,所以 $\int_0^{+\infty}|\mathrm{e}^{-x}\sin x|\mathrm{d}x$ 收敛,因此 $\int_0^{+\infty}\mathrm{e}^{-x}\sin x\,\mathrm{d}x$ 收敛.

2. 瑕积分收敛性的判别法

与无穷积分收敛性的判别法类似,可以得到瑕积分收敛性的判别法. 以下定理都是对 $x=a$ 为瑕点的情况给出的,如果 $x=b$ 为瑕点有同样的结论.

定理 4(比较判别法的不等式形式) 设函数 $f(x),g(x)$ 在区间 $(a,b]$ 上连续,$x=a$ 是它们的瑕点,而且 $0\leqslant f(x)\leqslant g(x)$,则

(1) 当 $\int_a^b g(x)\mathrm{d}x$ **收敛**时,$\int_a^b f(x)\mathrm{d}x$ **收敛**;

(2) 当 $\int_a^b f(x)\mathrm{d}x$ **发散**时,$\int_a^b g(x)\mathrm{d}x$ **发散**.

定理 5(比较判别法的极限形式) 设函数 $f(x),g(x)$ 在 $(a,b]$ 上连续,$x=a$ 是它们的瑕点,$f(x)\geqslant 0, g(x)>0$,而且 $\lim\limits_{x\to a^+}\dfrac{f(x)}{g(x)}=\lambda$($\lambda$ 为有限数或 $+\infty$),则有如下结论:

(1) 当 $0<\lambda<+\infty$ 时,$\int_a^b f(x)\mathrm{d}x$ 与 $\int_a^b g(x)\mathrm{d}x$ 同时收敛或同时发散;

(2) 当 $\lambda=0$ 时,如果 $\int_a^b g(x)\mathrm{d}x$ 收敛,则 $\int_a^b f(x)\mathrm{d}x$ 也收敛;

(3) 当 $\lambda=+\infty$ 时,如果 $\int_a^b g(x)\mathrm{d}x$ 发散,则 $\int_a^b f(x)\mathrm{d}x$ 也发散.

定理 6(绝对收敛准则) 设函数 $f(x)$ 在 $(a,b]$ 上连续,$\lim\limits_{x\to a^+}f(x)=\infty$,如果 $\int_a^b|f(x)|\mathrm{d}x$ 收敛,则 $\int_a^b f(x)\mathrm{d}x$ 也收敛.

例 16 判定下列积分的收敛性:

(1) $\int_0^1 \dfrac{\sin x}{x^{\frac{3}{2}}}\mathrm{d}x$; (2) $\int_1^3 \dfrac{\mathrm{d}x}{\ln x}$;

(3) $\int_0^2 \dfrac{1}{\sqrt[3]{x}}\sin\dfrac{1}{x}\mathrm{d}x$.

解(1) $x=0$ 是瑕点,由于当 $x\in(0,1]$ 时,$0\leqslant\dfrac{\sin x}{x^{\frac{3}{2}}}\leqslant\dfrac{x}{x^{\frac{3}{2}}}=\dfrac{1}{x^{\frac{1}{2}}}$,又 $\int_0^1 \dfrac{1}{x^{\frac{1}{2}}}\mathrm{d}x$ 收敛,所以 $\int_0^1 \dfrac{\sin x}{x^{\frac{3}{2}}}\mathrm{d}x$ 收敛;

(2) $x=1$ 是瑕点，由于 $\lim\limits_{x\to 1^+}\dfrac{\dfrac{1}{\ln x}}{\dfrac{1}{x-1}}=\lim\limits_{x\to 1^+}\dfrac{x-1}{\ln x}=\lim\limits_{x\to 1^+}\dfrac{1}{\dfrac{1}{x}}=1$，又 $\int_1^3\dfrac{\mathrm{d}x}{x-1}$ 发散，所以 $\int_1^3\dfrac{\mathrm{d}x}{\ln x}$ 发散；

(3) $x=0$ 是瑕点，由于 $\left|\dfrac{1}{\sqrt[3]{x}}\sin\dfrac{1}{x}\right|\leqslant\dfrac{1}{\sqrt[3]{x}}$，又 $\int_0^2\dfrac{1}{\sqrt[3]{x}}\mathrm{d}x$ 收敛，所以 $\int_0^2\left|\dfrac{1}{\sqrt[3]{x}}\sin\dfrac{1}{x}\right|\mathrm{d}x$ 收敛，因此 $\int_0^2\dfrac{1}{\sqrt[3]{x}}\sin\dfrac{1}{x}\mathrm{d}x$ 收敛.

例 17 讨论反常积分 $\int_0^{+\infty}\mathrm{e}^{-x}x^{\alpha-1}\mathrm{d}x$ 的敛散性.

解 $\int_0^{+\infty}\mathrm{e}^{-x}x^{\alpha-1}\mathrm{d}x=\int_0^1\mathrm{e}^{-x}x^{\alpha-1}\mathrm{d}x+\int_1^{+\infty}\mathrm{e}^{-x}x^{\alpha-1}\mathrm{d}x$，

对 $I_1=\int_0^1\mathrm{e}^{-x}x^{\alpha-1}\mathrm{d}x$，

当 $\alpha\geqslant 1$ 时是定积分，当 $\alpha<1$ 时是瑕积分（$x=0$ 是瑕点），由于

$$\lim_{x\to 0^+}\frac{\mathrm{e}^{-x}x^{\alpha-1}}{\dfrac{1}{x^{1-\alpha}}}=\lim_{x\to 0^+}\mathrm{e}^{-x}=1,$$

又当 $\alpha>0$ 时，$1-\alpha<1$，$\int_0^1\dfrac{1}{x^{1-\alpha}}\mathrm{d}x$ 收敛，当 $\alpha\leqslant 0$ 时，$\int_0^1\dfrac{1}{x^{1-\alpha}}\mathrm{d}x$ 发散，所以当 $\alpha>0$ 时，I_1 收敛，当 $\alpha\leqslant 0$ 时，I_1 发散；

对 $I_2=\int_1^{+\infty}\mathrm{e}^{-x}x^{\alpha-1}\mathrm{d}x$，

由于对任何 α，都有

$$\lim_{x\to+\infty}\frac{\mathrm{e}^{-x}x^{\alpha-1}}{\dfrac{1}{x^2}}=\lim_{x\to+\infty}\frac{x^{\alpha+1}}{\mathrm{e}^x}=0,$$

又 $\int_0^{+\infty}\dfrac{1}{x^2}\mathrm{d}x$ 收敛，故 I_2 总是收敛的；

综上所述，反常积分 $\int_0^{+\infty}\mathrm{e}^{-x}x^{\alpha-1}\mathrm{d}x$ 当 $\alpha>0$ 时收敛.

3. Γ 函数

根据例 17 的结论，当 $\alpha>0$ 时，反常积分 $\int_0^{+\infty}\mathrm{e}^{-x}x^{\alpha-1}\mathrm{d}x$ 是收敛的，因此当 $\alpha>0$ 时，此积分确定了一个以 α 为自变量的函数，称为 Γ 函数（读作伽马函数），记作

$$\Gamma(\alpha)=\int_0^{+\infty}\mathrm{e}^{-x}x^{\alpha-1}\mathrm{d}x \quad (\alpha>0).$$

Γ 函数是一个在工程技术中有重要应用的函数，它是由含有参数的反常积分定义的函数，它满足如下递推公式：

$$\Gamma(\alpha+1)=\alpha\Gamma(\alpha).$$

证 利用分部积分公式,得

$$\Gamma(\alpha+1) = \int_0^{+\infty} e^{-x} x^\alpha dx = -\int_0^{+\infty} x^\alpha de^{-x}$$
$$= -e^{-x} x^\alpha \Big|_0^{+\infty} + \int_0^{+\infty} e^{-x} \alpha x^{\alpha-1} dx$$
$$= -\lim_{x \to +\infty} \frac{x^\alpha}{e^x} + \alpha \int_0^{+\infty} e^{-x} x^{\alpha-1} dx = \alpha \Gamma(\alpha)$$

如果取 $\alpha = n$(n 为正整数),由于

$$\Gamma(1) = \int_0^{+\infty} e^{-x} dx = -e^{-x} \Big|_0^{+\infty} = 1,$$

连续 n 次利用上面递推公式,可得

$$\Gamma(n+1) = n\Gamma(n) = n(n-1)\Gamma(n-1) = \cdots = n!\,\Gamma(1) = n!,$$

即

$$\int_0^{+\infty} e^{-x} x^n dx = n!.$$

习题 4-6

1. 求下列反常积分:

(1) $\int_0^{+\infty} e^{-x} dx$;

(2) $\int_1^{+\infty} \frac{dx}{x(x+1)}$;

(3) $\int_{-\infty}^{-1} \frac{dx}{x^2(x^2+1)}$;

(4) $\int_0^{+\infty} x e^{-x^2} dx$;

(5) $\int_1^{+\infty} \frac{\arctan x}{x^2} dx$;

(6) $\int_0^{+\infty} e^{-ax} \cos bx \, dx \, (a > 0)$;

(7) $\int_0^{+\infty} e^{-\sqrt{x}} dx$;

(8) $\int_{-\infty}^0 \frac{\arctan x}{(1+x^2)^{\frac{3}{2}}} dx$;

(9) $\int_2^{+\infty} \frac{1-\ln x}{x^2} dx$;

(10) $\int_2^{+\infty} \frac{dx}{x(\ln x)^k}$($k$ 为常数);

(11) $\int_0^1 \frac{dx}{\sqrt{x}}$;

(12) $\int_0^1 \ln^2 x \, dx$;

(13) $\int_0^1 \frac{x}{\sqrt{1-x^2}} dx$;

(14) $\int_a^{2a} \frac{dx}{(x-a)^{\frac{3}{2}}}$;

(15) $\int_0^1 \sin(\ln x) dx$;

(16) $\int_0^1 \frac{dx}{(2-x)\sqrt{1-x}}$;

(17) $\int_1^{+\infty} \frac{dx}{x\sqrt{x+1}}$;

(18) $\int_{-\frac{\pi}{4}}^{+\infty} \frac{1}{x^2} \sin \frac{1}{x} dx$;

(19) $\int_0^2 \frac{dx}{x^2-4x+3}$;

(20) $\int_1^e \frac{dx}{x\sqrt{1-(\ln x)^2}}$;

(21) $\int_0^{+\infty} \frac{1}{\sqrt{x}} e^{-\sqrt{x}} dx$.

2. 判断下列反常积分的敛散性:

(1) $\int_0^{+\infty} \dfrac{x^2}{x^4+\sqrt{x}+1}\mathrm{d}x$；

(2) $\int_1^{+\infty} \dfrac{\mathrm{d}x}{\sqrt[3]{x^2+1}}$；

(3) $\int_1^{+\infty} \tan\dfrac{1}{x^2}\mathrm{d}x$；

(4) $\int_1^{+\infty} \dfrac{x\arctan x}{1+x^3}\mathrm{d}x$；

(5) $\int_1^2 \dfrac{\mathrm{d}x}{(\ln x)^3}$；

(6) $\int_0^1 \dfrac{x^4}{\sqrt{1-x^4}}\mathrm{d}x$；

(7) $\int_1^2 \dfrac{\mathrm{d}x}{\sqrt[3]{x^2-3x+2}}$；

(8) $\int_0^\pi \dfrac{\mathrm{d}x}{\sqrt{\sin x}}$；

(9) $\int_0^1 \dfrac{\ln x}{1-x}\mathrm{d}x$；

(10) $\int_0^{\frac{\pi}{2}} \dfrac{\mathrm{d}x}{\sin^2 x \cos^2 x}$；

(11) $\int_0^1 x^a \ln x\mathrm{d}x(a>0)$.

3. 已知 $\int_1^{+\infty}\left(\dfrac{2x^2+bx+a}{x(2x+a)}-1\right)\mathrm{d}x=1$，求常数 a 和 b.

第七节 定积分的几何应用

这一节和下一节我们将分别介绍定积分在几何上和物理上的应用.

由于定积分是和式的极限，因此能利用定积分计算的量必须分布在某一区间 $[a,b]$ 上，而且必须具有代数可加性，即大区间上对应的量等于各小区间上对应量的和.例如面积、体积、质量、功等都具有这一特性.而方向发生变化的力、速度等则不具有这一特性.

用定积分计算某个量，首先要将这个量写成一个积分式.如何建立积分式呢？前面我们求曲边梯形的面积，变速直线运动的位移，变力沿直线所做的功以及细杆的质量时所采用的方法是：分割、近似、求和、取极限，将极限写成定积分，即

$$\int_a^b f(x)\mathrm{d}x = \lim_{\lambda\to 0}\sum_{i=1}^n f(\xi_i)\Delta x_i.$$

在实际应用中，我们也可以将建立积分式的过程简化为：在 $[a,b]$ 上任取一个有代表性的小区间 $[x,x+\mathrm{d}x]$，如果所求量 I 在这个小区间上的部分为 ΔI，我们要设法求出 ΔI 的近似值 $\mathrm{d}I = f(x)\mathrm{d}x$（即 I 的微分），然后将 $f(x)\mathrm{d}x$ 作为被积分式取积分即得所要求的量

$$I = \int_a^b f(x)\mathrm{d}x.$$

这种简化了的建立积分式的方法称为微元法.微元法是更便于应用的方法，应用这一方法的关键是如何选择函数 $f(x)$，从而得到 $f(x)\mathrm{d}x$，这需要结合具体问题多实践，并注意总结经验，发现规律.

一、平面图形的面积

1. 直角坐标情形

设平面图形由曲线 $y=f(x)$，$y=g(x)$，直线 $x=a$，$x=b$ 围成，且 $f(x)\geqslant g(x)$，现在求此平面图形的面积. 在 $[a,b]$ 上任取一具有代表性的小区间 $[x,x+\mathrm{d}x]$，小区间上所对应图形的面积近似地等于长为 $f(x)-g(x)$、宽为 $\mathrm{d}x$ 的窄矩形的面积（见图 4-15 中阴影部分），故有

$$\mathrm{d}A=[f(x)-g(x)]\mathrm{d}x,$$

积分得
$$A=\int_a^b[f(x)-g(x)]\mathrm{d}x.$$

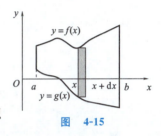

图 4-15

类似地，如果平面图形是由曲线 $x=f(y)$，$x=g(y)$，直线 $y=c$，$y=d$ 围成的，且 $f(y)\geqslant g(y)$（见图 4-16），则此平面图形的面积微元为

$$\mathrm{d}A=[f(y)-g(y)]\mathrm{d}y,$$

积分得
$$A=\int_c^d[f(y)-g(y)]\mathrm{d}y.$$

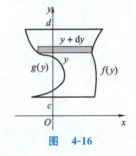

图 4-16

实际计算时，要根据图形的形状选择积分变量.

例 1 求由抛物线 $y=x^2-1$ 和 $y=-x^2+3x+1$ 所围成平面图形的面积.

解 由 $\begin{cases} y=x^2-1, \\ y=-x^2+3x+1 \end{cases}$ 解得两交点为 $\left(-\dfrac{1}{2},-\dfrac{3}{4}\right)$ 和 $(2,3)$，两抛物线所围平面图形如图 4-17 所示，取 x 为积分变量，有

$$\begin{aligned}A&=\int_{-\frac{1}{2}}^{2}[(-x^2+3x+1)-(x^2-1)]\mathrm{d}x\\ &=\int_{-\frac{1}{2}}^{2}(-2x^2+3x+2)\mathrm{d}x\\ &=\left(-\dfrac{2}{3}x^3+\dfrac{3}{2}x^2+2x\right)\Big|_{-\frac{1}{2}}^{2}=\dfrac{125}{24}.\end{aligned}$$

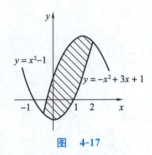

图 4-17

例 2 求由抛物线 $y^2=2x$ 与直线 $y=x-4$ 所围成平面图形的面积.

解 由 $\begin{cases} y^2=2x, \\ y=x-4 \end{cases}$ 解得两个交点 $(2,-2)$ 和 $(8,4)$，如图 4-18 所示，选 y 作为积分变量较为方便，由 $y=x-4$，得 $x=y+4$，由 $y^2=2x$，得 $x=\dfrac{y^2}{2}$，故有

$$A=\int_{-2}^{4}\left[(y+4)-\dfrac{y^2}{2}\right]\mathrm{d}y=\left(\dfrac{y^2}{2}+4y-\dfrac{y^3}{6}\right)\Big|_{-2}^{4}=18.$$

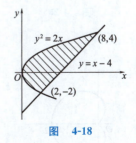

图 4-18

例 3 求曲线 $y=\sin x$ 与 $y=\cos x$ 及直线 $x=0$ 和 $x=\pi$ 所围成图形的面积.

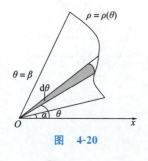

图 4-19

解 在 $[0,\pi]$ 上,两曲线于 $x=\dfrac{\pi}{4}$ 时相交,如图 4-19 所示,当 $x\in\left[0,\dfrac{\pi}{4}\right]$, $\cos x\geqslant\sin x$,当 $x\in\left[\dfrac{\pi}{4},\pi\right]$, $\sin x\geqslant\cos x$,故

$$A=\int_0^{\frac{\pi}{4}}(\cos x-\sin x)\mathrm{d}x+\int_{\frac{\pi}{4}}^{\pi}(\sin x-\cos x)\mathrm{d}x$$

$$=(\sin x+\cos x)\Big|_0^{\frac{\pi}{4}}+(-\cos x-\sin x)\Big|_{\frac{\pi}{4}}^{\pi}=2\sqrt{2}.$$

例 4 求椭圆 $\dfrac{x^2}{a^2}+\dfrac{y^2}{b^2}=1$ 所围成图形的面积.

解 由于椭圆关于两坐标轴都对称,所以椭圆所围图形的面积等于椭圆在第一象限与两坐标轴所围成图形面积的 4 倍,即

$$A=4\int_0^a y\mathrm{d}x=4\int_0^a \dfrac{b}{a}\sqrt{a^2-x^2}\mathrm{d}x$$

$$=4\dfrac{b}{a}\int_0^a\sqrt{a^2-x^2}\mathrm{d}x$$

$$=4\dfrac{b}{a}\cdot\dfrac{1}{4}\pi a^2=\pi ab.$$

也可以利用椭圆的参数方程计算上面的积分 $\int_0^a y\mathrm{d}x$,即令 $x=a\cos t, y=b\sin t$,则 $x=0$ 时,$t=\dfrac{\pi}{2}$,$x=a$ 时,$t=0$,故

$$A=4\int_{\frac{\pi}{2}}^0 b\sin t\,\mathrm{d}(a\cos t)=4\int_{\frac{\pi}{2}}^0 b\sin t(-a\sin t)\mathrm{d}t$$

$$=4ab\int_0^{\frac{\pi}{2}}\sin^2 t\,\mathrm{d}t=4ab\cdot\dfrac{1}{2}\dfrac{\pi}{2}=\pi ab.$$

一般地,当曲线由参数方程给出时,都可以用类似的方法计算定积分.

2. 极坐标情形

设平面图形是由曲线 $\rho=\rho(\theta)$,射线 $\theta=\alpha$,$\theta=\beta$ 所围成的,这样的图形称为曲边扇形.下面计算它的面积.

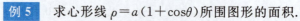

图 4-20

如图 4-20 所示,在 θ 的变化区间 $[\alpha,\beta]$ 上任取具有代表性的小区间 $[\theta,\theta+\mathrm{d}\theta]$,它对应一个窄曲边扇形,由于在这个小区间上,$\rho(\theta)$ 的变化不大,因此可以用半径为 $\rho(\theta)$,圆心角 $\mathrm{d}\theta$ 的圆扇形的面积近似代替窄曲边扇形的面积,即窄曲边扇形面积的微分为

$$\mathrm{d}A=\dfrac{1}{2}\rho^2(\theta)\mathrm{d}\theta,$$

以此式为被积分式,在 $[\alpha,\beta]$ 上积分便得到所求曲边扇形的面积

$$A=\int_\alpha^\beta \dfrac{1}{2}\rho^2(\theta)\mathrm{d}\theta.$$

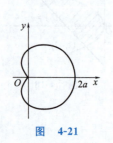

图 4-21

例 5 求心形线 $\rho=a(1+\cos\theta)$ 所围图形的面积.

解 如图 4-21 所示,心形线所围成的图形关于 x 轴对称,对于

x 轴上方部分，θ 的变化范围为 $[0,\pi]$，因此有

$$A = 2\int_0^\pi \frac{1}{2}[a(1+\cos\theta)]^2 d\theta$$
$$= a^2\int_0^\pi \left(2\cos^2\frac{\theta}{2}\right)^2 d\theta \quad \left(\diamondsuit\, t=\frac{\theta}{2}\right)$$
$$= 8a^2\int_0^{\frac{\pi}{2}}\cos^4 t\, dt = 8a^2 \cdot \frac{3}{4} \cdot \frac{1}{2} \cdot \frac{\pi}{2} = \frac{3}{2}\pi a^2.$$

例 6 求由圆 $\rho=\sqrt{2}\sin\theta$ 与双纽线 $\rho^2=\cos 2\theta$ 所围成的公共部分的面积.

解 如图 4-22 所示，由对称性，只需求出第一象限阴影部分的面积再乘以 2 即可，由

$$\begin{cases}\rho=\sqrt{2}\sin\theta, \\ \rho^2=\cos 2\theta,\end{cases} \quad \theta\in\left[0,\frac{\pi}{2}\right],$$

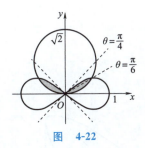

图 4-22

解得 $\theta=\frac{\pi}{6}$，得两曲线在第一象限交点的极坐标为 $\left(\frac{1}{\sqrt{2}},\frac{\pi}{6}\right)$，在第一象限中图形可分成两部分，位于下面的那部分由圆 $\rho=\sqrt{2}\sin\theta$，射线 $\theta=0,\theta=\frac{\pi}{6}$ 围成，位于上面的那部分由双纽线 $\rho^2=\cos 2\theta$，射线 $\theta=\frac{\pi}{6},\theta=\frac{\pi}{4}$ 围成，故所求面积为

$$A = 2\left[\int_0^{\frac{\pi}{6}}\frac{1}{2}(\sqrt{2}\sin\theta)^2 d\theta + \int_{\frac{\pi}{6}}^{\frac{\pi}{4}}\frac{1}{2}\cos 2\theta\, d\theta\right]$$
$$= \int_0^{\frac{\pi}{6}}(1-\cos 2\theta)d\theta + \int_{\frac{\pi}{6}}^{\frac{\pi}{4}}\cos 2\theta\, d\theta = \frac{\pi}{6} + \frac{1-\sqrt{3}}{2}.$$

二、立体体积

有一些立体的体积可以利用定积分计算．

1. 平行截面面积为已知的立体体积

如果一立体位于过点 $x=a$ 和 $x=b$ 且与 x 轴垂直的两个平面之间（见图 4-23），用 $A(x)$ 表示过点 $x(a\leqslant x\leqslant b)$ 且垂直于 x 轴的截面面积，当 $A(x)$ 为已知时，可以用下面方法求得这个立体的体积．

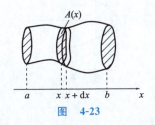

图 4-23

在区间 $[a,b]$ 上任取具有代表性的小区间 $[x,x+dx]$，过小区间的两个端点且垂直于 x 轴的平面在立体上截得一个薄片，这个薄片可以近似地看成一个底面积为 $A(x)$，高为 dx 的柱体，于是其体积微元为

$$dV = A(x)dx,$$

在区间 $[a,b]$ 上积分便得到所要求的立体体积

$$V = \int_a^b A(x)dx.$$

例7 一圆柱体的底面半径为 R，用通过底面中心且与底面夹角为 α 的平面去截圆柱体，求截下的位于平面下方的那部分立体(称为楔形)的体积。

解 如图 4-24 所示建立坐标系，使平面与圆柱体底面的交线在 x 轴上，底面圆心为原点，则底面边界曲线的方程为 $x^2+y^2=R^2$。设 x 是 $[-R,R]$ 上任一点，则立体在 x 处垂直于 x 轴的截面是直角三角形，其直角顶点 M 位于圆上，设 M 的坐标为 (x,y)，则此三角形两条直角边的边长分别为 y 和 $y\tan\alpha$，因此截面面积为

$$A(x)=\frac{1}{2}y(y\tan\alpha)=\frac{1}{2}\tan\alpha\cdot(R^2-x^2),$$

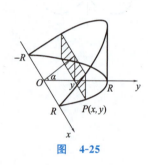

图 4-24

由立体的对称性，得

$$V=2\int_0^R A(x)\mathrm{d}x=2\int_0^R \frac{1}{2}\tan\alpha\cdot(R^2-x^2)\mathrm{d}x=\frac{2}{3}R^3\tan\alpha.$$

也可以用垂直于 y 轴的平面去截立体，如图 4-25 所示，立体在 y 处垂直于 y 轴的截面为矩形，设矩形一个顶点的坐标为 $P(x,y)$，则矩形的长为 $2x$，宽为 $y\tan\alpha$，其面积为

$$A(y)=2x\cdot y\tan\alpha=2y\sqrt{R^2-y^2}\tan\alpha,$$

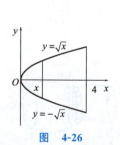

图 4-25

积分得

$$V=\int_0^R A(y)\mathrm{d}y$$

$$=\int_0^R 2y\sqrt{R^2-y^2}\tan\alpha\,\mathrm{d}y=\frac{2}{3}R^3\tan\alpha.$$

例8 已知一立体位于两个过 x 轴上 $x=0$ 和 $x=4$ 且垂直于 x 轴的平面之间，且垂直于 x 轴的横截面都是正方形，而正方形的对角线两端分别在抛物线 $y=-\sqrt{x}$ 和 $y=\sqrt{x}$ 上，求立体的体积。

解 如图 4-26 所示，由题设，对 $x\in[0,4]$，过 x 且垂直于 x 轴的横截面是对角线长为 $2\sqrt{x}$ 的正方形，因此正方形边长为 $\sqrt{2x}$，面积为 $A(x)=2x$，故

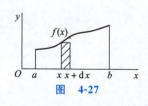

图 4-26

$$V=\int_0^4 A(x)\mathrm{d}x=\int_0^4 2x\,\mathrm{d}x=16.$$

2. 旋转体的体积

设曲线 $y=f(x)(f(x)\geqslant 0)$，直线 $x=a,x=b$ 与 x 轴围成一个曲边梯形，此曲边梯形绕 x 轴旋转一周得到一个旋转体，现在求这个旋转体的体积 V。

如图 4-27 所示，在 $[a,b]$ 上任取具有代表性的小区间 $[x,x+\mathrm{d}x]$，这个小区间上的窄曲边梯形绕 x 轴旋转一周得到一个薄片，这个薄片的体积近似地等于以 $f(x)$ 为底面半径，以 $\mathrm{d}x$ 为高的圆柱体的体积，即体积微元为

$$\mathrm{d}V=\pi y^2\mathrm{d}x=\pi f^2(x)\mathrm{d}x,$$

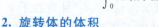

图 4-27

在 $[a,b]$ 上积分，得所求旋转体的体积

$$V = \int_a^b \pi f^2(x) dx,$$

我们将如此求体积微元的方法称为**薄片法**.

如果将图 4-27 中的曲边梯形绕 y 轴旋转一周,则得到另一个旋转体,我们再来求这个旋转体的体积 V. 此时图 4-27 中的窄曲边梯形绕 y 轴旋转所得到的旋转体体积近似地等于一个半径为 x,高为 $f(x)$,厚度为 dx 的薄圆柱壳的体积,而此薄柱壳的体积又近似地等于一个长为 $2\pi x$,宽为 dx,高为 $f(x)$ 的长方体的体积,故所求旋转体体积的微元为

$$dV = 2\pi x f(x) dx,$$

在 $[a,b]$ 上积分,即得所求旋转体的体积

$$V = \int_a^b 2\pi x f(x) dx,$$

我们将如此求体积微元的方法称为**柱壳法**.

例 9 求抛物线 $y = x^2$ 与 $y = \sqrt{x}$ 所围成的图形绕 x 轴旋转一周所得旋转体的体积.

解 利用薄片法.如图 4-28 所示,取 x 为积分变量,则

$$dV = \pi(\sqrt{x})^2 dx - \pi(x^2)^2 dx = \pi(x - x^4) dx,$$

积分得 $\quad V = \int_0^1 \pi(x - x^4) dx = \dfrac{3}{10}\pi.$

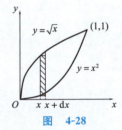

图 4-28

例 10 计算由摆线 $\begin{cases} x = a(t - \sin t), \\ y = a(1 - \cos t) \end{cases}$ 的一拱与 x 轴所围成的图形分别绕 x 轴、y 轴旋转所成旋转体的体积.

解 如图 4-29 所示,取 x 为积分变量.利用薄片法得绕 x 轴旋转所成旋转体的体积

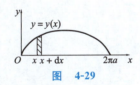

图 4-29

$$V_x = \int_0^{2\pi a} \pi y^2(x) dx \quad (\text{换元})$$
$$= \int_0^{2\pi} \pi [a(1 - \cos t)]^2 da(t - \sin t)$$
$$= \int_0^{2\pi} \pi a^3 (1 - \cos t)^3 dt$$
$$= \pi a^3 \int_0^{2\pi} (1 - 3\cos t + 3\cos^2 t - \cos^3 t) dt$$
$$= 4\pi a^3 \int_0^{\frac{\pi}{2}} (1 + 3\cos^2 t) dt = 4\pi a^3 \left(\dfrac{\pi}{2} + 3 \cdot \dfrac{1}{2} \cdot \dfrac{\pi}{2}\right) = 5\pi^2 a^3.$$

利用柱壳法得绕 y 轴旋转所成旋转体的体积

$$V_y = \int_0^{2\pi a} 2\pi x \cdot y dx \quad (\text{换元})$$
$$= \int_0^{2\pi} 2\pi a(t - \sin t) a(1 - \cos t) da(t - \sin t)$$
$$= 2\pi a^3 \int_0^{2\pi} (t - \sin t)(1 - \cos t)^2 dt = 6\pi^3 a^3.$$

三、平面曲线的弧长

1. 曲线弧长的定义

直线段的长度是将其与单位线段相比而得到的,而曲线段通常不能与单位线段直接相比,一般也不能通过拉直来和单位线段相比,因此,对曲线的弧长需要有一个新的定义.我们知道,历史上确定圆的周长所采用的方法是首先求出圆内接正多边形的周长,再让正多边形的边数无限增多,则正多边形周长的极限便是圆的周长.受这个方法的启示,我们可以定义一般曲线的弧长.

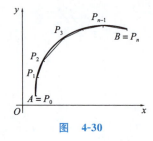

图 4-30

定义 设 $\overset{\frown}{AB}$ 是一连续曲线(见图 4-30),用分点 $A=P_0, P_1, P_2, \cdots, P_{n-1}, P_n=B$ 将 $\overset{\frown}{AB}$ 分成 n 个小弧段,依次连接这些分点得一 $\overset{\frown}{AB}$ 的内接折线,则折线的长为 $\sum_{i=1}^{n} \overline{P_{i-1}P_i}$,令 $\lambda=\max_{1\leqslant i\leqslant n}\{\overline{P_{i-1}P_i}\}$,如果极限 $\lim_{\lambda\to 0}\sum_{i=1}^{n}\overline{P_{i-1}P_i}$ 存在,则称此极限为曲线段 $\overset{\frown}{AB}$ 的长,并称此曲线 $\overset{\frown}{AB}$ 是可求长的.

2. 弧长的计算公式

当曲线 $\overset{\frown}{AB}$ 方程为 $y=f(x)(a\leqslant x\leqslant b)$ 时,如果 $f(x)$ 具有连续导数,则曲线弧长为

$$s=\int_a^b \sqrt{1+(f'(x))^2}\,\mathrm{d}x.$$

证 用分点 $a=x_0<x_1<\cdots<x_n=b$ 将 $[a,b]$ 分成 n 个小区间,并设 $P_i(x_i, f(x_i))(i=0,1,2,\cdots,n)$,则曲线 $\overset{\frown}{AB}$ 被 $P_0, P_1, \cdots, P_n$ 分成 n 个小弧段.设 $\Delta x_i = x_i - x_{i-1}$,$\Delta y_i = y_i - y_{i-1} = f(x_i) - f(x_{i-1})$,则线段 $\overline{P_{i-1}P_i}$ 的长为

$$\overline{P_{i-1}P_i} = \sqrt{(\Delta x_i)^2 + (\Delta y_i)^2},$$

由拉格朗日中值定理,得

$$\Delta y_i = y_i - y_{i-1} = f'(\xi_i)\Delta x_i,$$

其中 $\xi_i \in [x_{i-1}, x_i]$,故

$$\overline{P_{i-1}P_i} = \sqrt{1+(f'(\xi_i))^2}\,\Delta x_i,$$

令 $\lambda = \max_{1\leqslant i\leqslant n}\{\overline{P_{i-1}P_i}\}$,$\mu = \max_{1\leqslant i\leqslant n}\{\Delta x_i\}$,则当 $\lambda\to 0$ 时,必有 $\mu\to 0$,于是根据定积分定义得

$$s = \lim_{\lambda\to 0}\sum_{i=1}^{n}\overline{P_{i-1}P_i} = \lim_{\lambda\to 0}\sum_{i=1}^{n}\sqrt{1+(f'(\xi_i))^2}\,\Delta x_i$$

$$= \lim_{\mu\to 0}\sum_{i=1}^{n}\sqrt{1+(f'(\xi_i))^2}\,\Delta x_i = \int_a^b \sqrt{1+(f'(x))^2}\,\mathrm{d}x.$$

根据此公式,若 $P(x,y)$ 是曲线 $\overset{\frown}{AB}$ 上任意一点,则曲线段 $\overset{\frown}{AP}$ 的弧长为

$$s(x) = \int_a^x \sqrt{1+(f'(x))^2}\,\mathrm{d}x = \int_a^x \sqrt{1+(f'(t))^2}\,\mathrm{d}t,$$

因此有
$$\frac{\mathrm{d}s}{\mathrm{d}x} = \sqrt{1+(y')^2},$$

于是得弧微分
$$\boxed{\mathrm{d}s = \sqrt{1+(y')^2}\,\mathrm{d}x.}$$

由于 $\mathrm{d}y = y'\mathrm{d}x$，故上式也可以写成
$$(\mathrm{d}s)^2 = (\mathrm{d}x)^2 + (\mathrm{d}y)^2.$$

当曲线 $\overset{\frown}{AB}$ 的方程为参数方程 $\begin{cases} x = x(t), \\ y = y(t), \end{cases} (\alpha \leqslant t \leqslant \beta)$ 时，取 $(x(\alpha), y(\alpha))$ 作为量度弧长的起点，则弧长 $s = s(t)$ 是单调增加函数. 如果 $x(t)$ 和 $y(t)$ 都具有连续导数，则由于 $\mathrm{d}x = x'(t)\mathrm{d}t$，$\mathrm{d}y = y'(t)\mathrm{d}t$，根据上式可以得到弧微分为
$$\boxed{\mathrm{d}s = \sqrt{(x'(t))^2 + (y'(t))^2}\,\mathrm{d}t.}$$

在 $[\alpha, \beta]$ 上积分，得曲线 $\overset{\frown}{AB}$ 的长为
$$\boxed{s = \int_\alpha^\beta \sqrt{(x'(t))^2 + (y'(t))^2}\,\mathrm{d}t.}$$

如果曲线 $\overset{\frown}{AB}$ 由极坐标方程 $\rho = \rho(\theta) (\alpha \leqslant \theta \leqslant \beta)$ 表示，其中 $\rho(\theta)$ 具有连续导数，由直角坐标与极坐标的关系，将曲线方程化为以 θ 为参量的参数方程
$$\begin{cases} x = \rho(\theta)\cos\theta, \\ y = \rho(\theta)\sin\theta, \end{cases}$$

可得弧微分
$$\boxed{\mathrm{d}s = \sqrt{\rho^2(\theta) + (\rho'(\theta))^2}\,\mathrm{d}\theta.}$$

在 $[\alpha, \beta]$ 上积分，得曲线 $\overset{\frown}{AB}$ 的长为
$$\boxed{s = \int_\alpha^\beta \sqrt{\rho^2(\theta) + [\rho'(\theta)]^2}\,\mathrm{d}\theta.}$$

例 11 求星形线 $x^{\frac{2}{3}} + y^{\frac{2}{3}} = a^{\frac{2}{3}}$ 的全长.

解 1 方程两端对 x 求导，得
$$\frac{2}{3}x^{-\frac{1}{3}} + \frac{2}{3}y^{-\frac{1}{3}}y' = 0,$$

解得
$$y' = -\sqrt[3]{\frac{y}{x}},$$

$$\mathrm{d}s = \sqrt{1+(y')^2}\,\mathrm{d}x = \sqrt{1 + \frac{y^{\frac{2}{3}}}{x^{\frac{2}{3}}}}\,\mathrm{d}x$$

$$= \frac{\sqrt{x^{\frac{2}{3}} + y^{\frac{2}{3}}}}{|x|^{\frac{1}{3}}}\,\mathrm{d}x = \frac{a^{\frac{1}{3}}}{|x|^{\frac{1}{3}}}\,\mathrm{d}x,$$

利用对称性,得
$$s = 4\int_0^a a^{\frac{1}{3}} x^{-\frac{1}{3}} dx = 6a.$$

解 2 星形线的参数方程为 $\begin{cases} x = a\cos^3 t, \\ y = a\sin^3 t, \end{cases} (0 \leqslant t \leqslant 2\pi)$,由

$$ds = \sqrt{(x'(t))^2 + (y'(t))^2} dt$$
$$= \sqrt{(-3a\cos^2 t \sin t)^2 + (3a\sin^2 t \cos t)^2} dt = 3a|\sin t \cos t| dt,$$

积分得
$$s = 4\int_0^{\frac{\pi}{2}} 3a|\sin t \cos t| dt = 12a\int_0^{\frac{\pi}{2}} \sin t \cos t \, dt = 6a.$$

例 12 求阿基米德螺线 $\rho = a\theta (a > 0)$ 上从 $\theta = 0$ 到 $\theta = 2\pi$ 一段的弧长.

解 由于
$$ds = \sqrt{\rho^2(\theta) + [\rho'(\theta)]^2} d\theta$$
$$= \sqrt{a^2\theta^2 + a^2} d\theta = a\sqrt{1+\theta^2} d\theta,$$

积分得所求曲线的弧长
$$s = \int_0^{2\pi} a\sqrt{1+\theta^2} d\theta$$
$$= a\left[\frac{\theta}{2}\sqrt{1+\theta^2} + \frac{1}{2}\ln(\theta + \sqrt{1+\theta^2})\right]\Big|_0^{2\pi}$$
$$= a\left[\pi\sqrt{1+4\pi^2} + \frac{1}{2}\ln(2\pi + \sqrt{1+4\pi^2})\right].$$

习题 4-7

1. 求下列各曲线所围成图形的面积:

(1) $y = \dfrac{x^2}{4}$ 与直线 $3x - 2y - 4 = 0$;

(2) $y^2 = -4(x-1)$ 与 $y^2 = -2(x-2)$;

(3) $y = \dfrac{1}{x}$ 与直线 $y = x$ 及 $x = 2$;

(4) $y = \sin x$ 在 $[0, 2\pi]$ 上一段与 x 轴;

(5) $y = e^x, y = e^{-x}$ 与直线 $x = 1$;

(6) $\sqrt{x} + \sqrt{y} = 1$ 与两坐标轴;

(7) $y = \dfrac{x^2}{2}$ 与 $y = \sqrt{8-x^2}$;

(8) $y = x$ 与 $y = x + \sin^2 x (0 \leqslant x \leqslant \pi)$;

(9) $y = xe^{-\frac{x^2}{2}}$ 及其渐近线.

2. 求下列图形的面积:

(1) $y = x^2 - x + 2$ 与通过坐标原点的两条切线所围成的图形;

(2) $y^2 = 2x$ 与点 $\left(\dfrac{1}{2}, 1\right)$ 处的法线所围成的图形.

3. 求下列各曲线所围成图形的面积:

   (1) 摆线 $\begin{cases} x=a(t-\sin t) \\ y=a(1-\cos t) \end{cases}$ 的一拱与 x 轴;

   (2) 星形线 $\begin{cases} x=a\cos^3 t \\ y=a\sin^3 t \end{cases}$ 与圆 $\begin{cases} x=a\cos t \\ y=a\sin t \end{cases}$.

4. 求下列曲线所围成图形的面积.

   (1) 双纽线 $\rho^2=4\cos 2\theta$;

   (2) $\rho=2a\cos\theta$;

   (3) 对数螺线 $\rho=ae^\theta(-\pi\leqslant\theta\leqslant\pi)$ 及射线 $\theta=\pi$.

5. 求曲线 $\rho=1$ 及 $\rho=1+\sin\theta$ 所围成图形的公共部分的面积.

6. 试求 a,b 的值,使得由曲线 $y=\cos x\left(0\leqslant x\leqslant\dfrac{\pi}{2}\right)$ 与两坐标轴所围成图形的面积被曲线 $y=a\sin x$ 与 $y=b\sin x$ 三等分.

7. 已知塔高为 80m,离它的顶点 x m 处的水平截面是边长为 $\dfrac{1}{400}(x+40)^2$ m 的正方形,求塔的体积.

8. 一立体的底面是一半径为 5 的圆面,已知垂直于底面的一条固定直径的截面都是等边三角形,求立体的体积.

9. 求下列旋转体的体积:

   (1) 双曲线 $xy=9$ 与直线 $x+y=10$ 所围成的图形绕 y 轴旋转;

   (2) 抛物线 $y^2=4x$ 与 $y^2=8x-4$ 所围成的图形绕 x 轴旋转;

   (3) 曲线 $x^2+y^2=25(x\geqslant 0)$ 与 $16x=3y^2$ 所围成的图形绕 x 轴旋转;

   (4) 曲线 $y=\sin x(x\in[0,\pi])$ 与 x 轴围成的图形分别绕 x 轴、y 轴旋转;

   (5) 星形线 $x^{\frac{2}{3}}+y^{\frac{2}{3}}=a^{\frac{2}{3}}$ 所围成的图形绕 x 轴旋转;

   (6) $x^2+(y-5)^2=16$ 所围图形绕 x 轴旋转.

10. 求下列旋转体的体积.

    (1) 摆线 $\begin{cases} x=a(t-\sin t) \\ y=a(1-\cos t) \end{cases}$ 与 x 轴围成的图形绕直线 $y=2a$ 旋转;

    (2) 圆 $x^2+y^2\leqslant 4$ 绕直线 $x=-3$ 旋转;

    (3) 心形线 $\rho=4(1+\cos\theta)$ 与射线 $\theta=0,\theta=\dfrac{\pi}{2}$ 围成的图形绕极轴旋转.

11. 钟形曲线 $y=e^{-\frac{x^2}{2}}$ 绕 y 轴旋转形成一个山峰状的旋转体,求它的体积.

12. 计算下列各曲线的弧长.

    (1) 曲线 $y=\text{ch}\,x, x\in[-1,1]$;

(2) 曲线 $x = \dfrac{y^2}{4} - \dfrac{1}{2}\ln y, y \in [1, e]$；

(3) 曲线 $y = \ln x, \sqrt{3} \leqslant x \leqslant \sqrt{8}$；

(4) 曲线 $\begin{cases} x = a(\cos t + t\sin t), \\ y = a(\sin t - t\cos t), \end{cases} 0 \leqslant t \leqslant 2\pi$；

(5) 曲线 $\rho = 2\theta^2, \theta \in [0, 3]$；

(6) 对数螺线 $\rho = e^{a\theta}, 0 \leqslant \theta \leqslant \varphi$.

13. 求心形线 $\rho = a(1 + \cos\theta)$ 的全长.

14. 在摆线 $\begin{cases} x = a(t - \sin t), \\ y = a(1 - \cos t) \end{cases}$ 上求分摆线第一拱的长成 $1:3$ 的点的坐标.

第八节　定积分的物理应用

一、变力沿直线所做的功

求变力所做的功首先要选取积分变量 x，在 x 变化的区间 $[a, b]$ 内选取有代表性的小区间 $[x, x + dx]$，得出功的微分 dW，再通过取定积分得所要求的功 W.

下面通过例题来说明 dW 的求法.

例 1　一长为 28m，质量为 20kg 的均匀链条被悬挂于一建筑物的顶部(见图 4-31)，问需要做多大的功才能把这一链条全部拉上建筑物的顶部.

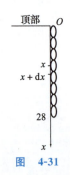

图 4-31

解　如图建立坐标系，链条的线密度为 $\mu = \dfrac{20}{28} = \dfrac{5}{7}$ (kg/m)，在 $[0, 28]$ 上任取小区间 $[x, x + dx]$，将此小区间上对应的链条拉至建筑物的顶部所需克服的重力约为 $\mu g\, dx$，所走的距离近似地等于 x，因此所做的功近似地等于

$$dW = (\mu g\, dx)x = \dfrac{5}{7} gx\, dx,$$

积分得所求功

$$W = \int_0^{28} \dfrac{5}{7} gx\, dx = 280g \text{(J)} \approx 2744 \text{(J)}.$$

例 2　一半径为 5m 的半球形水池装满了水，要把池中水全部吸出需做多少功？

(注：要求计算的是将水吸到水池口而不是更高处所做的功.)

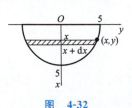

图 4-32

解　如图 4-32 所示建立坐标系，将球心取作原点，图中半圆为半球体的纵截面.由于不同深处的水被吸到水池口所经过的距离是不同的，因而取水的深度作为积分变量.在区间 $[0, 5]$ 上任取小区间 $[x, x + dx]$，与这个小区间对应的水层是一个薄片，它的体积近似

地等于一个半径为 y,高为 $\mathrm{d}x$ 的圆柱体的体积,即
$$\mathrm{d}V = \pi y^2 \mathrm{d}x = \pi(5^2 - x^2)\mathrm{d}x,$$
将这层水吸到水池口所需克服的重力为
$$\mu g \mathrm{d}V = \mu g \pi (5^2 - x^2)\mathrm{d}x \quad (\text{其中 } \mu = 1000\mathrm{kg/m^3}),$$
而移动的距离为 x,因此
$$\mathrm{d}W = \mu g \pi x (5^2 - x^2)\mathrm{d}x,$$
积分得所求功
$$W = \int_0^5 \mu g \pi x (5^2 - x^2)\mathrm{d}x = \frac{625}{4}\mu g \pi (\mathrm{J}) \approx 4808125 (\mathrm{J}).$$

例 3 自地面铅直向上发射火箭,试计算将火箭发射到距离地面高度为 h 处所做的功,并由此计算火箭脱离地球引力范围所需要的初速度.

解 如图 4-33 所示建立坐标系,使地球中心为原点,r 轴方向为火箭发射方向,设地球半径为 R,质量为 M,火箭质量为 m. 为了发射火箭,必须克服地球的引力,当火箭位于 r 处时,这个引力的大小为
$$F(r) = G \frac{Mm}{r^2},$$

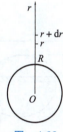

图 4-33

当火箭在地面时,地球对火箭的引力为 mg,故有
$$G \frac{Mm}{R^2} = mg, \quad G = \frac{R^2 g}{M},$$
故
$$F(r) = \frac{mgR^2}{r^2},$$
当火箭由 r 移到 $r + \mathrm{d}r$ 时,所做功的微分为
$$\mathrm{d}W = \frac{mgR^2}{r^2}\mathrm{d}r,$$
因此将火箭发射到距离地面高度为 h 处所做的功为
$$W = \int_R^{R+h} \frac{mgR^2}{r^2}\mathrm{d}r = mgR^2 \left(\frac{1}{R} - \frac{1}{R+h}\right),$$
为了使火箭脱离地球引力范围,也就是要将火箭发射到无穷远处,这时所需要的功为
$$W_\infty = \lim_{h \to +\infty} W = \lim_{h \to +\infty} mgR^2 \left(\frac{1}{R} - \frac{1}{R+h}\right) = mgR,$$
因此必须使火箭的初始动能
$$\frac{1}{2}mv_0^2 \geqslant W_\infty, \quad 即 \frac{1}{2}mv_0^2 \geqslant mgR,$$
将 $g = 9.8\mathrm{m/s^2}, R = 6371\mathrm{km} = 6.371 \times 10^6 \mathrm{m}$ 代入上式,得到
$$v_0 \geqslant \sqrt{2gR} = 11.2\mathrm{km/s},$$
即使火箭脱离地球引力范围所需要的初速度至少为 $11.2\mathrm{km/s}$,这个速度称为第二宇宙速度.

二、液体的静压力

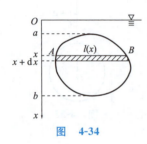

中国创造:蛟龙号

很多实际问题要求计算液体作用于物体表面的压力.我们知道,当压强为常数时,压力=压强×面积.但是当物体表面位于液体中时,物体表面上各点处所受到的压强不再是常数,故不能再利用上面的公式计算压力.如果物体表面是平面,则常常可以利用定积分计算液体对表面的压力.

如图 4-34 所示,将一平面图形铅直放在密度为 μ 的液体中,并如图建立坐标系,取液面处为原点,x 轴的正方向铅直向下,并设 x 处平面图形的水平宽度为 $l(x)$.根据物理学的帕斯卡原理,位于液体中的一点所受到的压强在各个方向上是相同的,它只与这点所处的深度有关,在相同深度处压强相同,并且深度为 x 处的压强为

$$p(x)=\mu g x,$$

在区间 $[a,b]$ 上任取小区间 $[x,x+\mathrm{d}x]$,则与小区间对应的平面图形(图中阴影部分)上各点处的压强近似地等于 $p(x)$,而其面积近似地等于 $l(x)\mathrm{d}x$,因此所受压力的微分为

$$\mathrm{d}P=p(x)(l(x)\mathrm{d}x)=\mu g x l(x)\mathrm{d}x,$$

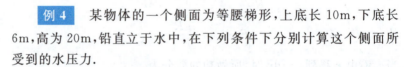

图 4-34

积分得液体对平面的压力

$$P=\int_a^b \mu g x l(x)\mathrm{d}x.$$

例 4 某物体的一个侧面为等腰梯形,上底长 10m,下底长 6m,高为 20m,铅直立于水中,在下列条件下分别计算这个侧面所受到的水压力.

(1) 上底与水面相齐;

(2) 上底位于水深 2m 处.

解 如图 4-35 所示建立坐标系,在 x 轴的区间 $[0,20]$ 上任取小区间 $[x,x+\mathrm{d}x]$,设点 $M(x,y)$ 如图所示,则有

$$\frac{5-3}{y-3}=\frac{20}{20-x}, \quad 得 y=5-\frac{x}{10},$$

因此图中阴影部分面积近似地等于 $2y\mathrm{d}x=\left(10-\dfrac{x}{5}\right)\mathrm{d}x$.

(1) x 处水的压强为 $\mu g x (\mu=1000\mathrm{kg/m^3})$,故

$$\mathrm{d}P=\mu g x\left(10-\frac{x}{5}\right)\mathrm{d}x,$$

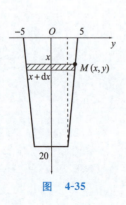

图 4-35

积分得所求压力

$$P=\int_0^{20}\mu g x\left(10-\frac{x}{5}\right)\mathrm{d}x=\frac{4400}{3}\mu g=\frac{44}{3}\times 10^5 g(\mathrm{N});$$

(2) x 处水深为 $x+2$,故水的压强为 $\mu g(x+2)$,于是

$$\mathrm{d}P=\mu g(x+2)\left(10-\frac{x}{5}\right)\mathrm{d}x,$$

积分得所求压力

$$P = \int_0^{20} \mu g(x+2)\left(10 - \frac{x}{5}\right)\mathrm{d}x = \frac{5360}{3}\mu g$$
$$= \frac{536}{3} \times 10^4 g\,(\mathrm{N}).$$

三、细杆对质点的引力

两质点间的引力可以利用公式 $F = G\dfrac{Mm}{r^2}$ 算出，其中 M 与 m 分别是两质点的质量，r 是两质点间的距离，G 是引力常数．

如果要计算细杆对质点的引力，由于细杆上各点与质点间的距离是变化的，因此需要利用定积分来计算．一般地，先在细杆上任取一小段，将这一小段近似地看成一个质点，求出它与已知质点之间的引力微元 $\mathrm{d}F$．如果 $\mathrm{d}F$ 总与某一坐标轴平行，则对 $\mathrm{d}F$ 进行积分可得到所要求的引力 F．如果 $\mathrm{d}F$ 不总与某一坐标轴平行，则需要分别求出 $\mathrm{d}F$ 在 x 轴和 y 轴上的分力 $\mathrm{d}F_x$ 和 $\mathrm{d}F_y$，对 $\mathrm{d}F_x$ 和 $\mathrm{d}F_y$ 分别积分可求得 F_x 和 F_y，由此便可得到 F．

例 5 设一长为 l 的均匀细杆，线密度为 μ，在杆的一端的延长线上有一质量为 m 的质点，质点与该端的距离为 a．

(1) 求细杆与质点间的引力；

(2) 分别求如果将质点由距离杆端 a 处移到 b 处 ($b > a$) 与无穷远处时克服引力所做的功．

解 如图 4-36 所示建立坐标系，使细杆位于区间 $[0, l]$ 上，质点位于 $l + a$ 处．

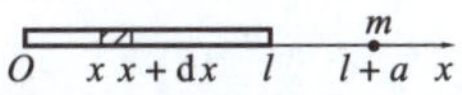

(1) 在 $[0, l]$ 上任取小区间 $[x, x + \mathrm{d}x]$，将位于此区间上的一小段细杆近似地看成位于点 x 处的质点，其质量为 $\mu\mathrm{d}x$，它与质点 m 的引力近似地等于

图 4-36

$$\mathrm{d}F = G\frac{m(\mu\mathrm{d}x)}{(a+l-x)^2},$$

由于 $\mathrm{d}F$ 总与 x 轴平行，积分得所要求的功

$$F = \int_0^l \frac{Gm\mu}{(a+l-x)^2}\mathrm{d}x = Gm\mu \left.\frac{1}{a+l-x}\right|_0^l$$
$$= Gm\mu\left(\frac{1}{a} - \frac{1}{a+l}\right) = \frac{Gm\mu l}{a(a+l)};$$

(2) 当质点向右移至距杆端 x ($x \geq a$) 处时，细杆与质点间的引力为

$$F(x) = \frac{Gm\mu l}{x(x+l)},$$

将质点由 a 处移至 b 处与无穷远处时克服引力所做的功分别记作 W_b 和 W_∞．在区间 $[a, b]$ 上任取小区间 $[x, x + \mathrm{d}x]$，则质点由 x 移到 $x + \mathrm{d}x$ 时克服引力所做的功近似地等于

$$dW = F(x)dx = \frac{Gm\mu l}{x(x+l)}dx,$$

积分得 $W_b = \int_a^b F(x)dx = \int_a^b \frac{Gm\mu l}{x(x+l)}dx$

$$= Gm\mu \int_a^b \left(\frac{1}{x} - \frac{1}{x+l}\right)dx = Gm\mu \ln \frac{b(a+l)}{a(b+l)},$$

$$W_\infty = \lim_{b \to +\infty} W_b = \lim_{b \to +\infty} Gm\mu \ln \frac{b(a+l)}{a(b+l)} = Gm\mu \ln \frac{a+l}{a}.$$

例 6 用线密度为 μ 的细铁丝围成半径为 R 的半圆弧,在圆心处有一质量为 m 的质点,求铁丝对质点的引力.

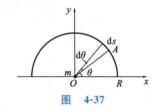

图 4-37

解 如图 4-37 所示建立坐标系,取 θ 为积分变量,在 $[0,\pi]$ 上任取小区间 $[\theta,\theta+d\theta]$,这个小区间对应的弧长为 $ds = Rd\theta$,其质量为 $\mu ds = \mu R d\theta$,小弧段可以近似地看成位于点 A 处的质点,它对质点 m 的引力的大小近似地等于

$$dF = G\frac{m(\mu ds)}{R^2} = \frac{Gm\mu R}{R^2}d\theta = \frac{Gm\mu}{R}d\theta,$$

而其方向近似地在 OA 方向上,它在 y 轴方向上的分力为

$$dF_y = dF \cdot \sin\theta = \frac{Gm\mu}{R}\sin\theta d\theta,$$

积分得

$$F_y = \int_0^\pi \frac{Gm\mu}{R}\sin\theta d\theta = \frac{2Gm\mu}{R},$$

由于半圆弧是均匀的,并且关于 y 轴对称,则 F 在 x 轴方向上的分力 $F_x = 0$,因此

$$F = \sqrt{F_x^2 + F_y^2} = \frac{2Gm\mu}{R}.$$

习题 4-8

1. 一细杆位于 x 轴上的区间 $[0,10]$ 上,杆上点 x 处的线密度为 $\mu = (6+0.3x)\text{kg/m}$,求细杆的质量.

2. 某质点做直线运动,速度为 $v = t^2 + \sin 3t$,求质点在时间 $[0,T]$ 内所经过的路程.

3. 一根平放的弹簧,将其拉长 10cm 时要用 5N 的力,求将其拉长 15cm 时克服弹性力所做的功.

4. 一物体按规律 $x = ct^3$ 做直线运动,介质的阻力与速度的平方成正比(比例系数为 k),计算物体由 $x=0$ 移至 $x=a$ 时克服介质阻力所做的功.

5. 用铁锤将一铁钉击入木板,设木板对铁钉的阻力与铁钉击入木板的深度成正比,在击第一次时,将铁钉击入木板 1cm,如果铁锤每次打击铁钉所做的功相等,问锤击第二次时,铁钉又击入多少?

6. 把质量为 M 的冰块沿地面匀速地推过距离 s,速度是 v_0,冰块质量每单位时间减少 m,设摩擦因数为 μ,问在整个过程中克服摩擦力做了多少功?

7. 直径为 20cm,高为 80cm 的圆柱形容器内充满压强为 10N/cm^2 的蒸汽,设温度保持不变,要使蒸汽体积缩小一半,问需要做多少功?

8. 在底半径为 r m,高为 h m 的圆柱形水桶中存满水,要把桶内的水全部吸出,求所做的功.

9. 设一圆锥形贮水池,深 15m,直径 20m,盛满水,如果将水抽空,问要做多少功?

10. 某加油站把汽油存放在地下一容器中,容器为水平躺放着的圆柱体,圆柱的底面半径为 1.5m,长度为 4m,并且最高点位于地面下方 3m 处,设容器装满了汽油,试求把容器中的汽油全部抽至地面所做的功(汽油密度为 $0.71\times10^3\text{kg/m}^3$).

11. 有一半径为 R 的圆形闸门铅直立于水中,求水面与闸顶同样高时闸门所受的水压力.

12. 洒水车的水箱是一个横放的椭圆柱体,其端面椭圆的尺寸如图 4-38 所示,当水箱装满水时,计算一个端面所受的压力.

图 4-38

13. 一底为 8m,高为 6m 的等腰三角形片铅直地立于水中,顶在上,底在下且与水面平行,而顶离水面 3m,求它每面所受的压力.

14. 设有一长度为 l,线密度为 μ 的均匀细杆,在其中垂线上距细杆 a 单位处有一质量为 m 的质点 M,试计算细杆对质点 M 的引力.

15. 一均匀细杆 AB,长为 l,质量为 M,另有一质量为 m 的质点 C,位于过 A 点且垂直于细杆的直线上,$AC=h$,试计算细杆对质点的引力.

16. 在纯电阻电路中,已知电流 $i=I_m\sin\omega t$,其中 I_m,ω 为常数,t 为时间,计算一个周期的功率的平均值(电阻值为 R 时,瞬时功率为 $P(t)=i^2R$).

17. 一质点在阻力影响下做匀减速直线运动,速度每秒减少 2m,若初速度为 25m/s,问质点能走多远?

18. 一汽车以速度 $v$km/h 行驶,若其速度 v 的大小介于 40km/h 和 100km/h 之间,则它每消耗 1L 汽油可行驶 $\left(8+\dfrac{v}{30}\right)$km,假设作为时间 t 的函数的速度由 $v=\dfrac{80t}{t+1}$ 给出(t 的单位为 h),问在 $t=2$ 和 $t=3$ 之间这段时间内汽车消耗了多少升汽油?

第九节 综合例题

例 1 求下列极限：

(1) $\lim\limits_{n\to\infty}\left(\dfrac{n}{n^2+1}+\dfrac{n}{n^2+4}+\cdots+\dfrac{n}{n^2+n^2}\right)$;

(2) $\lim\limits_{n\to\infty}\left[\left(1+\dfrac{1}{n^2}\right)\left(1+\dfrac{2^2}{n^2}\right)\cdots\left(1+\dfrac{n^2}{n^2}\right)\right]^{\frac{1}{n}}$;

(3) $\lim\limits_{n\to\infty}\left(\dfrac{\sin\frac{\pi}{n}}{n+1}+\dfrac{\sin\frac{2\pi}{n}}{n+\frac{1}{2}}+\cdots+\dfrac{\sin\pi}{n+\frac{1}{n}}\right)$.

解 若函数 $f(x)$ 在区间 $[0,1]$ 上可积，将区间 $[0,1]$ n 等分，设分点为 $x_i=\dfrac{i}{n}$，$\Delta x_i=x_i-x_{i-1}=\dfrac{1}{n}(i=1,2,\cdots,n)$，令 $\lambda=\max\limits_{1\leqslant i\leqslant n}\{\Delta x_i\}=\dfrac{1}{n}$，取 $\xi_i=x_i$，则根据定积分的定义，有

$$\int_0^1 f(x)\mathrm{d}x=\lim_{\lambda\to 0}\sum_{i=1}^n f(\xi_i)\Delta x_i=\lim_{n\to\infty}\sum_{i=1}^n f\left(\dfrac{i}{n}\right)\dfrac{1}{n}.$$

(1) $\lim\limits_{n\to\infty}\left(\dfrac{n}{n^2+1}+\dfrac{n}{n^2+4}+\cdots+\dfrac{n}{n^2+n^2}\right)$

$=\lim\limits_{n\to\infty}\sum\limits_{i=1}^n\dfrac{n}{n^2+i^2}$

$=\lim\limits_{n\to\infty}\sum\limits_{i=1}^n\dfrac{1}{1+\left(\frac{i}{n}\right)^2}\dfrac{1}{n}\quad\left(\diamondsuit f(x)=\dfrac{1}{1+x^2}\right)$

$=\int_0^1\dfrac{\mathrm{d}x}{1+x^2}=\arctan x\Big|_0^1=\dfrac{\pi}{4}$;

(2) 令 $y_n=\left[\left(1+\dfrac{1}{n^2}\right)\left(1+\dfrac{2^2}{n^2}\right)\cdots\left(1+\dfrac{n^2}{n^2}\right)\right]^{\frac{1}{n}}$,

$\lim\limits_{n\to\infty}\ln y_n=\lim\limits_{n\to\infty}\dfrac{1}{n}\ln\left[\left(1+\dfrac{1}{n^2}\right)\left(1+\dfrac{2^2}{n^2}\right)\cdots\left(1+\dfrac{n^2}{n^2}\right)\right]$

$=\lim\limits_{n\to\infty}\dfrac{1}{n}\sum\limits_{i=1}^n\ln\left(1+\left(\dfrac{i}{n}\right)^2\right)$

$=\lim\limits_{n\to\infty}\sum\limits_{i=1}^n\ln\left(1+\left(\dfrac{i}{n}\right)^2\right)\dfrac{1}{n}\quad(\diamondsuit f(x)=\ln(1+x^2))$

$=\int_0^1\ln(1+x^2)\mathrm{d}x=x\ln(1+x^2)\Big|_0^1-\int_0^1\dfrac{2x^2}{1+x^2}\mathrm{d}x$

$=\ln 2-2\int_0^1\left(1-\dfrac{1}{1+x^2}\right)\mathrm{d}x=\ln 2-2(x-\arctan x)\Big|_0^1$

$=\ln 2-2+\dfrac{\pi}{2}$;

(3) $\lim\limits_{n\to\infty}\left[\dfrac{\sin\dfrac{\pi}{n}}{n+1}+\dfrac{\sin\dfrac{2\pi}{n}}{n+\dfrac{1}{2}}+\cdots+\dfrac{\sin\pi}{n+\dfrac{1}{n}}\right]=\lim\limits_{n\to\infty}\sum\limits_{i=1}^{n}\dfrac{\sin\dfrac{i\pi}{n}}{n+\dfrac{1}{i}}$,

此式不易直接化成定积分,但由于

$$\sum_{i=1}^{n}\dfrac{\sin\dfrac{i\pi}{n}}{n+1}\leqslant\sum_{i=1}^{n}\dfrac{\sin\dfrac{i\pi}{n}}{n+\dfrac{1}{i}}\leqslant\sum_{i=1}^{n}\dfrac{\sin\dfrac{i\pi}{n}}{n},$$

而 $\lim\limits_{n\to\infty}\sum\limits_{i=1}^{n}\dfrac{\sin\dfrac{i\pi}{n}}{n}=\lim\limits_{n\to\infty}\sum\limits_{i=1}^{n}\sin\dfrac{i\pi}{n}\cdot\dfrac{1}{n}=\int_0^1\sin\pi x\,\mathrm{d}x=\dfrac{2}{\pi}$,

$\lim\limits_{n\to\infty}\sum\limits_{i=1}^{n}\dfrac{\sin\dfrac{i\pi}{n}}{n+1}=\lim\limits_{n\to\infty}\dfrac{n}{n+1}\sum\limits_{i=1}^{n}\sin\dfrac{i\pi}{n}\cdot\dfrac{1}{n}=\dfrac{2}{\pi}$,

由夹逼准则,知

$$\lim_{n\to\infty}\left[\dfrac{\sin\dfrac{\pi}{n}}{n+1}+\dfrac{\sin\dfrac{2\pi}{n}}{n+\dfrac{1}{2}}+\cdots+\dfrac{\sin\pi}{n+\dfrac{1}{n}}\right]=\dfrac{2}{\pi}.$$

例 2 设函数 $f(x)$ 连续,且 $f(x)=x+2\int_0^1 f(t)\mathrm{d}t$,求 $f(x)$.

解 记 $\int_0^1 f(t)\mathrm{d}t=a$,则有

$$f(x)=x+2a,$$

两端同时积分,得

$$\int_0^1 f(x)\mathrm{d}x=\int_0^1(x+2a)\mathrm{d}x=\dfrac{1}{2}+2a,$$

即 $a=\dfrac{1}{2}+2a$,解得 $a=-\dfrac{1}{2}$,故

$$f(x)=x-1.$$

例 3 设函数 $f(x)$ 及其反函数 $g(x)$ 都可微,且有关系式

$$\int_1^{f(x)}g(t)\mathrm{d}t=\dfrac{1}{3}(x^{\frac{3}{2}}-8),\quad \text{求 } f(x).$$

解 等式两端对 x 求导,得

$$g(f(x))f'(x)=\dfrac{1}{2}x^{\frac{1}{2}},$$

即 $xf'(x)=\dfrac{1}{2}x^{\frac{1}{2}},\quad f'(x)=\dfrac{1}{2\sqrt{x}},\quad f(x)=\sqrt{x}+C,$

在已知关系式中令 $f(x)=1$,得

$$0=\int_1^1 g(x)\mathrm{d}x=\dfrac{1}{3}(x^{\frac{3}{2}}-8),$$

解得 $x=4$，代入 $f(x)$ 的表达式，得 $1=\sqrt{4}+C, C=-1$，故
$$f(x)=\sqrt{x}-1.$$

例 4 设 $f(x)$ 是连续函数，$f(x)=\dfrac{1}{2}\int_0^x (x-t)^2 g(t)\mathrm{d}t$，求 $f''(x)$.

解 $f(x)=\dfrac{1}{2}\int_0^x (x^2-2xt+t^2)g(t)\mathrm{d}t$

$=\dfrac{1}{2}x^2\int_0^x g(t)\mathrm{d}t - x\int_0^x tg(t)\mathrm{d}t + \dfrac{1}{2}\int_0^x t^2 g(t)\mathrm{d}t,$

$f'(x)=x\int_0^x g(t)\mathrm{d}t + \dfrac{1}{2}x^2 g(x) - \int_0^x tg(t)\mathrm{d}t -$

$\qquad x\cdot xg(x)+\dfrac{1}{2}x^2 g(x)$

$=x\int_0^x g(t)\mathrm{d}t - \int_0^x tg(t)\mathrm{d}t,$

$f''(x)=\int_0^x g(t)\mathrm{d}t + xg(x) - xg(x) = \int_0^x g(t)\mathrm{d}t.$

例 5 证明柯西不等式
$$\left[\int_a^b f(x)g(x)\mathrm{d}x\right]^2 \leqslant \int_a^b f^2(x)\mathrm{d}x \int_a^b g^2(x)\mathrm{d}x.$$

证 不妨设 $a\leqslant b$，由于 $[\lambda f(x)+g(x)]^2\geqslant 0$，

故 $\qquad \int_a^b [\lambda f(x)+g(x)]^2 \mathrm{d}x \geqslant 0,$

即 $\lambda^2\int_a^b f^2(x)\mathrm{d}x + 2\lambda\int_a^b f(x)g(x)\mathrm{d}x + \int_a^b g^2(x)\mathrm{d}x \geqslant 0,$

上式左端是 λ 的二次三项式，故其判别式不大于零，即

$$4\left[\int_a^b f(x)g(x)\mathrm{d}x\right]^2 - 4\int_a^b f^2(x)\mathrm{d}x \int_a^b g^2(x)\mathrm{d}x \leqslant 0,$$

得 $\qquad \left[\int_a^b f(x)g(x)\mathrm{d}x\right]^2 \leqslant \int_a^b f^2(x)\mathrm{d}x \int_a^b g^2(x)\mathrm{d}x.$

例 6 设函数 $f(x)$ 在 $[0,1]$ 上连续，在 $(0,1)$ 内可导，且满足 $f(1)=k\int_0^{\frac{1}{k}} x\mathrm{e}^{1-x}f(x)\mathrm{d}x(k>1)$，证明 $\exists \xi\in(0,1)$，使
$$f'(\xi)=(1-\xi^{-1})f(\xi).$$

证 令 $F(x)=x\mathrm{e}^{1-x}f(x)$，则 $F(x)$ 在 $[0,1]$ 上连续，在 $(0,1)$ 内可导，有 $F(1)=f(1)$，又根据积分中值定理，$\exists c\in\left[0,\dfrac{1}{k}\right]$，使

$$f(1)=k\int_0^{\frac{1}{k}} x\mathrm{e}^{1-x}f(x)\mathrm{d}x = kc\mathrm{e}^{1-c}f(c)\dfrac{1}{k}=c\mathrm{e}^{1-c}f(c),$$

即 $F(c)=F(1)$，由罗尔定理，$\exists \xi\in(c,1)\subset(0,1)$，使 $F'(\xi)=0$，即

$$\mathrm{e}^{1-\xi}f(\xi) - \xi\mathrm{e}^{1-\xi}f(\xi) + \xi\mathrm{e}^{1-\xi}f'(\xi)=0,$$

消去 $e^{1-\xi}$,得
$$f'(\xi)=(1-\xi^{-1})f(\xi).$$

例 7 设 $y=f(x)$ 是区间 $[0,1]$ 上的任一非负连续函数.

(1) 试证存在 $x_0\in(0,1)$,使得在区间 $[0,x_0]$ 上以 $f(x_0)$ 为高的矩形的面积等于在区间 $[x_0,1]$ 上以 $y=f(x)$ 为曲边的曲边梯形的面积,如图 4-39 所示;

(2) 又设 $f(x)$ 在区间 $(0,1)$ 内可导,且 $f'(x)>-\dfrac{2f(x)}{x}$,证明(1) 中的 x_0 是唯一的.

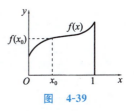

图 4-39

证 (1)(要证存在 $x_0\in(0,1)$,使
$$x_0 f(x_0)=\int_{x_0}^1 f(x)\mathrm{d}x, \quad 即 \quad x_0 f(x_0)+\int_1^{x_0} f(x)\mathrm{d}x=0,$$
由于
$$\left(t\int_1^t f(x)\mathrm{d}x\right)'=tf(t)+\int_1^t f(x)\mathrm{d}x,$$
故只需证存在 $x_0\in(0,1)$,使 $\left(t\int_1^t f(x)\mathrm{d}x\right)'\Big|_{t=x_0}=0$ 即可.)

令 $F(t)=t\int_1^t f(x)\mathrm{d}x$,由于 $f(x)$ 在 $[0,1]$ 上连续,故 $F(t)$ 在 $[0,1]$ 上可导,又 $F(0)=0, F(1)=0$,根据罗尔定理,$\exists x_0\in(0,1)$,使 $F'(x_0)=0$,即
$$x_0 f(x_0)+\int_1^{x_0} f(x)\mathrm{d}x=0,$$
$$x_0 f(x_0)=\int_{x_0}^1 f(x)\mathrm{d}x,$$
故(1) 的结论得证.

(2) 由 $f'(x)>-\dfrac{2f(x)}{x}$,以及 $x>0$,有 $xf'(x)+2f(x)>0$,
又由于
$$F'(t)=tf(t)+\int_1^t f(x)\mathrm{d}x,$$
故有 $F''(t)=f(t)+tf'(t)+f(t)=tf'(t)+2f(t)>0$,
因而 $F'(t)$ 在 $(0,1)$ 内单调增加,因此 $F'(t)$ 在 $(0,1)$ 内的零点唯一,即 x_0 是唯一的.

例 8 确定常数 a,b,c 的值,使 $\lim\limits_{x\to 0}\dfrac{ax-\sin x}{\int_b^x \dfrac{\ln(1+t^3)}{t}\mathrm{d}t}=c(c\neq 0)$.

解 由于 $c\neq 0$,及 $\lim\limits_{x\to 0}(ax-\sin x)=0$,故
$$\lim_{x\to 0}\int_b^x \dfrac{\ln(1+t^3)}{t}\mathrm{d}t=\int_b^0 \dfrac{\ln(1+t^3)}{t}\mathrm{d}t=0,$$
如果 $b\neq 0$,则由于在 $(0,b]$ 或 $[b,0)$ 上 $\dfrac{\ln(1+t^3)}{t}>0$,则
$\int_b^0 \dfrac{\ln(1+t^3)}{t}\mathrm{d}t\neq 0$,矛盾,因此有 $b=0$,利用麦克劳林公式,得

$$c = \lim_{x \to 0} \frac{ax - \left(x - \frac{x^3}{3!} + o(x^3)\right)}{\int_0^x \frac{1}{t}(t^3 + o(t^3)) \mathrm{d}t} = \lim_{x \to 0} \frac{(a-1)x + \frac{x^3}{6} + o(x^3)}{\frac{1}{3}x^3 + o(x^3)},$$

得 $a - 1 = 0, \frac{1}{6} / \frac{1}{3} = c$，于是 $a = 1, b = 0, c = \frac{1}{2}$.

例 9 设 $f(x) = \dfrac{\sqrt{1+x}}{\sin \frac{\pi}{2} x}$，计算积分 $\int_{-1}^{1} \dfrac{f'(x)}{1 + f^2(x)} \mathrm{d}x$.

解 $x = 0$ 是瑕点，积分为反常积分.

$$\int_{-1}^{1} \frac{f'(x)}{1 + f^2(x)} \mathrm{d}x = \int_{-1}^{0} \frac{f'(x)}{1 + f^2(x)} \mathrm{d}x + \int_{0}^{1} \frac{f'(x)}{1 + f^2(x)} \mathrm{d}x$$

$$= \arctan f(x) \Big|_{-1}^{0} + \arctan f(x) \Big|_{0}^{1}$$

$$= \lim_{x \to 0^-} \arctan f(x) - \arctan f(-1) + \arctan f(1) - \lim_{x \to 0^+} \arctan f(x)$$

$$= -\frac{\pi}{2} - 0 + \arctan \sqrt{2} - \frac{\pi}{2} = \arctan \sqrt{2} - \pi.$$

例 10 设函数 $f(x)$ 连续，$\varphi(x) = \int_0^1 f(xt) \mathrm{d}t$，且 $\lim\limits_{x \to 0} \dfrac{f(x)}{x} = A$ (A 为常数)，求 $\varphi'(x)$，并讨论 $\varphi'(x)$ 在 $x = 0$ 处的连续性.

解 由 $\lim\limits_{x \to 0} \dfrac{f(x)}{x} = A$，有 $f(0) = \lim\limits_{x \to 0} f(x) = 0$,

$$\varphi(0) = \int_0^1 f(0) \mathrm{d}t = 0,$$

当 $x \neq 0$ 时，令 $u = xt$,

$$\varphi(x) = \int_0^x \frac{1}{x} f(u) \mathrm{d}u = \frac{1}{x} \int_0^x f(u) \mathrm{d}u,$$

故

$$\varphi'(x) = \frac{f(x)}{x} - \frac{1}{x^2} \int_0^x f(u) \mathrm{d}u,$$

$$\varphi'(0) = \lim_{x \to 0} \frac{\varphi(x) - \varphi(0)}{x} = \lim_{x \to 0} \frac{\int_0^x f(u) \mathrm{d}u}{x^2} = \lim_{x \to 0} \frac{f(x)}{2x} = \frac{A}{2},$$

由于

$$\lim_{x \to 0} \varphi'(x) = \lim_{x \to 0} \left[\frac{f(x)}{x} - \frac{1}{x^2} \int_0^x f(u) \mathrm{d}u \right]$$

$$= \lim_{x \to 0} \frac{f(x)}{x} - \lim_{x \to 0} \frac{1}{x^2} \int_0^x f(u) \mathrm{d}u = A - \frac{A}{2} = \frac{A}{2} = \varphi'(0),$$

因此 $\varphi'(x)$ 在 $x = 0$ 处连续.

例 11 设函数 $f(x)$ 在 $[0,1]$ 上可导，且 $|f'(x)| < M$，证明：

$$\left| \int_0^1 f(x) \mathrm{d}x - \frac{1}{n} \sum_{k=1}^n f\left(\frac{k}{n}\right) \right| \leqslant \frac{M}{2n}.$$

证 将区间 $[0,1]$ n 等分，则

$$\left| \int_0^1 f(x)\mathrm{d}x - \frac{1}{n}\sum_{k=1}^n f\left(\frac{k}{n}\right) \right|$$

$$= \left| \sum_{k=1}^n \int_{\frac{k-1}{n}}^{\frac{k}{n}} f(x)\mathrm{d}x - \sum_{k=1}^n \int_{\frac{k-1}{n}}^{\frac{k}{n}} f\left(\frac{k}{n}\right)\mathrm{d}x \right|$$

$$= \left| \sum_{k=1}^n \int_{\frac{k-1}{n}}^{\frac{k}{n}} \left[f(x) - f\left(\frac{k}{n}\right)\right]\mathrm{d}x \right|$$

$$\leqslant \sum_{k=1}^n \int_{\frac{k-1}{n}}^{\frac{k}{n}} \left| f(x) - f\left(\frac{k}{n}\right) \right|\mathrm{d}x \quad \text{（利用拉格朗日中值公式）}$$

$$= \sum_{k=1}^n \int_{\frac{k-1}{n}}^{\frac{k}{n}} \left| f'(\xi_k)\left(x - \frac{k}{n}\right) \right|\mathrm{d}x \quad \left(\exists \xi_k \in \left(x, \frac{k}{n}\right)\right)$$

$$\leqslant \sum_{k=1}^n \int_{\frac{k-1}{n}}^{\frac{k}{n}} M\left| x - \frac{k}{n} \right|\mathrm{d}x$$

$$= M \sum_{k=1}^n \int_{\frac{k-1}{n}}^{\frac{k}{n}} \left(\frac{k}{n} - x\right)\mathrm{d}x = M \sum_{k=1}^n \frac{1}{2n^2} = \frac{M}{2n}.$$

例 12 设函数 $f(x)$ 连续，且 $\int_0^x t f(2x-t)\mathrm{d}t = \frac{1}{2}\arctan x^2$，已知 $f(1)=1$，求 $\int_1^2 f(x)\mathrm{d}x$ 的值.

解 令 $u = 2x - t$，则

$$\int_0^x t f(2x-t)\mathrm{d}t = \int_{2x}^x (2x-u)f(u)(-\mathrm{d}u)$$

$$= 2x \int_x^{2x} f(u)\mathrm{d}u - \int_x^{2x} u f(u)\mathrm{d}u,$$

于是有 $\quad 2x \int_x^{2x} f(u)\mathrm{d}u - \int_x^{2x} u f(u)\mathrm{d}u = \frac{1}{2}\arctan x^2$，

上式两端对 x 求导，得

$$2\int_x^{2x} f(u)\mathrm{d}u + 2x[2f(2x) - f(x)] - 2xf(2x)\cdot 2 + xf(x)$$

$$= \frac{x}{1+x^4},$$

即 $\quad \int_x^{2x} f(u)\mathrm{d}u = \frac{x}{2(1+x^4)} + \frac{x}{2}f(x)$，

令 $x = 1$，得

$$\int_1^2 f(x)\mathrm{d}x = \frac{1}{2\times 2} + \frac{1}{2}f(1) = \frac{3}{4}.$$

例 13 设函数 $f(x)$ 在 $[a,b]$ 上连续且单调增加，证明：在 (a,b) 内存在点 ξ，使曲线 $y = f(x)$ 与两直线 $y = f(\xi)$，$x = a$ 所围平面图形的面积 S_1 是曲线 $y = f(x)$ 与两直线 $y = f(\xi)$，$x = b$ 所围平面图形面积 S_2 的 3 倍.

证 如图 4-40 所示，要证 $\exists \xi \in (a,b)$，使 $S_1 = 3S_2$，即

$$\int_a^\xi [f(\xi) - f(x)]\mathrm{d}x = 3\int_\xi^b [f(x) - f(\xi)]\mathrm{d}x,$$

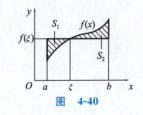

图 4-40

设辅助函数

$$F(t) = \int_a^t [f(t) - f(x)]dx - 3\int_t^b [f(x) - f(t)]dx,$$

由于 $f(x)$ 在 $[a,b]$ 上连续,故 $F(t)$ 在 $[a,b]$ 上连续,由于 $f(x)$ 在 $[a,b]$ 上单调增加,有

$$F(a) = -3\int_a^b [f(x) - f(a)]dx < 0,$$

$$F(b) = \int_a^b [f(b) - f(x)]dx > 0,$$

根据连续函数的介值定理,$\exists \xi \in (a,b)$,使 $F(\xi) = 0$,即

$$\int_a^\xi [f(\xi) - f(x)]dx - 3\int_\xi^b [f(x) - f(\xi)]dx = 0,$$

故 $\qquad \int_a^\xi [f(\xi) - f(x)]dx = 3\int_\xi^b [f(x) - f(\xi)]dx,$

即 $\qquad\qquad\qquad S_1 = 3S_2.$

例 14 如图 4-41 所示,过点 $P(1,0)$ 作抛物线 $y = \sqrt{x-2}$ 的切线,该切线与抛物线及 x 轴围成一平面图形,求此平面图形绕 x 轴旋转一周所成旋转体的体积.

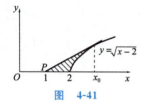

图 4-41

解 设切点为 $(x_0, \sqrt{x_0-2})$,在此点处抛物线切线的斜率为

$$y'|_{x=x_0} = \frac{1}{2\sqrt{x_0-2}},$$

切线方程为

$$y - \sqrt{x_0-2} = \frac{1}{2\sqrt{x_0-2}}(x - x_0),$$

将点 $P(1,0)$ 代入,得 $-\sqrt{x_0-2} = \dfrac{1}{2\sqrt{x_0-2}}(1-x_0)$,故 $x_0 = 3$,因此 $\sqrt{x_0-2} = 1$,所求旋转体体积等于一个底面半径为 1、高为 2 的圆锥体体积减去由 $y = \sqrt{x-2}, x = 3$ 及 x 轴所围成的曲边梯形绕 x 轴旋转一周而成的旋转体体积,即

$$V = \frac{1}{3}\pi \times 1^2 \times 2 - \int_2^3 \pi(\sqrt{x-2})^2 dx = \frac{\pi}{6}.$$

例 15 某建筑工地打地基时,需用汽锤将桩打进土层,汽锤每次击打都将克服土层对桩的阻力而做功,设土层对桩的阻力的大小与桩被打进地下的深度成正比(比例系数为 $k, k>0$),汽锤第一次击打将桩打进地下 a m,根据设计方案,要求汽锤每次击打时所做的功与前一次击打时所做的功之比为常数 $r(0<r<1)$,问

(1) 汽锤击打桩 3 次后,可将桩打进地下多深?

(2) 若击打次数不限,汽锤至多能将桩打进地下多深?

解 (1) 设第 n 次击打后,桩被打至地下深为 x_n 处,第 n 次击打时,汽锤所做的功为 $W_n(n=1,2,\cdots)$.由题设,当桩被打进地下的深度为 x 时,土层对桩的阻力的大小为 $F = kx$,所以

$$W_1 = \int_0^{x_1} kx\,dx = \frac{k}{2}x_1^2 = \frac{k}{2}a^2,$$

$$W_2 = \int_{x_1}^{x_2} kx\,dx = \frac{k}{2}(x_2^2 - x_1^2) = \frac{k}{2}(x_2^2 - a^2),$$

由 $W_2 = rW_1$,得 $\quad \dfrac{k}{2}(x_2^2 - a^2) = r\dfrac{k}{2}a^2,$

故 $\quad x_2^2 = (1+r)a^2,$

$$W_3 = \int_{x_2}^{x_3} kx\,dx = \frac{k}{2}(x_3^2 - x_2^2) = \frac{k}{2}(x_3^2 - (1+r)a^2),$$

由 $W_3 = rW_2 = r^2 W_1$,得 $\dfrac{k}{2}(x_3^2 - (1+r)a^2) = r^2 \dfrac{k}{2}a^2,$

故 $\quad x_3 = \sqrt{1 + r + r^2}\,a,$

即汽锤击打 3 次后,可将桩打进地下 $\sqrt{1+r+r^2}\,a$ m;

(2) 由(1) 有 $x_2 = \sqrt{1+r}\,a$,设 $x_n = \sqrt{1 + r + r^2 + \cdots + r^{n-1}}\,a$,
则

$$W_{n+1} = \int_{x_n}^{x_{n+1}} kx\,dx = \frac{k}{2}(x_{n+1}^2 - x_n^2)$$

$$= \frac{k}{2}(x_{n+1}^2 - (1 + r + r^2 + \cdots + r^{n-1})a),$$

由于 $W_{n+1} = rW_n = r^2 W_{n-1} = \cdots = r^n W_1$,得

$$\frac{k}{2}(x_{n+1}^2 - (1 + r + r^2 + \cdots + r^{n-1})a) = r^n \frac{k}{2}a^2,$$

$$x_{n+1} = \sqrt{1 + r + r^2 + \cdots + r^n}\,a,$$

由数学归纳法知 $x_n = \sqrt{1 + r + r^2 + \cdots + r^{n-1}}\,a = \sqrt{\dfrac{1-r^n}{1-r}}\,a$,由于

$$\lim_{n\to\infty} x_n = \lim_{n\to\infty} \sqrt{\frac{1-r^n}{1-r}}\,a = \sqrt{\frac{1}{1-r}}\,a,$$

则若击打次数不限,汽锤至多能将桩打进地下深 $\sqrt{\dfrac{1}{1-r}}\,a$ m 处.

例 16 将密度与水相同(1000kg/m^3),半径为 R m 的球沉没在水中,使它的最高点与水面相接,若将它从水中取出需做多少功?

解 如图 4-42 所示建立坐标系,取 x 为积分变量,在 $[-R, R]$ 上任取有代表性小区间 $[x, x+dx]$,此小区间上球体薄片的体积微元为

$$dV = \pi y^2 dx = \pi(R^2 - x^2)dx,$$

将球从水中取出时,此薄片在水中移动距离约等于 $R+x$,在水外面移动距离约等于 $2R - (R+x) = R - x$,由于球的密度与水的密度相同,在水中重力与浮力大小相等,而方向相反,所以小薄片在水中移动时所做的功为零,在水面外所做功的微元为

$$dW = (R-x)\mu g \pi(R^2 - x^2)dx,$$

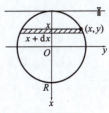

图 4-42

积分得所要求的功

$$W = \int_{-R}^{R} (R-x)\mu g \pi (R^2 - x^2) \mathrm{d}x$$
$$= 2\pi \mu g \int_0^R R(R^2 - x^2) \mathrm{d}x = \frac{4}{3}\pi \mu g R^4$$
$$= \frac{4000}{3} \pi g R^4 \text{(J)}.$$

习题 4-9

1. 设在区间 $[a,b]$ 上 $f(x) > 0, f'(x) < 0, f''(x) > 0$，且 $S_1 = \int_a^b f(x)\mathrm{d}x, S_2 = f(b)(b-a), S_3 = \frac{1}{2}[f(a)+f(b)](b-a)$，试比较 S_1, S_2, S_3 的大小.

2. 设 $y = f(x)$ 是 $[0, +\infty)$ 上单调增加的连续函数，$f(0) = 0$，$\lim\limits_{x \to +\infty} f(x) = +\infty, x = g(y)$ 是它的反函数，试用定积分的几何意义说明：对任意 $a \geq 0, b \geq 0$，总有 $\int_0^a f(x)\mathrm{d}x + \int_0^b g(y)\mathrm{d}y \geq ab$，并指出等号成立的条件.

3. 计算下列极限：

    (1) $\lim\limits_{n \to \infty} \dfrac{1^p + 2^p + \cdots + n^p}{n^{p+1}} (p > 0)$;

    (2) $\lim\limits_{n \to \infty} \ln \dfrac{\sqrt[n]{n!}}{n}$;

    (3) $\lim\limits_{n \to \infty} \dfrac{1 + \sqrt{2} + \sqrt{3} + \cdots + \sqrt{n}}{n\sqrt{n}}$;

    (4) $\lim\limits_{n \to \infty} n^2 \left[\dfrac{1}{(n^2+1)^2} + \dfrac{2}{(n^2+4)^2} + \cdots + \dfrac{n}{(2n^2)^2} \right]$.

4. 计算下列积分：

    (1) $\int_0^{\frac{\pi}{4}} \ln(1+\tan x) \mathrm{d}x$; (2) $\int e^{\sin x} \dfrac{x \cos^3 x - \sin x}{\cos^2 x} \mathrm{d}x$;

    (3) $\int_0^{n\pi} \sqrt{1 - \sin 2x} \,\mathrm{d}x$ (n 是正整数);

    (4) $\int_{-2}^{2} (|x|+x) e^{-|x|} \mathrm{d}x$; (5) $\int \dfrac{\arctan e^x}{e^{2x}} \mathrm{d}x$;

    (6) $\int \dfrac{\mathrm{d}x}{\sin 2x + 2\sin x}$; (7) $\int \dfrac{\arctan x}{x^2(1+x^2)} \mathrm{d}x$;

    (8) $\int \dfrac{x e^x}{\sqrt{e^x - 2}} \mathrm{d}x$; (9) $\int_{\frac{1}{2}}^{\frac{\sqrt{3}}{2}} \dfrac{x^2}{\sqrt{1-x^2}} \mathrm{d}x$;

    (10) $\int_0^{\ln 2} \sqrt{1 - e^{-2x}} \,\mathrm{d}x$; (11) $\int e^{2x} (\tan x + 1)^2 \mathrm{d}x$;

(12) $\int_1^{+\infty} \dfrac{\arctan x}{x^2}dx$;   (13) $\int_1^{+\infty} \dfrac{dx}{e^{1+x}+e^{3-x}}$;

(14) $\int_0^1 \dfrac{\ln(1+x)}{(2-x)^2}dx$.

5. 设 $f(x^2-1)=\ln\dfrac{x^2}{x^2-2}$，且 $f(\varphi(x))=\ln x$，求 $\int \varphi(x)dx$.

6. 设 $F(x)=\int_x^{x+2\pi} e^{\sin t}\sin t\, dt$，证明 $F(x)$ 为正常数.

7. 设 $f(x)=\dfrac{1}{1+x^2}+\sqrt{1-x^2}\int_0^1 f(x)dx$，求 $f(x)$.

8. 已知 $f(2)=\dfrac{1}{2}, f'(2)=0, \int_0^2 f(x)dx=1$，求 $\int_0^2 x^2 f''(x)dx$.

9. 设 $f(x)=\int_1^x \dfrac{\ln t}{t+1}dt \quad (x>0)$，计算 $f(x)+f\left(\dfrac{1}{x}\right)$.

10. 设函数 $f(x)$ 在区间 $[a,b]$ 上连续，在 (a,b) 内可导，且 $f'(x)>0$，若 $\lim\limits_{x\to a^+}\dfrac{f(2x-a)}{x-a}$ 存在，证明：

(1) 在 (a,b) 内，$f(x)>0$；

(2) 在 (a,b) 内存在 ξ，使 $\dfrac{b^2-a^2}{\int_a^b f(x)dx}=\dfrac{2\xi}{f(\xi)}$.

11. 试确定常数 c 的值，使反常积分 $\int_0^{+\infty}\left(\dfrac{1}{\sqrt{x^2+4}}-\dfrac{c}{x+2}\right)dx$ 收敛，并求出积分的值.

12. 若 $f(t)$ 是连续函数且为奇函数，证明 $\int_0^x f(t)dt$ 是偶函数；若 $f(t)$ 是连续函数且为偶函数，证明 $\int_0^x f(t)dt$ 是奇函数，并由此证明：奇函数的一切原函数都是偶函数，偶函数的原函数中有一个是奇函数.

13. 设 $f(x)$ 在 $(-\infty,+\infty)$ 上连续，且 $F(x)=\int_0^x (x-2t)f(t)dt$，证明：

(1) 若 $f(x)$ 是偶函数，则 $F(x)$ 也是偶函数；

(2) 若在 $(0,+\infty)$ 上 $f(x)$ 是单调减少函数，则 $F(x)$ 是单调增加函数.

14. 设 $F(x)=\begin{cases}\dfrac{\int_0^x xf(x)dx}{x^3}, & x\neq 0,\\ c, & x=0,\end{cases}$ 其中 $f(x)$ 是可导函数，且 $f(0)=0, f'(0)=1$，求 c 的值，使 $F(x)$ 处处连续.

15. 设 $f(x)$ 在 $[a,b]$ 上连续，且 $f(x)>0, F(x)=\int_a^x f(t)dt+$

$$\int_b^x \frac{1}{f(t)}\mathrm{d}t, x\in[a,b], 证明：$$

(1) $F'(x)\geqslant 2$;

(2) 方程 $F(x)=0$ 在区间 (a,b) 内有且仅有一个根.

16. 设 $f(x)=\dfrac{(x+1)^2(x-1)}{x^3(x-2)}$, 求 $\displaystyle\int_{-1}^{3}\dfrac{f'(x)}{1+f^2(x)}\mathrm{d}x$.

17. 求函数 $f(x)$ 及常数 c, 使

$$\int_c^x tf(t)\mathrm{d}t = \sin x - x\cos x - \frac{1}{2}x^2.$$

18. 已知 $f(\pi)=2$, 且 $\displaystyle\int_0^{\pi}[f(x)+f''(x)]\sin x\,\mathrm{d}x=5$, 求 $f(0)$.

19. 试确定常数 c, 使函数 $f(x)=\displaystyle\int_0^x|\sin t|\mathrm{d}t - cx$ 以 π 为周期.

20. 设 $f(x)$ 在 $[a,b]$ 上连续, 证明:

$$\lim_{h\to 0}\frac{1}{h}\int_a^x[f(t+h)-f(t)]\mathrm{d}t = f(x)-f(a).$$

21. 证明当 $x\in\left(0,\dfrac{\pi}{2}\right)$,

$$\int_0^{\sin^2 x}\arcsin\sqrt{t}\,\mathrm{d}t + \int_0^{\cos^2 x}\arccos\sqrt{t}\,\mathrm{d}t = \frac{\pi}{4}.$$

22. 设 $F(x)=\displaystyle\int_0^{x^2}\mathrm{e}^{-t^2}\mathrm{d}t$, 求:

(1) $F(x)$ 的极值;

(2) 曲线 $y=F(x)$ 的拐点的横坐标;

(3) $\displaystyle\int_{-2}^{3}x^2 F'(x)\mathrm{d}x$ 的值.

23. 设 $y=y(x)$ 是由方程 $\displaystyle\int_0^y\mathrm{e}^{t^2}\mathrm{d}t + \int_0^{3\sqrt{x}}(1-t)^3\mathrm{d}t = 0$ 所确定的函数, 求它的极值点, 并判断是极大值点还是极小值点.

24. 设 $\varphi(u)$ 为正值连续函数, $u\in(-\infty,+\infty)$, 若 $f(x)=\displaystyle\int_{-c}^{c}|x-u|\varphi(u)\mathrm{d}u, -c\leqslant x\leqslant c(c>0)$, 证明在 $[-c,c]$ 上曲线 $y=f(x)$ 是凹弧.

25. 当 $x\to 0^+$ 时, $\alpha=\displaystyle\int_0^x\cos t^2\mathrm{d}t$, $\beta=\displaystyle\int_0^{x^2}\tan\sqrt{t}\,\mathrm{d}t$, $\gamma=\displaystyle\int_0^{\sqrt{x}}\sin t^3\mathrm{d}t$ 分别是几阶无穷小?

26. 设 $g(x)$ 是连续函数, $f(x)=\displaystyle\int_0^x tg(x^2-t^2)\mathrm{d}t$, 求 $f'(x)$.

27. 设 $\displaystyle\lim_{x\to\infty}\left(\frac{x+2a}{x-a}\right)^x = \int_0^{+\infty}\frac{8x}{\mathrm{e}^x}\mathrm{d}x(a\neq 0)$, 求 a 的值.

28. 设 $I_n=\displaystyle\int_0^{\pi/4}\tan^n x\,\mathrm{d}x$, 其中 n 为大于 1 的整数.

(1) 证明 $I_n = \dfrac{1}{n-1} - I_{n-2}(n>2)$,并计算 $\int_0^{\frac{\pi}{4}} \tan^5 x \, dx$;

(2) 证明 $\dfrac{1}{2(n+1)} < I_n < \dfrac{1}{2(n-1)}$.

29. 设 $f(x)$ 是 $(0,+\infty)$ 上单调减少的连续函数,且 $f(x)>0$,证明数列 $\{a_n\}$ 收敛,其中 $a_n = \sum\limits_{k=1}^{n} f(k) - \int_1^n f(x) \, dx$.

30. 设 $f'(x)$ 在 $[0,a]$ 上连续,$f(a)=0$,证明: $\left| \int_0^a f(x) \, dx \right| \leqslant \dfrac{Ma^2}{2}$,其中 $M = \max\limits_{0 \leqslant x \leqslant a} |f'(x)|$.

31. 设 $f(x)$ 在区间 $[a,b]$ 上连续,且 $f(x)>0$,证明:
$$\int_a^b f(x) \, dx \cdot \int_a^b \dfrac{dx}{f(x)} \geqslant (b-a)^2.$$

32. 设 $f(x) = \int_0^x \left[\int_1^{\sin t} \sqrt{1+u^4} \, du \right] dt$,求 $f''(x)$.

33. 求曲线 $y = \int_{-\sqrt{3}}^{x} \sqrt{3-t^2} \, dt$ 的全长.

34. 在椭圆 $x^2 + \dfrac{y^2}{4} = 1$ 绕其长轴旋转所成的椭球体上沿其长轴方向穿心打一圆孔,使剩下部分的体积恰好等于椭球体体积的一半,求该圆孔的直径.

35. 设抛物线 $y = ax^2 + bx + c$ 通过点 $(0,0)$,且当 $x \in [0,1]$ 时,$y \geqslant 0$,试确定 a,b,c 的值,使得该抛物线与直线 $x=1, y=0$ 所围图形的面积为 $\dfrac{4}{9}$,且使该图形绕 x 轴旋转而成的旋转体的体积最小.

36. 求曲线 $y = 3 - |x^2 - 1|$ 与 x 轴围成的封闭图形绕直线 $y=3$ 旋转所得旋转体的体积.

37. 设有抛物线 $\Gamma: y = a - bx^2 \, (a>0, b>0)$,试确定常数 a,b 的值,使得:

(1) Γ 与直线 $y = x+1$ 相切;

(2) Γ 与 x 轴所围图形绕 y 轴旋转所得旋转体的体积为最大.

38. 一个瓷质容器,内壁和外壁的形状分别为抛物线 $y = \dfrac{x^2}{10} + 1$ 和 $y = \dfrac{x^2}{10}$ 绕 y 轴的旋转面,容器的外高为 10,密度为 $\dfrac{25}{19}$,把它铅直地浮在水中,再注入密度为 3 的重溶液,问要保持容器不沉没,注入溶液的最大深度为多少?(长度单位为 cm).

39. 水管的一端与贮水器相连,另一端是节门,已知水管直径为 6cm,贮水器的水面高出水管上部边缘 100cm,求节门所受侧压力.

40. 一容器上部为圆柱形,高 4m,下部为半球形,半径为 2m,容器盛水到圆柱的一半,该容器埋于地下,容器口离地面 3m,求将其中水全部吸上地面所做的功.

41. 一圆柱形物体,底半径为 R m,高为 H m,该物体铅直立于水中,且上底与水面相齐,现将它铅直打捞上来,试对下列两种情况分别计算使该物体刚刚脱离水面时需要做的功.
    (1) 该物体的密度 $\mu = 1000 \text{kg}/\text{m}^3$;
    (2) 该物体的密度 $\mu > 1000 \text{kg}/\text{m}^3$.

42. 设星形线 $x = a\cos^3 t, y = a\sin^3 t$ 上每一点处的线密度的大小等于该点到原点距离的三次方,求星形线在第一象限的弧段对位于原点处的单位质点的引力.

第五章
常微分方程

为了研究事物的运动变化情况，建立变量之间的函数关系具有重要的意义.在有些问题中，并不能直接找出所需要的函数关系，但是根据一些基本的科学原理或问题所提供的情况可以得到未知函数及其导数所满足的等式，这种等式被称为微分方程.微分方程的应用极为广泛，是解决各类实际问题的重要工具，也是对各种客观现象进行数学抽象，建立数学模型的重要方法.

微分方程本身是一门独立的、内容十分丰富的数学课程，本章只能介绍微分方程的一些基本概念和几种常用的微分方程的解法.

第一节 微分方程的基本概念

我们结合具体的例子来说明有关微分方程的基本概念.

例 1 已知一条曲线通过点 $(1,3)$，且在该曲线上任一点处切线的斜率为 $4x$，求该曲线的方程.

解 设所求曲线为 $y=y(x)$，根据导数的几何意义及题设，有

$$\frac{dy}{dx}=4x, \tag{1}$$

而且 $y=y(x)$ 应满足条件

$$y\big|_{x=1}=3, \tag{2}$$

将式(1)两端积分，得

$$y=2x^2+C,$$

将条件式(2)代入上式，得 $3=2+C$，解得 $C=1$，故所求曲线的方程为

$$y=2x^2+1.$$

例 2 设一质量为 m 的物体，受重力作用由距离地面高 h_0 处下落，设其初速度为 0，并忽略空气阻力和其他外力的作用(这时称为自由落体)，求物体的运动规律，即求物体的高度随时间变化的函数关系.

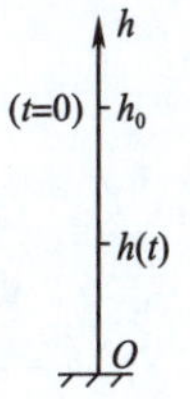

解 如图 5-1 所示建立坐标系，设物体在 t 时刻的高度为 $h=h(t)$，则物体在 t 时刻的速度为 $v=\dfrac{dh}{dt}$，加速度为 $a=\dfrac{d^2h}{dt^2}$.物体受重力而下落，根据牛顿第二定律

图 5-1

$$ma = F,$$

得
$$m\frac{\mathrm{d}^2 h}{\mathrm{d}t^2} = -mg,$$

即
$$\frac{\mathrm{d}^2 h}{\mathrm{d}t^2} = -g, \tag{3}$$

且 $h(t)$ 满足条件
$$h\big|_{t=0} = h_0, \quad \frac{\mathrm{d}h}{\mathrm{d}t}\bigg|_{t=0} = 0, \tag{4}$$

将式(3)积分两次,得
$$\frac{\mathrm{d}h}{\mathrm{d}t} = -gt + C_1,$$

$$h = -\frac{1}{2}gt^2 + C_1 t + C_2,$$

将条件式(4)代入上面两式,得 $C_1 = 0, C_2 = h_0$,因此有
$$h = -\frac{1}{2}gt^2 + h_0.$$

上面两个例子中的式(1)和式(3)都含有未知函数的导数,它们都被称为微分方程.一般地,**称含有未知函数的导数(或微分)的方程为微分方程.如果微分方程中的未知函数是一元函数,则称该方程为常微分方程.**

微分方程中所出现的未知函数的最高阶导数的阶数叫作微分方程的阶.例如,方程(1)是一阶微分方程,方程(3)是二阶微分方程.

满足微分方程的函数称为该方程的解.即如果把某个函数以及它的导数(或微分)代入微分方程,能使它成为恒等式,则这个函数称为该微分方程的解.例如,例1中的 $y = 2x^2 + C$ 和 $y = 2x^2 + 1$ 都是微分方程 $\frac{\mathrm{d}y}{\mathrm{d}x} = 4x$ 的解.例2中的 $h = -\frac{1}{2}gt^2 + C_1 t + C_2$ 和 $h = -\frac{1}{2}gt^2 + h_0$ 都是微分方程 $\frac{\mathrm{d}^2 h}{\mathrm{d}t^2} = -g$ 的解.

如果微分方程的解中含有任意常数,且任意常数的个数与微分方程的阶数相同,这样的解叫作微分方程的通解.例如,$y = 2x^2 + C$ 是微分方程 $\frac{\mathrm{d}y}{\mathrm{d}x} = 4x$ 的通解,$h = -\frac{1}{2}gt^2 + C_1 t + C_2$ 是微分方程 $\frac{\mathrm{d}^2 h}{\mathrm{d}t^2} = -g$ 的通解.**如果微分方程的解不含有任意常数,这样的解叫作微分方程的特解.**例如,$y = 2x^2 + 1$ 是微分方程 $\frac{\mathrm{d}y}{\mathrm{d}x} = 4x$ 的特解,$h = -\frac{1}{2}gt^2 + h_0$ 是微分方程 $\frac{\mathrm{d}^2 h}{\mathrm{d}t^2} = -g$ 的特解.

微分方程的通解反映了由该方程所描述的某一类运动过程的一般变化规律,要确定某一具体运动过程的特定规律,即确定微分

方程的某一特解,必须根据问题的具体情况,提出一定的附加条件,这些附加条件叫作定解条件.如果定解条件反映了运动的初始状态或曲线在某一点的特定状态,这样的定解条件称为**初始条件**.例如,例 1 中的 $y|_{x=1}=3$ 和例 2 中的 $h|_{t=0}=h_0$,$\dfrac{dh}{dt}\Big|_{t=0}=0$ 都是能确定特解的初始条件.

一般地,n 阶微分方程可以表示成
$$F(x,y,y',\cdots,y^{(n)})=0, \tag{5}$$
它的初始条件的形式为
$$y|_{x=x_0}=y_0,\quad y'|_{x=x_0}=y_1,\quad y''|_{x=x_0}=y_2,\quad \cdots,$$
$$y^{(n-1)}|_{x=x_0}=y_{n-1}, \tag{6}$$
其中 $y_0,y_1,y_2,\cdots,y_{n-1}$ 都是已知实数.

求微分方程(5)的满足初始条件(6)的特解,这一问题叫作微分方程的初值问题或柯西问题.

例 3 求下列曲线族所满足的微分方程:

(1) $y=\dfrac{1}{x+C}$(C 是任意常数);

(2) $(x-a)^2+(y-b)^2=4$(a,b 是任意常数).

解 (1) 对所给函数求导,得
$$y'=-\dfrac{1}{(x+C)^2},$$
与已知函数联立消去任意常数 C,得
$$y'=-y^2,$$
此即所要求的微分方程,而已知函数是它的通解;

(2) 为消去任意常数 a,b,需要三个方程.由已知方程两端对 x 求两次导数,得
$$2(x-a)+2(y-b)y'=0,$$
即
$$x-a+(y-b)y'=0,$$
$$1+(y')^2+(y-b)y''=0,$$
由上面两式分别得
$$x-a=-(y-b)y',$$
$$y-b=-\dfrac{1+(y')^2}{y''},$$
代入已知方程,得
$$\left(\dfrac{1+(y')^2}{y''}y'\right)^2+\left(\dfrac{1+(y')^2}{y''}\right)^2=4,$$
$$(1+(y')^2)^3=4(y'')^2,$$
此即所要求的微分方程,而已知方程是它的隐函数形式的通解.

习题 5-1

1. 指出下列微分方程的阶数：
   (1) $y''-2y=x$；
   (2) $x(y')^2-2yy'=0$；
   (3) $(7x-6y)\mathrm{d}x+(x+y)\mathrm{d}y=0$；
   (4) $y'''+8y'+y=0$.

2. 验证给定的函数是所给微分方程的解：
   (1) $(x-2y)y'=2x-y$，$x^2-xy+y^2=C$；
   (2) $(xy-x)y''+x(y')^2+yy'-2y'=0$，$y=\ln(xy)$；
   (3) $\begin{cases} x\dfrac{\mathrm{d}y}{\mathrm{d}x}-y=x^2\sqrt{1+x^4}, \\ y(0)=0, \end{cases}$ $y=x\displaystyle\int_0^x\sqrt{1+t^4}\,\mathrm{d}t$；
   (4) $\begin{cases} 2xy\,\mathrm{d}y=(y^2-x)\mathrm{d}x, \\ y(1)=2, \end{cases}$ $y^2=4x-x\ln x$；
   (5) $\begin{cases} \dfrac{\mathrm{d}^2y}{\mathrm{d}x^2}-4y=0, \\ y(0)=1, y'(0)=4, \end{cases}$ $y=\dfrac{1}{2}(3\mathrm{e}^{2x}-\mathrm{e}^{-2x})$.

3. 建立由下列条件确定的曲线所满足的微分方程：
   (1) 曲线在点 (x,y) 处切线的斜率等于该点横坐标的平方；
   (2) 从原点到曲线上任一点处切线的距离等于该点的横坐标；
   (3) 曲线上点 $P(x,y)$ 处的法线与 x 轴的交点为 Q，且线段 PQ 被 y 轴平分；
   (4) 曲线上点 $P(x,y)$ 处的切线与 y 轴的交点为 Q，线段 PQ 的长度为 2，且曲线通过点 $(2,0)$；
   (5) 曲线上点 $M(x,y)$ 处的切线与 x 轴，y 轴的交点分别为 P，Q，线段 PM 被点 Q 平分，且曲线通过点 $(3,1)$.

第二节 一阶微分方程

由上一节我们看到，有些微分方程可以用直接积分的方法求得其解，但是并非所有的微分方程都能这样求解.下面介绍几种一阶微分方程及其解法.

一、可分离变量的方程

形如
$$\frac{\mathrm{d}y}{\mathrm{d}x}=f(x)g(y) \tag{1}$$
的一阶微分方程称为可分离变量的方程，其中 $f(x)$ 和 $g(y)$ 是已知的连续函数.

对这类方程,当 $g(y)\neq 0$ 时,可以化成

$$\frac{dy}{g(y)} = f(x)dx, \tag{2}$$

这一步称为**分离变量**.设函数 $y=y(x)$ 是微分方程(1)的任一解,将它代入上式,得

$$\frac{y'(x)}{g(y(x))}dx = f(x)dx,$$

两端对 x 积分,得

$$\int \frac{y'(x)}{g(y(x))}dx = \int f(x)dx,$$

即

$$\int \frac{dy}{g(y)} = \int f(x)dx, \tag{3}$$

由此可以得到微分方程的通解,如此求微分方程解的方法称为**分离变量法**.

如果方程 $g(y)=0$ 有实根 $y=a$,则函数 $y=a$ 显然是微分方程(1)的特解,当这个特解不包含在通解的表达式中时,将其称为奇解,此时 $y=a$ 与方程的通解合在一起便是微分方程的全部解.如果问题只需求微分方程的通解,则不必讨论奇解.

例 1 求方程 $y'=\sqrt{y}$ 的通解.

解 当 $\sqrt{y}\neq 0$ 时,将微分方程分离变量,得

$$\frac{dy}{\sqrt{y}} = dx,$$

两端积分,得

$$\int \frac{dy}{\sqrt{y}} = \int dx, \quad 2\sqrt{y} = x+C,$$

即

$$y = \frac{1}{4}(x+C)^2,$$

此即所求微分方程的通解.

此例中方程 $\sqrt{y}=0$ 有实根 $y=0$,这一函数是微分方程的一个特解,但它不包含在通解的表达式中,因此这一特解是微分方程的奇解.由于本例只需求微分方程的通解,因而在求解的过程中可不必考虑这样的解.

例 2 求微分方程 $y'=2x(y+1)$ 的通解以及满足条件 $y(0)=0$ 的特解.

解 当 $y+1\neq 0$ 时,分离变量,得

$$\frac{dy}{y+1} = 2xdx,$$

两端积分,得

$$\int \frac{dy}{y+1} = \int 2xdx,$$

即 $$\ln|y+1| = x^2 + C_1, \quad y+1 = \pm e^{C_1} e^{x^2},$$
记 $C = \pm e^{C_1}$,则有 $y = Ce^{x^2} - 1$,

此即微分方程的通解,由 $y + 1 = 0$ 可得 $y = -1$ 也是微分方程的解,这个解包含在通解中,是 $C = 0$ 的情况.

将 $y(0) = 0$ 代入通解中,得 $0 = C - 1, C = 1$,故 $y = e^{x^2} - 1$ 为所求特解.

例 3 求微分方程 $dx + xy\,dy = y^2\,dx + y\,dy$ 的通解.

解 将方程整理,得
$$(1-y^2)dx = y(1-x)dy,$$
分离变量,得
$$\frac{dx}{1-x} = \frac{y}{1-y^2}dy,$$
两端积分,得
$$-\ln|1-x| = -\frac{1}{2}\ln|1-y^2| + C_1,$$
即
$$2\ln|1-x| = \ln|1-y^2| - 2C_1,$$
$$\ln(1-x)^2 = \ln|1-y^2| - 2C_1 = \ln e^{-2C_1}|1-y^2|,$$
故
$$(1-x)^2 = C(1-y^2)$$
为方程的通解.

二、齐次方程

如果一阶常微分方程能够化成形如
$$\frac{dy}{dx} = f\left(\frac{y}{x}\right)$$
的形式,则称其为齐次方程.

如果齐次方程本身不是可分离变量的方程,可通过变量代换将其化成可分离变量的方程.一般地,令 $u = \frac{y}{x}$,即 $y = xu$,此式对 x 求导,得 $\frac{dy}{dx} = u + x\frac{du}{dx}$,代入微分方程,得
$$u + x\frac{du}{dx} = f(u),$$
即
$$x\frac{du}{dx} = f(u) - u,$$

这便是一个可分离变量的方程.有时为计算方便,也可令 $u = \frac{x}{y}$,即 $x = yu$,两端对 y 求导,得 $\frac{dx}{dy} = u + y\frac{du}{dy}$,代入微分方程即可得到可分离变量的方程.

例 4 求微分方程 $\frac{dy}{dx} = \frac{xy - y^2}{x^2 + 2xy}$ 的通解.

解 将方程化成

$$\frac{\mathrm{d}y}{\mathrm{d}x} = \frac{\frac{y}{x} - \left(\frac{y}{x}\right)^2}{1 + 2\frac{y}{x}},$$

这是齐次方程,令 $u = \frac{y}{x}$,即 $y = xu$,两端对 x 求导,得 $\frac{\mathrm{d}y}{\mathrm{d}x} = u + x\frac{\mathrm{d}u}{\mathrm{d}x}$,代入上面方程,得

$$u + x\frac{\mathrm{d}u}{\mathrm{d}x} = \frac{u - u^2}{1 + 2u}, \quad 即 \quad x\frac{\mathrm{d}u}{\mathrm{d}x} = \frac{-3u^2}{1 + 2u},$$

分离变量,得

$$\frac{1 + 2u}{u^2}\mathrm{d}u = -3\frac{\mathrm{d}x}{x},$$

两端积分,得

$$-\frac{1}{u} + 2\ln|u| = -3\ln|x| + C_1,$$

将 $u = \frac{y}{x}$ 代入上式,得

$$-\frac{x}{y} + 2\ln\left|\frac{y}{x}\right| = -3\ln|x| + C_1,$$

化简得 $\quad \ln|y^2 x| = \frac{x}{y} + C_1, \quad 即 \quad y^2 x = C\mathrm{e}^{\frac{x}{y}},$

此即原方程的通解.

例 5 求微分方程 $(1 + \mathrm{e}^{-\frac{x}{y}})y\mathrm{d}x = (x - y)\mathrm{d}y$ 的通解.

解 此处将 y 看成自变量,x 看成 y 的函数比较方便.将方程化成

$$\frac{\mathrm{d}x}{\mathrm{d}y} = \frac{\frac{x}{y} - 1}{1 + \mathrm{e}^{-\frac{x}{y}}},$$

令 $u = \frac{x}{y}$,即 $x = yu$,两端对 y 求导,得 $\frac{\mathrm{d}x}{\mathrm{d}y} = u + y\frac{\mathrm{d}u}{\mathrm{d}y}$,代入上面方程,得

$$u + y\frac{\mathrm{d}u}{\mathrm{d}y} = \frac{u - 1}{1 + \mathrm{e}^{-u}}, \quad 即 \quad y\frac{\mathrm{d}u}{\mathrm{d}y} = \frac{-(\mathrm{e}^u + u)}{\mathrm{e}^u + 1},$$

分离变量,得

$$\frac{\mathrm{e}^u + 1}{\mathrm{e}^u + u}\mathrm{d}u = -\frac{1}{y}\mathrm{d}y,$$

两端积分,得

$$\ln|\mathrm{e}^u + u| = -\ln|y| + C_1, \quad 即 \quad \mathrm{e}^u + u = \frac{C}{y},$$

将 $u = \frac{x}{y}$ 代入上式,得

$$e^{\frac{x}{y}} + \frac{x}{y} = \frac{C}{y}, \quad 即\ ye^{\frac{x}{y}} + x = C,$$

此即原微分方程的通解.

三、形如 $\dfrac{dy}{dx} = f\left(\dfrac{ax+by+c}{a_1x+b_1y+c_1}\right)$ 的方程

当 $c = c_1 = 0$ 时,方程本身就是齐次方程.当 c, c_1 不全为零时,可通过变量代换将方程化成齐次方程或可分离变量的方程.

如果 $\dfrac{a_1}{a} = \dfrac{b_1}{b} = \lambda$,即 $a_1 = \lambda a, b_1 = \lambda b$,可令 $u = ax + by$,两端对 x 求导,得 $\dfrac{du}{dx} = a + b\dfrac{dy}{dx}$,于是可将原方程化为

$$\frac{du}{dx} = a + bf\left(\frac{u+c}{\lambda u + c_1}\right),$$

这是一个可分离变量的方程.

如果 $\dfrac{a_1}{a} \neq \dfrac{b_1}{b}$,则方程组 $\begin{cases} ax+by+c=0, \\ a_1x+b_1y+c_1=0 \end{cases}$ 有唯一的一组解 $x = x_0, y = y_0$,若令 $\xi = x - x_0, \eta = y - y_0$,则 $\dfrac{dy}{dx} = \dfrac{d\eta}{d\xi}$,并且

$$ax + by + c = a(\xi + x_0) + b(\eta + y_0) + c = a\xi + b\eta,$$
$$a_1x + b_1y + c_1 = a_1(\xi + x_0) + b_1(\eta + y_0) + c_1 = a_1\xi + b_1\eta,$$

于是原方程化成

$$\frac{d\eta}{d\xi} = f\left(\frac{a\xi + b\eta}{a_1\xi + b_1\eta}\right),$$

这是一个齐次方程.

例 6 求微分方程 $y' = \dfrac{6x - 3y + 1}{4x - 2y - 1}$ 的通解.

解 分子与分母的 x, y 的系数成比例,即有 $\dfrac{6}{4} = \dfrac{-3}{-2}$,令 $u = 2x - y$,两端对 x 求导,得 $\dfrac{du}{dx} = 2 - \dfrac{dy}{dx}$,于是原方程化成

$$\frac{du}{dx} = 2 - \frac{3u+1}{2u-1} = \frac{u-3}{2u-1},$$

分离变量,得

$$\frac{2u-1}{u-3}du = dx,$$

两端积分,得

$$2u + 5\ln|u - 3| = x + C,$$

将 $u = 2x - y$ 代入,得

$$3x - 2y + 5\ln|2x - y - 3| = C,$$

此即所求通解.

例 7 求方程 $\dfrac{dy}{dx} = \dfrac{x+y+3}{x-y+1}$ 的通解.

解 由于分子与分母的 x,y 的系数 $\dfrac{1}{1}\neq\dfrac{1}{-1}$,解方程

$$\begin{cases} x+y+3=0, \\ x-y+1=0, \end{cases}$$

得 $x=-2,y=-1$,令 $\xi=x-(-2)=x+2,\eta=y-(-1)=y+1$,则 $\dfrac{\mathrm{d}\eta}{\mathrm{d}\xi}=\dfrac{\mathrm{d}y}{\mathrm{d}x}$,原方程化为

$$\frac{\mathrm{d}\eta}{\mathrm{d}\xi}=\frac{\xi+\eta}{\xi-\eta}=\frac{1+\dfrac{\eta}{\xi}}{1-\dfrac{\eta}{\xi}},$$

这是一个齐次方程,令 $u=\dfrac{\eta}{\xi}$,即 $\eta=\xi u$,两端对 ξ 求导,得 $\dfrac{\mathrm{d}\eta}{\mathrm{d}\xi}=u+\xi\dfrac{\mathrm{d}u}{\mathrm{d}\xi}$,于是上面方程化为

$$u+\xi\frac{\mathrm{d}u}{\mathrm{d}\xi}=\frac{1+u}{1-u}, \quad 即\ \xi\frac{\mathrm{d}u}{\mathrm{d}\xi}=\frac{1+u^2}{1-u},$$

分离变量并积分,得

$$\frac{1-u}{1+u^2}\mathrm{d}u=\frac{\mathrm{d}\xi}{\xi},$$

$$\arctan u-\frac{1}{2}\ln(1+u^2)=\ln|\xi|+C,$$

将 $u=\dfrac{\eta}{\xi}=\dfrac{y+1}{x+2},\xi=x+2$ 代入上式,得到原方程的通解

$$\arctan\frac{y+1}{x+2}-\frac{1}{2}\ln\left[1+\left(\frac{y+1}{x+2}\right)^2\right]=\ln|x+2|+C.$$

四、一阶线性微分方程

形式为

$$\frac{\mathrm{d}y}{\mathrm{d}x}+P(x)y=Q(x) \qquad (4)$$

的微分方程称为**一阶线性微分方程**,其中未知函数及其导数都是一次的,$P(x)$ 和 $Q(x)$ 都是已知函数.如果 $Q(x)\equiv 0$,方程(4)变为

$$\frac{\mathrm{d}y}{\mathrm{d}x}+P(x)y=0, \qquad (5)$$

将式(5)称为**一阶线性齐次方程**.如果 $Q(x)$ 不恒为零,则方程(4)称为**一阶线性非齐次方程**.方程(5)也称为与方程(4)相对应的一阶线性齐次方程.

下面讨论一阶线性微分方程的解法.

一阶线性齐次方程(5)是可分离变量的方程.分离变量,得

$$\frac{\mathrm{d}y}{y}=-P(x)\mathrm{d}x,$$

两端积分,得
$$\ln|y| = -\int P(x)\mathrm{d}x + C_1 \quad (\text{或 } \ln|y| = -\int_{x_0}^{x} P(x)\mathrm{d}x + C_1),$$
即
$$y = C\mathrm{e}^{-\int P(x)\mathrm{d}x} \quad (\text{或 } y = C\mathrm{e}^{-\int_{x_0}^{x} P(x)\mathrm{d}x}), \tag{6}$$
此式为一阶线性齐次方程的通解,其中 C 为任意常数.

为求一阶线性非齐次方程(4)的通解,我们先给出方程(4)解的结构.

容易验证,如果函数 $y = y_1(x)$ 是方程(4)的解,函数 $y = y_2(x)$ 是方程(5)的解,则 $y = y_1(x) + y_2(x)$ 一定是方程(4)的解. 因而如果 $y = \overline{y}(x)$(可简记成 $\overline{y}$)是方程(5)的通解,$y = y^*(x)$(可简记成 y^*)是方程(4)的一个特解,则
$$y = \overline{y} + y^*$$
是方程(4)的解,并由于其中含有一个任意常数,从而是方程(4)的通解.

由上面的讨论已知 $\overline{y}$ 具有形式 $\overline{y} = C\mathrm{e}^{-\int P(x)\mathrm{d}x}$(或 $\overline{y} = C\mathrm{e}^{-\int_{x_0}^{x} P(x)\mathrm{d}x}$),为求出方程(4)的一个特解,根据 $\overline{y}$ 的形式,我们推测方程(4)可能有形式为 $C(x)\mathrm{e}^{-\int P(x)\mathrm{d}x}$ 的特解,即假设
$$y^* = C(x)\mathrm{e}^{-\int P(x)\mathrm{d}x},$$
其中 $C(x)$ 为一待定函数,将此式代入方程(4),得
$$\mathrm{e}^{-\int P(x)\mathrm{d}x}\frac{\mathrm{d}C(x)}{\mathrm{d}x} + C(x)\mathrm{e}^{-\int P(x)\mathrm{d}x}(-P(x)) + P(x)C(x)\mathrm{e}^{-\int P(x)\mathrm{d}x}$$
$$= Q(x),$$
即
$$\mathrm{e}^{-\int P(x)\mathrm{d}x}\frac{\mathrm{d}C(x)}{\mathrm{d}x} = Q(x),$$
于是有
$$\frac{\mathrm{d}C(x)}{\mathrm{d}x} = Q(x)\mathrm{e}^{\int P(x)\mathrm{d}x},$$
$$C(x) = \int Q(x)\mathrm{e}^{\int P(x)\mathrm{d}x}\mathrm{d}x,$$
故
$$y^* = \mathrm{e}^{-\int P(x)\mathrm{d}x}\int Q(x)\mathrm{e}^{\int P(x)\mathrm{d}x}\mathrm{d}x,$$
这种求方程(4)特解的方法称为常数变易法,因而方程(4)的通解为
$$\boxed{y = \mathrm{e}^{-\int P(x)\mathrm{d}x}\left[C + \int Q(x)\mathrm{e}^{\int P(x)\mathrm{d}x}\mathrm{d}x\right],} \tag{7}$$

如果要求方程(4)满足初始条件 $y|_{x=x_0} = y_0$ 的特解,利用式(7)求出方程的通解后确定出任意常数 C 的值即可得到所要求的特解, 也可以利用下面的式(8)计算.
$$\boxed{y = \mathrm{e}^{-\int_{x_0}^{x} P(x)\mathrm{d}x}\left[y_0 + \int_{x_0}^{x} Q(x)\mathrm{e}^{\int_{x_0}^{x} P(x)\mathrm{d}x}\mathrm{d}x\right],} \tag{8}$$
此式的推导略.

例8 求微分方程 $xy'+(1-x)y=\mathrm{e}^{2x}$ 的通解.

解 方程为一阶线性微分方程,与它相对应的齐次方程为
$$xy'+(1-x)y=0,$$
分离变量,得
$$\frac{\mathrm{d}y}{y}=\frac{x-1}{x}\mathrm{d}x,$$
两端积分,得
$$\ln|y|=x-\ln|x|+C_1, \quad 即 \overline{y}=C\frac{\mathrm{e}^x}{x},$$

设 $y^*=C(x)\dfrac{\mathrm{e}^x}{x}$,代入原方程,得
$$\mathrm{e}^x\frac{\mathrm{d}C(x)}{\mathrm{d}x}=\mathrm{e}^{2x}, \quad \frac{\mathrm{d}C(x)}{\mathrm{d}x}=\mathrm{e}^x,$$
积分,得
$$C(x)=\int\mathrm{e}^x\mathrm{d}x+C_2=\mathrm{e}^x+C_2,$$

取 $C_2=0$,得原方程的一个特解 $y^*=\mathrm{e}^x\dfrac{\mathrm{e}^x}{x}=\dfrac{\mathrm{e}^{2x}}{x}$,故原方程的通解为
$$y=\overline{y}+y^*=\frac{\mathrm{e}^x}{x}(C+\mathrm{e}^x).$$

如果利用式(7)求此方程的通解,需先将微分方程化成与式(4)相同的标准方程,即化成
$$y'+\frac{1-x}{x}y=\frac{\mathrm{e}^{2x}}{x},$$
此处 $P(x)=\dfrac{1-x}{x}$,$Q(x)=\dfrac{\mathrm{e}^{2x}}{x}$,不妨设 $x>0$,由式(7)得方程的通解
$$y=\mathrm{e}^{-\int\frac{1-x}{x}\mathrm{d}x}\left(C+\int\frac{\mathrm{e}^{2x}}{x}\mathrm{e}^{\int\frac{1-x}{x}\mathrm{d}x}\mathrm{d}x\right)=\mathrm{e}^{x-\ln x}\left(C+\int\frac{\mathrm{e}^{2x}}{x}\mathrm{e}^{\ln x-x}\mathrm{d}x\right)$$
$$=\frac{1}{x}\mathrm{e}^x\left(C+\int\frac{\mathrm{e}^{2x}}{x}x\mathrm{e}^{-x}\mathrm{d}x\right)=\frac{\mathrm{e}^x}{x}\left(C+\int\mathrm{e}^x\mathrm{d}x\right)=\frac{\mathrm{e}^x}{x}(C+\mathrm{e}^x).$$

例9 求微分方程 $y'=\dfrac{y}{x+y^3}$ 的通解.

解 如果将 y 看成函数,则方程不属于以上几种类型,如果将 y 看成自变量,将 x 看成 y 的函数,而将方程化为
$$\frac{\mathrm{d}x}{\mathrm{d}y}-\frac{1}{y}x=y^2,$$
这是一阶线性微分方程,其中 $P(y)=-\dfrac{1}{y}$,$Q(y)=y^2$,利用式(7)得其通解
$$x=\mathrm{e}^{-\int P(y)\mathrm{d}y}\left[C+\int Q(y)\mathrm{e}^{\int P(y)\mathrm{d}y}\mathrm{d}y\right]$$
$$=\mathrm{e}^{-\int-\frac{1}{y}\mathrm{d}y}\left(C+\int y^2\mathrm{e}^{\int-\frac{1}{y}\mathrm{d}y}\mathrm{d}y\right)=\mathrm{e}^{\ln y}\left(C+\int y^2\mathrm{e}^{-\ln y}\mathrm{d}y\right)$$

$$= y\left(C + \int y^2 \frac{1}{y} dy\right) = y\left(C + \int y dy\right) = y\left(C + \frac{y^2}{2}\right).$$

五、伯努利方程

形如

$$\frac{dy}{dx} + P(x)y = Q(x)y^n \quad (n \neq 0, 1) \tag{9}$$

的方程称为伯努利方程. 通过变量代换, 可以将其化成线性微分方程. 将方程(9)两端同时除以 y^n, 得

$$y^{-n}\frac{dy}{dx} + P(x)y^{1-n} = Q(x),$$

于是有

$$\frac{1}{1-n}\frac{dy^{1-n}}{dx} + P(x)y^{1-n} = Q(x),$$

作变换 $u = y^{1-n}$, 则方程化为

$$\frac{1}{1-n}\frac{du}{dx} + P(x)u = Q(x),$$

即

$$\frac{du}{dx} + (1-n)P(x)u = (1-n)Q(x),$$

这便是一阶线性微分方程.

例 10 求初值问题 $\begin{cases} y' + 2xy = \dfrac{x}{y}, \\ y|_{x=0} = 1 \end{cases}$ 的解.

解 方程是伯努利方程, $n = -1$. 令 $u = y^{1-(-1)} = y^2$, 两端对 x 求导, 得 $\dfrac{du}{dx} = 2y\dfrac{dy}{dx}$, 代入已知微分方程, 得

$$\frac{1}{2y}\frac{du}{dx} + 2xy = \frac{x}{y}, \quad 即 \frac{du}{dx} + 4xu = 2x,$$

这是一个线性方程, $P(x) = 4x, Q(x) = 2x$, 由通解公式得

$$u = e^{-\int 4x dx}\left(C + \int 2x e^{\int 4x dx} dx\right) = e^{-2x^2}\left(C + \int 2x e^{2x^2} dx\right)$$

$$= e^{-2x^2}\left(C + \frac{1}{2}e^{2x^2}\right) = Ce^{-2x^2} + \frac{1}{2},$$

由初始条件 $y|_{x=0} = 1$, 得 $u|_{x=0} = 1^2 = 1$, 代入上式, 得 $1 = C + \dfrac{1}{2}$, $C = \dfrac{1}{2}$, 于是所求特解为

$$y^2 = \frac{1}{2}(e^{-2x^2} + 1).$$

例 11 求方程 $\dfrac{dy}{dx} = \dfrac{1}{xy + x^2 y^3}$ 的通解.

解 把 y 看成自变量, x 看成 y 的函数, 将方程化成

$$\frac{dx}{dy} - yx = y^3 x^2,$$

这是一个伯努利方程，$n=2$，令 $u=x^{1-2}=\dfrac{1}{x}$，即 $x=\dfrac{1}{u}$，两端对 y 求导，得 $\dfrac{\mathrm{d}x}{\mathrm{d}y}=-\dfrac{1}{u^2}\dfrac{\mathrm{d}u}{\mathrm{d}y}$，代入上面的微分方程，得

$$-\dfrac{1}{u^2}\dfrac{\mathrm{d}u}{\mathrm{d}y}-y\cdot\dfrac{1}{u}=y^3\cdot\dfrac{1}{u^2},\quad 即 \dfrac{\mathrm{d}u}{\mathrm{d}y}+yu=-y^3,$$

这是一阶线性方程，它的通解为

$$u=\mathrm{e}^{-\int y\mathrm{d}y}\left(C+\int -y^3\mathrm{e}^{\int y\mathrm{d}y}\mathrm{d}y\right)$$
$$=\mathrm{e}^{-\frac{y^2}{2}}\left(C+\int -y^3\mathrm{e}^{\frac{y^2}{2}}\mathrm{d}y\right)=C\mathrm{e}^{-\frac{y^2}{2}}-y^2+2,$$

于是原方程的通解为

$$\dfrac{1}{x}=C\mathrm{e}^{-\frac{y^2}{2}}-y^2+2.$$

六、其他例子

下面给出一些可利用适当变量代换化为上述可解微分方程的例子.

例 12 求方程 $xy'-y=x^2+y^2$ 的通解.

解 方程两端同除以 x^2，得

$$\dfrac{xy'-y}{x^2}=1+\left(\dfrac{y}{x}\right)^2,\quad 即\left(\dfrac{y}{x}\right)'=1+\left(\dfrac{y}{x}\right)^2,$$

令 $u=\dfrac{y}{x}$，则上式变成

$$\dfrac{\mathrm{d}u}{\mathrm{d}x}=1+u^2,$$

分离变量并积分，得

$$\dfrac{\mathrm{d}u}{1+u^2}=\mathrm{d}x,\quad \arctan u=x+C,$$

将 $u=\dfrac{y}{x}$ 代入，得

$$\arctan\dfrac{y}{x}=x+C,\quad 即 y=x\tan(x+C)$$

为所求通解.

例 13 求方程 $(x^2+3)\cos y\cdot\dfrac{\mathrm{d}y}{\mathrm{d}x}+2x\sin y=x(x^2+3)$ 的通解.

解 令 $u=\sin y$，则 $\dfrac{\mathrm{d}u}{\mathrm{d}x}=\cos y\cdot\dfrac{\mathrm{d}y}{\mathrm{d}x}$，代入已知微分方程，得

$$(x^2+3)\dfrac{\mathrm{d}u}{\mathrm{d}x}+2xu=x(x^2+3),$$

这是一阶线性微分方程，利用通解公式得

$$u = e^{-\int \frac{2x}{x^2+3} dx} \left(C + \int x e^{\int \frac{2x}{x^2+3} dx} dx \right) = \frac{1}{x^2+3} \left(C + \frac{x^4}{4} + \frac{3}{2} x^2 \right),$$

故原方程的通解为

$$(x^2+3)\sin y = C + \frac{x^4}{4} + \frac{3}{2} x^2.$$

例 15 求方程 $(x^2 y^2 + 1)dx + 2x^2 dy = 0$ 的通解.

解 方程化为 $x^2 y^2 + 1 + 2x^2 \dfrac{dy}{dx} = 0$,

令 $u = xy$, 则 $\dfrac{du}{dx} = y + x \dfrac{dy}{dx}$, 代入上式, 得

$$u^2 + 1 + 2x \left(\frac{du}{dx} - y \right) = 0, \quad \text{即} \quad u^2 - 2u + 1 + 2x \frac{du}{dx} = 0,$$

分离变量并积分, 得

$$\frac{-2du}{(u-1)^2} = \frac{dx}{x}, \quad \frac{2}{u-1} = \ln|x| + C_1,$$

即

$$x = C e^{\frac{2}{u-1}},$$

故原方程的通解为

$$x = C e^{\frac{2}{xy-1}}.$$

例 15 求方程 $2xyy' = y^2 + x \tan \dfrac{y^2}{x}$ 的通解.

解 令 $u = y^2$, 两端对 x 求导, 得 $\dfrac{du}{dx} = 2y \dfrac{dy}{dx}$, 代入方程, 得

$$x \frac{du}{dx} = u + x \tan \frac{u}{x}, \quad \text{即} \quad \frac{du}{dx} = \frac{u}{x} + \tan \frac{u}{x},$$

这是一个齐次方程, 令 $t = \dfrac{u}{x}$, 即 $u = xt$, 对 x 求导, 得 $\dfrac{du}{dx} = t + x \dfrac{dt}{dx}$, 代入上式, 得

$$t + x \frac{dt}{dx} = t + \tan t, \quad x \frac{dt}{dx} = \tan t,$$

分离变量并积分, 得

$$\frac{\cos t}{\sin t} dt = \frac{dx}{x},$$

$$\ln|\sin t| = \ln|x| + C_1, \quad \text{即} \quad \sin t = Cx,$$

将变量还原得原方程的通解

$$\sin \frac{y^2}{x} = Cx.$$

习题 5-2

1. 求下列微分方程的通解:

(1) $xyy' = 1 - x^2$;

(2) $x\sqrt{1+y^2}\,dx + y\sqrt{1+x^2}\,dy = 0$;

(3) $xy' - y\ln y = 0$;

(4) $\sqrt{1-x^2}\,y' = \sqrt{1-y^2}$;

(5) $\dfrac{dy}{dx} = 10^{x+y}$;

(6) $(e^{x+y} - e^x)dx + (e^{x+y} + e^y)dy = 0$;

(7) $(y+1)^2 \dfrac{dy}{dx} + x^3 = 0$;

(8) $-xy' = y^2$;

(9) $\cos x \sin y\,dx + \sin x \cos y\,dy = 0$;

(10) $xy(y - xy') = x + yy'$;

(11) $y^2\,dx + y\,dy = x^2 y\,dy - dx$;

(12) $y\,dx + \sqrt{x^2+1}\,dy = 0$.

2. 求下列初值问题的解：

(1) $(1+e^x)yy' = e^x, y|_{x=1} = 1$;

(2) $\dfrac{x}{1+y}dx - \dfrac{y}{1+x}dy = 0, y|_{x=0} = 1$;

(3) $y'\sin x = y\ln y, y\left(\dfrac{\pi}{2}\right) = e$;

(4) $xy' + y = y^2, y(1) = \dfrac{1}{2}$;

(5) $\cos y\,dx + (1+e^{-x})\sin y\,dy = 0, y|_{x=0} = \dfrac{\pi}{4}$;

(6) $\arctan y\,dy + (1+y^2)x\,dx = 0, y|_{x=0} = 1$.

3. 求下列微分方程的通解：

(1) $\dfrac{dy}{dx} = \dfrac{x+y}{x-y}$;   (2) $(2x^2 - y^2) + 3xy\dfrac{dy}{dx} = 0$;

(3) $xy' = y\ln\dfrac{y}{x}$;   (4) $\dfrac{dy}{dx} = \dfrac{y}{x}(1 + \ln y - \ln x)$;

(5) $x - y\cos\dfrac{y}{x} + x\cos\dfrac{y}{x}\dfrac{dy}{dx} = 0$;

(6) $x\dfrac{dy}{dx} + y = 2\sqrt{xy}$ $(x > 0)$;

(7) $\left(1 + 2e^{\frac{x}{y}}\right)dx + 2e^{\frac{x}{y}}\left(1 - \dfrac{x}{y}\right)dy = 0$.

4. 求下列初值问题的解：

(1) $x(x+2y)y' - y^2 = 0, y|_{x=1} = 1$;

(2) $y' = \dfrac{x}{y} + \dfrac{y}{x}, y|_{x=1} = 2$;

(3) $(x^2 + 2xy - y^2)dx + (y^2 + 2xy - x^2)dy = 0, y|_{x=1} = 1$.

5. 求下列微分方程的通解：

(1) $y' = 2\left(\dfrac{y+2}{x+y-1}\right)^2$；

(2) $y' = \sin^2(x-y+1)$；

(3) $\dfrac{dy}{dx} = (x+y)^2$；

(4) $(2x-5y+3)dx - (2x+4y-6)dy = 0$；

(5) $(x+y)dx + (3x+3y-4)dy = 0$.

6. 求下列微分方程的通解：

(1) $y' + y = \cos x$；   (2) $y' + 2xy = xe^{-x^2}$；

(3) $(y^4 + 2x)y' = y$；   (4) $(1+x^2)y' - 2xy = (1+x^2)^2$；

(5) $\cos^2 x \dfrac{dy}{dx} + y = \tan x$；   (6) $x\ln x\, dy + (y - \ln x)dx = 0$；

(7) $xy' - y = \dfrac{x}{\ln x}$；   (8) $y' = \dfrac{1}{e^y + x}$；

(9) $2y\,dx + (y^2 - 6x)dy = 0$.

7. 求下列初值问题的解：

(1) $\begin{cases} xy' + y - e^x = 0, \\ y\big|_{x=a} = b; \end{cases}$

(2) $\dfrac{dy}{dx} - y\tan x = \sec x,\ y\big|_{x=0} = 0$；

(3) $\dfrac{dy}{dx} + \dfrac{y}{x} = \dfrac{\sin x}{x},\ y\big|_{x=\pi} = 1$；

(4) $(1-x^2)y' + xy = 1,\ y(0) = 1$.

8. 求下列微分方程的通解：

(1) $\dfrac{dy}{dx} + y = y^2(\cos x - \sin x)$；   (2) $\dfrac{dy}{dx} - y = xy^5$；

(3) $x\,dy - [y + xy^3(1+\ln x)]dx = 0$；   (4) $y' - y = \dfrac{x^2}{y}$；

(5) $(y^3 x^2 + xy)y' = 1$.

9. 利用适当的变量代换求下列微分方程的通解：

(1) $y(xy+1)dx + x(1+xy+x^2y^2)dy = 0$；

(2) $3y^2 y' - ay^3 = x + 1$；

(3) $y'\cos y + \sin y\cos^2 y = \sin^3 y$；

(4) $\sec^2 y \dfrac{dy}{dx} + \dfrac{x}{1+x^2}\tan y = x$；

(5) $\dfrac{dy}{dx} + 1 = 4e^{-y}\sin x$；

(6) $xy' + x + \sin(x+y) = 0$.

第三节 可降阶的高阶微分方程

对有些高阶微分方程,我们可以通过积分或适当的变量代换将它们化成一阶微分方程,这种类型的方程称为可降阶的方程,相应的求解方法称为降阶法.下面介绍三种可降阶的高阶微分方程的求解方法.

一、$y^{(n)} = f(x)$ 型微分方程

这类方程的特点是右端仅含有自变量 x,因此通过 n 次积分就能得到它的通解.

例 1 求微分方程 $y''' = \dfrac{1}{1+x^2}$ 的通解.

解 对方程接连积分 3 次,得

$$y'' = \int \frac{1}{1+x^2} \mathrm{d}x = \arctan x + C_1,$$

$$\begin{aligned}
y' &= \int \arctan x \mathrm{d}x + C_1 x \\
&= x \arctan x - \int \frac{x}{1+x^2} \mathrm{d}x + C_1 x \\
&= x \arctan x - \frac{1}{2} \ln(1+x^2) + C_1 x + C_2,
\end{aligned}$$

$$\begin{aligned}
y &= \int \left[x \arctan x - \frac{1}{2} \ln(1+x^2) \right] \mathrm{d}x + \frac{C_1}{2} x^2 + C_2 x \\
&= \frac{1}{2} x^2 \arctan x - \frac{1}{2} \int \frac{x^2}{1+x^2} \mathrm{d}x - \frac{1}{2} x \ln(1+x^2) \\
&\quad + \frac{1}{2} \int \frac{2x^2}{1+x^2} \mathrm{d}x + \frac{C_1}{2} x^2 + C_2 x \\
&= \frac{1}{2} x^2 \arctan x + \frac{x}{2} - \frac{1}{2} \arctan x - \frac{1}{2} x \ln(1+x^2) \\
&\quad + \frac{C_1}{2} x^2 + C_2 x + C_3.
\end{aligned}$$

二、$y'' = f(x, y')$ 型微分方程

这类方程的特点是方程中不显含未知函数 y,如果作代换 $y' = p(x)$,则 $y'' = p'(x)$,代入微分方程,得

$$p' = f(x, p),$$

这是一个关于变量 x, p 的一阶微分方程.

例 2 求微分方程 $y'' + \dfrac{1}{x} y' = x$ 的通解.

解 方程中不显含 y,令 $y' = p(x)$,则 $y'' = p'(x)$,代入方程,得

$$p' + \frac{1}{x}p = x,$$

解此一阶微分方程,得

$$p = e^{-\int \frac{1}{x}dx}\left(C_1 + \int x e^{\int \frac{1}{x}dx}dx\right) = \frac{1}{3}x^2 + \frac{C_1}{x},$$

即

$$y' = \frac{1}{3}x^2 + \frac{C_1}{x},$$

积分得原方程的通解

$$y = \frac{1}{9}x^3 + C_1\ln|x| + C_2.$$

例 3 求初值问题 $\begin{cases}(1+x^2)y'' = 2xy', \\ y|_{x=0} = 1, y'|_{x=0} = 3\end{cases}$ 的解.

解 方程中不显含 y,令 $y' = p(x)$,则 $y'' = p'(x)$,代入方程,得

$$(1+x^2)\frac{dp}{dx} = 2xp,$$

分离变量并积分,得

$$\frac{dp}{p} = \frac{2x}{1+x^2}dx, \quad \ln|p| = \ln(1+x^2) + C_1,$$

将初始条件 $p|_{x=0} = y'|_{x=0} = 3$ 代入,得 $C_1 = \ln 3$,故

$$p = 3(1+x^2), \quad 即 \ y' = 3(1+x^2),$$

积分得

$$y = 3x + x^3 + C_2,$$

由初始条件得 $C_2 = 1$,于是初值问题的解为

$$y = 3x + x^3 + 1.$$

三、$y'' = f(y, y')$ 型微分方程

这类方程的特点是方程中不显含 x. 如果作变量代换 $y' = p(y)$,则有 $y'' = \dfrac{dp(y)}{dx} = \dfrac{dp(y)}{dy}\dfrac{dy}{dx} = p\dfrac{dp}{dy}$,代入微分方程,得

$$p\frac{dp}{dy} = f(y, p),$$

这是关于变量 y, p 的一阶微分方程.

例 4 求微分方程 $y'' + \dfrac{1}{1-y}(y')^2 = 0$ 的通解.

解 方程中不显含 x,令 $y' = p(y)$,则 $y'' = p\dfrac{dp}{dy}$,代入方程,得

$$p\frac{dp}{dy} + \frac{1}{1-y}p^2 = 0, \quad 即 \ p\left(\frac{dp}{dy} + \frac{p}{1-y}\right) = 0,$$

于是有 $p = 0$,或 $\dfrac{dp}{dy} + \dfrac{p}{1-y} = 0$,由后一方程得

$$\frac{\mathrm{d}p}{p} = \frac{\mathrm{d}y}{y-1},$$

积分得 $p = C_1(y-1)$, 即 $y' = C_1(y-1)$,

分离变量并积分得

$$\frac{\mathrm{d}y}{y-1} = C_1 \mathrm{d}x, \quad \ln|y-1| = C_1 x + C,$$

故原方程的通解为

$$y = C_2 \mathrm{e}^{C_1 x} + 1,$$

由 $p=0$, 即 $y'=0$, 得 $y=C$, 此式包含在通解中 ($C_1=0$ 的情况).

例 5 求初值问题 $\begin{cases} 2yy'' = (y')^2 + y^2, \\ y(0)=1, y'(0)=2 \end{cases}$ 的解.

解 方程中不显含 x, 令 $y' = p(y)$, 则 $y'' = p\dfrac{\mathrm{d}p}{\mathrm{d}y}$, 代入方程, 得

$$2yp\frac{\mathrm{d}p}{\mathrm{d}y} = p^2 + y^2, \quad 即 \quad 2\frac{\mathrm{d}p}{\mathrm{d}y} = \frac{p}{y} + \frac{y}{p},$$

这是一个齐次方程, 令 $u = \dfrac{p}{y}$, 即 $p = yu$, 对 y 求导, 得 $\dfrac{\mathrm{d}p}{\mathrm{d}y} = u + y\dfrac{\mathrm{d}u}{\mathrm{d}y}$, 代入上式, 得

$$2u + 2y\frac{\mathrm{d}u}{\mathrm{d}y} = u + \frac{1}{u}, \quad 即 \quad 2y\frac{\mathrm{d}u}{\mathrm{d}y} = \frac{1-u^2}{u},$$

分离变量并积分, 得

$$\frac{2u\,\mathrm{d}u}{1-u^2} = \frac{\mathrm{d}y}{y}, \quad \frac{1}{1-u^2} = C_1 y,$$

由 $y(0)=1$, 及 $u(0) = \dfrac{p}{y}\bigg|_{x=0} = \dfrac{y'(0)}{y(0)} = 2$, 得 $C_1 = -\dfrac{1}{3}$, 故有

$$u^2 - 1 = \frac{3}{y}, \quad 即 \quad \frac{p^2}{y^2} - 1 = \frac{3}{y},$$

$$p^2 = y^2 + 3y, \quad y' = p = \pm\sqrt{y^2 + 3y},$$

由初始条件知上式应取正号, 故

$$y' = \sqrt{y^2 + 3y},$$

分离变量并积分, 得

$$\frac{\mathrm{d}y}{\sqrt{y^2+3y}} = \mathrm{d}x, \quad \ln\left|y + \frac{3}{2} + \sqrt{\left(y+\frac{3}{2}\right)^2 - \frac{9}{4}}\right| = x + C,$$

即

$$y + \frac{3}{2} + \sqrt{y^2 + 3y} = C_2 \mathrm{e}^x,$$

由初始条件, 得 $C_2 = \dfrac{9}{2}$, 故初值问题的解为

$$y + \frac{3}{2} + \sqrt{y^2 + 3y} = \frac{9}{2}\mathrm{e}^x.$$

例 6 求微分方程 $y'y''' - 2(y'')^2 = 0$ 的通解.

解 这是一个三阶微分方程，如果作变量代换 $u = y'$，则 $y'' = u'$，$y''' = u''$，因而方程化为
$$uu'' - 2(u')^2 = 0,$$

这是不显含 x 的二阶微分方程，令 $u' = p(u)$，则 $u'' = p\dfrac{\mathrm{d}p}{\mathrm{d}u}$，代入上面方程得
$$up\dfrac{\mathrm{d}p}{\mathrm{d}u} - 2p^2 = 0,$$

即 $p = 0$，或 $u\dfrac{\mathrm{d}p}{\mathrm{d}u} - 2p = 0$，由后一方程得
$$\dfrac{\mathrm{d}p}{p} = 2\dfrac{\mathrm{d}u}{u}, \quad \ln|p| = 2\ln|u| + C,$$
即
$$p = C_1 u^2, \quad u' = C_1 u^2,$$

利用分离变量法得
$$\dfrac{\mathrm{d}u}{u^2} = C_1 \mathrm{d}x, \quad -\dfrac{1}{u} = C_1 x + C_2,$$

由此得到
$$y' = -\dfrac{1}{C_1 x + C_2},$$

积分得原方程的通解
$$y = -\dfrac{1}{C_1} \ln|C_1 x + C_2| + C_3,$$

由 $p = 0$，即 $u' = 0$，可得 $u = A_1$，即 $y' = A_1$，积分得
$$y = A_1 x + A_2,$$

这也是原方程的解（其中 A_1, A_2 是任意常数）.

习题 5-3

1. 求下列微分方程的通解：
   (1) $xy'' = y'$；
   (2) $2yy'' = 1 + (y')^2 (y' \geqslant 0)$；
   (3) $y'' = x + \sin x$；
   (4) $y'' = y' + x$；
   (5) $y'' = 1 + (y')^2$；
   (6) $y^3 y'' - 1 = 0 (y > 0, y' \geqslant 0)$；
   (7) $xy'' + y' = 0$；
   (8) $y'' = (y')^3 + y'$；
   (9) $y''(\mathrm{e}^x + 1) + y' = 0$；
   (10) $xy''' + y'' = 1$；
   (11) $y''' = y''$.

2. 求下列初值问题的解：
   (1) $\begin{cases} y^3 y'' + 1 = 0 \\ y(1) = 1, y'(1) = 0 \end{cases}$；
   (2) $y'' - a(y')^2 = 0, y|_{x=0} = 0, y'|_{x=0} = -1$；
   (3) $y'' = \mathrm{e}^{2y}, y(0) = y'(0) = 0$；

(4) $y''=3\sqrt{y}, y(0)=1, y'(0)=2$;
(5) $y''+(y')^2=1, y|_{x=0}=0, y'|_{x=0}=0$;
(6) $\begin{cases}(1-x^2)y'''+2xy''=0,\\ y(2)=0, y'(2)=\dfrac{2}{3}, y''(2)=3.\end{cases}$

3. 试求 $y''=x$ 与直线 $y=\dfrac{x}{2}+1$ 相切于点 $(0,1)$ 的积分曲线.

第四节　线性微分方程解的结构

形式为
$$y^{(n)}+p_1(x)y^{(n-1)}+p_2(x)y^{(n-2)}+\cdots+p_{n-1}(x)y'+p_n(x)y=f(x) \tag{1}$$
的微分方程称为 n **阶线性微分方程**,其中 $p_1(x), p_2(x), \cdots, p_{n-1}(x), p_n(x)$ 与 $f(x)$ 都是已知函数.

当 $f(x)\equiv 0$ 时,方程变为
$$y^{(n)}+p_1(x)y^{(n-1)}+p_2(x)y^{(n-2)}+\cdots+p_{n-1}(x)y'+p_n(x)y=0, \tag{2}$$
方程(2)称为 n **阶线性齐次微分方程**.当 $f(x)$ 不恒为零时,方程(1)称为 n **阶线性非齐次微分方程**.

下面我们先讨论二阶线性微分方程解的结构,所得结论可以推广到三阶以上线性微分方程的情形.

一、二阶线性微分方程解的结构

1. 函数组的线性相关与线性无关

首先引入一个概念.

定义 设 $f_1(x), f_2(x), \cdots, f_n(x)$ 是在区间 I 上有定义的 n 个函数,如果存在 n 个不全为零的常数 $k_1, k_2, \cdots, k_n$,使
$$k_1 f_1(x)+k_2 f_2(x)+\cdots+k_n f_n(x)=0 \tag{3}$$
在区间 I 上恒成立,则称函数组 $f_1(x), f_2(x), \cdots, f_n(x)$ 在区间 I 上**线性相关**,若只有当 $k_1=k_2=\cdots=k_n=0$ 时才有式(3)成立,则称 $f_1(x), f_2(x), \cdots, f_n(x)$ 在区间 I 上**线性无关**(或**线性独立**).

例如,函数 $1, x, x^2, \cdots, x^{n-1}(n\geqslant 2)$ 在任意区间 $[a,b](b>a)$ 上线性无关.而函数组 $1, \sin^2 x, \cos^2 x$ 在任意区间上线性相关.

根据定义,如果 n 个函数 $f_1(x), f_2(x), \cdots, f_n(x)$ 线性相关,则式(3)中的 $k_1, k_2, \cdots, k_n$ 不全为零,不妨设 $k_n\neq 0$,则由式(3)可以解得
$$f_n(x)=-\dfrac{k_1}{k_n}f_1(x)-\dfrac{k_2}{k_n}f_2(x)-\cdots-\dfrac{k_{n-1}}{k_n}f_{n-1}(x),$$
即 $f_n(x)$ 可以表示成其他 $n-1$ 个函数的线性组合.

反之，如果某个 $f_i(x)$ 能表示成其他 $n-1$ 个函数的线性组合，不妨设 $f_n(x)$ 是这个函数，即存在常数 $k_1,k_2,\cdots,k_{n-1}$，使
$$f_n(x)=k_1f_1(x)+k_2f_2(x)+\cdots+k_{n-1}f_{n-1}(x),$$
则有 $k_1f_1(x)+k_2f_2(x)+\cdots+k_{n-1}f_{n-1}(x)+(-1)f_n(x)=0$，从而 $f_1(x),f_2(x),\cdots,f_n(x)$ 线性相关.

由此可知，n 个函数 $f_1(x),f_2(x),\cdots,f_n(x)$ 线性相关的充分必要条件是其中某个函数能表示成其他函数的线性组合.

对于两个函数 $f_1(x),f_2(x)$，如果它们在某区间 I 上线性相关，即存在不全为零的常数 k_1,k_2，不妨设 $k_2\neq 0$，使
$$k_1f_1(x)+k_2f_2(x)=0,$$
则有
$$\frac{f_2(x)}{f_1(x)}=-\frac{k_1}{k_2},$$
即这两个函数的比值恒等于一个常数.反之，如果两个函数的比值恒等于一个常数，则这两个函数一定线性相关.因此考察两个函数是否线性相关，只需看它们的比值是否恒等于一个常数.

2. 二阶线性齐次方程解的结构

设有二阶线性齐次微分方程
$$y''+p(x)y'+q(x)y=0, \tag{4}$$
其中 $p(x),q(x)$ 是已知函数.

方程(4)的解有如下性质.

性质 1 如果函数 $y=y_1(x),y=y_2(x)$（可分别简记为 y_1,y_2）都是方程(4)的解，则 $y=y_1+y_2$ 一定也是方程(4)的解.

根据导数的运算公式，此性质很容易得到证明.

性质 2 如果函数 $y=u(x)+\mathrm{i}v(x)$ 是方程(4)的复数形式解，则 $y=u(x)$ 与 $y=v(x)$ 都是方程(4)的解.

证 由于
$$(u(x)+\mathrm{i}v(x))'=u'(x)+\mathrm{i}v'(x),$$
$$(u(x)+\mathrm{i}v(x))''=u''(x)+\mathrm{i}v''(x),$$
因而将 $y=u(x)+\mathrm{i}v(x)$ 代入方程(4)得
$$u''(x)+\mathrm{i}v''(x)+p(x)[u'(x)+\mathrm{i}v'(x)]+$$
$$q(x)[u(x)+\mathrm{i}v(x)]=0,$$
即
$$[u''(x)+p(x)u'(x)+q(x)u(x)]+$$
$$\mathrm{i}[v''(x)+p(x)v'(x)+q(x)v(x)]=0,$$
此式成立的充分必要条件是
$$u''(x)+p(x)u'(x)+q(x)u(x)=0,$$
$$v''(x)+p(x)v'(x)+q(x)v(x)=0,$$
即 $y=u(x)$ 与 $y=v(x)$ 都是方程(4)的解.

如果函数 y_1 与 y_2 是方程(4)的两个线性无关的解，则根据解的性质 1 可知，

$$y = C_1 y_1 + C_2 y_2$$

也是方程(4)的解,并且由于 y_1, y_2 线性无关,所以其中任何一个都不是另一个的常数倍,因此上式中的 C_1 与 C_2 不能合并成一个任意常数,即 C_1 与 C_2 是两个独立的任意常数,于是得到下面的定理.

定理 1(二阶线性齐次方程解的结构) 如果函数 y_1 与 y_2 是方程 $y'' + p(x)y' + q(x)y = 0$ 的两个线性无关的解,则

$$y = C_1 y_1 + C_2 y_2$$

是此方程的通解,其中 C_1, C_2 是两个任意常数,而函数 y_1, y_2 称为方程的一个基本解组.

此定理的结论可以推广到 n 阶线性齐次方程的情形,即有:

定理 2(n 阶线性齐次方程解的结构) 如果函数 $y_1, y_2, \cdots, y_n$ 是方程

$$y^{(n)} + p_1(x) y^{(n-1)} + p_2(x) y^{(n-2)} + \cdots + p_{n-1}(x) y' + p_n(x) y = 0$$

的 n 个线性无关的解,则

$$y = C_1 y_1 + C_2 y_2 + \cdots + C_n y_n$$

是此方程的通解,其中 $C_1, C_2, \cdots, C_n$ 是 n 个任意常数,而 $y_1, y_2, \cdots, y_n$ 称为方程的一个基本解组.

3. 二阶线性非齐次方程解的结构

设二阶线性非齐次微分方程为

$$y'' + p(x) y' + q(x) y = f(x). \tag{5}$$

方程

$$y'' + p(x) y' + q(x) y = 0 \tag{6}$$

是与方程(5)相对应的齐次微分方程.方程(5)的解具有如下性质.

性质 1 如果函数 $y = \bar{y}(x)$ 是方程(6)的解,$y = y^*(x)$ 是方程(5)的解(可分别简记为 $\bar{y}, y^*$),则 $y = \bar{y} + y^*$ 一定是方程(5)的解;如果 y_1^* 与 y_2^* 都是方程(5)的解,则 $y = y_1^* - y_2^*$ 一定是方程(6)的解.

证 由于 $\bar{y}$ 和 y^* 分别满足

$$\bar{y}'' + p(x) \bar{y}' + q(x) \bar{y} = 0,$$
$$(y^*)'' + p(x) (y^*)' + q(x) y^* = f(x),$$

故 $(\bar{y} + y^*)'' + p(x) (\bar{y} + y^*)' + q(x) (\bar{y} + y^*)$
$= [\bar{y}'' + p(x) \bar{y}' + q(x) \bar{y}] + [(y^*)'' + p(x) (y^*)' + q(x) y^*]$
$= 0 + f(x) = f(x),$

即 $y = \bar{y} + y^*$ 是方程(5)的解.

用同样方法可以证明,$y = y_1^* - y_2^*$ 是方程(6)的解.

性质 2(解的叠加性) 如果函数 y_1 与 y_2 分别是方程

$$y'' + p(x) y' + q(x) y = f_1(x) \tag{7}$$

与

$$y'' + p(x) y' + q(x) y = f_2(x) \tag{8}$$

的解,则函数 $y = y_1 + y_2$ 一定是方程

$$y'' + p(x) y' + q(x) y = f_1(x) + f_2(x)$$

的解.

此性质很容易证明,留给读者自己去完成.

性质 3　函数 y_1 与 y_2 分别是方程(7)与方程(8)的解的充分必要条件是函数 $y=y_1+iy_2$ 是方程
$$y''+p(x)y'+q(x)y=f_1(x)+if_2(x)$$
的解.

证　由于 $(y_1+iy_2)''+p(x)(y_1+iy_2)'+q(x)(y_1+iy_2)$
$=[y_1''+p(x)y_1'+q(x)y_1]+i[y_2''+p(x)y_2'+q(x)y_2]$
$=f_1(x)+if_2(x)$

的充分必要条件是
$$y_1''+p(x)y_1'+q(x)y_1=f_1(x),$$
$$y_2''+p(x)y_2'+q(x)y_2=f_2(x),$$
故此性质得到证明.

由以上讨论,可以得到下面的定理.

定理 3　(二阶线性非齐次方程解的结构)　如果函数 y^* 是二阶线性非齐次方程(5)
$$y''+p(x)y'+q(x)y=f(x)$$
的一个特解,$\overline{y}=C_1y_1+C_2y_2$ 是与其相对应的齐次方程(6)
$$y''+p(x)y'+q(x)y=0$$
的通解,则函数
$$y=\overline{y}+y^*=C_1y_1+C_2y_2+y^*$$
是方程(5)的通解.

证　由二阶线性非齐次方程解的性质知 $\overline{y}+y^*$ 一定是方程(5)的解,又由于其中含有两个任意常数,故它是方程(5)的通解.

此定理的结论可推广到 n 阶线性非齐次方程的情形,如下面定理所述.

定理 4　(n 阶线性非齐次方程解的结构)　如果 y^* 是方程(1)
$$y^{(n)}+p_1(x)y^{(n-1)}+p_2(x)y^{(n-2)}+\cdots+p_{n-1}(x)y'+p_n(x)y=f(x)$$
的一个特解,$\overline{y}=C_1y_1+C_2y_2+\cdots+C_ny_n$ 是与其相对应的齐次方程的通解,则 $y=\overline{y}+y^*$ 是方程(1)的通解.

例 1　已知二阶线性非齐次方程 $y''+p(x)y'+q(x)y=f(x)$ 的三个特解 $y_1^*=\frac{1}{2}(x+1)\cos x,y_2^*=\frac{1}{2}x\cos x-\sin x,y_3^*=\frac{1}{2}x\cos x$,求该方程的通解及满足初始条件 $y(0)=1,y'(0)=1$ 的特解.

解　根据二阶线性非齐次方程解的性质1,

$$y_1^* - y_3^* = \frac{1}{2}\cos x \quad \text{与} \quad y_2^* - y_3^* = -\sin x$$

都是相对应的齐次方程的解，并且由于 $\frac{1}{2}\cos x$ 与 $-\sin x$ 线性无关，因此相对应的齐次方程的通解为

$$\overline{y} = C_1\cos x + C_2\sin x,$$

故已知方程的通解为

$$y = \overline{y} + y_3^* = C_1\cos x + C_2\sin x + \frac{x}{2}\cos x,$$

由此得

$$y' = -C_1\sin x + C_2\cos x + \frac{1}{2}\cos x - \frac{x}{2}\sin x,$$

将初始条件代入上面两式，得

$$C_1 = 1, \quad C_2 + \frac{1}{2} = 1$$

解得 $C_2 = \frac{1}{2}$，因此所求特解为

$$y = \cos x + \frac{1}{2}\sin x + \frac{x}{2}\cos x.$$

二、二阶线性微分方程的解法

对一般的二阶线性微分方程求解是很困难的，并且没有一般的解法，我们下面所介绍的是在已知方程的某些解的条件下如何求得其通解.

1. 已知二阶线性齐次方程的一个非零特解，求其通解

设 $y = y_1(x)$ 是方程(4)

$$y'' + p(x)y' + q(x)y = 0$$

的一个非零特解，可以利用下面给出的方法求得它的另一个与 $y_1(x)$ 线性无关的解 $y = y_2(x)$.

如果我们能找到一个不是常数的函数 $u(x)$，使得 $y_2(x) = u(x)y_1(x)$ 是方程(4)的解，则这个解便是与 $y_1(x)$ 线性无关的. 将 $u(x)y_1(x)$ 代入方程(4)得

$$(y_1 u(x))'' + p(x)(y_1 u(x))' + q(x)y_1 u(x) = 0,$$

整理得

$$[y_1'' + p(x)y_1' + q(x)y_1]u(x) + [2y_1' + p(x)y_1]u'(x) + y_1 u''(x) = 0,$$

由于 y_1 是方程(4)的解，有

$$y_1'' + p(x)y_1' + q(x)y_1 = 0,$$

因而有

$$[2y_1' + p(x)y_1]u'(x) + y_1 u''(x) = 0,$$

利用分离变量法得

$$\frac{\mathrm{d}u'(x)}{u'(x)} = -\frac{2y_1' + p(x)y_1}{y_1}\mathrm{d}x = \left[-2\frac{y_1'}{y_1} - p(x)\right]\mathrm{d}x,$$

$$\ln|u'(x)| = -2\ln|y_1| - \int p(x)\mathrm{d}x,$$

故得

$$u'(x) = \frac{\mathrm{e}^{-\int p(x)\mathrm{d}x}}{y_1^2}$$

$$u(x) = \int \frac{\mathrm{e}^{-\int p(x)\mathrm{d}x}}{y_1^2}\mathrm{d}x,$$

利用如此求得的 $u(x)$ 便可以得到一个与 $y_1(x)$ 线性无关的解

$$\boxed{y_2 = y_1 \int \frac{\mathrm{e}^{-\int p(x)\mathrm{d}x}}{y_1^2}\mathrm{d}x.} \qquad (9)$$

此公式称为刘维尔公式.

例 2 $y_1 = x$ 是方程 $y'' + \frac{1}{x}y' - \frac{1}{x^2}y = 0$ 的一个特解,求此方程的通解.

解 由刘维尔公式,可求得另一个与 $y_1 = x$ 线性无关的特解

$$y_2 = x \int \frac{\mathrm{e}^{-\int \frac{1}{x}\mathrm{d}x}}{x^2}\mathrm{d}x = x \int \frac{1}{x^2} \cdot \frac{1}{|x|}\mathrm{d}x = \mathrm{sgn}x \cdot \frac{1}{2x},$$

故所求通解为

$$y = C_1 x + \frac{C_2}{x}.$$

2. 已知相对应的线性齐次方程的通解,求二阶线性非齐次方程的特解

设方程(5)

$$y'' + p(x)y' + q(x)y = f(x),$$

与其相对应的齐次方程(6)为

$$y'' + p(x)y' + q(x)y = 0.$$

如果已知方程(6)的通解为

$$\bar{y} = C_1 y_1 + C_2 y_2,$$

(其中 y_1, y_2 是线性无关的)可以像一阶线性微分方程那样,利用常数变易法求得非齐次方程(5)的一个特解,即将 $\bar{y}$ 中的常数 C_1, C_2 变为函数,设

$$y^* = C_1(x)y_1 + C_2(x)y_2,$$

对上式求导,得

$$y^{*\prime} = C_1'(x)y_1 + C_2'(x)y_2 + C_1(x)y_1' + C_2(x)y_2',$$

为计算简单起见,我们可以选取使

$$C_1'(x)y_1 + C_2'(x)y_2 = 0 \qquad (10)$$

成立的 $C_1(x), C_2(x)$,于是

$$y^{*\prime} = C_1(x)y_1' + C_2(x)y_2',$$

$$y^{*\prime\prime} = C_1'(x)y_1' + C_2'(x)y_2' + C_1(x)y_1'' + C_2(x)y_2'',$$

将 $y^*, y^{*\prime}, y^{*\prime\prime}$ 代入方程(5),整理后得

$$C_1(x)[y_1'' + p(x)y_1' + q(x)y_1] + C_2(x)[y_2'' + p(x)y_1' + q(x)y_2] + C_1'(x)y_1' + C_2'(x)y_2' = f(x),$$

由于 y_1 与 y_2 是方程(6)的解,因此上式变成

$$C_1'(x)y_1' + C_2'(x)y_2' = f(x), \qquad (11)$$

如果记 $v(y_1, y_2) = \begin{vmatrix} y_1 & y_2 \\ y_1' & y_2' \end{vmatrix} = y_1 y_2' - y_1' y_2$(此式称为朗斯基行列式),则由式(10)、式(11) 两式解得

$$C_1'(x) = -\frac{y_2 f(x)}{v(y_2, y_2)}, \quad C_2'(x) = \frac{y_1 f(x)}{v(y_1, y_2)},$$

分别积分,得

$$\boxed{C_1(x) = -\int \frac{y_2 f(x)}{v(y_1, y_2)} \mathrm{d}x, \quad C_2(x) = \int \frac{y_1 f(x)}{v(y_1, y_2)} \mathrm{d}x, \qquad (12)}$$

于是得到方程(5)的一个特解

$$y^* = -y_1 \int \frac{y_2 f(x)}{v(y_1, y_2)} \mathrm{d}x + y_2 \int \frac{y_1 f(x)}{v(y_1, y_2)} \mathrm{d}x.$$

因而可得到方程(5)的通解

$$y^* = C_1 y_1 + C_2 y_2 - y_1 \int \frac{y_2 f(x)}{v(y_1, y_2)} \mathrm{d}x + y_2 \int \frac{y_1 f(x)}{v(y_1, y_2)} \mathrm{d}x.$$

例 3 设微分方程 $(x-1)y'' - xy' + y = (x-1)^2$,已知 $y_1 = x$ 是与其相对应的齐次方程的一个解,求此非齐次方程的通解.

解 将方程化成标准形式

$$y'' - \frac{x}{x-1} y' + \frac{1}{x-1} y = x - 1,$$

首先求与其相对应的齐次方程的通解,由刘维尔公式,得

$$y_2 = x \int \frac{1}{x^2} \mathrm{e}^{\int \frac{x}{x-1} \mathrm{d}x} \mathrm{d}x = x \int \frac{1}{x^2} \mathrm{e}^{x + \ln|x-1|} \mathrm{d}x$$

$$= \pm x \int \frac{x-1}{x^2} \mathrm{e}^x \mathrm{d}x = \pm x \left(\int \frac{1}{x} \mathrm{e}^x \mathrm{d}x - \int \frac{1}{x^2} \mathrm{e}^x \mathrm{d}x \right)$$

$$= \pm x \left(\frac{1}{x} \mathrm{e}^x + \int \frac{1}{x^2} \mathrm{e}^x \mathrm{d}x - \int \frac{1}{x^2} \mathrm{e}^x \mathrm{d}x \right) = \pm \mathrm{e}^x,$$

(其中 $x \geqslant 1$ 时取正号,$x < 1$ 时取负号)故相对应的齐次方程的通解为

$$\bar{y} = C_1 x + C_2 \mathrm{e}^x,$$

设非齐次方程的特解为

$$y^* = C_1(x) x + C_2(x) \mathrm{e}^x,$$

由于 $v(y_1, y_2) = \begin{vmatrix} x & \mathrm{e}^x \\ 1 & \mathrm{e}^x \end{vmatrix} = (x-1)\mathrm{e}^x$,利用式(12) ,得

$$C_1(x) = -\int \frac{\mathrm{e}^x (x-1)}{(x-1)\mathrm{e}^x} \mathrm{d}x = -x,$$

$$C_2(x) = \int \frac{x(x-1)}{(x-1)\mathrm{e}^x}\mathrm{d}x = -(x+1)\mathrm{e}^{-x},$$

于是得
$$y^* = -x \cdot x - (x+1)\mathrm{e}^{-x} \cdot \mathrm{e}^x = -x^2 - x - 1,$$

因此所求方程的通解为
$$y = \overline{y} + y^* = C_1 x + C_2 \mathrm{e}^x - x^2 - x - 1.$$

习题 5-4

1. 验证 $y_1 = \mathrm{e}^{x^2}$ 与 $y_2 = x\mathrm{e}^{x^2}$ 都是方程 $y'' - 4xy' + (4x^2 - 2)y = 0$ 的解,并写出该方程的通解.

2. 已知二阶线性非齐次方程的三个特解 $y_1 = 1, y_2 = x, y_3 = x^2$,求该方程的通解.

3. 已知二阶线性非齐次方程的三个特解 $y_1 = x - (x^2 + 1), y_2 = 3\mathrm{e}^x - (x^2 + 1), y_3 = 2x - \mathrm{e}^x - (x^2 + 1)$,求该方程满足初始条件 $y(0) = 0, y'(0) = 0$ 的特解.

4. 已知下列各方程的一个特解,求其通解.
   (1) $(2x-1)y'' - (2x+1)y' + 2y = 0, y_1 = \mathrm{e}^x$;
   (2) $xy'' - y' = 0, y_1 = 1$.

5. 已知线性齐次方程 $x^2 y'' - xy' + y = 0$ 的通解为 $\overline{y} = C_1 x + C_2 x \ln|x|$,求线性非齐次方程 $x^2 y'' - xy' + y = x$ 的通解.

6. 已知 $y_1(x) = x$ 是线性齐次方程 $x^2 y'' - 2xy' + 2y = 0$ 的一个解,求线性非齐次方程 $x^2 y'' - 2xy' + 2y = 2x^3$ 的通解.

第五节 常系数线性齐次微分方程

如果 n 阶线性微分方程中的系数函数都是常数,则称其为 n 阶常系数线性微分方程.常系数线性微分方程有比较一般的解法.

本节首先讨论二阶常系数线性齐次微分方程的解法,而后再将它的解法推广到 n 阶方程.

设二阶常系数线性齐次微分方程为
$$y'' + a_1 y' + a_2 y = 0, \tag{1}$$

其中 a_1, a_2 都是常数.

由于方程(1)左端是 y'', y', y 用常系数组合起来的,而且我们知道指数函数 e^{rx} 的各阶导数都是它自身的常数倍,因此我们推测方程(1)可能有指数函数 $y = \mathrm{e}^{rx}$ 形式的解.

对 $y = \mathrm{e}^{rx}$ 求导,得 $y' = r\mathrm{e}^{rx}, y'' = r^2 \mathrm{e}^{rx}$,将 y, y', y'' 代入方程(1),得
$$(r^2 + a_1 r + a_2)\mathrm{e}^{rx} = 0,$$

由于 $\mathrm{e}^{rx} \neq 0$,所以有

$$r^2 + a_1 r + a_2 = 0, \qquad (2)$$

因此微分方程(1)是否有形如 $y = e^{rx}$ 的解,取决于代数方程(2)是否有根,根据代数学的知识,方程(2)总是有根的,因此方程(1)确有指数函数形式的解.我们把方程(2)叫作微分方程(1)的**特征方程**,把方程(2)的根叫作微分方程(1)的**特征根**.因此求微分方程(1)的解归结为求代数方程(2)的根.以下根据特征根的三种不同情形,分别给出微分方程(1)通解的求法.

(i) 当特征方程(2)的根是两个不相等的实根 r_1 与 r_2 时,则 $y_1 = e^{r_1 x}$ 与 $y_2 = e^{r_2 x}$ 都是方程(1)的解,并且是两个线性无关的解,故此时微分方程(1)的通解为

$$y = C_1 e^{r_1 x} + C_2 e^{r_2 x}.$$

(ii) 当特征方程(2)的根是两个相等的实根 $r_1 = r_2$ 时,则 $y_1 = e^{r_1 x}$ 是微分方程(1)的一个特解,利用刘维尔公式,可以求得另一个与 y_1 线性无关的特解

$$y_2 = e^{r_1 x} \int \frac{1}{e^{2r_1 x}} e^{-\int a_1 dx} dx = e^{r_1 x} \int e^{(-2r_1 - a_1)x} dx$$
$$= e^{r_1 x} \int dx = x e^{r_1 x},$$

于是微分方程(1)的通解为

$$y = C_1 e^{r_1 x} + C_2 x e^{r_1 x}.$$

(iii) 当特征方程(2)的根是一对共轭复根

$$r_1 = \alpha + i\beta, \quad r_2 = \alpha - i\beta$$

时,$y = e^{(\alpha + i\beta)x}$ 与 $y = e^{(\alpha - i\beta)x}$ 都是微分方程(1)的解,但是它们都是复值函数,为了得到实值函数形式的解,利用欧拉公式 $e^{i\theta} = \cos\theta + i\sin\theta$,可将 y_1 写成

$$y_1 = e^{\alpha x} e^{i\beta x} = e^{\alpha x}(\cos\beta x + i\sin\beta x) = e^{\alpha x}\cos\beta x + i e^{\alpha x}\sin\beta x,$$

根据二阶线性齐次方程解的性质2,$y = e^{\alpha x}\cos\beta x$ 与 $y = e^{\alpha x}\sin\beta x$ 都是微分方程(1)的解,并且这两个解线性无关,因此微分方程的通解为

$$y = C_1 e^{\alpha x}\cos\beta x + C_2 e^{\alpha x}\sin\beta x.$$

如此解二阶常系数线性微分方程的方法称为**特征根法**.

例 1 求下列微分方程的通解:

(1) $y'' + 2y' - 3y = 0$; (2) $y'' - y' = 0$.

解 (1) 特征方程为

$$r^2 + 2r - 3 = 0,$$

其根为 $r_1 = 1, r_2 = -3$,因此所求通解为

$$y = C_1 e^x + C_2 e^{-3x};$$

(2) 特征方程为

$$r^2 - r = 0,$$

其根为 $r_1 = 0, r_2 = 1$,因此所求通解为

$$y = C_1 + C_2 e^x.$$

例 2 求微分方程 $y'' + 4y' + 4y = 0$ 的通解.

解 特征方程为
$$r^2 + 4r + 4 = 0,$$
其根为 $r_1 = r_2 = -2$,因此所求通解为
$$y = C_1 e^{-2x} + C_2 x e^{-2x}.$$

例 3 求下列微分方程的通解：

(1) $y'' + 2y' + 5y = 0$； (2) $y'' + 3y = 0$.

解 (1) 特征方程为
$$r^2 + 2r + 5 = 0,$$
其根为 $r = -1 \pm 2i$,因此所求通解为
$$y = C_1 e^{-x} \cos 2x + C_2 e^{-x} \sin 2x;$$

(2) 特征方程为
$$r^2 + 3 = 0,$$
其根为 $r = \pm \sqrt{3} i$,因此所求通解为
$$y = C_1 \cos\sqrt{3} x + C_2 \sin\sqrt{3} x.$$

上面求解二阶常系数线性齐次方程的特征根法可以推广到 n 阶常系数线性齐次微分方程的情形.

设 n 阶常系数线性齐次微分方程
$$y^{(n)} + a_1 y^{(n-1)} + \cdots + a_{n-1} y' + a_n y = 0, \tag{3}$$
其中 $a_1, a_2, \cdots, a_n$ 都是常数.方程
$$r^{(n)} + a_1 r^{(n-1)} + \cdots + a_{n-1} r + a_n = 0 \tag{4}$$
叫作微分方程(3)的特征方程,方程(4)的根叫作微分方程(3)的特征根.

由代数学知道,方程(4)有 n 个根(重根按重数计算,例如将二重根看作两个根),可以证明：

由方程(4)的每一个单重实根 r,可以得到方程(3)的一个特解
$$y = e^{rx};$$
由方程(4)的每一个 k 重实根 r,可以得到方程(3)的 k 个特解
$$y = e^{rx}, \quad y = x e^{rx}, \quad \cdots, \quad y = x^{k-1} e^{rx};$$
由方程(4)的每一对单重共轭复根 $r = \alpha \pm i\beta$,可以得到方程(3)的两个特解
$$y = e^{\alpha x} \cos\beta x, \quad y = e^{\alpha x} \sin\beta x;$$
由方程(4)的每一对 k 重复根 $r = \alpha \pm i\beta$,可以得到方程(3)的 $2k$ 个特解
$$y = e^{\alpha x} \cos\beta x, \quad y = e^{\alpha x} \sin\beta x,$$
$$y = x e^{\alpha x} \cos\beta x, \quad y = x e^{\alpha x} \sin\beta x, \quad \cdots,$$
$$y = x^{k-1} e^{\alpha x} \cos\beta x, \quad y = x^{k-1} e^{\alpha x} \sin\beta x.$$

这样一共得到方程(3)的 n 个特解,可以证明(但这里证明略),这 n

个解是线性无关的,因此便可以得到微分方程(3)的通解.

例 4 求微分方程 $y^{(4)}-y=0$ 的通解.

解 特征方程为 $r^4-1=0$,
其根为 $r_1=1, r_2=-1, r_{3,4}=\pm i$,因此所求通解为
$$y=C_1 e^x + C_2 e^{-x} + C_3 \cos x + C_4 \sin x.$$

例 5 求微分方程 $y^{(4)}-4y'''+13y''=0$ 的通解.

解 特征方程为
$$r^4-4r^3+13r^2=0,$$
即
$$r^2(r^2-4r+13)=0,$$
求得特征根为 $r_1=r_2=0, r_{3,4}=2\pm 3i$,因此所求通解为
$$y=C_1+C_2 x+C_3 e^{2x}\cos 3x+C_4 e^{2x}\sin 3x.$$

例 6 求微分方程 $y^{(5)}+y^{(4)}+2y'''+2y''+y'+y=0$ 的通解.

解 特征方程为
$$r^5+r^4+2r^3+2r^2+r+1=0,$$
即
$$r^4(r+1)+2r^2(r+1)+(r+1)=0,$$
$$(r+1)(r^4+2r^2+1)=(r+1)(r^2+1)^2=0,$$
故特征根为 $r_1=-1, r_{2,3}=\pm i$(二重),因此所求通解为
$$y=C_1 e^{-x}+C_2\cos x+C_3\sin x+C_4 x\cos x+C_5 x\sin x.$$

习题 5-5

1. 求下列微分方程的通解:
   (1) $y''+8y'+15y=0$;   (2) $y''+6y'+9y=0$;
   (3) $y''+4y'+5y=0$;   (4) $\dfrac{d^2 s}{dt^2}-2\dfrac{ds}{dt}=0$;
   (5) $4\dfrac{d^2 x}{dt^2}-20\dfrac{dx}{dt}+25x=0$; (6) $y''+y=0$.

2. 求下列初值问题的解:
   (1) $\begin{cases} y''+4y'+4y=0, \\ y|_{x=0}=1, y'|_{x=0}=1; \end{cases}$
   (2) $\begin{cases} 4y''+9y=0, \\ y(0)=2, y'(0)=-1; \end{cases}$
   (3) $y'''-4y'+3y=0, y|_{x=0}=6, y'|_{x=0}=10$;
   (4) $y''-3y'-4y=0, y|_{x=0}=0, y'|_{x=0}=-5$;
   (5) $y''-4y'+13y=0, y|_{x=0}=0, y'|_{x=0}=3$.

3. 求下列微分方程的通解:
   (1) $y'''-y=0$;   (2) $y'''-2y'+y=0$;
   (3) $y'''+3y''+3y'+y=0$;   (4) $y^{(4)}-y=0$;

(5) $y^{(4)}+2y''+y=0$.

4. 求微分方程 $y''+y=\dfrac{1}{\cos x}$ 的通解.

第六节 常系数线性非齐次微分方程

一、常系数线性非齐次方程

上一节我们讨论了常系数线性齐次微分方程的解法,根据线性非齐次微分方程解的结构,我们只需再求出常系数线性非齐次微分方程的一个特解,便可以得到它的通解.对于 n 阶常系数线性非齐次微分方程,如果其自由项 $f(x)$ 的形式为 $P_m(x)\mathrm{e}^{\lambda x}$, $P_m(x)\mathrm{e}^{\alpha x}\cos\beta x$, $P_m(x)\mathrm{e}^{\alpha x}\sin\beta x$ (其中 $P_m(x)$ 是 m 次多项式,λ,α,β 是常数),可以利用待定系数法求其特解.即根据微分方程中自由项 $f(x)$ 的形式预先设定特解的形式,再将所设定的特解代入微分方程求出其中所包含的待定常数的值.

下面先对二阶常系数线性微分方程进行讨论,所得结果可推广到 n 阶情形.

设二阶常系数线性非齐次微分方程为
$$y''+a_1y'+a_2y=f(x), \tag{1}$$
相应的齐次微分方程为
$$y''+a_1y'+a_2y=0. \tag{2}$$
我们将根据自由项的不同形式分别讨论如下.

1. 当自由项为 $f(x)=P_m(x)\mathrm{e}^{\lambda x}$ 时

因为方程(1)的左端是 y,y',y'' 用常系数组合起来的,又因为多项式与指数函数乘积的导数仍然是多项式与指数函数的乘积,所以我们推测方程可能有形式为 $y^*=Q(x)\mathrm{e}^{\lambda x}$ (其中 $Q(x)$ 是一待定多项式)的特解,求出 y^* 的一阶导数和二阶导数
$$y^{*\prime}=\mathrm{e}^{\lambda x}[\lambda Q(x)+Q'(x)],$$
$$y^{*\prime\prime}=\mathrm{e}^{\lambda x}[\lambda^2 Q(x)+2\lambda Q'(x)+Q''(x)],$$
将 $y^*,y^{*\prime},y^{*\prime\prime}$ 代入方程(1)中,消去 $\mathrm{e}^{\lambda x}$,得
$$Q''(x)+(2\lambda+a_1)Q'(x)+(\lambda^2+a_1\lambda+a_2)Q(x)=P_m(x). \tag{3}$$

(i) 如果 λ 不是与方程(1)相对应的齐次方程(2)的特征根,即有 $\lambda^2+a_1\lambda+a_2\neq 0$,则由式(3)可知,$Q(x)$ 必须是 m 次多项式,因此只要令
$$Q(x)=Q_m(x)=b_0x^m+b_1x^{m-1}+\cdots+b_{m-1}x+b_m,$$
代入式(3),比较等式两端 x 的同次幂系数,就可以确定 $b_0,b_1,\cdots b_{m-1},b_m$,从而使 $y^*=Q_m(x)\mathrm{e}^{\lambda x}$ 成为方程(1)的特解.

(ii) 如果 λ 是齐次方程(2)的单重特征根,即有 $\lambda^2+a_1\lambda+a_2=0$,

但是 $2\lambda + a_1 \neq 0$，则式(3)变为
$$Q''(x) + (2\lambda + a_1)Q'(x) = P_m(x), \quad (3')$$
由此可知，$Q'(x)$必须是 m 次多项式，从而 $Q(x)$ 必须是 $m+1$ 次多项式，因此只要令
$$Q(x) = xQ_m(x) = x(b_0x^m + b_1x^{m-1} + \cdots b_{m-1}x + b_m)$$
代入式($3'$)，确定出 $b_0, b_1, \cdots, b_{m-1}, b_m$，就可以使 $y^* = xQ_m(x)e^{\lambda x}$ 成为方程(1)的特解.

(iii) 如果 λ 是齐次方程(2)的二重特征根，即有 $\lambda^2 + a_1\lambda + a_2 = 0$，并且 $2\lambda + a_1 = 0$，则式(3)变成
$$Q''(x) = p_m(x), \quad (3'')$$
由此可知，$Q''(x)$ 必须是 m 次多项式，从而 $Q(x)$ 必须是 $m+2$ 次多项式，故只要令
$$Q(x) = x^2Q_m(x) = x^2(b_0x^m + b_1x^{m-1} + \cdots + b_{m-1}x + b_m),$$
代入式($3''$)，确定出 $b_0, b_1, \cdots, b_{m-1}, b_m$，就可以使 $y^* = x^2Q_m(x)e^{\lambda x}$ 成为方程(1)的特解.

综上所述，当方程(1)的自由项 $f(x) = P_m(x)e^{\lambda x}$ 时，可设其特解为
$$y^* = x^k Q_m(x)e^{\lambda x},$$
其中 $Q_m(x)$ 是与 $P_m(x)$ 次数相同的多项式，而 k 的值要这样取：当 λ 不是方程(2)的特征根时，$k=0$；当 λ 是方程(2)的单重特征根时，$k=1$；当 λ 是方程(2)的二重特征根时，$k=2$.

如此求特解的方法对 n 阶常系数线性非齐次微分方程也适用.

例 1 求下列微分方程的通解：

(1) $y'' + y' - 2y = (x-2)e^{5x}$；

(2) $y'' + y = x^2 + x$.

解 (1) 对应齐次方程为 $y'' + y' - 2y = 0$，其特征方程为
$$r^2 + r - 2 = 0,$$
解得特征根为 $r_1 = -2, r_2 = 1$，故此齐次方程的通解为
$$\bar{y} = C_1 e^{-2x} + C_2 e^x,$$
此处自由项为 $f(x) = (x-2)e^{5x}$，此处 $\lambda = 5$ 不是对应齐次方程的特征根，因此设特解
$$y^* = (Ax + B)e^{5x},$$
求得 $y^{*\prime}, y^{*\prime\prime}$ 后将它们代入所给方程，得
$$(28Ax + 28B + 11A)e^{5x} = (x-2)e^{5x},$$
消去 e^{5x}，得
$$28Ax + 28B + 11A = x - 2,$$
比较等式两端 x 的同次幂系数，得
$$28A = 1, \quad 28B + 11A = -2,$$
解得
$$A = \frac{1}{28}, \quad B = -\frac{67}{784},$$

于是
$$y^* = \left(\frac{x}{28} - \frac{67}{784}\right)e^{5x},$$
所求通解为
$$y = C_1 e^{-2x} + C_2 e^x + \left(\frac{x}{28} - \frac{67}{784}\right)e^{5x};$$

(2) 对应齐次方程为 $y'' + y = 0$，其特征方程为 $r^2 + 1 = 0$，解得特征根 $r_{1,2} = \pm i$，故此齐次方程的通解为
$$\overline{y} = C_1 \cos x + C_2 \sin x,$$
此处自由项为 $f(x) = x^2 + x = (x^2 + x)e^{0x}$，此处 $\lambda = 0$ 不是对应齐次方程的特征根，因此设特解
$$y^* = Ax^2 + Bx + C,$$
将 $y^*, y^{*'}, y^{*''}$ 代入所给方程，得
$$Ax^2 + Bx + (2A + C) = x^2 + x,$$
比较等式两端 x 的同次幂系数，得
$$A = 1, \quad B = 1, \quad 2A + C = 0,$$
解得 $C = -2$，故
$$y^* = x^2 + x - 2,$$
于是所求通解为
$$y = C_1 \cos x + C_2 \sin x + x^2 + x - 2.$$

例 2 分别求出下列微分方程的一个特解.

(1) $y'' - 5y' + 6y = xe^{2x}$；

(2) $y'' + y' = x^2 + 1$.

解 (1) 相应齐次方程的特征方程为 $r^2 - 5r + 6 = 0$，解得特征根 $r_1 = 2, r_2 = 3$，此处自由项 $f(x) = xe^{2x}$ 中的 $\lambda = 2$ 是单重特征根，因此设特解
$$y^* = x(Ax + B)e^{2x},$$
代入所给方程，得
$$-2Ax + 2A - B = x,$$
比较等式两端 x 的同次幂系数，得
$$-2A = 1, \quad 2A - B = 0,$$
解得 $A = -\frac{1}{2}, B = -1$，因此方程的一个特解
$$y^* = \left(-\frac{x^2}{2} - x\right)e^{2x};$$

(2) 相应齐次方程的特征方程为 $r^2 + r = 0$，解得特征根 $r_1 = 0$，$r_2 = -1$，此处自由项 $f(x) = x^2 + 1 = (x^2 + 1)e^{0x}$，其中 $\lambda = 0$ 是单重特征根，因此设特解
$$y^* = x(Ax^2 + Bx + C) = Ax^3 + Bx^2 + Cx,$$
代入所给方程，得
$$3Ax^2 + (6A + 2B)x + 2B + C = x^2 + 1,$$

比较等式两端 x 的同次幂系数,得
$$3A=1, \quad 6A+2B=0, \quad 2B+C=1,$$
解得 $A=\dfrac{1}{3}, B=-1, C=3$,因此方程的一个特解为
$$y^* = \dfrac{1}{3}x^3 - x^2 + 3x.$$

例 3 求微分方程 $y''-4y'+4y=6e^{2x}$ 的通解.

解 对应齐次方程为 $y''-4y'+4y=0$,特征方程为 $r^2-4r+4=0$,解得 $r_{1,2}=2$,故此齐次方程的通解为
$$\overline{y} = C_1 e^{2x} + C_2 x e^{2x},$$
此处自由项 $f(x)=6e^{2x}$,其中 $\lambda=2$ 是二重特征根,故设其特解
$$y^* = Ax^2 e^{2x},$$
$$y^{*\prime} = A(2x^2+2x)e^{2x}, \quad y^{*\prime\prime} = A(4x^2+8x+2)e^{2x},$$
代入所给方程,得
$$2Ae^{2x} = 6e^{2x},$$
故 $2A=6$,得 $A=3$,于是
$$y^* = 3x^2 e^{2x},$$
所求通解为
$$y = C_1 e^{2x} + C_2 x e^{2x} + 3x^2 e^{2x}.$$

例 4 求微分方程 $y'''+3y''+3y'+y=(x-5)e^{-x}$ 的一个特解.

解 对应齐次方程的特征方程为
$$r^3+3r^2+3r+1=(r+1)^3=0,$$
$r=-1$ 为三重特征根,此处方程自由项中的 $\lambda=-1$,故设特解为
$$y^* = x^3(Ax+B)e^{-x},$$
代入所给方程,得
$$24Ax + 6B = x - 5,$$
得 $24A=1, 6B=-5$,于是 $A=\dfrac{1}{24}, B=-\dfrac{5}{6}$,因而得方程的一个特解
$$y^* = \dfrac{x^3}{24}(x-20)e^{-x}.$$

2. 当自由项为 $f(x)=P_m(x)e^{\alpha x}\cos\beta x$ 或 $f(x)=P_m(x)e^{\alpha x}\sin\beta x$ 时

我们可以利用上面所给出的方法,先求出辅助微分方程
$$y''+a_1 y' + a_2 y = P_m(x)e^{\alpha x}\cos\beta x + iP_m(x)e^{\alpha x}\sin\beta x = P_m(x)e^{(\alpha+i\beta)x}$$
的特解 $y^* = y_1^* + iy_2^*$,根据线性非齐次微分方程解的性质 3,y_1^* 便是微分方程
$$y'' + a_1 y' + a_2 y = P_m(x)e^{\alpha x}\cos\beta x$$
的一个特解,而 y_2^* 便是微分方程
$$y'' + a_1 y' + a_2 y = P_m(x)e^{\alpha x}\sin\beta x$$

的一个特解.

也可以根据微分方程自由项的形式,推测特解具有与其类似的形式,将其代入微分方程后,通过分析可以得出如下结论.

当微分方程的自由项为 $f(x)=P_m(x)\mathrm{e}^{\alpha x}\cos\beta x$ 或 $f(x)=P_m(x)\mathrm{e}^{\alpha x}\sin\beta x$ 时,可设特解

$$y^*=x^k\mathrm{e}^{\alpha x}[Q_m(x)\cos\beta x+R_m(x)\sin\beta x],$$

其中 $Q_m(x)$ 与 $R_m(x)$ 都是 m 次待定多项式,k 的取法为:当 $\alpha+\mathrm{i}\beta$ 不是相应齐次微分方程的特征根时,取 $k=0$;当 $\alpha+\mathrm{i}\beta$ 是相应齐次微分方程的单重特征根时,取 $k=1$.

上述方法对 n 阶常系数线性非齐次微分方程的情形也适用.

例 5 求微分方程 $y''+y=x\mathrm{e}^x\sin x$ 的一个特解.

解 相应齐次微分方程的特征方程为 $r^2+1=0$,特征根为 $r_{1,2}=\pm\mathrm{i}$,下面先求辅助方程

$$y''+y=x\mathrm{e}^x\cos x+\mathrm{i}x\mathrm{e}^x\sin x=x\mathrm{e}^{(1+\mathrm{i})x}$$

的特解,由于 $\lambda=1+\mathrm{i}$ 不是特征根,故设此辅助方程的特解为

$$y^*=(Ax+B)\mathrm{e}^{(1+\mathrm{i})x},$$

代入辅助方程并整理,得

$$A(1+2\mathrm{i})x+2A(1+\mathrm{i})+2B\mathrm{i}+B=x,$$

比较等式两端 x 的同次幂系数,得

$$A(1+2\mathrm{i})=1,\quad 2A(1+\mathrm{i})+2B\mathrm{i}+B=0,$$

解得 $A=\dfrac{1}{1+2\mathrm{i}}=\dfrac{1-2\mathrm{i}}{5},B=-\dfrac{2(1+\mathrm{i})}{1+2\mathrm{i}}A=\dfrac{-2+14\mathrm{i}}{25}$,因此

$$y^*=\mathrm{e}^x\left(\dfrac{1-2\mathrm{i}}{5}x+\dfrac{-2+14\mathrm{i}}{25}\right)(\cos x+\mathrm{i}\sin x),$$

取其虚部,得所要求的特解

$$y_2^*=\mathrm{e}^x\left[\left(-\dfrac{2}{5}x+\dfrac{14}{25}\right)\cos x+\left(\dfrac{1}{5}x-\dfrac{2}{25}\right)\sin x\right].$$

例 6 求微分方程 $y''-2y'+2y=\mathrm{e}^x\cos x$ 的一个特解.

解 相应齐次方程的特征方程为 $r^2-2r+2=0$,特征根为 $r_{1,2}=1\pm\mathrm{i}$, 此处方程自由项 $\mathrm{e}^x\cos x$,其中 $\alpha=1,\beta=1$,由于 $\alpha+\mathrm{i}\beta=1+\mathrm{i}$ 是单重特征根,故设特解为

$$y^*=x\mathrm{e}^x(A\cos x+B\sin x),$$

代入已知方程,得

$$2\mathrm{e}^x(B\cos x-A\sin x)=\mathrm{e}^x\cos x,$$

$$2B\cos x-2A\sin x=\cos x,$$

比较等式两端 $\cos x$ 与 $\sin x$ 的系数,得

$$2B=1,\quad -2A=0,\quad 故\ A=0,\ B=\dfrac{1}{2},$$

因此
$$y^*=\dfrac{x}{2}\mathrm{e}^x\sin x.$$

例 7 求微分方程 $y''+y=x^2+x+x\cos 2x$ 的一个特解.

解 由例 1(2)，函数 $y_1^*=x^2+x-2$ 是方程
$$y''+y=x^2+x$$
的一个特解，下面再求方程
$$y''+y=x\cos 2x$$
的一个特解，由于 $0+2i$ 不是特征根，故设此方程的特解
$$y_2^*=(Ax+B)\cos 2x+(Cx+D)\sin 2x,$$
代入上面方程，得
$$(-3Ax-3B+4C)\cos 2x-(3Cx+3D+4A)\sin 2x=x\cos 2x,$$
比较等式两端 $\cos 2x$ 和 $\sin 2x$ 的系数，得
$$-3Ax-3B+4C=x,\quad -(3Cx+3D+4A)=0,$$
再分别比较此二等式两端 x 的同次幂系数，得
$$-3A=1,\quad -3B+4C=0,\quad 3C=0,\quad 3D+4A=0,$$
解得 $A=-\dfrac{1}{3},B=0,C=0,D=\dfrac{4}{9}$，于是得
$$y_2^*=-\dfrac{x}{3}\cos 2x+\dfrac{4}{9}\sin 2x,$$
根据线性非齐次微分方程解的性质 2，得所给方程的特解
$$y^*=y_1^*+y_2^*=x^2+x-2-\dfrac{x}{3}\cos 2x+\dfrac{4}{9}\sin 2x.$$

例 8 求微分方程 $y''-4y'+4y=6e^{2x}+2\sin^2 x$ 的一个特解.

解 由例 3，$y_1^*=3x^2e^{2x}$ 是方程
$$y''-4y'+4y=6e^{2x}$$
的一个特解，由于 $2\sin^2 x=1-\cos 2x$，下面再分别求方程
$$y''-4y'+4y=1$$
和
$$y''-4y'+4y=-\cos 2x$$
的特解 y_2^* 和 y_3^*，设
$$y_2^*=A,\quad y_3^*=B\cos 2x+C\sin 2x,$$
分别代入上面两个方程，解得
$$A=\dfrac{1}{4},\quad B=0,\quad C=\dfrac{1}{8}.$$
于是 $y_2^*=\dfrac{1}{4},y_3^*=\dfrac{1}{8}\sin 2x$，因而得所给方程的特解
$$y^*=y_1^*+y_2^*+y_3^*=3x^2e^{2x}+\dfrac{1}{4}+\dfrac{1}{8}\sin 2x$$

二、欧拉方程

对变系数的线性微分方程，一般来说是不容易求解的，但是有些特殊的变系数线性微分方程可以通过变量代换化为常系数线性

微分方程，从而可以求得其解，欧拉方程就是其中的一种．

形式为
$$x^n y^{(n)} + a_1 x^{n-1} y^{(n-1)} + \cdots + a_{n-1} x y' + a_n y = f(x)$$
的方程称为欧拉方程，其中 $a_1, a_2, \cdots, a_n$ 都是常数．

当 $x > 0$ 时，如作变量代换
$$t = \ln x, \quad 即 \quad x = e^t,$$
将方程中的自变量 x 换成 t，则有

$$\frac{dy}{dx} = \frac{dy}{dt} \frac{dt}{dx} = \frac{1}{x} \frac{dy}{dt},$$

$$\frac{d^2 y}{dx^2} = \frac{d}{dx}\left(\frac{1}{x} \frac{dy}{dt}\right) = \frac{-1}{x^2} \frac{dy}{dt} + \frac{1}{x} \frac{d}{dx}\left(\frac{dy}{dt}\right) \frac{dt}{dx} = -\frac{1}{x^2} \frac{dy}{dt} + \frac{1}{x^2} \frac{d^2 y}{dt^2},$$

$\cdots,$

将它们代入欧拉方程，便可成功地消去系数中的 x，从而将其化成常系数线性微分方程，求出此方程的解后，将变量 t 还原成 x，即可得到原方程的解．

当 $x < 0$ 时，可将上述变换改为 $-x = e^t$，此时依然有
$$\frac{dy}{dx} = \frac{1}{x} \frac{dy}{dt}, \quad \frac{d^2 y}{dx^2} = -\frac{1}{x^2} \frac{dy}{dt} + \frac{1}{x^2} \frac{d^2 y}{dt^2}, \quad \cdots,$$
故以后求解时只要考虑 $x > 0$ 的情形即可．

例 9 求微分方程 $x^2 y'' + x y' - y = 3 x^2$ 的通解．

解 方程为欧拉方程．令 $x = e^t$，即 $t = \ln x$，于是
$$\frac{dy}{dx} = \frac{1}{x} \frac{dy}{dt}, \quad \frac{d^2 y}{dx^2} = -\frac{1}{x^2} \frac{dy}{dt} + \frac{1}{x^2} \frac{d^2 y}{dt^2},$$
代入已知方程，得新方程
$$\frac{d^2 y}{dt^2} - y = 3 e^{2t},$$
与其对应的齐次方程的通解为
$$\bar{y} = C_1 e^t + C_2 e^{-t},$$
设 $y^* = A e^{2t}$，代入上面新方程，解得 $A = 1$，故 $y^* = e^{2t}$，于是新方程的通解为
$$y = C_1 e^t + C_2 e^{-t} + e^{2t},$$
将 t 换成 $\ln x$，得原方程的通解
$$y = C_1 x + \frac{C_2}{x} + x^2.$$

三、常系数线性微分方程组

在有些实际问题中，会遇到 n 个未知函数，它们都是同一个自变量的函数，满足由 n 个微分方程组成的方程组（方程的个数与未知函数的个数相同），这样的方程组称为微分方程组．如果微分方程组中的每一个方程都是常系数线性微分方程，这样的微分方程组叫

作常系数线性微分方程组.

类似于求代数方程组的解,我们可以用下述消元法求常系数线性微分方程组的解:首先通过加减法、代入法以及求导法消去方程组中一些未知函数及其各阶导数,得到只含有一个未知函数的高阶常系数线性微分方程,然后解此方程求得一个未知函数,再将此函数代入已知方程组或消元过程中得到的某些方程逐个求出其他未知函数.

例 10 求微分方程组

$$\begin{cases} \dfrac{dx}{dt} = 3x - 2y, & (a) \\ \dfrac{dy}{dt} = 2x - y & (b) \end{cases}$$

的通解及满足 $x|_{t=0}=1, y|_{t=0}=0$ 的特解.

解 这是含有两个未知函数 $x=x(t), y=y(t)$ 的一阶常系数线性方程组,首先设法消去未知函数 y 及其导数.

$2\times$式(b)$-$式(a),得 $2\dfrac{dy}{dt} - \dfrac{dx}{dt} = x$,

即
$$2\dfrac{dy}{dt} = \dfrac{dx}{dt} + x, \qquad (c)$$

式(a)两端对 t 求导,并将式(c)代入,得

$$\dfrac{d^2x}{dt^2} = 3\dfrac{dx}{dt} - 2\dfrac{dy}{dt} = 3\dfrac{dx}{dt} - \left(\dfrac{dx}{dt} + x\right),$$

即
$$\dfrac{d^2x}{dt^2} - 2\dfrac{dx}{dt} + x = 0,$$

此方程的通解为

$$x = (C_1 + C_2 t)e^t.$$

将上式代入式(a),得

$$y = \dfrac{1}{2}\left(3x - \dfrac{dx}{dt}\right) = \dfrac{1}{2}(3C_1 + 3C_2 t - C_2 - C_1 - C_2 t)e^t$$
$$= \dfrac{1}{2}(2C_1 - C_2 + 2C_2 t)e^t.$$

因此方程组的通解为

$$\begin{cases} x = (C_1 + C_2 t)e^t, \\ y = \dfrac{1}{2}(2C_1 - C_2 + 2C_2 t)e^t, \end{cases}$$

将初始条件代入,得

$$C_1 = 1, \quad \dfrac{1}{2}(2C_1 - C_2) = 0,$$

解得 $C_2 = 2$,于是所求特解为

$$\begin{cases} x = (1 + 2t)e^t, \\ y = 2t e^t. \end{cases}$$

例 11 求微分方程组

$$\begin{cases} \dfrac{dx}{dt} + 2x + \dfrac{dy}{dt} + 6y = 2e^t, & \text{(a)} \\ 2\dfrac{dx}{dt} + 3x + 3\dfrac{dy}{dt} + 8y = -1 & \text{(b)} \end{cases}$$

的通解.

解 首先设法消去未知函数 x 及其导数. $2\times$式(a)−式(b),得

$$x - \frac{dy}{dt} + 4y = 4e^t + 1,$$

即

$$x = \frac{dy}{dt} - 4y + 4e^t + 1, \qquad \text{(c)}$$

将式(c)代入式(a),得

$$\frac{d^2 y}{dt^2} - \frac{dy}{dt} - 2y = -10e^t - 2,$$

此方程的通解为

$$y = C_1 e^{-t} + C_2 e^{2t} + 5e^t + 1,$$

将上式代入式(c),得

$$x = -5C_1 e^{-t} - 2C_2 e^{2t} - 11e^t - 3,$$

故方程组的通解为

$$\begin{cases} x = -5C_1 e^{-t} - 2C_2 e^{2t} - 11e^t - 3, \\ y = C_1 e^{-t} + C_2 e^{2t} + 5e^t + 1. \end{cases}$$

习题 5-6

1. 求下列方程的通解：
   (1) $y'' - 7y' + 12y = x$；
   (2) $y'' - 3y' = 2 - 6x$；
   (3) $2y'' + y' - y = 2e^x$；
   (4) $y'' - 3y' + 2y = 3e^{2x}$；
   (5) $y'' + y = \cos 2x$；
   (6) $y'' + y = \sin x$；
   (7) $y'' + 4y = x\cos x$；
   (8) $y'' - 6y' + 9y = (x+1)e^{3x}$；
   (9) $y'' - 2y' + 5y = e^x \sin 2x$；
   (10) $y'' - y = \sin^2 x$；
   (11) $y'' + y = e^x + \cos x$；
   (12) $y^{(4)} + 3y'' - 4y = e^x$；
   (13) $y'' + y = \cos x \cos 2x$.

2. 求解下列初值问题：
   (1) $y'' - 3y' + 2y = 5, y\big|_{x=0} = 1, y'\big|_{x=0} = 2$；
   (2) $y'' + y' - 2y = (x+1)e^x, y(0) = 1, y'(0) = 2$；
   (3) $y'' + 4y = 12\cos^2 x, y(0) = 2, y'(0) = 1$.

3. 求下列微分方程的通解：
   (1) $x^2 y'' + xy' - y = 0$；
   (2) $y'' - \dfrac{y'}{x} + \dfrac{y}{x^2} = \dfrac{2}{x}$；
   (3) $x^2 y'' - 2xy' + 2y = \ln^2 x - 2\ln x$；

(4) $\dfrac{d^2 y}{dr^2} + \dfrac{2}{r}\dfrac{dy}{dr} - \dfrac{n(n+1)}{r^2}y = 0 \ (r>0, n \text{ 为正整数})$；

(5) $x^2 y'' + xy' + y = 2\sin \ln x$；

(6) $x^3 y'' - x^2 y' + xy = x^2 + 1$.

4. 求下列微分方程组的通解：

(1) $\begin{cases} \dfrac{dx}{dt} - 3x + 2y = \cos t, \\ \dfrac{dy}{dt} - 2x + y = 0; \end{cases}$
(2) $\begin{cases} \dfrac{dx}{dt} + \dfrac{dy}{dt} = -x + y + 3, \\ \dfrac{dx}{dt} - \dfrac{dy}{dt} = x + y - 3; \end{cases}$

(3) $\begin{cases} \dfrac{dx}{dt} + \dfrac{dy}{dt} - 2y = e^{2t}, \\ \dfrac{dy}{dt} + 2\dfrac{dx}{dt} - 3x = 0; \end{cases}$
(4) $\begin{cases} 2\dfrac{dx}{dt} + \dfrac{dy}{dt} + y - t = 0, \\ \dfrac{dx}{dt} + \dfrac{dy}{dt} - x - y - 2t = 0. \end{cases}$

5. 求解下列微分方程组：

(1) $\begin{cases} \dfrac{dx}{dt} = y + x, \\ \dfrac{dy}{dt} = y - x + 1, \\ x(0) = 0, y(0) = 0; \end{cases}$
(2) $\begin{cases} \dfrac{d^2 x}{dt^2} + 2\dfrac{dy}{dt} - x = 0, \\ \dfrac{dx}{dt} + y = 0, \\ x(0) = 1, y(0) = 0; \end{cases}$

(3) $\begin{cases} 2\dfrac{dx}{dt} - 4x + \dfrac{dy}{dt} - y = e^t, \\ \dfrac{dx}{dt} + 3x + y = 0, \\ x(0) = \dfrac{3}{2}, y(0) = 0; \end{cases}$
(4) $\begin{cases} \dfrac{dx}{dt} + y = 0, \\ \dfrac{dx}{dt} - \dfrac{dy}{dt} = 3x + y, \\ x(0) = 1, y(0) = 1. \end{cases}$

第七节 综合例题

例1 设 $f(x)$ 为连续函数，

(1) 求初值问题 $\begin{cases} y' + ay = f(x), \\ y\big|_{x=0} = 0 \end{cases}$ 的解 $y(x)$，其中 a 是正常数；

(2) 若 $|f(x)| \leqslant k$（k 为常数），证明当 $x \geqslant 0$ 时有 $y(x) \leqslant \dfrac{k}{a}(1 - e^{-ax})$.

解 (1) 由一阶线性方程求初值问题解的公式，得

$$y(x) = e^{-\int_0^x a\,dx}\left[y_0 + \int_0^x f(x) e^{\int_0^x a\,dx}\,dx\right]$$

$$= e^{-ax}\left[0 + \int_0^x f(x) e^{ax}\,dx\right] = e^{-ax}\int_0^x f(x) e^{ax}\,dx;$$

(2) $|y(x)| = e^{-ax}\left|\int_0^x f(x) e^{ax}\,dx\right|$

$$\leqslant \mathrm{e}^{-ax} \int_0^x \left| f(x) \right| \mathrm{e}^{ax} \mathrm{d}x$$

$$\leqslant \mathrm{e}^{-ax} \int_0^x k\mathrm{e}^{ax} \mathrm{d}x = \frac{k}{a}\mathrm{e}^{-ax}(\mathrm{e}^{ax}-1)$$

$$= \frac{k}{a}(1-\mathrm{e}^{-ax}).$$

例 2 求解初值问题 $\begin{cases} y''+4y=f(x), \\ y(0)=0, y'(0)=0, \end{cases}$ 其中

$$f(x) = \begin{cases} \sin x, & 0 \leqslant x \leqslant \dfrac{\pi}{2}, \\ 1, & \dfrac{\pi}{2} < x < +\infty. \end{cases}$$

解 当 $0 \leqslant x \leqslant \dfrac{\pi}{2}$ 时,初值问题为

$$\begin{cases} y''+4y=\sin x, \\ y(0)=0, y'(0)=0, \end{cases}$$

解得 $\qquad y = -\dfrac{1}{6}\sin 2x + \dfrac{1}{3}\sin x,$

由此可得 $\qquad y\left(\dfrac{\pi}{2}\right) = \dfrac{1}{3}, \quad y'\left(\dfrac{\pi}{2}\right) = \dfrac{1}{3}.$

当 $\dfrac{\pi}{2} \leqslant x < +\infty$ 时,初值问题为

$$\begin{cases} y''+4y=1, \\ y\left(\dfrac{\pi}{2}\right) = \dfrac{1}{3}, y'\left(\dfrac{\pi}{2}\right) = \dfrac{1}{3}, \end{cases}$$

解得 $\qquad y = -\dfrac{1}{12}\cos 2x - \dfrac{1}{6}\sin 2x + \dfrac{1}{4},$

因此所求初值问题的解为

$$y = \begin{cases} -\dfrac{1}{6}\sin 2x + \dfrac{1}{3}\sin x, & 0 \leqslant x \leqslant \dfrac{\pi}{2}, \\ -\dfrac{1}{12}\cos 2x - \dfrac{1}{6}\sin 2x + \dfrac{1}{4}, & \dfrac{\pi}{2} < x < +\infty. \end{cases}$$

例 3 设方程 $y'' + \alpha y' + \beta y = \gamma \mathrm{e}^x$ 的一个特解为 $y_0 = \mathrm{e}^{2x} + (1+x)\mathrm{e}^x$,试确定 α, β, γ 的值,并求该方程的通解.

解 $y_0' = 2\mathrm{e}^{2x} + (2+x)\mathrm{e}^x, \quad y_0'' = 4\mathrm{e}^{2x} + (3+x)\mathrm{e}^x,$

将 y_0, y_0', y_0'' 代入微分方程并整理,得

$$(4+2\alpha+\beta)\mathrm{e}^{2x} + (3+2\alpha+\beta-\gamma)\mathrm{e}^x + (1+\alpha+\beta)x\mathrm{e}^x = 0,$$

由于函数组 $\mathrm{e}^{2x}, \mathrm{e}^x, x\mathrm{e}^x$ 线性无关,故

$$\begin{cases} 4+2\alpha+\beta=0, \\ 3+2\alpha+\beta-\gamma=0, \\ 1+\alpha+\beta=0, \end{cases}$$

解得 $\qquad \alpha = -3, \quad \beta = 2, \quad \gamma = -1,$

因而方程为
$$y''-3y'+2y=-e^x,$$
对应齐次方程的特征根为 $r_1=1, r_2=2$,故原方程的通解为
$$y=C_1e^x+C_2e^{2x}+xe^x.$$

例 4 已知 $y_1=xe^x+e^{2x}, y_2=xe^x+e^{-x}, y_3=xe^x+e^{2x}-e^{-x}$ 是某二阶线性微分方程的三个解,求此微分方程.

解 由题设及线性微分方程解的结构可知
$$y_1-y_3=e^{-x} \quad 与 \quad y_1-y_2=e^{2x}-e^{-x}$$
都是与所求微分方程相对应的齐次方程的解,因而它们的和
$$(e^{2x}-e^{-x})+e^{-x}=e^{2x}$$
也是相应齐次方程的解,故相应齐次方程有两个特征根
$$r_1=2, \quad r_2=-1,$$
由于 $(r-2)(r+1)=r^2-r-2$,因此,相应齐次方程为
$$y''-y'-2y=0,$$
根据以上分析可知 $y^*=xe^x$ 是所求微分方程的一个特解,由于
$$(y^*)''-(y^*)'-2y^*=(xe^x)''-(xe^x)'-2xe^x=(1-2x)e^x,$$
因此所求微分方程为
$$y''-y'-2y=(1-2x)e^x.$$

例 5 利用代换 $y=\dfrac{u}{\cos x}$ 将方程 $y''\cos x-2y'\sin x+3y\cos x=e^x$ 化简,并求出此方程的通解.

解 由 $u=y\cos x$ 两端对 x 求导,得
$$u'=y'\cos x-y\sin x,$$
$$\begin{aligned}u''&=y''\cos x-2y'\sin x-y\cos x\\&=(y''\cos x-2y'\sin x+3y\cos x)-4y\cos x\\&=e^x-4y\cos x=e^x-4u,\end{aligned}$$
即
$$u''+4u=e^x, \qquad(a)$$
相应齐次方程的通解为
$$u=C_1\cos 2x+C_2\sin 2x.$$
令特解 $u^*=Ae^x$,代入方程(a),得 $A=\dfrac{1}{5}$,故方程(a)的通解为
$$u=C_1\cos 2x+C_2\sin 2x+\dfrac{1}{5}e^x,$$
原方程的通解为
$$y=C_1\dfrac{\cos 2x}{\cos x}+2C_2\sin x+\dfrac{e^x}{5\cos x}.$$

例 6 设函数 $y=y(x)$ 在 $(-\infty,+\infty)$ 内有二阶导数,且 $y'\neq 0$, $x=x(y)$ 是 $y=y(x)$ 的反函数,试将 $x=x(y)$ 所满足的微分方程
$$\dfrac{d^2x}{dy^2}+(y+\sin x)\left(\dfrac{dx}{dy}\right)^3=0$$

变换为 $y=y(x)$ 满足的微分方程,并求出满足 $y(0)=0, y'(0)=\dfrac{3}{2}$ 的解.

解 由于

$$\frac{\mathrm{d}x}{\mathrm{d}y}=\frac{1}{\dfrac{\mathrm{d}y}{\mathrm{d}x}}, \quad \frac{\mathrm{d}^2 x}{\mathrm{d}y^2}=\frac{\mathrm{d}}{\mathrm{d}y}\left(\frac{\mathrm{d}x}{\mathrm{d}y}\right)=\frac{\mathrm{d}}{\mathrm{d}y}\left[\frac{1}{\dfrac{\mathrm{d}y}{\mathrm{d}x}}\right]=\frac{\mathrm{d}}{\mathrm{d}x}\left[\frac{1}{\dfrac{\mathrm{d}y}{\mathrm{d}x}}\right]\frac{\mathrm{d}x}{\mathrm{d}y}$$

$$=\frac{-\dfrac{\mathrm{d}^2 y}{\mathrm{d}x^2}}{\left(\dfrac{\mathrm{d}y}{\mathrm{d}x}\right)^2}\cdot\frac{1}{\dfrac{\mathrm{d}y}{\mathrm{d}x}}=\frac{-\dfrac{\mathrm{d}^2 y}{\mathrm{d}x^2}}{\left(\dfrac{\mathrm{d}y}{\mathrm{d}x}\right)^3},$$

代入所给方程,得

$$\frac{-\dfrac{\mathrm{d}^2 y}{\mathrm{d}x^2}}{\left(\dfrac{\mathrm{d}y}{\mathrm{d}x}\right)^3}+(y+\sin x)\frac{1}{\left(\dfrac{\mathrm{d}y}{\mathrm{d}x}\right)^3}=0,$$

即

$$\frac{\mathrm{d}^2 y}{\mathrm{d}x^2}-y=\sin x, \tag{a}$$

其相应齐次方程的特征根为 $r=\pm 1$,通解为

$$\overline{y}=C_1 \mathrm{e}^x+C_2 \mathrm{e}^{-x},$$

设方程(a)的特解为

$$y^*=A\cos x+B\sin x,$$

代入方程(a),得 $A=0, B=-\dfrac{1}{2}$,故 $y^*=-\dfrac{1}{2}\sin x$,于是方程(a)的通解为

$$y=C_1 \mathrm{e}^x+C_2 \mathrm{e}^{-x}-\dfrac{1}{2}\sin x,$$

将初始条件代入此通解,得 $C_1=1, C_2=-1$,因而所求初值问题的解为

$$y=\mathrm{e}^x-\mathrm{e}^{-x}-\dfrac{1}{2}\sin x.$$

例 7 设 $f(x)=\sin x-\displaystyle\int_0^x (x-t)f(t)\mathrm{d}t$,其中 $f(x)$ 是连续函数,求 $f(x)$.

解 将等式化成

$$f(x)=\sin x-x\int_0^x f(t)\mathrm{d}t+\int_0^x tf(t)\mathrm{d}t, \tag{a}$$

两端对 x 求导,得

$$f'(x)=\cos x-\int_0^x f(t)\mathrm{d}t-xf(x)+xf(x)=\cos x-\int_0^x f(t)\mathrm{d}t, \tag{b}$$

$$f''(x)=-\sin x-f(x),$$

即
$$f''(x)+f(x)=-\sin x,\qquad (c)$$
这是一个二阶常系数线性微分方程,其相应的齐次方程的通解为
$$\overline{f}(x)=C_1\cos x+C_2\sin x,$$
设方程(c)的特解
$$f^*(x)=x(A\cos x+B\sin x),$$
代入式(c),解得 $A=\dfrac{1}{2},B=0$,故 $f^*(x)=\dfrac{x}{2}\cos x$,于是式(c)的通解为
$$f(x)=C_1\cos x+C_2\sin x+\dfrac{x}{2}\cos x,$$
由式(a)与式(b),得
$$f(0)=0,\quad f'(0)=1,$$
将此初始条件代入通解,得 $C_1=0, C_2=\dfrac{1}{2}$,因此得
$$f(x)=\dfrac{1}{2}\sin x+\dfrac{x}{2}\cos x.$$

例 8 设 $f(x)$ 是连续函数,满足 $\int_0^1 f(tx)\mathrm{d}t=\dfrac{1}{2}f(x)+1$,求 $f(x)$.

解 当 $x=0$ 时,有 $\int_0^1 f(0)\mathrm{d}t=\dfrac{1}{2}f(0)+1$,即
$$f(0)=\dfrac{1}{2}f(0)+1,\quad 故\ f(0)=2,$$
当 $x\neq 0$ 时,令 $u=tx$,则
$$\int_0^1 f(tx)\mathrm{d}t=\dfrac{1}{x}\int_0^x f(u)\mathrm{d}u,$$
故已知方程化成
$$\dfrac{1}{x}\int_0^x f(u)\mathrm{d}u=\dfrac{1}{2}f(x)+1,$$
$$\int_0^x f(u)\mathrm{d}u=\dfrac{x}{2}f(x)+x,$$
两端对 x 求导,得
$$f(x)=\dfrac{1}{2}f(x)+\dfrac{x}{2}f'(x)+1,$$
$$f'(x)-\dfrac{1}{x}f(x)=-\dfrac{2}{x},$$
解此一阶线性微分方程,得
$$f(x)=Cx+2.$$

例 9 设 $F(x)$ 为 $f(x)$ 的原函数,且 $x\geqslant 0$ 时,$f(x)F(x)=\dfrac{x\mathrm{e}^x}{2(1+x)^2}$,$F(0)=1,F(x)>0$,求 $f(x)$.

解 由题设,$F'(x)=f(x)$,故有

$$F(x)F'(x) = \frac{xe^x}{2(1+x)^2},$$

积分得
$$\int F(x)F'(x)dx = \int \frac{xe^x}{2(1+x)^2}dx,$$

即
$$\frac{1}{2}F^2(x) = -\frac{1}{2}\int xe^x d\left(\frac{1}{1+x}\right)$$
$$= -\frac{1}{2}\left(\frac{x}{1+x}e^x - \int e^x dx\right) = \frac{1}{2}\left(\frac{e^x}{1+x} + C\right),$$

$$F^2(x) = \frac{e^x}{1+x} + C,$$

由 $F(0)=1$, 得 $C=0$, 又由于 $F(x)>0$, 得

$$F(x) = \sqrt{\frac{e^x}{1+x}},$$

$$f(x) = \frac{xe^x}{2(1+x)^2 F(x)} = \frac{xe^{\frac{x}{2}}}{2(1+x)^{\frac{3}{2}}}.$$

例 10 求微分方程 $xdy + (x-2y)dx = 0$ 的一个解 $y = y(x)$, 使得由曲线 $y=y(x)$ 与直线 $x=1, x=2$ 以及 x 轴所围成的平面图形绕 x 轴旋转一周所得旋转体的体积最小.

解 方程化为 $\dfrac{dy}{dx} - \dfrac{2}{x}y = -1$,

其通解为

$$y = e^{-\int -\frac{2}{x}dx}\left(C + \int -e^{\int -\frac{2}{x}dx}dx\right) = x^2\left(C + \frac{1}{x}\right) = x + Cx^2,$$

由于
$$V(C) = \int_1^2 \pi(x+Cx^2)^2 dx = \pi\left(\frac{31}{5}C^2 + \frac{15}{2}C + \frac{7}{3}\right),$$

令
$$V'(C) = \pi\left(\frac{62}{5}C + \frac{15}{2}\right) = 0,$$

得 $C = -\dfrac{75}{124}$, 由于 $V''(C) = \dfrac{62}{5}\pi > 0$, 故 $C = -\dfrac{75}{124}$ 是极小值点也是最小值点, 因而所求解为

$$y = x - \frac{75}{124}x^2.$$

例 11 设函数 $f(x), g(x)$ 满足 $f'(x) = g(x), g'(x) = 2e^x - f(x)$, 且 $f(0)=0, g(0)=2$, 求 $\int_0^\pi \left[\dfrac{g(x)}{1+x} - \dfrac{f(x)}{(1+x)^2}\right]dx$.

解 首先求出 $f(x)$ 的表达式, 由 $f'(x) = g(x)$, 两端对 x 求导, 得

$$f''(x) = g'(x) = 2e^x - f(x),$$

即
$$f''(x) + f(x) = 2e^x, \tag{a}$$

对应齐次方程的通解为

$$\overline{f}(x) = C_1 \cos x + C_2 \sin x,$$

设方程(a)的特解
$$f^*(x) = A e^x,$$
代入方程(a),得 $A=1$,故 $f^*(x)=e^x$,因此方程(1)的通解为
$$f(x) = C_1\cos x + C_2\sin x + e^x,$$
由初始条件 $f(0)=0, f'(0)=g(0)=2$,得 $C_1=-1, C_2=1$,故
$$f(x) = -\cos x + \sin x + e^x,$$

$$\begin{aligned}\int_0^\pi \left[\frac{g(x)}{1+x} - \frac{f(x)}{(1+x)^2}\right]\mathrm{d}x &= \int_0^\pi \left[\frac{f'(x)}{1+x} - \frac{f(x)}{(1+x)^2}\right]\mathrm{d}x \\ &= \int_0^\pi \frac{1}{1+x}\mathrm{d}f(x) - \int_0^\pi \frac{f(x)}{(1+x)^2}\mathrm{d}x \\ &= \frac{f(x)}{1+x}\bigg|_0^\pi + \int_0^\pi \frac{f(x)}{(1+x)^2}\mathrm{d}x - \\ &\quad \int_0^\pi \frac{f(x)}{(1+x)^2}\mathrm{d}x \\ &= \frac{f(\pi)}{1+\pi} - f(0) = \frac{1+e^\pi}{1+\pi}.\end{aligned}$$

例 12 如图 5-2 所示,设曲线 L 的极坐标方程为 $r=r(\theta)$,$M(r,\theta)$ 为 L 上任意一点,$M_0(2,0)$ 为 L 上一定点,若极径 OM_0,OM 与曲线 L 所围成的曲边扇形面积值等于 L 上 M_0, M 两点间弧长值的一半,求曲线 L 的方程.

解 由题设,得

图 5-2

$$\frac{1}{2}\int_0^\theta r^2(\theta)\mathrm{d}\theta = \frac{1}{2}\int_0^\theta \sqrt{r^2(\theta) + (r'(\theta))^2}\mathrm{d}\theta,$$

两端对 θ 求导,得
$$r^2 = \sqrt{r^2 + r'^2}, \quad r^4 = r^2 + r'^2,$$
$$r' = \pm r\sqrt{r^2-1}, \quad r(0) = 2,$$
利用分离变量法,得
$$\frac{\mathrm{d}r}{r\sqrt{r^2-1}} = \pm\mathrm{d}\theta, \quad \frac{-\mathrm{d}\frac{1}{r}}{\sqrt{1-\frac{1}{r^2}}} = \pm\mathrm{d}\theta,$$
$$\arcsin\frac{1}{r} = \pm\theta + C,$$
由初值,得 $C=\frac{\pi}{6}$,因此得
$$\frac{1}{r} = \sin\left(\frac{\pi}{6} \pm \theta\right) = \frac{1}{2}\cos\theta \pm \frac{\sqrt{3}}{2}\sin\theta,$$
即
$$r\cos\theta \pm \sqrt{3}\, r\sin\theta = 2,$$
因此曲线的直角坐标方程为
$$x \pm \sqrt{3}\, y = 2.$$

例 13 在上半平面求一凹曲线,其上任一点 $P(x,y)$ 处的曲率等于此曲线在该点的法线段 PQ 长度的倒数(Q 是法线与 x 轴的交点),且曲线在点 $(1,1)$ 处的切线与 x 轴平行.

解 设曲线方程为 $y=y(x)$,它在点 $P(x,y)$ 处的法线方程为
$$Y-y=\frac{-1}{y'}(X-x),$$
此切线与 x 的交点 $Q(x+yy',0)$,故 PQ 的长度为
$$\sqrt{(yy')^2+y^2}=y(1+y'^2)^{\frac{1}{2}},$$

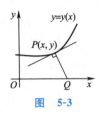

图 5-3

又曲线在 $P(x,y)$ 的曲率为 $K=\dfrac{|y''|}{(1+y'^2)^{\frac{3}{2}}}$,由于曲线为凹曲线,故 $y''>0$,由题设,有
$$\frac{y''}{(1+y'^2)^{\frac{3}{2}}}=\frac{1}{y(1+y'^2)^{\frac{1}{2}}},$$
即 $\quad yy''=1+y'^2,\quad y(1)=1\quad y'(1)=0,$
方程中不显含 x,令 $p'=p(y)$,则 $y''=p\dfrac{\mathrm{d}p}{\mathrm{d}y}$,代入上面方程,得
$$yp\frac{\mathrm{d}p}{\mathrm{d}y}=1+p^2,$$
利用分离变量法,得
$$\frac{p}{1+p^2}\mathrm{d}p=\frac{\mathrm{d}y}{y},\quad \frac{1}{2}\ln(1+p^2)=\ln|y|+C_1,$$
即 $\quad\sqrt{1+p^2}=Cy,$
将 $p(1)=y'(1)=0,y(1)=1$ 代入,得 $C=1$,故有
$$\sqrt{1+p^2}=y,$$
即 $\quad\sqrt{1+y'^2}=y,\quad y'=\pm\sqrt{y^2-1},$
利用分离变量法,得
$$\frac{\mathrm{d}y}{\sqrt{y^2-1}}=\pm\mathrm{d}x,$$
$$\ln|y+\sqrt{y^2-1}|=\pm x+C_2,\quad y+\sqrt{y^2-1}=C_3 e^{\pm x},$$
将初始条件代入,得 $C_3=e^{\mp 1}$,故
$$y+\sqrt{y^2-1}=e^{\pm(x-1)},$$
从而 $\quad y-\sqrt{y^2-1}=\dfrac{1}{y+\sqrt{y^2-1}}=e^{\mp(x-1)},$
两式相加,得
$$2y=e^{x-1}+e^{-(x-1)},$$
$$y=\frac{e^{x-1}+e^{-(x-1)}}{2}=\operatorname{ch}(x-1).$$

习题 5-7

1. 求下列微分方程的通解:

(1) $y\,dx+(x^2-4x)dy=0$; (2) $2(\ln y-x)y'=y$;

(3) $yy''-y'^2-1=0$; (4) $y''+a^2y=\sin x$ $(a>0)$;

(5) $y''-3y'+2y=2e^{-x}\cos x+e^{2x}(4x+5)$;

(6) $x^2\dfrac{d^2y}{dx^2}+4x\dfrac{dy}{dx}+2y=0$.

2. 求下列初值问题的解：

(1) $(x^2-1)dy+(2xy-\cos x)dx=0, y|_{x=0}=1$;

(2) $y'\arcsin x+\dfrac{y}{\sqrt{1-x^2}}=1, y|_{x=\frac{1}{2}}=0$;

(3) $\begin{cases}(y+\sqrt{x^2+y^2})dx-x\,dy=0 & (x>0),\\ y|_{x=1}=0;\end{cases}$

(4) $y^3dx+2(x^2-xy^2)dy=0,\ y|_{x=1}=1$;

(5) $2y''-\sin 2y=0, y(0)=\dfrac{\pi}{2}, y'(0)=1$;

(6) $yy''+y'^2=0, y|_{x=0}=1, y'|_{x=0}=\dfrac{1}{2}$;

(7) $y''+2y'+y=\cos x,\ y|_{x=0}=0, y'|_{x=0}=\dfrac{3}{2}$.

3. 设微分方程 $y'-2y=\varphi(x)$, 其中 $\varphi(x)=\begin{cases}2, & x<1\\ 0, & x>1\end{cases}$, 试求在 $(-\infty,+\infty)$ 内的连续函数 $y=y(x)$, 使之在 $(-\infty,1)$ 和 $(1,+\infty)$ 内都满足所给方程, 且满足条件 $y(0)=0$.

4. 求微分方程组 $\begin{cases}\dfrac{dx}{dt}+2\dfrac{dy}{dt}+y=0,\\ 3\dfrac{dx}{dt}+2x+4\dfrac{dy}{dt}+3y=t\end{cases}$ 的通解.

5. 求具有特解 $y_1=e^{-x}, y_2=2xe^{-x}, y_3=3e^x$ 的三阶常系数线性齐次方程.

6. 用变量代换 $x=\cos t(0<t<\pi)$ 化简微分方程 $(1-x^2)y''-xy'+y=0$, 并求其满足 $y\big|_{t=\frac{\pi}{2}}=1, y'\big|_{t=\frac{\pi}{2}}=2$ 的特解.

7. 设 $y=y(x)$ 是二阶常系数微分方程 $y''+py'+qy=e^{3x}$ 的满足初始条件 $y(0)=y'(0)=0$ 的特解, 求 $\lim\limits_{x\to 0}\dfrac{\ln(1+x^2)}{y(x)}$.

8. 求方程 $y''=x+\sin x$ 的一条积分曲线, 使其与直线 $y=x$ 在原点相切.

9. 微分方程 $y'''-y'=0$ 的哪一条积分曲线在原点处有拐点, 且以 $y=2x$ 为它的切线?

10. 曲线上任一点的切线斜率等于自原点到该切点连线斜率的 2 倍, 且曲线过点 $\left(1,\dfrac{1}{3}\right)$, 求该曲线的方程.

11. 一曲线通过点 $(2,3)$，它在两坐标轴间的任一线段都被切点所平分，求这曲线方程.

12. 求通过点 $(2,2)$ 的曲线方程，使曲线上任意点处的切线在 y 轴上的截距等于该点横坐标的平方.

13. 曲线上任一点处的切线介于 x 轴和直线 $y=x$ 之间的线段都被切点平分，且此曲线过点 $(0,1)$，求此曲线的方程.

14. 设曲线 L 位于 xOy 平面的第一象限，L 上任一点 M 处的切线与 y 轴总相交，交点记为 A，已知 $|\overline{MA}|=|\overline{OA}|$，且 L 过点 $\left(\dfrac{3}{2},\dfrac{3}{2}\right)$，求 L 的方程.

15. 设对任意 $x>0$，曲线 $y=f(x)$ 上点 $(x,f(x))$ 处的切线在 y 轴上的截距等于 $\dfrac{1}{x}\int_0^x f(t)\mathrm{d}t$，求 $f(x)$ 的表达式.

16. 求通过点 $(1,2)$ 的曲线方程，使此曲线在 $[1,x]$ 上所形成的曲边梯形面积的值等于此曲线段终点的横坐标 x 与纵坐标 y 乘积的 2 倍减 4.

17. 设 $y=y(x)$ 是一条连续的凸曲线，其上任一点 (x,y) 处的曲率为 $\dfrac{1}{\sqrt{1+y'^2}}$，且此曲线上点 $(0,1)$ 处的切线方程为 $y=x+1$，求该曲线的方程.

18. 设函数 $y(x)(x\geqslant 0)$ 二阶可导，且 $y'(x)>0,y(0)=1$，过曲线 $y=y(x)$ 上任意一点 $P(x,y)$ 作该曲线的切线及 x 轴的垂线，上述两直线与 x 轴所围成的三角形面积记为 S_1，区间 $[0,x]$ 上以 $y=y(x)$ 为曲边的曲边梯形面积记为 S_2，并设 $2S_1-S_2$ 恒为 1，求此曲线的方程.

19. 设函数 $f(x)$ 在 $[1,+\infty)$ 上连续，若由曲线 $y=f(x)$，直线 $x=1,x=t(t>1)$ 与 x 轴所围成的平面图形绕 x 轴旋转一周所成旋转体的体积为 $V(t)=\dfrac{\pi}{3}[t^2 f(t)-f(1)]$，试求 $y=f(x)$ 所满足的微分方程，并求该微分方程满足条件 $y\big|_{x=2}=\dfrac{2}{9}$ 的解.

20. 已知连续函数 $f(x)$ 满足条件 $f(x)=\int_0^{3x} f\left(\dfrac{t}{3}\right)\mathrm{d}t+\mathrm{e}^{2x}$，求 $f(x)$.

21. 设函数 $\varphi(x)$ 可导，且满足 $\varphi(x)\cos x+2\int_0^x \varphi(t)\sin t\,\mathrm{d}t=x+1$，求 $\varphi(x)$.

22. 设函数 $\varphi(x)$ 连续，且满足 $\varphi(x)=\mathrm{e}^x+\int_0^x t\varphi(t)\mathrm{d}t-x\int_0^x \varphi(t)\mathrm{d}t$，求 $\varphi(x)$.

23. 设函数 $f(x)$ 具有二阶连续导数，且满足 $f'(x)+$

$$3\int_0^x f'(t)dt + 2x\int_0^1 f(xt)dt + e^{-x} = 0 \text{ 及 } f(0) = 1, \text{求 } f(x).$$

24. 设函数 $y = y(x)$ 有连续的二阶导数,且 $y'(0) = 0$,求由方程
$$y(x) = 1 + \frac{1}{3}\int_0^x [6xe^{-x} - 2y(x) - y''(x)]dx \text{ 确定的函数}$$
$y(x)$.

第八节 常微分方程的应用

前面我们讨论了微分方程的求解问题,本节要介绍微分方程在实际问题中的应用.微分方程在实际中有着广泛的应用,除了几何与物理以外,还有生物、医学、生态、经济、保险、战争、人口控制与预测等诸多领域.

下面通过对一些典型问题的分析,介绍利用微分方程解决实际问题的基本步骤和方法.

一、物理问题

有一些物理问题,其中变量的变化遵循明确的规律,因此可以根据物理定律建立微分方程.

例 1 放射性物质的衰变问题.

已知放射性物质在存放期间,其质量时刻在衰减,衰减速率与当时的质量成正比.设放射性物质镭开始时的质量为 m_0,其半衰期为 1600 年,即 1600 年后其质量变为 $\frac{m_0}{2}$,问 100 年后镭的质量是多少?

解 设 t 时刻镭的质量为 $m(t)$,则其衰减速率为 $\frac{dm}{dt}$,由题设,它与 $m(t)$ 成正比,即有
$$\frac{dm}{dt} = -km \quad (\text{其中 } k > 0),$$
因为 $m(t)$ 是单调减少的,应有 $\frac{dm}{dt} < 0$,故等式右端有一负号,其中 $m(t)$ 满足初始条件
$$m|_{t=0} = m_0,$$
利用分离变量法,求得微分方程的通解
$$m = Ce^{-kt},$$
由初始条件,得 $C = m_0$,因此
$$m = m_0 e^{-kt},$$
其中系数 k 可由半衰期确定,将 $t = 1600, m = \frac{m_0}{2}$ 代入上式,得

$$\frac{m_0}{2} = m_0 e^{-1600k}, \quad k = \frac{\ln 2}{1600},$$

故
$$m = m_0 e^{-\frac{\ln 2}{1600}t},$$

令 $t=100$,得
$$m = m_0 e^{-\frac{\ln 2}{16}} \approx 0.9576 m_0,$$

即 100 年后镭的质量约为 $0.9576 m_0$.

例 2 物体冷却问题.

把一个 100℃ 的物体放在 20℃ 的房间内,经过 20min 后,测量物体的温度,已降为 60℃,问还需经过多长时间物体的温度才能降为 30℃?

解 物体冷却遵从牛顿冷却定律:物体冷却速率正比于物体与周围环境的温度差.设 t 时刻物体的温度为 $T(t)$,则物体冷却速率为 $\frac{\mathrm{d}T}{\mathrm{d}t}$,物体温度与周围环境的温度差为 $T(t)-20$,故有

$$\frac{\mathrm{d}T}{\mathrm{d}t} = -k(T-20) \quad (\text{其中 } k>0),$$

右端取负号是因为 $\frac{\mathrm{d}T}{\mathrm{d}t}<0$,而 $T-20>0$,由题设,$T(t)$ 满足初始条件

$$T(0) = 100,$$

利用分离变量法,求得微分方程的通解为
$$T = 20 + Ce^{-kt},$$

由 $T(0)=100$,得 $C=80$,故
$$T = 20 + 80e^{-kt},$$

另外,由题设,有 $T(20)=60$,代入上式,得
$$60 = 20 + 80e^{-20k}, \quad k = \frac{\ln 2}{20},$$

从而
$$T = 20 + 80e^{-\frac{\ln 2}{20}t},$$

令 $T=30$,得
$$30 = 20 + 80e^{-\frac{\ln 2}{20}t}, \quad t = 60,$$

因此还需经过 $60-20=40$(min),物体的温度才能降至 30℃.

例 3 悬链线.

设有一均匀、柔软的绳索,两端固定,绳索仅受重力的作用而下垂,求绳索在平衡状态时的曲线方程.

解 如图 5-4 所示,建立坐标系,使绳索的最低点 A 在 y 轴上的点 $(0,a)$ 处(a 的值将在后面确定),设绳索曲线的方程为 $y=y(x)$,$M(x,y)$ 是曲线上任一点,曲线段 $\overparen{AM}$ 的受力情况如下:在 A 点和 M 点分别有张力 H 和 T,其方向分别为曲线在这两个点的切线方向,另外,受到重力,如果设绳索的线密度为 μ,$\overparen{AM}$ 的弧长为

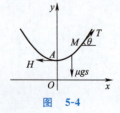

图 5-4

s,则重力的大小为 $\mu g s$,其方向向下,由于绳索处于平衡状态,因此 $\overset{\frown}{AM}$ 所受力在 x 轴方向上的分力与 y 轴上的分力都为零,即

$$T\cos\theta - H = 0, \quad T\sin\theta - \mu g s = 0,$$

由此得

$$\tan\theta = \frac{\mu g s}{H} = \frac{1}{a}s \quad \left(\text{记 } a = \frac{H}{\mu g}\right),$$

将 $\tan\theta = y'$,$s = \int_0^x \sqrt{1+y'^2}\, dx$ 代入上式,得

$$y' = \frac{1}{a}\int_0^x \sqrt{1+y'^2}\, dx,$$

对 x 求导,得到 $y = y(x)$ 所满足的微分方程

$$y'' = \frac{1}{a}\sqrt{1+y'^2}, \tag{a}$$

初始条件为

$$y\big|_{x=0} = a, \quad y'\big|_{x=0} = 0,$$

方程(a)是不显含 y 的二阶微分方程,令 $y' = p(x)$,则 $y'' = \dfrac{dp}{dx}$,代入方程(a),得

$$\frac{dp}{dx} = \frac{1}{a}\sqrt{1+p^2},$$

利用分离变量法,得

$$\frac{dp}{\sqrt{1+p^2}} = \frac{dx}{a}, \quad \ln(p + \sqrt{1+p^2}) = \frac{x}{a} + C_1,$$

即

$$\operatorname{arsh} p = \frac{x}{a} + C_1,$$

将 $p\big|_{x=0} = y'\big|_{x=0} = 0$ 代入,得 $C_1 = 0$,于是得

$$\operatorname{arsh} p = \frac{x}{a}, \quad y' = p = \operatorname{sh}\frac{x}{a},$$

积分得

$$y = a\operatorname{ch}\frac{x}{a} + C_2,$$

将初始条件代入,得 $C_2 = 0$,于是得绳索曲线的方程

$$y = a\operatorname{ch}\frac{x}{a} = \frac{a}{2}\left(e^{\frac{x}{a}} + e^{-\frac{x}{a}}\right),$$

此曲线称为悬链线.

例 4 探照灯反光镜的设计.

探照灯的反光镜是一旋转曲面,从点光源发出的光线经它反射后都成为与旋转轴平行的光线.设这反光镜是由 xOy 面上的曲线 L 绕 x 轴旋转而成的,求曲线的方程.

解 如图 5-5 所示建立坐标系,设原点为光源的位置,$M(x,y)$ 是曲线 L 上任意一点,由 O 点发出的光线经 M 点反射成为直线 MS,设 MT 是曲线的切线,它与 x 轴的倾角是 α,由于 MS 与 x 轴

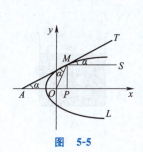

图 5-5

平行,根据光学中的反射定律,有
$$\angle OMA = \angle SMT = \angle MAO = \alpha,$$
因而有 $OA = OM$,

由于 $OA = AP - OP = PM\cot\alpha - OP = \dfrac{y}{y'} - x,$

$$OM = \sqrt{x^2 + y^2},$$

于是得
$$\dfrac{y}{y'} - x = \sqrt{x^2 + y^2},$$

即
$$\dfrac{dx}{dy} = \dfrac{x + \sqrt{x^2 + y^2}}{y},$$

由于曲线 L 关于 x 轴对称,我们只需在 $y > 0$ 的范围内求解,微分方程是齐次方程,令 $\dfrac{x}{y} = u$,即 $x = yu$,有 $\dfrac{dx}{dy} = u + y\dfrac{du}{dy}$,代入上面微分方程,得
$$y\dfrac{du}{dy} = \sqrt{u^2 + 1},$$

利用分离变量法,得
$$\dfrac{du}{\sqrt{u^2 + 1}} = \dfrac{dy}{y}, \quad \ln(u + \sqrt{u^2 + 1}) = \ln y + C_1,$$

即
$$u + \sqrt{u^2 + 1} = Cy,$$

由此得
$$-u + \sqrt{u^2 + 1} = \dfrac{1}{Cy},$$

两式相减,得
$$u = \dfrac{1}{2}\left(Cy - \dfrac{1}{Cy}\right),$$

将 $u = \dfrac{x}{y}$ 代入,得
$$x = \dfrac{y}{2}\left(Cy - \dfrac{1}{Cy}\right) = \dfrac{1}{2}Cy^2 - \dfrac{1}{2C},$$

此即曲线 L 的方程.

例 5 落体问题.

设质量为 m 的质点从液面由静止开始在液体中下降,假定液体的阻力与速度 v 成正比.

(1) 求质点下降时的速度与时间 t 的关系;

(2) 求质点下降的位移与时间的关系.

解 如图 5-6 所示建立坐标系,设质点从坐标原点开始下降.

(1) 质点运动满足牛顿第二定律 $ma = F$,质点在下降过程中受到两个力的作用,一个是方向向下的重力,等于 mg,另一个是方向向上的阻力,等于 kv(其中 $k > 0$ 是常数),因此
$$F = mg - kv,$$

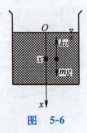

图 5-6

又由于 $a = \dfrac{\mathrm{d}v}{\mathrm{d}t}$，于是得

$$m\dfrac{\mathrm{d}v}{\mathrm{d}t} = mg - kv,$$

由题意，得初始条件 $v|_{t=0} = 0$，利用分离变量法求得微分方程的通解

$$v = \dfrac{mg}{k} + C\mathrm{e}^{-\frac{k}{m}t},$$

由初始条件，得 $C = -\dfrac{mg}{k}$，从而得到速度与时间的关系

$$v = \dfrac{mg}{k}\left(1 - \mathrm{e}^{-\frac{k}{m}t}\right).$$

由此关系式可知，如果物体在深水中下降，则由于

$$\lim_{t \to +\infty} v = \lim_{t \to +\infty} \dfrac{mg}{k}\left(1 - \mathrm{e}^{-\frac{k}{m}t}\right) = \dfrac{mg}{k},$$

因而当质点下降的时间较长后，便接近于以匀速 $\dfrac{mg}{k}$ 下降；

(2) 由于 $v = \dfrac{\mathrm{d}x}{\mathrm{d}t}$，因而由(1)的结果得

$$\dfrac{\mathrm{d}x}{\mathrm{d}t} = \dfrac{mg}{k}\left(1 - \mathrm{e}^{-\frac{k}{m}t}\right), \quad x|_{t=0} = 0,$$

积分得

$$x = \dfrac{mg}{k}\left(t + \dfrac{m}{k}\mathrm{e}^{-\frac{k}{m}t}\right) + C_1,$$

将 $x|_{t=0} = 0$ 代入，得 $C_1 = -\left(\dfrac{m}{k}\right)^2 g$，于是得位移与时间的关系

$$x = \dfrac{mg}{k}\left[t - \dfrac{m}{k}\left(1 - \mathrm{e}^{-\frac{k}{m}t}\right)\right].$$

例 6 自由振动问题.

设有一个弹簧，它的上端固定，下端挂一个质量为 m 的物体. 当物体处于静止状态时，作用在物体上的重力与弹性力大小相等，方向相反，这个位置是物体的平衡位置. 如图 5-7 所示建立坐标系，取物体的平衡位置为坐标原点. 现将弹簧向下拉长 l，然后放开，则物体在平衡位置附近做上下振动. 由实验可知，当运动速度不大时，物体在运动过程中所受到的介质（如空气）的阻力的大小与运动速度成正比，如果忽略弹簧的质量，求物体的运动规律.

解 设 t 时刻物体所在位置为 $x(t)$，下面利用牛顿第二定律 $ma = F$ 建立 $x(t)$ 所满足的微分方程. 物体在运动中要受到弹簧的弹性回复力 F_1（它不包括在平衡位置时与重力 mg 相抵消的那一部分弹性力）的作用，根据胡克定律，有

$$F_1 = -kx,$$

其中 $k > 0$ 为弹簧的弹性系数，负号表示回复力的方向与物体位移

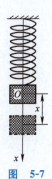

图 5-7

的方向相反.

物体在运动中还受到介质的阻力 F_2,由题设,
$$F_2 = -\mu v = -\mu \frac{\mathrm{d}x}{\mathrm{d}t},$$

其中 $\mu > 0$ 为常数,负号表示介质阻力的方向与运动速度的方向相反.由于将平衡位置取为原点,重力与一部分弹性力相抵消,故不再考虑重力.

又由于 $a = \dfrac{\mathrm{d}^2 x}{\mathrm{d}t^2}$,因此根据牛顿第二定律,得到物体运动规律所满足的微分方程
$$m\frac{\mathrm{d}^2 x}{\mathrm{d}t^2} = -kx - \mu\frac{\mathrm{d}x}{\mathrm{d}t},$$

即
$$m\frac{\mathrm{d}^2 x}{\mathrm{d}t^2} + \mu\frac{\mathrm{d}x}{\mathrm{d}t} + kx = 0,$$

初始条件为
$$x\Big|_{t=0} = l, \quad \frac{\mathrm{d}x}{\mathrm{d}t}\Big|_{t=0} = 0.$$

下面求此初值问题的解,并对其解进行讨论.

方程为二阶常系数线性齐次方程,其特征方程为
$$r^2 + \frac{\mu}{m}r + \frac{k}{m} = 0,$$

特征根为
$$r_{1,2} = -\frac{\mu}{2m} \pm \sqrt{\left(\frac{\mu}{2m}\right)^2 - \frac{k}{m}},$$

根据特征根的三种情况,微分方程的解有三种形式:

(1) 当 $\left(\dfrac{\mu}{2m}\right)^2 > \dfrac{k}{m}$ 时,r_1 与 r_2 为不相等的实根,方程的通解为
$$x = C_1 \mathrm{e}^{\left(-\frac{\mu}{2m} + \sqrt{\left(\frac{\mu}{2m}\right)^2 - \frac{k}{m}}\right)t} + C_2 \mathrm{e}^{\left(-\frac{\mu}{2m} - \sqrt{\left(\frac{\mu}{2m}\right)^2 - \frac{k}{m}}\right)t},$$

将初始条件代入,得
$$\begin{cases} C_1 + C_2 = l, \\ \left(-\dfrac{\mu}{2m} + \sqrt{\left(\dfrac{\mu}{2m}\right)^2 - \dfrac{k}{m}}\right)C_1 + \left(-\dfrac{\mu}{2m} - \sqrt{\left(\dfrac{\mu}{2m}\right)^2 - \dfrac{k}{m}}\right)C_2 = 0, \end{cases}$$

记 $\lambda = \dfrac{\dfrac{\mu}{2m}}{\sqrt{\left(\dfrac{\mu}{2m}\right)^2 - \dfrac{k}{m}}}$,则有 $\lambda > 1$,$C_1 - C_2 = \lambda l$,解得
$$C_1 = \frac{\lambda + 1}{2}l > 0, \quad C_2 = \frac{1 - \lambda}{2}l < 0,$$

有
$$\frac{C_1}{|C_2|} = \frac{\lambda + 1}{\lambda - 1} > 1, \quad C_1 > |C_2|.$$

$$x = C_1 \mathrm{e}^{r_1 t} + C_2 \mathrm{e}^{r_2 t},$$
$$\frac{\mathrm{d}x}{\mathrm{d}t} = C_1 r_1 \mathrm{e}^{r_1 t} + C_2 r_2 \mathrm{e}^{r_2 t},$$

$$\frac{d^2x}{dt^2} = C_1 r_1^2 e^{r_1 t} + C_2 r_2^2 e^{r_2 t},$$

由于 $r_1 > r_2, C_1 > |C_2|$,故 $x > 0$,且可以得出 $\frac{d^2x}{dt^2} > 0$,因而 $\frac{dx}{dt}$ 单调增加,又由于 $r_1 < 0, r_2 < 0$,所以有 $\lim\limits_{t \to +\infty} \frac{dx}{dt} = 0$,故 $\frac{dx}{dt} < 0$,还可以得出 $\lim\limits_{t \to +\infty} x(t) = 0$,故此时不会引起物体振动,且当时间足够长以后,物体趋于平衡位置(大致如图 5-8 所示),这种情况是由介质阻力过大引起的,称为过阻尼情况(或大阻尼情况).

(2) 当 $\left(\frac{\mu}{2m}\right)^2 = \frac{k}{m}$ 时,$r_1 = r_2 = -\frac{\mu}{2m}$ 是两个相等的实特征根,方程的通解为

$$x = (C_1 + C_2 t) e^{-\frac{\mu}{2m} t},$$

其中 C_1, C_2 可由初始条件来确定,$x(t)$ 的图形大致如图 5-9 所示,这种情况称为临界阻尼情况.

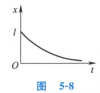

图 5-8

(3) 当 $\left(\frac{\mu}{2m}\right)^2 < \frac{k}{m}$ 时,r_1, r_2 为一对共轭复根,记

$$\alpha = \frac{\mu}{2m}, \quad \beta i = \sqrt{\left(\frac{\mu}{2m}\right)^2 - \frac{k}{m}},$$

则方程的通解为

$$x = e^{-\alpha t}(C_1 \cos \beta t + C_2 \sin \beta t),$$

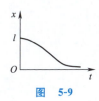

图 5-9

由初始条件可得 $C_1 = l, C_2 = \frac{\alpha l}{\beta}$,如记

$$A = l\sqrt{1 + \left(\frac{\alpha}{\beta}\right)^2}, \quad \varphi = \arctan \frac{\beta}{\alpha},$$

则初值问题的解为

$$x = A e^{-\alpha t} \sin(\beta t + \varphi).$$

此时物体在平衡位置附近上下振动,但振幅随时间的增大而逐渐减小并趋于零,因此物体在振动过程中最终趋于平衡位置,$x(t)$ 的图形大致如图 5-10 所示,这种情况称为欠阻尼情况(或小阻尼情况).

上面所讨论的运动称为阻尼运动.若上面问题中的 $\mu = 0$,则振动称为无阻尼自由振动,其中微分方程变为

$$m \frac{d^2x}{dt^2} + kx = 0,$$

其满足初始条件 $x|_{t=0} = l, \frac{dx}{dt}\Big|_{t=0} = 0$ 的解为

$$x = l \cos \sqrt{\frac{k}{m}} t,$$

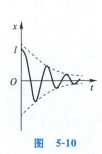

图 5-10

此时物体做简谐振动.

例 7 RLC 电路的电磁振荡.

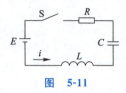

图 5-11

图 5-11 表示一个有直流电源(设电压为 E)的 RLC 串联电路(R,L,C 分别表示电阻、电感、电容),如果电容器原来没有充电,则当开关 S 合上后,电源向电容器充电,此时电路中有电流 i 通过,产生电磁振荡,试求 t 时刻电容器两极板间电压 u_C 所满足的微分方程.

解 由回路电压定律知:串联电路中电源电压等于其他各元件电压的总和,即有

$$u_L + u_R + u_C = E.$$

由电学知道,$u_R = Ri$,而 $i = \dfrac{dq}{dt} = \dfrac{d(Cu_C)}{dt} = C\dfrac{du_C}{dt}$,故

$$u_R = RC\dfrac{du_C}{dt},$$

又

$$u_L = L\dfrac{di}{dt} = LC\dfrac{d^2 u_C}{dt^2},$$

因此得 u_C 所满足的微分方程

$$LC\dfrac{d^2 u_C}{dt^2} + RC\dfrac{du_C}{dt} + u_C = E, \tag{a}$$

初始条件为 $u_C\Big|_{t=0} = 0, \dfrac{du_C}{dt}\Big|_{t=0} = 0$(因为 $t=0$ 时,$i=0$,因而有 $\dfrac{du_C}{dt} = 0$).

例 8 物体的抛射运动.

一质量为 m 的物体,自高 h_0 处以水平速度 v_0 抛射,设空气阻力与速度成正比,求物体的运动方程 $\begin{cases} x = x(t), \\ y = y(t). \end{cases}$

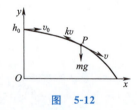

图 5-12

解 如图 5-12 所示建立坐标系,设物体自点 $(0, h_0)$ 抛射出.由于运动是曲线运动,将它分解为水平方向和铅直方向上的运动,在这两个方向上物体的加速度分别为

$$a_x = \dfrac{d^2 x}{dt^2}, \quad a_y = \dfrac{d^2 y}{dt^2},$$

物体在运动中受到重力的作用,其方向向下,大小为 mg,此外还受到空气阻力的作用,其大小为 kv($k>0$ 为常数),其方向与运动速度的方向相反,它在水平方向上的分量为 $-kv_x = -k\dfrac{dx}{dt}$,在铅直方向上的分量为 $-kv_y = -k\dfrac{dy}{dt}$,因此物体在水平方向与铅直方向上所受的力分别为

$$F_x = -k\dfrac{dx}{dt}, \quad F_y = -k\dfrac{dy}{dt} - mg,$$

根据牛顿第二定律

$$ma_x = F_x, \quad ma_y = F_y,$$

得到两个初值问题

$$\begin{cases} m\dfrac{d^2 x}{dt^2} = -k\dfrac{dx}{dt}, \\ x\Big|_{t=0} = 0, \dfrac{dx}{dt}\Big|_{t=0} = v_0, \end{cases} \quad \begin{cases} m\dfrac{d^2 y}{dt^2} = -k\dfrac{dy}{dt} - mg, \\ y\Big|_{t=0} = h_0, \dfrac{dy}{dt}\Big|_{t=0} = 0, \end{cases}$$

分别解这两个初值问题,便得到物体的运动方程

$$\begin{cases} x = \dfrac{mv_0}{k}\left(1 - e^{-\frac{k}{m}t}\right), \\ y = h_0 - \dfrac{mg}{k}t + \dfrac{m^2 g}{k^2}\left(1 - e^{-\frac{k}{m}t}\right). \end{cases}$$

二、利用微元法建立微分方程

在利用微分方程解决实际问题时,有很多情况下也可以借助微元法建立微分方程.其基本思想是:任取自变量 x 的一个有代表性的小区间 $[x, x+dx]$,求出在这个小区间上函数 y 的微分 dy,从而得到 x 与 y 所满足的微分方程.

下面是几个利用微元法建立微分方程的例子.

例 9 混合问题.

一容器内盛有 100L 清水,现将每升含盐量 4g 的盐水以 5L/min 的速率由 A 管注入容器,并不断进行搅拌使混合液迅速达到均匀,同时让混合液以 3L/min 的速率由 B 管流出容器,问在任一时刻 t 容器内的含盐量是多少?在 20min 末容器内的含盐量是多少?

解 设 t 时刻容器内的含盐量为 $m = m(t)$,在时间区间 $[t, t+dt]$ 内,含盐量的改变量等于在这段时间内注入的盐量减去这段时间内流出的盐量.由题设,注入的盐量为

$$4 \times 5 dt = 20 dt,$$

由于 t 时刻盐水的浓度为 $\dfrac{m}{100 + 5t - 3t} = \dfrac{m}{100 + 2t}$,因而流出的盐量为

$$\dfrac{m}{100 + 2t} \times 3 dt = \dfrac{3m}{100 + 2t} dt,$$

故有

$$dm = 20 dt - \dfrac{3m}{100 + 2t} dt,$$

于是得到 $m(t)$ 所满足的微分方程

$$\begin{cases} \dfrac{dm}{dt} + \dfrac{3}{100 + 2t} m = 20, \\ m(0) = 0, \end{cases}$$

微分方程的通解为

$$m = e^{-\int \frac{3}{100+2t} dt} \left[C + \int 20 e^{\int \frac{3}{100+2t} dt} dt \right]$$

$$= (100+2t)^{-\frac{3}{2}}\left[C + 4(100+2t)^{\frac{5}{2}}\right],$$

把初始条件代入,得 $C = -4 \times 10^5$,于是 t 时刻容器内的含盐量为

$$m = 4(100+2t) - 4 \times 10^5 (100+2t)^{-\frac{3}{2}} (\text{g}),$$

20min 末的含盐量为

$$m(20) = 4(100+2\times 20) - 4 \times 10^5 (100+2\times 20)^{-\frac{3}{2}} \approx 318.5(\text{g}).$$

例 10 某湖泊的水量为 V,每年排入湖泊内含污染物 A 的水量为 $\dfrac{V}{6}$,流入湖泊内不含 A 的水量为 $\dfrac{V}{6}$,流出湖泊的水量为 $\dfrac{V}{3}$.已知 2000 年年底湖中 A 的含量为 $5m_0$,超过了国家标准.为了治理污染,从 2001 年起,限制排入湖泊中含 A 污水的浓度不超过 $\dfrac{m_0}{V}$,问经过多少年湖泊中污染物 A 的含量能降至 m_0 以下(设湖水中 A 的浓度是均匀的)?

解 设 $t=0$ 表示 2001 年年初,设第 t 年湖泊中污染物 A 的含量为 $m=m(t)$,在时间区间 $[t, t+\mathrm{d}t]$ 内,排入湖泊中 A 的量为 $\dfrac{m_0}{V} \cdot \dfrac{V}{6}\mathrm{d}t = \dfrac{m_0}{6}\mathrm{d}t$,由于 t 时刻湖泊中 A 的浓度为 $\dfrac{m}{V}$,故流出湖泊的水中 A 的含量为 $\dfrac{m}{V} \cdot \dfrac{V}{3}\mathrm{d}t = \dfrac{m}{3}\mathrm{d}t$,因而 A 的含量的改变量为

$$\mathrm{d}m = \dfrac{m_0}{6}\mathrm{d}t - \dfrac{m}{3}\mathrm{d}t,$$

故得到 $m(t)$ 所满足的微分方程

$$\begin{cases} \dfrac{\mathrm{d}m}{\mathrm{d}t} + \dfrac{m}{3} = \dfrac{m_0}{6}, \\ m(0) = 5m_0, \end{cases}$$

解得

$$m = \dfrac{m_0}{2}\left(1 + 9\mathrm{e}^{-\frac{t}{3}}\right),$$

令 $m = m_0$,得 $m_0 = \dfrac{m_0}{2}\left(1 + 9\mathrm{e}^{-\frac{t}{3}}\right)$,解得 $t = 6\ln 3 \approx 6.6$,因此经过 6.6 年以后,湖泊中污染物 A 的含量能降至 m_0 以下.

例 11 有一半径为 1m 的半球形容器最初盛满了水,在容器底部有一半径为 1cm 的小孔,水在重力的作用下从小孔流出,求容器内水面的高度(水面与孔口中心间的距离)随时间变化的规律,并确定需要多长时间容器中的水全部流完.

解 如图 5-13 所示建立坐标系.设 t 时刻水面的高度为 $y = y(t)$,在时间间隔 $[t, t+\mathrm{d}t]$ 内,水面高度由 y 降至 $y+\mathrm{d}y$,因而流出水的体积为

$$\mathrm{d}V = -\pi x^2 \mathrm{d}y,$$

另一方面,根据托里拆利定律,水从小孔中流出的速率为 $k\sqrt{2gh}$,

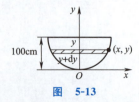

图 5-13

其中 k 是流量系数,它取决于小孔的形状,这里取 $k=0.62$, h 是水面的高度,这里 $h=y$,于是在时间间隔 $[t, t+\mathrm{d}t]$ 内流出水的体积又等于

$$\mathrm{d}V = \pi \times 1^2 \times k\sqrt{2gy}\,\mathrm{d}t = 0.62\pi\sqrt{2gy}\,\mathrm{d}t,$$

其中 $\pi \times 1^2$ 是小孔横截面的面积,因而有

$$-\pi x^2\,\mathrm{d}y = 0.62\pi\sqrt{2gy}\,\mathrm{d}t,$$

由于 $x^2+(y-100)^2=100^2$,故 $x^2=200y-y^2$,代入上式,得

$$(y^2-200y)\,\mathrm{d}y = 0.62\sqrt{2gy}\,\mathrm{d}t,$$

即

$$\left(y^{\frac{3}{2}}-200\sqrt{y}\right)\mathrm{d}y = 0.62\sqrt{2g}\,\mathrm{d}t,$$

积分得通解

$$\frac{2}{5}y^{\frac{5}{2}} - \frac{400}{3}y^{\frac{3}{2}} = 0.62\sqrt{2g}\,t + C,$$

将 $y|_{t=0}=100$ 代入,得 $C=-\dfrac{14}{15}\times 10^5$,因此水面高度与时间 t 的关系为

$$\frac{2}{5}y^{\frac{5}{2}} - \frac{400}{3}y^{\frac{3}{2}} = 0.62\sqrt{2g}\,t - \frac{14}{15}\times 10^5,$$

令 $y=0$,得到

$$t = \frac{14\times 10^5}{15\times 0.62\sqrt{2\times 980}} \approx 3400(\mathrm{s}) = 56(\min)40(\mathrm{s}),$$

故容器内的水全部流完需要 56min40s.

三、运动路线问题

例 12 目标的跟踪(追踪曲线).

我方舰艇向敌方舰艇发射制导导弹,导弹头始终对准敌舰,设敌舰沿 y 轴正方向以匀速 v 行驶,导弹的速度是 $5v$,且设导弹由 x 轴上点 $(a,0)$ 处发射时,敌舰位于原点处,求导弹的轨迹曲线及击中目标的时间.

解 设导弹的轨迹曲线为 $y=y(x)$,如图 5-14 所示,设 $P(x,y)$ 是曲线上任一点,曲线在点 P 处的切线与 y 轴交于点 B,由题设,当导弹位于 P 点时,敌舰应位于 $B(0,vt)$ 点,因而有

$$\frac{\mathrm{d}y}{\mathrm{d}x} = \frac{vt-y}{-x}.$$

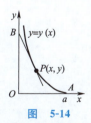

图 5-14

又曲线段 $\overset{\frown}{PA}$ 的长度为

$$\int_x^a \sqrt{1+\left(\frac{\mathrm{d}y}{\mathrm{d}x}\right)^2}\,\mathrm{d}x = 5vt,$$

由上面两式消去 t,得

$$\int_x^a \sqrt{1+\left(\frac{\mathrm{d}y}{\mathrm{d}x}\right)^2}\,\mathrm{d}x = 5\left(y - x\frac{\mathrm{d}y}{\mathrm{d}x}\right),$$

两端对 x 求导,得

$$-\sqrt{1+\left(\frac{dy}{dx}\right)^2}=-5x\frac{d^2y}{dx^2},$$

故有 $\quad 5x\dfrac{d^2y}{dx^2}=\sqrt{1+\left(\dfrac{dy}{dx}\right)^2}, \quad y(a)=0, \quad y'(a)=0.$

方程为不显含 y 的二阶方程,令 $\dfrac{dy}{dx}=p(x)$,则 $\dfrac{d^2y}{dx^2}=p'(x)$,代入上式,得

$$5x\frac{dp}{dx}=\sqrt{1+p^2}.$$

利用分离变量法,得

$$\frac{dp}{\sqrt{1+p^2}}=\frac{dx}{5x}, \quad \ln(p+\sqrt{1+p^2})=\frac{1}{5}\ln x+C_1.$$

将 $p(a)=\dfrac{dy}{dx}\bigg|_{x=a}=0$ 代入,得 $C_1=-\dfrac{1}{5}\ln a$,由此得

$$\ln(p+\sqrt{1+p^2})=\frac{1}{5}\ln\frac{x}{a},$$

$$p+\sqrt{1+p^2}=\left(\frac{x}{a}\right)^{\frac{1}{5}}, \quad p-\sqrt{1+p^2}=-\left(\frac{a}{x}\right)^{\frac{1}{5}}.$$

两式相加,得

$$y'=p=\frac{1}{2}\left[\left(\frac{x}{a}\right)^{\frac{1}{5}}-\left(\frac{a}{x}\right)^{\frac{1}{5}}\right],$$

积分得

$$y=\frac{5a}{4}\left[\frac{1}{3}\left(\frac{x}{a}\right)^{\frac{6}{5}}-\frac{1}{2}\left(\frac{x}{a}\right)^{\frac{4}{5}}\right]+C_2,$$

由 $y(a)=0$,得 $C_2=\dfrac{5a}{24}$,故导弹的轨迹曲线为

$$y=\frac{5a}{4}\left[\frac{1}{3}\left(\frac{x}{a}\right)^{\frac{6}{5}}-\frac{1}{2}\left(\frac{x}{a}\right)^{\frac{4}{5}}\right]+\frac{5a}{24}.$$

此曲线称为追踪曲线,当 $x=0$ 时,导弹击中目标,此时 $y=\dfrac{5a}{24}$,因此导弹击中目标的时间为

$$t=\frac{\frac{5a}{24}}{v}=\frac{5a}{24v}.$$

例 13 船的航行路线.

一小船渡河,设小船以匀速 v_1 航行,且航向始终对着出发时对岸的点,河宽为 a,河水流速为 v_2,求小船航行的路线.

解 如图 5-15 所示建立坐标系.设 $A(a,0)$ 为小船出发点,原点为出发时对岸的点,小船航行路线为 $y=y(x)$,$P(x,y)$ 是曲线上任一点,小船实际航速为 $v=v_1+v_2$,其中 v_1,v_2 的方向如图所

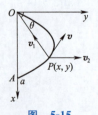

图 5-15

示,将小船的运动分解为 x 轴方向与 y 轴方向上的运动,由于

$$\boldsymbol{v} = \{v_x, v_y\} = \left\{\frac{\mathrm{d}x}{\mathrm{d}t}, \frac{\mathrm{d}y}{\mathrm{d}t}\right\},$$

于是有

$$\frac{\mathrm{d}y}{\mathrm{d}t} = v_2 - v_1 \cos\theta, \quad \frac{\mathrm{d}x}{\mathrm{d}t} = -v_1 \sin\theta,$$

(θ 为 OP 与 y 轴正向的夹角)两式相除,得

$$\frac{\mathrm{d}y}{\mathrm{d}x} = \cot\theta - \frac{v_2}{v_1} \frac{1}{\sin\theta},$$

记 $\dfrac{v_2}{v_1} = b$,又由于 $\cot\theta = \dfrac{y}{x}$,$\sin\theta = \dfrac{x}{\sqrt{x^2+y^2}}$,故得

$$\begin{cases} \dfrac{\mathrm{d}y}{\mathrm{d}x} = \dfrac{y}{x} - b\dfrac{\sqrt{x^2+y^2}}{x}, \\ y\big|_{x=a} = 0. \end{cases}$$

令 $u = \dfrac{y}{x}$,代入上面方程,得

$$\frac{\mathrm{d}u}{\sqrt{1+u^2}} = -b\frac{\mathrm{d}x}{x}, \quad \ln(u+\sqrt{1+u^2}) = -b\ln x + C,$$

由 $u\big|_{x=a} = \dfrac{y}{x}\big|_{x=a} = 0$,得 $C = b\ln a$,故

$$\ln(u+\sqrt{1+u^2}) = \ln\left(\frac{a}{x}\right)^b,$$

$$u + \sqrt{1+u^2} = \left(\frac{a}{x}\right)^b, \quad u - \sqrt{1+u^2} = -\left(\frac{x}{a}\right)^b,$$

两式相加,得

$$u = \frac{1}{2}\left[\left(\frac{a}{x}\right)^b - \left(\frac{x}{a}\right)^b\right],$$

即

$$y = \frac{x}{2}\left[\left(\frac{a}{x}\right)^b - \left(\frac{x}{a}\right)^b\right] = \frac{a}{2}\left[\left(\frac{a}{x}\right)^{1-b} - \left(\frac{x}{a}\right)^{1+b}\right],$$

此即小船航行的路线.

由此函数表达式可知,如果 $v_1 > v_2$,即 $b < 1$,则当 $x = 0$ 时,$y = 0$,即小船如愿以偿到达 O 点.如果 $v_1 = v_2$,即 $b = 1$,则函数表示变为

$$y = \frac{a}{2}\left[1 - \left(\frac{x}{a}\right)^2\right],$$

曲线不通过原点,即小船不能如愿到达 O 点.如果 $v_1 < v_2$,即 $b > 1$,则由

$$\lim_{x \to 0^+} y = +\infty$$

可知,船将被河水冲向远处,不可能到达对岸.

四、增长问题

例 14 物质 A 和 B 化合生成新的物质 X,设反应的过程不

可逆,在反应初始时刻 A,B,X 的量分别为 $a,b,0$,在反应过程中,A,B 失去的量为 X 生成的量,并且在 X 中所含 A 与 B 的比例为 $\alpha:\beta$,已知 X 的量 x 的增长率与 A,B 的剩余量之积成正比,比例系数 $k>0$,求反应过程开始后 t 时刻生成物 X 的量 x 与时间 t 的关系(设 $b\alpha-a\beta\neq 0$).

解 由题设,t 时刻 X 中 A,B 的量分别为 $\dfrac{\alpha}{\alpha+\beta}x,\dfrac{\beta}{\alpha+\beta}x$,

于是 A,B 的剩余量分别为

$$a-\frac{\alpha}{\alpha+\beta}x,\quad b-\frac{\beta}{\alpha+\beta}x,$$

又由于 X 的量 x 的增长率为 $\dfrac{\mathrm{d}x}{\mathrm{d}t}$,因此得

$$\begin{cases}\dfrac{\mathrm{d}x}{\mathrm{d}t}=k\left(a-\dfrac{\alpha}{\alpha+\beta}x\right)\left(b-\dfrac{\beta}{\alpha+\beta}x\right),\\ x\big|_{t=0}=0.\end{cases}$$

分离变量,得

$$\frac{1}{b\alpha-a\beta}\left(\frac{\alpha}{a-\dfrac{\alpha}{\alpha+\beta}x}-\frac{\beta}{b-\dfrac{\beta}{\alpha+\beta}x}\right)\mathrm{d}x=k\mathrm{d}t,$$

积分,得

$$\frac{\alpha+\beta}{a\beta-b\alpha}\ln\frac{a(\alpha+\beta)-\alpha x}{b(\alpha+\beta)-\beta x}=kt+C,$$

将初始条件代入,得 $C=\dfrac{\alpha+\beta}{a\beta-b\alpha}\ln\dfrac{a}{b}$,故有

$$\frac{\alpha+\beta}{a\beta-b\alpha}\ln\frac{ab(\alpha+\beta)-b\alpha x}{ab(\alpha+\beta)-a\beta x}=kt.$$

习题 5-8

1. 某国家 1985 年人口数量为 1000 万,年相对增长率为 1.2%,此外每年有来自其他国家的移民 6 万人,请预测该国 2010 年的人口数量.

2. 雪球体积融化的速率与它的表面积成正比,如果 $t=0$(单位为 s)时,雪球半径 $r=2$(单位为 cm),$t=10$ 时,$r=0.5$,求雪球全部融化所需要的时间.

3. 某种细菌以飞快的速度增长,中午 12:00 时细菌数为 1 万个,两小时后增加到 4 万个,已知细菌增长的速率与它当时的数量成正比,求下午 5:00 细菌的数量.

4. 所有物体都含有 C^{12} 和 C^{14},C^{12} 是稳定的,C^{14} 具有放射性,植物或动物活着时,这两种元素的比值是不变的(因为不断产生新的 C^{14}).但当它们死后,C^{14} 不断减少,它的半衰期是 5730 年.如果一

个古老堡垒被烧焦的木头的 C^{14} 含量是树木活着时的 70%,假定木材砍后很快被用来建造堡垒,且不久就被烧毁,那么堡垒是多少年前烧毁的?

5. 在某一人群中推广新技术是通过其中已掌握新技术的人进行的. 设该人群的总人数为 N,在 $t=0$ 时刻已掌握新技术的人数为 x_0,在任意时刻 t 已掌握新技术的人数为 $x(t)$(将 $x(t)$ 视为连续可微函数),其变化率与已掌握新技术和未掌握新技术人数之积成正比,比例系数 $k>0$,求 $x(t)$.

6. 一汽车从静止出发,开始时加速度为 $10\mathrm{m/s^2}$,然后加速度随所行的距离线性地减少,到汽车已走到 250m 时,加速度变为 0,试写出汽车行走的距离所满足的微分方程和初始条件,并求其解.

7. 列车在直线轨道上以 20m/s 的速度行驶,制动时列车获得加速度 $-0.4\mathrm{m/s^2}$,问开始制动后要经过多少时间才能把列车刹住? 在这段时间内列车行驶了多少路程?

8. 设降落伞从跳伞塔下落后,所受空气阻力与速度成正比,并设初速度为零,求降落伞下落速度与时间的函数关系.

9. 一个单位质量的质点在数轴上运动,开始时质点在原点 O 处且速度为 v_0,在运动过程中,它受到一个力的作用,这个力的大小与质点到原点的距离成正比(比例系数 $k_1>0$),而方向与初速度一致,又介质的阻力与速度成正比(比例系数 $k_2>0$),求描述该质点运动规律的函数所满足的微分方程.

10. 当轮船的前进速度为 v_0 时,轮船的推进器停止工作,已知轮船所受水的阻力与船速的平方成正比(比例系数为 mk,其中 m 为船的质量),问经过多少时间船速减到原来的一半?

11. 质量均匀的链条悬挂在钉子上,开始运动时一端离开钉子 8m,另一端离开钉子 12m,若不计钉子对链条产生的摩擦力,求链条滑下钉子所需要的时间.

12. 质量为 1g 的质点受外力作用做直线运动,外力与时间成正比,同时与运动速度成反比,在 $t=10\mathrm{s}$ 时,速度为 50cm/s,外力为 $4\mathrm{g \cdot cm/s^2}$,问从运动开始经过 60s 后速度是多少?

13. 设子弹以 200m/s 的速度射入厚 0.1m 的木板,受到的阻力大小与子弹速度的平方成正比,如果子弹穿出木板时的速度为 80m/s,求子弹穿过木板的时间.

14. 在公路交通事故现场,常会发现事故车辆的车轮底下留有一段拖痕,这是由于紧急制动后制动片抱紧制动箍使车轮停止了转动,由于惯性的作用,车轮在地面上摩擦滑动而留下的,如果在某事故现场测得拖痕的长度为 10m,求事故车辆在紧急制动前的车速(假定车轮的摩擦系数为 $\lambda=1.02$).

15. 设直径为 0.5m 的圆柱形浮筒铅直地放在水中,将浮筒稍向下压后突然放开,浮筒在水中上下振动的周期为 2s,求浮筒的质量.

16. 大炮以仰角 α, 初速度 v_0 发射炮弹, 若不计空气阻力, 求弹道曲线.

17. 从船上向海中沉放某种探测仪器, 按探测要求, 需确定仪器的下沉深度 y(从海平面算起)与下沉速度 v 之间的函数关系. 设仪器在重力的作用下, 从海平面由静止开始铅直下沉, 在下沉过程中还受到阻力和浮力的作用. 设仪器质量为 m, 体积为 B, 海水比重为 ρ, 仪器所受的阻力与下沉速度成正比, 比例系数为 $k(k>0)$, 试建立 y 与 v 所满足的微分方程, 并求出函数关系式.

歼击机

18. (1) 一架质量为 4.5t 的歼击机以 600km/h 的航速开始着陆, 在减速伞的作用下滑跑 500m 后速度减为 100km/h, 设减速伞的阻力与飞机的速度成正比, 并忽略飞机所受的其他外力, 试计算减速伞的阻力系数.

    (2) 若将同样的减速伞配备在质量为 9t 的轰炸机上, 现已知机场的跑道长为 1500m, 若飞机着陆速度为 700km/h, 问机场跑道长度能否保障飞机安全着陆?

19. 将室内一支读数为 24℃ 的温度计放到室外, 2min 后温度计的读数为 28℃, 又过了 2min 温度计的读数为 30℃, 问室外温度为多少摄氏度?

20. 一电动机运转后每小时温度升高 10℃, 设室内温度恒为 15℃, 电动机温度升高后冷却速度与电动机和室内的温度差成正比, 求电动机的温度与时间的函数关系.

21. 当一次谋杀发生后, 尸体的温度从原来的 37℃ 开始变冷, 假设 2h 后尸体温度变为 35℃, 并且假定周围空气的温度保持在 20℃ 不变, 求尸体温度 T 与时间 t 的函数关系. 如果尸体被发现时的温度是 30℃, 时间是下午 4:00 整, 那么谋杀是何时发生的?

22. 设 RC 串联电路如图 5-16 所示, 设开始时电容器两端的电压为零, 当开关合上时, 电源就向电容器充电, 求电容器电压 u_C 随时间变化的规律.

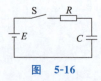

图 5-16

23. 设有一个由电阻 $R=10\Omega$, 电感 $L=2H$ 和电源电压 $E=20\sin 5t$ V 串联组成的电路, 开关 S 合上后, 电路中有电流通过, 求电流 i 与时间 t 的函数关系.

24. 一容器内盛有 100L 盐水, 其中含盐 10kg, 现用 3L/min 的匀速将净水由 A 管注入容器, 并以 2L/min 的匀速让盐水由 B 管流出, 求 1h 后容器内溶液的含盐量(假定溶液在任一时刻都是均匀的).

25. 已知某车间的容积为 30m × 30m × 6m, 其中的空气含有 0.12% 的 CO_2(以容积计算), 现用鼓风机将 CO_2 含量为

0.04% 的新鲜空气输入,假定输入的新鲜空气与原有空气立即混合均匀并以相同流量排出室外,问每分钟应输入多少新鲜空气才能在 30min 后使车间空气中 CO_2 的含量不超过 0.06%?

26. 枯死的落叶在森林中以每年 $3g/cm^2$ 的速率聚集在地面上,同时这些落叶又以每年 75% 的速率腐烂,试求枯叶质量(每平方厘米上)与时间的函数关系 $m(t)$,并讨论其变化趋势.

27. 假设某公司的净资产因资产本身产生了利息而以 5% 的利率增长,该公司还必须连续地支付职工工资 2 亿元(以上两项皆以年为单位,利率为连续复利).设初始净资产为 W_0,求净资产与时间的函数关系 $W(t)$,并讨论当 W_0 为 30,40,50(单位:亿元)时 $W(t)$ 的变化趋势.

28. 有一盛满了水的圆锥形漏斗,高为 10cm,顶角为 $60°$,漏斗下面有面积为 $0.5cm^2$ 的小孔,求水面高度变化的规律及水流完所需的时间(注:水从小孔流出的速率为 $0.62S\sqrt{2gh}$,其中 S 为孔口截面积,h 为水面高度).

29. 某容器的形状是由曲线 $x=f(y)$ 绕 y 轴旋转而成的立体.今按 $2t(cm^3/s)$ 的流量往容器内注水(其中 t 是时间),为了使水面上升速率恒为 $\dfrac{2}{\pi}$cm/s,问 $f(y)$ 应是怎样的函数(设 $f(0)=0$)?

30. 小船从河边点 O 处出发驶向对岸(两岸为平行线),设船速为 a,航行方向始终与河岸垂直,又设河宽为 h,河中任一点处的水流速度与该点到两岸距离的乘积成正比(比例系数为 k),求小船的航行路线.

部分习题答案

第一章

习题 1-1

1. (1) 不相同,定义域不同; (2) 不相同,定义域不同;
   (3) 不相同,定义域不同; (4) 相同; (5) 不相同,定义域不同.

2. (1) $[-2,2]$; (2) $\left[-\dfrac{1}{3},1\right]$; (3) $(-1,0)\cup(0,+\infty)$;
   (4) $(-\infty,-2)\cup(1,+\infty)$;
   (5) $[1,100]$; (6) $\left(\dfrac{3}{2},2\right)\cup(2,+\infty)$;
   (7) $(1,2)\cup(2,4]$; (8) $(-\infty,0)\cup(0,3]$.

3. (1) $[-1,1]$; (2) $[2n\pi,(2n+1)\pi]$(n 是整数);
   (3) $[-a,1-a]$;
   (4) 当 $0<a\leqslant\dfrac{1}{2}$, $D=[a,1-a]$; 当 $a>\dfrac{1}{2}$, $D=\varnothing$;
   (5) $[1,10]$.

4. (1) 奇函数; (2) 非奇非偶; (3) 偶函数; (4) 奇函数.

5. 略.

6. $D(t)=\begin{cases}400t, & 0\leqslant t\leqslant 1,\\ \sqrt{250000t^2-180000t+90000}, & t>1.\end{cases}$

7. (1) x^2-5x+6; (2) $1-\cos x$; (3) x^2+4x+2;
   (4) $\dfrac{1}{3}(x^2+2x-1)$.

8. (1) $y=\dfrac{1-x}{1+x}$; (2) $y=\mathrm{e}^{x-1}-2$;
   (3) $y=\log_2\dfrac{x}{1-x}$; (4) $y=2\ln(x+\sqrt{x^2+1})-1$.

9. $(f\circ g)(x)=4^x$, $(g\circ f)(x)=2^{x^2}$.

10. $1-\dfrac{1}{x}$.

11. $(f\circ g)(x)=0$, $(f\circ f)(x)=f(x)$, $(g\circ g)(x)=g(x)$.

12. $g(x)=\log_2(\sqrt{x}+1)$.

13. $\dfrac{x+1}{x-1}$.

14. (1) $y=u^2$, $u=\sin v$, $v=3x+1$; (2) $y=3^u$, $u=v^2$, $v=x+1$;

(3) $y=\sqrt[3]{u}, u=\ln v, v=t^2, t=\cos x$.

15. (1) $\rho=2\cos\theta$; (2) $\rho=6\sin\theta$; (3) $\rho=\dfrac{2\sin\theta}{\cos^2\theta}$; (4) $\rho=\dfrac{5}{\sin\theta}$;

(5) $\rho^2=a^2\sin 2\theta$,图形如图 D-1 所示;

(6) $\rho=a(1-\cos\theta)$,图形如图 D-2 所示.

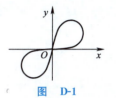

图 D-1

习题 1-2 略.

习题 1-3 略.

习题 1-4 略.

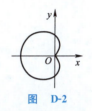

图 D-2

习题 1-5

1. (1) $\dfrac{3}{2}$; (2) $\dfrac{2}{3}$; (3) $\dfrac{1}{2}$; (4) 0; (5) $\dfrac{1}{2}$; (6) $\dfrac{3}{4}$;

(7) 0; (8) $\dfrac{1}{5}$; (9) $2\cos a$; (10) 0; (11) $\dfrac{1}{2}$;

(12) $\dfrac{1}{3}$; (13) $\dfrac{3}{2}$; (14) $\dfrac{3}{2}$; (15) $\dfrac{m}{n}$;

(16) -1; (17) $\dfrac{1}{2}$; (18) 1; (19) 1; (20) 4;

(21) $\dfrac{1}{2}mn(n-m)$; (22) $\dfrac{1}{2}n(n+1)$; (23) 不存在.

2. (1) 0; (2) 0; (3) 0.

3. (1) 不存在; (2) 0; (3) 不存在; (4) 不存在.

4. (1) $\left(\dfrac{1}{\sqrt{2}}\right)^{\frac{1}{\sqrt{2}}}$; (2) 81; (3) A^B.

5. 略.

习题 1-6

1. (1) $\dfrac{\alpha}{\beta}$; (2) 1; (3) $\dfrac{5}{3}$; (4) 2; (5) $\sqrt{2}$; (6) $\dfrac{2}{\pi}$;

(7) $\dfrac{\sqrt{2}}{8}$; (8) $\cos a$; (9) $\dfrac{1}{2\pi}$.

2. (1) e^3; (2) e; (3) e^{-1}; (4) e; (5) e; (6) e^{-1};

(7) 1; (8) e^5.

3. (1) $\dfrac{1}{3}$; (2) 3; (3) $\dfrac{1}{2}\ln 10$; (4) $\dfrac{1}{a}$; (5) 1.

4. $A_n=\dfrac{n}{2}r^2\sin\dfrac{2\pi}{n}, A=\lim\limits_{n\to\infty}A_n=\pi r^2$.

5. 不存在.

6. $k=\dfrac{1}{2}$.

7. (1) 1; (2) 1; (3) 0; (4) $\dfrac{1}{3}$.

8. (1) 3; (2) 1; (3) 2.

9. 略.

习题 1-7

1. (1) 同阶不等价； (2) 等价.

2. (1) 同阶； (2) $\dfrac{1}{x^2}=o(\sqrt{x^2+2}-\sqrt{x^2+1})$； (3) 等价；

   (4) 等价； (5) $\sqrt{x+\sqrt{x}}=o(\sqrt[8]{x})$.

3. (1) $\dfrac{1}{2}$； (2) $\dfrac{1}{3}$； (3) $\dfrac{1}{8}$； (4) 2； (5) 3； (6) 3； (7) 3；

   (8) 1； (9) $\dfrac{2}{3}$.

4. 略.

5. 略.

6. (1) $\dfrac{2}{3}$； (2) $\begin{cases} 0, & n>m, \\ 1, & n=m, \\ \infty, & n<m; \end{cases}$ (3) $\dfrac{1}{2}m^2$； (4) $\dfrac{1}{2}$； (5) -3；

   (6) $\dfrac{1}{2\ln^2 10}$； (7) $\dfrac{3}{4}$； (8) $\dfrac{1}{7}$.

习题 1-8

1. (1) $x=\pm 1$,第二类； (2) $x=2$,第二类；

   (3) $x=0$,第一类,可去； (4) $x=0$,第一类,可去；

   (5) $x=0, x=k\pi+\dfrac{\pi}{2}(k=0,\pm 1,\pm 2,\cdots)$,第二类；

   (6) $x=1$,第一类； (7) $x=0$,第一类；

   (8) $x=0$,第二类,$x=\dfrac{1}{k}(k=\pm 1,\pm 2,\cdots)$,第一类；

   (9) $x=0$,第一类；

   (10) $x=0$,第一类

   $x=-1, x=3,5,7,\cdots,2k-1,\cdots$,第二类.

2. (1) 处处连续； (2) $x=\pm 1$ 是第一类间断点；

   (3) $x=2$ 为第一类间断点； (4) 在 $(-1,1)$ 内连续.

3. 略.

4. 略.

5. 略.

6. $a=1$.

7. $a=\dfrac{\sqrt{2}}{2}, b=-1$.

8. (1) $a=-1-\dfrac{\pi}{2}, b=-\dfrac{\pi}{2}$； (2) $a=2, b=-\dfrac{3}{2}$.

9. ~13. 略.

习题 1-9

1. (1) $\dfrac{1}{\sqrt{e}}$； (2) $\dfrac{1}{\sqrt{2a}}$； (3) 9； (4) $\dfrac{3}{2}$； (5) $\dfrac{1}{2}$； (6) 2；

(7) $\dfrac{1}{2}$； (8) $\dfrac{1}{2}$； (9) $e^{\frac{3}{2}}$； (10) e^{-2}； (11) $\sqrt{ab}$；

(12) -2； (13) $2e$； (14) 0； (15) $\sqrt[3]{abc}$； (16) 1；

(17) 1； (18) $\dfrac{1}{2}$； (19) $\dfrac{\sin x}{x}$； (20) $\dfrac{1}{6}$.

2. 略.

3. 0.

4. $p(x)=2x^3+x^2+3x$.

5. (1) $a=2, b=-8$； (2) $a=\ln 2$； (3) $a=-\dfrac{1991}{1992}, b=\dfrac{1}{1992}$；

   (4) $a=-2, b=1$.

6. $a=4, L=10$.

7. $c=\dfrac{1}{5}$, 极限值为 $\dfrac{7}{5}$.

8. $c=2A, k=3$.

9. $\ln 2$.

10. (1) $f(x)=\begin{cases}1, & |x|<1, \\ \dfrac{1-a}{a}, & x=1, \\ x, & |x|>1;\end{cases}$ (2) $a=\dfrac{1}{2}$.

11. $a=1, b=-\dfrac{2}{\pi}$.

12. ~15. 略.

第二章

习题 2-1

1. (1) $12+3\Delta t$； (2) 12； (3) $6t$.
2. (1) 4g/cm； (2) 40g/cm； (3) 8g/cm； (4) $4x\text{g/cm}$.
3. (1) $-f'(x_0)$； (2) $3f'(x_0)$； (3) $2f'(x_0)$.
4. $f'(0)$.
5. 0.
6. (1) $f'_-(0)=0, f'_+(0)=1, f'(0)$不存在；
   (2) $f'_-(0)=1, f'_+(0)=1, f'(0)=1$；
   (3) $f'_-(0)=0, f'_+(0)=1, f'(0)$不存在.
7. 略.
8. $f'(a)\exists$； 当 $\varphi(a)=0, g'(a)\exists$, 当 $\varphi(a)\neq 0, g'(a)$不存在.
9. (1) $a=6, b=-9$； (2) $a=-1, b=2$； (3) $a=1, b=0$.
10. $x=0, x=\dfrac{2}{3}$.
11. $y=x+1$.
12. $\theta=\arctan 2\sqrt{2}$.

13. 不能.

习题 2-2

1. (1) $8x^3 + \dfrac{6}{x^3}$;　(2) $2e^{2x} + 2^x \ln 2 + \dfrac{1}{x \ln 2}$;

(3) $2x \sin x + x^2 \cos x$;　(4) $x^2(1 + 3\ln x) + \dfrac{1 - \ln x}{x^2}$;

(5) $\dfrac{x-1}{(x+1)^3} e^x$;　(6) $x e^x [(2+x) \cos x - x \sin x]$;

(7) $\dfrac{x(9x-4)\ln x + x^4 - 3x^2 + 2x}{(3\ln x + x^2)^2}$;　(8) $4(4-x^2)^{-\frac{3}{2}}$;

(9) $\dfrac{1}{3} x^{-\frac{2}{3}} e^{\sqrt[3]{x}}$;

(10) $\dfrac{1}{2\sqrt{x+\sqrt{x+\sqrt{x}}}} \left[1 + \dfrac{1}{2\sqrt{x+\sqrt{x}}} \left(1 + \dfrac{1}{2\sqrt{x}} \right) \right]$;

(11) $\dfrac{1}{\sqrt{x}(1+\sqrt{x})^2} \sin \dfrac{1-\sqrt{x}}{1+\sqrt{x}}$;　(12) $e^{\cos x} (\cos x - \sin^2 x)$;

(13) $\dfrac{1}{2\sqrt{x-x^2}}$;　(14) $\dfrac{x \arccos x - \sqrt{1-x^2}}{(1-x^2)^{\frac{3}{2}}}$;

(15) $\dfrac{-2}{\arccos 2x \cdot \sqrt{1-4x^2}}$;　(16) $\dfrac{a^2 - x^2}{(x^2 + a^2)^2}$;

(17) $\dfrac{1}{\cos x}$;　(18) $-3 \sin 3x \cdot \sin(2 \cos 3x)$;

(19) $\dfrac{-x + \sqrt{1-x^2}}{x(2x^2-1)\sqrt{1-x^2}}$;　(20) $\dfrac{4}{\sin 4x}$;

(21) $2^{\frac{x}{\ln x}} \cdot \dfrac{\ln x - 1}{\ln^2 x} \ln 2$;　(22) $2 \arccos \dfrac{1}{x} \cdot \dfrac{|x|}{x^2 \sqrt{x^2-1}}$;

(23) $\dfrac{2}{3(x^2-1)} \sqrt[3]{\dfrac{1+x}{1-x}}$;　(24) $\dfrac{-4(1-2x)}{1+(1-2x)^4}$;

(25) $\csc x$;　(26) $-\dfrac{1}{x\sqrt{x^2-1}}$;

(27) $\dfrac{1}{2} \left[\dfrac{1}{x} + \cot x + \dfrac{e^x}{2(e^x - 1)} \right]$;

(28) $e^{\sin \frac{1}{x}} \left(\dfrac{1}{3} x^{-\frac{2}{3}} - x^{-\frac{5}{3}} \cos \dfrac{1}{x} \right)$;

(29) $\dfrac{2 \ln x}{x\sqrt{1+2\ln^2 x}}$;　(30) $n \sin^{n-1} x \cos(n+1)x$;

(31) $e^{\text{ch} x}(\text{ch} x + \text{sh}^2 x)$;　(32) $\dfrac{1}{\text{ch}^2 x}$;

(33) $\dfrac{1}{2} \left(\dfrac{1}{x-1} - \dfrac{2x}{1+x^2} \right)$.

2. (1) $\dfrac{3}{25},\dfrac{17}{15}$;　(2) $\dfrac{5}{4}\cot\dfrac{3}{2}$;　(3) $3\sqrt{3}\,e^{\frac{9}{4}}$.

3. (1) $f'(\sin^2 x)\sin 2x+\sin 2f(x)\cdot f'(x)$;

　(2) $e^x f'(e^x)e^{f(x)}+f(e^x)e^{f(x)}f'(x)$;

　(3) $\dfrac{3}{x}f^2(\ln x)f'(\ln x)+e^{f\left(\frac{1}{x}\right)}f'\left(\dfrac{1}{x}\right)\dfrac{-1}{x^2}$.

4. $a=3, b=-1, c=1, d=3$.

5. $a=e^{\frac{1}{e}}$, 在点 (e,e).

6. $\dfrac{1}{e}$.

7. $a=\dfrac{1}{e}$.

8. $(1,1), y=x$.

9. $x+y=0$ 或 $x+25y=0$.

10. $100!$

11. (1) $f'(x)=\begin{cases}-e^x, & x<0,\\ \text{不存在}, & x=0,\\ 2x, & x>0;\end{cases}$

　(2) $f'(x)=\begin{cases}\dfrac{x}{e}, & x<\sqrt{e},\\ \text{不存在}, & x=\sqrt{e},\\ \dfrac{1}{x}, & x=\sqrt{e}.\end{cases}$

12. (1) $f'(x)=\begin{cases}2x\sin\dfrac{1}{x}-\cos\dfrac{1}{x}, & x\neq 0,\\ 0, & x=0,\end{cases}$ $f'(x)$ 在 $x=0$ 不连续;

　(2) $f'(x)=\begin{cases}\arctan\dfrac{1}{x^2}-\dfrac{2x^2}{x^4+1}, & x\neq 0,\\ \dfrac{\pi}{2}, & x=0,\end{cases}$ $f'(x)$ 在 $x=0$ 连续.

习题 2-3

1. (1) $\dfrac{x^2-y}{x-y^2}$;　(2) $\dfrac{y(x-1)}{x(1-y)}$;

　(3) $-\dfrac{e^y}{1+xe^y}$;　(4) $\dfrac{\cos y-\cos(x+y)}{x\sin y+\cos(x+y)}$;

　(5) $-\dfrac{2\sqrt{xy}+y}{2\sqrt{xy}+x}$;　(6) $-\dfrac{1+y\sin(xy)}{x\sin(xy)}$;

　(7) $\dfrac{\sqrt{y}(2\sqrt{x}-1)}{\sqrt{x}(1-2\sqrt{y})}$;　(8) $\dfrac{\sqrt{1-y^2}\,e^{x+y}}{1-\sqrt{1-y^2}\,e^{x+y}}$.

2. (1) $\dfrac{5}{2}$； (2) $-\dfrac{1}{2}$； (3) -2； (4) 1； (5) $-\dfrac{1}{e}$.

3. 略.

4. $(x+5)^2+(y+10)^2=15^2$.

5. $a=-1, b=-1$.

6. 略.

7. (1) $\sin x^{\cos x}(\cos x \cot x - \sin x \ln\sin x)$；

   (2) $\dfrac{(2x+3)^4\sqrt{x-6}}{\sqrt[3]{x+1}}\left[\dfrac{8}{2x+3}+\dfrac{1}{2(x-6)}-\dfrac{1}{3(x+1)}\right]$；

   (3) $x^{x^2+1}(1+2\ln x)+2^{x^x}\ln 2 \cdot x^x(\ln x+1)$；

   (4) $x^{\sqrt{x}-\frac{1}{2}}(2+\ln x)$； (5) $(\ln x)^x\left(\dfrac{1}{\ln x}+\ln\ln x\right)$；

   (6) $\dfrac{x^4+6x^2+1}{3x(1-x^4)}\sqrt[3]{\dfrac{x(x^2+1)}{(x^2-1)^2}}$； (7) $\dfrac{y^2-xy\ln y}{x^2-xy\ln x}$；

   (8) $\left(\dfrac{a}{b}\right)^x\left(\dfrac{b}{x}\right)^a\left(\dfrac{x}{a}\right)^b\left(\ln\dfrac{a}{b}+\dfrac{b-a}{x}\right)$；

   (9) $x(\sin x)^{x^2}\left(\dfrac{1}{x}+2x\ln\sin x+x^2\cot x\right)$；

   (10) $\dfrac{1}{8}\sqrt{e^{\frac{1}{x}}\sqrt{x\sqrt{\sin x}}}\left(\dfrac{2}{x}-\dfrac{4}{x^2}+\cot x\right)$；

   (11) $\sqrt[5]{x}\cdot x^{\tan x}\left(\dfrac{1}{5x}+\sec^2 x\cdot \ln x+\dfrac{\tan x}{x}\right)$；

   (12) $\dfrac{y}{x(y+\ln x)}$.

8. (1) $\dfrac{1-3t^2}{-2t}$； (2) $-\sqrt{\dfrac{1+t}{1-t}}$； (3) $\tan t$；

   (4) $\dfrac{\cos\theta-\theta\sin\theta}{1-\sin\theta-\theta\cos\theta}$； (5) $\dfrac{e^{2t}}{1-t}$； (6) $\dfrac{t}{2}$；

   (7) 0； (8) $\dfrac{(y^2-e^t)(1+t^2)}{2(1-ty)}$； (9) $\dfrac{e}{2}$.

9. 切线：$4x+3y-12a=0$，法线：$3x-4y+6a=0$.

10. $y+2x-1=0$.

11. 倾角为 $\dfrac{\pi}{2}+\dfrac{3\theta}{2}$.

12. -1.

13. $\dfrac{dy}{dt}=12$ cm/s.

14. $\dfrac{d\theta}{dt}=0.14$ rad/min.

15. $\dfrac{5}{4\pi}$ m/min.

16. 约为 -0.572 mm/s.

17. $144\pi \text{m}^2/\text{s}$.

18. 80km/h.

19. $\dfrac{200}{\sqrt{501}} \text{km/h}$.

习题 2-4

1. (1) $2\mathrm{e}^{-x^2}(2x^3-3x)$; (2) $\dfrac{-x}{(x^2-1)^{\frac{3}{2}}}$;

   (3) $8\mathrm{e}^{2x}\cos(2x+1)$; (4) $\dfrac{2x(1+x^4)}{(1-x^4)^2}$;

   (5) $-\dfrac{1+\ln x}{x^2\ln^2 x}$; (6) $4\cos 2x$;

   (7) $x^x(\ln x+1)^2+x^{x-1}$.

2. (1) $\mathrm{e}^{-x}f'(\mathrm{e}^{-x})+\mathrm{e}^{-2x}f''(\mathrm{e}^{-x})$; (2) $\dfrac{f''(x)f(x)-[f'(x)]^2}{f^2(x)}$.

3. (1) $-4\mathrm{e}^x\cos x$; (2) $x\,\mathrm{sh}\,x+100\,\mathrm{ch}\,x$;

   (3) $2^{50}\left(-x^2\sin 2x+50x\cos 2x+\dfrac{1225}{2}\sin 2x\right)$;

   (4) $2^{20}\mathrm{e}^{2x}(x^2+20x+95)$.

4. (1) $b^n(n-1)!\left[\dfrac{(-1)^{n-1}}{(a+bx)^n}+\dfrac{1}{(a-bx)^n}\right]$;

   (2) $\begin{cases}\ln x+1, & n=1, \\ (-1)^n\dfrac{(n-2)!}{x^{n-1}}, & n\geqslant 2;\end{cases}$

   (3) $2^{n-1}\sin\left(2x+\dfrac{n-1}{2}\pi\right)$;

   (4) $y'=2x+1-\dfrac{1}{(x-1)^2}, y''=2+\dfrac{2}{(x-1)^3}, y^{(n)}=\dfrac{(-1)^n n!}{(x-1)^{n+1}}\ (n\geqslant 3)$;

   (5) $\dfrac{n!\,(n+x)}{(1-x)^{n+2}}$; (6) $(-1)^n n!\left[\dfrac{1}{(x+3)^{n+1}}+\dfrac{1}{(x-1)^{n+1}}\right]$.

5. $n!\,[f(x)]^{n+1}$.

6. (1) $\dfrac{-1}{y^3}$; (2) $-\dfrac{y[(x-1)^2+(y-1)^2]}{x^2(y-1)^3}$;

   (3) $\dfrac{-2a^3xy}{(y^2-ax)^3}$; (4) $-2\csc^2(x+y)\cot^3(x+y)$;

   (5) $2\mathrm{e}^2$; (6) $2\mathrm{e}^{2k\pi}, k\in\mathbf{Z}$.

7. (1) $\dfrac{1}{3a\cos^4 t\sin t}$; (2) $\dfrac{\mathrm{e}^{3t}(3-2t)}{(1-t)^3}$;

   (3) $-\dfrac{1+t^2}{4t^3}$; (4) $\dfrac{2(1+t^2)^3}{3a(1-t^2)^3}$;

   (5) $\dfrac{1}{f''(t)}$.

8. $\dfrac{1}{6}(\sqrt{3}-\pi)$.

9. $\dfrac{e^3}{4}$.

10. $2g(a)$.

11. $a=\dfrac{1}{2}, b=1, c=1$.

12. $f''(x)=\begin{cases} 2\cos x - x\sin x, & 0<x<\dfrac{\pi}{2}, \\ 不存在, & x=0, \\ -2\cos x + x\sin x, & -\dfrac{\pi}{2}<x<0. \end{cases}$

习题 2-5

1. $\Delta x=0.1, \Delta y=1.161, \mathrm{d}y=1.1, \Delta y-\mathrm{d}y=0.061$;
   $\Delta x=0.01, \Delta y=0.110601, \mathrm{d}y=0.11, \Delta y-\mathrm{d}y=0.000601$.

2. (1) $\dfrac{\mathrm{d}x}{(x^2+1)^{\frac{3}{2}}}$; (2) $\dfrac{2\ln(1-x)}{x-1}\mathrm{d}x$;

   (3) $\mathrm{e}^{-x}[\sin(3-x)-\cos(3-x)]\mathrm{d}x$; (4) $\dfrac{-2x}{1+x^4}\mathrm{d}x$;

   (5) $8x\tan(1+2x^2)\sec^2(1+2x^2)\mathrm{d}x$;

   (6) $-\dfrac{2\mathrm{d}x}{3(x+1)^{\frac{4}{3}}(1-x)^{\frac{2}{3}}}$;

   (7) $\dfrac{-\cos x(2\sin^2 x+4\sin x+1)}{(1+\sin x)^2}\mathrm{d}x$; (8) $\dfrac{-\mathrm{d}x}{x\sqrt{1-\ln^2 x}}$;

   (9) $f'(\mathrm{e}^{f(x)})\mathrm{e}^{f(x)}f'(x)\mathrm{d}x$.

3. (1) $\dfrac{x+y}{x-y}\mathrm{d}x$; (2) $\dfrac{10x+4y}{5y-x}\mathrm{d}x$;

   (3) $\dfrac{y}{x-y}\mathrm{d}x$; (4) $\dfrac{y-\mathrm{e}^{x+y}}{\mathrm{e}^{x+y}-x}\mathrm{d}x$;

   (5) $\dfrac{1}{2}\mathrm{d}x$.

4. 1.118g.

5. (1) 约减少 $43.63\mathrm{cm}^2$; (2) 约增加 $104.72\mathrm{cm}^2$.

6. 2.23cm.

7. (1) 0.8747; (2) 1.0067;

   (3) 5.04; (4) 0.01;

   (5) $45°34'$; (6) 1.246.

8. $0.00056(\mathrm{rad})\approx 1'55''$.

9. $0.5\%, 0.2\%$.

习题 2-6

1. 0.

2. (3).

3. (1) $x=0, x=1$; (2) $x=1, x=-1$.

4. 略.

5. $\dfrac{2}{3(2y+1)(2x+1)\sqrt{x^2+x}}.$

6. $2f(0).$

7. 连续,不可导.

8. $dy = \dfrac{2x - y^2 f'(x) - f(y)}{2yf(x) + xf'(y)} dx.$

9. $a=2, b=-1, f'(x) = \begin{cases} 2x, & x>1, \\ 2, & x\leqslant 1. \end{cases}$

10. $a = \dfrac{\varphi''(x_0)}{2}, b = \varphi'(x_0), c = \varphi(x_0).$

11. $-2.$

12. 存在,且 $f'(1) = ab.$

13. $0.$

14. $\dfrac{1}{\sin^2(\sin 1)}.$

15. 略.

16. 第一类,且可去.

17. $\sqrt{2}.$

18. $A e^b.$

19. $9.$

20. 略.

21. $\lambda = \dfrac{ab}{2}$,切线:$y \pm \dfrac{b}{\sqrt{2}} = -\dfrac{b}{a}\left(x \pm \dfrac{a}{\sqrt{2}}\right).$

22. $y = 2x^2 - 3.$

23. 略.

24. -2.8 km/h.

25. $\dfrac{dx}{dt} = (1-\cos\theta)v, \dfrac{dy}{dt} = v\sin\theta.$

26. $(3, 9).$

第三章

习题 3-1

1. 略.

2. $\xi = \dfrac{1}{2}$ 或 $\sqrt{2}.$

3. ~12. 略.

习题 3-2

1. 略.

2. (1) 2;　(2) $-\dfrac{1}{8}$;　(3) $-\dfrac{1}{6}$;　(4) $\dfrac{1}{3}$;　(5) $\dfrac{m}{n} a^{m-n}$;

(6) 1； (7) $a^a(\ln a - 1)$； (8) 0； (9) $\dfrac{1}{\sqrt{b}}$； (10) 0；

(11) $\dfrac{1}{2}$； (12) $-\dfrac{2}{\pi}$； (13) $-\dfrac{2}{3}$； (14) 2； (15) 1；

(16) $-\dfrac{1}{2}$； (17) 0； (18) $-\dfrac{1}{3}$； (19) 0； (20) 1；

(21) e^{-1} (22) $e^{-\frac{1}{2}}$； (23) e^{-1}； (24) $e^{-\frac{2}{\pi}}$； (25) $e^{\frac{1}{6}}$；

(26) $e^{\frac{1}{2}}$； (27) $\sqrt{ab}$； (28) $e^{\frac{1}{2}(\ln^2 a - \ln^2 b)}$； (29) 1； (30) 1.

3. $f''(x)$.

4. 连续.

习题 3-3

1. (1) $[-2,0), (0,2]$ 单调减少，$(-\infty,-2], [2,+\infty)$ 单调增加；

(2) $\left(0, \dfrac{1}{2}\right]$ 单调减少，$\left[\dfrac{1}{2}, +\infty\right)$ 单调增加；

(3) $(-\infty,0), \left(0, \dfrac{1}{2}\right], [1,+\infty)$ 单调减少，$\left[\dfrac{1}{2}, 1\right]$ 单调增加；

(4) $(-\infty, +\infty)$ 单调增加.

2. 略.

3. (1) $\left(-\infty, \dfrac{3}{4}\right)$ 单调增加，$\left(\dfrac{3}{4}, +\infty\right)$ 单调减少，极大值 $f\left(\dfrac{3}{4}\right) = \dfrac{27}{256}$；

(2) $(-1,1)$ 单调增加，$(-\infty,-1), (1,+\infty)$ 单调减少，极小值 $f(-1) = -\dfrac{1}{2}$，极大值 $f(1) = \dfrac{1}{2}$；

(3) $(e, +\infty)$ 单调增加，$(0,1), (1,e)$ 单调减少，极小值 $f(e) = 2e$；

(4) $(0,2)$ 单调增加，$(-\infty,0), (2,+\infty)$ 单调减少，极大值 $f(2) = \dfrac{4}{e^2}$，极小值 $f(0) = 0$；

(5) $\left(2k\pi, 2k\pi + \dfrac{\pi}{3}\right), \left(2k\pi + \dfrac{5\pi}{3}, 2k\pi + 2\pi\right)$ 单调增加，$\left(2k\pi + \dfrac{\pi}{3}, 2k\pi + \dfrac{5\pi}{3}\right)$ 单调减少，极大值 $f\left(2k\pi + \dfrac{\pi}{3}\right) = \dfrac{3\sqrt{3}}{4}$，极小值 $f\left(2k\pi + \dfrac{5\pi}{3}\right) = -\dfrac{3\sqrt{3}}{4}$；

(6) $(-1, 0)$ 单调减少，$(0, +\infty)$ 单调增加，极小值 $f(0) = 0$；

(7) $(-5, -1)$ 单调增加，$(-\infty, -5), (-1, 1), (1, +\infty)$ 单调减少，极大值 $f(-1) = 0$，极小值 $f(-5) = -\dfrac{(-4)^{\frac{3}{2}}}{6} = -\dfrac{\sqrt[3]{2}}{3}$；

(8) $(-\pi, +\infty)$ 单调增加，$(-\infty, -\pi)$ 单调减少，极小

值 $f(-\pi)=-2$.

4. $a=2$,极大值.

5. (1) $M=8, m=0$; (2) $M=\dfrac{1}{\sqrt{e}}, m=-\dfrac{1}{\sqrt{e}}$;

   (3) $M=\dfrac{3}{5}, m=-1$; (4) $M=1, m=0$;

   (5) $M=1, m=\dfrac{1}{4}$; (6) $M=2\pi+1, m=1$;

   (7) $M=f(0)=\dfrac{\pi}{4}, m=f(1)=0$;

   (8) $m=f\left(\dfrac{a}{a+b}\right)=(a+b)^2$,没有最大值;

   (9) $M=f(-10)=132, m=f(2)=f(1)=0$;

   (10) $M=f(3)=\sqrt[3]{9}, m=f(2)=f(0)=0$.

6. 略.

7. $\sqrt{\dfrac{8a}{4+\pi}}$.

8. 1800 元.

9. $h=4r$,最小体积 $\dfrac{8}{3}\pi r^3$.

10. 57 km/h,总费用 82.2 元.

11. $h=\left(\dfrac{3V}{\pi}\right)^{\frac{1}{3}}, r=\dfrac{1}{2}\left(\dfrac{3V}{\pi}\right)^{\frac{1}{3}}$.

习题 3-4

1. (1) 凸区间 $(-\infty, -\sqrt{3}), (0, \sqrt{3})$,凹区间 $(-\sqrt{3}, 0), (\sqrt{3}, +\infty)$,
   拐点 $(-\sqrt{3}, -\dfrac{\sqrt{3}}{4}), (0,0), (\sqrt{3}, \dfrac{\sqrt{3}}{4})$;

   (2) 凸区间 $(-\infty, -2)$,凹区间 $(-2, +\infty)$,拐点 $(-2, 1-2e^{-2})$;

   (3) 凹区间 $(1, e^2)$,凸区间 $(0,1), (e^2, +\infty)$,拐点 (e^2, e^2);

   (4) 凸区间 $(-\infty, 1)$,凹区间 $(1, +\infty)$,无拐点;

   (5) 凸区间 $(2k\pi, 2k\pi+\pi)$,凹区间 $(2k\pi+\pi, 2(k+1)\pi)$,拐点 $(2k\pi, 2k\pi), (2k\pi+\pi, 2k\pi+\pi)$;

   (6) 凹区间 $\left(-\infty, \dfrac{1}{2}\right)$,凸区间 $\left(\dfrac{1}{2}, +\infty\right)$,拐点 $\left(\dfrac{1}{2}, e^{\arctan\frac{1}{2}}\right)$.

2. 略.

3. 略.

4. $a=-\dfrac{3}{2}, b=\dfrac{9}{2}$.

5. $a=1, b=-3, c=-24, d=16$.

6. $k=\pm\dfrac{\sqrt{2}}{8}$.

7. (1) $x=0, y=0$; (2) $x=1, y=x+5$;
   (3) $x=2, y=1$; (4) $x=1, x=-1, y=x, y=-x$;
   (5) $y=x+\dfrac{\pi}{2}, y=x-\dfrac{\pi}{2}$; (6) $x=0, y=\dfrac{\pi}{4}$.

8. (1) 渐近线 $y=0$,极大值 $y(0)=1$,拐点 $\left(\pm\dfrac{1}{\sqrt{2}},\dfrac{1}{\sqrt{e}}\right)$,如图 D-3 所示;

   (2) 渐近线 $x=1, y=x-1$,极大值 $y(0)=-2$,极小值 $y(2)=2$,如图 D-4 所示;

   (3) 渐近线 $y=-x+2$,极小值 $y(0)=0$,极大值 $y(4)=2\sqrt[3]{4}$,拐点 $(6,0)$,如图 D-5 所示.

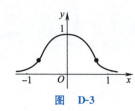

图 D-3

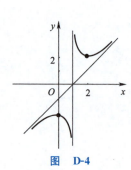

图 D-4

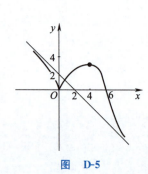

图 D-5

习题 3-5

1. (1) $ds=\dfrac{1+x^2}{1-x^2}dx$; (2) $ds=\text{ch}\dfrac{x}{a}dx$;
   (3) $ds=3a|\sin t\cos t|dt$; (4) $ds=a\sqrt{2+2\cos\theta}\,d\theta$.

2. (1) $\dfrac{1}{|a|\text{ch}^2 1}$; (2) $\dfrac{2}{17\sqrt{17}}$; (3) 2; (4) $\dfrac{3}{\sqrt{2}}$; (5) $\dfrac{3\sqrt{10}}{800}$.

3. (1) $R=\dfrac{5\sqrt{5}}{4},\left(x-\dfrac{\pi-10}{4}\right)^2+\left(y-\dfrac{9}{4}\right)^2=\dfrac{125}{16}$;
   (2) $R=\dfrac{1}{2}, x^2+\left(y-\dfrac{1}{2}\right)^2=\dfrac{1}{4}$;
   (3) $R=\dfrac{1}{18}37^{\frac{3}{2}},\left(x-\dfrac{91}{18}\right)^2+\left(y+\dfrac{31}{3}\right)^2=\dfrac{37^3}{18^2}$.

4. $\left(\dfrac{\sqrt{2}}{2},-\dfrac{1}{2}\ln 2\right), R=\dfrac{3\sqrt{3}}{2}$.

5. $k=-3, b=3$.

6. $a=\pm\dfrac{1}{2}, b=1, c=1$.

7. 略.

习题 3-6

1. $-2(x-1)+2(x-1)^3+(x-1)^4$.

2. (1) $1+x+x^2+\cdots+x^n+\dfrac{(-1)^n}{(\theta x-1)^{n+2}}x^{n+1}$ $(0<\theta<1)$;

   (2) $1+\dfrac{x^2}{2!}+\dfrac{x^4}{4!}+\cdots+\dfrac{x^{2n}}{(2n)!}+\dfrac{\text{sh}\theta x}{(2n+1)!}x^{2n+1}$ $(0<\theta<1)$;

   (3) $1+x+\dfrac{3}{2!}x^2+\dfrac{3\times 5}{3!}x^3+\cdots+\dfrac{(2n-1)!!}{n!}x^n+\dfrac{(2n+1)!!}{(n+1)!}\dfrac{x^{n+1}}{\sqrt{(1-2\theta x)^{2n+3}}}$ $(0<\theta<1)$;

(4) $2x+\dfrac{2}{3}x^3+\dfrac{2}{5}x^5+\cdots+\dfrac{2}{2n-1}x^{2n-1}+o(x^{2n})$.

3. $x-\dfrac{1}{3}x^3+o(x^3)$.

4. $x-\dfrac{1}{3}x^3+o(x^3)$.

5. $-1-(x+1)-(x+1)^2-\cdots-(x+1)^n+$
   $(-1)^{n+1}\dfrac{(x+1)^{n+1}}{[-1+\theta(x+1)]^{n+2}}$ $(0<\theta<1)$.

6. $-\ln2-2\left(x-\dfrac{1}{2}\right)-2\left(x-\dfrac{1}{2}\right)^2-\dfrac{8}{3}\left(x-\dfrac{1}{2}\right)^3-\cdots-$
   $\dfrac{2^n}{n}\left(x-\dfrac{1}{2}\right)^n-\dfrac{\left(x-\dfrac{1}{2}\right)^{n+1}}{(n+1)\left[\dfrac{1}{2}-\theta\left(x-\dfrac{1}{2}\right)\right]^{n+1}}$ $(0<\theta<1)$.

7. $2+\dfrac{1}{4}(x-4)-\dfrac{1}{64}(x-4)^2+\dfrac{1}{512}(x-4)^3-$
   $\dfrac{15(x-4)^4}{4!\cdot 16[4+\theta(x-4)]^{\frac{7}{2}}}(0<\theta<1)$.

8. $\dfrac{(\ln2)^n}{n!}$.

9. (1) $\dfrac{1}{8}$; (2) -1; (3) 2.

10. (1) 一阶,$f(x)\sim 2x$; (2) 3 阶,$f(x)\sim -\dfrac{x^3}{3!}$;
    (3) 4 阶,$f(x)\sim \dfrac{x^4}{4!}$; (4) 3 阶,$f(x)\sim \dfrac{x^3}{6}$;
    (5) 5 阶,$f(x)\sim \dfrac{x^5}{10}$.

11. 1.648.

12. (1) 3.10724,$|R_3|<1.88\times 10^{-5}$;
    (2) 0.3090,$|R_3|<1.3\times 10^{-4}$.

13. $\dfrac{(-1)^{n-1}n!}{n-2}$.

习题 3-7

1. ~ 7. 略.

8. (1) $a=1, b=-\dfrac{5}{2}$; (2) $a=-\dfrac{4}{3}, b=\dfrac{1}{3}$,极限为 $\dfrac{8}{3}$.

9. (1) $a=0$; (2) 略.

10. (1) 1; (2) $-\dfrac{e}{2}$; (3) $\sqrt[n]{a_1 a_2\cdots a_n}$; (4) $\dfrac{1}{2}$; (5) -1;
    (6) $\dfrac{1}{3}$; (7) $-\dfrac{1}{2}$; (8) $\dfrac{1}{\pi}$; (9) $\dfrac{4}{3}$.

11. (1) $M(n)=\left(\dfrac{n}{n+1}\right)^{n+1}$; (2) $\dfrac{1}{e}$.

12. (1) 极大值 $y(1)=1$; (2) 极大值 $y(a\sqrt[3]{2})=a\sqrt[3]{4}$;
    (3) 极大值 $y(-3)=3$, 极小值 $y(5)=-1$;
    (4) 极大值 $y(e)=e^{-1}$.

13. 略.

14. 当 $a<\dfrac{1}{e}$ 时, 有两实根; 当 $a=\dfrac{1}{e}$ 时, 有一实根; 当 $a>\dfrac{1}{e}$ 时, 无实根.

15. $\alpha=-\dfrac{20}{3}, \beta=\dfrac{4}{3}$.

16、17. 略.

18. $a=\dfrac{1}{2}, n=2$.

19. $a=\dfrac{4}{3}, b=-\dfrac{1}{3}, c=\dfrac{1}{10}$.

20. $(b-a)f'(a)<f(b)-f(a)<(b-a)f'(b)$.

21. 略.

22. $f(x)=x^4-4x^3+16x$.

23. 略.

24. 在 $(0,e),(e,+\infty)$ 内各有一根, 共有两根.

25. $c=\dfrac{1}{2}$.

26. (1) 既是极值点, 又是拐点;
    (2) $f(a)$ 是极大值, $(a,f(a))$ 不是拐点.

27. $a=2, b=-1$.

28. $a=-1, f(x)$ 在 $x=0$ 处连续, $a=-2, x=0$ 是 $f(x)$ 的可去间断点.

29. $k<4$ 无交点, $k=4$ 有一个交点, $k>4$ 有两个交点.

30. $x=-\dfrac{1}{e}(y-1)+\dfrac{3e^{-\xi}-\xi e^{-\xi}}{2}(y-1)^2, \xi$ 在 y 与 1 之间.

31. 略.

32. 略.

33. $\dfrac{\pi}{4}$.

第四章

习题 4-1

1. $\displaystyle\int_0^{20} kx\,dx$.

部分习题答案   351

2. $\lim\limits_{\lambda \to 0}\sum\limits_{i=1}^{n}\sin\xi_i \cdot \Delta x_i.$

3. $\int_0^1 \dfrac{1}{1+x^2}\mathrm{d}x.$

4. (1) $\dfrac{1}{4}\pi a^2$; (2) $\dfrac{1}{2}(b^2-a^2)$; (3) 0; (4) 0; (5) 4.

5. (1) $\dfrac{1}{2}$; (2) $e-1$.

6. (1) >; (2) >; (3) >; (4) >; (5) <; (6) <;
   (7) >; (8) =.

7. (1) $[e, e^4]$; (2) $\left[\dfrac{3\pi}{2}, 2\pi\right]$ (3) $\left[-2e^2, -2e^{-\frac{1}{4}}\right]$;
   (4) $[-2e^{-1}, 0]$; (5) $\left[\dfrac{\pi}{9}, \dfrac{2\pi}{3}\right]$; (6) $\left[\dfrac{1}{2}, \dfrac{\sqrt{2}}{2}\right]$.

8. 0.

9.~11. 略.

习题 4-2

1. (1) $\dfrac{1-x+x^2}{1+x+x^2}, \dfrac{1}{3}$; (2) x; (3) $-\dfrac{2\sin x}{x}$;
   (4) $\dfrac{\ln(1+x^2)}{3\sqrt[3]{x^2}} - \dfrac{\ln(1+x^3)}{2\sqrt{x}}.$

2. $-t.$

3. $-\dfrac{3\cos x}{e^y}.$

4. $x=0$ 为极小点.

5. (1) 1; (2) 1; (3) 2; (4) e; (5) 12.

6. $\begin{cases}\dfrac{x^3}{3}, & 0 \leqslant x < 1, \\ x+\dfrac{x^2}{2}-\dfrac{7}{6}, & 1 \leqslant x \leqslant 2.\end{cases}$

7. $-1.$

8. 略.

习题 4-3

1. (1) $10\ln|x| - \dfrac{1}{x^3} + C$;   (2) $\dfrac{-2}{\sqrt{x}} - 4\sqrt{x} + \dfrac{2}{3}x^{\frac{3}{2}} + C$;

   (3) $\dfrac{x^2}{2} + 3x + C$;   (4) $\sqrt{x} - 3\arcsin x + 2e^x + C$;

   (5) $\dfrac{4^x}{\ln 4} + \dfrac{9^x}{\ln 9} + \dfrac{2 \cdot 6^x}{\ln 6} + C$; (6) $2x + \dfrac{5}{\ln\dfrac{3}{2}}\left(\dfrac{2}{3}\right)^x + C$;

   (7) $-\cot x - 2x + C$; (8) $\dfrac{x^3}{3} - x + \arctan x + C$;

(9) $e^x - 2\sqrt{x} + C$； (10) $\dfrac{1}{2}\tan x + C$；

(11) $\sin x - \cos x + C$； (12) $\dfrac{4}{7}x^{\frac{7}{4}} + 4x^{-\frac{1}{4}} + C$.

2. $y = \ln|x| + 1$.

3. $s = \dfrac{5}{2}t^2 - \dfrac{1}{3}t^3 + 2t$.

习题 4-4

1. (1) $-\sin(1-x) + C$； (2) $\dfrac{2}{15}(7+5x)^{\frac{3}{2}} + C$；

(3) $e^x + e^{-x} + C$； (4) $\dfrac{1}{3}\arctan\dfrac{x}{3} + C$；

(5) $\dfrac{1}{3}\arcsin\dfrac{3x}{2} + C$； (6) $\dfrac{1}{3}\ln|4+x^3| + C$；

(7) $\dfrac{1}{2}\ln^2 x + C$； (8) $-2\cos\sqrt{x} + C$；

(9) $2\sqrt{1+\tan x} + C$； (10) $\dfrac{1}{4}\arcsin x^4 + C$；

(11) $\dfrac{1}{2}(x+\sin x) + C$； (12) $-\dfrac{1}{8}\cos 4x - \dfrac{1}{4}\cos 2x + C$；

(13) $-\dfrac{1}{2}\ln(1+\cos^2 x) + C$； (14) $\dfrac{2}{3}(\arctan x)^{\frac{3}{2}} + C$；

(15) $\dfrac{4}{3}(1+\sqrt{x})^{\frac{3}{2}} + C$； (16) $-\ln\left|\arccos\dfrac{x}{2}\right| + C$；

(17) $-\ln|\cos\sqrt{1+x^2}| + C$； (18) $\arctan e^x + C$；

(19) $\dfrac{1}{2\cos^2 x} + C$； (20) $\dfrac{3}{2}(\sin x - \cos x)^{\frac{2}{3}} + C$；

(21) $-\dfrac{10^{2\arccos x}}{2\ln 10} + C$； (22) $\dfrac{1}{2}(\ln\tan x)^2 + C$；

(23) $\dfrac{1}{2}\ln^2(x+\sqrt{x^2+1}) + C$； (24) $\dfrac{1}{3}[(x+1)^{\frac{3}{2}} - (x-1)^{\frac{3}{2}}] + C$.

2. (1) $\dfrac{1}{3}\ln\left|\dfrac{2x-1}{x+1}\right| + C$； (2) $\dfrac{1}{\sqrt{2}}\arctan\dfrac{x+1}{\sqrt{2}} + C$；

(3) $\dfrac{1}{2a}\ln\left|\dfrac{a+x}{a-x}\right| + C$； (4) $\dfrac{(x-1)^2}{2} + \ln|1+x| + C$；

(5) $-x + \dfrac{1}{2}\ln\left|\dfrac{1+x}{1-x}\right| + C$； (6) $\dfrac{1}{2}\ln|x^2+2x| + C$；

(7) $\dfrac{1}{x+1} + \dfrac{1}{2}\ln|x^2-1| + C$；

(8) $\dfrac{x}{4} + \ln|x| - \dfrac{9}{16}\ln|2x+1| - \dfrac{7}{16}\ln|2x-1| + C$；

(9) $\dfrac{1}{6}\ln\dfrac{(x-1)^2}{x^2+x+1} - \dfrac{\sqrt{3}}{3}\arctan\dfrac{2x+1}{\sqrt{3}} + C$；

(10) $\dfrac{1}{4}\ln\left|\dfrac{1+x}{1-x}\right|-\dfrac{1}{2}\arctan x+C$;

(11) $\dfrac{1}{3x^3}+\dfrac{2}{x}-\sqrt{2}\ln\left|\dfrac{\sqrt{2}\,x+1}{\sqrt{2}\,x-1}\right|+C$;

(12) $\ln|x|-\dfrac{x}{2(x^2+1)}-\dfrac{1}{2}\arctan x+C$;

(13) $-\dfrac{1}{3}\left(\dfrac{1}{x}+\dfrac{1}{\sqrt{3}}\arctan\dfrac{x}{\sqrt{3}}\right)+C$;

(14) $\dfrac{-1}{(x-1)^{99}}\left[\dfrac{(x-1)^2}{97}+\dfrac{x-1}{49}+\dfrac{1}{99}\right]+C$;

(15) $\ln|x|-\dfrac{2}{7}\ln|1+x^7|+C$;

(16) $\dfrac{1}{4}[x^4-2\ln(x^8+4x^4+5)+3\arctan(x^4+2)]+C$.

3. (1) $\dfrac{2}{3}\arctan\left(3\tan\dfrac{x}{2}\right)+C$; (2) $\dfrac{1}{2\sqrt{3}}\arctan\dfrac{2\tan x}{\sqrt{3}}+C$;

(3) $-\dfrac{1}{1+\tan x}+C$; (4) $-\dfrac{1}{2}\cot^2 x-\ln|\sin x|+C$;

(5) $\dfrac{1}{3}\tan^3 x+C$; (6) $\dfrac{3}{8}x-\dfrac{1}{4}\sin 2x+\dfrac{1}{32}\sin 4x+C$;

(7) $\tan x-\sec x+C$; (8) $\dfrac{1}{2}\arctan(\sin^2 x)+C$;

(9) $\tan x+\dfrac{1}{3}\tan^3 x+C$; (10) $\ln\left|1+\tan\dfrac{x}{2}\right|+C$;

(11) $\ln|\tan x|+C$; (12) $-\cot x+\ln\sin^2 x+C$;

(13) $\dfrac{1}{2}\arctan(\tan^2 x)+C$;

(14) $\dfrac{1}{3\cos^3 x}-\dfrac{2}{\cos x}-\cos x+C$;

(15) $\dfrac{1}{4}\tan^2\dfrac{x}{2}+\tan\dfrac{x}{2}+\dfrac{1}{2}\ln\left|\tan\dfrac{x}{2}\right|+C$;

(16) $\dfrac{2}{5}\ln|1+2\tan x|-\dfrac{1}{5}\ln(1+\tan^2 x)+\dfrac{x}{5}+C$;

(17) $\sin x-\dfrac{2}{3}\sin^3 x+\dfrac{1}{5}\sin^5 x+C$;

(18) $\dfrac{5}{16}x+\dfrac{1}{4}\sin 2x+\dfrac{3}{64}\sin 4x-\dfrac{1}{48}\sin^3 2x+C$.

4. (1) $x-2\sqrt{x+2}+2\ln|1+\sqrt{x+2}|+C$;

(2) $\dfrac{6}{7}x^{\frac{7}{6}}-\dfrac{6}{5}x^{\frac{5}{6}}+2\sqrt{x}-6\sqrt[6]{x}+6\arctan\sqrt[6]{x}+C$;

(3) $2[\sqrt{x}-\ln(1+\sqrt{x})]+C$;

(4) $\dfrac{1}{\sqrt[3]{3x+2}+1}+\dfrac{5}{3}\ln|\sqrt[3]{3x+2}+1|+\dfrac{4}{3}\ln|\sqrt[3]{3x+2}-2|+C$;

(5) $\dfrac{1}{10}(1-2x)^{\frac{5}{2}}-\dfrac{1}{6}(1-2x)^{\frac{3}{2}}+C$;

(6) $-2\sqrt{\dfrac{1+x}{x}}-\ln\left|x\left(\sqrt{\dfrac{1+x}{x}}-1\right)^2\right|+C$;

(7) $2\sqrt{x}-4\sqrt[4]{x}+4\ln(\sqrt[4]{x}+1)+C$;

(8) $-\dfrac{3}{2}\sqrt[3]{\dfrac{x+1}{x-1}}+C$;

(9) $\dfrac{3}{8}\sqrt[3]{\left(\dfrac{2+x}{2-x}\right)^2}+C$;

(10) $\dfrac{a^2}{2}\arcsin\dfrac{x}{a}-\dfrac{x}{2}\sqrt{a^2-x^2}+C$;

(11) $\ln\left|\dfrac{1-\sqrt{1-x^2}}{x}\right|+C$;

(12) $\arcsin\dfrac{2x+1}{\sqrt{5}}+C$;

(13) $\dfrac{1}{\sqrt{2}}(\sqrt{x^2-2x}+\ln|x-1+\sqrt{x^2-2x}|)+C$;

(14) $\sqrt{x^2+x+1}+\dfrac{1}{2}\ln\left|x+\dfrac{1}{2}+\sqrt{x^2+x+1}\right|+C$;

(15) $\dfrac{1}{4}\arcsin x^4+C$;

(16) $\dfrac{1}{3}(x^2+4x+1)^{\frac{3}{2}}-2(x+2)\sqrt{x^2+4x+1}+$
$6\ln|x+2+\sqrt{x^2+4x+1}|+C$;

(17) $\sqrt{x^2-9}-3\arccos\dfrac{3}{|x|}+C$;

(18) $\dfrac{1}{2}(\arcsin x+\ln|x+\sqrt{1-x^2}|)+C$;

(19) $-2\sqrt{1+\dfrac{2}{x}}+\ln\left|\dfrac{\sqrt{1+\dfrac{2}{x}}+1}{\sqrt{1+\dfrac{2}{x}}-1}\right|+C$;

(20) $\sqrt{1+x^2}+\dfrac{1}{\sqrt{1+x^2}}+C$;

(21) $2\sqrt{1+\ln x}+\ln\left|\dfrac{\sqrt{1+\ln x}-1}{\sqrt{1+\ln x}+1}\right|+C$;

(22) $\dfrac{2}{27}\sqrt{3e^x-2}(3e^x+4)+C$;

(23) $\dfrac{x+1}{2}\sqrt{x^2+2x+5}+2\ln|x+1+\sqrt{x^2+2x+5}|+C$;

(24) $\dfrac{1}{8}(x^3+1)^{\frac{8}{3}}-\dfrac{1}{5}(x^3+1)^{\frac{5}{3}}+C$;

(25) $\sqrt{1+\sin^2 x}-\arctan\sqrt{1+\sin^2 x}+C$;

(26) $-\ln\left|\dfrac{1+2x+\sqrt{3x^2+4x+1}}{x}\right|+C$.

5. (1) $\left(\dfrac{1}{3}x^2-\dfrac{2}{9}x+\dfrac{2}{27}\right)e^{3x}+C$;

(2) $\dfrac{1}{4}x^2+\dfrac{1}{4}x\sin 2x+\dfrac{1}{8}\cos 2x+C$;

(3) $x\arctan x-\dfrac{1}{2}\ln(1+x^2)+C$;

(4) $x(\ln x)^2-2x\ln x+2x+C$;

(5) $2\ln x\sqrt{1+x}-4\sqrt{1+x}-2\ln\left|\dfrac{\sqrt{1+x}-1}{\sqrt{1+x}+1}\right|+C$;

(6) $2\sqrt{1-x}+2\sqrt{x}\arcsin\sqrt{x}+C$;

(7) $-\dfrac{e^{-x}}{5}(\sin 2x+2\cos 2x)+C$;

(8) $2(\sin\sqrt{x}-\sqrt{x}\cos\sqrt{x})+C$;

(9) $\sqrt{1+x^2}\arctan x-\ln(x+\sqrt{1+x^2})+C$;

(10) $\dfrac{1}{6}[2x^3\arctan x-x^2+\ln(1+x^2)]+C$;

(11) $\dfrac{1}{2}(1+x^2)\ln(1+x^2)-\dfrac{x^2}{2}+C$;

(12) $x\tan x+\ln|\cos x|+C$;

(13) $-\dfrac{1}{x}(\ln^3 x+3\ln^2 x+6\ln x+6)+C$;

(14) $\dfrac{x}{2}(\cos\ln x+\sin\ln x)+C$;

(15) $x(\arcsin x)^2+2\sqrt{1-x^2}\arcsin x-2x+C$;

(16) $\dfrac{e^x}{2}-\dfrac{e^x}{5}\sin 2x-\dfrac{1}{10}e^x\cos 2x+C$;

(17) $-\dfrac{1}{2}x^2+x\tan x+\ln|\cos x|+C$;

(18) $x\tan\dfrac{x}{2}+C$;

(19) $x-\sqrt{1-x^2}\arcsin x+\dfrac{1}{2}(\arcsin x)^2+C$;

(20) $-\dfrac{\arctan x}{2(1+x)^2}+\dfrac{1}{4}\ln|1+x|-\dfrac{1}{4(1+x)}-\dfrac{1}{8}\ln(1+x^2)+C$;

(21) $x\arctan x - \frac{1}{2}(\arctan x)^2 - \ln\sqrt{1+x^2} + C$;

(22) $\tan x \ln\cos x + \tan x - x + C$.

6. 略.

习题 4-5

1. (1) $\frac{8}{105}$; (2) $2(\sqrt{3}-1)$; (3) $\ln\frac{3}{2}$; (4) $\frac{32}{3}$; (5) $\sqrt{3}-\frac{\pi}{3}$;

(6) $\frac{3\pi}{16}$; (7) $\ln\frac{7+2\sqrt{7}}{9}$; (8) $\frac{4}{5}$; (9) $\ln(2-\sqrt{3})+\frac{\sqrt{3}}{2}$;

(10) $1-\frac{\pi}{4}$; (11) $\sqrt{2}-\frac{2\sqrt{3}}{3}$; (12) $2\sqrt{2}$.

2. (1) 0; (2) $\frac{3\pi}{2}$; (3) $\frac{\pi^3}{324}$; (4) 0; (5) 0; (6) 0.

3. 略.

4. $\frac{1}{5313}$.

5. ~7. 略.

8. (1) $\frac{\pi}{12}+\frac{\sqrt{3}}{2}-1$; (2) $\frac{1}{9}(1+2e^3)$; (3) $\frac{2\pi}{3}-\frac{\sqrt{3}}{2}$;

(4) $\frac{1}{5}(e^\pi-2)$; (5) $\frac{4}{3}\pi-\sqrt{3}$; (6) $\frac{16}{35}$; (7) $\frac{35}{128}\pi$;

(8) 0; (9) $\left(\frac{1}{4}-\frac{\sqrt{3}}{9}\right)\pi+\frac{1}{2}\ln\frac{3}{2}$; (10) $\frac{e}{2}(\sin 1-\cos 1)+\frac{1}{2}$;

(11) $\frac{\pi^3}{6}-\frac{\pi}{4}$; (12) $\pi\ln(\pi+\sqrt{\pi^2+a^2})-\sqrt{\pi^2+a^2}+|a|$;

(13) $\frac{\pi}{4}-\frac{2}{3}$; (14) $\frac{63}{512}\pi$.

9. e^2-3.

习题 4-6

1. (1) 1; (2) $\ln 2$; (3) $1-\frac{\pi}{4}$; (4) $\frac{1}{2}$; (5) $\frac{\pi}{4}+\frac{\ln 2}{2}$;

(6) $\frac{a}{a^2+b^2}$; (7) 2; (8) $1-\frac{\pi}{2}$; (9) $-\frac{1}{2}\ln 2$;

(10) 当 $k>1$ 时, $I=\frac{1}{k-1}(\ln 2)^{1-k}$, 当 $k\leqslant 1$ 时, 发散;

(11) 2; (12) 2; (13) 1; (14) 发散; (15) $-\frac{1}{2}$;

(16) $\frac{\pi}{2}$; (17) $2\ln(\sqrt{2}+1)$; (18) 发散; (19) 发散;

(20) $\frac{\pi}{2}$; (21) 2.

2. (1) 收敛； (2) 发散； (3) 收敛； (4) 收敛； (5) 发散；
   (6) 收敛； (7) 收敛； (8) 收敛； (9) 收敛； (10) 发散；
   (11) 收敛.

3. $a = 2e-2, b = 2e-2$.

习题 4-7

1. (1) $\frac{1}{3}$； (2) $\frac{8}{3}$； (3) $\frac{3}{2} - \ln 2$； (4) 4； (5) $e + \frac{1}{e} - 2$；
   (6) $\frac{1}{6}$； (7) $2\pi + \frac{4}{3}$； (8) $\frac{\pi}{2}$； (9) 2.

2. (1) $\frac{4\sqrt{2}}{3}$； (2) $\frac{16}{3}$.

3. (1) $3\pi a^2$； (2) $\frac{5}{8}\pi a^2$.

4. (1) 4； (2) πa^2； (3) $\frac{a^2}{4}(e^{2\pi} - e^{-2\pi})$.

5. $\frac{5}{4}\pi - 2$.

6. $a = \frac{4}{3}, b = \frac{5}{12}$ 或 $a = \frac{5}{12}, b = \frac{4}{3}$.

7. 30976m^3.

8. $\frac{500\sqrt{3}}{3}$.

9. (1) $\frac{512}{3}\pi$； (2) π； (3) $\frac{124}{3}\pi$； (4) $V_x = \frac{\pi^2}{2}, V_y = 2\pi^2$；
   (5) $\frac{32}{105}\pi a^3$； (6) $160\pi^2$.

10. (1) $7\pi^2 a^3$； (2) $24\pi^2$；(3) 160π.

11. 2π.

12. (1) $e - e^{-1}$； (2) $\frac{1}{4}(e^2 + 1)$； (3) $1 + \frac{1}{2}\ln\frac{3}{2}$； (4) $2a\pi^2$；
    (5) $\frac{2}{3}(13\sqrt{13} - 8)$； (6) $\frac{\sqrt{1+a^2}}{a}(e^{a\varphi} - 1)$.

13. $8a$.

14. $\left(\left(\frac{2}{3}\pi - \frac{\sqrt{3}}{2}\right)a, \frac{3}{2}a\right)$.

习题 4-8

1. 75kg.

2. $\frac{1}{3}(T^3 + 1 - \cos 3T)$.

3. $0.5625 (\text{J})$.

4. $\frac{27}{7}kc^{\frac{2}{3}}a^{\frac{7}{3}}$.

5. $\sqrt{2}-1$(cm).

6. $\mu gs\left(M-\dfrac{ms}{2v_0}\right)$.

7. $800\pi\ln2$(J).

8. $500g\pi r^2 h^2$(J).

9. $1875000\pi g$(J)≈ 57697500(J).

10. $28755\pi g$(J)≈ 884848.86(J).

11. $\mu g\pi R^3 = 1000g\pi R^3$(N).

12. $562.5\pi g$(N)≈ 17309.25(N).

13. $168000g$(N)≈ 1646400(N).

14. $\left\{-\dfrac{2Gm\mu l}{a\sqrt{4a^2+l^2}},0\right\}$.

15. $\left\{\dfrac{GMm}{l}\left(\dfrac{1}{h}-\dfrac{1}{\sqrt{l^2+h^2}}\right),-\dfrac{GMm}{h\sqrt{l^2+h^2}}\right\}$.

16. $\dfrac{1}{2}I_m^2 R$.

17. $\dfrac{625}{4}$m.

18. $\dfrac{15}{2}\left(1-\dfrac{3}{4}\ln\dfrac{15}{11}\right)$(L).

习题 4-9

1. $S_2 < S_1 < S_3$.

2. $b=f(a)$ 时等号成立.

3. (1) $\dfrac{1}{p+1}$; (2) -1; (3) $\dfrac{2}{3}$; (4) $\dfrac{1}{4}$.

4. (1) $\dfrac{\pi}{8}\ln2$, 提示: 令 $x=\dfrac{\pi}{4}-u$; (2) $e^{\sin x}(x-\sec x)+C$;

(3) $2\sqrt{2}n$; (4) $2-6e^{-2}$;

(5) $-\dfrac{1}{2}(e^{-2x}\arctan e^x + e^{-x}+\arctan e^x)+C$;

(6) $\dfrac{1}{4}\ln\left|\tan\dfrac{x}{2}\right|+\dfrac{1}{8}\tan^2\dfrac{x}{2}+C$;

(7) $-\dfrac{\arctan x}{x}+\ln\dfrac{|x|}{\sqrt{1+x^2}}-\dfrac{1}{2}(\arctan x)^2+C$;

(8) $2(x-2)\sqrt{e^x-2}+4\sqrt{2}\arctan\sqrt{\dfrac{e^x-2}{2}}+C$;

(9) $\dfrac{\pi}{12}$; (10) $\ln(2+\sqrt{3})-\dfrac{\sqrt{3}}{2}$;

(11) $e^{2x}\tan x + C$; (12) $\dfrac{\pi}{4}+\dfrac{1}{2}\ln2$;

(13) $\dfrac{\pi}{4}e^{-2}$; (14) $\dfrac{1}{3}\ln 2$.

5. $\int \varphi(x)dx = \int \dfrac{x+1}{x-1}dx = 2\ln|x-1| + x + C$.

6. 略.

7. $f(x) = \dfrac{1}{1+x^2} + \dfrac{\pi}{4-\pi}\sqrt{1-x^2}$.

8. 0.

9. $\dfrac{1}{2}\ln^2 x$.

10. 略.

11. $c=1, \ln 2$.

12. 略.

13. 略.

14. $c = \dfrac{1}{3}$.

15. 略.

16. $\arctan \dfrac{32}{27} - 2\pi$.

17. $\sin x - 1, c = 0$.

18. 3.

19. $c = \dfrac{2}{\pi}$.

20. 略.

21. 略.

22. (1) $F(0)=0$ 为极小值; (2) $x = -\dfrac{1}{\sqrt{2}}, x = \dfrac{1}{\sqrt{2}}$;

    (3) $\dfrac{1}{2}(e^{-16} - e^{-81})$.

23. $x = \dfrac{1}{9}$, 极小值点.

24. 略.

25. α, β, γ 分别是 1 阶, 3 阶, 2 阶无穷小.

26. $xg(x^2)$.

27. $a = \ln 2$.

28. (1) $I_5 = \dfrac{1}{2}\ln 2 - \dfrac{1}{4}$. (2) 略.

29. ~31. 略.

32. $\cos x \sqrt{1 + \sin^4 x}$.

33. $\sqrt{3} + \dfrac{4}{3}\pi$.

34. $2\sqrt{1-\dfrac{1}{\sqrt[3]{4}}}$.

35. $a=-\dfrac{5}{3}, b=2, c=0$.

36. $\dfrac{448}{15}\pi$.

37. $a=\dfrac{2}{3}, b=\dfrac{3}{4}$.

38. 5cm.

39. $0.927\pi g(N)\approx 28.53(N)$.

40. $\dfrac{268}{3}\pi\mu g(J)\approx 2748965.3(J)$.

41. (1) $\dfrac{1}{2}\pi\mu gR^2H^2(J)$; (2) $\dfrac{1}{2}\pi gR^2H^2(2\mu-1000)(J)$.

42. $F_x=F_y=\dfrac{3Ga^2}{5}$.

第五章

习题 5-1

1. (1) 2 阶；(2) 1 阶；(3) 1 阶；(4) 3 阶.
2. 略.
3. (1) $y'=x^2$; (2) $2xyy'-y^2+x^2=0$;
   (3) $yy'+2x=0$; (4) $x^2(1+(y')^2)=4, y|_{x=2}=0$;
   (5) $2xy'-y=0, y|_{x=3}=1$.

习题 5-2

1. (1) $x^2+y^2-\ln x^2=C$; (2) $\sqrt{1+x^2}+\sqrt{1+y^2}=C$;
   (3) $y=e^{Cx}$; (4) $\arcsin y=\arcsin x+C$;
   (5) $10^{-y}+10^x=C$; (6) $(e^x+1)(e^y-1)=C$;
   (7) $3x^4+4(y+1)^3=C$; (8) $\dfrac{1}{y}=\ln|x|+C$;
   (9) $\sin x\sin y=C$; (10) $y^2-1=C(1+x^2)$;
   (11) $y^2+1=C\left(\dfrac{x-1}{x+1}\right)$; (12) $y(x+\sqrt{x^2+1})=C$.

2. (1) $y^2=2\ln(1+e^x)+1-2\ln(1+e)$;
   (2) $3x^2+2x^3-3y^2-2y^3+5=0$;
   (3) $y=e^{\csc x-\cot x}$; (4) $y(1+x)=1$;
   (5) $(1+e^x)\sec y=2\sqrt{2}$; (6) $x^2+\arctan^2 y=\dfrac{\pi^2}{16}$.

3. (1) $\arctan\dfrac{y}{x}-\dfrac{1}{2}\ln(x^2+y^2)=C$;
   (2) $(x^2+y^2)^3=Cx^2$; (3) $y=xe^{Cx+1}$;

(4) $y=x\mathrm{e}^{Cx}$； (5) $y=x\arcsin(C-\ln|x|)$；

(6) $x-\sqrt{xy}=C$； (7) $x+2y\mathrm{e}^{\frac{x}{y}}=C$.

4. (1) $y(x+y)=2x$； (2) $y^2=2x^2(\ln|x|+2)$；

(3) $x^2+y^2=x+y$.

5. (1) $2\arctan\dfrac{y+2}{x-3}=-\ln|y+2|-C$；

(2) $\tan(x-y+1)=x+C$； (3) $y=\tan(x+C)-x$；

(4) $(4y-x-3)(y+2x-3)^2=C$；

(5) $x+3y+2\ln|x+y-2|=C$.

6. (1) $y=C\mathrm{e}^{-x}+\dfrac{1}{2}(\sin x+\cos x)$； (2) $y=\mathrm{e}^{-x^2}\left(\dfrac{x^2}{2}+C\right)$；

(3) $x=\dfrac{y^4}{2}+Cy^2$； (4) $y=(x^2+1)(x+C)$；

(5) $y=(\tan x-1)+C\mathrm{e}^{-\tan x}$； (6) $y=\dfrac{1}{2}\ln x+\dfrac{C}{\ln x}$；

(7) $y=Cx+x\ln|\ln x|$； (8) $x=\mathrm{e}^y(y+C)$；

(9) $y^2-2x=Cy^3$.

7. (1) $y=\dfrac{1}{x}(\mathrm{e}^x+ab-\mathrm{e}^a)$； (2) $y=\dfrac{x}{\cos x}$；

(3) $y=\dfrac{\pi-1-\cos x}{x}$； (4) $y=x+\sqrt{1-x^2}$.

8. (1) $\dfrac{1}{y}=-\sin x+C\mathrm{e}^x$； (2) $\dfrac{1}{y^4}=-x+\dfrac{1}{4}+C\mathrm{e}^{-4x}$；

(3) $\dfrac{x^2}{y^2}=-\dfrac{2}{3}x^3\left(\dfrac{2}{3}+\ln x\right)+C$；

(4) $y^2=C\mathrm{e}^{2x}-\left(x^2+x+\dfrac{1}{2}\right)$；

(5) $x\left(C\mathrm{e}^{-\frac{y^2}{2}}-y^2+2\right)=1$.

9. (1) $2x^2y^2\ln|y|-2xy-1=Cx^2y^2$（提示：令 $u=xy$）；

(2) $y^3=-\dfrac{1}{a^2}(ax+1+a)+C\mathrm{e}^{ax}$，当 $a\neq 0$ 时；$y^3=\dfrac{1}{2}x^2+x+C$，

当 $a=0$ 时（提示：令 $u=y^3$）；

(3) $(\sin y)^{-2}=C\mathrm{e}^{2x}+2$（提示：令 $u=\sin y$）；

(4) $\tan y=\dfrac{1}{3}(1+x^2)+\dfrac{C}{\sqrt{1+x^2}}$（提示：令 $u=\tan y$）；

(5) $\mathrm{e}^y=C\mathrm{e}^{-x}+2(\sin x-\cos x)$（提示：令 $u=\mathrm{e}^y$）；

(6) $x[\csc(x+y)-\cot(x+y)]=C$（提示：令 $u=x+y$）.

习题 5-3

1. (1) $y=C_1x^2+C_2$； (2) $4(C_1y-1)=C_1^2(x+C_2)^2$；

(3) $y=\dfrac{1}{6}x^3-\sin x+C_1x+C_2$；

(4) $y = C_1 e^x - \dfrac{1}{2}x^2 - x + C_2$;

(5) $y = -\ln|\cos(x+C_1)| + C_2$;

(6) $C_1 y^2 - 1 = (C_1 x + C_2)^2$;

(7) $y = C_1 \ln|x| + C_2$;   (8) $y = \arcsin(C_2 e^x) + C_1$;

(9) $y = C_1(x - e^{-x}) + C_2$;

(10) $y = C_1 x \ln|x| + \dfrac{1}{2}x^2 + C_2 x + C_3$;

(11) $y = C_1 e^x + C_2 x + C_3$.

2. (1) $y = \sqrt{2x - x^2}$;

(2) $y = -\dfrac{1}{a}\ln|ax+1|$,当 $a \neq 0$ 时;$y = -x$,当 $a = 0$ 时;

(3) $y = \ln|\sec x|$;   (4) $y = \left(\dfrac{1}{2}x + 1\right)^4$;

(5) $y = \ln\mathrm{ch}x$;   (6) $y = \dfrac{1}{12}x^4 - \dfrac{1}{2}x^2 + \dfrac{2}{3}$.

3. $y = \dfrac{1}{6}x^3 + \dfrac{1}{2}x + 1$.

习题 5-4

1. $y = C_1 e^{x^2} + C_2 x e^{x^2}$.

2. $y = C_1(x-1) + C_2(x^2-1) + 1$.

3. $y = e^x - x^2 - x - 1$.

4. (1) $y = C_1 e^x + C_2(2x+1)$;   (2) $y = C_1 + C_2 x^2$.

5. $y = C_1 x + C_2 x \ln|x| + \dfrac{x}{2}\ln^2|x|$.

6. $y = C_1 x + C_2 x^2 + x^3$.

习题 5-5

1. (1) $y = C_1 e^{-5x} + C_2 e^{-3x}$;   (2) $y = (C_1 + C_2 x)e^{-3x}$;

(3) $y = e^{-2x}(C_1 \cos x + C_2 \sin x)$;   (4) $s = C_1 + C_2 e^{2t}$;

(5) $x = (C_1 + C_2 t)e^{\frac{5}{2}t}$;   (6) $y = C_1 \cos x + C_2 \sin x$.

2. (1) $y = (1+3x)e^{-2x}$;   (2) $y = 2\cos\dfrac{3}{2}x - \dfrac{2}{3}\sin\dfrac{3}{2}x$;

(3) $y = 4e^x + 2e^{3x}$;   (4) $y = e^{-x} - e^{4x}$;

(5) $y = e^{2x}\sin 3x$.

3. (1) $y = C_1 e^x + e^{-\frac{x}{2}}\left(C_2 \cos\dfrac{\sqrt{3}}{2}x + C_3 \sin\dfrac{\sqrt{3}}{2}x\right)$;

(2) $y = C_1 e^x + C_2 e^{\frac{1}{2}(\sqrt{5}-1)x} + C_3 e^{-\frac{1}{2}(\sqrt{5}+1)x}$;

(3) $y = (C_1 + C_2 x + C_3 x^2)e^{-x}$;

(4) $y = C_1 e^x + C_2 e^{-x} + C_3 \cos x + C_4 \sin x$;

(5) $y = (C_1 + C_2 x)\cos x + (C_3 + C_4 x)\sin x$.

4. $y = C_1\cos x + C_2\sin x + \cos x \ln|\cos x| + x\sin x$.

习题 5-6

1. (1) $y = C_1 e^{3x} + C_2 e^{4x} + \dfrac{x}{12} + \dfrac{7}{144}$;

   (2) $y = C_1 + C_2 e^{3x} + x^2$;

   (3) $y = C_1 e^{-x} + C_2 e^{\frac{x}{2}} + e^x$;

   (4) $y = C_1 e^x + C_2 e^{2x} + 3x e^{2x}$;

   (5) $y = C_1\cos x + C_2\sin x - \dfrac{1}{3}\cos 2x$;

   (6) $y = C_1\cos x + C_2\sin x - \dfrac{x}{2}\cos x$;

   (7) $y = C_1\cos 2x + C_2\sin 2x + \dfrac{x}{3}\cos x + \dfrac{2}{9}\sin x$;

   (8) $y = (C_1 + C_2 x)e^{3x} + \dfrac{1}{6}x^2(x+3)e^{3x}$;

   (9) $y = (C_1\cos 2x + C_2\sin 2x)e^x - \dfrac{x}{4}e^x\cos 2x$;

   (10) $y = C_1 e^x + C_2 e^{-x} - \dfrac{1}{2} + \dfrac{1}{10}\cos 2x$;

   (11) $y = C_1\cos x + C_2\sin x + \dfrac{e^x}{2} + \dfrac{x}{2}\sin x$;

   (12) $y = C_1 e^{-x} + C_2 e^x + C_3\cos 2x + C_4\sin 2x + \dfrac{x}{10}e^x$;

   (13) $y = C_1\cos x + C_2\sin x + \dfrac{x}{4}\sin x - \dfrac{1}{16}\cos 3x$.

2. (1) $y = -5e^x + \dfrac{7}{2}e^{2x} + \dfrac{5}{2}$;

   (2) $y = \dfrac{34}{27}e^x - \dfrac{7}{27}e^{-2x} + \left(\dfrac{x^2}{6} + \dfrac{2x}{9}\right)e^x$;

   (3) $y = \dfrac{1}{2}(\cos 2x + \sin 2x + 3x\sin 2x + 3)$.

3. (1) $y = C_1 x + \dfrac{C_2}{x}$;

   (2) $y = x(C_1 + C_2\ln|x|) + x\ln^2|x|$;

   (3) $y = C_1 x + C_2 x^2 + \dfrac{1}{2}(\ln^2 x + \ln x) + \dfrac{1}{4}$;

   (4) $y = C_1 r^{-n-1} + C_2 r^n$;

   (5) $y = C_1\cos\ln x + C_2\sin\ln x - \ln x \cdot \cos\ln x$;

   (6) $y = (C_1 + C_2\ln x)x + \dfrac{x}{2}\ln^2 x + \dfrac{1}{4x}$.

4. (1) $\begin{cases} x = -\dfrac{1}{2}(\sin t + \cos t) + e^t\left(C_1 + \dfrac{C_2}{2} + C_2 t\right), \\ y = -\sin t + e^t(C_1 + C_2 t); \end{cases}$

(2) $\begin{cases} x = C_1 \cos t + C_2 \sin t + 3, \\ y = -C_1 \sin t + C_2 \cos t; \end{cases}$

(3) $\begin{cases} x = C_1 e^t + C_2 e^{6t} + \dfrac{1}{2} e^{2t}, \\ y = C_1 e^t - \dfrac{3}{2} C_2 e^{6t} - \dfrac{1}{4} e^{2t}; \end{cases}$

(4) $\begin{cases} x = C_1 e^t + C_2 t e^t - 3t - 7, \\ y = -C_1 e^t - C_2 \left(t + \dfrac{1}{2}\right) e^t + t + 5. \end{cases}$

5. (1) $\begin{cases} x = \dfrac{1}{2} e^t (\sin t - \cos t) + \dfrac{1}{2}, \\ y = \dfrac{1}{2} e^t (\sin t + \cos t) - \dfrac{1}{2}; \end{cases}$

(2) $\begin{cases} x = \cos t, \\ y = \sin t; \end{cases}$

(3) $\begin{cases} x = 2\cos t - 4\sin t - \dfrac{1}{2} e^t, \\ y = 14\sin t - 2\cos t + 2 e^t; \end{cases}$

(4) $\begin{cases} x = \dfrac{1}{2}(e^t + e^{-3t}), \\ y = -\dfrac{1}{2}(e^t - 3e^{-3t}). \end{cases}$

习题 5-7

1. (1) $(x-4)y^4 = Cx$;   (2) $x = \dfrac{C}{y^2} + \ln y - \dfrac{1}{2}$;

(3) $y = \dfrac{1}{C_1} \operatorname{ch}(C_1 x + C_2)$;

(4) 当 $a \neq 1$, $y = C_1 \cos ax + C_2 \sin ax + \dfrac{1}{a^2 - 1} \sin x$,

当 $a = 1$, $y = C_1 \cos x + C_2 \sin x - \dfrac{x}{2} \cos x$;

(5) $y = C_1 e^x + C_2 e^{2x} + \dfrac{e^{-x}}{5}(\cos x - \sin x) + (x + 2x^2) e^{2x}$;

(6) $y = \dfrac{C_1}{x} + \dfrac{C_2}{x^2}$.

2. (1) $y = \dfrac{\sin x - 1}{x^2 - 1}$;   (2) $y \arcsin x = x - \dfrac{1}{2}$;

(3) $y=\dfrac{1}{2}(x^2-1)$; (4) $x(1+\ln y^2)-y^2=0$;

(5) $y=2\arctan e^x$; (6) $y=\sqrt{x+1}$;

(7) $y=x e^{-x}+\dfrac{1}{2}\sin x$.

3. $y=\begin{cases} e^{2x}-1, & x\leqslant 1, \\ (1-e^{-2})e^{2x}, & x>1. \end{cases}$

4. $\begin{cases} x=(C_1+C_2 t)e^{-t}+\dfrac{1}{2}t, \\ y=-(C_1+C_2+C_2 t)e^{-t}-\dfrac{1}{2}. \end{cases}$

5. $y'''+y''-y'-y=0$.

6. $\dfrac{d^2 y}{dt^2}+y=0, y=-2\cos t+\sin t$.

7. 2.

8. $y=\dfrac{x^3}{6}-\sin x+2x$.

9. $y=e^x-e^{-x}$.

10. $y=\dfrac{1}{3}x^2$.

11. $xy=6$.

12. $y=3x-x^2$.

13. $x=y-\dfrac{1}{y}$.

14. $y=\sqrt{3x-x^2}$ ($0<x<3$).

15. $f(x)=C_1\ln x+C_2$.

16. $y=\dfrac{2}{\sqrt{x}}$.

17. $y=\ln\left|\cos\left(\dfrac{\pi}{4}-x\right)\right|+1+\dfrac{1}{2}\ln 2$.

18. $y=e^x$.

19. $\dfrac{dy}{dx}=3\left(\dfrac{y}{x}\right)^2-2\dfrac{y}{x}, y=\dfrac{x}{1+x^3}$.

20. $f(x)=3e^{3x}-2e^{2x}$.

21. $\varphi(x)=\cos x+\sin x$.

22. $\varphi(x)=\dfrac{1}{2}(\cos x+\sin x+e^x)$.

23. $f(x)=e^{-2x}+xe^{-x}$.

24. $y=-7e^{-2x}+8e^{-x}+3x(x-2)e^{-x}$.

习题 5-8

1. 1524 万.

2. $\dfrac{40}{3}(\text{s})$.

3. 32 万.

4. 2949 年前.

5. $x = \dfrac{Nx_0 e^{kNt}}{N - x_0 + x_0 e^{kNt}}$.

6. $\begin{cases} \dfrac{d^2 s}{dt^2} = 10 - \dfrac{1}{25} s, \\ s|_{t=0} = 0, \dfrac{ds}{dt}\bigg|_{t=0} = 0, \end{cases}$ $s = 250\left(1 - \cos\dfrac{t}{5}\right)$.

7. $t = 50(\text{s}), s = 500(\text{m})$.

8. $v = \dfrac{mg}{k}\left(1 - e^{-\frac{k}{m}t}\right)$.

9. $\dfrac{d^2 x}{dt^2} = k_1 x - k_2 \dfrac{dx}{dt}, x(0) = 0, \dfrac{dx}{dt}\bigg|_{t=0} = v_0$.

10. $t = \dfrac{1}{kv_0}$.

11. $t = \sqrt{\dfrac{10}{g}} \ln(5 + 2\sqrt{6})$.

12. $v(60) = \sqrt{20 \times 60^2 + 500} \approx 269.3(\text{cm/s})$.

13. $\dfrac{3}{4000 \times \ln 2.5} \approx 0.0008185(\text{s})$.

14. $\sqrt{2\lambda g \times 10} = \sqrt{2 \times 1.02 \times 9.81 \times 10} \approx 14.15(\text{m/s}) \approx 50.9(\text{km/h})$.

15. 195(kg).

16. $\begin{cases} x = v_0 \cos\alpha \cdot t, \\ y = v_0 \sin\alpha \cdot t - \dfrac{1}{2} g t^2. \end{cases}$

17. $\begin{cases} m \dfrac{d^2 y}{dt^2} = mg - B\rho g - kv, \\ y|_{t=0} = 0, \dfrac{dy}{dt}\bigg|_{t=0} = 0, \end{cases}$ $y = -\dfrac{m}{k} v - \dfrac{m(mg - B\rho g)}{k^2} \ln \dfrac{mg - B\rho g - kv}{mg - B\rho g}$.

18. (1) $k = 4.5 \times 10^6 \text{kg/h}$; (2) 能.

19. 32℃.

20. $T = 15 + \dfrac{10}{k}(1 - e^{-kt})$.

21. $T = 20 + 17 e^{\left(-\frac{1}{2} \ln \frac{17}{15}\right)t}$, 谋杀是上午 7：31 发生的.

22. $u_C(t) = E(1 - e^{-\frac{t}{RC}})$.

部分习题答案 367

23. $i = e^{-5t} + \sqrt{2}\sin\left(5t - \dfrac{\pi}{4}\right)$ (A).

24. $m(60) = \dfrac{10^5}{(100+t)^2}\bigg|_{t=60} = \dfrac{10^3}{16^2} \approx 3.91$ (kg).

25. $180\ln\dfrac{4.32}{3.24-2.16} \approx 249.53 \approx 250$ (m³).

26. $m(t) = 4(1-e^{-0.75t})$, $\lim\limits_{t\to+\infty} m(t) = 4$.

27. $W(t) = 40 + (W_0 - 40)e^{0.05t}$,
    当 $W_0 = 30$, $W = 40 - 10e^{0.05t}$, $t = 27.7$(年)时, $W = 0$;
    当 $W_0 = 40$, $W \equiv 40$;
    当 $W_0 = 50$, $W = 40 + 10e^{0.05t}$, $\lim\limits_{t\to\infty} W(t) = +\infty$.

28. $h^{\frac{5}{2}} = -\dfrac{2.325\sqrt{2g}}{\pi}t + 10^{\frac{5}{2}}$, 约 10(s).

29. $x = f(y) = \sqrt{\dfrac{\pi}{2}y}$.

30. $x = \dfrac{k}{a}\left(\dfrac{h}{2}y^2 - \dfrac{1}{3}y^3\right)$.

参考文献

[1] Б П 吉米多维奇. 数学分析习题集[M]. 李荣涑,李植译. 北京:高等教育出版社,2011.
[2] 费定晖等. Б П 吉米多维奇数学分析习题集题解(全六册)[M]. 4版. 济南:山东科学技术出版社,2012.
[3] 华东师范大学数学系. 数学分析(上册)[M]. 4版. 北京:高等教育出版社,2012.
[4] 刘玉琏等. 数学分析讲义(上册)[M]. 5版. 北京:高等教育出版社,2008.
[5] 毛京中. 高等数学教程(上册)[M]. 北京:高等教育出版社,2008.
[6] 同济大学数学教研室. 高等数学(上册)[M]. 4版. 北京:高等教育出版社,1996.
[7] 张宜宾,翟连林,杨凤歧. 数学分析典型题600例[M]. 郑州:河南教育出版社,1993.
[8] 张筑生. 数学分析新讲(第一册)[M]. 北京:北京大学出版社,1990.
[9] 张筑生. 数学分析新讲(第二册)[M]. 北京:北京大学出版社,1990.